江苏省“道德发展智库”成果
江苏省“公民道德与社会风尚协同创新中心”成果

国家社科基金重大招标项目
“现代伦理学诸理论形态研究”（10&ZD072) 成果

2018 年国家社会科学基金重大项目
“改革开放 40 年中国伦理道德数据库建设研究”
（18ZDA022）成果

中国伦理道德发展数据库

第四卷（下）

樊浩 王珏 等著

中国社会科学出版社

第四卷目录

（上）

（下）

江苏省伦理道德评价的诸群体差异

B1a by 诸群体

您对当前我国社会的道德状况的满意程度 ＊ 诸群体 Crosstabulation

	官员	企业家	专业人员	工人	农民	企业员工	无业/失业/下岗	总计
非常满意	31.4%	20.0%	24.1%	25.7%	33.2%	28.7%	25.3%	28.3%
比较满意	56.4%	62.0%	55.9%	61.5%	58.3%	56.4%	60.3%	59.1%
比较不满意	10.5%	14.0%	17.0%	10.1%	6.4%	12.5%	11.7%	10.1%
非常不满意	1.7%	4.0%	3.0%	2.7%	2.1%	2.4%	2.7%	2.5%
总计	100.0%	100.0%	100.0%	100.0%	100.0%	100.0%	100.0%	100.0%
列总计	172	50	270	1493	1647	926	1167	5725

Chi-square tests：df = 18，卡方值为 75.337，sig = 0.000 < 0.050，所以诸群体在对“当前我国社会的道德状况的满意程度”的评价上存在显著差异。

B1b by 诸群体

您对当前我国社会人与人之间关系的满意程度 ＊ 诸群体 Crosstabulation

	官员	企业家	专业人员	工人	农民	企业员工	无业/失业/下岗	总计
非常满意	27.0%	14.0%	19.3%	22.4%	30.8%	25.5%	23.7%	25.5%
比较满意	61.5%	66.0%	61.9%	64.7%	59.9%	60.1%	62.6%	61.9%
比较不满意	10.3%	18.0%	17.4%	10.7%	8.4%	13.0%	11.4%	10.9%
非常不满意	1.1%	2.0%	1.5%	2.1%	0.9%	1.4%	2.3%	1.6%
总计	100.0%	100.0%	100.0%	100.0%	100.0%	100.0%	100.0%	100.0%
列总计	174	50	270	1489	1649	922	1167	5721

Chi-square tests：df = 18，卡方值为 74.064，sig = 0.000 < 0.050，所以诸群体在对“当前我国社会人与人之间关系的满意程度”的评价上存在显著差异。

B1c by 诸群体

对您自己的道德状况的满意程度 ＊ 诸群体 Crosstabulation

	官员	企业家	专业人员	工人	农民	企业员工	无业/失业/下岗	总计
非常满意	53.5%	54.0%	45.6%	46.7%	46.7%	51.8%	43.9%	47.2%
比较满意	44.8%	40.0%	53.3%	51.1%	51.3%	45.9%	53.1%	50.6%
比较不满意	0.6%	4.0%	1.1%	1.9%	1.6%	1.7%	2.7%	1.9%

续表

	官员	企业家	专业人员	工人	农民	企业员工	无业/失业/下岗	总计
非常不满意	1.2%	2.0%		0.2%	0.5%	0.5%	0.3%	0.4%
总计	100.0%	100.0%	100.0%	100.0%	100.0%	100.0%	100.0%	100.0%
列总计	172	50	272	1490	1646	922	1165	5717

Chi-square tests：df = 18，卡方值为35.014，sig = 0.009 < 0.050，所以诸群体在“对自己的道德状况的满意程度”的评价上存在显著差异。

B2 by 诸群体

您认为目前我国社会中道德和幸福的现实关系是 * 诸群体 Crosstabulation

	官员	企业家	专业人员	工人	农民	企业员工	无业/失业/下岗	总计
总体上道德和幸福能够一致，能惩恶扬善	78.2%	72.0%	80.9%	78.6%	78.1%	81.6%	76.7%	78.6%
有道德、讲伦理的人大都吃亏，不守道德的人更能讨便宜	15.9%	22.0%	14.2%	14.3%	14.2%	13.9%	16.6%	14.8%
道德和幸福没有关系，能挣钱、有发展无论怎样行动都行	5.9%	6.0%	4.9%	7.1%	7.7%	4.5%	6.8%	6.6%
总计	100.0%	100.0%	100.0%	100.0%	100.0%	100.0%	100.0%	100.0%
列总计	170	50	267	1457	1624	906	1153	5627

Chi-square tests：df = 12，卡方值为18.483，sig = 0.102 > 0.050，所以诸群体在对“目前我国社会中道德和幸福的现实关系”的选择上不存在显著差异。

B3a by 诸群体

您认为您目前的状况是：生活水平提高了，但幸福感和快乐感降低了 * 诸群体 Crosstabulation

	官员	企业家	专业人员	工人	农民	企业员工	无业/失业/下岗	总计
未选	84.5%	82.0%	83.8%	85.2%	90.6%	80.7%	86.1%	86.1%
已选	15.5%	18.0%	16.2%	14.8%	9.4%	19.3%	13.9%	13.9%
总计	100.0%	100.0%	100.0%	100.0%	100.0%	100.0%	100.0%	100.0%
列总计	174	50	272	1501	1654	931	1173	5755

Chi-square tests：df = 6，卡方值为53.757，sig = 0.000 < 0.050，所以诸群体在对“生活水平提高了，但幸福感和快乐感降低了”的认同上存在显著差异。

B3b by 诸群体

您认为您目前的状况是：生活既不富裕也不小康，但幸福并快乐着 ＊ 诸群体 Crosstabulation

	官员	企业家	专业人员	工人	农民	企业员工	无业/失业/下岗	总计
未选	85.5%	84.0%	73.5%	69.4%	64.2%	75.6%	66.6%	69.2%
已选	14.5%	16.0%	26.5%	30.6%	35.8%	24.4%	33.4%	30.8%
总计	100.0%	100.0%	100.0%	100.0%	100.0%	100.0%	100.0%	100.0%
列总计	173	50	272	1501	1654	931	1172	5753

Chi-square tests：df = 6，卡方值为 70.15，sig = 0.000 < 0.050，所以诸群体在对“生活既不富裕也不小康，但幸福并快乐着”的认同上存在显著差异。

B3c by 诸群体

您认为您目前的状况是：生活富裕，但不感到幸福和快乐 ＊ 诸群体 Crosstabulation

	官员	企业家	专业人员	工人	农民	企业员工	无业/失业/下岗	总计
未选	93.6%	96.0%	97.8%	95.9%	98.1%	96.6%	97.4%	96.9%
已选	6.4%	4.0%	2.2%	4.1%	1.9%	3.4%	2.6%	3.1%
总计	100.0%	100.0%	100.0%	100.0%	100.0%	100.0%	100.0%	100.0%
列总计	173	50	272	1500	1654	931	1172	5752

Chi-square tests：df = 6，卡方值为 21.177，sig = 0.002 < 0.050，所以诸群体在对“生活富裕，但不感到幸福和快乐”的认同上存在显著差异。

B3d by 诸群体

您认为您目前的状况是：生活小康，幸福且快乐 ＊ 诸群体 Crosstabulation

	官员	企业家	专业人员	工人	农民	企业员工	无业/失业/下岗	总计
未选	51.4%	50.0%	52.9%	59.1%	65.1%	54.2%	61.9%	60.0%
已选	48.6%	50.0%	47.1%	40.9%	34.9%	45.8%	38.1%	40.0%
总计	100.0%	100.0%	100.0%	100.0%	100.0%	100.0%	100.0%	100.0%
列总计	173	50	272	1501	1654	931	1172	5753

Chi-square tests：df = 6，卡方值为 45.667，sig = 0.000 < 0.050，所以诸群体在对“生活小康，幸福且快乐”的认同上存在显著差异。

B3e by 诸群体

您认为您目前的状况是：生活贫困，既不幸福，也不快乐 * 诸群体 Crosstabulation

	官员	企业家	专业人员	工人	农民	企业员工	无业/失业/下岗	总计
未选	98.8%	98.0%	98.2%	96.1%	91.1%	98.2%	92.6%	94.5%
已选	1.2%	2.0%	1.8%	3.9%	8.9%	1.8%	7.4%	5.5%
总计	100.0%	100.0%	100.0%	100.0%	100.0%	100.0%	100.0%	100.0%
列总计	173	50	272	1500	1654	931	1172	5752

Chi-square tests：df=6，卡方值为91.173，sig=0.000<0.050，所以诸群体在对“生活贫困，既不幸福，也不快乐”的认同上存在显著差异。

B3f by 诸群体

您认为您目前的状况是：生活富裕，幸福也快乐 * 诸群体 Crosstabulation

	官员	企业家	专业人员	工人	农民	企业员工	无业/失业/下岗	总计
未选	85.5%	82.0%	91.2%	90.1%	92.0%	86.6%	93.8%	90.7%
已选	14.5%	18.0%	8.8%	9.9%	8.0%	13.4%	6.2%	9.3%
总计	100.0%	100.0%	100.0%	100.0%	100.0%	100.0%	100.0%	100.0%
列总计	173	50	272	1501	1654	931	1172	5753

Chi-square tests：df=6，卡方值为45.409，sig=0.000<0.050，所以诸群体在对“生活富裕，幸福也快乐”的认同上存在显著差异。

B3g by 诸群体

您认为您目前的状况是：幸福感和快乐感提高了 * 诸群体 Crosstabulation

	官员	企业家	专业人员	工人	农民	企业员工	无业/失业/下岗	总计
未选	67.6%	66.0%	71.0%	73.6%	72.1%	71.6%	75.2%	72.8%
已选	32.4%	34.0%	29.0%	26.4%	27.9%	28.4%	24.8%	27.2%
总计	100.0%	100.0%	100.0%	100.0%	100.0%	100.0%	100.0%	100.0%
列总计	173	50	272	1500	1654	931	1172	5752

Chi-square tests：df=6，卡方值为8.856，sig=0.182>0.050，所以诸群体在对“幸福感和快乐感提高了”的认同上不存在显著差异。

B4 by 诸群体

如果条件允许的话，您或者您的孩子愿意生活在国内，还是到国外定居 ＊ 诸群体 Crosstabulation

	官员	企业家	专业人员	工人	农民	企业员工	无业/失业/下岗	总计
还是在国内生活好	81.5%	75.5%	74.8%	81.1%	78.7%	76.6%	76.0%	78.3%
选择到国外定居	6.9%	14.3%	7.1%	6.5%	8.7%	9.2%	8.2%	8.0%
走一步，看一步	6.9%	8.2%	10.2%	6.2%	8.0%	8.6%	10.3%	8.1%
无所谓	4.6%	2.0%	7.9%	6.2%	4.6%	5.6%	5.5%	5.5%
总计	100.0%	100.0%	100.0%	100.0%	100.0%	100.0%	100.0%	100.0%
列总计	173	49	266	1493	1646	926	1168	5721

Chi-square tests：df = 18，卡方值为 36.795，sig = 0.006 < 0.050，所以诸群体在对“如果条件允许的话，您或者您的孩子愿意生活在国内，还是到国外定居”的选择上存在显著差异。

B5 by 诸群体

您认为中国梦和您个人、家庭追求美好生活有关系吗 ＊ 诸群体 Crosstabulation

	官员	企业家	专业人员	工人	农民	企业员工	无业/失业/下岗	总计
关系很大	85.6%	84.0%	80.1%	64.4%	58.5%	78.0%	61.8%	65.9%
关系不大	10.3%	14.0%	16.6%	21.7%	17.5%	17.1%	22.0%	19.1%
根本没有关系	1.7%			3.4%	4.0%	1.3%	4.4%	3.2%
不清楚什么是中国梦	2.3%	2.0%	3.3%	10.5%	20.0%	3.7%	11.9%	11.7%
总计	100.0%	100.0%	100.0%	100.0%	100.0%	100.0%	100.0%	100.0%
列总计	174	50	271	1496	1652	931	1169	5743

Chi-square tests：df = 18，卡方值为 295.275，sig = 0.000 < 0.050，所以诸群体在对“您认为中国梦和您个人、家庭追求美好生活有关系吗”的选择上存在显著差异。

B6 by 诸群体

现在我们省正按照习近平总书记的要求，努力建设经济强、百姓富、环境美、社会文明程度高的新江苏。您对实现“新江苏”这样的目标有信心吗 ＊ 诸群体 Crosstabulation

	官员	企业家	专业人员	工人	农民	企业员工	无业/失业/下岗	总计
很有信心	87.9%	82.0%	87.0%	80.9%	83.5%	85.6%	79.7%	82.7%

续表

	官员	企业家	专业人员	工人	农民	企业员工	无业/失业/下岗	总计
没有信心	2.3%	6.0%	2.2%	5.1%	4.3%	2.5%	5.2%	4.3%
说不清楚	9.8%	12.0%	10.7%	14.1%	12.1%	11.9%	15.1%	13.1%
总计	100.0%	100.0%	100.0%	100.0%	100.0%	100.0%	100.0%	100.0%
列总计	174	50	270	1500	1647	926	1165	5732

Chi-square tests：df = 12，卡方值为 30.094，sig = 0.003 < 0.050，所以诸群体在对“实现‘新江苏’这样的目标”的信心度上存在显著差异。

B7 by 诸群体

您认为我国目前人与人之间的关系主要受什么影响 ＊ 诸群体 Crosstabulation

	官员	企业家	专业人员	工人	农民	企业员工	无业/失业/下岗	总计
完全受利益影响	8.1%	14.0%	10.0%	13.2%	8.4%	10.8%	10.0%	10.5%
主要受利益影响	38.4%	40.0%	44.1%	37.1%	36.0%	39.1%	38.7%	37.9%
主要受情感影响	16.3%	12.0%	13.3%	22.2%	30.6%	14.5%	23.0%	22.8%
完全受情感影响	2.3%	2.0%	1.5%	3.2%	4.5%	2.4%	2.5%	3.2%
受个人价值观影响	18.6%	18.0%	17.8%	11.7%	9.2%	17.0%	13.3%	12.7%
受共同价值观影响	16.3%	8.0%	13.3%	12.6%	11.4%	16.2%	12.6%	12.9%
总计	100.0%	100.0%	100.0%	100.0%	100.0%	100.0%	100.0%	100.0%
列总计	172	50	270	1490	1638	928	1162	5710

Chi-square tests：df = 30，卡方值为 183.906，sig = 0.000 < 0.050，所以诸群体在对“您认为我国目前人与人之间的关系主要受什么影响”的选择上存在显著差异。

B8a by 诸群体

请问您是否同意以下说法：当前大多数人奉行的是“个人至上” ＊ 诸群体 Crosstabulation

	官员	企业家	专业人员	工人	农民	企业员工	无业/失业/下岗	总计
完全同意	13.2%	14.0%	15.4%	16.6%	16.9%	12.0%	16.2%	15.7%
比较同意	32.2%	44.0%	39.7%	38.6%	37.6%	40.5%	42.4%	39.3%
不太同意	37.4%	34.0%	34.9%	33.9%	32.7%	36.2%	33.1%	33.9%
完全不同意	17.2%	8.0%	9.9%	10.8%	12.8%	11.3%	8.2%	11.1%
总计	100.0%	100.0%	100.0%	100.0%	100.0%	100.0%	100.0%	100.0%

续表

	官员	企业家	专业人员	工人	农民	企业员工	无业/失业/下岗	总计
列总计	174	50	272	1497	1652	928	1171	5744

Chi-square tests：df = 18，卡方值为 41. 753，sig = 0. 001 < 0. 050，所以诸群体在对"当前大多数人奉行的是'个人至上'"这一说法的认同上存在显著差异。

B8b by 诸群体

请问您是否同意以下说法：现在我国大多数人是见利忘义的 ＊ 诸群体 Crosstabulation

	官员	企业家	专业人员	工人	农民	企业员工	无业/失业/下岗	总计
完全同意	6. 3%	14. 3%	10. 4%	10. 1%	11. 0%	6. 9%	8. 9%	9. 5%
比较同意	23. 0%	28. 6%	23. 0%	28. 7%	27. 5%	22. 4%	28. 3%	26. 8%
不太同意	46. 6%	38. 8%	49. 6%	45. 1%	44. 0%	51. 6%	50. 5%	47. 1%
完全不同意	24. 1%	18. 4%	17. 0%	16. 1%	17. 5%	19. 1%	12. 3%	16. 5%
总计	100. 0%	100. 0%	100. 0%	100. 0%	100. 0%	100. 0%	100. 0%	100. 0%
列总计	174	49	270	1498	1649	923	1167	5730

Chi-square tests：df = 18，卡方值为 62. 611，sig = 0. 000 < 0. 050，所以诸群体在对"现在我国大多数人是见利忘义的"这一说法的认同上存在显著差异。

B8c by 诸群体

请问您是否同意以下说法：当前大多数人是以集体利益为重的 ＊ 诸群体 Crosstabulation

	官员	企业家	专业人员	工人	农民	企业员工	无业/失业/下岗	总计
完全同意	18. 5%	16. 0%	14. 4%	17. 4%	18. 7%	17. 3%	15. 6%	17. 3%
比较同意	38. 2%	38. 0%	42. 4%	44. 4%	46. 8%	43. 9%	46. 0%	45. 0%
不太同意	34. 7%	36. 0%	38. 4%	32. 0%	27. 7%	32. 9%	32. 7%	31. 5%
完全不同意	8. 7%	10. 0%	4. 8%	6. 2%	6. 8%	5. 8%	5. 8%	6. 2%
总计	100. 0%	100. 0%	100. 0%	100. 0%	100. 0%	100. 0%	100. 0%	100. 0%
列总计	173	50	271	1492	1643	924	1162	5715

Chi-square tests：df = 18，卡方值为 28. 786，sig = 0. 051 > 0. 050，所以诸群体在对"当前大多数人是以集体利益为重的"这一说法的认同上不存在显著差异。

B8d by 诸群体

请问您是否同意以下说法：当前大多数人是以家庭利益至上 ＊ 诸群体 Crosstabulation

	官员	企业家	专业人员	工人	农民	企业员工	无业/失业/下岗	总计
完全同意	27.6%	36.0%	25.5%	32.1%	35.7%	25.1%	32.3%	31.6%
比较同意	50.0%	36.0%	55.0%	51.1%	46.1%	52.9%	48.6%	49.5%
不太同意	17.8%	24.0%	17.3%	13.4%	15.0%	17.8%	16.8%	15.7%
完全不同意	4.6%	4.0%	2.2%	3.4%	3.2%	4.1%	2.2%	3.2%
总计	100.0%	100.0%	100.0%	100.0%	100.0%	100.0%	100.0%	100.0%
列总计	174	50	271	1488	1643	919	1164	5709

Chi-square tests：df = 18，卡方值为55.915，sig = 0.000 < 0.050，所以诸群体在对“当前大多数人是以家庭利益至上”这一说法的认同上存在显著差异。

B8e by 诸群体

请问您是否同意以下说法：当前的社会是个金钱至上的社会 ＊ 诸群体 Crosstabulation

	官员	企业家	专业人员	工人	农民	企业员工	无业/失业/下岗	总计
完全同意	19.0%	22.0%	17.9%	25.4%	28.9%	18.4%	23.9%	24.4%
比较同意	30.5%	38.0%	38.4%	37.5%	36.0%	34.0%	37.3%	36.3%
不太同意	36.2%	32.0%	33.6%	28.8%	27.7%	36.8%	30.9%	30.7%
完全不同意	14.4%	8.0%	10.1%	8.3%	7.4%	10.7%	7.9%	8.6%
总计	100.0%	100.0%	100.0%	100.0%	100.0%	100.0%	100.0%	100.0%
列总计	174	50	268	1489	1643	923	1165	5712

Chi-square tests：df = 18，卡方值为75.336，sig = 0.000 < 0.050，所以诸群体在对“当前的社会是个金钱至上的社会”这一说法的认同上存在显著差异。

B8f by 诸群体

请问您是否同意以下说法：好人有好报，恶人终归会受到惩罚 ＊ 诸群体 Crosstabulation

	官员	企业家	专业人员	工人	农民	企业员工	无业/失业/下岗	总计
完全同意	58.1%	61.2%	46.5%	55.1%	59.6%	51.3%	52.2%	54.9%

续表

	官员	企业家	专业人员	工人	农民	企业员工	无业/失业/下岗	总计
比较同意	27. 3%	24. 5%	39. 1%	32. 2%	29. 2%	36. 1%	33. 2%	32. 3%
不太同意	10. 5%	12. 2%	11. 4%	9. 5%	8. 7%	9. 9%	11. 9%	10. 0%
完全不同意	4. 1%	2. 0%	3. 0%	3. 2%	2. 6%	2. 7%	2. 7%	2. 9%
总计	100. 0%	100. 0%	100. 0%	100. 0%	100. 0%	100. 0%	100. 0%	100. 0%
列总计	172	49	271	1489	1650	917	1169	5717

Chi-square tests：df = 18，卡方值为 40. 736，sig = 0. 002 < 0. 050，所以诸群体在对“好人有好报，恶人终归会受到惩罚”这一说法的认同上存在显著差异。

B8g by 诸群体

请问您是否同意以下说法：我们的社会中道德能够很好地约束人们行为 * 诸群体 Crosstabulation

	官员	企业家	专业人员	工人	农民	企业员工	无业/失业/下岗	总计
完全同意	31. 8%	20. 0%	26. 9%	28. 1%	29. 5%	29. 9%	26. 4%	28. 4%
比较同意	39. 3%	48. 0%	48. 0%	50. 9%	52. 7%	49. 7%	52. 2%	51. 0%
不太同意	24. 9%	24. 0%	21. 4%	18. 3%	14. 9%	18. 1%	18. 0%	17. 6%
完全不同意	4. 0%	8. 0%	3. 7%	2. 8%	2. 9%	2. 3%	3. 4%	3. 0%
总计	100. 0%	100. 0%	100. 0%	100. 0%	100. 0%	100. 0%	100. 0%	100. 0%
列总计	173	50	271	1488	1645	926	1168	5721

Chi-square tests：df = 18，卡方值为 36. 296，sig = 0. 006 < 0. 050，所以诸群体在对“我们的社会中道德能够很好地约束人们行为”这一说法的认同上存在显著差异。

B8h by 诸群体

请问您是否同意以下说法：现有的规范和习俗能够很好地调节人与人的关系 * 诸群体 Crosstabulation

	官员	企业家	专业人员	工人	农民	企业员工	无业/失业/下岗	总计
完全同意	27. 6%	26. 0%	23. 9%	25. 0%	26. 6%	28. 4%	24. 6%	26. 0%
比较同意	48. 8%	46. 0%	52. 6%	55. 7%	54. 9%	51. 9%	54. 3%	54. 1%
不太同意	20. 6%	20. 0%	20. 1%	16. 7%	16. 1%	17. 1%	17. 7%	17. 1%
完全不同意	2. 9%	8. 0%	3. 4%	2. 6%	2. 4%	2. 6%	3. 4%	2. 8%
总计	100. 0%	100. 0%	100. 0%	100. 0%	100. 0%	100. 0%	100. 0%	100. 0%

续表

	官员	企业家	专业人员	工人	农民	企业员工	无业/失业/下岗	总计
列总计	170	50	268	1484	1642	925	1163	5702

Chi-square tests：df = 18，卡方值为19.582，sig = 0.357 > 0.050，所以诸群体在对“现有的规范和习俗能够很好地调节人与人的关系”这一说法的认同上不存在显著差异。

B8i by 诸群体

请问您是否同意以下说法：为了经济利益可以少许破坏生态环境 * 诸群体 Crosstabulation

	官员	企业家	专业人员	工人	农民	企业员工	无业/失业/下岗	总计
完全同意	5.7%	10.0%	7.4%	9.7%	7.8%	9.8%	8.1%	8.6%
比较同意	17.2%	16.0%	17.3%	16.9%	18.3%	14.3%	19.1%	17.3%
不太同意	27.0%	28.0%	30.3%	28.9%	31.4%	30.0%	30.5%	30.1%
完全不同意	50.0%	46.0%	45.0%	44.5%	42.6%	45.9%	42.2%	43.9%
总计	100.0%	100.0%	100.0%	100.0%	100.0%	100.0%	100.0%	100.0%
列总计	174	50	271	1488	1638	924	1167	5712

Chi-square tests：df = 18，卡方值为21.653，sig = 0.248 > 0.050，所以诸群体在对“为了经济利益可以少许破坏生态环境”这一说法的认同上不存在显著差异。

B8j by 诸群体

请问您是否同意以下说法：在社会生活中首要的是个人幸福，然后才可以去顾及他人 * 诸群体 Crosstabulation

	官员	企业家	专业人员	工人	农民	企业员工	无业/失业/下岗	总计
完全同意	17.9%	20.0%	14.0%	18.5%	19.7%	15.0%	16.7%	17.7%
比较同意	30.6%	22.0%	34.7%	38.4%	38.4%	37.0%	40.7%	38.1%
不太同意	38.2%	38.0%	39.1%	31.7%	31.0%	35.6%	30.3%	32.4%
完全不同意	13.3%	20.0%	12.2%	11.4%	10.9%	12.4%	12.2%	11.8%
总计	100.0%	100.0%	100.0%	100.0%	100.0%	100.0%	100.0%	100.0%
列总计	173	50	271	1493	1646	929	1171	5733

Chi-square tests：df = 18，卡方值为36.943，sig = 0.005 < 0.050，所以诸群体在对“在社会生活中首要的是个人幸福，然后才可以去顾及他人”这一说法的认同上存在显著差异。

B8k by 诸群体

请问您是否同意以下说法：一个人的时候可以做一些诸如随地丢垃圾、随地吐痰等的小事，反正也没有别人知道 * 诸群体 Crosstabulation

	官员	企业家	专业人员	工人	农民	企业员工	无业/失业/下岗	总计
完全同意	3.5%	6.0%	3.0%	3.1%	4.0%	5.2%	3.9%	3.9%
比较同意	7.6%	2.0%	7.0%	10.1%	11.3%	7.0%	8.0%	9.2%
不太同意	23.8%	28.0%	19.6%	23.9%	32.1%	19.1%	24.8%	25.5%
完全不同意	65.1%	64.0%	70.4%	62.8%	52.6%	68.7%	63.3%	61.4%
总计	100.0%	100.0%	100.0%	100.0%	100.0%	100.0%	100.0%	100.0%
列总计	172	50	270	1493	1650	927	1167	5729

Chi-square tests：df = 18，卡方值为 110.808，sig = 0.000 < 0.050，所以诸群体在对“一个人的时候可以做一些诸如随地丢垃圾、随地吐痰等的小事，反正也没有别人知道”这一说法的认同上存在显著差异。

B9 by 诸群体

对中国社会，您最担忧的问题是 * 诸群体 Crosstabulation

	官员	企业家	专业人员	工人	农民	企业员工	无业/失业/下岗	总计
腐败不能根治	28.9%	24.0%	30.3%	31.2%	27.7%	34.4%	26.2%	29.5%
生态环境恶化	30.1%	20.0%	29.5%	20.9%	17.0%	26.3%	21.2%	21.4%
贫富不均，两极分化	18.5%	18.0%	17.3%	21.6%	21.4%	16.9%	20.7%	20.3%
老无所养，对未来没有把握	6.4%	10.0%	6.3%	11.4%	14.7%	8.4%	11.5%	11.5%
生活水平下降	2.9%	4.0%	2.6%	4.7%	7.4%	1.9%	4.5%	4.8%
道德滑坡，社会风气恶化	11.0%	18.0%	11.1%	6.2%	6.1%	9.6%	9.9%	7.9%
人际关系紧张	0.6%	4.0%	1.1%	1.9%	1.6%	0.6%	2.7%	1.7%
其他	1.7%	2.0%	1.8%	2.1%	4.1%	1.8%	3.3%	2.9%
总计	100.0%	100.0%	100.0%	100.0%	100.0%	100.0%	100.0%	100.0%
列总计	173	50	271	1495	1643	928	1166	5726

Chi-square tests：df = 42，卡方值为 208.54，sig = 0.000 < 0.050，所以诸群体在对“对中国社会，您最担忧的问题”的选择上存在显著差异。

B10 by 诸群体

和前几年相比，您认为目前我国官员腐败现象 * 诸群体 Crosstabulation

	官员	企业家	专业人员	工人	农民	企业员工	无业/失业/下岗	总计
有较大改善	88.4%	86.0%	77.6%	72.1%	71.9%	80.3%	71.2%	74.1%

续表

	官员	企业家	专业人员	工人	农民	企业员工	无业/失业/下岗	总计
没什么变化	9.8%	12.0%	18.8%	24.4%	25.3%	16.6%	24.4%	22.6%
更加恶化	1.7%	2.0%	3.7%	3.5%	2.8%	3.1%	4.4%	3.3%
总计	100.0%	100.0%	100.0%	100.0%	100.0%	100.0%	100.0%	100.0%
列总计	173	50	272	1497	1643	929	1170	5734

Chi-square tests：df = 12，卡方值为 62.043，sig = 0.000 < 0.050，所以诸群体在对“和前几年相比，您认为目前我国官员腐败现象是否发生变化”的评价上存在显著差异。

B11a by 诸群体

当前我国社会道德生活中最重要的元素 * 诸群体 Crosstabulation

	官员	企业家	专业人员	工人	农民	企业员工	无业/失业/下岗	总计
意识形态中所提倡的社会主义道德	37.0%	36.0%	29.0%	24.4%	24.1%	33.8%	26.0%	26.9%
中国传统道德	53.2%	52.0%	57.4%	62.0%	60.0%	56.2%	55.7%	58.6%
受西方文化影响而形成的道德	2.3%	2.0%	3.7%	3.3%	4.8%	1.9%	4.4%	3.7%
市场经济中形成的道德	7.5%	10.0%	9.6%	10.0%	10.9%	8.1%	13.8%	10.6%
其他			0.4%	0.3%	0.2%		0.1%	0.2%
总计	100.0%	100.0%	100.0%	100.0%	100.0%	100.0%	100.0%	100.0%
列总计	173	50	272	1473	1618	924	1143	5653

Chi-square tests：df = 24，卡方值为 80.978，sig = 0.000 < 0.050，所以诸群体在对“当前我国社会道德生活中最重要的元素”的选择上存在显著差异。

B11b by 诸群体

当前我国社会道德生活中第二重要的元素 * 诸群体 Crosstabulation

	官员	企业家	专业人员	工人	农民	企业员工	无业/失业/下岗	总计
意识形态中所提倡的社会主义道德	43.8%	38.0%	41.2%	47.4%	46.4%	42.5%	43.3%	45.0%
中国传统道德	33.7%	38.0%	33.7%	25.9%	26.7%	32.9%	27.6%	28.3%
受西方文化影响而形成的道德	5.9%	4.0%	5.6%	7.8%	8.1%	5.1%	7.5%	7.2%
市场经济中形成的道德	16.6%	20.0%	19.1%	18.7%	18.6%	19.2%	21.4%	19.3%
其他			0.4%	0.2%	0.2%	0.2%	0.3%	0.2%
总计	100.0%	100.0%	100.0%	100.0%	100.0%	100.0%	100.0%	100.0%

续表

	官员	企业家	专业人员	工人	农民	企业员工	无业/失业/下岗	总计
列总计	169	50	267	1450	1598	894	1124	5552

Chi-square tests：df = 24，卡方值为 37. 721，sig = 0. 037 < 0. 050，所以诸群体在对“当前我国社会道德生活中第二重要的元素”的选择上存在显著差异。

B11c by 诸群体

当前我国社会道德生活中第三重要的元素 ＊ 诸群体 Crosstabulation

	官员	企业家	专业人员	工人	农民	企业员工	无业/失业/下岗	总计
意识形态中所提倡的社会主义道德	13. 1%	22. 4%	22. 6%	20. 6%	21. 9%	18. 0%	23. 5%	21. 0%
中国传统道德	8. 3%	6. 1%	5. 7%	9. 0%	9. 9%	8. 5%	11. 8%	9. 6%
受西方文化影响而形成的道德	20. 2%	18. 4%	20. 8%	19. 3%	20. 0%	18. 4%	22. 6%	20. 1%
市场经济中形成的道德	57. 1%	53. 1%	49. 1%	50. 4%	47. 7%	54. 1%	41. 4%	48. 5%
其他	1. 2%		1. 9%	0. 7%	0. 4%	1. 0%	0. 6%	0. 7%
总计	100. 0%	100. 0%	100. 0%	100. 0%	100. 0%	100. 0%	100. 0%	100. 0%
列总计	168	49	265	1439	1592	887	1114	5514

Chi-square tests：df = 24，卡方值为 61. 789，sig = 0. 000 < 0. 050，所以诸群体在对“当前我国社会道德生活中第三重要的元素”的选择上存在显著差异。

B12 by 诸群体

对伦理关系和道德生活，您最向往或怀念的是 ＊ 诸群体 Crosstabulation

	官员	企业家	专业人员	工人	农民	企业员工	无业/失业/下岗	总计
传统社会的伦理和道德（如仁、义、礼、智、信）	53. 2%	44. 0%	49. 4%	46. 5%	41. 7%	51. 9%	43. 1%	45. 6%
战争年代为理想而献身的革命精神（如革命烈士的无私献身精神）	19. 7%	18. 0%	14. 8%	17. 6%	21. 4%	15. 3%	15. 7%	17. 9%
新中国成立后到“文化大革命”前的大公无私的集体主义精神	11. 6%	14. 0%	7. 7%	12. 2%	15. 9%	10. 2%	10. 2%	12. 3%
追求个人利益的市场经济下的道德	3. 5%	6. 0%	2. 6%	6. 3%	6. 5%	2. 9%	7. 1%	5. 7%
自由、平等、博爱的西方道德	12. 1%	18. 0%	25. 5%	17. 4%	14. 4%	19. 7%	23. 9%	18. 5%
总计	100. 0%	100. 0%	100. 0%	100. 0%	100. 0%	100. 0%	100. 0%	100. 0%

续表

	官员	企业家	专业人员	工人	农民	企业员工	无业/失业/下岗	总计
列总计	173	50	271	1497	1650	929	1163	5733

Chi-square tests：df = 24，卡方值为 139. 262，sig = 0. 000 < 0. 050，所以诸群体在对“对伦理关系和道德生活，您最向往或怀念的”的选择上存在显著差异。

B13a by 诸群体

目前职业道德中最突出的问题是：将职业当作谋生的手段，缺乏责任感和奉献精神 ＊ 诸群体 Crosstabulation

	官员	企业家	专业人员	工人	农民	企业员工	无业/失业/下岗	总计
未选	35. 8%	42. 0%	36. 7%	52. 0%	60. 3%	34. 6%	51. 1%	50. 1%
已选	64. 2%	58. 0%	63. 3%	48. 0%	39. 7%	65. 4%	48. 9%	49. 9%
总计	100. 0%	100. 0%	100. 0%	100. 0%	100. 0%	100. 0%	100. 0%	100. 0%
列总计	173	50	270	1489	1633	927	1158	5700

Chi-square tests：df = 6，卡方值为 194. 592，sig = 0. 000 < 0. 050，所以诸群体在对“将职业当作谋生的手段，缺乏责任感和奉献精神是目前职业道德中最突出的问题”的看法上存在显著差异。

B13b by 诸群体

目前职业道德中最突出的问题是：企业老板剥削员工，利益关系不公正 ＊ 诸群体 Crosstabulation

	官员	企业家	专业人员	工人	农民	企业员工	无业/失业/下岗	总计
未选	78. 5%	80. 0%	65. 9%	59. 8%	58. 4%	65. 8%	64. 4%	62. 3%
已选	21. 5%	20. 0%	34. 1%	40. 2%	41. 6%	34. 2%	35. 6%	37. 7%
总计	100. 0%	100. 0%	100. 0%	100. 0%	100. 0%	100. 0%	100. 0%	100. 0%
列总计	172	50	270	1491	1633	926	1160	5702

Chi-square tests：df = 6，卡方值为 48. 653，sig = 0. 000 < 0. 050，所以诸群体在对“企业老板剥削员工，利益关系不公正是目前职业道德中最突出的问题”的看法上存在显著差异。

B13c by 诸群体

目前职业道德中最突出的问题是：老板和员工、上级和下级相互勾结，共同对社会不负责任 ＊ 诸群体 Crosstabulation

	官员	企业家	专业人员	工人	农民	企业员工	无业/失业/下岗	总计
未选	77.3%	82.0%	84.5%	78.0%	75.3%	83.7%	78.4%	78.6%
已选	22.7%	18.0%	15.5%	22.0%	24.7%	16.3%	21.6%	21.4%
总计	100.0%	100.0%	100.0%	100.0%	100.0%	100.0%	100.0%	100.0%
列总计	172	50	271	1491	1633	926	1160	5703

Chi-square tests：df = 6，卡方值为 31.140，sig = 0.000 < 0.050，所以诸群体在对“老板和员工、上级和下级相互勾结，共同对社会不负责任是目前职业道德中最突出的问题”的看法上存在显著差异。

B13d by 诸群体

目前职业道德中最突出的问题是：领导和业主道德素质差 ＊ 诸群体 Crosstabulation

	官员	企业家	专业人员	工人	农民	企业员工	无业/失业/下岗	总计
未选	83.1%	78.0%	87.1%	82.4%	79.0%	83.9%	82.9%	82.0%
已选	16.9%	22.0%	12.9%	17.6%	21.0%	16.1%	17.1%	18.0%
总计	100.0%	100.0%	100.0%	100.0%	100.0%	100.0%	100.0%	100.0%
列总计	172	50	271	1491	1633	926	1160	5703

Chi-square tests：df = 6，卡方值为 18.573，sig = 0.005 < 0.050，所以诸群体在对“领导和业主道德素质差是目前职业道德中最突出的问题”的看法上存在显著差异。

B13e by 诸群体

目前职业道德中最突出的问题是：组织只是利益的博弈场所，缺乏伦理性与道德性 ＊ 诸群体 Crosstabulation

	官员	企业家	专业人员	工人	农民	企业员工	无业/失业/下岗	总计
未选	76.2%	70.0%	73.8%	84.4%	86.6%	79.0%	79.9%	82.4%
已选	23.8%	30.0%	26.2%	15.6%	13.4%	21.0%	20.1%	17.6%
总计	100.0%	100.0%	100.0%	100.0%	100.0%	100.0%	100.0%	100.0%
列总计	172	50	271	1491	1633	927	1160	5704

Chi-square tests：df = 6，卡方值为 60.157，sig = 0.000 < 0.050，所以诸群体在对“组织只是利益的博弈场所，缺乏伦理性与道德性是目前职业道德中最突出的问题”的看法上存在显著差异。

B14 by 诸群体

您认为目前我国社会成员之间的收入差距 * 诸群体 Crosstabulation

	官员	企业家	专业人员	工人	农民	企业员工	无业/失业/下岗	总计
合理，可以接受	14.0%	14.3%	17.1%	19.4%	27.2%	16.4%	18.3%	20.6%
不合理，但可以接受	52.9%	44.9%	50.6%	37.3%	33.8%	47.5%	39.9%	39.6%
不合理，不能接受	26.2%	28.6%	20.1%	31.3%	26.7%	25.5%	28.6%	27.8%
说不清	7.0%	12.2%	12.3%	12.0%	12.3%	10.6%	13.2%	12.0%
总计	100.0%	100.0%	100.0%	100.0%	100.0%	100.0%	100.0%	100.0%
列总计	172	49	269	1485	1642	926	1168	5711

Chi-square tests：df = 18，卡方值为 121.782，sig = 0.000 < 0.050，所以诸群体在对“目前我国社会成员之间的收入差距”的评价上存在显著差异。

B15 by 诸群体

和前几年相比，您认为目前我国社会的分配不公、两极分化现象 * 诸群体 Crosstabulation

	官员	企业家	专业人员	工人	农民	企业员工	无业/失业/下岗	总计
有较大改善	52.3%	46.0%	44.3%	44.6%	47.3%	46.0%	44.5%	45.8%
没什么变化	33.1%	34.0%	36.2%	40.1%	41.5%	38.3%	42.6%	40.3%
更加恶化	14.5%	20.0%	19.6%	15.3%	11.1%	15.7%	12.9%	13.9%
总计	100.0%	100.0%	100.0%	100.0%	100.0%	100.0%	100.0%	100.0%
列总计	172	50	271	1487	1637	927	1162	5706

Chi-square tests：df = 12，卡方值为 32.446，sig = 0.000 < 0.050，所以诸群体在对“和前几年相比，目前我国社会有关分配不公、两极分化现象有无改善”的评价上存在显著差异。

B16 by 诸群体

跟三年前相比，您觉得自己的社会经济地位 * 诸群体 Crosstabulation

	官员	企业家	专业人员	工人	农民	企业员工	无业/失业/下岗	总计
上升了	39.9%	50.0%	39.1%	37.1%	43.0%	36.2%	30.8%	37.7%
差不多	45.1%	38.0%	45.4%	46.0%	42.2%	47.2%	46.9%	45.1%
下降了	8.1%	6.0%	9.2%	10.0%	10.2%	10.4%	10.5%	10.1%

续表

	官员	企业家	专业人员	工人	农民	企业员工	无业/失业/下岗	总计
不好说/说不清	6.9%	6.0%	6.3%	7.0%	4.6%	6.1%	11.8%	7.1%
总计	100.0%	100.0%	100.0%	100.0%	100.0%	100.0%	100.0%	100.0%
列总计	173	50	271	1497	1648	930	1164	5733

Chi-square tests：df = 18，卡方值为 89.437，sig = 0.000 < 0.050，所以诸群体在对“跟三年前相比，自己的社会经济地位是否上升”的评价上存在显著差异。

B17 by 诸群体

跟同龄人相比，您觉得自己的社会经济地位 ＊ 诸群体 Crosstabulation

	官员	企业家	专业人员	工人	农民	企业员工	无业/失业/下岗	总计
较高	15.6%	16.0%	12.3%	8.1%	9.5%	11.0%	7.1%	9.3%
差不多	65.3%	68.0%	58.4%	62.4%	61.1%	60.1%	59.0%	60.9%
较低	10.4%	6.0%	17.8%	19.7%	22.0%	20.2%	22.5%	20.5%
不好说/说不清	8.7%	10.0%	11.5%	9.8%	7.4%	8.7%	11.4%	9.3%
总计	100.0%	100.0%	100.0%	100.0%	100.0%	100.0%	100.0%	100.0%
列总计	173	50	269	1483	1634	924	1162	5695

Chi-square tests：df = 18，卡方值为 60.563，sig = 0.000 < 0.050，所以诸群体在对“跟同龄人相比，自己的社会经济地位如何”的评价上存在显著差异。

B18a by 诸群体

您对现代家庭伦理中最忧虑的问题是：婚姻不稳定，两性关系过度开放 ＊ 诸群体 Crosstabulation

	官员	企业家	专业人员	工人	农民	企业员工	无业/失业/下岗	总计
未选	76.3%	72.0%	76.3%	79.6%	80.6%	75.0%	81.1%	79.1%
已选	23.7%	28.0%	23.7%	20.4%	19.4%	25.0%	18.9%	20.9%
总计	100.0%	100.0%	100.0%	100.0%	100.0%	100.0%	100.0%	100.0%
列总计	169	50	270	1472	1618	925	1150	5654

Chi-square tests：df = 6，卡方值为 18.113，sig = 0.006 < 0.050，所以诸群体在对“婚姻不稳定，两性关系过度开放是现代家庭伦理中最忧虑的问题”的看法上存在显著差异。

B18b by 诸群体

您对现代家庭伦理中最忧虑的问题是：子女，尤其是独生子女缺乏责任感 ＊ 诸群体 Crosstabulation

	官员	企业家	专业人员	工人	农民	企业员工	无业/失业/下岗	总计
未选	42.0%	66.0%	48.1%	60.3%	65.5%	49.7%	62.8%	59.5%
已选	58.0%	34.0%	51.9%	39.7%	34.5%	50.3%	37.2%	40.5%
总计	100.0%	100.0%	100.0%	100.0%	100.0%	100.0%	100.0%	100.0%
列总计	169	50	270	1470	1617	925	1150	5651

Chi-square tests：df = 6，卡方值为 102.981，sig = 0.000 < 0.050，所以诸群体在对“子女，尤其是独生子女缺乏责任感是现代家庭伦理中最忧虑的问题”的看法上存在显著差异。

B18c by 诸群体

您对现代家庭伦理中最忧虑的问题是：子女不孝敬父母 ＊ 诸群体 Crosstabulation

	官员	企业家	专业人员	工人	农民	企业员工	无业/失业/下岗	总计
未选	74.6%	64.0%	76.7%	75.9%	69.1%	79.2%	75.3%	74.3%
已选	25.4%	36.0%	23.3%	24.1%	30.9%	20.8%	24.7%	25.7%
总计	100.0%	100.0%	100.0%	100.0%	100.0%	100.0%	100.0%	100.0%
列总计	169	50	270	1469	1617	925	1150	5650

Chi-square tests：df = 6，卡方值为 40.52，sig = 0.000 < 0.050，所以诸群体在对“子女不孝敬父母是现代家庭伦理中最忧虑的问题”的看法上存在显著差异。

B18d by 诸群体

您对现代家庭伦理中最忧虑的问题是：代沟严重，价值观念对立 ＊ 诸群体 Crosstabulation

	官员	企业家	专业人员	工人	农民	企业员工	无业/失业/下岗	总计
未选	61.5%	58.0%	67.4%	60.7%	68.8%	61.2%	61.3%	63.5%
已选	38.5%	42.0%	32.6%	39.3%	31.2%	38.8%	38.7%	36.5%
总计	100.0%	100.0%	100.0%	100.0%	100.0%	100.0%	100.0%	100.0%
列总计	169	50	270	1469	1617	925	1150	5650

Chi-square tests：df = 6，卡方值为 31.748，sig = 0.000 < 0.050，所以诸群体在对“代沟严重，价值观念对立是现代家庭伦理中最忧虑的问题”的看法上存在显著差异。

B18e by 诸群体

您对现代家庭伦理中最忧虑的问题是：婆媳关系紧张 ＊ 诸群体 Crosstabulation

	官员	企业家	专业人员	工人	农民	企业员工	无业/失业/下岗	总计
未选	89.3%	88.0%	87.0%	87.0%	86.6%	86.7%	85.1%	86.6%
已选	10.7%	12.0%	13.0%	13.0%	13.4%	13.3%	14.9%	13.4%
总计	100.0%	100.0%	100.0%	100.0%	100.0%	100.0%	100.0%	100.0%
列总计	169	50	270	1470	1617	925	1150	5651

Chi-square tests：df = 6，卡方值为3.568，sig = 0.735 > 0.050，所以诸群体在对“婆媳关系紧张是现代家庭伦理中最忧虑的问题”的看法上不存在显著差异。

B18f by 诸群体

您对现代家庭伦理中最忧虑的问题是：父母不民主，不能容忍差异 ＊ 诸群体 Crosstabulation

	官员	企业家	专业人员	工人	农民	企业员工	无业/失业/下岗	总计
未选	98.2%	96.0%	92.2%	95.0%	95.2%	94.8%	94.4%	94.9%
已选	1.8%	4.0%	7.8%	5.0%	4.8%	5.2%	5.6%	5.1%
总计	100.0%	100.0%	100.0%	100.0%	100.0%	100.0%	100.0%	100.0%
列总计	169	50	270	1469	1617	925	1150	5650

Chi-square tests：df = 6，卡方值为8.794，sig = 0.185 > 0.050，所以诸群体在对“父母不民主，不能容忍差异是现代家庭伦理中最忧虑的问题”的看法上不存在显著差异。

B19a by 诸群体

您是否同意以下关于家庭和婚姻的一些说法：是否离婚主要考虑自己的感受和利益 ＊ 诸群体 Crosstabulation

	官员	企业家	专业人员	工人	农民	企业员工	无业/失业/下岗	总计
完全同意	13.4%	6.0%	9.6%	10.3%	8.0%	11.3%	11.5%	10.0%
比较同意	16.9%	32.0%	25.1%	24.2%	22.9%	26.2%	25.0%	24.2%
比较不同意	42.4%	38.0%	46.1%	39.7%	40.7%	40.6%	41.3%	40.8%
完全不同意	27.3%	24.0%	19.2%	25.8%	28.5%	22.0%	22.2%	24.9%
总计	100.0%	100.0%	100.0%	100.0%	100.0%	100.0%	100.0%	100.0%

续表

	官员	企业家	专业人员	工人	农民	企业员工	无业/失业/下岗	总计
列总计	172	50	271	1474	1635	924	1166	5692

Chi-square tests：df = 18，卡方值为 44. 061，sig = 0. 001 < 0. 050，所以诸群体在对“是否离婚主要考虑自己的感受和利益”的看法上存在显著差异。

B19b by 诸群体

您是否同意以下关于家庭和婚姻的一些说法：是否离婚应该从家庭整体（包括子女）考虑 * 诸群体 Crosstabulation

	官员	企业家	专业人员	工人	农民	企业员工	无业/失业/下岗	总计
完全同意	46. 2%	56. 0%	35. 4%	45. 7%	43. 4%	44. 0%	45. 1%	44. 3%
比较同意	41. 6%	32. 0%	53. 9%	42. 9%	43. 7%	44. 2%	45. 4%	44. 2%
比较不同意	8. 7%	10. 0%	9. 2%	8. 5%	9. 8%	9. 3%	7. 9%	8. 9%
完全不同意	3. 5%	2. 0%	1. 5%	2. 8%	3. 2%	2. 5%	1. 6%	2. 6%
总计	100. 0%	100. 0%	100. 0%	100. 0%	100. 0%	100. 0%	100. 0%	100. 0%
列总计	173	50	271	1480	1640	927	1164	5705

Chi-square tests：df = 18，卡方值为 28. 335，sig = 0. 057 > 0. 050，所以诸群体在对“是否离婚应该从家庭整体（包括子女）考虑”的看法上不存在显著差异。

B19c by 诸群体

您是否同意以下关于家庭和婚姻的一些说法：婚姻是社会的事，应当兼顾社会评价和后果 * 诸群体 Crosstabulation

	官员	企业家	专业人员	工人	农民	企业员工	无业/失业/下岗	总计
完全同意	24. 4%	24. 0%	24. 0%	25. 0%	27. 0%	24. 6%	24. 3%	25. 3%
比较同意	46. 5%	52. 0%	41. 7%	43. 3%	46. 6%	39. 6%	44. 3%	43. 9%
比较不同意	22. 7%	16. 0%	28. 0%	24. 6%	20. 1%	26. 1%	23. 8%	23. 4%
完全不同意	6. 4%	8. 0%	6. 3%	7. 2%	6. 3%	9. 8%	7. 6%	7. 4%
总计	100. 0%	100. 0%	100. 0%	100. 0%	100. 0%	100. 0%	100. 0%	100. 0%
列总计	172	50	271	1482	1639	920	1166	5700

Chi-square tests：df = 18，卡方值为 36. 62，sig = 0. 006 < 0. 050，所以诸群体在对“婚姻是社会的事，应当兼顾社会评价和后果”的看法上存在显著差异。

B19d by 诸群体

您是否同意以下关于家庭和婚姻的一些说法：婚姻意味着责任，不能轻易选择离婚 ＊ 诸群体 Crosstabulation

	官员	企业家	专业人员	工人	农民	企业员工	无业/失业/下岗	总计
完全同意	62.4%	66.0%	59.3%	61.0%	60.3%	63.2%	57.6%	60.5%
比较同意	32.9%	32.0%	33.7%	31.9%	31.9%	30.5%	34.8%	32.4%
比较不同意	4.0%	2.0%	6.3%	5.0%	5.7%	3.9%	5.2%	5.1%
完全不同意	0.6%		0.7%	2.1%	2.2%	2.4%	2.3%	2.1%
总计	100.0%	100.0%	100.0%	100.0%	100.0%	100.0%	100.0%	100.0%
列总计	173	50	270	1484	1645	924	1163	5709

Chi-square tests：df = 18，卡方值为18.598，sig = 0.417 > 0.050，所以诸群体在对“婚姻意味着责任，不能轻易选择离婚”的看法上不存在显著差异。

B19e by 诸群体

您是否同意以下关于家庭和婚姻的一些说法：遇到困难需要别人帮助时，朋友比兄弟姐妹更可靠 ＊ 诸群体 Crosstabulation

	官员	企业家	专业人员	工人	农民	企业员工	无业/失业/下岗	总计
完全同意	13.4%	20.0%	13.6%	18.1%	16.5%	16.1%	15.2%	16.4%
比较同意	27.9%	28.0%	36.4%	28.9%	27.8%	31.1%	28.8%	29.2%
比较不同意	47.7%	40.0%	42.6%	40.8%	40.6%	44.3%	44.8%	42.4%
完全不同意	11.0%	12.0%	7.4%	12.1%	15.1%	8.5%	11.1%	11.9%
总计	100.0%	100.0%	100.0%	100.0%	100.0%	100.0%	100.0%	100.0%
列总计	172	50	272	1491	1640	924	1162	5711

Chi-square tests：df = 18，卡方值为47.172，sig = 0.000 < 0.050，所以诸群体在对“遇到困难需要别人帮助时，朋友比兄弟姐妹更可靠”的看法上存在显著差异。

B19f by 诸群体

您是否同意以下关于家庭和婚姻的一些说法：无论父母对自己如何，都应尽赡养义务 ＊ 诸群体 Crosstabulation

	官员	企业家	专业人员	工人	农民	企业员工	无业/失业/下岗	总计
完全同意	80.2%	72.0%	75.7%	74.5%	72.1%	78.0%	71.5%	74.0%

续表

	官员	企业家	专业人员	工人	农民	企业员工	无业/失业/下岗	总计
比较同意	16.3%	20.0%	17.6%	20.8%	23.0%	18.0%	22.5%	21.1%
比较不同意	2.3%	4.0%	4.0%	3.6%	3.5%	2.7%	4.2%	3.5%
完全不同意	1.2%	4.0%	2.6%	1.1%	1.4%	1.3%	1.8%	1.5%
总计	100.0%	100.0%	100.0%	100.0%	100.0%	100.0%	100.0%	100.0%
列总计	172	50	272	1492	1649	921	1166	5722

Chi-square tests：df = 18，卡方值为28.009，sig = 0.062 > 0.050，所以诸群体在对“无论父母对自己如何，都应尽赡养义务”的看法上不存在显著差异。

B19g by 诸群体

您是否同意以下关于家庭和婚姻的一些说法：为了家庭利益可以一定程度上损害国家利益 ＊ 诸群体 Crosstabulation

	官员	企业家	专业人员	工人	农民	企业员工	无业/失业/下岗	总计
完全同意	2.9%		4.4%	4.0%	4.0%	4.1%	3.3%	3.8%
比较同意	5.8%	2.0%	4.0%	8.5%	10.7%	6.3%	8.6%	8.4%
比较不同意	23.3%	24.0%	26.8%	26.7%	27.4%	23.8%	29.2%	26.9%
完全不同意	68.0%	74.0%	64.7%	60.8%	57.9%	65.8%	58.9%	60.9%
总计	100.0%	100.0%	100.0%	100.0%	100.0%	100.0%	100.0%	100.0%
列总计	172	50	272	1492	1643	927	1164	5720

Chi-square tests：df = 18，卡方值为45.924，sig = 0.000 < 0.050，所以诸群体在对“为了家庭利益可以一定程度上损害国家利益”的看法上存在显著差异。

B20 by 诸群体

您所在的地方发生过虐童事件吗 ＊ 诸群体 Crosstabulation

	官员	企业家	专业人员	工人	农民	企业员工	无业/失业/下岗	总计
经常会发生	1.1%		0.7%	1.1%	0.9%	0.8%	0.7%	0.9%
偶尔发生	12.6%	12.0%	17.2%	11.1%	9.7%	11.9%	13.2%	11.6%
没听说过	86.2%	88.0%	82.1%	87.8%	89.4%	87.3%	86.1%	87.5%
总计	100.0%	100.0%	100.0%	100.0%	100.0%	100.0%	100.0%	100.0%
列总计	174	50	268	1486	1641	922	1161	5702

Chi-square tests：df = 12，卡方值为19.679，sig = 0.073 > 0.050，所以诸群体在对“所在的地方是否发生过虐童事件”的回答上不存在显著差异。

B21a by 诸群体

您听说过或见过祠堂吗 ＊ 诸群体 Crosstabulation

	官员	企业家	专业人员	工人	农民	企业员工	无业/失业/下岗	总计
未选	56.9%	64.0%	63.8%	65.7%	74.0%	63.5%	71.3%	68.5%
已选	43.1%	36.0%	36.2%	34.3%	26.0%	36.5%	28.7%	31.5%
总计	100.0%	100.0%	100.0%	100.0%	100.0%	100.0%	100.0%	100.0%
列总计	174	50	271	1498	1650	931	1172	5746

Chi-square tests：df = 6，卡方值为 57.905，sig = 0.000 < 0.050，所以诸群体在对“是否听过或见过祠堂”的回答上存在显著差异。

B21b by 诸群体

您听说过或见过族谱吗 ＊ 诸群体 Crosstabulation

	官员	企业家	专业人员	工人	农民	企业员工	无业/失业/下岗	总计
未选	58.6%	70.0%	55.9%	67.0%	65.4%	60.6%	67.8%	64.9%
已选	41.4%	30.0%	44.1%	33.0%	34.6%	39.4%	32.2%	35.1%
总计	100.0%	100.0%	100.0%	100.0%	100.0%	100.0%	100.0%	100.0%
列总计	174	50	272	1498	1652	931	1172	5749

Chi-square tests：df = 6，卡方值为 28.338，sig = 0.000 < 0.050，所以诸群体在对“是否听过或见过族谱”的回答上存在显著差异。

B21c by 诸群体

您听说过或见过祖先牌位吗 ＊ 诸群体 Crosstabulation

	官员	企业家	专业人员	工人	农民	企业员工	无业/失业/下岗	总计
未选	67.2%	66.0%	67.6%	72.6%	72.2%	70.7%	74.7%	72.2%
已选	32.8%	34.0%	32.4%	27.4%	27.8%	29.3%	25.3%	27.8%
总计	100.0%	100.0%	100.0%	100.0%	100.0%	100.0%	100.0%	100.0%
列总计	174	50	272	1498	1652	931	1172	5749

Chi-square tests：df = 6，卡方值为 10.625，sig = 0.101 > 0.050，所以诸群体在对“是否听过或见过祖先牌位”的回答上不存在显著差异。

B21d by 诸群体

您听说过或见过姓氏辈分（×姓×字，或第×代）吗 ＊ 诸群体 Crosstabulation

	官员	企业家	专业人员	工人	农民	企业员工	无业/失业/下岗	总计
未选	59.2%	62.0%	49.6%	62.9%	57.7%	58.1%	58.2%	58.9%
已选	40.8%	38.0%	50.4%	37.1%	42.3%	41.9%	41.8%	41.1%
总计	100.0%	100.0%	100.0%	100.0%	100.0%	100.0%	100.0%	100.0%
列总计	174	50	272	1498	1652	931	1172	5749

Chi-square tests：df＝6，卡方值为21.068，sig＝0.002＜0.050，所以诸群体在对“是否听过或见过姓氏辈分（×姓×字，或第×代）”的回答上存在显著差异。

B21e by 诸群体

您听说过或见过姓氏族支（×姓××堂）吗 ＊ 诸群体 Crosstabulation

	官员	企业家	专业人员	工人	农民	企业员工	无业/失业/下岗	总计
未选	86.8%	94.0%	85.7%	89.1%	88.8%	89.3%	89.8%	89.0%
已选	13.2%	6.0%	14.3%	10.9%	11.2%	10.7%	10.2%	11.0%
总计	100.0%	100.0%	100.0%	100.0%	100.0%	100.0%	100.0%	100.0%
列总计	174	50	272	1498	1652	931	1172	5749

Chi-square tests：df＝6，卡方值为6.087，sig＝0.414＞0.050，所以诸群体在对“是否听过或见过姓氏族支（×姓××堂）”的回答上不存在显著差异。

B21f by 诸群体

您听说过或见过到祖坟上磕头、烧纸、供菜或燃放鞭炮等行为吗 ＊ 诸群体 Crosstabulation

	官员	企业家	专业人员	工人	农民	企业员工	无业/失业/下岗	总计
未选	20.1%	14.0%	18.8%	18.4%	18.1%	22.1%	21.3%	19.5%
已选	79.9%	86.0%	81.3%	81.6%	81.9%	77.9%	78.7%	80.5%
总计	100.0%	100.0%	100.0%	100.0%	100.0%	100.0%	100.0%	100.0%
列总计	174	50	272	1498	1653	931	1172	5750

Chi-square tests：df＝6，卡方值为11.025，sig＝0.088＞0.050，所以诸群体在对“是否听过或见过到祖坟上磕头、烧纸、供菜或燃放鞭炮的”的回答上不存在显著差异。

B21g by 诸群体

您听说过或见过到祖坟上鞠躬、献鲜花或供奉水果的吗 * 诸群体 Crosstabulation

	官员	企业家	专业人员	工人	农民	企业员工	无业/失业/下岗	总计
未选	29.3%	32.0%	33.5%	31.0%	35.7%	29.5%	37.5%	33.5%
已选	70.7%	68.0%	66.5%	69.0%	64.3%	70.5%	62.5%	66.5%
总计	100.0%	100.0%	100.0%	100.0%	100.0%	100.0%	100.0%	100.0%
列总计	174	50	272	1498	1653	931	1172	5750

Chi-square tests：df = 6，卡方值为 24.198，sig = 0.000 < 0.050，所以诸群体在对“是否听说过或见过祖坟上鞠躬、献鲜花或供奉水果的”的回答上存在显著差异。

B21h by 诸群体

您听说过或见过宗族大事记或家族活动记录吗 * 诸群体 Crosstabulation

	官员	企业家	专业人员	工人	农民	企业员工	无业/失业/下岗	总计
未选	86.2%	92.0%	90.1%	92.1%	94.1%	89.6%	91.7%	91.9%
已选	13.8%	8.0%	9.9%	7.9%	5.9%	10.4%	8.3%	8.1%
总计	100.0%	100.0%	100.0%	100.0%	100.0%	100.0%	100.0%	100.0%
列总计	174	50	272	1498	1653	931	1172	5750

Chi-square tests：df = 6，卡方值为 26.177，sig = 0.000 < 0.050，所以诸群体在对“是否听说过或见过宗族大事记或家族活动记录”的回答上存在显著差异。

B21i by 诸群体

您听说过或见过古牌坊、古牌匾、人物纪念石碑等古迹古物吗 * 诸群体 Crosstabulation

	官员	企业家	专业人员	工人	农民	企业员工	无业/失业/下岗	总计
未选	62.6%	84.0%	68.0%	78.3%	82.6%	73.5%	78.6%	77.9%
已选	37.4%	16.0%	32.0%	21.7%	17.4%	26.5%	21.4%	22.1%
总计	100.0%	100.0%	100.0%	100.0%	100.0%	100.0%	100.0%	100.0%
列总计	174	50	272	1498	1653	931	1172	5750

Chi-square tests：df = 6，卡方值为 72.114，sig = 0.000 < 0.050，所以诸群体在对“是否听说过或见过古牌坊、古牌匾、人物纪念石碑等古迹古物”的回答上存在显著差异。

B21j by 诸群体

您听说过或见过以下传统现象吗：其他 ＊ 诸群体 Crosstabulation

	官员	企业家	专业人员	工人	农民	企业员工	无业/失业/下岗	总计
未选	98.3%	100.0%	97.4%	98.3%	99.0%	98.6%	98.7%	98.6%
已选	1.7%		2.6%	1.7%	1.0%	1.4%	1.3%	1.4%
总计	100.0%	100.0%	100.0%	100.0%	100.0%	100.0%	100.0%	100.0%
列总计	174	50	272	1498	1653	931	1172	5750

Chi-square tests：df＝6，卡方值为 6.151，sig＝0.406＞0.050，所以诸群体在对“是否听说过或见过其他任何形式的传统活动”的回答上不存在显著差异。

B21k by 诸群体

您听说过或见过以下传统现象吗：都没见过 ＊ 诸群体 Crosstabulation

	官员	企业家	专业人员	工人	农民	企业员工	无业/失业/下岗	总计
未选	96.6%	96.0%	96.3%	95.5%	95.8%	96.6%	94.6%	95.7%
已选	3.4%	4.0%	3.7%	4.5%	4.2%	3.4%	5.4%	4.3%
总计	100.0%	100.0%	100.0%	100.0%	100.0%	100.0%	100.0%	100.0%
列总计	174	50	272	1498	1653	931	1172	5750

Chi-square tests：df＝6，卡方值为 5.587，sig＝0.471＞0.050，所以诸群体在对“没有听说过或见过任何形式的传统现象”的回答上不存在显著差异。

B22a by 诸群体

以下民间信仰情况，请问您是否见过或参与过：土地庙 ＊ 诸群体 Crosstabulation

	官员	企业家	专业人员	工人	农民	企业员工	无业/失业/下岗	总计
未选	56.9%	58.0%	65.4%	62.6%	61.9%	67.7%	62.3%	63.1%
已选	43.1%	42.0%	34.6%	37.4%	38.1%	32.3%	37.7%	36.9%
总计	100.0%	100.0%	100.0%	100.0%	100.0%	100.0%	100.0%	100.0%
列总计	174	50	272	1492	1651	930	1171	5740

Chi-square tests：df＝6，卡方值为 14.150，sig＝0.028＜0.050，所以诸群体在对“是否见过或参加过土地庙”的回答上存在显著差异。

B22b by 诸群体

以下民间信仰情况，请问您是否见过或参与过：关帝庙、娘娘庙或其他神庙 * 诸群体 Crosstabulation

	官员	企业家	专业人员	工人	农民	企业员工	无业/失业/下岗	总计
未选	77.6%	74.0%	72.8%	79.2%	83.9%	74.2%	78.9%	79.3%
已选	22.4%	26.0%	27.2%	20.8%	16.1%	25.8%	21.1%	20.7%
总计	100.0%	100.0%	100.0%	100.0%	100.0%	100.0%	100.0%	100.0%
列总计	174	50	272	1492	1651	930	1171	5740

Chi-square tests：df = 6，卡方值为 44.223，sig = 0.000 < 0.050，所以诸群体在对"是否见过或参与过关帝庙、娘娘庙或其他神庙"的回答上存在显著差异。

B22c by 诸群体

以下民间信仰情况，请问您是否见过或参与过：没见过 * 诸群体 Crosstabulation

	官员	企业家	专业人员	工人	农民	企业员工	无业/失业/下岗	总计
未选	52.9%	58.0%	52.2%	48.3%	44.6%	48.9%	47.7%	47.6%
已选	47.1%	42.0%	47.8%	51.7%	55.4%	51.1%	52.3%	52.4%
总计	100.0%	100.0%	100.0%	100.0%	100.0%	100.0%	100.0%	100.0%
列总计	174	50	272	1492	1650	930	1171	5739

Chi-square tests：df = 6，卡方值为 16.292，sig = 0.012 < 0.050，所以诸群体在对"没有见过或参与过任何形式的民间信仰"的回答上存在显著差异。

B23a by 诸群体

以下民间活动，您是否参加过或见过：个人敬供（烧香叩拜等） * 诸群体 Crosstabulation

	官员	企业家	专业人员	工人	农民	企业员工	无业/失业/下岗	总计
未选	55.2%	50.0%	54.4%	49.7%	54.0%	55.1%	54.1%	53.1%
已选	44.8%	50.0%	45.6%	50.3%	46.0%	44.9%	45.9%	46.9%
总计	100.0%	100.0%	100.0%	100.0%	100.0%	100.0%	100.0%	100.0%
列总计	174	50	272	1496	1650	931	1172	5745

Chi-square tests：df = 6，卡方值为 10.267，sig = 0.114 > 0.050，所以诸群体在对"是否见过或参加过个人敬供（烧香叩拜等）"的回答上不存在显著差异。

B23b by 诸群体

以下民间活动，您是否参加过或见过：节日集体敬供（聚餐等）* 诸群体 Crosstabulation

	官员	企业家	专业人员	工人	农民	企业员工	无业/失业/下岗	总计
未选	83.3%	80.0%	72.1%	79.1%	80.7%	80.3%	79.9%	79.7%
已选	16.7%	20.0%	27.9%	20.9%	19.3%	19.7%	20.1%	20.3%
总计	100.0%	100.0%	100.0%	100.0%	100.0%	100.0%	100.0%	100.0%
列总计	174	50	272	1495	1650	930	1172	5743

Chi-square tests：df = 6，卡方值为 12.897，sig = 0.049 < 0.050，所以诸群体在对“是否见过或参加过节日集体敬供（聚餐等）”的回答上存在显著差异。

B23c by 诸群体

以下民间活动，您是否参加过或见过：其他活动（建庙委员会、教育、助贫、敬老、龙舟等）* 诸群体 Crosstabulation

	官员	企业家	专业人员	工人	农民	企业员工	无业/失业/下岗	总计
未选	76.4%	84.0%	69.1%	80.6%	86.4%	74.6%	81.9%	80.9%
已选	23.6%	16.0%	30.9%	19.4%	13.6%	25.4%	18.1%	19.1%
总计	100.0%	100.0%	100.0%	100.0%	100.0%	100.0%	100.0%	100.0%
列总计	174	50	272	1493	1650	929	1170	5738

Chi-square tests：df = 6，卡方值为 83.604，sig = 0.000 < 0.050，所以诸群体在对“是否见过或参加过其他民间活动（建庙委员会、教育、助贫、敬老、龙舟等）”的回答上存在显著差异。

B23d by 诸群体

以下民间活动，您是否参加过或见过：没参加过任何形式的民间活动 * 诸群体 Crosstabulation

	官员	企业家	专业人员	工人	农民	企业员工	无业/失业/下岗	总计
未选	63.8%	66.0%	75.0%	65.3%	57.9%	67.0%	62.5%	63.3%
已选	36.2%	34.0%	25.0%	34.7%	42.1%	33.0%	37.5%	36.7%
总计	100.0%	100.0%	100.0%	100.0%	100.0%	100.0%	100.0%	100.0%
列总计	174	50	272	1494	1648	930	1172	5740

Chi-square tests：df = 6，卡方值为 44.791，sig = 0.000 < 0.050，所以诸群体在对“没参加过任何形式的民间活动”的认知上存在显著差异。

B24 by 诸群体

您觉得您目前的身体健康状况 ＊ 诸群体 Crosstabulation

	官员	企业家	专业人员	工人	农民	企业员工	无业/失业/下岗	总计
很健康	31.2%	26.0%	26.3%	29.0%	28.3%	27.1%	27.0%	28.0%
比较健康	59.5%	68.0%	65.2%	59.1%	47.9%	63.7%	55.2%	56.2%
不太健康	9.2%	6.0%	8.5%	10.9%	20.9%	9.2%	14.9%	14.1%
很不健康				1.0%	2.9%		2.8%	1.7%
总计	100.0%	100.0%	100.0%	100.0%	100.0%	100.0%	100.0%	100.0%
列总计	173	50	270	1491	1645	926	1166	5721

Chi-square tests：df = 18，卡方值为 183.683，sig = 0.000 < 0.050，所以诸群体在对“自己目前的身体健康状况”的评价上存在显著差异。

B25 by 诸群体

您觉得您的健康状况和一年前比较起来如何 ＊ 诸群体 Crosstabulation

	官员	企业家	专业人员	工人	农民	企业员工	无业/失业/下岗	总计
更好	20.7%	14.0%	14.0%	16.2%	14.0%	15.2%	16.6%	15.5%
没有变化	67.8%	70.0%	72.7%	67.6%	59.0%	71.4%	65.0%	65.5%
更差	11.5%	16.0%	13.3%	16.2%	27.1%	13.5%	18.4%	19.1%
总计	100.0%	100.0%	100.0%	100.0%	100.0%	100.0%	100.0%	100.0%
列总计	174	50	271	1496	1652	929	1164	5736

Chi-square tests：df = 12，卡方值为 113.965，sig = 0.000 < 0.050，所以诸群体在对“和一年前比较起来，自己的身体健康状况”的评价上存在显著差异。

B26 by 诸群体

您的就医习惯是 ＊ 诸群体 Crosstabulation

	官员	企业家	专业人员	工人	农民	企业员工	无业/失业/下岗	总计
出现不适就去看病	57.8%	63.3%	58.1%	52.7%	55.4%	56.5%	52.5%	54.6%
症状加重时去看病	15.0%	16.3%	20.2%	21.1%	20.3%	21.4%	19.7%	20.3%
能不看病就不看	26.0%	12.2%	18.4%	22.4%	21.0%	19.3%	23.5%	21.6%
从不看病	1.2%	8.2%	1.8%	2.9%	2.9%	1.8%	2.6%	2.6%
其他			1.5%	0.9%	0.5%	1.0%	1.7%	1.0%
总计	100.0%	100.0%	100.0%	100.0%	100.0%	100.0%	100.0%	100.0%

续表

	官员	企业家	专业人员	工人	农民	企业员工	无业/失业/下岗	总计
列总计	173	49	272	1496	1642	926	1167	5725

Chi-square tests：df = 24，卡方值为 42.249，sig = 0.012 < 0.050，所以诸群体在对“就医习惯”的选择上存在显著差异。

B27 by 诸群体

总的来说，您觉得目前的生活幸福吗 * 诸群体 Crosstabulation

	官员	企业家	专业人员	工人	农民	企业员工	无业/失业/下岗	总计
非常幸福	30.5%	38.0%	22.1%	27.0%	29.8%	27.0%	26.5%	27.7%
比较幸福	67.8%	58.0%	74.2%	67.4%	61.5%	69.8%	66.0%	66.1%
不太幸福	1.7%	4.0%	3.7%	5.0%	8.0%	3.1%	6.7%	5.7%
非常不幸福				0.5%	0.7%	0.1%	0.9%	0.5%
总计	100.0%	100.0%	100.0%	100.0%	100.0%	100.0%	100.0%	100.0%
列总计	174	50	271	1494	1646	930	1172	5737

Chi-square tests：df = 18，卡方值为 64.699，sig = 0.000 < 0.050，所以诸群体在对“目前的生活幸福度”的评价上存在显著差异。

B28 by 诸群体

您觉得对于老年人来说最理想的，或者说，您未来最希望的养老方式是哪种 * 诸群体 Crosstabulation

	官员	企业家	专业人员	工人	农民	企业员工	无业/失业/下岗	总计
敬老院、养老院、护理院等专业养老机构	18.1%	20.0%	25.9%	12.1%	6.4%	21.7%	11.8%	12.8%
与子女一起，住在家里养老	42.1%	56.0%	44.1%	58.8%	66.5%	45.4%	55.5%	57.0%
与子女分开，住在家里养老	27.5%	16.0%	18.1%	20.6%	17.6%	20.4%	19.7%	19.6%
搬到其他地方独居养老			1.9%	1.0%	1.0%	1.3%	1.7%	1.2%
回到老家养老	5.8%	4.0%	4.1%	4.4%	6.5%	4.5%	5.1%	5.2%
旅游养老	5.8%	4.0%	5.6%	1.7%	0.5%	6.1%	4.7%	3.0%
其他	0.6%		0.4%	1.3%	1.6%	0.5%	1.5%	1.2%
总计	100.0%	100.0%	100.0%	100.0%	100.0%	100.0%	100.0%	100.0%
列总计	171	50	270	1492	1646	925	1165	5719

Chi-square tests：df = 36，卡方值为 346.763，sig = 0.000 < 0.050，所以诸群体在对“对于老年人来说最理想的，或者说，自己未来最希望的养老方式”的选择上存在显著差异。

B29a by 诸群体

过去一周里，您为父母做过哪些事情：看望 ＊ 诸群体 Crosstabulation

	官员	企业家	专业人员	工人	农民	企业员工	无业/失业/下岗	总计
未选	51.7%	68.0%	48.5%	56.7%	66.0%	51.0%	61.5%	59.0%
已选	48.3%	32.0%	51.5%	43.3%	34.0%	49.0%	38.5%	41.0%
总计	100.0%	100.0%	100.0%	100.0%	100.0%	100.0%	100.0%	100.0%
列总计	174	50	272	1498	1653	931	1172	5750

Chi-square tests：df = 6，卡方值为 346.763，sig = 0.000 < 0.050，所以诸群体在对“过去一周，是否看望过父母”的选择上存在显著差异。

B29b by 诸群体

过去一周里，您为父母做过哪些事情：打电话 ＊ 诸群体 Crosstabulation

	官员	企业家	专业人员	工人	农民	企业员工	无业/失业/下岗	总计
未选	55.2%	60.0%	34.9%	58.3%	73.1%	48.9%	55.1%	59.2%
已选	44.8%	40.0%	65.1%	41.7%	26.9%	51.1%	44.9%	40.8%
总计	100.0%	100.0%	100.0%	100.0%	100.0%	100.0%	100.0%	100.0%
列总计	174	50	272	1499	1653	931	1172	5751

Chi-square tests：df = 6，卡方值为 250.221，sig = 0.000 < 0.050，所以诸群体在对“过去一周，是否给父母打过电话”的选择上存在显著差异。

B29c by 诸群体

过去一周里，您为父母做过哪些事情：买东西 ＊ 诸群体 Crosstabulation

	官员	企业家	专业人员	工人	农民	企业员工	无业/失业/下岗	总计
未选	62.1%	74.0%	47.4%	57.1%	68.5%	51.0%	55.5%	58.9%
已选	37.9%	26.0%	52.6%	42.9%	31.5%	49.0%	44.5%	41.1%
总计	100.0%	100.0%	100.0%	100.0%	100.0%	100.0%	100.0%	100.0%
列总计	174	50	272	1499	1653	931	1172	5751

Chi-square tests：df = 6，卡方值为 114.506，sig = 0.000 < 0.050，所以诸群体在对“过去一周，是否给父母买过东西”的选择上存在显著差异。

B29d by 诸群体

过去一周里，您为父母做过哪些事情：陪看病 ＊ 诸群体 Crosstabulation

	官员	企业家	专业人员	工人	农民	企业员工	无业/失业/下岗	总计
未选	77.0%	76.0%	70.6%	76.2%	83.2%	76.0%	78.2%	78.4%
已选	23.0%	24.0%	29.4%	23.8%	16.8%	24.0%	21.8%	21.6%
总计	100.0%	100.0%	100.0%	100.0%	100.0%	100.0%	100.0%	100.0%
列总计	174	50	272	1498	1653	931	1172	5750

Chi-square tests：df = 6，卡方值为 40.240，sig = 0.000 < 0.050，所以诸群体在对“过去一周，是否陪父母看过病”的选择上存在显著差异。

B29e by 诸群体

过去一周里，您为父母做过哪些事情：护理 ＊ 诸群体 Crosstabulation

	官员	企业家	专业人员	工人	农民	企业员工	无业/失业/下岗	总计
未选	86.2%	84.0%	87.9%	84.7%	84.5%	87.5%	85.5%	85.5%
已选	13.8%	16.0%	12.1%	15.3%	15.5%	12.5%	14.5%	14.5%
总计	100.0%	100.0%	100.0%	100.0%	100.0%	100.0%	100.0%	100.0%
列总计	174	50	272	1498	1653	931	1172	5750

Chi-square tests：df = 6，卡方值为 6.542，sig = 0.365 > 0.050，所以诸群体在对“过去一周，是否为父母护理过”的选择上不存在显著差异。

B29f by 诸群体

过去一周里，您为父母做过哪些事情：做家务 ＊ 诸群体 Crosstabulation

	官员	企业家	专业人员	工人	农民	企业员工	无业/失业/下岗	总计
未选	68.4%	74.0%	56.6%	62.1%	70.8%	60.3%	57.6%	63.4%
已选	31.6%	26.0%	43.4%	37.9%	29.2%	39.7%	42.4%	36.6%
总计	100.0%	100.0%	100.0%	100.0%	100.0%	100.0%	100.0%	100.0%
列总计	174	50	272	1498	1653	931	1172	5750

Chi-square tests：df = 6，卡方值为 70.599，sig = 0.000 < 0.050，所以诸群体在对“过去一周，是否给父母做过家务”的选择上存在显著差异。

B29g by 诸群体

过去一周里，您为父母做过哪些事情：谈心聊天 ＊ 诸群体 Crosstabulation

	官员	企业家	专业人员	工人	农民	企业员工	无业/失业/下岗	总计
未选	59.8%	58.0%	51.5%	61.2%	68.5%	52.0%	57.7%	60.6%
已选	40.2%	42.0%	48.5%	38.8%	31.5%	48.0%	42.3%	39.4%
总计	100.0%	100.0%	100.0%	100.0%	100.0%	100.0%	100.0%	100.0%
列总计	174	50	272	1499	1653	931	1171	5750

Chi-square tests：df = 18，卡方值为 85.898，sig = 0.000 < 0.050，所以诸群体在对“过去一周，是否陪父母谈过心、聊过天”的选择上存在显著差异。

B29h by 诸群体

过去一周里，您为父母做过哪些事情：给钱 ＊ 诸群体 Crosstabulation

	官员	企业家	专业人员	工人	农民	企业员工	无业/失业/下岗	总计
未选	82.2%	80.0%	75.4%	80.1%	81.9%	78.9%	84.6%	81.2%
已选	17.8%	20.0%	24.6%	19.9%	18.1%	21.1%	15.4%	18.8%
总计	100.0%	100.0%	100.0%	100.0%	100.0%	100.0%	100.0%	100.0%
列总计	174	50	272	1499	1653	931	1172	5751

Chi-square tests：df = 6，卡方值为 19.643，sig = 0.003 < 0.050，所以诸群体在对“过去一周，是否给过父母钱”的选择上存在显著差异。

B29i by 诸群体

过去一周里，您为父母做过哪些事情：外出旅游 ＊ 诸群体 Crosstabulation

	官员	企业家	专业人员	工人	农民	企业员工	无业/失业/下岗	总计
未选	94.3%	92.0%	87.1%	95.1%	97.1%	88.5%	91.4%	93.4%
已选	5.7%	8.0%	12.9%	4.9%	2.9%	11.5%	8.6%	6.6%
总计	100.0%	100.0%	100.0%	100.0%	100.0%	100.0%	100.0%	100.0%
列总计	174	50	272	1499	1653	931	1171	5750

Chi-square tests：df = 6，卡方值为 105.943，sig = 0.000 < 0.050，所以诸群体在对“过去一周，是否陪父母外出旅游过”的选择上存在显著差异。

B29j by 诸群体

过去一周里，您为父母做过哪些事情：无 * 诸群体 Crosstabulation

	官员	企业家	专业人员	工人	农民	企业员工	无业/失业/下岗	总计
未选	98.9%	100.0%	97.8%	98.5%	97.9%	98.5%	97.8%	98.2%
已选	1.1%		2.2%	1.5%	2.1%	1.5%	2.2%	1.8%
总计	100.0%	100.0%	100.0%	100.0%	100.0%	100.0%	100.0%	100.0%
列总计	174	50	272	1499	1653	931	1172	5751

Chi-square tests：df = 6，卡方值为 4.343，sig = 0.630 > 0.050，所以诸群体在对“过去一周，没有为父母做过任何事”的选择上不存在显著差异。

B30a by 诸群体

总体来说，您对自己生活的以下方面满意吗：身心健康状况 * 诸群体 Crosstabulation

	官员	企业家	专业人员	工人	农民	企业员工	无业/失业/下岗	总计
非常不满意	4.0%	4.0%	3.7%	4.8%	5.0%	4.5%	5.4%	4.8%
不太满意	10.3%	6.0%	13.6%	11.0%	16.8%	11.0%	14.1%	13.3%
比较满意	55.7%	52.0%	61.8%	59.7%	52.1%	58.0%	56.5%	56.5%
非常满意	29.9%	38.0%	21.0%	24.5%	26.1%	26.6%	24.0%	25.3%
总计	100.0%	100.0%	100.0%	100.0%	100.0%	100.0%	100.0%	100.0%
列总计	174	50	272	1495	1650	930	1166	5737

Chi-square tests：df = 18，卡方值为 49.775，sig = 0.000 < 0.050，所以诸群体在对“自己的身心健康状况”的评价上存在显著差异。

B30b by 诸群体

总体来说，您对自己生活的以下方面满意吗：整体收入水平 * 诸群体 Crosstabulation

	官员	企业家	专业人员	工人	农民	企业员工	无业/失业/下岗	总计
非常不满意	4.0%	4.0%	2.6%	4.8%	6.4%	4.6%	6.6%	5.5%
不太满意	20.1%	12.0%	25.7%	27.8%	30.7%	27.0%	28.3%	28.1%
比较满意	59.8%	52.0%	60.7%	57.4%	51.4%	55.2%	55.6%	55.1%
非常满意	16.1%	32.0%	11.0%	10.0%	11.5%	13.2%	9.5%	11.3%

续表

	官员	企业家	专业人员	工人	农民	企业员工	无业/失业/下岗	总计
总计	100. 0%	100. 0%	100. 0%	100. 0%	100. 0%	100. 0%	100. 0%	100. 0%
列总计	174	50	272	1498	1650	931	1168	5743

Chi-square tests：df = 18，卡方值为 65. 650，sig = 0. 000 < 0. 050，所以诸群体在对“自己的整体收入水平”的满意度上存在显著差异。

B30c by 诸群体

总体来说，您对自己生活的以下方面满意吗：家庭成员关系 * 诸群体 Crosstabulation

	官员	企业家	专业人员	工人	农民	企业员工	无业/失业/下岗	总计
非常不满意	4. 0%	4. 0%	3. 7%	3. 5%	2. 4%	4. 5%	3. 5%	3. 4%
不太满意	2. 3%	8. 0%	6. 3%	4. 6%	3. 8%	3. 3%	4. 6%	4. 2%
比较满意	54. 0%	42. 0%	54. 0%	51. 3%	49. 2%	51. 5%	53. 7%	51. 4%
非常满意	39. 7%	46. 0%	36. 0%	40. 6%	44. 6%	40. 7%	38. 2%	41. 1%
总计	100. 0%	100. 0%	100. 0%	100. 0%	100. 0%	100. 0%	100. 0%	100. 0%
列总计	174	50	272	1491	1651	929	1171	5738

Chi-square tests：df = 18，卡方值为 31. 691，sig = 0. 024 < 0. 050，所以诸群体在对“自己的家庭成员关系”的满意度上存在显著差异。

B30d by 诸群体

总体来说，您对自己生活的以下方面满意吗：社会保障水平 * 诸群体 Crosstabulation

	官员	企业家	专业人员	工人	农民	企业员工	无业/失业/下岗	总计
非常不满意	4. 0%	2. 0%	4. 0%	5. 4%	5. 2%	4. 3%	6. 4%	5. 2%
不太满意	16. 7%	14. 0%	18. 4%	19. 7%	17. 2%	19. 1%	20. 3%	18. 8%
比较满意	58. 0%	66. 0%	62. 9%	58. 7%	58. 5%	58. 2%	59. 0%	58. 9%
非常满意	21. 3%	18. 0%	14. 7%	16. 2%	19. 1%	18. 4%	14. 3%	17. 1%
总计	100. 0%	100. 0%	100. 0%	100. 0%	100. 0%	100. 0%	100. 0%	100. 0%
列总计	174	50	272	1495	1647	928	1169	5735

Chi-square tests：df = 18，卡方值为 27. 332，sig = 0. 073 > 0. 050，所以诸群体在对“社会保障水平”的满意度上不存在显著差异。

C1a by 诸群体

在当今中国社会最基本的伦理冲突中排第一位的是 * 诸群体 Crosstabulation

	官员	企业家	专业人员	工人	农民	企业员工	无业/失业/下岗	总计
人与人之间的冲突	29.2%	40.0%	34.6%	47.4%	44.1%	36.5%	42.8%	42.5%
个人与社会的冲突	18.1%	10.0%	17.5%	14.9%	16.0%	15.6%	14.9%	15.5%
人与自然的冲突	32.2%	32.0%	28.6%	22.3%	21.4%	30.2%	22.2%	24.0%
人自我内在的冲突	9.9%	10.0%	11.9%	7.7%	7.8%	10.1%	9.7%	8.8%
个人与政府的冲突	10.5%	8.0%	7.1%	7.5%	10.3%	7.2%	10.0%	8.8%
其他			0.4%	0.1%	0.5%	0.3%	0.4%	0.3%
总计	100.0%	100.0%	100.0%	100.0%	100.0%	100.0%	100.0%	100.0%
列总计	171	50	269	1460	1578	917	1137	5582

Chi-square tests：df = 30，卡方值为88.978，sig = 0.000 < 0.050，所以诸群体在对“在当今中国社会最基本的伦理冲突中排第一位的是”的选择上存在显著差异。

C1b by 诸群体

在当今中国社会最基本的伦理冲突中排第二位的是 * 诸群体 Crosstabulation

	官员	企业家	专业人员	工人	农民	企业员工	无业/失业/下岗	总计
人与人之间的冲突	30.6%	26.0%	24.8%	24.6%	24.2%	26.8%	24.5%	25.0%
个人与社会的冲突	29.4%	26.0%	24.1%	29.0%	25.8%	28.3%	31.5%	28.2%
人与自然的冲突	11.8%	24.0%	16.5%	16.2%	19.0%	14.1%	14.7%	16.3%
人自我内在的冲突	15.9%	18.0%	20.7%	19.0%	19.5%	20.4%	17.7%	19.1%
个人与政府的冲突	12.4%	6.0%	13.5%	11.0%	11.4%	10.2%	11.5%	11.2%
其他			0.4%	0.1%	0.1%	0.1%	0.1%	0.1%
总计	100.0%	100.0%	100.0%	100.0%	100.0%	100.0%	100.0%	100.0%
列总计	170	50	266	1440	1549	898	1126	5499

Chi-square tests：df = 30，卡方值为37.845，sig = 0.154 > 0.050，所以诸群体在对“在当今中国社会最基本的伦理冲突中排第二位的是”的选择上不存在显著差异。

C1c by 诸群体

在当今中国社会最基本的伦理冲突中排第三位的是 * 诸群体 Crosstabulation

	官员	企业家	专业人员	工人	农民	企业员工	无业/失业/下岗	总计
人与人之间的冲突	20.0%	20.4%	19.0%	15.2%	17.8%	21.1%	19.3%	18.1%

续表

	官员	企业家	专业人员	工人	农民	企业员工	无业/失业/下岗	总计
个人与社会的冲突	22.9%	36.7%	24.0%	27.8%	24.0%	25.6%	22.7%	25.1%
人与自然的冲突	21.2%	16.3%	21.7%	20.9%	22.8%	18.1%	21.0%	21.0%
人自我内在的冲突	20.6%	12.2%	20.9%	19.2%	18.3%	18.9%	19.7%	19.1%
个人与政府的冲突	14.7%	12.2%	14.4%	16.0%	16.5%	14.8%	16.3%	15.9%
其他	0.6%	2.0%		0.9%	0.6%	1.5%	1.0%	0.9%
总计	100.0%	100.0%	100.0%	100.0%	100.0%	100.0%	100.0%	100.0%
列总计	170	49	263	1430	1547	893	1120	5472

Chi-square tests：df = 30，卡方值为 42.841，sig = 0.061 > 0.050，所以诸群体在对“在当今中国社会最基本的伦理冲突中排第三位的是”的选择上不存在显著差异。

C2 by 诸群体

您认为造成环境污染的最主要原因是 * 诸群体 Crosstabulation

	官员	企业家	专业人员	工人	农民	企业员工	无业/失业/下岗	总计
企业唯利是图	36.4%	44.0%	29.3%	36.7%	32.9%	31.7%	34.5%	34.1%
政府缺乏生态意识，政策失当	26.6%	22.0%	31.9%	24.7%	23.5%	25.8%	23.0%	24.6%
当代人自私自利，不顾未来和子孙利益	14.5%	10.0%	16.7%	16.2%	16.6%	19.2%	18.1%	17.1%
个人缺乏环保意识	22.5%	24.0%	22.2%	22.4%	27.0%	23.3%	24.3%	24.3%
总计	100.0%	100.0%	100.0%	100.0%	100.0%	100.0%	100.0%	100.0%
列总计	173	50	270	1487	1631	927	1155	5693

Chi-square tests：df = 18，卡方值为 31.864，sig = 0.023 < 0.050，所以诸群体在对“造成环境污染的最主要原因”的选择上存在显著差异。

C3a by 诸群体

您是否同意以下说法：能够插队买到票，是一个人灵活的表现 * 诸群体 Crosstabulation

	官员	企业家	专业人员	工人	农民	企业员工	无业/失业/下岗	总计
完全同意	6.3%	8.0%	2.2%	3.2%	2.4%	2.5%	2.2%	2.7%
比较同意	4.0%	2.0%	5.5%	8.4%	8.9%	5.3%	6.2%	7.3%

续表

	官员	企业家	专业人员	工人	农民	企业员工	无业/失业/下岗	总计
比较不同意	31.0%	32.0%	28.8%	34.0%	39.0%	30.6%	35.6%	34.9%
完全不同意	58.6%	58.0%	63.5%	54.4%	49.7%	61.7%	56.0%	55.1%
总计	100.0%	100.0%	100.0%	100.0%	100.0%	100.0%	100.0%	100.0%
列总计	174	50	271	1496	1650	929	1167	5737

Chi-square tests：df = 18，卡方值为75.632，sig = 0.000 < 0.050，所以诸群体在对“能够插队买到票，是一个人灵活的表现”这一说法的认同上存在显著差异。

C3b by 诸群体

您是否同意以下说法：如果有可能，谁都会逃税 ＊ 诸群体 Crosstabulation

	官员	企业家	专业人员	工人	农民	企业员工	无业/失业/下岗	总计
完全同意	5.2%	8.0%	4.8%	5.4%	3.8%	5.4%	3.8%	4.6%
比较同意	16.1%	4.0%	17.6%	14.3%	12.6%	14.8%	14.2%	14.0%
比较不同意	29.3%	34.0%	37.1%	34.5%	38.9%	32.6%	34.7%	35.5%
完全不同意	49.4%	54.0%	40.4%	45.7%	44.7%	47.2%	47.3%	45.9%
总计	100.0%	100.0%	100.0%	100.0%	100.0%	100.0%	100.0%	100.0%
列总计	174	50	272	1491	1646	922	1167	5722

Chi-square tests：df = 18，卡方值为33.446，sig = 0.015 < 0.050，所以诸群体在对“如果有可能，谁都会逃税”这一说法的认同上存在显著差异。

C3c by 诸群体

您是否同意以下说法：合同都只是形式，只要有关系，什么都好商量 ＊ 诸群体 Crosstabulation

	官员	企业家	专业人员	工人	农民	企业员工	无业/失业/下岗	总计
完全同意	9.2%		4.8%	7.2%	6.4%	5.0%	5.9%	6.2%
比较同意	11.5%	16.0%	18.0%	20.9%	20.1%	15.9%	18.4%	18.9%
比较不同意	37.4%	48.0%	39.3%	39.2%	43.0%	37.5%	41.0%	40.4%
完全不同意	42.0%	36.0%	37.9%	32.8%	30.5%	41.7%	34.6%	34.5%
总计	100.0%	100.0%	100.0%	100.0%	100.0%	100.0%	100.0%	100.0%
列总计	174	50	272	1489	1648	926	1161	5720

Chi-square tests：df = 18，卡方值为58.683，sig = 0.000 < 0.050，所以诸群体在对“合同都只是形式，只要有关系，什么都好商量”这一说法的认同上存在显著差异。

C3d by 诸群体

您是否同意以下说法：要想打赢官司，找关系比找律师更有价值 ＊ 诸群体 Crosstabulation

	官员	企业家	专业人员	工人	农民	企业员工	无业/失业/下岗	总计
完全同意	10.3%	10.0%	6.3%	8.7%	7.7%	6.4%	8.3%	7.9%
比较同意	23.6%	22.0%	21.0%	24.6%	23.0%	19.2%	24.8%	23.1%
比较不同意	39.1%	36.0%	39.7%	37.7%	41.8%	38.7%	37.2%	39.1%
完全不同意	27.0%	32.0%	33.1%	29.0%	27.6%	35.8%	29.7%	30.0%
总计	100.0%	100.0%	100.0%	100.0%	100.0%	100.0%	100.0%	100.0%
列总计	174	50	272	1490	1644	923	1160	5713

Chi-square tests：df = 18，卡方值为 36.826，sig = 0.006 < 0.050，所以诸群体在对“要想打赢官司，找关系比找律师更有价值”这一说法的认同上存在显著差异。

C3e by 诸群体

您是否同意以下说法：“三个土老乡，顶得上一个公章” ＊ 诸群体 Crosstabulation

	官员	企业家	专业人员	工人	农民	企业员工	无业/失业/下岗	总计
完全同意	9.8%	4.1%	6.3%	6.0%	6.5%	3.8%	5.2%	5.7%
比较同意	17.2%	14.3%	15.9%	24.9%	24.6%	15.4%	22.1%	22.0%
比较不同意	36.8%	42.9%	43.7%	35.9%	42.0%	38.4%	40.4%	39.4%
完全不同意	36.2%	38.8%	34.1%	33.2%	26.9%	42.4%	32.3%	32.9%
总计	100.0%	100.0%	100.0%	100.0%	100.0%	100.0%	100.0%	100.0%
列总计	174	49	270	1487	1642	924	1162	5708

Chi-square tests：df = 18，卡方值为 105.105，sig = 0.000 < 0.050，所以诸群体在对“三个土老乡，顶得上一个公章”这一说法的认同上存在显著差异。

C3f by 诸群体

您是否同意以下说法：法院是一个替老百姓讲理的地方 ＊ 诸群体 Crosstabulation

	官员	企业家	专业人员	工人	农民	企业员工	无业/失业/下岗	总计
完全同意	37.4%	38.0%	29.6%	36.2%	43.4%	34.7%	31.3%	36.8%

续表

	官员	企业家	专业人员	工人	农民	企业员工	无业/失业/下岗	总计
比较同意	40.2%	38.0%	42.6%	40.6%	38.1%	40.4%	43.6%	40.5%
比较不同意	17.2%	22.0%	21.5%	17.6%	14.2%	18.5%	18.2%	17.1%
完全不同意	5.2%	2.0%	6.3%	5.6%	4.3%	6.4%	6.9%	5.6%
总计	100.0%	100.0%	100.0%	100.0%	100.0%	100.0%	100.0%	100.0%
列总计	174	50	270	1488	1637	925	1162	5706

Chi-square tests：df = 18，卡方值为 64.351，sig = 0.000 < 0.050，所以诸群体在对“法院是一个替老百姓讲理的地方”这一说法的认同上存在显著差异。

C3g by 诸群体

您是否同意以下说法：在这个社会，要想不吃亏，就一定要懂得利用潜规则 * 诸群体 Crosstabulation

	官员	企业家	专业人员	工人	农民	企业员工	无业/失业/下岗	总计
完全同意	9.8%	12.0%	8.8%	9.6%	10.9%	6.7%	10.2%	9.6%
比较同意	20.7%	26.0%	31.3%	32.9%	29.7%	28.0%	28.6%	29.8%
比较不同意	45.4%	34.0%	40.1%	38.8%	39.5%	39.5%	38.5%	39.3%
完全不同意	24.1%	28.0%	19.9%	18.8%	19.9%	25.8%	22.7%	21.3%
总计	100.0%	100.0%	100.0%	100.0%	100.0%	100.0%	100.0%	100.0%
列总计	174	50	272	1485	1642	924	1162	5709

Chi-square tests：df = 18，卡方值为 43.484，sig = 0.001 < 0.050，所以诸群体在对“在这个社会，要想不吃亏，就一定要懂得利用潜规则”这一说法的认同上存在显著差异。

C3h by 诸群体

您是否同意以下说法：要远离那些不守规则的人，因为当他因不守规则出事的时候，可能会连累到你 * 诸群体 Crosstabulation

	官员	企业家	专业人员	工人	农民	企业员工	无业/失业/下岗	总计
完全同意	32.2%	42.0%	25.4%	28.5%	28.2%	30.9%	27.6%	28.7%
比较同意	39.1%	34.0%	44.5%	40.6%	40.6%	42.2%	39.2%	40.7%
比较不同意	16.7%	18.0%	23.2%	23.1%	23.9%	20.4%	24.3%	22.9%
完全不同意	12.1%	6.0%	7.0%	7.7%	7.2%	6.6%	8.9%	7.7%
总计	100.0%	100.0%	100.0%	100.0%	100.0%	100.0%	100.0%	100.0%

续表

	官员	企业家	专业人员	工人	农民	企业员工	无业/失业/下岗	总计
列总计	174	50	272	1489	1647	927	1167	5726

Chi-square tests：df = 18，卡方值为 26.541，sig = 0.088 > 0.050，所以诸群体在对“要远离那些不守规则的人，因为当他因不守规则出事的时候，可能会连累到你”这一说法的认同上不存在显著差异。

C3i by 诸群体

您是否同意以下说法：在这个处处讲背景的年代，规则是对普通老百姓最好的保护 ＊ 诸群体 Crosstabulation

	官员	企业家	专业人员	工人	农民	企业员工	无业/失业/下岗	总计
完全同意	39.7%	44.0%	32.0%	35.1%	39.3%	34.4%	36.3%	36.5%
比较同意	36.2%	42.0%	41.9%	43.0%	43.2%	40.5%	42.4%	42.2%
比较不同意	15.5%	12.0%	20.2%	16.3%	13.6%	17.6%	16.3%	15.8%
完全不同意	8.6%	2.0%	5.9%	5.6%	4.0%	7.6%	5.0%	5.4%
总计	100.0%	100.0%	100.0%	100.0%	100.0%	100.0%	100.0%	100.0%
列总计	174	50	272	1492	1650	927	1169	5734

Chi-square tests：df = 18，卡方值为 40.867，sig = 0.002 < 0.050，所以诸群体在对“在这个处处讲背景的年代，规则是对普通老百姓最好的保护”这一说法的认同上存在显著差异。

C4 by 诸群体

哪一种关系对社会秩序最具有根本性意义 ＊ 诸群体 Crosstabulation

	官员	企业家	专业人员	工人	农民	企业员工	无业/失业/下岗	总计
家庭伦理或血缘关系	37.1%	30.6%	29.6%	43.8%	46.1%	33.2%	39.3%	40.8%
个人与社会的关系	31.2%	36.7%	37.4%	26.4%	22.0%	34.2%	29.7%	27.8%
职业伦理关系	2.9%		3.0%	2.8%	2.0%	2.2%	3.6%	2.6%
个人与国家民族的关系	23.5%	24.5%	24.1%	20.1%	24.1%	23.4%	20.7%	22.2%
人与自然的关系	2.9%	2.0%	3.0%	4.1%	2.5%	3.7%	3.3%	3.3%
个人与他自身的关系	2.4%	6.1%	3.0%	2.9%	3.2%	3.4%	3.3%	3.2%
总计	100.0%	100.0%	100.0%	100.0%	100.0%	100.0%	100.0%	100.0%
列总计	170	49	270	1475	1621	916	1154	5655

Chi-square tests：df = 30，卡方值为 110.109，sig = 0.000 < 0.050，所以诸群体在对“哪一种关系对社会秩序最具有根本性意义”的选择上存在显著差异。

C5a by 诸群体

对于个人而言，您认为家庭、社会和国家三者哪个最重要 ＊ 诸群体 Crosstabulation

	官员	企业家	专业人员	工人	农民	企业员工	无业/失业/下岗	总计
国家	72.4%	68.0%	64.6%	64.0%	69.6%	66.3%	59.0%	65.3%
社会	2.9%	8.0%	4.1%	3.1%	3.4%	2.9%	3.3%	3.3%
家庭	24.7%	24.0%	31.4%	32.9%	27.0%	30.7%	37.7%	31.4%
总计	100.0%	100.0%	100.0%	100.0%	100.0%	100.0%	100.0%	100.0%
列总计	174	50	271	1494	1649	927	1171	5736

Chi-square tests：df = 12，卡方值为47.818，sig = 0.000 < 0.050，所以诸群体在对“对于个人而言，您认为家庭、社会和国家三者哪个最重要”的选择上存在显著差异。

C5b by 诸群体

对于个人而言，您认为家庭、社会和国家三者哪个第二重要 ＊ 诸群体 Crosstabulation

	官员	企业家	专业人员	工人	农民	企业员工	无业/失业/下岗	总计
国家	15.6%	14.0%	19.1%	20.9%	19.4%	21.1%	25.2%	21.1%
社会	61.3%	66.0%	58.8%	53.0%	52.3%	58.8%	50.5%	53.9%
家庭	23.1%	20.0%	22.1%	26.1%	28.3%	20.0%	24.3%	25.1%
总计	100.0%	100.0%	100.0%	100.0%	100.0%	100.0%	100.0%	100.0%
列总计	173	50	272	1488	1642	918	1163	5706

Chi-square tests：df = 12，卡方值为46.660，sig = 0.000 < 0.050，所以诸群体在对“对于个人而言，您认为家庭、社会和国家三者哪个第二重要”的选择上存在显著差异。

C5c by 诸群体

对于个人而言，您认为家庭、社会和国家三者哪个第三重要 ＊ 诸群体 Crosstabulation

	官员	企业家	专业人员	工人	农民	企业员工	无业/失业/下岗	总计
国家	10.5%	18.0%	15.6%	14.7%	10.6%	12.7%	15.5%	13.3%
社会	36.3%	26.0%	37.5%	44.3%	44.6%	38.3%	46.3%	43.1%
家庭	53.2%	56.0%	46.8%	40.9%	44.8%	49.0%	38.2%	43.6%

续表

	官员	企业家	专业人员	工人	农民	企业员工	无业/失业/下岗	总计
总计	100.0%	100.0%	100.0%	100.0%	100.0%	100.0%	100.0%	100.0%
列总计	171	50	269	1478	1627	911	1157	5663

Chi-square tests：df = 12，卡方值为 57.573，sig = 0.000 < 0.050，所以诸群体在对“对于个人而言，您认为家庭、社会和国家三者哪个第三重要”的选择上存在显著差异。

C6a by 诸群体

下列关系，您认为最重要的是 ＊ 诸群体 Crosstabulation

	官员	企业家	专业人员	工人	农民	企业员工	无业/失业/下岗	总计
父母与子女	54.6%	58.0%	56.1%	63.1%	63.0%	58.4%	65.0%	62.1%
夫妇	20.1%	16.0%	16.6%	20.2%	16.6%	20.6%	17.3%	18.4%
兄弟姐妹			0.4%	0.3%	1.5%	0.2%	0.9%	0.7%
同事或同学	0.6%	2.0%	1.5%	0.6%	0.6%	0.3%	0.5%	0.6%
上级或下级	1.1%		1.5%	0.6%	0.3%	0.3%	0.3%	0.5%
师生					0.4%		0.3%	0.2%
人与自然的关系	0.6%	2.0%	1.8%	0.7%	0.5%	1.1%	0.9%	0.8%
个人与社会的关系	2.3%	4.0%	0.7%	1.5%	1.5%	2.5%	1.3%	1.6%
个人与国家的关系	17.2%	14.0%	17.3%	10.8%	13.8%	14.1%	10.9%	12.7%
个人与工作单位的关系	0.6%	2.0%	1.5%	1.0%	1.0%	0.4%	0.4%	0.8%
朋友	0.6%			0.3%		0.1%	0.3%	0.2%
个人与自身的关系（身心和谐）	2.3%	2.0%	2.6%	0.9%	0.9%	1.8%	2.0%	1.4%
总计	100.0%	100.0%	100.0%	100.0%	100.0%	100.0%	100.0%	100.0%
列总计	174	50	271	1497	1647	926	1170	5735

Chi-square tests：df = 66，卡方值为 131.007，sig = 0.000 < 0.050，所以诸群体在对“最重要的关系”的选择上存在显著差异。

C6b by 诸群体

下列关系，您认为第二重要的是 ＊ 诸群体 Crosstabulation

	官员	企业家	专业人员	工人	农民	企业员工	无业/失业/下岗	总计
父母与子女	30.1%	22.0%	23.6%	24.5%	22.5%	26.1%	23.7%	24.1%

续表

	官员	企业家	专业人员	工人	农民	企业员工	无业/失业/下岗	总计
夫妇	45.1%	44.0%	46.1%	50.2%	53.9%	49.9%	49.0%	50.6%
兄弟姐妹	2.3%	8.0%	6.6%	9.5%	7.9%	6.3%	11.1%	8.5%
同事或同学	1.2%		0.4%	1.3%	1.2%	0.7%	1.5%	1.1%
上级或下级	1.7%	4.0%	2.6%	1.1%	1.3%	0.7%	1.5%	1.3%
师生		2.0%	0.4%	0.1%	0.4%	0.1%	0.9%	0.4%
人与自然的关系	1.7%		1.8%	1.3%	1.1%	1.2%	1.5%	1.3%
个人与社会的关系	8.7%	6.0%	10.0%	5.9%	6.1%	7.3%	5.1%	6.3%
个人与国家的关系	5.2%	14.0%	4.4%	3.6%	3.4%	3.9%	3.0%	3.7%
个人与工作单位的关系	1.7%		1.8%	1.0%	0.8%	1.4%	0.9%	1.1%
通过网络建立的关系				0.1%	0.1%	0.1%	0.1%	0.1%
朋友	1.2%		0.7%	0.9%	1.1%	1.0%	0.9%	1.0%
个人与自身的关系（身心和谐）	1.2%		1.5%	0.5%	0.4%	1.4%	0.9%	0.7%
总计	100.0%	100.0%	100.0%	100.0%	100.0%	100.0%	100.0%	100.0%
列总计	173	50	271	1492	1648	923	1167	5724

Chi-square tests：df = 72，卡方值为 121.930，sig = 0.000 < 0.050，所以诸群体在对“第二重要的关系”的选择上存在显著差异。

C6c by 诸群体

下列关系，您认为第三重要的是 ＊ 诸群体 Crosstabulation

	官员	企业家	专业人员	工人	农民	企业员工	无业/失业/下岗	总计
父母与子女	5.2%	10.2%	7.4%	5.2%	7.1%	6.4%	5.3%	6.1%
夫妇	10.4%	14.3%	11.1%	11.2%	11.6%	10.4%	11.6%	11.3%
兄弟姐妹	49.1%	44.9%	51.5%	55.7%	59.3%	52.1%	57.3%	56.0%
同事或同学	4.0%	2.0%	4.8%	4.5%	2.6%	3.6%	5.6%	4.0%
上级或下级	5.2%	4.1%	3.0%	2.2%	1.8%	3.0%	1.0%	2.1%
师生	0.6%	4.1%	1.1%	0.7%	1.5%	1.1%	0.9%	1.1%
人与自然的关系	5.8%	4.1%	4.1%	2.3%	1.8%	2.6%	2.5%	2.5%
个人与社会的关系	6.9%	6.1%	6.3%	4.3%	3.9%	5.0%	4.4%	4.5%
个人与国家的关系	5.2%	2.0%	4.1%	5.4%	5.0%	6.1%	5.2%	5.2%
个人与工作单位的关系	3.5%	6.1%	3.0%	2.2%	0.7%	3.4%	1.1%	1.9%

续表

	官员	企业家	专业人员	工人	农民	企业员工	无业/失业/下岗	总计
通过网络建立的关系				0.2%	0.1%	0.2%	0.1%	0.1%
朋友	2.9%	2.0%	1.5%	4.7%	4.0%	3.4%	3.5%	3.8%
个人与自身的关系（身心和谐）	1.2%		2.2%	1.4%	0.7%	2.6%	1.5%	1.5%
总计	100.0%	100.0%	100.0%	100.0%	100.0%	100.0%	100.0%	100.0%
列总计	173	49	270	1487	1643	919	1163	5704

Chi-square tests：df = 72，卡方值为 153.697，sig = 0.000 < 0.050，所以诸群体在对“第三重要的关系”的选择上存在显著差异。

C6d by 诸群体

下列关系，您认为第四重要的是 * 诸群体 Crosstabulation

	官员	企业家	专业人员	工人	农民	企业员工	无业/失业/下岗	总计
父母与子女	5.2%	6.1%	5.6%	3.2%	3.6%	4.9%	3.1%	3.8%
夫妇	4.6%	6.1%	4.5%	3.7%	4.9%	4.6%	4.3%	4.4%
兄弟姐妹	9.8%	10.2%	5.6%	9.3%	10.2%	9.8%	8.7%	9.4%
同事或同学	21.4%	20.4%	23.8%	18.5%	16.8%	22.5%	19.3%	19.2%
上级或下级	9.2%	4.1%	4.1%	6.2%	4.8%	7.5%	5.6%	5.9%
师生	2.3%	4.1%	6.7%	3.5%	4.2%	2.4%	4.8%	3.9%
人与自然的关系	3.5%	12.2%	5.9%	4.0%	3.7%	4.6%	4.4%	4.3%
个人与社会的关系	10.4%	4.1%	8.9%	10.3%	10.0%	9.6%	10.4%	10.0%
个人与国家的关系	8.1%	8.2%	9.3%	10.1%	13.6%	9.2%	11.5%	11.1%
个人与工作单位的关系	12.1%	2.0%	7.4%	7.1%	2.6%	7.7%	3.5%	5.3%
通过网络建立的关系			1.1%	0.4%	0.2%	0.1%	0.3%	0.3%
朋友	9.8%	14.3%	13.4%	21.5%	23.1%	13.2%	21.8%	19.9%
个人与自身的关系（身心和谐）	3.5%	8.2%	3.7%	2.0%	2.3%	3.7%	2.2%	2.6%
总计	100.0%	100.0%	100.0%	100.0%	100.0%	100.0%	100.0%	100.0%
列总计	173	49	269	1480	1629	914	1156	5670

Chi-square tests：df = 72，卡方值为 230.301，sig = 0.000 < 0.050，所以诸群体在对“第四重要的关系”的选择上存在显著差异。

C6e by 诸群体

下列关系，您认为第五重要的是 * 诸群体 Crosstabulation

	官员	企业家	专业人员	工人	农民	企业员工	无业/失业/下岗	总计
父母与子女	2.3%		2.6%	1.4%	1.3%	1.4%	1.1%	1.4%
夫妇	4.7%	2.0%	6.4%	2.8%	3.4%	3.2%	2.6%	3.2%
兄弟姐妹	5.2%	16.3%	4.1%	5.4%	6.2%	5.9%	5.5%	5.8%
同事或同学	12.2%	8.2%	9.4%	14.3%	11.1%	12.3%	13.0%	12.4%
上级或下级	11.0%	12.2%	9.0%	8.5%	5.7%	12.3%	7.5%	8.3%
师生	2.9%	4.1%	3.4%	3.6%	4.3%	3.0%	4.9%	3.9%
人与自然的关系	5.8%	6.1%	7.1%	5.0%	6.1%	5.3%	6.8%	5.9%
个人与社会的关系	14.0%	16.3%	15.4%	12.9%	17.7%	13.1%	16.5%	15.2%
个人与国家的关系	12.2%	6.1%	8.6%	12.5%	15.2%	10.2%	11.4%	12.4%
个人与工作单位的关系	5.8%	6.1%	9.7%	6.9%	3.3%	8.7%	4.9%	5.8%
通过网络建立的关系			0.4%	0.5%	0.7%	0.7%	0.4%	0.5%
朋友	14.0%	20.4%	16.5%	19.0%	20.0%	16.4%	16.0%	18.2%
个人与自身的关系（身心和谐）	9.9%	2.0%	7.5%	7.2%	5.0%	7.7%	8.6%	7.0%
总计	100.0%	100.0%	100.0%	100.0%	100.0%	100.0%	100.0%	100.0%
列总计	172	49	267	1474	1623	911	1153	5649

Chi-square tests：df = 72，卡方值为 190.473，sig = 0.000 < 0.050，所以诸群体在对“第五重要的关系”的选择上存在显著差异。

C7a by 诸群体

您对自己所在企业（或所熟悉的本地企业）履行劳动安全保障责任的满意度 * 诸群体 Crosstabulation

	官员	企业家	专业人员	工人	农民	企业员工	无业/失业/下岗	总计
非常不满意	5.8%		5.9%	6.4%	4.8%	4.7%	5.7%	5.4%
不太满意	13.4%	8.0%	18.9%	17.8%	18.9%	14.1%	20.5%	17.8%
比较满意	58.1%	62.0%	56.3%	59.6%	61.2%	59.3%	59.8%	59.8%
非常满意	22.7%	30.0%	18.9%	16.2%	15.1%	21.9%	14.0%	16.9%
总计	100.0%	100.0%	100.0%	100.0%	100.0%	100.0%	100.0%	100.0%
列总计	172	50	270	1473	1476	922	1084	5447

Chi-square tests：df = 18，卡方值为 57.232，sig = 0.000 < 0.050，所以诸群体在对“对自己所在企业（或所熟悉的本地企业）履行劳动安全保障责任”的满意度上存在显著差异。

C7b by 诸群体

您对自己所在企业（或所熟悉的本地企业）履行薪酬正常发放责任的满意度 * 诸群体 Crosstabulation

	官员	企业家	专业人员	工人	农民	企业员工	无业/失业/下岗	总计
非常不满意	5.2%		4.4%	4.3%	3.4%	4.3%	4.5%	4.1%
不太满意	7.6%	6.0%	10.7%	11.1%	15.1%	11.0%	14.6%	12.7%
比较满意	58.1%	70.0%	58.1%	59.1%	62.2%	56.8%	59.2%	59.6%
非常满意	29.1%	24.0%	26.7%	25.4%	19.3%	27.8%	21.7%	23.6%
总计	100.0%	100.0%	100.0%	100.0%	100.0%	100.0%	100.0%	100.0%
列总计	172	50	270	1472	1462	920	1084	5430

Chi-square tests：df = 18，卡方值为 55.861，sig = 0.000 < 0.050，所以诸群体在对“对自己所在企业（或所熟悉的本地企业）履行薪酬正常发放责任”的满意度上存在显著差异。

C7c by 诸群体

您对自己所在企业（或所熟悉的本地企业）履行职工文化生活责任的满意度 * 诸群体 Crosstabulation

	官员	企业家	专业人员	工人	农民	企业员工	无业/失业/下岗	总计
非常不满意	5.3%	2.0%	3.3%	7.3%	5.2%	4.2%	5.8%	5.6%
不太满意	22.8%	20.0%	26.4%	29.1%	31.8%	23.1%	29.1%	28.4%
比较满意	53.8%	48.0%	53.9%	52.7%	52.6%	54.8%	54.0%	53.3%
非常满意	18.1%	30.0%	16.4%	11.0%	10.4%	17.8%	11.1%	12.7%
总计	100.0%	100.0%	100.0%	100.0%	100.0%	100.0%	100.0%	100.0%
列总计	171	50	269	1466	1458	921	1077	5412

Chi-square tests：df = 18，卡方值为 84.045，sig = 0.000 < 0.050，所以诸群体在对“对自己所在企业（或所熟悉的本地企业）履行职工文化生活责任”的满意度上存在显著差异。

C7d by 诸群体

您对自己所在企业（或所熟悉的本地企业）履行诚实守法经营责任的满意度 * 诸群体 Crosstabulation

	官员	企业家	专业人员	工人	农民	企业员工	无业/失业/下岗	总计
非常不满意	4.1%	2.0%	4.1%	3.8%	2.9%	2.8%	3.8%	3.4%

续表

	官员	企业家	专业人员	工人	农民	企业员工	无业/失业/下岗	总计
不太满意	16.9%	2.0%	14.8%	14.2%	18.1%	11.5%	17.3%	15.4%
比较满意	57.0%	56.0%	60.7%	61.4%	61.3%	60.0%	63.0%	61.3%
非常满意	22.1%	40.0%	20.4%	20.5%	17.7%	25.7%	15.9%	19.9%
总计	100.0%	100.0%	100.0%	100.0%	100.0%	100.0%	100.0%	100.0%
列总计	172	50	270	1468	1467	915	1081	5423

Chi-square tests：df = 18，卡方值为 69.819，sig = 0.000 < 0.050，所以诸群体在对“对自己所在企业（或所熟悉的本地企业）履行诚实守法经营责任”的满意度上存在显著差异。

C7e by 诸群体

您对自己所在企业（或所熟悉的本地企业）履行环境保护责任的满意度 * 诸群体 Crosstabulation

	官员	企业家	专业人员	工人	农民	企业员工	无业/失业/下岗	总计
非常不满意	4.1%	4.0%	5.9%	5.6%	6.5%	4.3%	8.1%	6.1%
不太满意	25.7%	18.0%	23.3%	26.0%	24.2%	17.8%	26.6%	24.0%
比较满意	50.9%	52.0%	52.6%	52.8%	55.2%	57.2%	52.8%	54.1%
非常满意	19.3%	26.0%	18.1%	15.6%	14.1%	20.6%	12.5%	15.8%
总计	100.0%	100.0%	100.0%	100.0%	100.0%	100.0%	100.0%	100.0%
列总计	171	50	270	1474	1468	921	1080	5434

Chi-square tests：df = 18，卡方值为 68.348，sig = 0.000 < 0.050，所以诸群体在对“对自己所在企业（或所熟悉的本地企业）履行环境保护责任”的满意度上存在显著差异。

C7f by 诸群体

您对自己所在企业（或所熟悉的本地企业）履行慈善公益事业责任的满意度 * 诸群体 Crosstabulation

	官员	企业家	专业人员	工人	农民	企业员工	无业/失业/下岗	总计
非常不满意	4.1%	10.2%	6.3%	6.8%	7.0%	3.9%	7.5%	6.4%
不太满意	25.9%	16.3%	26.0%	26.5%	28.6%	21.0%	28.9%	26.5%
比较满意	48.2%	42.9%	49.1%	54.3%	51.9%	55.5%	51.4%	52.7%
非常满意	21.8%	30.6%	18.6%	12.4%	12.6%	19.6%	12.2%	14.4%
总计	100.0%	100.0%	100.0%	100.0%	100.0%	100.0%	100.0%	100.0%

续表

	官员	企业家	专业人员	工人	农民	企业员工	无业/失业/下岗	总计
列总计	170	49	269	1463	1452	914	1073	5390

Chi-square tests：df = 18，卡方值为 82.604，sig = 0.000 < 0.050，所以诸群体在对“对自己所在企业（或所熟悉的本地企业）履行慈善公益事业责任”的满意度上存在显著差异。

C8a by 诸群体

您觉得您身边下列现象常见吗：占卜算命 * 诸群体 Crosstabulation

	官员	企业家	专业人员	工人	农民	企业员工	无业/失业/下岗	总计
经常见到	14.4%	34.0%	19.1%	19.0%	14.6%	15.4%	19.8%	17.3%
偶尔见到	52.3%	34.0%	51.8%	47.1%	41.8%	53.5%	46.6%	46.7%
没见过	33.3%	32.0%	29.0%	33.9%	43.6%	31.2%	33.5%	35.9%
总计	100.0%	100.0%	100.0%	100.0%	100.0%	100.0%	100.0%	100.0%
列总计	174	50	272	1494	1650	924	1169	5733

Chi-square tests：df = 12，卡方值为 88.116，sig = 0.000 < 0.050，所以诸群体在对“占卜算命”的了解程度上存在显著差异。

C8b by 诸群体

您觉得您身边下列现象常见吗：操办喜事比富斗阔 * 诸群体 Crosstabulation

	官员	企业家	专业人员	工人	农民	企业员工	无业/失业/下岗	总计
经常见到	18.0%	32.0%	22.9%	19.7%	13.9%	18.4%	15.6%	17.2%
偶尔见到	43.0%	32.0%	49.1%	42.8%	36.5%	45.8%	43.3%	41.8%
没见过	39.0%	36.0%	28.0%	37.5%	49.6%	35.8%	41.1%	41.0%
总计	100.0%	100.0%	100.0%	100.0%	100.0%	100.0%	100.0%	100.0%
列总计	172	50	271	1494	1650	923	1166	5726

Chi-square tests：df = 12，卡方值为 101.986，sig = 0.000 < 0.050，所以诸群体在对“操办喜事时比富斗阔”的了解程度上存在显著差异。

C8c by 诸群体

您觉得您身边下列现象常见吗：在父母生前不尽孝，却对父母的丧事大操大办 ＊ 诸群体 Crosstabulation

	官员	企业家	专业人员	工人	农民	企业员工	无业/失业/下岗	总计
经常见到	14.5%	18.0%	18.4%	13.7%	11.7%	15.6%	13.2%	13.6%
偶尔见到	45.1%	38.0%	44.5%	41.6%	36.7%	43.6%	40.5%	40.5%
没见过	40.5%	44.0%	37.1%	44.7%	51.6%	40.8%	46.3%	45.9%
总计	100.0%	100.0%	100.0%	100.0%	100.0%	100.0%	100.0%	100.0%
列总计	173	50	272	1491	1644	927	1170	5727

Chi-square tests：df = 12，卡方值为 46.733，sig = 0.000 < 0.050，所以诸群体在对“在父母生前不尽孝，却对父母的丧事大操大办”的了解程度上存在显著差异。

C8d by 诸群体

您觉得您身边下列现象常见吗：赌博或变相赌博 ＊ 诸群体 Crosstabulation

	官员	企业家	专业人员	工人	农民	企业员工	无业/失业/下岗	总计
经常见到	21.4%	38.0%	24.3%	23.6%	15.8%	21.7%	21.6%	20.7%
偶尔见到	44.5%	32.0%	43.0%	37.4%	37.2%	38.4%	39.5%	38.4%
没见过	34.1%	30.0%	32.7%	39.0%	47.0%	40.0%	39.0%	40.9%
总计	100.0%	100.0%	100.0%	100.0%	100.0%	100.0%	100.0%	100.0%
列总计	173	50	272	1492	1649	928	1168	5732

Chi-square tests：df = 12，卡方值为 65.638，sig = 0.000 < 0.050，所以诸群体在对“赌博或变相赌博”的了解程度上存在显著差异。

C8e by 诸群体

您觉得您身边下列现象常见吗：封建迷信活动 ＊ 诸群体 Crosstabulation

	官员	企业家	专业人员	工人	农民	企业员工	无业/失业/下岗	总计
经常见到	12.6%	20.0%	14.7%	11.6%	5.9%	11.8%	10.2%	9.9%
偶尔见到	42.5%	36.0%	43.0%	36.5%	29.2%	38.1%	35.6%	35.0%
没见过	44.8%	44.0%	42.3%	51.9%	64.9%	50.2%	54.2%	55.1%
总计	100.0%	100.0%	100.0%	100.0%	100.0%	100.0%	100.0%	100.0%
列总计	174	50	272	1490	1649	927	1170	5732

Chi-square tests：df = 12，卡方值为 123.382，sig = 0.000 < 0.050，所以诸群体在对“封建迷信活动”的了解程度上存在显著差异。

C8f by 诸群体

您觉得您身边下列现象常见吗：非法宗教活动 ＊ 诸群体 Crosstabulation

	官员	企业家	专业人员	工人	农民	企业员工	无业/失业/下岗	总计
经常见到	3.4%	6.0%	6.6%	2.8%	1.5%	3.0%	2.5%	2.6%
偶尔见到	15.5%	10.0%	16.5%	12.4%	9.0%	13.7%	13.4%	12.1%
没见过	81.0%	84.0%	76.8%	84.8%	89.5%	83.2%	84.1%	85.3%
总计	100.0%	100.0%	100.0%	100.0%	100.0%	100.0%	100.0%	100.0%
列总计	174	50	272	1490	1649	925	1169	5729

Chi-square tests：df = 12，卡方值为 58.421，sig = 0.000 < 0.050，所以诸群体在对“非法宗教活动”的了解程度上存在显著差异。

C9 by 诸群体

您在生活中经常买到假冒伪劣商品吗 ＊ 诸群体 Crosstabulation

	官员	企业家	专业人员	工人	农民	企业员工	无业/失业/下岗	总计
经常	9.2%	18.0%	9.6%	10.3%	10.1%	8.4%	11.0%	10.1%
偶尔	66.7%	58.0%	68.8%	61.3%	51.5%	62.6%	59.8%	58.9%
没有	20.7%	22.0%	17.6%	24.6%	32.7%	25.7%	25.3%	26.8%
不清楚	3.4%	2.0%	4.0%	3.7%	5.7%	3.3%	3.9%	4.3%
总计	100.0%	100.0%	100.0%	100.0%	100.0%	100.0%	100.0%	100.0%
列总计	174	50	272	1499	1653	931	1172	5751

Chi-square tests：df = 18，卡方值为 81.820，sig = 0.000 < 0.050，所以诸群体在对“您在生活中经常买到假冒伪劣商品吗”的认知上存在显著差异。

C10 by 诸群体

您在购物、就医、理财等方面经常遇到过虚假广告吗 ＊ 诸群体 Crosstabulation

	官员	企业家	专业人员	工人	农民	企业员工	无业/失业/下岗	总计
经常	29.3%	30.0%	26.5%	25.2%	22.5%	23.5%	25.9%	24.5%
偶尔	50.6%	50.0%	54.0%	52.2%	45.7%	52.8%	50.2%	50.0%
没有	16.1%	16.0%	15.4%	17.9%	24.6%	19.5%	17.4%	19.8%
不清楚	4.0%	4.0%	4.0%	4.7%	7.2%	4.2%	6.5%	5.7%
总计	100.0%	100.0%	100.0%	100.0%	100.0%	100.0%	100.0%	100.0%

续表

	官员	企业家	专业人员	工人	农民	企业员工	无业/失业/下岗	总计
列总计	174	50	272	1498	1650	930	1170	5744

Chi-square tests：df = 18，卡方值为63.013，sig = 0.000 < 0.050，所以诸群体在对“您在购物、就医、理财等方面经常遇到过虚假广告吗”的回答上存在显著差异。

C12a by 诸群体

您觉得您周围的人在日常生活中遵守步行、骑车不闯红灯的规则吗 ＊ 诸群体 Crosstabulation

	官员	企业家	专业人员	工人	农民	企业员工	无业/失业/下岗	总计
不遵守	8.0%	14.0%	13.2%	9.8%	7.9%	9.1%	10.3%	9.4%
基本遵守	59.2%	46.0%	59.9%	57.7%	56.0%	58.0%	56.3%	57.0%
自觉遵守	32.8%	40.0%	26.8%	32.5%	36.2%	32.8%	33.4%	33.6%
总计	100.0%	100.0%	100.0%	100.0%	100.0%	100.0%	100.0%	100.0%
列总计	174	50	272	1495	1640	929	1163	5723

Chi-square tests：df = 24，卡方值为131.667，sig = 0.000 < 0.050，所以诸群体在对“周围人在日常生活中是否遵守步行、骑车不闯红灯的规则”的回答上存在显著差异。

C12b by 诸群体

您觉得您周围的人在日常生活中遵守乘车、购物自觉排队的规则 ＊ 诸群体 Crosstabulation

	官员	企业家	专业人员	工人	农民	企业员工	无业/失业/下岗	总计
不遵守	3.4%	8.0%	8.1%	5.3%	4.5%	3.9%	5.0%	4.9%
基本遵守	61.5%	42.0%	58.8%	52.6%	53.3%	52.9%	54.0%	53.6%
自觉遵守	35.1%	50.0%	33.1%	42.1%	42.2%	43.2%	41.0%	41.5%
总计	100.0%	100.0%	100.0%	100.0%	100.0%	100.0%	100.0%	100.0%
列总计	174	50	272	1493	1641	928	1162	5720

Chi-square tests：df = 12，卡方值为21.742，sig = 0.041 < 0.050，所以诸群体在对“周围人在日常生活中是否遵守乘车、购物时自觉排队的规则”的回答上存在显著差异。

C12c by 诸群体

您觉得您周围的人在日常生活中遵守文明游览的规则吗 ＊ 诸群体 Crosstabulation

	官员	企业家	专业人员	工人	农民	企业员工	无业/失业/下岗	总计
不遵守	3.5%	6.0%	7.0%	4.7%	4.5%	4.1%	4.3%	4.5%
基本遵守	60.1%	52.0%	60.3%	55.6%	57.6%	56.4%	60.0%	57.5%
自觉遵守	36.4%	42.0%	32.7%	39.7%	38.0%	39.5%	35.7%	37.9%
总计	100.0%	100.0%	100.0%	100.0%	100.0%	100.0%	100.0%	100.0%
列总计	173	50	272	1488	1628	925	1158	5694

Chi-square tests：df = 12，卡方值为 13.605，sig = 0.327 > 0.050，所以诸群体在对“周围人在日常生活中是否遵守文明游览的规则”的回答上不存在显著差异。

C12d by 诸群体

您觉得您周围的人在日常生活中遵守社会公约、村规民约 ＊ 诸群体 Crosstabulation

	官员	企业家	专业人员	工人	农民	企业员工	无业/失业/下岗	总计
不遵守	2.9%	12.0%	4.9%	5.0%	4.7%	3.8%	4.9%	4.7%
基本遵守	56.4%	44.0%	60.8%	52.7%	50.9%	52.1%	55.6%	53.1%
自觉遵守	40.7%	44.0%	34.3%	42.3%	44.4%	44.1%	39.5%	42.2%
总计	100.0%	100.0%	100.0%	100.0%	100.0%	100.0%	100.0%	100.0%
列总计	172	50	268	1466	1598	920	1140	5614

Chi-square tests：df = 12，卡方值为 24.786，sig = 0.016 < 0.050，所以诸群体在对“周围人在日常生活中是否遵守社会公约、村规民约”的回答上存在显著差异。

D1a by 诸群体

判断下列词语是否是社会主义核心价值观：文明 ＊ 诸群体 Crosstabulation

	官员	企业家	专业人员	工人	农民	企业员工	无业/失业/下岗	总计
未选	10.3%	4.1%	8.8%	15.5%	19.0%	12.5%	14.4%	15.2%
已选	89.7%	95.9%	91.2%	84.5%	81.0%	87.5%	85.6%	84.8%
总计	100.0%	100.0%	100.0%	100.0%	100.0%	100.0%	100.0%	100.0%
列总计	174	49	272	1492	1623	929	1165	5704

Chi-square tests：df = 6，卡方值为 40.932，sig = 0.000 < 0.050，所以诸群体在对“‘文明’是否是社会主义核心价值观的内容”的认知上存在显著差异。

D1b by 诸群体

判断下列词语是否是社会主义核心价值观：诚信 * 诸群体 Crosstabulation

	官员	企业家	专业人员	工人	农民	企业员工	无业/失业/下岗	总计
未选	5.7%	6.1%	5.9%	13.2%	18.4%	5.5%	12.8%	12.7%
已选	94.3%	93.9%	94.1%	86.8%	81.6%	94.5%	87.2%	87.3%
总计	100.0%	100.0%	100.0%	100.0%	100.0%	100.0%	100.0%	100.0%
列总计	174	49	272	1492	1624	929	1165	5705

Chi-square tests：df = 6，卡方值为 112.530，sig = 0.000 < 0.050，所以诸群体在对“‘诚信’是否是社会主义核心价值观的内容”的认知上存在显著差异。

D1c by 诸群体

判断下列词语是否是社会主义核心价值观：勇敢 * 诸群体 Crosstabulation

	官员	企业家	专业人员	工人	农民	企业员工	无业/失业/下岗	总计
未选	90.8%	89.8%	86.4%	80.9%	69.4%	88.3%	82.7%	79.8%
已选	9.2%	10.2%	13.6%	19.1%	30.6%	11.7%	17.3%	20.2%
总计	100.0%	100.0%	100.0%	100.0%	100.0%	100.0%	100.0%	100.0%
列总计	174	49	272	1492	1624	929	1165	5705

Chi-square tests：df = 6，卡方值为 181.478，sig = 0.000 < 0.050，所以诸群体在对“‘勇敢’是否是社会主义核心价值观的内容”的认知上存在显著差异。

D1d by 诸群体

判断下列词语是否是社会主义核心价值观：爱国 * 诸群体 Crosstabulation

	官员	企业家	专业人员	工人	农民	企业员工	无业/失业/下岗	总计
未选	6.3%	18.4%	11.8%	17.7%	16.0%	13.8%	15.4%	15.5%
已选	93.7%	81.6%	88.2%	82.3%	84.0%	86.2%	84.6%	84.5%
总计	100.0%	100.0%	100.0%	100.0%	100.0%	100.0%	100.0%	100.0%
列总计	174	49	272	1492	1623	929	1165	5704

Chi-square tests：df = 6，卡方值为 22.298，sig = 0.001 < 0.050，所以诸群体在对“‘爱国’是否是社会主义核心价值观的内容”的认知上存在显著差异。

D10e by 诸群体

判断下列词语是否是社会主义核心价值观：创新 ＊ 诸群体 Crosstabulation

	官员	企业家	专业人员	工人	农民	企业员工	无业/失业/下岗	总计
未选	72.4%	79.6%	66.9%	71.1%	72.7%	73.0%	70.0%	71.6%
已选	27.6%	20.4%	33.1%	28.9%	27.3%	27.0%	30.0%	28.4%
总计	100.0%	100.0%	100.0%	100.0%	100.0%	100.0%	100.0%	100.0%
列总计	174	49	272	1492	1624	929	1165	5705

Chi-square tests：df = 6，卡方值为 7.968，sig = 0.240 > 0.050，所以诸群体在对"'创新'是否是社会主义核心价值观的内容"的认知上不存在显著差异。

D1f by 诸群体

判断下列词语是否是社会主义核心价值观：友善 ＊ 诸群体 Crosstabulation

	官员	企业家	专业人员	工人	农民	企业员工	无业/失业/下岗	总计
未选	35.6%	30.6%	40.4%	46.0%	54.9%	38.4%	44.5%	46.3%
已选	64.4%	69.4%	59.6%	54.0%	45.1%	61.6%	55.5%	53.7%
总计	100.0%	100.0%	100.0%	100.0%	100.0%	100.0%	100.0%	100.0%
列总计	174	49	272	1492	1623	929	1165	5704

Chi-square tests：df = 6，卡方值为 89.457，sig = 0.000 < 0.050，所以诸群体在对"'友善'是否是社会主义核心价值观的内容"的认知上存在显著差异。

D1g by 诸群体

判断下列词语是否是社会主义核心价值观：勤劳 ＊ 诸群体 Crosstabulation

	官员	企业家	专业人员	工人	农民	企业员工	无业/失业/下岗	总计
未选	81.6%	85.7%	81.6%	70.2%	67.5%	76.3%	74.6%	72.4%
已选	18.4%	14.3%	18.4%	29.8%	32.5%	23.7%	25.4%	27.6%
总计	100.0%	100.0%	100.0%	100.0%	100.0%	100.0%	100.0%	100.0%
列总计	174	49	272	1492	1623	929	1165	5704

Chi-square tests：df = 6，卡方值为 55.947，sig = 0.000 < 0.050，所以诸群体在对"'勤劳'是否是社会主义核心价值观的内容"的认知上存在显著差异。

D2 by 诸群体

您认为社会主义核心价值观和您的工作、生活有关系吗 * 诸群体 Crosstabulation

	官员	企业家	专业人员	工人	农民	企业员工	无业/失业/下岗	总计
对改变社会风气有好处，每个人都应该这样做人、做事	91.4%	86.0%	88.6%	75.1%	69.2%	86.7%	73.0%	76.1%
与个人工作、生活没关系	3.4%	2.0%	5.9%	6.4%	7.7%	4.7%	8.6%	6.8%
说不清	5.2%	12.0%	5.5%	18.5%	23.1%	8.6%	18.4%	17.1%
总计	100.0%	100.0%	100.0%	100.0%	100.0%	100.0%	100.0%	100.0%
列总计	174	50	271	1493	1634	929	1166	5717

Chi-square tests：df = 12，卡方值为 168.665，sig = 0.000 < 0.050，所以诸群体在对“您认为社会主义核心价值观和您的工作、生活有关系吗”的认知上存在显著差异。

D3 by 诸群体

中华民族历来有孝敬、礼让、仁爱、节俭的传统，您认为现在还需要这些吗 * 诸群体 Crosstabulation

	官员	企业家	专业人员	工人	农民	企业员工	无业/失业/下岗	总计
这些传统什么时候都不能丢	96.6%	100.0%	96.7%	95.9%	95.5%	97.0%	94.8%	95.8%
可有可无	2.9%		1.1%	3.0%	2.5%	1.8%	3.6%	2.7%
已经过时，没必要讲这些	0.6%		2.2%	1.1%	2.1%	1.2%	1.6%	1.5%
总计	100.0%	100.0%	100.0%	100.0%	100.0%	100.0%	100.0%	100.0%
列总计	174	50	272	1500	1650	931	1171	5748

Chi-square tests：df = 12，卡方值为 19.942，sig = 0.068 > 0.050，所以诸群体在对“中华民族历来有孝敬、礼让、仁爱、节俭的传统，您认为现在还需要这些吗”的认知上不存在显著差异。

D4 by 诸群体

您认为在青少年中开展革命传统教育是否有现实意义 * 诸群体 Crosstabulation

	官员	企业家	专业人员	工人	农民	企业员工	无业/失业/下岗	总计
很有必要，应该大力开展	91.9%	96.0%	87.1%	88.9%	88.0%	92.7%	86.4%	88.8%
已经过时了，没必要开展	1.2%	2.0%	1.8%	2.4%	1.6%	1.2%	2.0%	1.8%
可有可无，意义不大	4.6%		7.0%	4.4%	4.6%	4.0%	5.5%	4.7%
说不清楚	2.3%	2.0%	4.0%	4.3%	5.7%	2.2%	6.0%	4.6%

续表

	官员	企业家	专业人员	工人	农民	企业员工	无业/失业/下岗	总计
总计	100.0%	100.0%	100.0%	100.0%	100.0%	100.0%	100.0%	100.0%
列总计	173	50	272	1500	1653	930	1173	5751

Chi-square tests：df = 18，卡方值为 42.129，sig = 0.001 < 0.050，所以诸群体在对"在青少年中开展革命传统教育是否有意义"的评价上存在显著差异。

D5 by 诸群体

您认为当前中国社会个人道德素质的主要问题 * 诸群体 Crosstabulation

	官员	企业家	专业人员	工人	农民	企业员工	无业/失业/下岗	总计
道德上无知	14.5%	18.0%	13.2%	13.1%	17.4%	14.1%	13.8%	14.7%
有道德知识，但不见诸行动	76.3%	76.0%	79.8%	79.0%	70.4%	80.2%	77.5%	76.4%
既无知，也不行动	8.7%	4.0%	5.9%	6.7%	9.6%	4.2%	6.6%	7.1%
其他	0.6%	2.0%	1.1%	1.2%	2.6%	1.5%	2.1%	1.8%
总计	100.0%	100.0%	100.0%	100.0%	100.0%	100.0%	100.0%	100.0%
列总计	173	50	272	1493	1640	927	1168	5723

Chi-square tests：df = 18，卡方值为 63.453，sig = 0.000 < 0.050，所以诸群体在对"您认为当前中国社会个人道德素质的主要问题"的选择上存在显著差异。

D6 by 诸群体

您认为对社会生活而言，个体德性（即个人的道德品质）和社会公正哪个更重要 * 诸群体 Crosstabulation

	官员	企业家	专业人员	工人	农民	企业员工	无业/失业/下岗	总计
个体德性最重要	16.1%	14.0%	16.9%	17.4%	18.2%	16.3%	16.6%	17.2%
社会公正最重要	29.9%	46.0%	23.9%	32.6%	36.7%	30.8%	32.0%	33.0%
二者应当统一，但二者矛盾时应先追求个体德性	16.1%	14.0%	20.2%	19.4%	19.7%	17.0%	19.2%	18.9%
二者应当统一，但二者矛盾时应先追求社会公正	37.9%	26.0%	39.0%	30.6%	25.5%	36.0%	32.3%	30.9%
总计	100.0%	100.0%	100.0%	100.0%	100.0%	100.0%	100.0%	100.0%
列总计	174	50	272	1492	1648	929	1164	5729

Chi-square tests：df = 18，卡方值为 57.681，sig = 0.000 < 0.050，所以诸群体在对"您认为对社会生活而言，个体德性（即个人的道德品质）和社会公正哪个更重要"的选择上存在显著差异。

D7 by 诸群体

您根据什么来判断某种行为是否符合伦理道德 * 诸群体 Crosstabulation

	官员	企业家	专业人员	工人	农民	企业员工	无业/失业/下岗	总计
传统	18.4%	14.0%	14.0%	17.2%	19.3%	16.4%	14.4%	17.0%
风俗习惯	8.6%	20.0%	8.5%	9.6%	12.2%	7.2%	7.8%	9.6%
大多数人认同的道德规范	32.8%	26.0%	27.9%	24.8%	20.7%	30.5%	22.3%	24.4%
当事人的共同利益和意志	0.6%	6.0%	5.1%	3.6%	3.4%	3.7%	3.6%	3.6%
自己的良心	22.4%	22.0%	20.2%	33.0%	36.4%	21.8%	33.9%	31.3%
自己的利益				1.1%	0.6%	0.2%	0.9%	0.7%
意识形态的要求	5.2%	2.0%	4.4%	1.4%	2.5%	2.6%	2.2%	2.3%
己立立人，立达达人；己所不欲，勿施于人	12.1%	10.0%	19.9%	9.2%	4.9%	17.6%	14.9%	11.1%
总计	100.0%	100.0%	100.0%	100.0%	100.0%	100.0%	100.0%	100.0%
列总计	174	50	272	1496	1649	931	1171	5743

Chi-square tests：df = 12，卡方值为 301.143，sig = 0.000 < 0.050，所以诸群体在对“您根据什么来判断某种行为是否符合伦理道德”的认知上存在显著差异。

D8 by 诸群体

老王的朋友是老张的生意竞争对手，想知道老张平时都跟哪些人接触，花钱让老王监视老张并向其报告。如果您是老王，您会怎么做 * 诸群体 Crosstabulation

	官员	企业家	专业人员	工人	农民	企业员工	无业/失业/下岗	总计
毫不犹豫地答应，个人利益高于一切，只要不让朋友知道，无可厚非	4.6%		3.3%	3.2%	2.6%	2.4%	2.1%	2.7%
可能答应，谈不上道德不道德	4.6%	2.0%	5.5%	4.7%	5.2%	3.0%	4.7%	4.6%
可能答应，虽然对朋友不道德，但是有利可图，对自身是道德的	1.7%	2.0%	3.7%	3.9%	5.3%	2.5%	3.8%	4.0%
不会答应，因为这不道德，见利忘义的行为无论如何都不可取	89.1%	96.0%	87.5%	88.3%	86.9%	92.1%	89.4%	88.8%
总计	100.0%	100.0%	100.0%	100.0%	100.0%	100.0%	100.0%	100.0%
列总计	174	50	271	1499	1650	926	1169	5739

Chi-square tests：df = 18，卡方值为 32.738，sig = 0.018 < 0.050，所以诸群体在对“老王的朋友是老张的生意竞争对手，想知道老张平时都跟哪些人接触，花钱让老王监视老张并向其报告。如果您是老王，您会怎么做”的选择上存在显著差异。

D9 by 诸群体

遇到人生重大挫折时，您通常的反应是 ＊ 诸群体 Crosstabulation

	官员	企业家	专业人员	工人	农民	企业员工	无业/失业/下岗	总计
去寺庙，求菩萨保佑	2.3%	2.0%	0.7%	1.9%	2.9%	0.5%	1.5%	1.8%
找朋友倾诉，求得疏解	21.3%	18.0%	25.7%	17.0%	15.5%	22.8%	19.7%	18.6%
向家人倾诉，寻求安慰	28.2%	34.0%	28.7%	38.3%	38.6%	31.8%	37.3%	36.3%
坚持自己的追求	13.2%	16.0%	14.7%	9.7%	7.5%	12.6%	11.3%	10.3%
自己独立承受和化解	35.1%	30.0%	29.4%	32.4%	34.2%	31.1%	28.8%	31.9%
其他			0.7%	0.7%	1.3%	1.1%	1.5%	1.1%
总计	100.0%	100.0%	100.0%	100.0%	100.0%	100.0%	100.0%	100.0%
列总计	174	50	272	1498	1647	928	1168	5737

Chi-square tests：df = 30，卡方值为 109.741，sig = 0.000 < 0.050，所以诸群体在对“遇到人生重大挫折时，您通常的反应”的选择上存在显著差异。

D10 by 诸群体

当遇到人与人之间的利益冲突时，您首选的办法是 ＊ 诸群体 Crosstabulation

	官员	企业家	专业人员	工人	农民	企业员工	无业/失业/下岗	总计
诉诸法律，打官司	8.6%	12.0%	7.7%	9.4%	7.8%	8.5%	9.5%	8.7%
主动与对方沟通，适可而止	63.8%	66.0%	60.9%	52.0%	48.6%	60.8%	56.5%	54.3%
找第三方帮助沟通调解，尽量不伤和气	21.8%	18.0%	24.7%	27.6%	28.6%	23.7%	24.3%	26.2%
能忍则忍	5.7%	4.0%	6.6%	10.9%	15.0%	7.1%	9.7%	10.8%
总计	100.0%	100.0%	100.0%	100.0%	100.0%	100.0%	100.0%	100.0%
列总计	174	50	271	1495	1649	930	1168	5737

Chi-square tests：df = 18，卡方值为 92.954，sig = 0.000 < 0.050，所以诸群体在对“当遇到人与人之间的利益冲突时，您首选的办法”的选择上存在显著差异。

D11 by 诸群体

当有陌生人走进您的单位或社区，或在车厢中与陌生人在一起时，您通常的态度是 ＊ 诸群体 Crosstabulation

	官员	企业家	专业人员	工人	农民	企业员工	无业/失业/下岗	总计
对他/她微笑	31.0%	22.4%	36.4%	23.5%	17.6%	35.3%	26.5%	25.2%

续表

	官员	企业家	专业人员	工人	农民	企业员工	无业/失业/下岗	总计
主动打招呼	21.8%	22.4%	16.2%	14.2%	15.9%	17.4%	11.5%	15.1%
没有任何反应	14.4%	6.1%	14.3%	20.4%	21.7%	15.5%	23.9%	20.1%
保持警惕，防止上当	32.2%	49.0%	33.1%	41.2%	43.9%	31.2%	37.3%	39.0%
其他	0.6%			0.6%	0.9%	0.6%	0.8%	0.7%
总计	100.0%	100.0%	100.0%	100.0%	100.0%	100.0%	100.0%	100.0%
列总计	174	49	272	1495	1645	930	1169	5734

Chi-square tests：df = 24，卡方值为 184.285，sig = 0.000 < 0.050，所以诸群体在对“当有陌生人走进您的单位或社区，或在车厢中与陌生人在一起时，您通常的态度”的选择上存在显著差异。

D12 by 诸群体

假设您双手抱着东西走进电梯，您觉得电梯里的陌生人可能会怎样 * 诸群体 Crosstabulation

	官员	企业家	专业人员	工人	农民	企业员工	无业/失业/下岗	总计
主动问您去几楼并帮您按楼层	53.2%	54.0%	45.0%	38.9%	36.4%	46.2%	34.9%	39.4%
当作没看见	8.7%	22.0%	18.1%	18.2%	17.7%	12.9%	20.1%	17.3%
会在您的请求下给予帮助	38.2%	24.0%	36.9%	42.9%	45.9%	40.9%	44.9%	43.3%
总计	100.0%	100.0%	100.0%	100.0%	100.0%	100.0%	100.0%	100.0%
列总计	173	50	271	1497	1634	929	1168	5722

Chi-square tests：df = 12，卡方值为 70.978，sig = 0.000 < 0.050，所以诸群体在对“假设您双手抱着东西走进电梯，您觉得电梯里的陌生人可能会怎样”的选择上存在显著差异。

D13 by 诸群体

假设您走在街上被陌生人不小心踩到了并发出“哎哟”一声，您认为对方会做何种反应 * 诸群体 Crosstabulation

	官员	企业家	专业人员	工人	农民	企业员工	无业/失业/下岗	总计
用言语或手势表达歉意	93.7%	94.0%	90.1%	89.4%	86.1%	94.0%	88.2%	89.1%
不会做任何表示	6.3%	4.0%	8.5%	8.5%	12.1%	5.4%	9.6%	9.1%
反而说你大惊小怪		2.0%	1.5%	2.1%	1.8%	0.6%	2.2%	1.7%
总计	100.0%	100.0%	100.0%	100.0%	100.0%	100.0%	100.0%	100.0%
列总计	174	50	272	1497	1651	929	1169	5742

Chi-square tests：df = 12，卡方值为 51.886，sig = 0.000 < 0.050，所以诸群体在对“假设您走在街上被陌生人不小心踩到了并发出‘哎哟’一声，您认为对方会做何种反应”的选择上存在显著差异。

D14 by 诸群体

与人相处时，您如何选择自己的行为 ＊ 诸群体 Crosstabulation

	官员	企业家	专业人员	工人	农民	企业员工	无业/失业/下岗	总计
按照自己的准则办事，不必顾忌太多	21.5%	16.3%	16.2%	21.6%	17.4%	18.8%	17.5%	18.8%
以己度人，己立立人	23.3%	32.7%	28.8%	22.6%	22.9%	28.5%	29.1%	25.4%
以自己利益最大化为最高目标	0.6%	2.0%	3.0%	3.2%	4.6%	1.9%	3.3%	3.3%
以对双方有好处为标准	19.8%	18.4%	19.2%	23.5%	33.0%	18.2%	19.8%	24.2%
权衡利弊，理性选择	34.9%	30.6%	32.5%	28.7%	21.0%	32.4%	29.8%	27.7%
其他			0.4%	0.4%	1.0%	0.2%	0.4%	0.5%
总计	100.0%	100.0%	100.0%	100.0%	100.0%	100.0%	100.0%	100.0%
列总计	172	49	271	1497	1639	930	1167	5725

Chi-square tests：df = 30，卡方值为 182.399，sig = 0.000 < 0.050，所以诸群体在对“与人相处时，您会有何种行为”的选择上存在显著差异。

D15 by 诸群体

您认为目前我国社会对人际关系伦理方面的调节能力和个人行为道德方面的调节能力 ＊ 诸群体 Crosstabulation

	官员	企业家	专业人员	工人	农民	企业员工	无业/失业/下岗	总计
良好	36.0%	42.0%	32.5%	36.2%	43.9%	39.9%	35.6%	38.7%
一般	58.7%	50.0%	55.7%	58.5%	49.5%	54.2%	57.0%	54.7%
很差	3.5%	8.0%	8.1%	2.9%	3.8%	3.8%	4.1%	3.8%
几乎没有，一切都听从法律和利益	1.7%		3.7%	2.4%	2.9%	2.2%	3.3%	2.7%
总计	100.0%	100.0%	100.0%	100.0%	100.0%	100.0%	100.0%	100.0%
列总计	172	50	271	1496	1651	930	1172	5742

Chi-square tests：df = 18，卡方值为 59.687，sig = 0.000 < 0.050，所以诸群体在对“目前我国社会对人际关系伦理方面的调节能力和个人行为道德方面的调节能力”的评价上存在显著差异。

D16 by 诸群体

现在社会上有些人不守道德反而讨了便宜，您会不会为了得到好处而仿效 * 诸群体 Crosstabulation

	官员	企业家	专业人员	工人	农民	企业员工	无业/失业/下岗	总计
从来不这么做	62.4%	76.0%	57.7%	60.5%	65.4%	59.1%	60.5%	61.7%
通常不这么做，关键时刻会这么做	6.4%	2.0%	11.0%	9.5%	10.5%	9.3%	10.4%	9.9%
经常这么做	0.6%	2.0%	1.5%	0.5%	1.2%	1.0%	0.9%	0.9%
相信善有善报，恶有恶报，终将会善恶报应	24.9%	18.0%	25.7%	21.1%	16.1%	24.8%	21.1%	20.6%
说不清	5.8%	2.0%	4.0%	8.2%	6.7%	5.7%	6.7%	6.7%
其他				0.1%	0.1%	0.2%	0.4%	0.2%
总计	100.0%	100.0%	100.0%	100.0%	100.0%	100.0%	100.0%	100.0%
列总计	173	50	272	1500	1653	929	1172	5749

Chi-square tests：df = 30，卡方值为 69.574，sig = 0.000 < 0.050，所以诸群体在对“现在社会上有些人不守道德反而讨了便宜，您会不会为了得到好处而仿效”的选择上存在显著差异。

D17 by 诸群体

您常常体验到自己身上有一种“伦理感”的存在，如感到自己不属于自己，而属于他人、某个集体、国家、民族，行为选择要服从于“它”，有一种要为“它”奉献的冲动吗 * 诸群体 Crosstabulation

	官员	企业家	专业人员	工人	农民	企业员工	无业/失业/下岗	总计
没有，我只感受到我自己个人实实在在的生活	33.3%	32.0%	29.0%	34.8%	35.6%	27.8%	30.2%	32.6%
偶尔有，但主要是因为那种情况下我的利益与“它”一致	9.9%	14.0%	17.6%	18.6%	17.0%	15.8%	16.8%	17.0%
偶尔有，是在受某种作品或生活情境的影响之后	13.5%	16.0%	19.1%	18.2%	17.0%	17.9%	22.2%	18.5%
时常有，“它”是内在的信念	43.3%	38.0%	33.5%	28.0%	29.7%	37.9%	30.2%	31.3%
其他			0.7%	0.4%	0.7%	0.5%	0.6%	0.5%
总计	100.0%	100.0%	100.0%	100.0%	100.0%	100.0%	100.0%	100.0%
列总计	171	50	272	1491	1637	925	1166	5712

Chi-square tests：df = 24，卡方值为 69.857，sig = 0.000 < 0.050，所以诸群体在对“您常常体验到自己身上有一种‘伦理感’的存在，如感到自己不属于自己，而属于他人、属于某个集体、国家、民族，行为选择要服从于‘它’，有一种要为‘它’奉献的冲动”的认知上存在显著差异。

D18a by 诸群体

对政府官员道德状况的满意度 * 诸群体 Crosstabulation

	官员	企业家	专业人员	工人	农民	企业员工	无业/失业/下岗	总计
非常不满意	5.2%	8.0%	6.3%	8.2%	6.1%	5.4%	7.9%	6.9%
不太满意	13.3%	34.0%	28.0%	20.4%	11.2%	23.7%	18.5%	18.2%
比较满意	46.2%	30.0%	44.6%	42.6%	38.0%	42.6%	42.1%	41.3%
非常满意	35.3%	28.0%	21.0%	28.8%	44.6%	28.3%	31.5%	33.6%
总计	100.0%	100.0%	100.0%	100.0%	100.0%	100.0%	100.0%	100.0%
列总计	173	50	271	1494	1646	927	1170	5731

Chi-square tests：df = 18，卡方值为 198.532，sig = 0.000 < 0.050，所以诸群体在对“政府官员道德状况”的满意度上存在显著差异。

D18b by 诸群体

对一般公务员道德状况的满意度 * 诸群体 Crosstabulation

	官员	企业家	专业人员	工人	农民	企业员工	无业/失业/下岗	总计
非常不满意	4.0%	6.0%	2.6%	4.4%	2.8%	3.0%	3.5%	3.5%
不太满意	16.8%	34.0%	24.4%	21.7%	12.6%	21.8%	19.2%	18.7%
比较满意	41.0%	28.0%	47.6%	44.7%	38.9%	44.7%	43.7%	42.7%
非常满意	38.2%	32.0%	25.5%	29.3%	45.7%	30.5%	33.5%	35.1%
总计	100.0%	100.0%	100.0%	100.0%	100.0%	100.0%	100.0%	100.0%
列总计	173	50	271	1487	1638	927	1164	5710

Chi-square tests：df = 18，卡方值为 156.458，sig = 0.000 < 0.050，所以诸群体在对“一般公务员道德状况”的满意度上存在显著差异。

D18c by 诸群体

对企业家道德状况的满意度 * 诸群体 Crosstabulation

	官员	企业家	专业人员	工人	农民	企业员工	无业/失业/下岗	总计
非常不满意	2.3%	4.1%	2.6%	5.2%	3.6%	3.4%	4.7%	4.1%
不太满意	22.2%	20.4%	21.4%	21.6%	14.3%	23.9%	19.6%	19.5%
比较满意	51.5%	42.9%	53.0%	47.5%	43.1%	47.7%	46.1%	46.3%
非常满意	24.0%	32.7%	22.9%	25.7%	39.1%	25.1%	29.5%	30.1%

续表

	官员	企业家	专业人员	工人	农民	企业员工	无业/失业/下岗	总计
总计	100.0%	100.0%	100.0%	100.0%	100.0%	100.0%	100.0%	100.0%
列总计	171	49	266	1481	1628	921	1161	5677

Chi-square tests：df = 18，卡方值为 122.997，sig = 0.000 < 0.050，所以诸群体在对“企业家道德状况”的满意度上存在显著差异。

D18d by 诸群体

对教师道德状况的满意度 ＊ 诸群体 Crosstabulation

	官员	企业家	专业人员	工人	农民	企业员工	无业/失业/下岗	总计
非常不满意	4.7%	4.1%	4.4%	4.4%	2.9%	3.3%	2.6%	3.4%
不太满意	15.7%	18.4%	13.3%	12.7%	7.8%	17.5%	13.1%	12.3%
比较满意	36.0%	28.6%	31.1%	31.5%	21.8%	36.6%	26.9%	28.7%
非常满意	43.6%	49.0%	51.1%	51.5%	67.4%	42.6%	57.4%	55.6%
总计	100.0%	100.0%	100.0%	100.0%	100.0%	100.0%	100.0%	100.0%
列总计	172	49	270	1492	1646	930	1170	5729

Chi-square tests：df = 18，卡方值为 197.859，sig = 0.000 < 0.050，所以诸群体在对“教师道德状况”的满意度上存在显著差异。

D18e by 诸群体

对青少年道德状况的满意度 ＊ 诸群体 Crosstabulation

	官员	企业家	专业人员	工人	农民	企业员工	无业/失业/下岗	总计
非常不满意	1.2%	2.0%	2.6%	3.1%	1.6%	1.7%	2.2%	2.2%
不太满意	25.0%	28.0%	16.7%	18.1%	10.1%	19.4%	14.9%	15.6%
比较满意	42.4%	34.0%	48.5%	39.0%	32.7%	42.7%	38.5%	38.2%
非常满意	31.4%	36.0%	32.2%	39.8%	55.6%	36.2%	44.4%	44.1%
总计	100.0%	100.0%	100.0%	100.0%	100.0%	100.0%	100.0%	100.0%
列总计	172	50	270	1494	1648	929	1171	5734

Chi-square tests：df = 18，卡方值为 184.706，sig = 0.000 < 0.050，所以诸群体在对“青少年道德状况”的满意度上存在显著差异。

D18f by 诸群体

对演艺娱乐界道德状况的满意度 ＊ 诸群体 Crosstabulation

	官员	企业家	专业人员	工人	农民	企业员工	无业/失业/下岗	总计
非常不满意	20.8%	14.0%	15.6%	11.1%	5.7%	12.9%	8.8%	9.9%
不太满意	16.8%	16.0%	19.6%	25.4%	19.5%	26.3%	22.7%	22.7%
比较满意	46.2%	50.0%	49.6%	44.9%	40.9%	45.3%	44.1%	44.0%
非常满意	16.2%	20.0%	15.2%	18.6%	33.8%	15.6%	24.4%	23.4%
总计	100.0%	100.0%	100.0%	100.0%	100.0%	100.0%	100.0%	100.0%
列总计	173	50	270	1480	1625	925	1158	5681

Chi-square tests：df = 18，卡方值为 225.835，sig = 0.000 < 0.050，所以诸群体在对“演艺娱乐界道德状况”的满意度上存在显著差异。

D18g by 诸群体

对自由职业者道德状况的满意度 ＊ 诸群体 Crosstabulation

	官员	企业家	专业人员	工人	农民	企业员工	无业/失业/下岗	总计
非常不满意	2.9%	4.0%	4.4%	4.7%	2.4%	3.0%	3.5%	3.4%
不太满意	20.8%	28.0%	19.6%	21.3%	14.3%	23.2%	18.8%	19.0%
比较满意	49.7%	46.0%	49.6%	43.0%	42.0%	46.7%	43.0%	43.8%
非常满意	26.6%	22.0%	26.3%	31.0%	41.4%	27.1%	34.8%	33.7%
总计	100.0%	100.0%	100.0%	100.0%	100.0%	100.0%	100.0%	100.0%
列总计	173	50	270	1483	1627	926	1157	5686

Chi-square tests：df = 18，卡方值为 107.315，sig = 0.000 < 0.050，所以诸群体在对“自由职业者道德状况”的满意度上存在显著差异。

D18h by 诸群体

对农民道德状况的满意度 ＊ 诸群体 Crosstabulation

	官员	企业家	专业人员	工人	农民	企业员工	无业/失业/下岗	总计
非常不满意	1.8%	4.1%	1.1%	2.2%	1.6%	2.2%	2.1%	2.0%
不太满意	12.9%	20.4%	12.6%	11.8%	5.3%	16.2%	11.0%	10.6%
比较满意	28.7%	22.4%	35.9%	28.0%	19.7%	31.5%	27.0%	26.3%
非常满意	56.7%	53.1%	50.4%	58.0%	73.3%	50.2%	59.9%	61.1%
总计	100.0%	100.0%	100.0%	100.0%	100.0%	100.0%	100.0%	100.0%

续表

	官员	企业家	专业人员	工人	农民	企业员工	无业/失业/下岗	总计
列总计	171	49	270	1488	1647	925	1170	5720

Chi-square tests：df = 18，卡方值为 198.573，sig = 0.000 < 0.050，所以诸群体在对“农民道德状况”的满意度上存在显著差异。

D18i by 诸群体

对商人道德状况的满意度 ＊ 诸群体 Crosstabulation

	官员	企业家	专业人员	工人	农民	企业员工	无业/失业/下岗	总计
非常不满意	6.9%	2.0%	6.3%	7.4%	4.9%	3.7%	5.1%	5.5%
不太满意	19.1%	32.0%	25.6%	21.6%	16.3%	22.3%	21.5%	20.4%
比较满意	50.9%	32.0%	45.6%	46.5%	40.7%	51.7%	45.1%	45.3%
非常满意	23.1%	34.0%	22.6%	24.4%	38.2%	22.3%	28.4%	28.8%
总计	100.0%	100.0%	100.0%	100.0%	100.0%	100.0%	100.0%	100.0%
列总计	173	50	270	1493	1643	927	1167	5723

Chi-square tests：df = 18，卡方值为 142.769，sig = 0.000 < 0.050，所以诸群体在对“商人道德状况”的满意度上存在显著差异。

D18j by 诸群体

对工人道德状况的满意度 ＊ 诸群体 Crosstabulation

	官员	企业家	专业人员	工人	农民	企业员工	无业/失业/下岗	总计
非常不满意	1.2%	2.0%	1.1%	2.1%	1.3%	1.8%	1.3%	1.6%
不太满意	15.2%	20.0%	15.6%	10.8%	6.7%	15.0%	11.6%	10.9%
比较满意	29.8%	24.0%	34.6%	31.0%	27.3%	31.6%	31.4%	30.2%
非常满意	53.8%	54.0%	48.7%	56.1%	64.7%	51.6%	55.8%	57.3%
总计	100.0%	100.0%	100.0%	100.0%	100.0%	100.0%	100.0%	100.0%
列总计	171	50	269	1489	1645	929	1167	5720

Chi-square tests：df = 18，卡方值为 91.792，sig = 0.000 < 0.050，所以诸群体在对“工人道德状况”的满意度上存在显著差异。

D18k by 诸群体

对专家学者道德状况的满意度 ＊ 诸群体 Crosstabulation

	官员	企业家	专业人员	工人	农民	企业员工	无业/失业/下岗	总计
非常不满意	3.5%	4.0%	4.1%	4.0%	2.0%	3.6%	2.4%	3.0%
不太满意	16.3%	22.0%	13.7%	12.8%	8.3%	16.7%	12.7%	12.4%
比较满意	34.9%	32.0%	36.7%	34.3%	27.0%	36.2%	32.2%	32.2%
非常满意	45.3%	42.0%	45.6%	48.9%	62.7%	43.5%	52.7%	52.4%
总计	100.0%	100.0%	100.0%	100.0%	100.0%	100.0%	100.0%	100.0%
列总计	172	50	270	1485	1641	926	1163	5707

Chi-square tests：df = 18，卡方值为 135.027，sig = 0.000 < 0.050，所以诸群体在对“专家学者道德状况”的满意度上存在显著差异。

D18l by 诸群体

对医生道德状况的满意度 ＊ 诸群体 Crosstabulation

	官员	企业家	专业人员	工人	农民	企业员工	无业/失业/下岗	总计
非常不满意	4.0%	6.0%	4.4%	6.2%	3.0%	4.6%	4.4%	4.5%
不太满意	20.2%	26.0%	15.1%	15.6%	8.7%	16.4%	13.6%	13.5%
比较满意	39.3%	32.0%	37.3%	34.7%	27.6%	39.6%	33.9%	33.5%
非常满意	36.4%	36.0%	43.2%	43.6%	60.7%	39.4%	48.1%	48.4%
总计	100.0%	100.0%	100.0%	100.0%	100.0%	100.0%	100.0%	100.0%
列总计	173	50	271	1489	1642	925	1171	5721

Chi-square tests：df = 18，卡方值为 181.924，sig = 0.000 < 0.050，所以诸群体在对“医生道德状况”的满意度上存在显著差异。

D18m by 诸群体

对弱势群体道德状况的满意度 ＊ 诸群体 Crosstabulation

	官员	企业家	专业人员	工人	农民	企业员工	无业/失业/下岗	总计
非常不满意			2.9%	4.0%	1.8%	2.7%	2.4%	2.6%
不太满意	11.6%	26.2%	15.4%	11.6%	8.6%	16.4%	11.9%	11.7%
比较满意	41.8%	38.1%	46.6%	41.9%	34.3%	45.3%	39.2%	39.7%
非常满意	46.6%	35.7%	35.1%	42.5%	55.3%	35.6%	46.6%	46.0%
总计	100.0%	100.0%	100.0%	100.0%	100.0%	100.0%	100.0%	100.0%

续表

	官员	企业家	专业人员	工人	农民	企业员工	无业/失业/下岗	总计
列总计	146	42	208	1251	1475	713	1003	4838

Chi-square tests：df = 18，卡方值为 127.879，sig = 0.000 < 0.050，所以诸群体在对“弱势群体道德状况”的满意度上存在显著差异。

D19 by 诸群体

您认为大家在一起合作共事，最重要的条件是 * 诸群体 Crosstabulation

	官员	企业家	专业人员	工人	农民	企业员工	无业/失业/下岗	总计
心情要愉快，否则就不在一起或另找单位	25.7%	34.0%	24.1%	30.0%	30.6%	26.4%	27.6%	28.7%
自由宽松的氛围	7.0%	12.0%	5.6%	7.1%	7.5%	6.0%	7.6%	7.1%
不违背做人的基本准则	33.9%	34.0%	35.2%	31.6%	31.8%	34.3%	32.6%	32.5%
尽量约束自己，考虑别人的感受	12.9%	6.0%	11.1%	11.3%	10.9%	13.2%	13.7%	12.0%
以共同体的利益为最高准则	20.5%	14.0%	23.0%	19.5%	18.5%	19.8%	17.4%	19.0%
其他			1.1%	0.5%	0.7%	0.3%	1.1%	0.7%
总计	100.0%	100.0%	100.0%	100.0%	100.0%	100.0%	100.0%	100.0%
列总计	171	50	270	1489	1646	920	1167	5713

Chi-square tests：df = 30，卡方值为 36.586，sig = 0.190 > 0.050，所以诸群体在对“大家合作共事时最重要的条件”的选择上不存在显著差异。

D20 by 诸群体

您常常体验到自己身上“道德感”的存在和满足吗？如社会行为不是出于本能欲望的冲动，而是考虑是否符合道德规则 * 诸群体 Crosstabulation

	官员	企业家	专业人员	工人	农民	企业员工	无业/失业/下岗	总计
没有，只是凭自己的意志和利益办事	13.2%	12.0%	12.5%	14.0%	17.3%	10.2%	14.0%	14.2%
在有监督的环境中有，其他环境中没有	4.6%	8.0%	7.0%	10.1%	11.5%	4.8%	7.6%	8.8%
能考虑行为符合公认的道德准则，但是出于对社会评价的考虑	32.8%	38.0%	34.9%	36.1%	31.6%	35.6%	35.8%	34.5%
经常有，因为行为应当符合社会规则	49.4%	42.0%	45.2%	39.5%	39.3%	49.1%	42.3%	42.2%

续表

	官员	企业家	专业人员	工人	农民	企业员工	无业/失业/下岗	总计
其他			0.4%	0.3%	0.3%	0.2%	0.3%	0.3%
总计	100.0%	100.0%	100.0%	100.0%	100.0%	100.0%	100.0%	100.0%
列总计	174	50	272	1495	1640	928	1164	5723

Chi-square tests：df = 24，卡方值为 88.152，sig = 0.000 < 0.050，所以诸群体在对“您常常体验到自己身上‘道德感’的存在和满足吗？如社会行为不是出于本能欲望的冲动，而是考虑是否符合道德规则”这一问题的选择上存在显著差异。

D21 by 诸群体

您觉得大多数人都是可以相信的吗？如果 1 分代表“大多数人都可以相信”，5 分代表“对其他人都应该小心防备”，您会选几分 ＊ 诸群体 Crosstabulation

	官员	企业家	专业人员	工人	农民	企业员工	无业/失业/下岗	总计
1 分	34.5%	42.0%	29.5%	26.5%	29.8%	35.6%	25.1%	29.2%
2 分	22.4%	14.0%	22.1%	23.1%	21.2%	23.3%	23.0%	22.4%
3 分	27.0%	22.0%	34.3%	30.8%	28.1%	28.4%	33.7%	30.2%
4 分	10.9%	14.0%	10.0%	10.9%	11.5%	8.1%	11.7%	10.8%
5 分	5.2%	8.0%	4.1%	8.7%	9.4%	4.6%	6.5%	7.4%
总计	100.0%	100.0%	100.0%	100.0%	100.0%	100.0%	100.0%	100.0%
列总计	174	50	271	1498	1653	930	1172	5748

Chi-square tests：df = 24，卡方值为 80.264，sig = 0.000 < 0.050，所以诸群体在对“您觉得大多数人都是可以相信的吗？如果 1 分代表‘大多数人都可以相信’，5 分代表‘对其他人都应该小心防备’，您会选几分”的评价上存在显著差异。

D22 by 诸群体

如果在路边看到一个老人摔倒，您的反应是 ＊ 诸群体 Crosstabulation

	官员	企业家	专业人员	工人	农民	企业员工	无业/失业/下岗	总计
立即将其扶起	50.6%	53.1%	38.2%	42.4%	50.6%	44.7%	41.7%	45.1%
等有证人时再扶	18.4%	16.3%	24.6%	24.2%	22.2%	21.2%	23.8%	22.8%
先拍照，再扶起	14.9%	16.3%	21.3%	12.1%	6.2%	15.6%	12.1%	11.6%
不扶，避免惹是生非	4.6%	6.1%	5.1%	6.4%	7.1%	4.3%	6.8%	6.2%
报警	10.3%	6.1%	10.3%	14.0%	11.8%	13.0%	14.0%	12.9%

续表

	官员	企业家	专业人员	工人	农民	企业员工	无业/失业/下岗	总计
其他	1.1%	2.0%	0.4%	1.0%	2.1%	1.2%	1.6%	1.4%
总计	100.0%	100.0%	100.0%	100.0%	100.0%	100.0%	100.0%	100.0%
列总计	174	49	272	1497	1649	929	1170	5740

Chi-square tests：df = 30，卡方值为 133.157，sig = 0.000 < 0.050，所以诸群体在对“如果在路边看到一个老人摔倒，您有何种反应”的选择上存在显著差异。

D23a by 诸群体

您认为导致当前医患关系紧张的首要原因是 ＊ 诸群体 Crosstabulation

	官员	企业家	专业人员	工人	农民	企业员工	无业/失业/下岗	总计
医生缺乏职业道德，对病人不负责任	34.1%	26.0%	21.2%	32.6%	33.7%	30.5%	29.9%	31.5%
医疗制度不合理，看病难、看病贵	42.2%	52.0%	56.3%	43.6%	38.2%	52.7%	44.6%	44.4%
医生腐败，不送红包不认真看病	12.1%	6.0%	8.6%	13.2%	16.0%	7.9%	13.2%	12.8%
“医闹”，病人蓄意闹事	8.1%	16.0%	12.3%	9.6%	10.5%	8.2%	10.9%	10.0%
其他	3.5%		1.5%	1.0%	1.5%	0.8%	1.3%	1.3%
总计	100.0%	100.0%	100.0%	100.0%	100.0%	100.0%	100.0%	100.0%
列总计	173	50	269	1464	1616	917	1134	5623

Chi-square tests：df = 24，卡方值为 107.798，sig = 0.000 < 0.050，所以诸群体在对“导致当前医患关系紧张的首要原因”的认知上存在显著差异。

D23b by 诸群体

您认为导致当前医患关系紧张的次要原因是 ＊ 诸群体 Crosstabulation

	官员	企业家	专业人员	工人	农民	企业员工	无业/失业/下岗	总计
医生缺乏职业道德，对病人不负责任	27.0%	33.3%	32.9%	30.2%	33.3%	34.8%	33.2%	32.5%
医疗制度不合理，看病难、看病贵	30.7%	33.3%	25.3%	29.7%	27.9%	26.6%	27.9%	28.2%
医生腐败，不送红包不认真看病	21.5%	10.4%	15.3%	22.3%	22.3%	18.8%	19.8%	20.8%

续表

	官员	企业家	专业人员	工人	农民	企业员工	无业/失业/下岗	总计
“医闹”，病人蓄意闹事	20.2%	18.8%	25.7%	16.3%	15.1%	18.4%	17.7%	17.1%
其他	0.6%	4.2%	0.8%	1.5%	1.4%	1.5%	1.5%	1.4%
总计	100.0%	100.0%	100.0%	100.0%	100.0%	100.0%	100.0%	100.0%
列总计	163	48	249	1407	1567	866	1082	5382

Chi-square tests：df = 24，卡方值为 41.764，sig = 0.014 < 0.050，所以诸群体在对“导致当前医患关系紧张的次要原因”的认知上存在显著差异。

D24a by 诸群体

对您的家人的信任度 ＊ 诸群体 Crosstabulation

	官员	企业家	专业人员	工人	农民	企业员工	无业/失业/下岗	总计
完全信任	87.9%	93.9%	87.6%	88.6%	89.6%	89.8%	86.0%	88.5%
比较信任	9.8%	6.1%	11.6%	11.0%	9.9%	10.0%	13.2%	10.9%
不太信任	1.2%		0.7%	0.3%	0.5%	0.1%	0.8%	0.5%
根本不信任	1.2%			0.1%		0.1%	0.1%	0.1%
总计	100.0%	100.0%	100.0%	100.0%	100.0%	100.0%	100.0%	100.0%
列总计	173	49	267	1471	1620	914	1148	5642

Chi-square tests：df = 18，卡方值为 43.037，sig = 0.001 < 0.050，所以诸群体在对“家人”的信任程度上存在显著差异。

D24b by 诸群体

对您的邻居的信任度 ＊ 诸群体 Crosstabulation

	官员	企业家	专业人员	工人	农民	企业员工	无业/失业/下岗	总计
完全信任	25.9%	38.0%	24.6%	29.7%	37.2%	27.2%	29.7%	31.1%
比较信任	66.7%	56.0%	67.6%	62.3%	57.9%	65.2%	61.3%	61.6%
不太信任	6.9%	6.0%	7.4%	7.0%	4.4%	7.3%	8.5%	6.6%
根本不信任	0.6%		0.4%	1.1%	0.6%	0.3%	0.5%	0.6%
总计	100.0%	100.0%	100.0%	100.0%	100.0%	100.0%	100.0%	100.0%
列总计	174	50	272	1494	1649	928	1170	5737

Chi-square tests：df = 18，卡方值为 67.557，sig = 0.000 < 0.050，所以诸群体在对“邻居”的信任程度上存在显著差异。

D24c by 诸群体

对商人的信任度 * 诸群体 Crosstabulation

	官员	企业家	专业人员	工人	农民	企业员工	无业/失业/下岗	总计
完全信任	3.5%	18.0%	5.2%	5.4%	9.0%	5.1%	5.7%	6.5%
比较信任	33.7%	22.0%	26.9%	31.6%	37.7%	32.7%	31.2%	33.2%
不太信任	56.4%	54.0%	62.4%	53.9%	45.8%	58.5%	55.9%	53.2%
根本不信任	6.4%	6.0%	5.5%	9.1%	7.5%	3.7%	7.2%	7.1%
总计	100.0%	100.0%	100.0%	100.0%	100.0%	100.0%	100.0%	100.0%
列总计	172	50	271	1493	1650	924	1168	5728

Chi-square tests：df = 18，卡方值为 107.272，sig = 0.000 < 0.050，所以诸群体在对“商人”的信任程度上存在显著差异。

D24d by 诸群体

对单位领导/社区（村）干部的信任度 * 诸群体 Crosstabulation

	官员	企业家	专业人员	工人	农民	企业员工	无业/失业/下岗	总计
完全信任	29.3%	32.0%	19.6%	22.7%	29.7%	29.6%	20.3%	25.5%
比较信任	52.9%	46.0%	56.8%	56.9%	53.6%	57.3%	55.5%	55.5%
不太信任	16.7%	22.0%	18.8%	16.9%	13.3%	11.1%	20.3%	15.8%
根本不信任	1.1%		4.8%	3.5%	3.3%	2.0%	3.9%	3.3%
总计	100.0%	100.0%	100.0%	100.0%	100.0%	100.0%	100.0%	100.0%
列总计	174	50	271	1493	1648	929	1168	5733

Chi-square tests：df = 18，卡方值为 93.634，sig = 0.000 < 0.050，所以诸群体在对“单位领导/社区（村）干部”的信任程度上存在显著差异。

D24e by 诸群体

对公务员的信任度 * 诸群体 Crosstabulation

	官员	企业家	专业人员	工人	农民	企业员工	无业/失业/下岗	总计
完全信任	16.7%	26.0%	13.3%	14.2%	21.3%	17.1%	13.7%	16.7%
比较信任	67.2%	40.0%	57.9%	58.0%	58.2%	61.0%	55.9%	58.2%
不太信任	14.4%	32.0%	26.9%	24.3%	18.2%	20.5%	28.2%	22.6%
根本不信任	1.7%	2.0%	1.8%	3.6%	2.4%	1.4%	2.2%	2.4%
总计	100.0%	100.0%	100.0%	100.0%	100.0%	100.0%	100.0%	100.0%

续表

	官员	企业家	专业人员	工人	农民	企业员工	无业/失业/下岗	总计
列总计	174	50	271	1491	1641	930	1164	5721

Chi-square tests：df = 18，卡方值为 100. 943，sig = 0. 000 < 0. 050，所以诸群体在对"公务员"的信任程度上存在显著差异。

D24f by 诸群体

对教师的信任度 ＊ 诸群体 Crosstabulation

	官员	企业家	专业人员	工人	农民	企业员工	无业/失业/下岗	总计
完全信任	30. 1%	34. 7%	31. 3%	28. 8%	39. 1%	27. 9%	31. 5%	32. 4%
比较信任	56. 1%	46. 9%	58. 1%	57. 8%	51. 5%	59. 4%	55. 5%	55. 7%
不太信任	12. 1%	18. 4%	8. 8%	11. 4%	8. 6%	11. 4%	11. 8%	10. 6%
根本不信任	1. 7%		1. 8%	2. 0%	0. 9%	1. 3%	1. 2%	1. 4%
总计	100. 0%	100. 0%	100. 0%	100. 0%	100. 0%	100. 0%	100. 0%	100. 0%
列总计	173	49	272	1492	1646	929	1169	5730

Chi-square tests：df = 18，卡方值为 68. 388，sig = 0. 000 < 0. 050，所以诸群体在对"教师"的信任程度上存在显著差异。

D24g by 诸群体

对警察的信任度 ＊ 诸群体 Crosstabulation

	官员	企业家	专业人员	工人	农民	企业员工	无业/失业/下岗	总计
完全信任	35. 1%	44. 0%	35. 3%	36. 4%	48. 1%	35. 4%	37. 7%	39. 9%
比较信任	49. 4%	42. 0%	57. 4%	52. 5%	44. 4%	54. 3%	50. 9%	50. 1%
不太信任	13. 2%	12. 0%	5. 9%	9. 1%	6. 3%	8. 6%	9. 8%	8. 3%
根本不信任	2. 3%	2. 0%	1. 5%	2. 0%	1. 3%	1. 7%	1. 6%	1. 7%
总计	100. 0%	100. 0%	100. 0%	100. 0%	100. 0%	100. 0%	100. 0%	100. 0%
列总计	174	50	272	1496	1652	929	1166	5739

Chi-square tests：df = 18，卡方值为 83. 345，sig = 0. 000 < 0. 050，所以诸群体在对"警察"的信任程度上存在显著差异。

D24h by 诸群体

对医生的信任度 ＊ 诸群体 Crosstabulation

	官员	企业家	专业人员	工人	农民	企业员工	无业/失业/下岗	总计
完全信任	23.7%	32.7%	25.7%	24.4%	34.9%	22.9%	26.6%	27.7%
比较信任	53.8%	46.9%	59.9%	54.5%	50.8%	58.1%	54.9%	54.3%
不太信任	20.8%	14.3%	13.6%	18.2%	12.9%	17.0%	16.3%	15.9%
根本不信任	1.7%	6.1%	0.7%	2.9%	1.5%	1.9%	2.2%	2.1%
总计	100.0%	100.0%	100.0%	100.0%	100.0%	100.0%	100.0%	100.0%
列总计	173	49	272	1496	1649	927	1170	5736

Chi-square tests：df = 18，卡方值为 88.766，sig = 0.000 < 0.050，所以诸群体在对“医生”的信任程度上存在显著差异。

D24i by 诸群体

对法官的信任度 ＊ 诸群体 Crosstabulation

	官员	企业家	专业人员	工人	农民	企业员工	无业/失业/下岗	总计
完全信任	31.6%	36.0%	25.7%	29.9%	41.1%	28.8%	32.4%	33.3%
比较信任	46.6%	46.0%	58.5%	53.6%	47.8%	56.0%	51.0%	51.8%
不太信任	19.5%	14.0%	12.5%	13.6%	9.5%	13.0%	14.9%	12.7%
根本不信任	2.3%	4.0%	3.3%	2.9%	1.6%	2.2%	1.7%	2.2%
总计	100.0%	100.0%	100.0%	100.0%	100.0%	100.0%	100.0%	100.0%
列总计	174	50	272	1494	1641	926	1168	5725

Chi-square tests：df = 18，卡方值为 93.966，sig = 0.000 < 0.050，所以诸群体在对“法官”的信任程度上存在显著差异。

D24j by 诸群体

对陌生人的信任度 ＊ 诸群体 Crosstabulation

	官员	企业家	专业人员	工人	农民	企业员工	无业/失业/下岗	总计
完全信任	1.2%	6.0%	2.2%	1.9%	2.1%	1.9%	2.1%	2.0%
比较信任	15.0%	12.0%	11.4%	9.5%	9.0%	13.9%	8.5%	10.1%
不太信任	54.3%	48.0%	54.0%	47.9%	41.4%	49.4%	48.4%	46.9%
根本不信任	29.5%	34.0%	32.4%	40.7%	47.5%	34.8%	41.0%	41.0%
总计	100.0%	100.0%	100.0%	100.0%	100.0%	100.0%	100.0%	100.0%

续表

	官员	企业家	专业人员	工人	农民	企业员工	无业/失业/下岗	总计
列总计	173	50	272	1493	1653	930	1168	5739

Chi-square tests：df = 18，卡方值为 82. 403，sig = 0. 000 < 0. 050，所以诸群体在对“陌生人”的信任程度上存在显著差异。

D24k by 诸群体

对外国人的信任度 ＊ 诸群体 Crosstabulation

	官员	企业家	专业人员	工人	农民	企业员工	无业/失业/下岗	总计
完全信任	1. 8%	10. 0%	3. 3%	1. 8%	2. 0%	2. 6%	2. 1%	2. 2%
比较信任	18. 2%	16. 0%	18. 2%	14. 0%	9. 5%	18. 6%	15. 2%	14. 0%
不太信任	51. 2%	44. 0%	49. 8%	47. 0%	39. 9%	49. 7%	45. 9%	45. 4%
根本不信任	28. 8%	30. 0%	28. 6%	37. 2%	48. 7%	29. 0%	36. 9%	38. 4%
总计	100. 0%	100. 0%	100. 0%	100. 0%	100. 0%	100. 0%	100. 0%	100. 0%
列总计	170	50	269	1483	1636	923	1158	5689

Chi-square tests：df = 18，卡方值为 160. 058，sig = 0. 000 < 0. 050，所以诸群体在对“外国人”的信任程度上存在显著差异。

D24l by 诸群体

对同事或同学的信任度 ＊ 诸群体 Crosstabulation

	官员	企业家	专业人员	工人	农民	企业员工	无业/失业/下岗	总计
完全信任	15. 7%	24. 0%	16. 9%	15. 8%	19. 0%	17. 9%	16. 3%	17. 3%
比较信任	74. 4%	68. 0%	71. 3%	71. 5%	66. 0%	73. 5%	70. 2%	70. 1%
不太信任	7. 6%	8. 0%	11. 0%	10. 8%	12. 2%	6. 8%	11. 2%	10. 5%
根本不信任	2. 3%		0. 7%	1. 9%	2. 8%	1. 7%	2. 3%	2. 2%
总计	100. 0%	100. 0%	100. 0%	100. 0%	100. 0%	100. 0%	100. 0%	100. 0%
列总计	172	50	272	1486	1635	926	1169	5710

Chi-square tests：df = 18，卡方值为 40. 999，sig = 0. 002 < 0. 050，所以诸群体在对“同事或同学”的信任程度上存在显著差异。

D24m by 诸群体

对本地政府的信任度 * 诸群体 Crosstabulation

	官员	企业家	专业人员	工人	农民	企业员工	无业/失业/下岗	总计
完全信任	29.3%	34.0%	21.7%	26.2%	39.2%	29.9%	27.1%	30.7%
比较信任	58.0%	44.0%	60.7%	55.4%	48.6%	55.9%	56.4%	54.0%
不太信任	9.8%	18.0%	14.7%	14.8%	9.8%	13.2%	13.6%	12.7%
根本不信任	2.9%	4.0%	2.9%	3.6%	2.4%	1.0%	2.9%	2.6%
总计	100.0%	100.0%	100.0%	100.0%	100.0%	100.0%	100.0%	100.0%
列总计	174	50	272	1492	1650	929	1171	5738

Chi-square tests：df = 18，卡方值为 112.508，sig = 0.000 < 0.050，所以诸群体在对“本地政府”的信任程度上存在显著差异。

D24n by 诸群体

对中央政府的信任度 * 诸群体 Crosstabulation

	官员	企业家	专业人员	工人	农民	企业员工	无业/失业/下岗	总计
完全信任	61.5%	56.0%	47.1%	49.2%	61.3%	51.1%	51.1%	53.7%
比较信任	32.2%	38.0%	42.6%	42.5%	33.7%	40.8%	40.5%	39.0%
不太信任	5.2%	6.0%	8.1%	6.2%	4.1%	6.7%	7.3%	5.9%
根本不信任	1.1%		2.2%	2.1%	0.9%	1.4%	1.1%	1.4%
总计	100.0%	100.0%	100.0%	100.0%	100.0%	100.0%	100.0%	100.0%
列总计	174	50	272	1495	1652	926	1172	5741

Chi-square tests：df = 18，卡方值为 77.629，sig = 0.000 < 0.050，所以诸群体在对“中央政府”的信任程度上存在显著差异。

D25 by 诸群体

您认为弱势群体产生的最主要原因是 * 诸群体 Crosstabulation

	官员	企业家	专业人员	工人	农民	企业员工	无业/失业/下岗	总计
制度不合理，社会关怀不够	30.6%	18.0%	34.9%	26.7%	24.5%	27.1%	26.0%	26.4%
收入分配不公	18.5%	24.0%	19.1%	26.7%	25.1%	24.7%	26.7%	25.3%
机会不平等	7.5%	8.0%	10.3%	11.1%	10.2%	8.9%	10.4%	10.1%
弱势群体自己不努力	17.3%	14.0%	12.1%	14.3%	16.5%	14.4%	15.3%	15.2%
缺乏生存技能	23.7%	36.0%	22.1%	20.2%	22.4%	23.5%	19.9%	21.7%

续表

	官员	企业家	专业人员	工人	农民	企业员工	无业/失业/下岗	总计
其他	2.3%		1.5%	1.0%	1.3%	1.3%	1.7%	1.3%
总计	100.0%	100.0%	100.0%	100.0%	100.0%	100.0%	100.0%	100.0%
列总计	173	50	272	1492	1644	930	1169	5730

Chi-square tests：df = 30，卡方值为 45.896，sig = 0.032 < 0.050，所以诸群体在对“弱势群体产生的最主要原因”的认知上存在显著差异。

D26 by 诸群体

您认为对当前我国伦理关系和道德风尚造成最大负面影响的因素是 * 诸群体 Crosstabulation

	官员	企业家	专业人员	工人	农民	企业员工	无业/失业/下岗	总计
传统文化的崩坏	23.1%	20.0%	23.2%	21.6%	28.6%	20.8%	23.1%	23.9%
外来文化的冲击	11.6%	18.0%	9.6%	9.1%	8.0%	10.3%	9.0%	9.1%
市场经济导致的个人主义	27.2%	18.0%	25.1%	23.3%	19.0%	26.2%	24.3%	22.9%
网络技术的发展	4.6%	4.0%	6.3%	7.4%	6.2%	6.1%	6.1%	6.4%
分配不公，两极分化	20.2%	30.0%	15.9%	19.3%	19.6%	19.7%	18.2%	19.2%
以权谋私，官员腐败	13.3%	10.0%	19.9%	19.2%	18.6%	16.8%	19.3%	18.4%
总计	100.0%	100.0%	100.0%	100.0%	100.0%	100.0%	100.0%	100.0%
列总计	173	50	271	1490	1635	922	1162	5703

Chi-square tests：df = 30，卡方值为 67.583，sig = 0.000 < 0.050，所以诸群体在对“当前我国伦理关系和道德风尚造成最大负面影响的因素”的认知上存在显著差异。

E1 by 诸群体

您对于我们正在走的中国特色社会主义道路怎么看 * 诸群体 Crosstabulation

	官员	企业家	专业人员	工人	农民	企业员工	无业/失业/下岗	总计
充满信心，因为它可以给中国带来繁荣富强	84.5%	76.0%	75.7%	68.8%	70.4%	76.6%	63.5%	70.3%
不太了解，但相信这条路能够让老百姓过上好日子	10.3%	22.0%	14.3%	22.9%	24.1%	16.6%	26.1%	22.1%
表示怀疑，走这条路究竟怎么样，现在还说不清楚	3.4%	2.0%	9.6%	5.9%	3.2%	5.9%	7.9%	5.6%

续表

	官员	企业家	专业人员	工人	农民	企业员工	无业/失业/下岗	总计
走什么样的路，跟我没关系	1.7%		0.4%	2.5%	2.4%	0.9%	2.5%	2.0%
总计	100.0%	100.0%	100.0%	100.0%	100.0%	100.0%	100.0%	100.0%
列总计	174	50	272	1496	1650	929	1171	5742

Chi-square tests：df = 18，卡方值为 116.335，sig = 0.000 < 0.050，所以诸群体在对“中国特色社会主义道路”的看法上存在显著差异。

E2a by 诸群体

结合自己的情况进行选择：我会经常关心比我不幸的人 * 诸群体 Crosstabulation

	官员	企业家	专业人员	工人	农民	企业员工	无业/失业/下岗	总计
完全不符合	4.6%	4.0%	3.0%	3.4%	4.5%	4.0%	4.8%	4.1%
不太符合	10.9%	8.0%	14.8%	18.3%	19.4%	17.6%	19.7%	18.3%
比较符合	52.9%	48.0%	56.1%	53.3%	50.5%	48.4%	52.6%	51.6%
完全符合	31.6%	40.0%	26.2%	25.0%	25.5%	30.0%	23.0%	25.9%
总计	100.0%	100.0%	100.0%	100.0%	100.0%	100.0%	100.0%	100.0%
列总计	174	50	271	1494	1652	927	1170	5738

Chi-square tests：df = 18，卡方值为 37.893，sig = 0.004 < 0.050，所以诸群体在对“我会经常关心比我不幸的人”的判断上存在显著差异。

E2b by 诸群体

结合自己的情况进行选择：在做决定前，我会试着从每个人的立场去考虑问题 * 诸群体 Crosstabulation

	官员	企业家	专业人员	工人	农民	企业员工	无业/失业/下岗	总计
完全不符合	4.0%	2.0%	1.5%	2.2%	3.1%	2.6%	3.0%	2.7%
不太符合	9.8%	12.0%	9.6%	15.0%	16.2%	8.9%	14.9%	13.9%
比较符合	56.3%	46.0%	67.9%	58.0%	58.0%	57.7%	57.9%	58.2%
完全符合	29.9%	40.0%	21.0%	24.7%	22.7%	30.8%	24.3%	25.1%
总计	100.0%	100.0%	100.0%	100.0%	100.0%	100.0%	100.0%	100.0%
列总计	174	50	271	1496	1652	929	1170	5742

Chi-square tests：df = 18，卡方值为 66.081，sig = 0.000 < 0.050，所以诸群体在对“在做决定前，我会试着从每个人的立场去考虑问题”的判断上存在显著差异。

E2c by 诸群体

结合自己的情况进行选择：当我看到有人被利用时，我有点想要保护他们 * 诸群体 Crosstabulation

	官员	企业家	专业人员	工人	农民	企业员工	无业/失业/下岗	总计
完全不符合	4.0%	4.0%	3.3%	3.0%	3.9%	3.2%	3.2%	3.4%
不太符合	12.1%	6.0%	12.5%	18.8%	18.8%	15.2%	19.7%	17.8%
比较符合	58.6%	48.0%	62.9%	55.0%	54.9%	54.7%	56.4%	55.6%
完全符合	25.3%	42.0%	21.3%	23.2%	22.3%	26.9%	20.6%	23.2%
总计	100.0%	100.0%	100.0%	100.0%	100.0%	100.0%	100.0%	100.0%
列总计	174	50	272	1492	1647	929	1171	5735

Chi-square tests：df = 18，卡方值为43.623，sig = 0.001 < 0.050，所以诸群体在对“当我看到有人被利用时，我有点想要保护他们”的行动上存在显著差异。

E2d by 诸群体

结合自己的情况进行选择：我有时会试图站在他人的角度上思考问题，以更好地理解他们 * 诸群体 Crosstabulation

	官员	企业家	专业人员	工人	农民	企业员工	无业/失业/下岗	总计
完全不符合	3.4%	4.0%	1.8%	1.7%	3.1%	3.4%	2.7%	2.7%
不太符合	9.8%	12.0%	9.2%	12.8%	13.4%	10.0%	12.6%	12.2%
比较符合	56.3%	46.0%	61.0%	59.8%	60.5%	53.9%	59.2%	58.8%
完全符合	30.5%	38.0%	27.9%	25.7%	23.0%	32.7%	25.5%	26.4%
总计	100.0%	100.0%	100.0%	100.0%	100.0%	100.0%	100.0%	100.0%
列总计	174	50	272	1495	1648	928	1165	5732

Chi-square tests：df = 18，卡方值为51.638，sig = 0.000 < 0.050，所以诸群体在对“我有时会试图站在他人的角度，以更好地理解他们”的行动上存在显著差异。

E2e by 诸群体

结合自己的情况进行选择：处在紧张情绪的状况中，我会惊慌害怕 * 诸群体 Crosstabulation

	官员	企业家	专业人员	工人	农民	企业员工	无业/失业/下岗	总计
完全不符合	14.5%	12.2%	5.9%	10.5%	13.4%	9.7%	8.1%	10.7%

续表

	官员	企业家	专业人员	工人	农民	企业员工	无业/失业/下岗	总计
不太符合	42.8%	36.7%	27.8%	30.3%	29.4%	33.3%	28.6%	30.5%
比较符合	31.8%	32.7%	51.9%	42.2%	39.0%	40.7%	42.3%	41.1%
完全符合	11.0%	18.4%	14.4%	17.0%	18.2%	16.3%	20.9%	17.7%
总计	100.0%	100.0%	100.0%	100.0%	100.0%	100.0%	100.0%	100.0%
列总计	173	49	270	1490	1644	926	1166	5718

Chi-square tests：df = 18，卡方值为 70.642，sig = 0.000 < 0.050，所以诸群体在对“处在紧张情绪的状况中，我会惊慌害怕”的行动上存在显著差异。

E2f by 诸群体

结合自己的情况进行选择：我相信任何问题都有两面性，我会试图从两个方面加以考虑 ＊ 诸群体 Crosstabulation

	官员	企业家	专业人员	工人	农民	企业员工	无业/失业/下岗	总计
完全不符合	4.0%		0.7%	2.1%	2.7%	2.0%	2.6%	2.4%
不太符合	11.5%	10.0%	7.7%	13.5%	18.0%	9.5%	13.2%	13.7%
比较符合	49.4%	44.0%	59.0%	56.0%	54.1%	52.5%	56.9%	54.9%
完全符合	35.1%	46.0%	32.5%	28.5%	25.2%	36.0%	27.3%	29.1%
总计	100.0%	100.0%	100.0%	100.0%	100.0%	100.0%	100.0%	100.0%
列总计	174	50	271	1494	1649	928	1170	5736

Chi-square tests：df = 18，卡方值为 89.342，sig = 0.000 < 0.050，所以诸群体在对“我相信任何问题都有两面性，我会试图从两个方面加以考虑”的行动上存在显著差异。

E2g by 诸群体

结合自己的情况进行选择：当我对某人很不耐烦或想批评他/她时，我通常会暂时站在他/她的位置上进行考虑 ＊ 诸群体 Crosstabulation

	官员	企业家	专业人员	工人	农民	企业员工	无业/失业/下岗	总计
完全不符合	4.6%	2.0%	1.8%	4.0%	5.8%	3.7%	4.2%	4.4%
不太符合	14.4%	16.0%	18.0%	22.1%	24.4%	23.0%	25.6%	23.1%
比较符合	59.2%	58.0%	63.6%	55.6%	52.9%	50.6%	52.6%	53.9%
完全符合	21.8%	24.0%	16.5%	18.2%	16.9%	22.8%	17.7%	18.6%
总计	100.0%	100.0%	100.0%	100.0%	100.0%	100.0%	100.0%	100.0%

续表

	官员	企业家	专业人员	工人	农民	企业员工	无业/失业/下岗	总计
列总计	174	50	272	1491	1649	927	1172	5735

Chi-square tests：df = 18，卡方值为 51.582，sig = 0.000 < 0.050，所以诸群体在对“当我对某人很不耐烦或想批评他/她时，我通常会暂时站在他/她的位置上进行考虑”的行动上存在显著差异。

E2h by 诸群体

结合自己的情况进行选择：当我在读一个有趣的故事或者看一部电影时，我会想象如果这些事情发生在自己身上，我会是怎样的感受 * 诸群体 Crosstabulation

	官员	企业家	专业人员	工人	农民	企业员工	无业/失业/下岗	总计
完全不符合	7.5%	4.0%	1.8%	8.3%	12.3%	6.7%	7.8%	8.7%
不太符合	24.1%	20.0%	23.2%	26.8%	28.3%	24.4%	28.5%	26.9%
比较符合	50.6%	52.0%	53.5%	47.2%	44.0%	47.4%	46.0%	46.5%
完全符合	17.8%	24.0%	21.4%	17.7%	15.4%	21.5%	17.6%	17.9%
总计	100.0%	100.0%	100.0%	100.0%	100.0%	100.0%	100.0%	100.0%
列总计	174	50	271	1490	1645	926	1164	5720

Chi-square tests：df = 18，卡方值为 75.214，sig = 0.000 < 0.050，所以诸群体在对“当我在读一个有趣的故事或者看一部电影时，我会想象如果这些事情发生在自己身上，我会是怎样的感受”的行动上存在显著差异。

E2i by 诸群体

结合自己的情况进行选择：当我看到有人发生意外而急需帮助时，我紧张得几乎精神崩溃 * 诸群体 Crosstabulation

	官员	企业家	专业人员	工人	农民	企业员工	无业/失业/下岗	总计
完全不符合	29.3%	16.0%	18.8%	19.9%	20.6%	18.9%	18.5%	19.8%
不太符合	44.3%	40.0%	42.8%	40.8%	35.2%	45.2%	41.8%	40.3%
比较符合	20.1%	28.0%	31.4%	28.5%	31.0%	26.5%	28.0%	28.7%
完全符合	6.3%	16.0%	7.0%	10.8%	13.3%	9.4%	11.7%	11.2%
总计	100.0%	100.0%	100.0%	100.0%	100.0%	100.0%	100.0%	100.0%
列总计	174	50	271	1494	1651	929	1170	5739

Chi-square tests：df = 18，卡方值为 56.777，sig = 0.000 < 0.050，所以诸群体在对“当我看到有人发生意外而急需帮助时，我紧张得几乎精神崩溃”的行动上存在显著差异。

E3 by 诸群体

每个人都希望我们的国家越来越好，我们的生活越来越好。党的十八大提出，到2020年全面建成小康社会，到本世纪中叶建成社会主义现代化国家，您认为这样的目标能实现吗 ＊ 诸群体 Crosstabulation

	官员	企业家	专业人员	工人	农民	企业员工	无业/失业/下岗	总计
相信一定能实现	56.9%	64.0%	52.9%	56.5%	62.8%	55.4%	53.8%	57.5%
有困难，但只要努力还是能实现的	39.1%	34.0%	40.8%	34.9%	27.1%	40.6%	36.5%	34.3%
不可能实现	1.1%		3.3%	3.1%	2.7%	2.3%	3.0%	2.8%
说不清楚，跟我没关系	2.9%	2.0%	2.9%	5.4%	7.4%	1.7%	6.7%	5.4%
总计	100.0%	100.0%	100.0%	100.0%	100.0%	100.0%	100.0%	100.0%
列总计	174	50	272	1498	1652	930	1173	5749

Chi-square tests：df = 18，卡方值为106.523，sig = 0.000 < 0.050，所以诸群体在对“党的十八大提出，到2020年全面建成小康社会，到本世纪中叶建成社会主义现代化国家，您认为这样的目标能实现吗”这一问题的信心度上存在显著差异。

E4 by 诸群体

您认为在现代中国社会实际奉行的道德价值是 ＊ 诸群体 Crosstabulation

	官员	企业家	专业人员	工人	农民	企业员工	无业/失业/下岗	总计
个人主义，人人为自己，上帝为大家	20.7%	10.0%	19.2%	21.1%	23.1%	18.3%	23.9%	21.6%
义利合一，以理导欲	55.0%	62.0%	59.8%	57.2%	53.9%	56.7%	53.8%	55.6%
见利忘义，物欲横流	7.7%	12.0%	9.2%	10.4%	10.0%	10.0%	9.6%	9.9%
存义去利	16.6%	16.0%	11.8%	11.3%	13.0%	15.0%	12.7%	12.9%
总计	100.0%	100.0%	100.0%	100.0%	100.0%	100.0%	100.0%	100.0%
列总计	169	50	271	1476	1602	922	1151	5641

Chi-square tests：df = 18，卡方值为26.712，sig = 0.085 > 0.050，所以诸群体在对“现代中国社会实际奉行的道德价值”的选择上不存在显著差异。

E5a by 诸群体

您认为当今中国社会最重要和最需要的德性是 ＊ 诸群体 Crosstabulation

	官员	企业家	专业人员	工人	农民	企业员工	无业/失业/下岗	总计
爱（仁爱、博爱、友爱）	43.1%	36.0%	42.6%	38.9%	37.5%	46.8%	37.6%	39.8%

续表

	官员	企业家	专业人员	工人	农民	企业员工	无业/失业/下岗	总计
义（道义、义务）	6.3%	6.0%	3.7%	4.8%	3.5%	5.2%	4.4%	4.4%
宽容	1.7%	2.0%	4.0%	4.0%	5.2%	2.9%	3.3%	4.0%
责任	12.6%	16.0%	16.2%	16.8%	14.9%	12.8%	14.2%	14.9%
正义或公正	13.8%	10.0%	12.1%	10.1%	10.1%	14.6%	14.2%	11.9%
诚信	10.9%	12.0%	8.8%	9.4%	7.9%	8.2%	9.5%	8.8%
忠恕	1.7%		1.5%	1.0%	0.9%	1.3%	0.9%	1.0%
理智		2.0%	0.7%	1.1%	1.2%	0.3%	0.9%	0.9%
节制				0.1%	0.3%		0.3%	0.2%
谦让	1.1%		0.4%	1.0%	2.1%	0.4%	1.4%	1.3%
恭敬				0.8%	0.8%	0.2%	0.3%	0.5%
勇敢				0.4%	0.9%		0.3%	0.4%
正直	1.7%	6.0%	1.5%	1.8%	2.6%	1.8%	2.9%	2.3%
善良	2.9%	4.0%	2.2%	3.9%	5.3%	1.8%	4.2%	3.9%
力行或知行合一	0.6%			0.1%		0.3%	0.3%	0.2%
教养	0.6%	2.0%	1.1%	1.7%	1.2%	0.9%	2.0%	1.4%
孝悌	2.3%	4.0%	3.3%	3.0%	4.7%	1.6%	2.7%	3.2%
气节			0.7%	0.1%	0.1%	0.2%		0.1%
中庸				0.1%	0.1%	0.2%	0.1%	0.1%
敬业	0.6%		1.1%	0.9%	0.7%	0.3%	0.3%	0.6%
总计	100.0%	100.0%	100.0%	100.0%	100.0%	100.0%	100.0%	100.0%
列总计	174	50	272	1496	1647	929	1169	5737

Chi-square tests：df = 114，卡方值为 214.579，sig = 0.000 < 0.050，所以诸群体在对“当今中国社会最重要和最需要的德性”的选择上存在显著差异。

E5b by 诸群体

您认为当今中国社会第二重要和第二需要的德性是 ＊ 诸群体 Crosstabulation

	官员	企业家	专业人员	工人	农民	企业员工	无业/失业/下岗	总计
爱（仁爱、博爱、友爱）	11.5%	6.0%	9.6%	10.4%	9.2%	9.5%	10.9%	10.0%
义（道义、义务）	13.8%	12.0%	18.8%	16.7%	16.6%	19.1%	17.3%	17.1%
宽容	6.3%	6.0%	9.2%	6.4%	6.7%	5.8%	6.9%	6.6%
责任	16.1%	22.0%	14.3%	16.1%	13.7%	17.3%	15.7%	15.5%

续表

	官员	企业家	专业人员	工人	农民	企业员工	无业/失业/下岗	总计
正义或公正	15.5%	10.0%	9.9%	11.4%	13.0%	12.6%	10.9%	12.0%
诚信	14.9%	12.0%	13.6%	12.2%	13.6%	14.3%	12.9%	13.2%
忠恕	2.3%		1.1%	0.9%	1.5%	0.9%	1.5%	1.2%
理智	4.6%	2.0%	2.6%	2.2%	2.3%	3.0%	3.3%	2.7%
节制	0.6%		1.1%	0.3%	0.4%	0.1%	0.3%	0.4%
谦让	1.1%	2.0%	2.6%	2.5%	1.7%	1.5%	2.3%	2.0%
恭敬	0.6%	2.0%	0.7%	0.7%	0.5%	1.0%	1.0%	0.8%
勇敢			0.4%	0.5%	1.2%	0.9%	0.9%	0.8%
正直	3.4%	6.0%	2.9%	3.2%	3.2%	3.4%	3.2%	3.3%
善良	2.9%	6.0%	4.0%	8.7%	8.8%	6.0%	5.3%	7.2%
力行或知行合一	1.7%	2.0%	0.4%	0.1%	0.1%	0.2%	0.3%	0.2%
教养	1.7%	6.0%	2.2%	2.4%	2.3%	1.2%	3.4%	2.4%
孝悌	1.1%	4.0%	2.6%	3.9%	3.3%	1.4%	2.7%	2.9%
气节			0.7%	0.1%	0.2%	0.1%	0.1%	0.2%
中庸				0.2%	0.1%		0.2%	0.1%
敬业	1.7%	2.0%	3.3%	1.1%	1.5%	1.6%	1.0%	1.4%
总计	100.0%	100.0%	100.0%	100.0%	100.0%	100.0%	100.0%	100.0%
列总计	174	50	272	1493	1646	928	1169	5732

Chi-square tests：df = 114，卡方值为169.271，sig = 0.001 < 0.050，所以诸群体在对“当今中国社会第二重要和第二需要的德性”的选择上存在显著差异。

E5c by 诸群体

您认为当今中国社会第三重要和第三需要的德性是 ＊ 诸群体 Crosstabulation

	官员	企业家	专业人员	工人	农民	企业员工	无业/失业/下岗	总计
爱（仁爱、博爱、友爱）	6.9%	14.0%	8.1%	6.9%	6.5%	7.9%	8.8%	7.5%
义（道义、义务）	2.9%	6.0%	5.9%	5.4%	6.5%	4.6%	5.8%	5.6%
宽容	12.1%	18.0%	12.9%	14.6%	15.6%	16.3%	14.3%	15.0%
责任	8.6%	6.0%	15.1%	9.7%	9.3%	14.1%	11.9%	10.9%
正义或公正	15.5%	14.0%	12.5%	9.8%	7.6%	10.4%	9.6%	9.6%
诚信	19.0%	12.0%	15.1%	20.9%	20.0%	18.3%	18.5%	19.3%
忠恕	0.6%		0.4%	0.7%	1.4%	0.5%	1.4%	1.0%

续表

	官员	企业家	专业人员	工人	农民	企业员工	无业/失业/下岗	总计
理智	2.3%	2.0%	3.3%	2.6%	2.3%	2.4%	2.3%	2.4%
节制	1.7%		1.5%	1.0%	1.2%	0.2%	0.6%	0.9%
谦让	0.6%		1.1%	1.4%	2.5%	2.2%	2.1%	1.9%
恭敬			0.4%	0.7%	0.7%	0.4%	0.5%	0.6%
勇敢	1.7%		1.5%	1.5%	2.8%	0.9%	2.1%	1.9%
正直	5.2%	4.0%	2.2%	3.9%	3.3%	2.3%	3.6%	3.4%
善良	5.7%	10.0%	6.3%	8.3%	8.5%	6.9%	8.6%	8.0%
力行或知行合一	1.1%		2.6%	0.7%	1.0%	1.1%	0.8%	1.0%
教养	4.0%	6.0%	3.7%	3.8%	2.5%	4.2%	3.5%	3.4%
孝悌	4.0%	2.0%	1.1%	4.1%	4.3%	2.8%	3.1%	3.6%
气节	0.6%		1.1%	0.3%	0.7%	0.6%	0.5%	0.6%
中庸	0.6%		0.4%	0.1%	0.1%		0.2%	0.1%
敬业	6.9%	6.0%	5.1%	3.6%	3.1%	3.9%	2.0%	3.4%
总计	100.0%	100.0%	100.0%	100.0%	100.0%	100.0%	100.0%	100.0%
列总计	174	50	272	1491	1642	925	1169	5723

Chi-square tests：df = 114，卡方值为 180.97，sig = 0.000 < 0.050，所以诸群体在对“当今中国社会第三重要和第三需要的德性”的选择上存在显著差异。

E6a by 诸群体

您在所在单位有没有一种亲切和踏实的感觉 ＊ 诸群体 Crosstabulation

	官员	企业家	专业人员	工人	农民	企业员工	无业/失业/下岗	总计
有	63.2%	62.0%	52.9%	51.9%	56.8%	59.2%	46.0%	53.8%
还可以	36.2%	36.0%	45.6%	42.7%	35.0%	38.3%	44.6%	40.0%
没有	0.6%	2.0%	1.5%	5.4%	8.2%	2.5%	9.4%	6.2%
总计	100.0%	100.0%	100.0%	100.0%	100.0%	100.0%	100.0%	100.0%
列总计	174	50	272	1488	1621	927	1132	5664

Chi-square tests：df = 12，卡方值为 118.959，sig = 0.000 < 0.050，所以诸群体在对“您在所在单位是否有一种亲切和踏实的感觉”的认知上存在显著差异。

E6b by 诸群体

您在所在社区/村有没有一种亲切和踏实的感觉 ＊ 诸群体 Crosstabulation

	官员	企业家	专业人员	工人	农民	企业员工	无业/失业/下岗	总计
有	62.1%	50.0%	48.9%	55.9%	66.5%	58.5%	54.8%	59.0%
还可以	35.1%	48.0%	46.3%	40.5%	29.6%	38.7%	41.0%	37.4%
没有	2.9%	2.0%	4.8%	3.6%	3.8%	2.8%	4.2%	3.7%
总计	100.0%	100.0%	100.0%	100.0%	100.0%	100.0%	100.0%	100.0%
列总计	174	50	272	1493	1653	928	1172	5742

Chi-square tests：df = 12，卡方值为 74.510，sig = 0.000 < 0.050，所以诸群体在对“您在所在社区/村是否有一种亲切和踏实的感觉”的认知上存在显著差异。

E6c by 诸群体

您在所在城市有没有一种亲切和踏实的感觉 ＊ 诸群体 Crosstabulation

	官员	企业家	专业人员	工人	农民	企业员工	无业/失业/下岗	总计
有	52.9%	48.0%	48.2%	49.1%	55.5%	53.1%	49.9%	51.8%
还可以	46.0%	46.0%	48.5%	46.9%	39.0%	44.0%	44.1%	43.6%
没有	1.1%	6.0%	3.3%	4.1%	5.5%	2.9%	6.0%	4.6%
总计	100.0%	100.0%	100.0%	100.0%	100.0%	100.0%	100.0%	100.0%
列总计	174	50	272	1494	1649	926	1170	5735

Chi-square tests：df = 12，卡方值为 42.084，sig = 0.000 < 0.050，所以诸群体在对“您在所在城市是否有一种亲切和踏实的感觉”的认知上存在显著差异。

E7 by 诸群体

您认为在自己的成长中得到道德训练最重要的场所或机构是 ＊ 诸群体 Crosstabulation

	官员	企业家	专业人员	工人	农民	企业员工	无业/失业/下岗	总计
家庭	33.9%	48.0%	37.6%	43.0%	43.0%	41.3%	44.7%	42.6%
学校	23.6%	20.0%	29.5%	23.7%	20.3%	25.4%	26.1%	23.7%
社会（包括职业生活）	30.5%	24.0%	26.6%	26.6%	25.8%	26.5%	23.5%	25.8%
国家或政府	9.2%	4.0%	3.0%	5.0%	8.9%	4.9%	4.4%	6.0%
媒体	2.3%		2.2%	0.9%	1.2%	1.1%	0.7%	1.1%
其他	0.6%	4.0%	1.1%	0.7%	0.9%	0.9%	0.6%	0.8%

续表

	官员	企业家	专业人员	工人	农民	企业员工	无业/失业/下岗	总计
总计	100. 0%	100. 0%	100. 0%	100. 0%	100. 0%	100. 0%	100. 0%	100. 0%
列总计	174	50	271	1496	1646	930	1169	5736

Chi-square tests：df = 30，卡方值为 82. 533，sig = 0. 000 < 0. 050，所以诸群体在对“您在自己的成长中得到道德训练最重要的场所或机构”的选择上存在显著差异。

E8 by 诸群体

您听说过一些道德模范或身边的好人好事吗？您愿意像他们那样做人、做事吗 ＊ 诸群体 Crosstabulation

	官员	企业家	专业人员	工人	农民	企业员工	无业/失业/下岗	总计
知道一些，他们很了不起，我在努力向他们学习	85. 5%	80. 0%	74. 5%	68. 5%	63. 0%	79. 1%	66. 4%	69. 1%
知道一些，我很敬佩他们，但自己学不来	11. 0%	18. 0%	19. 2%	21. 0%	22. 4%	17. 2%	22. 4%	20. 6%
知道一些，我感到他们那样做有点不值得	1. 2%	2. 0%	2. 6%	2. 6%	2. 6%	1. 7%	2. 1%	2. 3%
没听说过身边谁是道德模范	2. 3%		3. 7%	7. 9%	12. 1%	1. 9%	9. 1%	7. 9%
总计	100. 0%	100. 0%	100. 0%	100. 0%	100. 0%	100. 0%	100. 0%	100. 0%
列总计	173	50	271	1497	1651	930	1171	5743

Chi-square tests：df = 18，卡方值为 150. 730，sig = 0. 000 < 0. 050，所以诸群体在对“您听说过一些道德模范或身边的好人好事吗？您愿意像他们那样做人、做事吗”的认知上存在显著差异。

E9a by 诸群体

您对自己生活地方的下列群体职业道德状况总体评价如何：公务员道德状况（如工作认真负责、依法办事、公正廉洁、讲究效率、文明服务等） ＊ 诸群体 Crosstabulation

	官员	企业家	专业人员	工人	农民	企业员工	无业/失业/下岗	总计
非常满意	19. 5%	24. 0%	15. 2%	16. 1%	23. 2%	19. 0%	18. 4%	19. 2%
比较满意	63. 8%	52. 0%	58. 9%	59. 3%	58. 1%	59. 7%	56. 6%	58. 5%
不太满意	14. 4%	18. 0%	22. 2%	20. 1%	15. 4%	19. 1%	21. 3%	18. 7%
不满意	2. 3%	6. 0%	3. 7%	4. 5%	3. 4%	2. 3%	3. 8%	3. 6%

续表

	官员	企业家	专业人员	工人	农民	企业员工	无业/失业/下岗	总计
总计	100.0%	100.0%	100.0%	100.0%	100.0%	100.0%	100.0%	100.0%
列总计	174	50	270	1495	1648	928	1170	5735

Chi-square tests：df = 18，卡方值为 56.557，sig = 0.000 < 0.050，所以诸群体在对“公务员道德状况”的满意度上存在显著差异。

E9b by 诸群体

您对自己生活地方的下列群体职业道德状况总体评价如何：商人道德状况（如不卖假冒伪劣产品、不价格欺诈、不短斤少两、讲诚信服务等）* 诸群体 Crosstabulation

	官员	企业家	专业人员	工人	农民	企业员工	无业/失业/下岗	总计
非常满意	8.0%	18.0%	6.6%	8.1%	11.4%	8.7%	9.6%	9.5%
比较满意	39.7%	30.0%	40.8%	39.4%	45.3%	42.0%	43.9%	42.4%
不太满意	44.3%	44.0%	43.4%	41.3%	34.9%	41.7%	37.6%	39.0%
不满意	8.0%	8.0%	9.2%	11.2%	8.3%	7.5%	8.9%	9.1%
总计	100.0%	100.0%	100.0%	100.0%	100.0%	100.0%	100.0%	100.0%
列总计	174	50	272	1498	1651	928	1170	5743

Chi-square tests：df = 18，卡方值为 51.587，sig = 0.000 < 0.050，所以诸群体在对“商人道德状况”的满意度上存在显著差异。

E9c by 诸群体

您对自己生活地方的下列群体职业道德状况总体评价如何：教师道德状况（如爱岗敬业、关爱学生、教书育人、为人师表、不搞有偿家教等）* 诸群体 Crosstabulation

	官员	企业家	专业人员	工人	农民	企业员工	无业/失业/下岗	总计
非常满意	17.8%	32.0%	28.0%	27.4%	34.3%	21.3%	28.9%	28.5%
比较满意	58.6%	50.0%	54.6%	55.2%	54.3%	59.7%	55.4%	55.8%
不太满意	21.8%	18.0%	14.8%	14.0%	9.4%	15.8%	13.1%	13.1%
不满意	1.7%		2.6%	3.3%	1.9%	3.1%	2.6%	2.6%
总计	100.0%	100.0%	100.0%	100.0%	100.0%	100.0%	100.0%	100.0%
列总计	174	50	271	1497	1651	929	1172	5744

Chi-square tests：df = 18，卡方值为 92.298，sig = 0.000 < 0.050，所以诸群体在对“教师道德状况”的满意度上存在显著差异。

E9d by 诸群体

您对自己生活地区的下列群体职业道德状况总体评价如何：医生道德状况（如爱岗敬业、钻研医术、救死扶伤、尊重病人、不收红包等）＊诸群体 Crosstabulation

	官员	企业家	专业人员	工人	农民	企业员工	无业/失业/下岗	总计
非常满意	14.9%	22.0%	21.7%	19.7%	27.8%	16.1%	20.3%	21.5%
比较满意	55.7%	52.0%	54.0%	54.5%	54.5%	56.3%	54.7%	54.8%
不太满意	22.4%	20.0%	21.0%	20.4%	14.1%	22.5%	20.5%	19.0%
不满意	6.9%	6.0%	3.3%	5.4%	3.6%	5.2%	4.4%	4.6%
总计	100.0%	100.0%	100.0%	100.0%	100.0%	100.0%	100.0%	100.0%
列总计	174	50	272	1499	1652	928	1170	5745

Chi-square tests：df = 18，卡方值为 90.942，sig = 0.000 < 0.050，所以诸群体在对“医生道德状况”的满意度上存在显著差异。

E10 by 诸群体

对当今中国社会，您更担忧哪种问题 ＊ 诸群体 Crosstabulation

	官员	企业家	专业人员	工人	农民	企业员工	无业/失业/下岗	总计
言而无信，不守信用	26.2%	34.0%	25.6%	24.3%	23.5%	28.8%	21.0%	24.3%
坑蒙拐骗，没有诚信	26.2%	30.0%	25.2%	31.2%	40.1%	21.9%	34.1%	32.4%
人与人之间互不信任，社会安全度低	41.3%	30.0%	40.7%	33.6%	26.0%	40.8%	34.6%	33.3%
可信任的人很少，遇到问题难以找到人倾诉和帮助	6.4%	6.0%	8.5%	10.8%	10.4%	8.5%	10.3%	10.0%
总计	100.0%	100.0%	100.0%	100.0%	100.0%	100.0%	100.0%	100.0%
列总计	172	50	270	1485	1637	924	1158	5696

Chi-square tests：df = 18，卡方值为 142.931，sig = 0.000 < 0.050，所以诸群体在对“对当今中国社会，您更担忧哪种问题”的选择上存在显著差异。

E11a by 诸群体

您的思想行为受什么人影响最大 ＊ 诸群体 Crosstabulation

	官员	企业家	专业人员	工人	农民	企业员工	无业/失业/下岗	总计
政府官员	17.3%	8.0%	14.4%	13.7%	17.9%	14.8%	10.4%	14.5%

续表

	官员	企业家	专业人员	工人	农民	企业员工	无业/失业/下岗	总计
企业家			0.4%	2.1%	1.9%	2.0%	1.0%	1.6%
演艺明星、体育明星	0.6%	2.0%	0.7%	0.5%	0.2%	0.2%	0.8%	0.5%
教师	11.0%	16.0%	14.8%	11.9%	10.9%	11.2%	14.8%	12.2%
知识精英	3.5%	2.0%	3.7%	2.7%	1.6%	2.6%	2.9%	2.5%
自由撰稿人	0.6%			0.2%	0.2%		0.5%	0.2%
农民	1.7%	2.0%	1.1%	1.3%	6.0%	1.2%	2.3%	2.8%
工人		2.0%		2.1%	0.5%	0.8%	0.6%	0.9%
先哲先贤	9.2%	6.0%	5.5%	3.5%	2.0%	5.1%	3.8%	3.7%
父母	56.1%	62.0%	59.4%	62.1%	58.9%	62.1%	62.9%	61.0%
总计	100.0%	100.0%	100.0%	100.0%	100.0%	100.0%	100.0%	100.0%
列总计	173	50	271	1489	1639	927	1169	5718

Chi-square tests：df = 54，卡方值为 232.274，sig = 0.000 < 0.050，所以诸群体在对“您的思想行为受什么人影响最大”的选择上存在显著差异。

E11b by 诸群体

您的思想行为受什么人影响第二大 * 诸群体 Crosstabulation

	官员	企业家	专业人员	工人	农民	企业员工	无业/失业/下岗	总计
政府官员	14.0%	16.3%	4.8%	11.1%	14.2%	10.5%	9.6%	11.4%
企业家	5.2%	8.2%	5.6%	5.6%	4.7%	5.9%	4.5%	5.2%
演艺明星、体育明星	0.6%	2.0%	1.9%	1.6%	1.1%	1.1%	1.7%	1.4%
教师	37.2%	36.7%	42.8%	40.9%	33.1%	41.7%	41.4%	38.8%
知识精英	4.7%	8.2%	13.4%	5.6%	3.6%	6.7%	6.0%	5.6%
自由撰稿人			1.1%	0.7%	0.9%	0.9%	0.4%	0.7%
农民	3.5%	2.0%	1.9%	6.9%	16.1%	3.5%	8.1%	8.9%
工人	2.3%	2.0%	1.5%	5.6%	4.6%	2.5%	4.6%	4.3%
先哲先贤	10.5%	10.2%	11.9%	7.1%	6.6%	10.9%	7.9%	8.1%
父母	22.1%	14.3%	15.2%	14.9%	15.0%	16.4%	15.9%	15.6%
总计	100.0%	100.0%	100.0%	100.0%	100.0%	100.0%	100.0%	100.0%
列总计	172	49	269	1472	1630	916	1158	5666

Chi-square tests：df = 54，卡方值为 309.343，sig = 0.000 < 0.050，所以诸群体在对“您的思想行为受什么人影响第二大”的选择上存在显著差异。

E11c by 诸群体

您的思想行为受什么人影响第三大 ＊ 诸群体 Crosstabulation

	官员	企业家	专业人员	工人	农民	企业员工	无业/失业/下岗	总计
政府官员	17.8%	22.4%	13.2%	16.5%	15.0%	16.3%	16.9%	16.0%
企业家	1.2%	12.2%	4.9%	5.1%	4.0%	5.6%	4.5%	4.7%
演艺明星、体育明星	3.0%	2.0%	4.5%	3.5%	2.9%	3.2%	4.4%	3.5%
教师	15.4%	14.3%	17.7%	13.6%	14.6%	17.1%	15.7%	15.1%
知识精英	16.6%	8.2%	16.2%	11.5%	7.8%	17.9%	13.4%	12.2%
自由撰稿人	3.0%	2.0%	2.3%	2.1%	2.2%	2.0%	2.7%	2.3%
农民	8.9%	8.2%	3.8%	10.7%	20.3%	6.2%	9.6%	12.1%
工人	5.3%	2.0%	2.3%	12.8%	11.9%	3.3%	7.8%	9.1%
先哲先贤	18.3%	14.3%	21.4%	13.8%	10.0%	18.6%	15.7%	14.4%
父母	10.7%	14.3%	13.9%	10.4%	11.4%	9.9%	9.4%	10.6%
总计	100.0%	100.0%	100.0%	100.0%	100.0%	100.0%	100.0%	100.0%
列总计	169	49	266	1463	1618	909	1148	5622

Chi-square tests：df = 54，卡方值为 375.522，sig = 0.000 < 0.050，所以诸群体在对“您的思想行为受什么人影响第三大”的选择上存在显著差异。

E12a by 诸群体

对形成我国当前各种新型伦理关系和道德观念，哪种因素影响最大 ＊ 诸群体 Crosstabulation

	官员	企业家	专业人员	工人	农民	企业员工	无业/失业/下岗	总计
网络和媒体	49.4%	50.0%	41.0%	38.1%	28.2%	48.3%	40.2%	38.0%
政府	33.1%	30.0%	26.9%	34.5%	45.0%	31.8%	31.3%	35.9%
大学及其文化	6.4%	4.0%	9.2%	5.2%	5.0%	4.9%	8.3%	5.9%
市场	3.5%	6.0%	7.0%	7.5%	9.6%	6.0%	7.9%	7.8%
企业	1.2%	2.0%	0.7%	2.0%	2.6%	0.7%	1.0%	1.7%
社会团体	2.3%	6.0%	6.6%	6.8%	5.4%	3.8%	6.7%	5.7%
知识精英	1.7%		3.7%	2.8%	2.4%	2.4%	2.7%	2.6%
国外价值观与生活方式	2.3%	2.0%	4.8%	2.4%	1.4%	2.3%	1.4%	2.0%
其他				0.6%	0.3%		0.5%	0.4%
总计	100.0%	100.0%	100.0%	100.0%	100.0%	100.0%	100.0%	100.0%
列总计	172	50	271	1477	1608	922	1148	5648

Chi-square tests：df = 48，卡方值为 231.908，sig = 0.000 < 0.050，所以诸群体在对“对形成我国当前各种新型伦理关系和道德观念，哪种因素影响最大”的选择上存在显著差异。

E12b by 诸群体

对形成我国当前各种新型伦理关系和道德观念，哪种因素影响第二大 ＊ 诸群体 Crosstabulation

	官员	企业家	专业人员	工人	农民	企业员工	无业/失业/下岗	总计
网络和媒体	19.4%	6.3%	20.5%	18.2%	18.7%	18.1%	16.4%	18.0%
政府	30.0%	27.1%	31.0%	29.7%	27.9%	31.3%	29.7%	29.5%
大学及其文化	12.4%	10.4%	12.3%	8.4%	9.6%	12.7%	9.8%	10.0%
市场	14.7%	25.0%	13.1%	18.7%	17.9%	14.3%	17.5%	17.2%
企业	3.5%	4.2%	4.1%	6.9%	8.7%	5.9%	5.6%	6.7%
社会团体	6.5%	14.6%	8.2%	10.7%	9.9%	8.6%	12.1%	10.2%
知识精英	7.1%	6.3%	6.0%	4.1%	5.1%	3.8%	5.1%	4.7%
国外价值观与生活方式	6.5%	6.3%	4.9%	3.1%	2.1%	4.9%	3.5%	3.4%
其他				0.2%	0.1%	0.3%	0.4%	0.2%
总计	100.0%	100.0%	100.0%	100.0%	100.0%	100.0%	100.0%	100.0%
列总计	170	48	268	1470	1601	915	1142	5614

Chi-square tests：df = 48，卡方值为94.713，sig = 0.000 < 0.050，所以诸群体在对“对形成我国当前各种新型伦理关系和道德观念，哪种因素影响第二大”的选择上存在显著差异。

E12c by 诸群体

对形成我国当前各种新型伦理关系和道德观念，哪种因素影响第三大 ＊ 诸群体 Crosstabulation

	官员	企业家	专业人员	工人	农民	企业员工	无业/失业/下岗	总计
网络和媒体	8.9%	6.4%	12.0%	9.4%	11.2%	9.5%	12.7%	10.7%
政府	8.3%	17.0%	11.2%	11.9%	10.9%	11.4%	15.6%	12.2%
大学及其文化	15.4%	21.3%	16.9%	16.1%	16.6%	17.7%	16.9%	16.7%
市场	23.1%	17.0%	19.1%	19.2%	19.5%	19.9%	17.5%	19.2%
企业	5.9%	4.3%	5.6%	8.0%	7.9%	5.8%	6.7%	7.1%
社会团体	19.5%	10.6%	15.7%	18.4%	20.4%	18.0%	17.5%	18.6%
知识精英	10.1%	6.4%	11.2%	9.4%	8.7%	9.1%	6.6%	8.7%
国外价值观与生活方式	7.7%	17.0%	7.1%	6.4%	4.1%	7.8%	6.0%	6.1%
其他	1.2%		1.1%	1.1%	0.8%	0.8%	0.5%	0.8%
总计	100.0%	100.0%	100.0%	100.0%	100.0%	100.0%	100.0%	100.0%
列总计	169	47	267	1466	1591	910	1136	5586

Chi-square tests：df = 48，卡方值为84.000，sig = 0.001 < 0.050，所以诸群体在对“对形成我国当前各种新型伦理关系和道德观念，哪种因素影响第三大”的选择上存在显著差异。

E13 by 诸群体

您认为哪种因素应当对当今不良道德风尚负主要责任 ＊ 诸群体 Crosstabulation

	官员	企业家	专业人员	工人	农民	企业员工	无业/失业/下岗	总计
以权谋私，官员腐败	39.0%	44.0%	47.4%	46.7%	45.2%	45.7%	42.1%	45.0%
企业不讲诚信和损害社会利益	11.6%	12.0%	12.5%	11.7%	10.3%	10.9%	11.7%	11.2%
学校道德教育功能弱化	10.5%	10.0%	9.2%	5.8%	6.7%	7.4%	9.1%	7.3%
家庭伦理功能弱化	2.9%	2.0%	2.6%	3.6%	5.1%	2.8%	4.2%	3.9%
个人缺乏道德自觉	18.0%	18.0%	18.4%	19.4%	18.6%	18.0%	20.0%	19.0%
分配不公，两极分化	18.0%	14.0%	9.9%	12.7%	14.1%	15.2%	12.8%	13.6%
总计	100.0%	100.0%	100.0%	100.0%	100.0%	100.0%	100.0%	100.0%
列总计	172	50	272	1492	1638	928	1168	5720

Chi-square tests：df = 30，卡方值为 44.142，sig = 0.046 < 0.050，所以诸群体在对“您认为哪种因素应当对当今不良道德风尚负主要责任”的选择上存在显著差异。

E14a by 诸群体

您对下列关于网络的说法是否赞同：网络是个虚拟空间，不受现实生活中的道德规范约束 ＊ 诸群体 Crosstabulation

	官员	企业家	专业人员	工人	农民	企业员工	无业/失业/下岗	总计
非常不赞同	38.7%	32.0%	32.3%	29.9%	27.6%	35.3%	28.9%	30.3%
不太赞同	30.1%	30.0%	37.2%	33.9%	35.7%	35.5%	36.7%	35.3%
比较赞同	19.1%	20.0%	20.8%	25.2%	26.6%	21.1%	24.3%	24.3%
非常赞同	12.1%	18.0%	9.7%	11.0%	10.1%	8.1%	10.1%	10.1%
总计	100.0%	100.0%	100.0%	100.0%	100.0%	100.0%	100.0%	100.0%
列总计	173	50	269	1455	1546	921	1132	5546

Chi-square tests：df = 18，卡方值为 40.423，sig = 0.002 < 0.050，所以诸群体在对“网络是个虚拟空间，不受现实生活中的道德规范约束”的认同上存在显著差异。

E14b by 诸群体

您对下列关于网络的说法是否赞同：人肉搜索侵犯个人隐私，应该杜绝 ＊ 诸群体 Crosstabulation

	官员	企业家	专业人员	工人	农民	企业员工	无业/失业/下岗	总计
非常不赞同	3.5%	2.0%	7.8%	5.4%	6.0%	4.7%	5.3%	5.5%

续表

	官员	企业家	专业人员	工人	农民	企业员工	无业/失业/下岗	总计
不太赞同	12.8%	18.0%	17.1%	11.4%	13.0%	15.2%	12.5%	13.1%
比较赞同	36.0%	22.0%	41.3%	41.1%	41.0%	37.5%	43.0%	40.6%
非常赞同	47.7%	58.0%	33.8%	42.1%	40.0%	42.5%	39.1%	40.9%
总计	100.0%	100.0%	100.0%	100.0%	100.0%	100.0%	100.0%	100.0%
列总计	172	50	269	1452	1543	919	1122	5527

Chi-square tests：df = 18，卡方值为38.385，sig = 0.003 < 0.050，所以诸群体在对“人肉搜索侵犯个人隐私，应该杜绝”的认同上存在显著差异。

E14c by 诸群体

您对下列关于网络的说法是否赞同：明知网络谣言仍转发的，应该受到惩罚 * 诸群体 Crosstabulation

	官员	企业家	专业人员	工人	农民	企业员工	无业/失业/下岗	总计
非常不赞同	3.5%	2.0%	4.9%	4.0%	5.1%	4.0%	3.1%	4.1%
不太赞同	6.4%	4.0%	7.8%	6.7%	8.8%	5.5%	7.2%	7.2%
比较赞同	22.5%	24.0%	36.6%	35.9%	35.5%	29.1%	41.3%	35.3%
非常赞同	67.6%	70.0%	50.7%	53.3%	50.5%	61.3%	48.4%	53.3%
总计	100.0%	100.0%	100.0%	100.0%	100.0%	100.0%	100.0%	100.0%
列总计	173	50	268	1461	1550	920	1135	5557

Chi-square tests：df = 18，卡方值为78.135，sig = 0.000 < 0.050，所以诸群体在对“明知网络谣言仍转发的，应该受到惩罚”的认同上存在显著差异。

E15 by 诸群体

您认为政府在制定政策和决策时充分考虑到伦理道德方面的要求了吗（如社会公平、利益均衡、关怀弱势群体，以及大多数人利益和感受） * 诸群体 Crosstabulation

	官员	企业家	专业人员	工人	农民	企业员工	无业/失业/下岗	总计
有考虑	39.1%	40.0%	30.5%	37.0%	43.6%	37.9%	34.3%	38.3%
有考虑，但不够	59.2%	56.0%	64.7%	56.9%	48.4%	59.1%	58.3%	55.5%
比较赞同，没有考虑	1.7%	4.0%	4.8%	6.0%	8.0%	3.0%	7.3%	6.2%
总计	100.0%	100.0%	100.0%	100.0%	100.0%	100.0%	100.0%	100.0%

续表

	官员	企业家	专业人员	工人	农民	企业员工	无业/失业/下岗	总计
列总计	174	50	272	1498	1647	929	1162	5732

Chi-square tests：df = 12，卡方值为 79.308，sig = 0.000 < 0.050，所以诸群体在对“政府在制定政策和决策时是否充分考虑到伦理道德方面的要求”的评价上存在显著差异。

E16 by 诸群体

您认为解决当前我国的公民道德和社会风尚问题，最关键的是 * 诸群体 Crosstabulation

	官员	企业家	专业人员	工人	农民	企业员工	无业/失业/下岗	总计
加强法制	39.5%	34.0%	28.7%	31.0%	34.6%	38.0%	30.3%	33.2%
弘扬优秀道德传统	27.3%	20.0%	21.3%	23.7%	22.2%	21.2%	21.0%	22.3%
建设伦理道德的核心价值	7.6%	8.0%	11.0%	6.7%	6.1%	11.3%	9.3%	8.1%
惩治官员腐败	5.8%	14.0%	10.7%	14.6%	13.0%	7.5%	11.6%	11.9%
解决分配不公问题	11.0%	8.0%	6.6%	8.6%	10.0%	6.7%	9.5%	8.8%
提高个人道德素质	8.7%	16.0%	21.7%	15.3%	14.1%	15.3%	18.3%	15.6%
总计	100.0%	100.0%	100.0%	100.0%	100.0%	100.0%	100.0%	100.0%
列总计	172	50	272	1495	1643	929	1160	5721

Chi-square tests：df = 30，卡方值为 111.411，sig = 0.000 < 0.050，所以诸群体在对“为了解决当前我国的公民道德和社会风尚问题，最关键的方法”的选择上存在显著差异。

E17 by 诸群体

一些政府机关、企事业单位和大中小学，利用权力为本单位的职工子女在入学、招工中提供特殊政策，您认为这种行为道德吗 * 诸群体 Crosstabulation

	官员	企业家	专业人员	工人	农民	企业员工	无业/失业/下岗	总计
为本单位人员谋福利，符合道德	4.6%	6.1%	7.0%	6.4%	6.9%	6.5%	7.0%	6.6%
以权谋私，不道德	52.3%	73.5%	49.1%	58.7%	58.3%	55.0%	57.8%	57.3%
是对社会公众的欺骗，严重不道德	19.5%	8.2%	20.3%	20.2%	22.3%	19.8%	20.7%	20.7%
符合本单位员工利益，但严重侵蚀社会道德	19.0%	12.2%	19.9%	10.9%	7.8%	15.1%	9.9%	11.2%

续表

	官员	企业家	专业人员	工人	农民	企业员工	无业/失业/下岗	总计
无所谓道德不道德	4.6%		3.7%	3.8%	4.8%	3.6%	4.6%	4.2%
总计	100.0%	100.0%	100.0%	100.0%	100.0%	100.0%	100.0%	100.0%
列总计	174	49	271	1498	1641	927	1163	5723

Chi-square tests：df = 24，卡方值为 80.854，sig = 0.000 < 0.050，所以诸群体在对“一些政府机关、企事业单位和大中小学，利用权力为本单位的职工子女在入学、招工中提供特殊政策，您认为这种行为道德吗”的评价上存在显著差异。

E18a by 诸群体

残疾人、留守儿童、孤寡老人等弱势群体需要来自全社会的关爱与帮助，你认为本地区做得怎么样：社区提供的服务 * 诸群体 Crosstabulation

	官员	企业家	专业人员	工人	农民	企业员工	无业/失业/下岗	总计
很好	36.4%	36.0%	28.0%	29.8%	32.6%	40.3%	28.0%	32.1%
比较好	50.3%	48.0%	57.2%	58.9%	53.9%	50.1%	57.4%	55.3%
不太好	11.6%	10.0%	13.7%	10.0%	10.5%	8.8%	12.8%	10.7%
很差	1.7%	6.0%	1.1%	1.3%	2.9%	0.8%	1.8%	1.8%
总计	100.0%	100.0%	100.0%	100.0%	100.0%	100.0%	100.0%	100.0%
列总计	173	50	271	1485	1642	920	1166	5707

Chi-square tests：df = 18，卡方值为 76.258，sig = 0.000 < 0.050，所以诸群体在对“社区提供的服务”的满意度上存在显著差异。

E18b by 诸群体

残疾人、留守儿童、孤寡老人等弱势群体需要来自全社会的关爱与帮助，你认为本地区做得怎么样：周围人的尊重和关爱 * 诸群体 Crosstabulation

	官员	企业家	专业人员	工人	农民	企业员工	无业/失业/下岗	总计
很好	32.4%	30.0%	21.0%	28.6%	33.6%	32.1%	28.1%	30.3%
比较好	56.1%	60.0%	67.2%	60.8%	57.8%	56.6%	60.0%	59.3%
不太好	11.0%	8.0%	10.7%	9.8%	7.7%	10.8%	11.0%	9.7%
很差	0.6%	2.0%	1.1%	0.7%	1.0%	0.4%	0.9%	0.8%
总计	100.0%	100.0%	100.0%	100.0%	100.0%	100.0%	100.0%	100.0%
列总计	173	50	271	1484	1642	918	1167	5705

Chi-square tests：df = 18，卡方值为 38.048，sig = 0.000 < 0.050，所以诸群体在对“周围人的尊重和关爱”的满意度上存在显著差异。

E18c by 诸群体

残疾人、留守儿童、孤寡老人等弱势群体需要来自全社会的关爱与帮助，你认为本地区做得怎么样：社会服务机构提供的专业化服务 ＊ 诸群体 Crosstabulation

	官员	企业家	专业人员	工人	农民	企业员工	无业/失业/下岗	总计
很好	29.5%	28.6%	21.4%	23.1%	24.4%	29.7%	21.7%	24.4%
比较好	48.6%	42.9%	51.7%	55.2%	54.6%	52.3%	54.3%	53.9%
不太好	18.5%	18.4%	23.2%	18.8%	18.0%	15.6%	21.6%	18.8%
很差	3.5%	10.2%	3.7%	2.9%	3.0%	2.4%	2.4%	2.9%
总计	100.0%	100.0%	100.0%	100.0%	100.0%	100.0%	100.0%	100.0%
列总计	173	49	271	1476	1635	916	1164	5684

Chi-square tests：df = 18，卡方值为46.315，sig = 0.000 < 0.050，所以诸群体在对“社会服务机构提供专业化服务”的满意度上存在显著差异。

E18d by 诸群体

残疾人、留守儿童、孤寡老人等弱势群体需要来自全社会的关爱与帮助，你认为本地区做得怎么样：政府实施的社会救助 ＊ 诸群体 Crosstabulation

	官员	企业家	专业人员	工人	农民	企业员工	无业/失业/下岗	总计
很好	31.4%	26.5%	21.1%	26.6%	33.0%	32.9%	25.8%	29.2%
比较好	52.3%	51.0%	60.7%	54.7%	50.7%	51.3%	52.4%	52.7%
不太好	15.7%	20.4%	14.1%	15.4%	12.3%	13.6%	18.1%	14.8%
很差	0.6%	2.0%	4.1%	3.2%	3.9%	2.2%	3.7%	3.3%
总计	100.0%	100.0%	100.0%	100.0%	100.0%	100.0%	100.0%	100.0%
列总计	172	49	270	1477	1637	916	1160	5681

Chi-square tests：df = 18，卡方值为61.258，sig = 0.000 < 0.050，所以诸群体在对“政府实施的社会救助”的满意度上存在显著差异。

E19a by 诸群体

您认为目前社会公德中存在的最突出的问题是：坑蒙拐骗 ＊ 诸群体 Crosstabulation

	官员	企业家	专业人员	工人	农民	企业员工	无业/失业/下岗	总计
未选	65.5%	52.0%	66.9%	60.2%	55.4%	64.2%	60.3%	59.9%
已选	34.5%	48.0%	33.1%	39.8%	44.6%	35.8%	39.7%	40.1%
总计	100.0%	100.0%	100.0%	100.0%	100.0%	100.0%	100.0%	100.0%
列总计	174	50	272	1501	1651	931	1170	5749

Chi-square tests：df = 6，卡方值为30.725，sig = 0.000 < 0.050，所以诸群体在对“坑蒙拐骗是目前社会公德中存在的最突出的问题”的认知上存在显著差异。

E19b by 诸群体

您认为目前社会公德中存在的最突出的问题是：人际关系冷漠，见危不救 * 诸群体 Crosstabulation

	官员	企业家	专业人员	工人	农民	企业员工	无业/失业/下岗	总计
未选	58.0%	70.0%	59.2%	64.0%	68.4%	59.2%	60.9%	63.5%
已选	42.0%	30.0%	40.8%	36.0%	31.6%	40.8%	39.1%	36.5%
总计	100.0%	100.0%	100.0%	100.0%	100.0%	100.0%	100.0%	100.0%
列总计	174	50	272	1501	1651	931	1170	5749

Chi-square tests：df = 6，卡方值为 33.660，sig = 0.000 < 0.050，所以诸群体在对“人际关系冷漠，见危不救是目前社会公德中存在的最突出的问题”的认知上存在显著差异。

E19c by 诸群体

您认为目前社会公德中存在的最突出的问题是：不守承诺，社会信用度低 * 诸群体 Crosstabulation

	官员	企业家	专业人员	工人	农民	企业员工	无业/失业/下岗	总计
未选	54.0%	46.0%	53.3%	63.9%	65.9%	56.4%	61.7%	61.8%
已选	46.0%	54.0%	46.7%	36.1%	34.1%	43.6%	38.3%	38.2%
总计	100.0%	100.0%	100.0%	100.0%	100.0%	100.0%	100.0%	100.0%
列总计	174	50	272	1500	1651	931	1170	5748

Chi-square tests：df = 6，卡方值为 44.077，sig = 0.000 < 0.050，所以诸群体在对“不守承诺，社会信用度低是目前社会公德中存在的最突出的问题”的认知上存在显著差异。

E19d by 诸群体

您认为目前社会公德中存在的最突出的问题是：社会财富分配不公，贫富悬殊 * 诸群体 Crosstabulation

	官员	企业家	专业人员	工人	农民	企业员工	无业/失业/下岗	总计
未选	56.9%	60.0%	58.8%	63.3%	67.1%	63.4%	68.1%	65.0%
已选	43.1%	40.0%	41.2%	36.7%	32.9%	36.6%	31.9%	35.0%
总计	100.0%	100.0%	100.0%	100.0%	100.0%	100.0%	100.0%	100.0%
列总计	174	50	272	1501	1651	931	1170	5749

Chi-square tests：df = 6，卡方值为 21.362，sig = 0.002 < 0.050，所以诸群体在对“社会财富分配不公，贫富悬殊可能是目前社会公德中存在的最突出的问题”的看法上存在显著差异。

E19e by 诸群体

您认为目前社会公德中存在的最突出的问题是：公共场所缺乏道德 ＊ 诸群体 Crosstabulation

	官员	企业家	专业人员	工人	农民	企业员工	无业/失业/下岗	总计
未选	71.8%	72.0%	69.1%	74.4%	80.2%	69.5%	74.4%	74.9%
已选	28.2%	28.0%	30.9%	25.6%	19.8%	30.5%	25.6%	25.1%
总计	100.0%	100.0%	100.0%	100.0%	100.0%	100.0%	100.0%	100.0%
列总计	174	50	272	1501	1651	931	1170	5749

Chi-square tests：df = 6，卡方值为 45.359，sig = 0.000 < 0.050，所以诸群体在对“公共场所缺乏道德可能是目前社会公德中存在的最突出的问题”的看法上存在显著差异。

E19f by 诸群体

您认为目前社会公德中存在的最突出的问题是：自私自利，损人利己 ＊ 诸群体 Crosstabulation

	官员	企业家	专业人员	工人	农民	企业员工	无业/失业/下岗	总计
未选	73.6%	72.0%	76.5%	71.1%	67.4%	77.9%	68.4%	70.9%
已选	26.4%	28.0%	23.5%	28.9%	32.6%	22.1%	31.6%	29.1%
总计	100.0%	100.0%	100.0%	100.0%	100.0%	100.0%	100.0%	100.0%
列总计	174	50	272	1500	1651	931	1170	5748

Chi-square tests：df = 6，卡方值为 40.060，sig = 0.000 < 0.050，所以诸群体在对“自私自利，损人利己可能是目前社会公德中存在的最突出的问题”的看法上存在显著差异。

E19g by 诸群体

您认为目前社会公德中存在的最突出的问题是：缺乏爱心 ＊ 诸群体 Crosstabulation

	官员	企业家	专业人员	工人	农民	企业员工	无业/失业/下岗	总计
未选	78.2%	70.0%	75.0%	73.8%	74.3%	72.9%	74.9%	74.2%
已选	21.8%	30.0%	25.0%	26.2%	25.7%	27.1%	25.1%	25.8%
总计	100.0%	100.0%	100.0%	100.0%	100.0%	100.0%	100.0%	100.0%
列总计	174	50	272	1500	1651	931	1170	5748

Chi-square tests：df = 6，卡方值为 3.157，sig = 0.789 > 0.050，所以诸群体在对“缺乏爱心可能是目前社会公德中存在的最突出的问题”的看法上不存在显著差异。

E19h by 诸群体

您认为目前社会公德中存在的最突出的问题是：缺乏公正心和正义感 * 诸群体 Crosstabulation

	官员	企业家	专业人员	工人	农民	企业员工	无业/失业/下岗	总计
未选	63.2%	77.6%	69.7%	73.2%	74.1%	72.3%	72.8%	72.8%
已选	36.8%	22.4%	30.3%	26.8%	25.9%	27.7%	27.2%	27.2%
总计	100.0%	100.0%	100.0%	100.0%	100.0%	100.0%	100.0%	100.0%
列总计	174	49	271	1495	1647	931	1166	5733

Chi-square tests：df = 6，卡方值为 11.665，sig = 0.070 > 0.050，所以诸群体在对“缺乏公正心和正义感可能是目前社会公德中存在的最突出的问题”的看法上不存在显著差异。

E19i by 诸群体

您认为目前社会公德中存在的最突出的问题是：缺乏羞耻感 * 诸群体 Crosstabulation

	官员	企业家	专业人员	工人	农民	企业员工	无业/失业/下岗	总计
未选	92.0%	93.9%	88.2%	90.8%	89.7%	89.9%	87.9%	89.7%
已选	8.0%	6.1%	11.8%	9.2%	10.3%	10.1%	12.1%	10.3%
总计	100.0%	100.0%	100.0%	100.0%	100.0%	100.0%	100.0%	100.0%
列总计	174	49	271	1495	1647	931	1166	5733

Chi-square tests：df = 6，卡方值为 8.744，sig = 0.188 > 0.050，所以诸群体在对“缺乏羞耻感可能是目前社会公德中存在的最突出的问题”的看法上不存在显著差异。

E19j by 诸群体

您认为目前社会公德中存在的最突出的问题是：私欲膨胀，物欲横流 * 诸群体 Crosstabulation

	官员	企业家	专业人员	工人	农民	企业员工	无业/失业/下岗	总计
未选	82.8%	83.7%	77.5%	83.3%	83.7%	84.5%	85.2%	83.7%
已选	17.2%	16.3%	22.5%	16.7%	16.3%	15.5%	14.8%	16.3%
总计	100.0%	100.0%	100.0%	100.0%	100.0%	100.0%	100.0%	100.0%
列总计	174	49	271	1495	1647	931	1166	5733

Chi-square tests：df = 6，卡方值为 10.223，sig = 0.116 > 0.050，所以诸群体在对“私欲膨胀，物欲横流可能是目前社会公德中存在的最突出的问题”的看法上不存在显著差异。

E19k by 诸群体

您认为目前社会公德中存在的最突出的问题是：干部贪污受贿，以权谋利 * 诸群体 Crosstabulation

	官员	企业家	专业人员	工人	农民	企业员工	无业/失业/下岗	总计
未选	67.2%	65.3%	67.5%	59.6%	65.4%	67.8%	67.1%	64.8%
已选	32.8%	34.7%	32.5%	40.4%	34.6%	32.2%	32.9%	35.2%
总计	100.0%	100.0%	100.0%	100.0%	100.0%	100.0%	100.0%	100.0%
列总计	174	49	271	1495	1647	931	1166	5733

Chi-square tests：df = 6，卡方值为 25.557，sig = 0.000 < 0.050，所以诸群体在对“干部贪污受贿，以权谋利可能是目前社会公德中存在的最突出的问题”的看法上存在显著差异。

E19l by 诸群体

您认为目前社会公德中存在的最突出的问题是：生活奢侈，铺张浪费 * 诸群体 Crosstabulation

	官员	企业家	专业人员	工人	农民	企业员工	无业/失业/下岗	总计
未选	80.5%	81.6%	85.2%	84.6%	84.9%	84.2%	85.2%	84.6%
已选	19.5%	18.4%	14.8%	15.4%	15.1%	15.8%	14.8%	15.4%
总计	100.0%	100.0%	100.0%	100.0%	100.0%	100.0%	100.0%	100.0%
列总计	174	49	271	1495	1647	931	1166	5733

Chi-square tests：df = 6，卡方值为 3.200，sig = 0.783 > 0.050，所以诸群体在对“生活奢侈，铺张浪费可能是目前社会公德中存在的最突出的问题”的看法上不存在显著差异。

E19m by 诸群体

您认为目前社会公德中存在的最突出的问题是：奉行功利主义，相互算计 * 诸群体 Crosstabulation

	官员	企业家	专业人员	工人	农民	企业员工	无业/失业/下岗	总计
未选	92.0%	87.8%	88.2%	89.9%	89.4%	91.4%	90.8%	90.1%
已选	8.0%	12.2%	11.8%	10.1%	10.6%	8.6%	9.2%	9.9%
总计	100.0%	100.0%	100.0%	100.0%	100.0%	100.0%	100.0%	100.0%
列总计	174	49	271	1495	1647	931	1166	5733

Chi-square tests：df = 6，卡方值为 5.594，sig = 0.470 > 0.050，所以诸群体在对“奉行功利主义，相互算计可能是目前社会公德中存在的最突出的问题”的看法上不存在显著差异。

E19n by 诸群体

您认为目前社会公德中存在的最突出的问题是：媒体缺乏社会责任，炒作新闻 * 诸群体 Crosstabulation

	官员	企业家	专业人员	工人	农民	企业员工	无业/失业/下岗	总计
未选	81.0%	87.8%	84.1%	87.2%	90.5%	80.5%	86.4%	86.6%
已选	19.0%	12.2%	15.9%	12.8%	9.5%	19.5%	13.6%	13.4%
总计	100.0%	100.0%	100.0%	100.0%	100.0%	100.0%	100.0%	100.0%
列总计	174	49	271	1495	1647	931	1166	5733

Chi-square tests：df = 6，卡方值为 58.091，sig = 0.000 < 0.050，所以诸群体在对“媒体缺乏社会责任，炒作新闻可能是目前社会公德中存在的最突出的问题”的看法上存在显著差异。

E19o by 诸群体

您认为目前社会公德中存在的最突出的问题是：人与人、人与社会之间缺乏信任，社会安全度低 * 诸群体 Crosstabulation

	官员	企业家	专业人员	工人	农民	企业员工	无业/失业/下岗	总计
未选	65.5%	59.2%	73.4%	73.0%	73.4%	65.6%	67.3%	70.4%
已选	34.5%	40.8%	26.6%	27.0%	26.6%	34.4%	32.7%	29.6%
总计	100.0%	100.0%	100.0%	100.0%	100.0%	100.0%	100.0%	100.0%
列总计	174	49	271	1495	1647	930	1166	5732

Chi-square tests：df = 6，卡方值为 33.938，sig = 0.000 < 0.050，所以诸群体在对“人与人、人与社会之间缺乏信任，社会安全度低可能是目前社会公德中存在的最突出的问题”的看法上存在显著差异。

E19p by 诸群体

您认为目前社会公德中存在的最突出的问题是：娱乐界以丑闻、绯闻进行炒作，污染社会风气 * 诸群体 Crosstabulation

	官员	企业家	专业人员	工人	农民	企业员工	无业/失业/下岗	总计
未选	89.7%	85.7%	84.5%	89.4%	94.8%	85.8%	89.6%	90.1%
已选	10.3%	14.3%	15.5%	10.6%	5.2%	14.2%	10.4%	9.9%
总计	100.0%	100.0%	100.0%	100.0%	100.0%	100.0%	100.0%	100.0%
列总计	174	49	271	1496	1647	931	1166	5734

Chi-square tests：df = 6，卡方值为 71.608，sig = 0.000 < 0.050，所以诸群体在对“娱乐界以丑闻、绯闻进行炒作，污染社会风气可能是目前社会公德中存在的最突出的问题”的看法上存在显著差异。

E19q by 诸群体

您认为目前社会公德中存在的最突出的问题是：企业行为损害社会利益，如环境污染，产品质量低劣，以虚假广告误导公众 * 诸群体 Crosstabulation

	官员	企业家	专业人员	工人	农民	企业员工	无业/失业/下岗	总计
未选	78.7%	81.6%	75.3%	81.4%	86.5%	76.6%	81.3%	81.7%
已选	21.3%	18.4%	24.7%	18.6%	13.5%	23.4%	18.7%	18.3%
总计	100.0%	100.0%	100.0%	100.0%	100.0%	100.0%	100.0%	100.0%
列总计	174	49	271	1496	1647	930	1166	5733

Chi-square tests：df = 6，卡方值为 50.074，sig = 0.000 < 0.050，所以诸群体在对“企业行为损害社会利益，如环境污染，产品质量低劣，以虚假广告误导公众可能是目前社会公德中存在的最突出的问题”的看法上存在显著差异。

E20 by 诸群体

主流媒体的报道和朋友圈或国外媒体的消息不一致时，您会相信哪一个 * 诸群体 Crosstabulation

	官员	企业家	专业人员	工人	农民	企业员工	无业/失业/下岗	总计
主流媒体	58.7%	58.0%	49.1%	52.5%	57.5%	55.8%	45.6%	53.2%
朋友圈/亲朋圈子	10.5%	10.0%	11.1%	10.1%	13.4%	6.5%	12.5%	11.0%
国外报道	1.2%	4.0%	3.7%	1.4%	0.7%	1.7%	1.5%	1.4%
都不相信	6.4%	8.0%	6.6%	11.8%	10.3%	8.4%	13.4%	10.7%
自己比较判断应该相信哪个	22.7%	20.0%	28.4%	23.6%	17.4%	27.1%	26.2%	23.1%
其他	0.6%		1.1%	0.5%	0.7%	0.4%	0.7%	0.6%
总计	100.0%	100.0%	100.0%	100.0%	100.0%	100.0%	100.0%	100.0%
列总计	172	50	271	1490	1639	926	1164	5712

Chi-square tests：df = 30，卡方值为 132.645，sig = 0.000 < 0.050，所以诸群体在对“主流媒体的报道和朋友圈或国外媒体的消息不一致时，您会相信哪一个”的选择上存在显著差异。

E21a by 诸群体

下列哪些因素可能影响人际关系紧张：社会资源缺乏，引发恶性竞争 * 诸群体 Crosstabulation

	官员	企业家	专业人员	工人	农民	企业员工	无业/失业/下岗	总计
未选	69.5%	72.0%	65.4%	74.2%	73.0%	68.2%	70.0%	71.5%

续表

	官员	企业家	专业人员	工人	农民	企业员工	无业/失业/下岗	总计
已选	30.5%	28.0%	34.6%	25.8%	27.0%	31.8%	30.0%	28.5%
总计	100.0%	100.0%	100.0%	100.0%	100.0%	100.0%	100.0%	100.0%
列总计	174	50	272	1498	1651	929	1171	5745

Chi-square tests：df=6，卡方值为18.301，sig=0.006<0.050，所以诸群体在对“社会资源匮乏，引发恶性竞争可能是影响人际关系紧张的因素”的认知上存在显著差异。

E21b by 诸群体

下列哪些因素可能影响人际关系紧张：过度宣扬竞争意识 * 诸群体 Crosstabulation

	官员	企业家	专业人员	工人	农民	企业员工	无业/失业/下岗	总计
未选	83.9%	90.0%	78.7%	87.4%	88.4%	83.1%	84.0%	85.8%
已选	16.1%	10.0%	21.3%	12.6%	11.6%	16.9%	16.0%	14.2%
总计	100.0%	100.0%	100.0%	100.0%	100.0%	100.0%	100.0%	100.0%
列总计	174	50	272	1498	1650	929	1171	5744

Chi-square tests：df=6，卡方值为33.101，sig=0.000<0.050，所以诸群体在对“过度宣扬竞争意识可能是影响人际关系紧张的因素”的认知上存在显著差异。

E21c by 诸群体

下列哪些因素可能影响人际关系紧张：社会财富分配不公，贫富差距过大 * 诸群体 Crosstabulation

	官员	企业家	专业人员	工人	农民	企业员工	无业/失业/下岗	总计
未选	46.6%	48.0%	47.8%	52.6%	56.4%	49.6%	55.6%	53.4%
已选	53.4%	52.0%	52.2%	47.4%	43.6%	50.4%	44.4%	46.6%
总计	100.0%	100.0%	100.0%	100.0%	100.0%	100.0%	100.0%	100.0%
列总计	174	50	272	1499	1650	929	1172	5746

Chi-square tests：df=6，卡方值为21.449，sig=0.002<0.050，所以诸群体在对“社会财富分配不公，贫富差距过大可能是影响人际关系紧张的因素”的认知上存在显著差异。

E21d by 诸群体

下列哪些因素可能影响人际关系紧张：个人主义盛行 ＊ 诸群体 Crosstabulation

	官员	企业家	专业人员	工人	农民	企业员工	无业/失业/下岗	总计
未选	81.6%	88.0%	72.4%	78.1%	74.7%	77.4%	76.5%	76.6%
已选	18.4%	12.0%	27.6%	21.9%	25.3%	22.6%	23.5%	23.4%
总计	100.0%	100.0%	100.0%	100.0%	100.0%	100.0%	100.0%	100.0%
列总计	174	50	272	1499	1650	928	1172	5745

Chi-square tests：df＝6，卡方值为14.391，sig＝0.026＜0.050，所以诸群体在对“个人主义盛行可能是影响人际关系紧张的因素”的认知上存在显著差异。

E21e by 诸群体

下列哪些因素可能影响人际关系紧张：缺乏爱心 ＊ 诸群体 Crosstabulation

	官员	企业家	专业人员	工人	农民	企业员工	无业/失业/下岗	总计
未选	67.8%	66.0%	71.0%	71.5%	69.7%	71.6%	71.8%	70.9%
已选	32.2%	34.0%	29.0%	28.5%	30.3%	28.4%	28.2%	29.1%
总计	100.0%	100.0%	100.0%	100.0%	100.0%	100.0%	100.0%	100.0%
列总计	174	50	272	1498	1651	929	1172	5746

Chi-square tests：df＝6，卡方值为3.387，sig＝0.759＞0.050，所以诸群体在对“缺乏爱心可能是影响人际关系紧张的因素”的认知上不存在显著差异。

E21f by 诸群体

下列哪些因素可能影响人际关系紧张：缺乏宽容 ＊ 诸群体 Crosstabulation

	官员	企业家	专业人员	工人	农民	企业员工	无业/失业/下岗	总计
未选	75.9%	82.0%	69.1%	73.0%	72.1%	73.2%	74.9%	73.2%
已选	24.1%	18.0%	30.9%	27.0%	27.9%	26.8%	25.1%	26.8%
总计	100.0%	100.0%	100.0%	100.0%	100.0%	100.0%	100.0%	100.0%
列总计	174	50	272	1499	1651	929	1172	5747

Chi-square tests：df＝6，卡方值为7.627，sig＝0.267＞0.050，所以诸群体在对“缺乏宽容可能是影响人际关系紧张的因素”的认知上不存在显著差异。

E21g by 诸群体

下列哪些因素可能影响人际关系紧张：缺乏相互理解和沟通的意识和能力 * 诸群体 Crosstabulation

	官员	企业家	专业人员	工人	农民	企业员工	无业/失业/下岗	总计
未选	71.8%	68.0%	68.8%	74.4%	79.7%	71.5%	75.1%	75.2%
已选	28.2%	32.0%	31.3%	25.6%	20.3%	28.5%	24.9%	24.8%
总计	100.0%	100.0%	100.0%	100.0%	100.0%	100.0%	100.0%	100.0%
列总计	174	50	272	1499	1650	929	1172	5746

Chi-square tests：df = 6，卡方值为 33.844，sig = 0.000 < 0.050，所以诸群体在对“缺乏相互理解和沟通的意识和能力可能是影响人际关系紧张的因素”的认知上存在显著差异。

E21h by 诸群体

下列哪些因素可能影响人际关系紧张：制度安排不公正，机会不平等 * 诸群体 Crosstabulation

	官员	企业家	专业人员	工人	农民	企业员工	无业/失业/下岗	总计
未选	66.1%	68.0%	68.4%	72.6%	75.0%	71.4%	73.4%	72.8%
已选	33.9%	32.0%	31.6%	27.4%	25.0%	28.6%	26.6%	27.2%
总计	100.0%	100.0%	100.0%	100.0%	100.0%	100.0%	100.0%	100.0%
列总计	174	50	272	1499	1650	929	1172	5746

Chi-square tests：df = 6，卡方值为 12.563，sig = 0.051 > 0.050，所以诸群体在对“制度安排不公正，机会不平等可能是影响人际关系紧张的因素”的认知上不存在显著差异。

E21i by 诸群体

下列哪些因素可能影响人际关系紧张：以权谋私，官员腐败 * 诸群体 Crosstabulation

	官员	企业家	专业人员	工人	农民	企业员工	无业/失业/下岗	总计
未选	60.9%	54.0%	62.1%	58.6%	59.9%	64.6%	64.8%	61.4%
已选	39.1%	46.0%	37.9%	41.4%	40.1%	35.4%	35.2%	38.6%
总计	100.0%	100.0%	100.0%	100.0%	100.0%	100.0%	100.0%	100.0%
列总计	174	50	272	1499	1651	929	1172	5747

Chi-square tests：df = 6，卡方值为 17.414，sig = 0.008 < 0.050，所以诸群体在对“以权谋私，官员腐败可能是影响人际关系紧张的因素”的认知上存在显著差异。

E21j by 诸群体

下列哪些因素可能影响人际关系紧张：缺乏道德信用 ＊ 诸群体 Crosstabulation

	官员	企业家	专业人员	工人	农民	企业员工	无业/失业/下岗	总计
未选	73. 6%	67. 3%	73. 1%	72. 2%	73. 6%	73. 4%	72. 5%	72. 9%
已选	26. 4%	32. 7%	26. 9%	27. 8%	26. 4%	26. 6%	27. 5%	27. 1%
总计	100. 0%	100. 0%	100. 0%	100. 0%	100. 0%	100. 0%	100. 0%	100. 0%
列总计	174	49	271	1494	1646	929	1168	5731

Chi-square tests：df = 6，卡方值为 1. 812，sig = 0. 936 > 0. 050，所以诸群体在对“缺乏道德信用可能是影响人际关系紧张的因素”的认知上不存在显著差异。

E21k by 诸群体

下列哪些因素可能影响人际关系紧张：人与人、人与社会之间缺乏信任 ＊ 诸群体 Crosstabulation

	官员	企业家	专业人员	工人	农民	企业员工	无业/失业/下岗	总计
未选	60. 3%	62. 0%	60. 7%	62. 7%	69. 2%	58. 0%	61. 7%	63. 4%
已选	39. 7%	38. 0%	39. 3%	37. 3%	30. 8%	42. 0%	38. 3%	36. 6%
总计	100. 0%	100. 0%	100. 0%	100. 0%	100. 0%	100. 0%	100. 0%	100. 0%
列总计	174	50	272	1499	1651	929	1172	5747

Chi-square tests：df = 6，卡方值为 38. 698，sig = 0. 000 < 0. 050，所以诸群体在对“人与人、人与社会之间缺乏信任可能是影响人际关系紧张的因素”的认知上存在显著差异。

E21l by 诸群体

下列哪些因素可能影响人际关系紧张：传统伦理瓦解，社会缺乏统一的价值观 ＊ 诸群体 Crosstabulation

	官员	企业家	专业人员	工人	农民	企业员工	无业/失业/下岗	总计
未选	81. 6%	88. 0%	79. 0%	88. 1%	89. 5%	86. 4%	88. 4%	87. 7%
已选	18. 4%	12. 0%	21. 0%	11. 9%	10. 5%	13. 6%	11. 6%	12. 3%
总计	100. 0%	100. 0%	100. 0%	100. 0%	100. 0%	100. 0%	100. 0%	100. 0%
列总计	174	50	272	1499	1651	929	1172	5747

Chi-square tests：df = 6，卡方值为 32. 064，sig = 0. 000 < 0. 050，所以诸群体在对“传统伦理瓦解，社会缺乏统一的价值观可能是影响人际关系紧张的因素”的认知上存在显著差异。

E21m by 诸群体

下列哪些因素可能影响人际关系紧张：一切诉诸利益或法律，人际关系缺乏伦理调节的机制和能力 ＊ 诸群体 Crosstabulation

	官员	企业家	专业人员	工人	农民	企业员工	无业/失业/下岗	总计
未选	93.1%	94.0%	89.3%	92.7%	93.9%	94.3%	93.5%	93.3%
已选	6.9%	6.0%	10.7%	7.3%	6.1%	5.7%	6.5%	6.7%
总计	100.0%	100.0%	100.0%	100.0%	100.0%	100.0%	100.0%	100.0%
列总计	174	50	272	1498	1650	929	1172	5745

Chi-square tests：df = 6，卡方值为 10.155，sig = 0.118 > 0.050，所以诸群体在对“一切诉诸利益或法律，人际关系缺乏伦理调节的机制和能力可能是影响人际关系紧张的因素”的认知上不存在显著差异。

E22a by 诸群体

本地政府的就业政策对促进社会公平有效果吗 ＊ 诸群体 Crosstabulation

	官员	企业家	专业人员	工人	农民	企业员工	无业/失业/下岗	总计
普遍受欢迎	39.1%	36.7%	33.0%	34.2%	37.7%	41.3%	34.5%	36.5%
效果一般	50.0%	49.0%	55.9%	44.7%	38.3%	48.5%	44.9%	44.3%
没有效果	5.2%	6.1%	5.6%	7.7%	8.1%	4.1%	8.2%	7.2%
有负面影响	0.6%		0.4%	1.4%	0.7%	0.2%	1.4%	0.9%
不清楚	5.2%	8.2%	5.2%	12.0%	15.2%	5.8%	10.9%	11.1%
总计	100.0%	100.0%	100.0%	100.0%	100.0%	100.0%	100.0%	100.0%
列总计	174	49	270	1478	1636	925	1164	5696

Chi-square tests：df = 24，卡方值为 132.389，sig = 0.000 < 0.050，所以诸群体在对“就业政策对促进社会公平的效果”的满意度上存在显著差异。

E22b by 诸群体

本地政府的教育政策对促进社会公平有效果吗 ＊ 诸群体 Crosstabulation

	官员	企业家	专业人员	工人	农民	企业员工	无业/失业/下岗	总计
普遍受欢迎	40.2%	46.9%	44.2%	44.6%	52.7%	45.4%	46.7%	47.4%
效果一般	45.4%	36.7%	47.2%	39.9%	33.7%	43.8%	40.0%	39.3%
没有效果	9.2%	10.2%	4.1%	5.0%	4.0%	5.2%	5.7%	5.0%

续表

	官员	企业家	专业人员	工人	农民	企业员工	无业/失业/下岗	总计
有负面影响	2.3%	2.0%	1.9%	2.3%	1.0%	2.1%	1.6%	1.7%
不清楚	2.9%	4.1%	2.6%	8.1%	8.5%	3.6%	5.9%	6.6%
总计	100.0%	100.0%	100.0%	100.0%	100.0%	100.0%	100.0%	100.0%
列总计	174	49	269	1485	1631	926	1160	5694

Chi-square tests：df = 24，卡方值为99.382，sig = 0.000 < 0.050，所以诸群体在对“教育政策对促进社会公平的效果”的满意度上存在显著差异。

E22c by 诸群体

本地政府的医疗卫生政策对促进社会公平有效果吗 ＊ 诸群体 Crosstabulation

	官员	企业家	专业人员	工人	农民	企业员工	无业/失业/下岗	总计
普遍受欢迎	38.2%	43.8%	41.6%	44.0%	53.8%	43.5%	44.3%	46.5%
效果一般	46.2%	50.0%	47.6%	40.8%	36.2%	43.6%	40.6%	40.4%
没有效果	11.0%	6.3%	6.3%	8.2%	4.8%	7.1%	8.3%	7.0%
有负面影响	2.9%		1.9%	2.2%	2.2%	2.4%	1.9%	2.2%
不清楚	1.7%		2.6%	4.8%	3.1%	3.3%	5.0%	3.9%
总计	100.0%	100.0%	100.0%	100.0%	100.0%	100.0%	100.0%	100.0%
列总计	173	48	269	1487	1637	926	1159	5699

Chi-square tests：df = 24，卡方值为82.740，sig = 0.000 < 0.050，所以诸群体在对“医疗卫生政策对促进社会公平的效果”的满意度上存在显著差异。

E22d by 诸群体

本地政府的低保政策对促进社会公平有效果吗 ＊ 诸群体 Crosstabulation

	官员	企业家	专业人员	工人	农民	企业员工	无业/失业/下岗	总计
普遍受欢迎	57.5%	52.0%	50.2%	45.1%	51.0%	53.0%	45.2%	48.8%
效果一般	35.6%	36.0%	39.8%	34.0%	31.2%	34.2%	35.9%	33.9%
没有效果	4.0%	10.0%	3.3%	6.9%	7.0%	4.9%	6.9%	6.4%
有负面影响	1.1%		1.1%	3.0%	3.7%	1.5%	2.9%	2.8%
不清楚	1.7%	2.0%	5.6%	11.0%	7.1%	6.4%	9.1%	8.1%
总计	100.0%	100.0%	100.0%	100.0%	100.0%	100.0%	100.0%	100.0%

续表

	官员	企业家	专业人员	工人	农民	企业员工	无业/失业/下岗	总计
列总计	174	50	269	1485	1637	926	1163	5704

Chi-square tests：df = 24，卡方值为85.967，sig = 0.000 < 0.050，所以诸群体在对“低保政策对促进社会公平的效果”的满意度上存在显著差异。

E22e by 诸群体

本地政府的房地产政策对促进社会公平有效果吗 ＊ 诸群体 Crosstabulation

	官员	企业家	专业人员	工人	农民	企业员工	无业/失业/下岗	总计
普遍受欢迎	17.2%	22.4%	19.7%	16.8%	16.2%	23.2%	19.4%	18.4%
效果一般	42.5%	36.7%	41.6%	32.3%	29.5%	36.4%	33.9%	33.3%
没有效果	14.4%	20.4%	18.2%	17.1%	12.7%	16.2%	15.5%	15.4%
有负面影响	14.9%	10.2%	9.3%	9.8%	4.7%	11.1%	6.6%	8.0%
不清楚	10.9%	10.2%	11.2%	24.1%	36.9%	13.0%	24.7%	24.9%
总计	100.0%	100.0%	100.0%	100.0%	100.0%	100.0%	100.0%	100.0%
列总计	174	49	269	1479	1629	925	1157	5682

Chi-square tests：df = 24，卡方值为292.904，sig = 0.000 < 0.050，所以诸群体在对“房地产政策对促进社会公平的效果”的满意度上存在显著差异。

E22f by 诸群体

本地政府的拆迁安置政策对促进社会公平有效果吗 ＊ 诸群体 Crosstabulation

	官员	企业家	专业人员	工人	农民	企业员工	无业/失业/下岗	总计
普遍受欢迎	27.0%	20.4%	27.5%	21.2%	21.1%	29.1%	22.2%	23.1%
效果一般	38.5%	40.8%	45.4%	35.4%	27.4%	40.1%	36.4%	34.7%
没有效果	9.2%	14.3%	5.9%	11.0%	9.7%	8.0%	10.5%	9.8%
有负面影响	13.8%	6.1%	6.7%	7.9%	6.0%	7.6%	6.8%	7.2%
不清楚	11.5%	18.4%	14.5%	24.5%	35.7%	15.2%	24.1%	25.2%
总计	100.0%	100.0%	100.0%	100.0%	100.0%	100.0%	100.0%	100.0%
列总计	174	49	269	1480	1623	922	1162	5679

Chi-square tests：df = 24，卡方值为228.856，sig = 0.000 < 0.050，所以诸群体在对“拆迁安置政策对促进社会公平的效果”的满意度上存在显著差异。

E23 by 诸群体

您听说过或参加过道德讲堂活动吗 ＊ 诸群体 Crosstabulation

	官员	企业家	专业人员	工人	农民	企业员工	无业/失业/下岗	总计
没有听说过	20.7%	26.5%	25.2%	45.7%	60.2%	22.9%	48.5%	44.9%
听说过，但没有参加过	27.0%	28.6%	33.3%	29.7%	23.1%	29.7%	29.0%	27.8%
参加过，觉得很有意义	43.1%	36.7%	33.7%	21.8%	13.8%	42.5%	17.0%	23.2%
参加过，但没留下太多印象	9.2%	8.2%	7.8%	2.7%	2.8%	4.9%	5.5%	4.1%
总计	100.0%	100.0%	100.0%	100.0%	100.0%	100.0%	100.0%	100.0%
列总计	174	49	270	1493	1647	930	1167	5730

Chi-square tests：df = 18，卡方值为 580.442，sig = 0.000 < 0.050，所以诸群体在对“您听说过或参加过道德讲堂活动吗”的回答上存在显著差异。

E24 by 诸群体

有人说，一条好家规、一个好家风可以影响三代人。现在开展的弘扬好家风、好家训活动，您认为有意义吗 ＊ 诸群体 Crosstabulation

	官员	企业家	专业人员	工人	农民	企业员工	无业/失业/下岗	总计
没有必要	3.4%	4.2%	3.0%	5.8%	7.5%	3.6%	5.8%	5.7%
可有可无	8.6%	6.3%	5.9%	9.8%	8.7%	6.5%	10.3%	8.8%
很有意义	87.9%	89.6%	91.1%	84.4%	83.7%	90.0%	83.9%	85.5%
总计	100.0%	100.0%	100.0%	100.0%	100.0%	100.0%	100.0%	100.0%
列总计	174	48	270	1493	1646	928	1165	5724

Chi-square tests：df = 12，卡方值为 40.265，sig = 0.000 < 0.050，所以诸群体在对“现在开展的弘扬好家风、好家训活动，您认为有意义吗”的认知上存在显著差异。

E25 by 诸群体

现在有的地方建了“好人馆”“好人广场”“好人公园”，您认为有必要为好人树碑立传吗 ＊ 诸群体 Crosstabulation

	官员	企业家	专业人员	工人	农民	企业员工	无业/失业/下岗	总计
可有可无	7.5%	8.2%	10.0%	12.9%	10.9%	10.9%	14.5%	12.0%
没有必要	16.1%	8.2%	15.2%	13.9%	12.5%	12.1%	11.4%	12.8%

续表

	官员	企业家	专业人员	工人	农民	企业员工	无业/失业/下岗	总计
很有必要，可以让更多的人知道他们、学习他们	76.4%	83.7%	74.8%	73.2%	76.6%	77.1%	74.1%	75.2%
总计	100.0%	100.0%	100.0%	100.0%	100.0%	100.0%	100.0%	100.0%
列总计	174	49	270	1488	1649	929	1166	5725

Chi-square tests：df = 12，卡方值为 23.742，sig = 0.022 < 0.050，所以诸群体在对“您认为有必要为好人树碑立传吗”的认知上存在显著差异。

E26 by 诸群体

您对所生活的地方道德建设满意吗 ＊ 诸群体 Crosstabulation

	官员	企业家	专业人员	工人	农民	企业员工	无业/失业/下岗	总计
没有必要	32.8%	38.8%	23.7%	31.6%	39.6%	36.0%	25.6%	33.1%
可有可无	60.3%	59.2%	65.6%	60.1%	51.4%	57.6%	62.0%	57.8%
不满意	5.2%	2.0%	7.8%	5.3%	5.5%	4.1%	7.7%	5.7%
说不清楚	1.7%		3.0%	3.0%	3.6%	2.3%	4.7%	3.3%
总计	100.0%	100.0%	100.0%	100.0%	100.0%	100.0%	100.0%	100.0%
列总计	174	49	270	1492	1648	930	1167	5730

Chi-square tests：df = 18，卡方值为 101.113，sig = 0.000 < 0.050，所以诸群体在对“您对所生活的地方道德建设满意吗”的评价上存在显著差异。

E28 by 诸群体

对您生活的地方社会公德状况满意吗 ＊ 诸群体 Crosstabulation

	官员	企业家	专业人员	工人	农民	企业员工	无业/失业/下岗	总计
非常满意	21.1%	34.0%	15.5%	22.8%	25.0%	24.3%	18.9%	22.6%
比较满意	46.2%	36.0%	42.4%	46.6%	48.2%	44.2%	44.8%	46.0%
基本满意	27.5%	24.0%	33.7%	24.1%	22.1%	25.5%	28.2%	25.2%
不满意	5.3%	6.0%	8.3%	6.5%	4.6%	6.1%	8.1%	6.3%
总计	100.0%	100.0%	100.0%	100.0%	100.0%	100.0%	100.0%	100.0%
列总计	171	50	264	1472	1623	906	1151	5637

Chi-square tests：df = 18，卡方值为 60.539，sig = 0.000 < 0.050，所以诸群体在对“您生活的地方社会公德状况满意吗”的评价上存在显著差异。

江苏省伦理道德评价的性别差异

B1a by A1

对当前我国社会的道德状况的满意程度 * 性别 Crosstabulation

	男	女	总计
非常满意	29.5%	26.6%	28.0%
比较满意	57.7%	60.5%	59.2%
比较不满意	10.1%	10.7%	10.4%
非常不满意	2.8%	2.2%	2.5%
总计	100.0%	100.0%	100.0%
列总计	2994	3308	6302

Chi-square tests：df = 3，卡方值为 9.140，sig = 0.027 < 0.050，所以不同性别的居民在对“当前我国社会道德状况”的满意度上具有显著差异。

B1b by A1

对当前我国社会人与人之间关系的满意程度 * 性别 Crosstabulation

	男	女	总计
非常满意	25.6%	24.6%	25.1%
比较满意	60.4%	63.6%	62.1%
比较不满意	11.9%	10.6%	11.2%
非常不满意	2.1%	1.2%	1.6%
总计	100.0%	100.0%	100.0%
列总计	2986	3311	6297

Chi-square tests：df = 3，卡方值为 13.619，sig = 0.003 < 0.050，所以不同性别的居民在对“当前我国社会人与人之间关系”的满意度上具有显著差异。

B1c by A1

对您自己的道德状况的满意程度 * 性别 Crosstabulation

	男	女	总计
非常满意	47.1%	46.7%	46.9%
比较满意	50.6%	50.7%	50.7%
比较不满意	2.0%	2.1%	2.1%
非常不满意	0.3%	0.5%	0.4%

续表

	男	女	总计
总计	100.0%	100.0%	100.0%
列总计	2986	3305	6291

Chi-square tests：df = 3，卡方值为 2.522，sig = 0.471 > 0.050，所以不同性别的居民在对“自己的道德状况”的满意度上没有显著差异。

B2 by A1

您认为目前我国社会中道德和幸福的现实关系是 * 性别 Crosstabulation

	男	女	总计
总体上道德和幸福能够一致，能惩恶扬善	76.8%	79.7%	78.3%
有道德、讲伦理的人大都吃亏，不守道德的人更能讨便宜	16.4%	13.7%	15.0%
道德和幸福没有关系，能挣钱有发展无论怎样行动都行	6.8%	6.6%	6.7%
总计	100.0%	100.0%	100.0%
列总计	2955	3242	6197

Chi-square tests：df = 2，卡方值为 9.551，sig = 0.008 < 0.050，所以不同性别的居民在对“目前我国社会中道德和幸福的现实关系”的认知上具有显著差异。

B3a by A1

您认为您目前的状况是：生活水平提高了，但幸福感和快乐感降低了 * 性别 Crosstabulation

	男	女	总计
未选	84.4%	87.7%	86.1%
已选	15.6%	12.3%	13.9%
总计	100.0%	100.0%	100.0%
列总计	3011	3325	6336

Chi-square tests：df = 1，卡方值为 14.477，sig = 0.000 < 0.050，所以不同性别的居民在对“生活水平提高了，但幸福感和快乐感降低了”的认同上具有显著差异。

B3b by A1

您认为您目前的状况是：生活既不富裕也不小康，但幸福并快乐着 ＊ 性别 Crosstabulation

	男	女	总计
未选	71.5%	68.5%	69.9%
已选	28.5%	31.5%	30.1%
总计	100.0%	100.0%	100.0%
列总计	3009	3325	6334

Chi-square tests：df = 1，卡方值为 6.626，sig = 0.010 < 0.050，所以不同性别的居民在对“生活既不富裕也不小康，但幸福并快乐着”的认同上具有显著差异。

B3c by A1

您认为您目前的状况是：生活富裕，但不感到幸福和快乐 ＊ 性别 Crosstabulation

	男	女	总计
未选	96.3%	97.4%	96.9%
已选	3.7%	2.6%	3.1%
总计	100.0%	100.0%	100.0%
列总计	3009	3324	6333

Chi-square tests：df = 1，卡方值为 65.301，sig = 0.021 < 0.050，所以不同性别的居民在对“生活富裕，但不感到幸福和快乐”的认同上具有显著差异。

B3d by A1

您认为您目前的状况是：生活小康，幸福且快乐 ＊ 性别 Crosstabulation

	男	女	总计
未选	60.4%	58.7%	59.5%
已选	39.6%	41.3%	40.5%
总计	100.0%	100.0%	100.0%
列总计	3009	3325	6334

Chi-square tests：df = 1，卡方值为 1.921，sig = 0.166 > 0.050，所以不同性别的居民在对“生活小康，幸福且快乐”的认同上没有显著差异。

B3e by A1

您认为您目前的状况是：生活贫困，既不幸福也不快乐 ＊ 性别 Crosstabulation

	男	女	总计
未选	94.2%	95.1%	94.6%
已选	5.8%	4.9%	5.4%
总计	100.0%	100.0%	100.0%
列总计	3009	3324	6333

Chi-square tests：df = 1，卡方值为 2.604，sig = 0.106 > 0.050，所以不同性别的居民在对“生活贫困，既不幸福也不快乐”的认同上没有显著差异。

B3f by A1

您认为您目前的状况是：生活富裕，幸福且快乐 ＊ 性别 Crosstabulation

	男	女	总计
未选	89.5%	91.0%	90.3%
已选	10.5%	9.0%	9.7%
总计	100.0%	100.0%	100.0%
列总计	3009	3325	6334

Chi-square tests：df = 1，卡方值为 4.105，sig = 0.043 < 0.050，所以不同性别的居民在对“生活富裕，幸福也快乐”的认同上具有显著差异。

B3g by A1

您认为您目前的状况是：幸福感和快乐感提高了 ＊ 性别 Crosstabulation

	男	女	总计
未选	73.3%	73.2%	73.3%
已选	26.7%	26.8%	26.7%
总计	100.0%	100.0%	100.0%
列总计	3009	3324	6333

Chi-square tests：df = 1，卡方值为 0.011，sig = 0.915 > 0.050，所以不同性别的居民在对“幸福感和快乐感提高了”的认同上没有显著差异。

B4 by A1

如果条件允许的话，您或者您的孩子愿意生活在国内，还是到国外定居 ＊ 性别 Crosstabulation

	男	女	总计
还是在国内生活好	80.7%	76.5%	78.5%

续表

	男	女	总计
选择到国外定居	7.5%	8.4%	8.0%
走一步，看一步	6.7%	9.6%	8.3%
无所谓	5.0%	5.5%	5.3%
总计	100.0%	100.0%	100.0%
列总计	2994	3307	6301

Chi-square tests：df = 3，卡方值为 21.131，sig = 0.000 < 0.050，所以不同性别的居民在对“如果条件允许的话，您或者您的孩子愿意生活在国内，还是到国外定居”的选择上具有显著差异。

B5 by A1

您认为中国梦和您个人、家庭追求美好生活有关系吗 * 性别 Crosstabulation

	男	女	总计
关系很大	69.2%	63.2%	66.0%
关系不大	18.5%	20.0%	19.3%
根本没有关系	3.1%	3.2%	3.1%
不清楚什么是中国梦	9.2%	13.7%	11.6%
总计	100.0%	100.0%	100.0%
列总计	3007	3317	6324

Chi-square tests：df = 3，卡方值为 38.097，sig = 0.000 < 0.050，所以不同性别的居民在对“您认为中国梦和您个人、家庭追求美好生活有关系吗”的认知上具有显著差异。

B6 by A1

现在我们省正按照习近平总书记的要求，努力建设经济强、百姓富、环境美、社会文明程度高的新江苏。您对实现“新江苏”这样的目标有信心吗 * 性别 Crosstabulation

	男	女	总计
很有信心	83.4%	81.4%	82.3%
没有信心	4.4%	4.4%	4.4%
说不清楚	12.2%	14.3%	13.3%
总计	100.0%	100.0%	100.0%
列总计	3000	3312	6312

Chi-square tests：df = 2，卡方值为 5.778，sig = 0.056 > 0.050，所以不同性别的居民在对“实现‘新江苏’这样的目标”的信心度上没有显著差异。

B7 by A1

您认为我国目前人与人之间的关系主要受什么影响 ＊ 性别 Crosstabulation

	男	女	总计
完全受利益影响	12.2%	9.1%	10.6%
主要受利益影响	39.4%	37.2%	38.2%
主要受情感影响	20.8%	24.2%	22.6%
完全受情感影响	3.1%	3.3%	3.2%
受个人价值观影响	11.7%	13.3%	12.5%
受共同价值观影响	12.9%	12.9%	12.9%
总计	100.0%	100.0%	100.0%
列总计	2995	3291	6286

Chi-square tests：df = 5，卡方值为 28.140，sig = 0.000 < 0.050，所以不同性别的居民在对“目前人与人之间的关系主要受什么影响”的选择上具有显著差异。

B8a by A1

请问您是否同意以下说法：当前大多数人奉行的是“个人至上” ＊ 性别 Crosstabulation

	男	女	总计
完全同意	16.7%	15.2%	15.9%
比较同意	38.8%	39.6%	39.2%
不太同意	32.8%	35.2%	34.1%
完全不同意	11.6%	10.0%	10.8%
总计	100.0%	100.0%	100.0%
列总计	3003	3319	6322

Chi-square tests：df = 3，卡方值为 8.660，sig = 0.034 < 0.050，所以不同性别的居民在对“当前大多数人奉行的是‘个人至上’”这一说法的认同上具有显著差异。

B8b by A1

请问您是否同意以下说法：现在我国大多数人是见利忘义的 ＊ 性别 Crosstabulation

	男	女	总计
完全同意	10.2%	8.9%	9.5%
比较同意	26.2%	27.3%	26.8%
不太同意	46.3%	48.5%	47.5%

续表

	男	女	总计
完全不同意	17.3%	15.3%	16.2%
总计	100.0%	100.0%	100.0%
列总计	2997	3308	6305

Chi-square tests：df = 3，卡方值为 9.414，sig = 0.024 < 0.050，所以不同性别的居民在对“现在我国大多数人是见利忘义的”这一说法的认同上具有显著差异。

B8c by A1

请问您是否同意以下说法：当前大多数人都是以集体利益为重的 * 性别 Crosstabulation

	男	女	总计
完全同意	17.9%	16.4%	17.1%
比较同意	43.0%	46.2%	44.7%
不太同意	32.7%	31.2%	31.9%
完全不同意	6.5%	6.2%	6.4%
总计	100.0%	100.0%	100.0%
列总计	2991	3302	6293

Chi-square tests：df = 3，卡方值为 6.893，sig = 0.075 > 0.050，所以不同性别的居民在对“当前大多数人都是以集体利益为重的”这一说法的认同上没有显著差异。

B8d by A1

请问您是否同意以下说法：当前大多数人都是家庭利益至上的 * 性别 Crosstabulation

	男	女	总计
完全同意	32.8%	31.4%	32.1%
比较同意	48.0%	50.2%	49.1%
不太同意	15.9%	15.6%	15.7%
完全不同意	3.3%	2.8%	3.1%
总计	100.0%	100.0%	100.0%
列总计	2986	3300	6286

Chi-square tests：df = 3，卡方值为 4.143，sig = 0.246 > 0.050，所以不同性别的居民在对“当前大多数人都是家庭利益至上的”这一说法的认同上没有显著差异。

B8e by A1

请问您是否同意以下说法：当前的社会是一个金钱至上的社会 * 性别 Crosstabulation

	男	女	总计
完全同意	25.2%	23.9%	24.5%
比较同意	36.3%	36.8%	36.5%
不太同意	30.1%	31.2%	30.7%
完全不同意	8.5%	8.1%	8.3%
总计	100.0%	100.0%	100.0%
列总计	2990	3301	6291

Chi-square tests：df = 3，卡方值为 1.897，sig = 0.594 > 0.050，所以不同性别的居民在对“当前的社会是一个金钱至上的社会”这一说法的认同上没有显著差异。

B8f by A1

请问您是否同意以下说法：好人有好报，恶人终归会受到惩罚 * 性别 Crosstabulation

	男	女	总计
完全同意	54.9%	54.7%	54.8%
比较同意	31.9%	32.6%	32.3%
不太同意	9.9%	10.1%	10.0%
完全不同意	3.3%	2.5%	2.9%
总计	100.0%	100.0%	100.0%
列总计	2988	3305	6293

Chi-square tests：df = 3，卡方值为 3.849，sig = 0.278 > 0.050，所以不同性别的居民在对“好人有好报，恶人终归会受到惩罚”这一说法的认同上没有显著差异。

B8g by A1

请问您是否同意以下说法：我们社会中的道德能够很好地约束人们的行为 * 性别 Crosstabulation

	男	女	总计
完全同意	28.8%	27.7%	28.2%
比较同意	49.8%	51.2%	50.5%
不太同意	18.2%	18.2%	18.2%
完全不同意	3.2%	2.9%	3.0%

续表

	男	女	总计
总计	100.0%	100.0%	100.0%
列总计	2988	3309	6297

Chi-square tests：df = 3，卡方值为 1.799，sig = 0.615 > 0.050，所以不同性别的居民在对“我们社会中的道德能够很好地约束人们的行为”这一说法的认同上没有显著差异。

B8h by A1

请问您是否同意以下说法：现有的规范和习俗能够很好地调节人与人之间的关系 * 性别 Crosstabulation

	男	女	总计
完全同意	26.0%	25.2%	25.6%
比较同意	53.4%	54.8%	54.1%
不太同意	17.6%	17.4%	17.5%
完全不同意	3.0%	2.6%	2.8%
总计	100.0%	100.0%	100.0%
列总计	2973	3303	6276

Chi-square tests：df = 3，卡方值为 1.825，sig = 0.609 > 0.050，所以不同性别的居民在对“现有的规范和习俗能够很好地调节人与人之间的关系 ”这一说法的认同上没有显著差异。

B8i by A1

请问您是否同意以下说法：为了经济利益可以少许破坏生态环境 * 性别 Crosstabulation

	男	女	总计
完全同意	8.7%	8.7%	8.7%
比较同意	17.7%	17.1%	17.4%
不太同意	29.1%	31.3%	30.3%
完全不同意	44.5%	42.8%	43.6%
总计	100.0%	100.0%	100.0%
列总计	2982	3305	6287

Chi-square tests：df = 3，卡方值为 3.914，sig = 0.271 > 0.050，所以不同性别的居民在对“为了经济利益可以少许破坏生态环境”这一说法的认同上没有显著差异。

B8j by A1

请问您是否同意以下说法：在社会生活中首要的是个人幸福，然后才可能去顾及他人 ＊ 性别 Crosstabulation

	男	女	总计
完全同意	18.5%	17.0%	17.7%
比较同意	38.5%	38.5%	38.5%
不太同意	31.4%	33.0%	32.2%
完全不同意	11.7%	11.5%	11.6%
总计	100.0%	100.0%	100.0%
列总计	2998	3312	6310

Chi-square tests：df = 3，卡方值为 3.283，sig = 0.350 > 0.050，所以不同性别的居民在对“在社会生活中首要的是个人幸福，然后才可能去顾及他人”这一说法的认同上没有显著差异。

B8k by A1

请问您是否同意以下说法：一个人的时候可以做一些诸如随地丢垃圾、随地吐痰等的小事，反正也没有别人知道 ＊ 性别 Crosstabulation

	男	女	总计
完全同意	3.9%	4.1%	4.0%
比较同意	9.6%	8.8%	9.1%
不太同意	26.9%	24.4%	25.6%
完全不同意	59.6%	62.7%	61.2%
总计	100.0%	100.0%	100.0%
列总计	2998	3310	6308

Chi-square tests：df = 3，卡方值为 7.798，sig = 0.050 = 0.050，所以不同性别的居民在对“一个人的时候可以做一些诸如随地丢垃圾、随地吐痰等的小事，反正也没有别人知道”这一说法的认同上有显著差异。

B9 by A1

对中国社会，您最担忧的问题是 ＊ 性别 Crosstabulation

	男	女	总计
腐败不能根治	32.8%	26.5%	29.5%
生态环境恶化	19.7%	23.4%	21.7%
贫富不均，两极分化	20.9%	18.9%	19.9%
老无所养，对未来没有把握	9.0%	13.5%	11.4%
生活水平下降	4.3%	5.5%	4.9%

续表

	男	女	总计
道德滑坡，社会风气恶化	8.6%	7.7%	8.1%
人际关系紧张	1.6%	1.8%	1.7%
其他	3.1%	2.6%	2.9%
总计	100.0%	100.0%	100.0%
列总计	2999	3304	6303

Chi-square tests：df = 7，卡方值为 70.791，sig = 0.000 < 0.050，所以不同性别的居民在对“对中国社会，您最担忧的问题”的选择上具有显著差异。

B10 by A1

和前几年相比，您认为目前我国官员腐败现象 * 性别 Crosstabulation

	男	女	总计
有较大改善	76.1%	71.5%	73.7%
没什么变化	20.5%	24.8%	22.8%
更加恶化	3.3%	3.7%	3.5%
总计	100.0%	100.0%	100.0%
列总计	3003	3311	6314

Chi-square tests：df = 2，卡方值为 17.433，sig = 0.000 < 0.050，所以不同性别的居民在对“和前几年相比，您认为目前我国官员腐败现象是否有所改善”的评价上具有显著差异。

B11a by A1

当前我国社会道德生活中最重要的元素 * 性别 Crosstabulation

	男	女	总计
意识形态中所提倡的社会主义道德	27.9%	25.5%	26.6%
中国传统道德	56.5%	60.3%	58.5%
受西方文化影响而形成的道德	3.8%	3.6%	3.7%
市场经济中形成的道德	11.6%	10.4%	11.0%
其他	0.1%	0.2%	0.2%
总计	100.0%	100.0%	100.0%
列总计	2959	3263	6222

Chi-square tests：df = 4，卡方值为 11.334，sig = 0.023 < 0.050，所以不同性别的居民在对“当前我国社会道德生活中最重要的元素”的选择上具有显著差异。

B11b by A1

当前我国社会道德生活中第二重要的元素 * 性别 Crosstabulation

	男	女	总计
意识形态中所提倡的社会主义道德	42.9%	45.8%	44.4%
中国传统道德	29.6%	27.4%	28.4%
受西方文化影响而形成的道德	8.0%	6.8%	7.4%
市场经济中形成的道德	19.5%	19.6%	19.6%
其他	0.1%	0.3%	0.2%
总计	100.0%	100.0%	100.0%
列总计	2895	3213	6108

Chi-square tests：df = 4，卡方值为 13.900，sig = 0.008 < 0.050，所以不同性别的居民在对“当前我国社会道德生活中第二重要的元素”的选择上具有显著差异。

B11c by A1

当前我国社会道德生活中第二重要的元素 * 性别 Crosstabulation

	男	女	总计
意识形态中所提倡的社会主义道德	22.0%	21.0%	21.5%
中国传统道德	10.0%	9.1%	9.5%
受西方文化影响而形成的道德	19.6%	20.6%	20.1%
市场经济中形成的道德	47.8%	48.4%	48.1%
其他	0.6%	0.8%	0.7%
总计	100.0%	100.0%	100.0%
列总计	2878	3188	6066

Chi-square tests：df = 4，卡方值为 4.290，sig = 0.368 > 0.050，所以不同性别的居民在对“当前我国社会道德生活中第三重要的元素”的选择上没有显著差异。

B12 by A1

对伦理关系和道德生活，您最向往或怀念的是 * 性别

	男	女	总计
传统社会的伦理和道德（如仁、义、礼、智、信）	46.7%	44.5%	45.5%
战争年代为理想而献身的革命精神（如革命烈士的无私献身精神）	18.6%	17.3%	17.9%
新中国成立后到“文化大革命”前的大公无私的集体主义精神	12.5%	12.0%	12.2%
追求个人利益的市场经济下的道德	5.4%	6.1%	5.8%

续表

	男	女	总计
自由、平等、博爱的西方道德	16.9%	20.1%	18.6%
总计	100.0%	100.0%	100.0%
列总计	3002	3308	6310

Chi-square tests：df = 4，卡方值为 14.094，sig = 0.007 < 0.050，所以不同性别的居民在对“您最向往或怀念的伦理关系和道德生活”的选择上具有显著差异。

B13a by A1

目前职业道德中最突出的问题是：将职业当作谋生的手段，缺乏责任感和奉献精神 ＊性别

	男	女	总计
未选	49.6%	50.2%	49.9%
已选	50.4%	49.8%	50.1%
总计	100.0%	100.0%	100.0%
列总计	2989	3287	6276

Chi-square tests：df = 1，卡方值为 0.215，sig = 0.643 > 0.050，所以不同性别的居民在对“将职业当作谋生的手段，缺乏责任感和奉献精神是目前职业道德中最突出的问题”这一说法的认同上没有显著差异。

B13b by A1

目前职业道德中最突出的问题是：企业老板剥削员工，利益关系不公正 ＊ 性别 Crosstabulation

	男	女	总计
未选	64.0%	62.1%	63.0%
已选	36.0%	37.9%	37.0%
总计	100.0%	100.0%	100.0%
列总计	2989	3290	6279

Chi-square tests：df = 1，卡方值为 2.359，sig = 0.125 > 0.050，所以不同性别的居民在对“企业老板剥削员工，利益关系不公正是目前职业道德中最突出的问题”这一说法的认同上没有显著差异。

B13c by A1

目前职业道德中最突出的问题是：老板和员工、上级和下级相互勾结，共同对社会不负责任 ＊ 性别 Crosstabulation

	男	女	总计
未选	79.1%	78.6%	78.8%

续表

	男	女	总计
已选	20.9%	21.4%	21.2%
总计	100.0%	100.0%	100.0%
列总计	2990	3290	6280

Chi-square tests：df = 1，卡方值为 0.293，sig = 0.588 > 0.050，所以不同性别的居民在对“老板和员工、上级和下级相互勾结，共同对社会不负责任是目前职业道德中最突出的问题”这一说法的认同上没有显著差异。

B13d by A1

目前职业道德中最突出的问题是：领导和业主道德素质差 ＊ 性别 Crosstabulation

	男	女	总计
未选	80.8%	82.9%	81.9%
已选	19.2%	17.1%	18.1%
总计	100.0%	100.0%	100.0%
列总计	2990	3290	6280

Chi-square tests：df = 1，卡方值为 4.592，sig = 0.032 < 0.050，所以不同性别的居民在对“领导和业主道德素质差是目前职业道德中最突出的问题”这一说法的认同上具有显著差异。

B13e by A1

目前职业道德中最突出的问题是：组织只是利益的博弈场所，缺乏伦理性与道德性 ＊ 性别 Crosstabulation

	男	女	总计
未选	82.1%	81.8%	81.9%
已选	17.9%	18.2%	18.1%
总计	100.0%	100.0%	100.0%
列总计	2990	3291	6281

Chi-square tests：df = 1，卡方值为 0.063，sig = 0.801 > 0.050，所以不同性别的居民在对“组织只是利益的博弈场所，缺乏伦理性与道德性是目前职业道德中最突出的问题”这一说法的认同上没有显著差异。

B14 by A1

您认为目前我国社会成员之间的收入差距 ＊ 性别 Crosstabulation

	男	女	总计
合理，可以接受	21.2%	19.9%	20.5%

续表

	男	女	总计
不合理，但可以接受	40.7%	39.0%	39.8%
不合理，不能接受	27.0%	27.6%	27.3%
说不清	11.1%	13.4%	12.3%
总计	100.0%	100.0%	100.0%
列总计	2983	3305	6288

Chi-square tests：df = 3，卡方值为 9.778，sig = 0.021 < 0.050，所以不同性别的居民在对“目前我国社会成员之间的收入差距”的认知上具有显著差异。

B15 by A1

和前几年相比，您认为目前我国社会的分配不公、两极分化现象 * 性别 Crosstabulation

	男	女	总计
有较大改善	47.2%	45.0%	46.0%
没什么变化	37.6%	42.2%	40.0%
更加恶化	15.3%	12.8%	13.9%
总计	100.0%	100.0%	100.0%
列总计	2990	3291	6281

Chi-square tests：df = 2，卡方值为 16.831，sig = 0.000 < 0.050，所以不同性别的居民在对“和前几年相比，目前我国社会的分配不公、两极分化现象有无改善”的认知上具有显著差异。

B16 by A1

跟三年前相比，您觉得自己的社会经济地位 * 性别 Crosstabulation

	男	女	总计
上升了	40.7%	35.4%	37.9%
差不多	41.9%	47.7%	44.9%
下降了	10.7%	9.4%	10.0%
不好说/说不清	6.7%	7.5%	7.1%
总计	100.0%	100.0%	100.0%
列总计	3001	3311	6312

Chi-square tests：df = 3，卡方值为 27.726，sig = 0.000 < 0.050，所以不同性别的居民在对“跟三年前相比，自己的社会经济地位是否上升”的评价上具有显著差异。

B17 by A1

跟同龄人相比，您觉得自己的社会经济地位 * 性别 Crosstabulation

	男	女	总计
较高	10.0%	8.3%	9.1%
差不多	61.0%	61.8%	61.4%
较低	19.2%	20.7%	20.0%
不好说/说不清	9.8%	9.2%	9.5%
总计	100.0%	100.0%	100.0%
列总计	2982	3287	6269

Chi-square tests：df = 3，卡方值为 7.081，sig = 0.069 > 0.050，所以不同性别的居民在对“跟同龄人相比，自己的社会经济地位如何”的评价上没有显著差异。

B18a by A1

您对现代家庭伦理中最忧虑的问题是：婚姻不稳定，两性关系过度开放 * 性别 Crosstabulation

	男	女	总计
未选	79.9%	78.2%	79.0%
已选	20.1%	21.8%	21.0%
总计	100.0%	100.0%	100.0%
列总计	2965	3264	6229

Chi-square tests：df = 1，卡方值为 2.844，sig = 0.092 > 0.050，所以不同性别的居民在对“现代家庭伦理中最忧虑的问题是婚姻不稳定，两性关系过度开放”的看法上没有显著差异。

B18b by A1

您对现代家庭伦理中最忧虑的问题是：子女，尤其是独生子女缺乏责任感 * 性别 Crosstabulation

	男	女	总计
未选	60.1%	59.0%	59.5%
已选	39.9%	41.0%	40.5%
总计	100.0%	100.0%	100.0%
列总计	2964	3262	6226

Chi-square tests：df = 1，卡方值为 0.837，sig = 0.360 > 0.050，所以不同性别的居民在对“现代家庭伦理中最忧虑的问题是子女，尤其是独生子女缺乏责任感”的看法上没有显著差异。

B18c by A1

您对现代家庭伦理中最忧虑的问题是：子女不孝敬父母 ＊ 性别 Crosstabulation

	男	女	总计
未选	70.9%	77.4%	74.3%
已选	29.1%	22.6%	25.7%
总计	100.0%	100.0%	100.0%
列总计	2963	3262	6225

Chi-square tests：df = 1，卡方值为 34.695，sig = 0.000 < 0.050，所以不同性别的居民在对“现代家庭伦理中最忧虑的问题是子女不孝敬父母”的看法上具有显著差异。

B18d by A1

您对现代家庭伦理中最忧虑的问题是：代沟严重，价值观念对立 ＊ 性别 Crosstabulation

	男	女	总计
未选	64.2%	63.2%	63.7%
已选	35.8%	36.8%	36.3%
总计	100.0%	100.0%	100.0%
列总计	2963	3262	6225

Chi-square tests：df = 1，卡方值为 0.774，sig = 0.379 > 0.050，所以不同性别的居民在对“现代家庭伦理中最忧虑的问题是代沟严重，价值观念对立”的看法上没有显著差异。

B18e by A1

您对现代家庭伦理中最忧虑的问题是：婆媳关系紧张 ＊ 性别 Crosstabulation

	男	女	总计
未选	86.6%	86.4%	86.5%
已选	13.4%	13.6%	13.5%
总计	100.0%	100.0%	100.0%
列总计	2963	3263	6226

Chi-square tests：df = 1，卡方值为 0.041，sig = 0.840 > 0.050，所以不同性别的居民在对“现代家庭伦理中最忧虑的问题是婆媳关系紧张”的看法上没有显著差异。

B18f by A1

您对现代家庭伦理中最忧虑的问题是：父母不民主，不能容忍差异 ＊ 性别 Crosstabulation

	男	女	总计
未选	95.0%	94.8%	94.9%
已选	5.0%	5.2%	5.1%
总计	100.0%	100.0%	100.0%
列总计	2963	3262	6225

Chi-square tests：df = 1，卡方值为 0.107，sig = 0.744 > 0.050，所以不同性别的居民在对“现代家庭伦理中最忧虑的问题是父母不民主，不能容忍差异”的看法上没有显著差异。

B19a by A1

您是否同意以下关于家庭和婚姻的一些说法：是否离婚主要考虑自己的感受和利益 ＊ 性别 Crosstabulation

	男	女	总计
完全同意	10.5%	9.5%	10.0%
比较同意	24.5%	23.5%	24.0%
比较不同意	39.3%	42.4%	41.0%
完全不同意	25.7%	24.6%	25.1%
总计	100.0%	100.0%	100.0%
列总计	2972	3296	6268

Chi-square tests：df = 3，卡方值为 6.748，sig = 0.080 > 0.050，所以不同性别的居民在对“是否离婚主要考虑自己的感受和利益”这一说法的认同度上没有显著差异。

B19b by A1

您是否同意以下关于家庭和婚姻的一些说法：是否离婚应该从家庭整体（包括子女）考虑 ＊ 性别 Crosstabulation

	男	女	总计
完全同意	44.0%	45.5%	44.8%
比较同意	43.3%	44.3%	43.8%
比较不同意	9.8%	8.1%	8.9%
完全不同意	2.9%	2.1%	2.5%
总计	100.0%	100.0%	100.0%
列总计	2983	3298	6281

Chi-square tests：df = 3，卡方值为 9.906，sig = 0.019 < 0.050，所以不同性别的居民在对“是否离婚应该从家庭整体（包括子女）考虑”这一说法的认同度上具有显著差异。

B19c by A1

您是否同意以下关于家庭和婚姻的一些说法：婚姻是社会的事，应当兼顾社会评价和社会后果 ＊ 性别 Crosstabulation

	男	女	总计
完全同意	26.7%	23.9%	25.3%
比较同意	43.3%	44.0%	43.7%
比较不同意	23.0%	23.9%	23.4%
完全不同意	7.0%	8.1%	7.6%
总计	100.0%	100.0%	100.0%
列总计	2982	3291	6273

Chi-square tests：df = 3，卡方值为 8.341，sig = 0.039 < 0.050，所以不同性别的居民在对“婚姻是社会的事，应当兼顾社会评价和社会后果”这一说法的认同度上具有显著差异。

B19d by A1

您是否同意以下关于家庭和婚姻的一些说法：婚姻意味着责任，不能轻率地选择离婚 ＊ 性别 Crosstabulation

	男	女	总计
完全同意	61.2%	60.6%	60.9%
比较同意	31.0%	32.9%	32.0%
比较不同意	5.5%	4.8%	5.1%
完全不同意	2.4%	1.7%	2.0%
总计	100.0%	100.0%	100.0%
列总计	2985	3299	6284

Chi-square tests：df = 3，卡方值为 7.266，sig = 0.064 > 0.050，所以不同性别的居民在对“婚姻意味着责任，不能轻率地选择离婚”这一说法的认同度上没有显著差异。

B19e by A1

您是否同意以下关于家庭和婚姻的一些说法：遇到困难需要别人帮助时，朋友比兄弟姊妹更靠得住 ＊ 性别 Crosstabulation

	男	女	总计
完全同意	17.1%	15.9%	16.5%
比较同意	29.1%	28.7%	28.9%
比较不同意	41.3%	43.9%	42.7%

续表

	男	女	总计
完全不同意	12.6%	11.5%	12.0%
总计	100.0%	100.0%	100.0%
列总计	2988	3297	6285

Chi-square tests：df = 3，卡方值为 5.527，sig = 0.137 > 0.050，所以不同性别的居民在对“遇到困难需要别人帮助时，朋友比兄弟姊妹更靠得住”这一说法的认同度上没有显著差异。

B19f by A1

您是否同意以下关于家庭和婚姻的一些说法：无论父母对自己如何，都应当尽赡养义务 ＊性别

	男	女	总计
完全同意	74.7%	73.3%	74.0%
比较同意	20.0%	21.6%	20.8%
比较不同意	3.9%	3.5%	3.7%
完全不同意	1.3%	1.6%	1.5%
总计	100.0%	100.0%	100.0%
列总计	2994	3303	6297

Chi-square tests：df = 3，卡方值为 4.212，sig = 0.239 > 0.050，所以不同性别的居民在对“无论父母对自己如何，都应当尽赡养义务”这一说法的认同度上没有显著差异。

B19g by A1

您是否同意以下关于家庭和婚姻的一些说法：为了家庭利益可以在一定程度上损害国家利益 ＊ 性别 Crosstabulation

	男	女	总计
完全同意	4.1%	3.6%	3.8%
比较同意	8.6%	8.2%	8.4%
比较不同意	26.3%	27.6%	27.0%
完全不同意	60.9%	60.7%	60.8%
总计	100.0%	100.0%	100.0%
列总计	2991	3302	6293

Chi-square tests：df = 3，卡方值为 2.390，sig = 0.495 > 0.050，所以不同性别的居民在对“为了家庭利益可以在一定程度上损害国家利益”这一说法的认同度上没有显著差异。

B20 by A1

您所在的地方发生过虐童事件吗 ＊ 性别 Crosstabulation

	男	女	总计
经常会发生	0.9%	0.9%	0.9%
偶尔发生	11.8%	11.9%	11.9%
没听说过	87.3%	87.2%	87.2%
总计	100.0%	100.0%	100.0%
列总计	2988	3291	6279

Chi-square tests：df = 2，卡方值为 0.072，sig = 0.964 > 0.050，所以不同性别的居民在对“您所在的地方发生过虐童事件吗”这一问题的回答上没有显著差异。

B21a by A1

您是否听说过或见过祠堂 ＊ 性别 Crosstabulation

	男	女	总计
未选	66.2%	70.5%	68.5%
已选	33.8%	29.5%	31.5%
总计	100.0%	100.0%	100.0%
列总计	3006	3321	6327

Chi-square tests：df = 1，卡方值为 13.242，sig = 0.000 < 0.050，所以不同性别的居民在对“是否听说过或见过祠堂”这一问题的回答上具有显著差异。

B21b by A1

您是否听说过或见过族谱 ＊ 性别 Crosstabulation

	男	女	总计
未选	61.5%	67.5%	64.7%
已选	38.5%	32.5%	35.3%
总计	100.0%	100.0%	100.0%
列总计	3007	3323	6330

Chi-square tests：df = 1，卡方值为 24.926，sig = 0.000 < 0.050，所以不同性别的居民在对“是否听说过或见过族谱”这一问题的回答上具有显著差异。

B21c by A1

您是否听说过或见过祖先牌位 ＊ 性别 Crosstabulation

	男	女	总计
未选	70.7%	73.5%	72.2%

续表

	男	女	总计
已选	29.3%	26.5%	27.8%
总计	100.0%	100.0%	100.0%
列总计	3007	3323	6330

Chi-square tests：df = 1，卡方值为 5.957，sig = 0.015 < 0.050，所以不同性别的居民在对“是否听说过或见过祖先牌位”这一问题的回答上具有显著差异。

B21d by A1

您是否听说过或见过姓氏辈分（×姓×字，或第×代）＊ 性别 Crosstabulation

	男	女	总计
未选	54.6%	62.5%	58.7%
已选	45.4%	37.5%	41.3%
总计	100.0%	100.0%	100.0%
列总计	3007	3323	6330

Chi-square tests：df = 1，卡方值为 40.969，sig = 0.000 < 0.050，所以不同性别的居民在对“是否听说过或见过姓氏辈分”这一问题的回答上具有显著差异。

B21e by A1

您是否听说过或见过姓氏族支（×姓××堂）＊ 性别 Crosstabulation

	男	女	总计
未选	87.2%	90.6%	89.0%
已选	12.8%	9.4%	11.0%
总计	100.0%	100.0%	100.0%
列总计	3007	3323	6330

Chi-square tests：df = 1，卡方值为 18.428，sig = 0.000 < 0.050，所以不同性别的居民在对“是否听说过或见过姓氏族支”这一问题的回答上具有显著差异。

B21f by A1

您是否听说过或见过到祖坟上磕头、烧纸、供菜或燃放鞭炮等行为 ＊ 性别 Crosstabulation

	男	女	总计
未选	17.9%	20.9%	19.5%
已选	82.1%	79.1%	80.5%
总计	100.0%	100.0%	100.0%

续表

	男	女	总计
列总计	3008	3323	6331

Chi-square tests：df = 1，卡方值为 9. 207，sig = 0. 002 < 0. 050，所以不同性别的居民在对“是否听说过或见过到祖坟上磕头、烧纸、供菜或燃放鞭炮等行为”的回答上具有显著差异。

B21g by A1

您是否听说过或见过到祖坟上鞠躬、献鲜花或水果 ＊ 性别 Crosstabulation

	男	女	总计
未选	33. 1%	33. 9%	33. 5%
已选	66. 9%	66. 1%	66. 5%
总计	100. 0%	100. 0%	100. 0%
列总计	3008	3323	6331

Chi-square tests：df = 1，卡方值为 0. 492，sig = 0. 483 > 0. 050，所以不同性别的居民在对“是否听说过或见过到祖坟上鞠躬、献鲜花或供奉水果等行为”的回答上没有显著差异。

B21h by A1

您是否听说过或见过宗族大事记或家族活动记录 ＊ 性别 Crosstabulation

	男	女	总计
未选	91. 0%	92. 7%	91. 9%
已选	9. 0%	7. 3%	8. 1%
总计	100. 0%	100. 0%	100. 0%
列总计	3008	3323	6331

Chi-square tests：df = 1，卡方值为 6. 092，sig = 0. 014 < 0. 050，所以不同性别的居民在对“是否听说过或见过宗族大事记或家族活动记录”的回答上具有显著差异。

B21i by A1

您是否听说过或见过古牌坊、古牌匾、人物纪念石碑等古迹古物 ＊ 性别 Crosstabulation

	男	女	总计
未选	77. 7%	77. 8%	77. 7%
已选	22. 3%	22. 2%	22. 3%
总计	100. 0%	100. 0%	100. 0%

续表

	男	女	总计
列总计	3008	3323	6331

Chi-square tests：df = 1，卡方值为 0.009，sig = 0.923 > 0.050，所以不同性别的居民在对“是否听说过或见过古牌坊、古牌匾、人物纪念石碑等古迹古物”这一问题的回答上没有显著差异。

B21j by A1

您是否听说过或见过以下传统现象：其他 ＊ 性别 Crosstabulation

	男	女	总计
未选	98.4%	98.7%	98.6%
已选	1.6%	1.3%	1.4%
总计	100.0%	100.0%	100.0%
列总计	3008	3323	6331

Chi-square tests：df = 1，卡方值为 1.015，sig = 0.314 > 0.050，所以不同性别的居民在对“是否听说过或见过其他传统现象”这一问题的回答上没有显著差异。

B21k by A1

您是否听说过或见过以下传统现象：都没见过 ＊ 性别 Crosstabulation

	男	女	总计
未选	96.2%	95.2%	95.7%
已选	3.8%	4.8%	4.3%
总计	100.0%	100.0%	100.0%
列总计	3008	3323	6331

Chi-square tests：df = 1，卡方值为 3.575，sig = 0.059 > 0.050，所以不同性别的居民在对“没听说过或见过任何形式的传统现象”的判断上没有显著差异。

B22a by A1

以下民间信仰情况，请问您是否见过或参与过：土地庙 ＊ 性别 Crosstabulation

	男	女	总计
未选	62.8%	63.3%	63.0%
已选	37.2%	36.7%	37.0%
总计	100.0%	100.0%	100.0%
列总计	3006	3315	6321

Chi-square tests：df = 1，卡方值为 0.179，sig = 0.673 > 0.050，所以不同性别的居民在对“是否见过或参与过土地庙”的回答上没有显著差异。

B22b by A1

以下民间信仰情况，请问您是否见过或参与过：关帝庙、娘娘庙或其他神庙 * 性别 Crosstabulation

	男	女	总计
未选	79.0%	79.0%	79.0%
已选	21.0%	21.0%	21.0%
总计	100.0%	100.0%	100.0%
列总计	3006	3315	6321

Chi-square tests：df = 1，卡方值为 0.000，sig = 0.994 > 0.050，所以不同性别的居民在对“是否见过或参与过关帝庙、娘娘庙或其他神庙”这一问题的回答上没有显著差异。

B22c by A1

以下民间信仰情况，请问您是否见过或参与过：没见过 * 性别 Crosstabulation

	男	女	总计
未选	48.0%	47.6%	47.8%
已选	52.0%	52.4%	52.2%
总计	100.0%	100.0%	100.0%
列总计	3005	3315	6320

Chi-square tests：df = 1，卡方值为 0.079，sig = 0.778 > 0.050，所以不同性别的居民在对“没见过或参与过任何形式的民间信仰”的判断上没有显著差异。

B23a by A1

以下民间活动，您是否见过或参加过：个人敬供（烧香叩拜等） * 性别 Crosstabulation

	男	女	总计
未选	54.8%	51.9%	53.3%
已选	45.2%	48.1%	46.7%
总计	100.0%	100.0%	100.0%
列总计	3002	3321	6323

Chi-square tests：df = 1，卡方值为 5.283，sig = 0.022 < 0.050，所以不同性别的居民在对“是否见过或参加过个人敬供（烧香叩拜等）”这一问题的回答上具有显著差异。

B23b by A1

以下民间活动，您是否见过或参加过：节日集体敬供（聚餐等）＊性别 Crosstabulation

	男	女	总计
未选	79.6%	80.1%	79.8%
已选	20.4%	19.9%	20.2%
总计	100.0%	100.0%	100.0%
列总计	3001	3320	6321

Chi-square tests：df = 1，卡方值为 0.201，sig = 0.654 > 0.050，所以不同性别的居民在对“是否见过或参加过节日集体敬供（聚餐等）”这一问题的回答上没有显著差异。

B23c by A1

以下民间活动，您是否见过或参加过：其他活动（建庙委员会、教育、助贫、敬老、龙舟等）＊性别 Crosstabulation

	男	女	总计
未选	80.9%	81.0%	81.0%
已选	19.1%	19.0%	19.0%
总计	100.0%	100.0%	100.0%
列总计	2998	3318	6316

Chi-square tests：df = 1，卡方值为 0.016，sig = 0.899 > 0.050，所以不同性别的居民在对“是否见过或参加过其他活动（建庙委员会、教育、助贫、敬老、龙舟等）”这一问题的回答上没有显著差异。

B23d by A1

以下民间活动，您是否见过或参加过：没参加过 ＊性别

	男	女	总计
未选	61.7%	64.8%	63.3%
已选	38.3%	35.2%	36.7%
总计	100.0%	100.0%	100.0%
列总计	3000	3318	6318

Chi-square tests：df = 1，卡方值为 6.651，sig = 0.010 < 0.050，所以不同性别的居民在对“没参加过或见过任何形式的民间活动”这一问题的回答上具有显著差异。

B24 by A1

您觉得您目前的身体健康状况是 * 性别 Crosstabulation

	男	女	总计
很健康	29.4%	27.4%	28.3%
比较健康	55.8%	57.0%	56.4%
不太健康	13.2%	14.0%	13.6%
很不健康	1.6%	1.7%	1.6%
总计	100.0%	100.0%	100.0%
列总计	2989	3311	6300

Chi-square tests：df = 3，卡方值为3.379，sig = 0.337 > 0.050，所以不同性别的居民在对“目前的身体健康状况”的评价上没有显著差异。

B25 by A1

您觉得您的健康状况和一年前比较起来如何 * 性别 Crosstabulation

	男	女	总计
更好	16.0%	15.5%	15.7%
没有变化	66.1%	65.8%	65.9%
更差	17.9%	18.7%	18.3%
总计	100.0%	100.0%	100.0%
列总计	3005	3309	6314

Chi-square tests：df = 2，卡方值为0.779，sig = 0.677 > 0.050，所以不同性别的居民在对“和一年前比较起来，现在的健康状况如何”的评价上没有显著差异。

B26 by A1

您的就医习惯是 * 性别 Crosstabulation

	男	女	总计
出现不适就去看病	55.6%	54.2%	54.9%
症状加重时去看病	18.2%	21.6%	20.0%
能不看病就不看	21.7%	21.2%	21.5%
从不看病	3.4%	2.0%	2.7%
其他	1.0%	0.9%	1.0%
总计	100.0%	100.0%	100.0%
列总计	2997	3307	6304

Chi-square tests：df = 4，卡方值为21.683，sig = 0.000 < 0.050，所以不同性别的居民在对“就医习惯”的行为上具有显著差异。

B27 by A1

总的来说，您觉得目前的生活幸福吗 ＊ 性别 Crosstabulation

	男	女	总计
非常幸福	27.2%	27.7%	27.5%
比较幸福	66.2%	66.6%	66.4%
不太幸福	5.9%	5.3%	5.6%
非常不幸福	0.7%	0.3%	0.5%
总计	100.0%	100.0%	100.0%
列总计	2999	3316	6315

Chi-square tests：df = 3，卡方值为 4.821，sig = 0.185 > 0.050，所以不同性别的居民在对"目前生活幸福度"的评价上没有显著差异。

B28 by A1

您觉得对于老年人来说最理想的，或者说您未来最希望的养老方式是哪种 ＊ 性别 Crosstabulation

	男	女	总计
敬老院、养老院、护理院等专业养老机构	12.2%	13.7%	13.0%
与子女一起，住在家里养老	57.8%	55.8%	56.7%
与子女分开，住在家里养老	19.3%	19.6%	19.5%
搬到其他地方独居养老	1.3%	1.0%	1.2%
回到老家养老	5.6%	4.9%	5.2%
旅游养老	2.8%	3.5%	3.1%
其他	1.1%	1.4%	1.2%
总计	100.0%	100.0%	100.0%
列总计	2988	3308	6296

Chi-square tests：df = 6，卡方值为 10.130，sig = 0.119 > 0.050，所以不同性别的居民在对"对于老年人来说最理想的，或者说自己未来最希望的养老方式"的选择上没有显著差异。

B29a by A1

在过去的一周里，您为父母做过以下哪些事情：看望 ＊ 性别 Crosstabulation

	男	女	总计
未选	61.0%	56.1%	58.4%
已选	39.0%	43.9%	41.6%
总计	100.0%	100.0%	100.0%

续表

	男	女	总计
列总计	3009	3322	6331

Chi-square tests：df = 1，卡方值为 16. 031，sig = 0. 000 < 0. 050，所以不同性别的居民在对“过去一周里，是否看望过父母”这一问题的回答上具有显著差异。

B29b by A1

在过去的一周里，您为父母做过以下哪些事情：打电话 ＊ 性别 Crosstabulation

	男	女	总计
未选	63. 9%	53. 2%	58. 3%
已选	36. 1%	46. 8%	41. 7%
总计	100. 0%	100. 0%	100. 0%
列总计	3009	3323	6332

Chi-square tests：df = 1，卡方值为 74. 348，sig = 0. 000 < 0. 050，所以不同性别的居民在对“过去一周里，是否给父母打过电话”这一问题的回答上具有显著差异。

B29c by A1

在过去的一周里，您为父母做过以下哪些事情：买东西 ＊ 性别 Crosstabulation

	男	女	总计
未选	61. 8%	54. 7%	58. 1%
已选	38. 2%	45. 3%	41. 9%
总计	100. 0%	100. 0%	100. 0%
列总计	3009	3323	6332

Chi-square tests：df = 1，卡方值为 32. 778，sig = 0. 000 < 0. 050，所以不同性别的居民在对“过去一周里，是否给父母买过东西”这一问题的回答上具有显著差异。

B29d by A1

在过去的一周里，您为父母做过以下哪些事情：陪看病 ＊ 性别 Crosstabulation

	男	女	总计
未选	78. 9%	77. 1%	78. 0%
已选	21. 1%	22. 9%	22. 0%
总计	100. 0%	100. 0%	100. 0%
列总计	3009	3323	6332

Chi-square tests：df = 1，卡方值为 2. 764，sig = 0. 096 > 0. 050，所以不同性别的居民在对“过去一周里，是否陪父母看过病”这一问题的回答上没有显著差异。

B29e by A1

在过去的一周里，您为父母做过以下哪些事情：护理 ＊ 性别 Crosstabulation

	男	女	总计
未选	86.3%	84.8%	85.5%
已选	13.7%	15.2%	14.5%
总计	100.0%	100.0%	100.0%
列总计	3009	3323	6332

Chi-square tests：df = 1，卡方值为 2.776，sig = 0.096 > 0.050，所以不同性别的居民在对“过去一周里，是否给父母护理过”这一问题的回答上没有显著差异。

B29f by A1

在过去的一周里，您为父母做过以下哪些事情：做家务 ＊ 性别 Crosstabulation

	男	女	总计
未选	65.4%	60.4%	62.8%
已选	34.6%	39.6%	37.2%
总计	100.0%	100.0%	100.0%
列总计	3009	3323	6332

Chi-square tests：df = 1，卡方值为 17.370，sig = 0.000 < 0.050，所以不同性别的居民在对“过去一周里，是否给父母做过家务”这一问题的回答上具有显著差异。

B29g by A1

在过去的一周里，您为父母做过以下哪些事情：谈心聊天 ＊ 性别 Crosstabulation

	男	女	总计
未选	62.4%	58.3%	60.2%
已选	37.6%	41.7%	39.8%
总计	100.0%	100.0%	100.0%
列总计	3009	3322	6331

Chi-square tests：df = 1，卡方值为 11.269，sig = 0.001 < 0.050，所以不同性别的居民在对“过去一周里，是否和父母谈过心、聊过天”这一问题的回答上具有显著差异。

B29h by A1

在过去的一周里，您为父母做过以下哪些事情：给钱 ＊ 性别 Crosstabulation

	男	女	总计
未选	80.6%	80.4%	80.5%

续表

	男	女	总计
已选	19.4%	19.6%	19.5%
总计	100.0%	100.0%	100.0%
列总计	3009	3323	6332

Chi-square tests：df = 1，卡方值为 0.045，sig = 0.831 > 0.050，所以不同性别的居民在对“过去一周里，是否给过父母钱”这一行为的选择上没有显著差异。

B29i by A1

在过去的一周里，您为父母做过以下哪些事情：外出旅游 * 性别 Crosstabulation

	男	女	总计
未选	94.4%	92.3%	93.3%
已选	5.6%	7.7%	6.7%
总计	100.0%	100.0%	100.0%
列总计	3009	3322	6331

Chi-square tests：df = 1，卡方值为 11.091，sig = 0.001 < 0.050，所以不同性别的居民在对“过去一周里，是否和父母外出旅游过”这一行为的选择上具有显著差异。

B29j by A1

在过去的一周里，您为父母做过以下哪些事情：无 * 性别 Crosstabulation

	男	女	总计
未选	97.9%	98.2%	98.0%
已选	2.1%	1.8%	2.0%
总计	100.0%	100.0%	100.0%
列总计	3009	3323	6332

Chi-square tests：df = 1，卡方值为 0.548，sig = 0.459 > 0.050，所以不同性别的居民在对“过去一周没有为父母做过任何事情”这一行为的选择上没有显著差异。

B30a by A1

总体来说，您对自己生活的以下方面满意吗：身心健康状况 * 性别 Crosstabulation

	男	女	总计
非常不满意	5.1%	4.4%	4.7%

续表

	男	女	总计
不太满意	13.3%	13.4%	13.3%
比较满意	55.4%	58.2%	56.8%
非常满意	26.3%	24.0%	25.1%
总计	100.0%	100.0%	100.0%
列总计	3006	3311	6317

Chi-square tests: df = 3，卡方值为 6.981，sig = 0.072 > 0.050，所以不同性别的居民在对“自己的身心健康状况”的评价上没有显著差异。

B30b by A1

总体来说，您对自己生活的以下方面满意吗：整体收入水平 * 性别 Crosstabulation

	男	女	总计
非常不满意	5.9%	5.0%	5.4%
不太满意	26.9%	28.8%	27.9%
比较满意	55.0%	56.2%	55.6%
非常满意	12.2%	10.1%	11.1%
总计	100.0%	100.0%	100.0%
列总计	3006	3317	6323

Chi-square tests: df = 3，卡方值为 10.838，sig = 0.013 < 0.050，所以不同性别的居民在对“自己的整体收入水平”的评价上具有显著差异。

B30c by A1

总体来说，您对自己生活的以下方面满意吗：家庭成员关系 * 性别 Crosstabulation

	男	女	总计
非常不满意	3.9%	3.0%	3.5%
不太满意	3.5%	4.8%	4.2%
比较满意	51.7%	51.5%	51.6%
非常满意	40.9%	40.6%	40.8%
总计	100.0%	100.0%	100.0%
列总计	3001	3315	6316

Chi-square tests: df = 3，卡方值为 9.345，sig = 0.025 < 0.050，所以不同性别的居民在对“自己的家庭成员关系”的评价上具有显著差异。

B30d by A1

总体来说，您对自己生活的以下方面满意吗：社会保障水平 * 性别 Crosstabulation

	男	女	总计
非常不满意	5.7%	5.1%	5.4%
不太满意	19.0%	19.1%	19.0%
比较满意	57.5%	59.6%	58.6%
非常满意	17.8%	16.2%	17.0%
总计	100.0%	100.0%	100.0%
列总计	3002	3312	6314

Chi-square tests：df=3，卡方值为4.384，sig=0.223>0.050，所以不同性别的居民在对“自己的社会保障水平”的满意度上没有显著差异。

C1a by A1

在当今中国社会最基本的伦理冲突中排第一位的是 * 性别 Crosstabulation

	男	女	总计
人与自然的冲突	25.5%	21.9%	23.6%
人自我内在的冲突	8.5%	8.7%	8.6%
人与人之间的冲突	40.1%	45.6%	43.0%
个人与社会的冲突	15.5%	15.3%	15.4%
个人与政府的冲突	10.1%	8.2%	9.1%
其他	0.3%	0.3%	0.3%
总计	100.0%	100.0%	100.0%
列总计	2936	3212	6148

Chi-square tests：df=5，卡方值为25.419，sig=0.000<0.050，所以不同性别的居民在对“在当今中国社会最基本的伦理冲突中排第一位的是”这一问题的认知上具有显著差异。

C1b by A1

在当今中国社会最基本的伦理冲突中排第二位的是 * 性别 Crosstabulation

	男	女	总计
人与自然的冲突	16.2%	16.4%	16.3%
人自我内在的冲突	18.2%	19.7%	19.0%
人与人之间的冲突	26.5%	22.8%	24.6%
个人与社会的冲突	26.9%	30.2%	28.6%

续表

	男	女	总计
个人与政府的冲突	12.1%	10.8%	11.4%
其他	0.1%	0.2%	0.1%
总计	100.0%	100.0%	100.0%
列总计	2889	3168	6057

Chi-square tests：df = 5，卡方值为 19.774，sig = 0.001 < 0.050，所以不同性别的居民在对“在当今中国社会最基本的伦理冲突中排第二位的是”这一问题的认知上具有显著差异。

C1c by A1

在当今中国社会最基本的伦理冲突中排第三位的是 ＊ 性别 Crosstabulation

	男	女	总计
人与自然的冲突	20.0%	21.8%	21.0%
人自我内在的冲突	18.5%	19.8%	19.2%
人与人之间的冲突	18.3%	17.9%	18.1%
个人与社会的冲突	25.9%	24.0%	24.9%
个人与政府的冲突	16.3%	15.6%	15.9%
其他	0.9%	0.9%	0.9%
总计	100.0%	100.0%	100.0%
列总计	2868	3158	6026

Chi-square tests：df = 5，卡方值为 6.544，sig = 0.257 > 0.050，所以不同性别的居民在对“在当今中国社会最基本的伦理冲突中排第三位的是”这一问题的认知上没有显著差异。

C2 by A1

您认为造成环境污染的最主要原因是 ＊ 性别 Crosstabulation

	男	女	总计
企业唯利是图	33.4%	34.6%	34.0%
政府缺乏生态意识，政策失当	26.8%	23.2%	24.9%
当代人自私自利，不顾未来和子孙利益	16.8%	17.6%	17.2%
个人缺乏环保意识	22.9%	24.6%	23.8%
总计	100.0%	100.0%	100.0%
列总计	2978	3291	6269

Chi-square tests：df = 3，卡方值为 11.025，sig = 0.012 < 0.050，所以不同性别的居民在对“造成环境污染的最主要原因”的选择上具有显著差异。

C3a by A1

您是否同意以下说法：能够插队买到票，是一个人灵活的表现 ＊ 性别 Crosstabulation

	男	女	总计
完全同意	3.4%	2.2%	2.8%
比较同意	7.2%	7.5%	7.3%
比较不同意	35.0%	34.7%	34.8%
完全不同意	54.4%	55.6%	55.1%
总计	100.0%	100.0%	100.0%
列总计	3000	3314	6314

Chi-square tests：df = 3，卡方值为 8.806，sig = 0.032 < 0.050，所以不同性别的居民在对“能够插队买到票，是一个人灵活的表现”这一说法的认同度上具有显著差异。

C3b by A1

您是否同意以下说法：如果有可能，谁都会逃税 ＊ 性别 Crosstabulation

	男	女	总计
完全同意	5.5%	4.0%	4.7%
比较同意	15.0%	13.5%	14.2%
比较不同意	34.4%	36.6%	35.5%
完全不同意	45.1%	45.9%	45.5%
总计	100.0%	100.0%	100.0%
列总计	2993	3305	6298

Chi-square tests：df = 3，卡方值为 12.904，sig = 0.005 < 0.050，所以不同性别的居民在对“如果有可能，谁都会逃税”这一说法的认同度上具有显著差异。

C3c by A1

您是否同意以下说法：合同都只是形式，只要有关系，什么都好商量 ＊ 性别 Crosstabulation

	男	女	总计
完全同意	7.1%	5.7%	6.3%
比较同意	18.8%	18.9%	18.8%
比较不同意	39.5%	41.3%	40.4%
完全不同意	34.6%	34.2%	34.4%
总计	100.0%	100.0%	100.0%

续表

	男	女	总计
列总计	2992	3306	6298

Chi-square tests：df = 3，卡方值为 6. 076，sig = 0. 108 > 0. 050，所以不同性别的居民在对“合同都只是形式，只要有关系，什么都好商量”这一说法的认同度上没有显著差异。

C3d by A1

您是否同意以下说法：要想打赢官司，找关系比找律师更有价值 ＊ 性别 Crosstabulation

	男	女	总计
完全同意	8. 9%	7. 7%	8. 3%
比较同意	22. 8%	22. 9%	22. 8%
比较不同意	39. 2%	39. 4%	39. 3%
完全不同意	29. 1%	30. 0%	29. 6%
总计	100. 0%	100. 0%	100. 0%
列总计	2989	3300	6289

Chi-square tests：df = 3，卡方值为 3. 192，sig = 0. 363 > 0. 050，所以不同性别的居民在对“要想打赢官司，找关系比找律师更有价值”这一说法的认同度上没有显著差异。

C3e by A1

您是否同意以下说法：“三个土老乡，顶得上一个公章” ＊ 性别 Crosstabulation

	男	女	总计
完全同意	6. 4%	5. 7%	6. 0%
比较同意	21. 7%	21. 9%	21. 8%
比较不同意	40. 0%	39. 7%	39. 9%
完全不同意	32. 0%	32. 7%	32. 4%
总计	100. 0%	100. 0%	100. 0%
列总计	2988	3291	6279

Chi-square tests：df = 3，卡方值为 1. 675，sig = 0. 642 > 0. 050，所以不同性别的居民在对“三个土老乡，顶得上一个公章”这一说法的认同度上没有显著差异。

C3f by A1

您是否同意以下说法：法院是一个替老百姓讲理的地方 ＊ 性别 Crosstabulation

	男	女	总计
完全同意	36. 1%	36. 2%	36. 2%

续表

	男	女	总计
比较同意	39.8%	41.5%	40.7%
比较不同意	17.8%	17.1%	17.4%
完全不同意	6.3%	5.2%	5.7%
总计	100.0%	100.0%	100.0%
列总计	2985	3296	6281

Chi-square tests：df=3，卡方值为5.078，sig=0.166>0.050，所以不同性别的居民在对“法院是一个替老百姓讲理的地方”这一说法的认同度上没有显著差异。

C3g by A1

您是否同意以下说法：在这个社会，要想不吃亏，就一定要懂得利用潜规则 * 性别 Crosstabulation

	男	女	总计
完全同意	11.0%	9.0%	10.0%
比较同意	30.0%	29.2%	29.6%
比较不同意	39.0%	39.4%	39.2%
完全不同意	20.0%	22.4%	21.2%
总计	100.0%	100.0%	100.0%
列总计	2991	3293	6284

Chi-square tests：df=3，卡方值为10.803，sig=0.013<0.050，所以不同性别的居民在对“在这个社会，要想不吃亏，就一定要懂得利用潜规则”这一说法的认同度上具有显著差异。

C3h by A1

您是否同意以下说法：要远离那些不守规则的人，因为当他因不守规则出事的时候，可能会连累到你 * 性别 Crosstabulation

	男	女	总计
完全同意	29.2%	29.1%	29.1%
比较同意	40.9%	39.9%	40.4%
比较不同意	22.3%	23.5%	22.9%
完全不同意	7.6%	7.6%	7.6%
总计	100.0%	100.0%	100.0%
列总计	2994	3308	6302

Chi-square tests：df=3，卡方值为1.251，sig=0.741>0.050，所以不同性别的居民在对“要远离那些不守规则的人，因为当他因不守规则出事的时候，可能会连累到你”这一说法的认同度上没有显著差异。

C3i by A1

您是否同意以下说法：在这个处处讲背景的年代，规则是对普通老百姓最好的保护 ＊ 性别 Crosstabulation

	男	女	总计
完全同意	36.5%	36.2%	36.4%
比较同意	41.8%	42.4%	42.1%
比较不同意	15.8%	16.1%	16.0%
完全不同意	5.9%	5.2%	5.5%
总计	100.0%	100.0%	100.0%
列总计	2996	3315	6311

Chi-square tests：df = 3，卡方值为 1.567，sig = 0.667 > 0.050，所以不同性别的居民在对“在这个处处讲背景的年代，规则是对普通老百姓最好的保护”这一说法的认同度上没有显著差异。

C4 by A1

哪一种关系对社会秩序最具有根本性意义 ＊ 性别 Crosstabulation

	男	女	总计
家庭伦理或血缘关系	38.1%	42.3%	40.3%
个人与社会的关系	28.4%	28.1%	28.3%
职业伦理关系	2.5%	2.8%	2.7%
个人与国家民族的关系	24.5%	20.4%	22.3%
人与自然的关系	3.4%	3.3%	3.3%
个人与他自身的关系	3.1%	3.1%	3.1%
总计	100.0%	100.0%	100.0%
列总计	2961	3265	6226

Chi-square tests：df = 5，卡方值为 19.150，sig = 0.002 < 0.050，所以不同性别的居民在对“哪一种关系对社会秩序最具有根本性意义”这一问题的认知上具有显著差异。

C5a by A1

对于个人而言，您认为家庭、社会和国家哪个最重要的 ＊ 性别 Crosstabulation

	男	女	总计
国家	68.7%	61.5%	64.9%
社会	3.6%	3.0%	3.3%
家庭	27.7%	35.5%	31.8%
总计	100.0%	100.0%	100.0%

续表

	男	女	总计
列总计	2996	3319	6315

Chi-square tests：df=2，卡方值为44.416，sig=0.000<0.050，所以不同性别的居民在对“对于个人而言，您认为家庭、社会和国家最重要的”的选择上具有显著差异。

C5b by A1

对于个人而言，您认为家庭、社会和国家哪个第二重要 ＊ 性别 Crosstabulation

	男	女	总计
国家	19.3%	22.9%	21.2%
社会	54.1%	53.5%	53.8%
家庭	26.6%	23.6%	25.0%
总计	100.0%	100.0%	100.0%
列总计	2980	3301	6281

Chi-square tests：df=2，卡方值为14.819，sig=0.001<0.050，所以不同性别的居民在对“对于个人而言，您认为家庭、社会和国家第二重要的”的选择上具有显著差异。

C5c by A1

对于个人而言，您认为家庭、社会和国家哪个第三重要 ＊ 性别 Crosstabulation

	男	女	总计
国家	11.6%	15.2%	13.5%
社会	42.6%	43.7%	43.2%
家庭	45.8%	41.1%	43.3%
总计	100.0%	100.0%	100.0%
列总计	2956	3278	6234

Chi-square tests：df=2，卡方值为23.620，sig=0.000<0.050，所以不同性别的居民在对“对于个人而言，您认为家庭、社会和国家第三重要的”的选择上具有显著差异。

C6a by A1

在下列关系中，您认为最重要的是 ＊ 性别 Crosstabulation

	男	女	总计
父母与子女	62.0%	62.9%	62.5%
夫妇	17.0%	19.1%	18.1%
兄弟姐妹	1.0%	0.5%	0.7%

续表

	男	女	总计
同事或同学	0.8%	0.6%	0.7%
上级或下级	0.5%	0.3%	0.4%
师生		0.3%	0.2%
与自然的关系	0.6%	1.1%	0.8%
个人与社会	1.7%	1.4%	1.6%
个人与国家	13.9%	11.4%	12.6%
个人与工作单位	0.9%	0.7%	0.8%
朋友	0.2%	0.2%	0.2%
个人与自身的关系（身心和谐）	1.3%	1.4%	1.4%
总计	100.0%	100.0%	100.0%
列总计	2999	3314	6313

Chi-square tests：df = 11，卡方值为 31.558，sig = 0.001 < 0.050，所以不同性别的居民在对“最重要的关系”的选择上具有显著差异。

C6b by A1

在下列关系中，您认为第二重要的是 * 性别 Crosstabulation

	男	女	总计
父母与子女	24.1%	23.7%	23.9%
夫妇	50.6%	51.0%	50.8%
兄弟姐妹	8.0%	9.0%	8.5%
同事或同学	1.1%	1.2%	1.2%
上级或下级	1.6%	1.0%	1.3%
师生	0.4%	0.4%	0.4%
与自然的关系	1.3%	1.2%	1.3%
个人与社会	6.2%	6.4%	6.3%
个人与国家	3.9%	3.3%	3.6%
个人与工作单位	1.1%	1.0%	1.0%
通过网络建立的关系		0.1%	0.1%
朋友	0.9%	1.0%	1.0%
个人与自身的关系（身心和谐）	0.6%	0.8%	0.7%
总计	100.0%	100.0%	100.0%
列总计	2994	3306	6300

Chi-square tests：df = 12，卡方值为 9.909，sig = 0.624 > 0.050，所以不同性别的居民在对“第二重要的关系”的选择上没有显著差异。

C6c by A1

在下列关系中，您认为第三重要的是 ＊ 性别 Crosstabulation

	男	女	总计
父母与子女	6.4%	6.1%	6.2%
夫妇	11.5%	11.2%	11.3%
兄弟姐妹	54.7%	57.4%	56.1%
同事或同学	4.1%	3.9%	3.9%
上级或下级	2.2%	1.9%	2.1%
师生	1.1%	1.1%	1.1%
与自然的关系	2.7%	2.0%	2.3%
个人与社会	4.7%	4.2%	4.5%
个人与国家	5.1%	5.4%	5.3%
个人与工作单位	2.1%	1.7%	1.9%
通过网络建立的关系	0.1%	0.2%	0.1%
朋友	4.0%	3.5%	3.7%
个人与自身的关系（身心和谐）	1.3%	1.5%	1.4%
总计	100.0%	100.0%	100.0%
列总计	2985	3296	6281

Chi-square tests：df = 12，卡方值为 12.111，sig = 0.437 > 0.050，所以不同性别的居民在对“第三重要的关系”的选择上没有显著差异。

C6d by A1

在下列关系中，您认为第四重要的是 ＊ 性别 Crosstabulation

	男	女	总计
父母与子女	3.5%	3.7%	3.6%
夫妇	4.4%	4.6%	4.5%
兄弟姐妹	10.5%	8.8%	9.6%
同事或同学	19.1%	18.9%	19.0%
上级或下级	5.9%	5.6%	5.8%
师生	3.9%	4.0%	4.0%
与自然的关系	3.9%	4.7%	4.3%
个人与社会	9.8%	10.2%	10.0%
个人与国家	12.1%	10.1%	11.1%
个人与工作单位	5.8%	5.0%	5.3%

续表

	男	女	总计
通过网络建立的关系	0.3%	0.2%	0.3%
朋友	18.5%	21.5%	20.1%
个人与自身的关系（身心和谐）	2.3%	2.8%	2.6%
总计	100.0%	100.0%	100.0%
列总计	2963	3280	6243

Chi-square tests：df = 12，卡方值为 24.612，sig = 0.017 < 0.050，所以不同性别的居民在对“第四重要的关系”的选择上具有显著差异。

C6e by A1

在下列关系中，您认为第五重要的是 * 性别 Crosstabulation

	男	女	总计
父母与子女	1.4%	1.3%	1.3%
夫妇	3.3%	3.1%	3.2%
兄弟姐妹	5.8%	5.4%	5.6%
同事或同学	13.0%	12.3%	12.6%
上级或下级	8.8%	7.7%	8.2%
师生	4.2%	3.8%	4.0%
与自然的关系	6.0%	5.7%	5.8%
个人与社会	15.6%	15.2%	15.4%
个人与国家	12.3%	12.8%	12.5%
个人与工作单位	5.4%	5.8%	5.6%
通过网络建立的关系	0.6%	0.5%	0.6%
朋友	18.0%	18.3%	18.1%
个人与自身的关系（身心和谐）	5.8%	8.1%	7.0%
总计	100.0%	100.0%	100.0%
列总计	2951	3269	6220

Chi-square tests：df = 12，卡方值为 17.410，sig = 0.135 > 0.050，所以不同性别的居民在对“第五重要的关系”的选择上没有显著差异。

C7a by A1

您对自己所在企业（或所熟悉的本地企业）履行劳动安全保障责任的满意情况如何 * 性别 Crosstabulation

	男	女	总计
非常不满意	6.0%	4.9%	5.4%
不太满意	17.6%	18.5%	18.1%
比较满意	60.0%	59.7%	59.8%
非常满意	16.5%	16.8%	16.6%
总计	100.0%	100.0%	100.0%
列总计	2881	3127	6008

Chi-square tests：df = 3，卡方值为 4.159，sig = 0.245 > 0.050，所以不同性别的居民在对“自己所在企业（或所熟悉的本地企业）履行劳动安全保障责任”的满意度上没有显著差异。

C7b by A1

您对自己所在企业（或所熟悉的本地企业）履行薪酬正常发放责任的满意情况如何 * 性别 Crosstabulation

	男	女	总计
非常不满意	4.3%	3.8%	4.0%
不太满意	12.9%	13.1%	13.0%
比较满意	59.9%	59.6%	59.8%
非常满意	22.8%	23.4%	23.2%
总计	100.0%	100.0%	100.0%
列总计	2871	3115	5986

Chi-square tests：df = 3，卡方值为 1.075，sig = 0.783 > 0.050，所以不同性别的居民在对“自己所在企业（或所熟悉的本地企业）履行薪酬正常发放责任”的满意度上没有显著差异。

C7c by A1

您对自己所在企业（或所熟悉的本地企业）履行职工文化生活责任的满意情况如何 * 性别 Crosstabulation

	男	女	总计
非常不满意	6.6%	4.9%	5.7%
不太满意	29.1%	28.2%	28.6%
比较满意	52.2%	53.5%	52.9%
非常满意	12.1%	13.4%	12.8%

续表

	男	女	总计
总计	100.0%	100.0%	100.0%
列总计	2866	3103	5969

Chi-square tests：df = 3，卡方值为 9.901，sig = 0.019 < 0.050，所以不同性别的居民在对“自己所在企业（或所熟悉的本地企业）履行职工文化生活责任”的满意度上具有显著差异。

C7d by A1

您对自己所在企业（或所熟悉的本地企业）履行诚实守法经营责任的满意情况如何 * 性别 Crosstabulation

	男	女	总计
非常不满意	4.2%	3.0%	3.6%
不太满意	16.3%	14.6%	15.4%
比较满意	59.2%	62.7%	61.0%
非常满意	20.3%	19.8%	20.0%
总计	100.0%	100.0%	100.0%
列总计	2870	3111	5981

Chi-square tests：df = 3，卡方值为 12.561，sig = 0.006 < 0.050，所以不同性别的居民在对“自己所在企业（或所熟悉的本地企业）履行诚实守法经营责任”的满意度上具有显著差异。

C7e by A1

您对自己所在企业（或所熟悉的本地企业）履行环境保护责任的满意情况如何 * 性别 Crosstabulation

	男	女	总计
非常不满意	6.9%	5.9%	6.4%
不太满意	25.2%	23.9%	24.5%
比较满意	51.7%	54.8%	53.3%
非常满意	16.3%	15.4%	15.8%
总计	100.0%	100.0%	100.0%
列总计	2877	3115	5992

Chi-square tests：df = 3，卡方值为 6.647，sig = 0.084 > 0.050，所以不同性别的居民在对“自己所在企业（或所熟悉的本地企业）履行环境保护责任”的满意度上没有显著差异。

C7f by A1

您对自己所在企业（或所熟悉的本地企业）履行慈善公益事业责任的满意情况如何 ＊ 性别 Crosstabulation

	男	女	总计
非常不满意	7.0%	5.9%	6.4%
不太满意	27.7%	26.2%	26.9%
比较满意	50.8%	53.5%	52.2%
非常满意	14.6%	14.4%	14.5%
总计	100.0%	100.0%	100.0%
列总计	2851	3094	5945

Chi-square tests：df = 3，卡方值为 6.419，sig = 0.093 > 0.050，所以不同性别的居民在对“自己所在企业（或所熟悉的本地企业）履行慈善公益事业责任”的满意度上没有显著差异。

C8a by A1

您觉得您身边下列现象常见吗：占卜算命 ＊ 性别 Crosstabulation

	男	女	总计
经常见到	17.9%	17.9%	17.9%
偶尔见到	48.4%	45.4%	46.8%
没见过	33.6%	36.7%	35.2%
总计	100.0%	100.0%	100.0%
列总计	3000	3313	6313

Chi-square tests：df = 2，卡方值为 7.230，sig = 0.027 < 0.050，所以不同性别的居民在对“是否见过占卜算命的现象”的判断上具有显著差异。

C8b by A1

您觉得您身边下列现象常见吗：操办喜事时比富斗阔 ＊ 性别 Crosstabulation

	男	女	总计
经常见到	19.9%	16.0%	17.8%
偶尔见到	41.1%	42.4%	41.8%
没见过	39.0%	41.7%	40.4%
总计	100.0%	100.0%	100.0%
列总计	2996	3309	6305

Chi-square tests：df = 2，卡方值为 17.031，sig = 0.000 < 0.050，所以不同性别的居民在对“是否见过操办喜事时比富斗阔的现象”的判断上具有显著差异。

C8c by A1

您觉得您身边下列现象常见吗：在父母生前不尽孝，却对父母的丧事大操大办 ＊ 性别 Crosstabulation

	男	女	总结
经常见到	15.9%	12.8%	14.3%
偶尔见到	40.9%	40.1%	40.5%
没见过	43.2%	47.1%	45.2%
总结	100.0%	100.0%	100.0%
列总结	2997	3308	6305

Chi-square tests：df = 2，卡方值为 16.474，sig = 0.000 < 0.050，所以不同性别的居民在对“是否见过在父母生前不尽孝，却对父母的丧事大操大办的现象”的判断上具有显著差异。

C8d by A1

您觉得您身边下列现象常见吗：赌博或变相赌博 ＊ 性别 Crosstabulation

	男	女	总计
经常见到	24.0%	19.0%	21.3%
偶尔见到	39.0%	38.1%	38.5%
没见过	37.0%	43.0%	40.1%
总计	100.0%	100.0%	100.0%
列总计	3001	3311	6312

Chi-square tests：df = 2，卡方值为 32.675，sig = 0.000 < 0.050，所以不同性别的居民在对“是否见过赌博或变相赌博的现象”的判断上具有显著差异。

C8e by A1

您觉得您身边下列现象常见吗：封建迷信活动 ＊ 性别 Crosstabulation

	男	女	总计
经常见到	11.7%	9.0%	10.3%
偶尔见到	35.0%	35.2%	35.1%
没见过	53.3%	55.8%	54.6%
总计	100.0%	100.0%	100.0%
列总计	3000	3311	6311

Chi-square tests：df = 2，卡方值为 13.036，sig = 0.001 < 0.050，所以不同性别的居民在对“是否见过封建迷信活动的现象”的认知上具有显著差异。

C8f by A1

您觉得您身边下列现象常见吗：非法宗教活动 ＊ 性别 Crosstabulation

	男	女	总计
经常见到	3.2%	2.3%	2.7%
偶尔见到	12.2%	12.5%	12.3%
没见过	84.7%	85.2%	85.0%
总计	100.0%	100.0%	100.0%
列总计	3002	3307	6309

Chi-square tests：df = 2，卡方值为4.550，sig = 0.103 > 0.050，所以不同性别的居民在对“是否见过非法宗教活动的现象”的认知上没有显著差异。

C9 by A1

您在生活中经常买到假冒伪劣商品吗 ＊ 性别 Crosstabulation

	男	女	总计
经常	11.9%	8.8%	10.3%
偶尔	59.3%	58.5%	58.9%
没有	25.0%	28.2%	26.7%
不清楚	3.8%	4.4%	4.1%
总计	100.0%	100.0%	100.0%
列总计	3008	3324	6332

Chi-square tests：df = 3，卡方值为22.002，sig = 0.000 < 0.050，所以不同性别的居民在对“生活中买到假冒伪劣商品的频率”的判断上具有显著差异。

C10 by A1

您在购物、就医、理财时经常遇到虚假广告吗 ＊ 性别 Crosstabulation

	男	女	总计
经常	28.8%	21.1%	24.8%
偶尔	49.6%	50.5%	50.1%
没有	16.6%	22.3%	19.6%
不清楚	4.9%	6.1%	5.5%
总计	100.0%	100.0%	100.0%
列总计	3006	3319	6325

Chi-square tests：df = 3，卡方值为68.117，sig = 0.000 < 0.050，所以不同性别的居民在对“购物、就医、理财时遇到虚假广告的频率”的判断上具有显著差异。

C11 by A1

您生活的社区（或村）是否有社区公约、村规民约 * 性别 Crosstabulation

	男	女	总计
经常	67.3%	61.6%	64.3%
偶尔	13.2%	13.6%	13.4%
没有	19.4%	24.6%	22.1%
不清楚	0.1%		
总计	100.0%	100.0%	100.0%
列总计	3008	3323	6331

Chi-square tests：df = 4，卡方值为 29.829，sig = 0.000 < 0.050，所以不同性别的居民在对“生活的社区（或村）是否有社区公约、村规民约”的认知上具有显著差异。

C12a by A1

您觉得您周围的人在日常生活中遵守步行、骑车时不闯红灯的规则吗 * 性别 Crosstabulation

	男	女	总计
不遵守	10.4%	9.0%	9.6%
基本遵守	56.9%	57.7%	57.3%
自觉遵守	32.8%	33.3%	33.0%
总计	100.0%	100.0%	100.0%
列总计	2997	3305	6302

Chi-square tests：df = 2，卡方值为 3.487，sig = 0.175 > 0.050，所以不同性别的居民在对“周围的人在日常生活中是否遵守步行、骑车时不闯红灯的规则”的评价上没有显著差异。

C12b by A1

您觉得您周围的人在日常生活中遵守乘车、购物时自觉排队的规则吗 * 性别 Crosstabulation

	男	女	总计
不遵守	5.5%	4.8%	5.2%
基本遵守	53.3%	54.9%	54.1%
自觉遵守	41.2%	40.3%	40.7%
总计	100.0%	100.0%	100.0%
列总计	2995	3304	6299

Chi-square tests：df = 2，卡方值为 2.406，sig = 0.300 > 0.050，所以不同性别的居民在对“周围的人在日常生活中是否遵守乘车、购物时自觉排队的规则”的评价上没有显著差异。

C12c by A1

您觉得您周围的人在日常生活中遵守文明游览的规则吗 ＊ 性别 Crosstabulation

	男	女	总计
不遵守	5. 1%	4. 2%	4. 6%
基本遵守	56. 3%	59. 6%	58. 0%
自觉遵守	38. 6%	36. 3%	37. 4%
总计	100. 0%	100. 0%	100. 0%
列总计	2978	3291	6269

Chi-square tests：df = 2，卡方值为 7. 662，sig = 0. 022 < 0. 050，所以不同性别的居民在对“周围的人在日常生活中是否遵守文明游览的规则”的评价上具有显著差异。

C12d by A1

您觉得您周围的人在日常生活中遵守社会公约、村规民约吗 ＊ 性别 Crosstabulation

	男	女	总计
不遵守	5. 0%	4. 6%	4. 8%
基本遵守	52. 6%	54. 7%	53. 7%
自觉遵守	42. 4%	40. 7%	41. 5%
总计	100. 0%	100. 0%	100. 0%
列总计	2943	3240	6183

Chi-square tests：df = 2，卡方值为 2. 633，sig = 0. 268 > 0. 050，所以不同性别的居民在对“周围的人在日常生活中是否遵守社会公约、村规民约”的评价上没有显著差异。

D10a by A1

判断下列词语是否是社会主义核心价值观：文明 ＊ 性别 Crosstabulation

	男	女	总计
未选	14. 5%	16. 0%	15. 3%
已选	85. 5%	84. 0%	84. 7%
总计	100. 0%	100. 0%	100. 0%
列总计	2995	3289	6284

Chi-square tests：df = 1，卡方值为 2. 841，sig = 0. 092 > 0. 050，所以不同性别的居民在对“‘文明’是否是社会主义核心价值观的内容”的认知上没有显著差异。

D10b by A1

判断下列词语是否是社会主义核心价值观：诚信 ＊ 性别

	男	女	总计
未选	11.8%	13.3%	12.6%
已选	88.2%	86.7%	87.4%
总计	100.0%	100.0%	100.0%
列总计	2995	3290	6285

Chi-square tests：df = 1，卡方值为 3.175，sig = 0.075 > 0.050，所以不同性别的居民在对“‘诚信’是否是社会主义核心价值观的内容”的认知上没有显著差异。

D10c by A1

判断下列词语是否是社会主义核心价值观：勇敢 ＊ 性别 Crosstabulation

	男	女	总计
未选	80.7%	79.7%	80.1%
已选	19.3%	20.3%	19.9%
总计	100.0%	100.0%	100.0%
列总计	2995	3290	6285

Chi-square tests：df = 1，卡方值为 0.989，sig = 0.320 > 0.050，所以不同性别的居民在对“‘勇敢’是否是社会主义核心价值观的内容”的认知上没有显著差异。

D10d by A1

判断下列词语是否是社会主义核心价值观：爱国 ＊ 性别 Crosstabulation

	男	女	总计
未选	14.1%	17.2%	15.7%
已选	85.9%	82.8%	84.3%
总计	100.0%	100.0%	100.0%
列总计	2995	3289	6284

Chi-square tests：df = 1，卡方值为 11.252，sig = 0.001 < 0.050，所以不同性别的居民在对“‘爱国’是否是社会主义核心价值观的内容”的认知上具有显著差异。

D10e by A1

判断下列词语是否是社会主义核心价值观：创新 ＊ 性别 Crosstabulation

	男	女	总计
未选	72.7%	69.7%	71.1%

续表

	男	女	总计
已选	27.3%	30.3%	28.9%
总计	100.0%	100.0%	100.0%
列总计	2995	3290	6285

Chi-square tests：df = 1，卡方值为 6.970，sig = 0.008 < 0.050，所以不同性别的居民在对“‘创新’是否是社会主义核心价值观的内容”的认知上具有显著差异。

D10f by A1

判断下列词语是否是社会主义核心价值观：友善 ＊ 性别 Crosstabulation

	男	女	总计
未选	46.6%	46.4%	46.5%
已选	53.4%	53.6%	53.5%
总计	100.0%	100.0%	100.0%
列总计	2995	3289	6284

Chi-square tests：df = 1，卡方值为 0.014，sig = 0.905 > 0.050，所以不同性别的居民在对“‘友善’是否是社会主义核心价值观的内容”的认知上没有显著差异。

D10g by A1

判断下列词语是否是社会主义核心价值观：勤劳 ＊ 性别 Crosstabulation

	男	女	总计
未选	72.2%	71.6%	71.9%
已选	27.8%	28.4%	28.1%
总计	100.0%	100.0%	100.0%
列总计	2995	3289	6284

Chi-square tests：df = 1，卡方值为 0.238，sig = 0.625 > 0.050，所以不同性别的居民在对“‘勤劳’是否是社会主义核心价值观的内容”的认知上没有显著差异。

D2 by A1

您认为社会主义核心价值观和您的工作、生活有关系吗 ＊ 性别 Crosstabulation

	男	女	总计
对改变社会风气有好处，每个人都应该这样做人、做事	76.3%	75.8%	76.0%
与个人工作、生活没关系	7.3%	6.5%	6.9%
说不清	16.4%	17.7%	17.1%

续表

	男	女	总计
总计	100.0%	100.0%	100.0%
列总计	2994	3301	6295

Chi-square tests：df = 2，卡方值为 3.564，sig = 0.168 > 0.050，所以不同性别的居民在对“您认为社会主义核心价值观和您的工作、生活有关系吗”这一问题的回答上没有显著差异。

D3 by A1

中华民族历来有孝敬、礼让、仁爱、节俭的传统，您认为现在还需要这些吗 ＊ 性别 Crosstabulation

	男	女	总计
这些传统什么时候都不能丢	95.9%	95.5%	95.7%
可有可无	2.9%	2.7%	2.8%
已经过时，没必要讲这些	1.2%	1.8%	1.5%
总计	100.0%	100.0%	100.0%
列总计	3006	3323	6329

Chi-square tests：df = 2，卡方值为 4.487，sig = 0.106 > 0.050，所以不同性别的居民在对“中华民族历来有孝敬、礼让、仁爱、节俭的传统，您认为现在还需要这些吗”这一问题的回答上没有显著差异。

D4 by A1

您认为在青少年中开展革命传统教育是否有现实意义 ＊ 性别 Crosstabulation

	男	女	总计
很有必要，应该大力开展	89.6%	88.2%	88.8%
已经过时了，没必要开展	1.9%	1.9%	1.9%
可有可无，意义不大	4.5%	4.9%	4.7%
说不清楚	4.0%	5.0%	4.5%
总计	100.0%	100.0%	100.0%
列总计	3010	3320	6330

Chi-square tests：df = 3，卡方值为 4.395，sig = 0.222 > 0.050，所以不同性别的居民在对“在青少年中开展革命传统教育是否有意义”的评价上没有显著差异。

D5 by A1

您认为当前中国社会个人道德素质的主要问题 ＊ 性别 Crosstabulation

	男	女	总计
道德上无知	15.3%	14.0%	14.6%

续表

	男	女	总计
有道德知识，但不见诸行动	76.1%	76.9%	76.5%
既无知，也不行动	7.2%	7.0%	7.1%
其他	1.4%	2.2%	1.8%
总计	100.0%	100.0%	100.0%
列总计	3001	3298	6299

Chi-square tests：df = 3，卡方值为 7.564，sig = 0.056 > 0.050，所以不同性别的居民在对“当前中国社会个人道德素质的主要问题”的认知上没有显著差异。

D6 by A1

您认为对社会生活而言，个体德性（即个人的道德品质）和社会公正哪个更重要 ＊ 性别 Crosstabulation

	男	女	总计
个体德性最重要	16.5%	18.3%	17.4%
社会公正最重要	35.3%	29.9%	32.4%
二者应当统一，但二者矛盾时应先追求个体德性	18.2%	19.7%	19.0%
二者应当统一，但二者矛盾时应先追求社会公正	30.0%	32.2%	31.1%
总计	100.0%	100.0%	100.0%
列总计	3000	3309	6309

Chi-square tests：df = 3，卡方值为 21.445，sig = 0.000 < 0.050，所以不同性别的居民在对“您认为对社会生活而言，个体德性（即个人的道德品质）和社会公正哪个更重要”这一问题的选择上具有显著差异。

D7 by A1

您根据什么来判断某种行为是否符合伦理道德 ＊ 性别 Crosstabulation

	男	女	总计
传统	17.6%	16.5%	17.1%
风俗习惯	9.3%	9.7%	9.5%
大多数人认同的道德规范	24.7%	23.8%	24.2%
当事人的共同利益和意志	3.5%	3.9%	3.7%
自己的良心	30.9%	31.5%	31.3%
自己的利益	0.6%	0.7%	0.7%
意识形态要求	2.7%	2.0%	2.4%
己立立人，立达达人；己所不欲，勿施于人	10.6%	11.8%	11.2%

续表

	男	女	总计
总计	100.0%	100.0%	100.0%
列总计	3005	3318	6323

Chi-square tests：df=7，卡方值为8.545，sig=0.287>0.050，所以不同性别的居民在对“根据什么来判断某种行为是否符合伦理道德”的选择上没有显著差异。

D8 by A1

老王的朋友是老张的生意竞争对手，想知道老张平时都跟哪些人接触，花钱让老王监视老张并向其报告。如果您是老王，您会怎么做 * 性别 Crosstabulation

	男	女	总计
毫不犹豫地答应，个人利益高于一切，只要不让朋友知道，无可厚非	3.0%	2.5%	2.7%
可能答应，谈不上道德不道德	5.1%	4.4%	4.7%
可能答应，虽然对朋友不道德，但是有利可图，对自身是道德的	4.5%	3.6%	4.0%
不会答应，因为这不道德，见利忘义的行为无论如何都不可取	87.5%	89.5%	88.5%
总计	100.0%	100.0%	100.0%
列总计	3007	3313	6320

Chi-square tests：df=3，卡方值为6.149，sig=0.105>0.050，所以不同性别的居民在对“老王的朋友是老张的生意竞争对手，想知道老张平时都跟哪些人接触，花钱让老王监视老张并向其报告。如果您是老王，您会怎么做”这一问题的回答上没有显著差异。

D9 by A1

遇到人生重大挫折时，您通常的反应是 * 性别 Crosstabulation

	男	女	总计
去寺庙，求菩萨保佑	1.3%	2.4%	1.9%
找朋友倾诉，求得疏解	16.7%	20.0%	18.4%
向家人倾诉，寻求安慰	30.7%	40.6%	35.9%
坚持自己的追求	12.1%	9.1%	10.5%
自己独立承受和化解	38.3%	26.8%	32.2%
其他	1.1%	1.1%	1.1%
总计	100.0%	100.0%	100.0%
列总计	3003	3314	6317

Chi-square tests：df=5，卡方值为141.450，sig=0.000<0.050，所以不同性别的居民在对“遇到人生重大挫折时，您通常的反应”的选择上具有显著差异。

D10 by A1

当遇到人与人之间的利益冲突时，您首选的办法是 ＊ 性别 Crosstabulation

	男	女	总计
诉诸法律，打官司	9.2%	8.5%	8.8%
主动与对方沟通，适可而止	54.0%	54.4%	54.2%
找第三方帮助沟通调解，尽量不伤和气	27.5%	25.3%	26.4%
能忍则忍	9.3%	11.8%	10.6%
总计	100.0%	100.0%	100.0%
列总计	3002	3312	6314

Chi-square tests：df = 3，卡方值为 13.458，sig = 0.004 < 0.050，所以不同性别的居民在对“当遇到人与人之间的利益冲突时，您首选的办法”的选择上具有显著差异。

D11 by A1

当有陌生人走进您的单位或社区，或在车厢中与陌生人在一起时，您通常的态度是 ＊ 性别 Crosstabulation

	男	女	总计
对他/她微笑	24.5%	26.6%	25.6%
主动打招呼	16.9%	13.4%	15.1%
没有任何反应	19.3%	20.5%	19.9%
保持警惕，防止上当	38.6%	38.8%	38.7%
其他	0.7%	0.7%	0.7%
总计	100.0%	100.0%	100.0%
列总计	3002	3312	6314

Chi-square tests：df = 4，卡方值为 16.084，sig = 0.003 < 0.050，所以不同性别的居民在对“当有陌生人走进您的单位或社区，或在车厢中与陌生人在一起时，您的态度”的选择上具有显著差异。

D12 by A1

假设您双手抱着东西走进电梯，您觉得电梯里的陌生人可能会怎样 ＊ 性别 Crosstabulation

	男	女	总计
主动问您去几楼并帮您按楼层	38.9%	40.1%	39.5%
当作没看见	16.6%	17.9%	17.3%
会在您的请求下给予帮助	44.5%	42.0%	43.2%
总计	100.0%	100.0%	100.0%

续表

	男	女	总计
列总计	2990	3312	6302

Chi-square tests：df = 2，卡方值为 4. 234，sig = 0. 120 > 0. 050，所以不同性别的居民在对“假设您双手抱着东西走进电梯，您觉得电梯里的陌生人可能会怎样”这一问题的回答上没有显著差异。

D13 by A1

假设您走在街上被陌生人不小心踩到了并发出“哎哟”一声，您认为对方会做何种反应 * 性别 Crosstabulation

	男	女	总计
用言语或手势表达歉意	89. 3%	89. 1%	89. 2%
不会做任何表示	9. 1%	9. 0%	9. 1%
反而说您大惊小怪	1. 5%	1. 8%	1. 7%
总计	100. 0%	100. 0%	100. 0%
列总计	3006	3315	6321

Chi-square tests：df = 2，卡方值为 0. 919，sig = 0. 632 > 0. 050，所以不同性别的居民在对“假设您走在街上被陌生人不小心踩到了并发出‘哎哟’一声，您认为对方会做何种反应”这一问题的回答上没有显著差异。

D14 by A1

与人相处时，您如何选择自己的行为 * 性别 Crosstabulation

	男	女	总计
按照自己的准则办事，不必顾忌太多	20. 3%	17. 6%	18. 9%
以己度人，己立立人	24. 3%	26. 0%	25. 2%
以自己利益最大化为最高目标	3. 3%	3. 3%	3. 3%
以对双方有好处为标准	24. 6%	23. 9%	24. 2%
权衡利弊，理性选择	26. 9%	28. 7%	27. 8%
其他	0. 7%	0. 5%	0. 6%
总计	100. 0%	100. 0%	100. 0%
列总计	2997	3305	6302

Chi-square tests：df = 5，卡方值为 11. 210，sig = 0. 047 < 0. 050，所以不同性别的居民在对“与人相处时，如何选择自己行为”的选择上具有显著差异。

D15 by A1

您认为目前我国社会对人际关系伦理方面的调节能力和个人行为道德方面的调节能力 ＊ 性别 Crosstabulation

	男	女	总计
良好	37.9%	38.6%	38.3%
一般	55.3%	55.0%	55.2%
很差	4.1%	3.5%	3.8%
几乎没有，一切都听从法律和利益	2.7%	2.9%	2.8%
总计	100.0%	100.0%	100.0%
列总计	3004	3319	6323

Chi-square tests：df = 3，卡方值为 1.960，sig = 0.581 > 0.050，所以不同性别的居民在对“对目前我国社会人际关系伦理方面的调节能力和个人行为道德方面的调节能力”的评价上没有显著差异。

D16 by A1

现在社会上有些人不守道德反而讨了便宜，您会不会为了得到好处而仿效 ＊ 性别 Crosstabulation

	男	女	总计
从来不这么做	61.7%	61.5%	61.6%
通常不这么做，关键时刻会这么做	10.8%	9.2%	9.9%
经常这么做	0.9%	1.0%	0.9%
相信善有善报，恶有恶报，终将会善恶报应	19.3%	21.9%	20.7%
说不清	7.1%	6.2%	6.7%
其他	0.2%	0.2%	0.2%
总计	100.0%	100.0%	100.0%
列总计	3009	3320	6329

Chi-square tests：df = 5，卡方值为 11.498，sig = 0.042 < 0.050，所以不同性别的居民在对“现在社会上有些人不守道德反而讨了便宜，您会不会为了得到好处而仿效”的看法上具有显著差异。

D17 by A1

您常常体验到自己身上有一种“伦理感”的存在，如感到自己不属于自己，而属于他人、某个集体、国家、民族，行为选择要服从于“它”，有一种要为“它”奉献的冲动吗 ＊ 性别 Crosstabulation

	男	女	总计
没有，我只感受到我自己个人实实在在的生活	31.1%	33.8%	32.5%

续表

	男	女	总计
偶尔有，但主要是因为那种情况下我的利益与“它”一致	18.6%	16.2%	17.4%
偶尔有，是在受某种作品或生活情境的影响之后	17.5%	19.9%	18.7%
时常有，“它”是一种内在的信念	32.3%	29.5%	30.8%
其他	0.5%	0.6%	0.6%
总计	100.0%	100.0%	100.0%
列总计	2995	3296	6291

Chi-square tests：df = 4，卡方值为 17.428，sig = 0.002 < 0.050，所以不同性别的居民在对“您常常体验到自己身上有一种‘伦理感’的存在，如感到自己不属于自己，而属于他人、属于某个集体、国家、民族，行为选择要服从于‘它’，有一种要为‘它’奉献的冲动吗”这一问题的认知上具有显著差异。

D18a by A1

对政府官员道德状况的满意度 ＊ 性别 Crosstabulation

	男	女	总计
非常不满意	8.2%	6.4%	7.3%
不太满意	17.5%	19.0%	18.3%
比较满意	41.5%	41.5%	41.5%
非常满意	32.8%	33.1%	32.9%
总计	100.0%	100.0%	100.0%
列总计	3000	3311	6311

Chi-square tests：df = 3，卡方值为 9.659，sig = 0.022 < 0.050，所以不同性别的居民在对“政府官员道德状况”的满意度上具有显著差异。

D18b by A1

对一般公务员道德状况的满意度 ＊ 性别 Crosstabulation

	男	女	总计
非常不满意	4.3%	2.9%	3.5%
不太满意	17.9%	19.4%	18.7%
比较满意	44.0%	42.5%	43.2%
非常满意	33.8%	35.3%	34.6%
总计	100.0%	100.0%	100.0%
列总计	2991	3299	6290

Chi-square tests：df = 3，卡方值为 12.329，sig = 0.006 < 0.050，所以不同性别的居民在对“一般公务员道德状况”的满意度上具有显著差异。

D18c by A1

对企业家道德状况的满意度 ＊ 性别 Crosstabulation

	男	女	总计
非常不满意	4.6%	3.8%	4.2%
不太满意	19.7%	19.2%	19.4%
比较满意	46.7%	46.7%	46.7%
非常满意	29.0%	30.3%	29.7%
总计	100.0%	100.0%	100.0%
列总计	2969	3282	6251

Chi-square tests：df = 3，卡方值为 3.572，sig = 0.311 > 0.050，所以不同性别的居民在对“企业家道德状况”的满意度上没有显著差异。

D18d by A1

对教师道德状况的满意度 ＊ 性别 Crosstabulation

	男	女	总计
非常不满意	3.8%	3.5%	3.7%
不太满意	12.3%	12.5%	12.4%
比较满意	29.5%	28.4%	28.9%
非常满意	54.4%	55.6%	55.0%
总计	100.0%	100.0%	100.0%
列总计	2991	3316	6307

Chi-square tests：df = 3，卡方值为 1.584，sig = 0.663 > 0.050，所以不同性别的居民在对“教师道德状况”的满意度上没有显著差异。

D18e by A1

对青少年道德状况的满意度 ＊ 性别 Crosstabulation

	男	女	总计
非常不满意	2.4%	2.2%	2.3%
不太满意	16.1%	15.0%	15.5%
比较满意	38.9%	38.5%	38.7%
非常满意	42.7%	44.3%	43.5%
总计	100.0%	100.0%	100.0%
列总计	3001	3311	6312

Chi-square tests：df = 3，卡方值为 2.481，sig = 0.479 > 0.050，所以不同性别的居民在对“青少年道德状况”的满意度上没有显著差异。

D18f by A1

对演艺娱乐界道德状况的满意度 ＊ 性别 Crosstabulation

	男	女	总计
非常不满意	11.3%	9.1%	10.1%
不太满意	21.5%	23.7%	22.7%
比较满意	44.6%	43.7%	44.1%
非常满意	22.6%	23.5%	23.1%
总计	100.0%	100.0%	100.0%
列总计	2974	3276	6250

Chi-square tests：df = 3，卡方值为 12.318，sig = 0.006 < 0.050，所以不同性别的居民在对“演艺娱乐界道德状况”的满意度上具有显著差异。

D18g by A1

对自由职业者道德状况的满意度 ＊ 性别 Crosstabulation

	男	女	总计
非常不满意	3.5%	3.3%	3.4%
不太满意	19.2%	18.7%	18.9%
比较满意	43.5%	44.3%	43.9%
非常满意	33.8%	33.7%	33.7%
总计	100.0%	100.0%	100.0%
列总计	2976	3286	6262

Chi-square tests：df = 3，卡方值为 0.678，sig = 0.878 > 0.050，所以不同性别的居民在对“自由职业者道德状况”的满意度上没有显著差异。

D18h by A1

对农民道德状况的满意度 ＊ 性别 Crosstabulation

	男	女	总计
非常不满意	2.3%	1.9%	2.1%
不太满意	9.5%	11.3%	10.4%
比较满意	26.5%	26.0%	26.2%
非常满意	61.8%	60.7%	61.2%
总计	100.0%	100.0%	100.0%
列总计	2992	3306	6298

Chi-square tests：df = 3，卡方值为 6.758，sig = 0.080 > 0.050，所以不同性别的居民在对“农民道德状况”的满意度上没有显著差异。

D18i by A1

对商人道德状况的满意度 * 性别 Crosstabulation

	男	女	总计
非常不满意	6.2%	5.0%	5.5%
不太满意	19.6%	20.3%	19.9%
比较满意	45.3%	45.2%	45.2%
非常满意	29.0%	29.6%	29.3%
总计	100.0%	100.0%	100.0%
列总计	2996	3303	6299

Chi-square tests：df = 3，卡方值为 4.753，sig = 0.191 > 0.050，所以不同性别的居民在对“商人道德状况”的满意度上没有显著差异。

D18j by A1

对工人道德状况的满意度 * 性别 Crosstabulation

	男	女	总计
非常不满意	1.9%	1.5%	1.7%
不太满意	9.9%	12.0%	11.0%
比较满意	30.3%	30.4%	30.4%
非常满意	57.9%	56.2%	57.0%
总计	100.0%	100.0%	100.0%
列总计	2994	3299	6293

Chi-square tests：df = 3，卡方值为 8.919，sig = 0.030 < 0.050，所以不同性别的居民在对“工人道德状况”的满意度上具有显著差异。

D18k by A1

对专家学者道德状况的满意度 * 性别 Crosstabulation

	男	女	总计
非常不满意	4.1%	2.4%	3.2%
不太满意	11.9%	12.8%	12.3%
比较满意	32.7%	32.0%	32.3%
非常满意	51.3%	52.8%	52.1%
总计	100.0%	100.0%	100.0%
列总计	2986	3298	6284

Chi-square tests：df = 3，卡方值为 15.860，sig = 0.001 < 0.050，所以不同性别的居民在对“专家学者道德状况”的满意度上具有显著差异。

D18l by A1

对医生道德状况的满意度 * 性别 Crosstabulation

	男	女	总计
非常不满意	5.3%	4.1%	4.7%
不太满意	13.8%	13.2%	13.5%
比较满意	34.2%	33.3%	33.7%
非常满意	46.7%	49.4%	48.1%
总计	100.0%	100.0%	100.0%
列总计	2995	3304	6299

Chi-square tests：df = 3，卡方值为 8.087，sig = 0.044 < 0.050，所以不同性别的居民在对“医生道德状况”的满意度上具有显著差异。

D18m by A1

对弱势群体道德状况的满意度 * 性别 Crosstabulation

	男	女	总计
非常不满意	3.0%	2.4%	2.7%
不太满意	10.8%	12.8%	11.9%
比较满意	39.6%	39.8%	39.7%
非常满意	46.6%	45.0%	45.8%
总计	100.0%	100.0%	100.0%
列总计	2536	2797	5333

Chi-square tests：df = 3，卡方值为 7.170，sig = 0.067 > 0.050，所以不同性别的居民在对“弱势群体道德状况”的满意度上没有显著差异。

D19 by A1

您认为大家在一起合作共事，最重要的条件是 * 性别 Crosstabulation

	男	女	总计
心情要愉快，否则就不在一起或另找单位	25.4%	30.9%	28.3%
自由宽松的氛围	7.0%	7.3%	7.2%
不违背做人的基本准则	34.2%	31.7%	32.9%
尽量约束自己，考虑别人的感受	12.5%	11.7%	12.1%
以共同体的利益为最高准则	20.1%	17.8%	18.9%
其他	0.7%	0.7%	0.7%

续表

	男	女	总计
总计	100.0%	100.0%	100.0%
列总计	2989	3304	6293

Chi-square tests：df = 3，卡方值为 25.966，sig = 0.000 < 0.050，所以不同性别的居民在对“大家合作共事时，最重要的条件”的选择上具有显著差异。

D20 by A1

您常常体验到自己身上“道德感”的存在和满足吗？如社会行为不是出于本能欲望的冲动，而是考虑是否符合道德规则 * 性别 Crosstabulation

	男	女	总计
没有，只是凭自己的意志和利益办事	14.7%	14.0%	14.3%
在有监督的环境中有，其他环境中没有	9.2%	8.9%	9.0%
能考虑行为符合公认的道德准则，但是出于对社会评价的考虑	35.7%	33.6%	34.6%
经常有，因为行为应当符合社会规则	40.1%	43.0%	41.7%
其他	0.3%	0.4%	0.3%
总计	100.0%	100.0%	100.0%
列总计	2999	3301	6300

Chi-square tests：df = 4，卡方值为 6.905，sig = 0.141 > 0.050，所以不同性别的居民在对“您常常体验到自己身上‘道德感’的存在和满足吗？如社会行为不是出于本能欲望的冲动，而是考虑是否符合道德规则”这一问题的认知上没有显著差异。

D21 by A1

您觉得大多数人都是可以相信的吗？如果 1 分代表“大多数人都可以相信”，5 分代表“对其他人都应该小心防备”，您会选几分 * 性别 Crosstabulation

	男	女	总计
1 分	29.7%	28.6%	29.2%
2 分	22.6%	22.2%	22.4%
3 分	30.1%	30.1%	30.1%
4 分	10.3%	11.3%	10.8%
5 分	7.2%	7.7%	7.5%
总计	100.0%	100.0%	100.0%
列总计	3008	3321	6329

Chi-square tests：df = 4，卡方值为 2.771，sig = 0.597 > 0.050，所以不同性别的居民在对“您觉得大多数人都是可以相信的吗？如果 1 分代表‘大多数人都可以相信’，5 分代表‘对其他人都应该小心防备’，您会选几分”这一问题的回答上没有显著差异。

D22 by A1

如果在路边看到一个老人摔倒，您的反应是 * 性别 Crosstabulation

	男	女	总计
立即将其扶起	43.1%	46.3%	44.8%
等有证人时再扶	23.6%	21.9%	22.7%
先拍照，再扶起	12.5%	11.3%	11.9%
不扶，避免惹是生非	6.2%	6.3%	6.3%
报警	13.3%	12.8%	13.0%
其他	1.3%	1.5%	1.4%
总计	100.0%	100.0%	100.0%
列总计	3007	3313	6320

Chi-square tests：df = 5，卡方值为 8.635，sig = 0.125 > 0.050，所以不同性别的居民在对“如果在路边看到一个老人摔倒，您有何种反应”的选择上没有显著差异。

D23a by A1

您认为导致当前医患关系紧张的首要原因是 * 性别 Crosstabulation

	男	女	总计
医生缺乏职业道德，对病人不负责任	32.7%	31.1%	31.9%
医疗制度不合理，看病难、看病贵	43.6%	45.3%	44.5%
医生腐败，不送红包不认真看病	12.5%	13.0%	12.7%
“医闹”严重，病人蓄意闹事	9.7%	9.5%	9.6%
其他	1.6%	1.1%	1.3%
总计	100.0%	100.0%	100.0%
列总计	2952	3240	6192

Chi-square tests：df = 4，卡方值为 5.205，sig = 0.267 > 0.050，所以不同性别的居民在对“导致当前医患关系紧张的首要原因”的认知上没有显著差异。

D23b by A1

您认为导致当前医患关系紧张的次要原因是 * 性别 Crosstabulation

	男	女	总计
医生缺乏职业道德，对病人不负责任	32.2%	32.7%	32.5%
医疗制度不合理，看病难、看病贵	28.7%	27.7%	28.2%
医生腐败，不送红包不认真看病	22.5%	19.5%	20.9%

续表

	男	女	总计
“医闹”严重，病人蓄意闹事	15.2%	18.6%	17.0%
其他	1.3%	1.5%	1.4%
总计	100.0%	100.0%	100.0%
列总计	2814	3106	5920

Chi-square tests：df = 4，卡方值为 17.831，sig = 0.001 < 0.050，所以不同性别的居民在对“导致当前医患关系紧张的次要原因”的认知上具有显著差异。

D24a by A1

对您的家人的信任度 ＊ 性别 Crosstabulation

	男	女	总计
完全信任	88.8%	87.8%	88.3%
比较信任	10.9%	11.4%	11.2%
不太信任	0.2%	0.7%	0.5%
根本不信任		0.1%	0.1%
总计	100.0%	100.0%	100.0%
列总计	2952	3258	6210

Chi-square tests：df = 3，卡方值为 9.579，sig = 0.023 < 0.050，所以不同性别的居民在对“家人”的信任度上具有显著差异。

D24b by A1

对您的邻居的信任度 ＊ 性别 Crosstabulation

	男	女	总计
完全信任	31.2%	30.9%	31.0%
比较信任	62.2%	61.1%	61.6%
不太信任	5.9%	7.4%	6.7%
根本不信任	0.6%	0.7%	0.6%
总计	100.0%	100.0%	100.0%
列总计	3001	3317	6318

Chi-square tests：df = 3，卡方值为 5.411，sig = 0.144 > 0.050，所以不同性别的居民在对“邻居”的信任度上没有显著差异。

D24c by A1

对商人的信任度 ＊ 性别 Crosstabulation

	男	女	总计
完全信任	6.9%	6.4%	6.6%
比较信任	33.6%	34.0%	33.8%
不太信任	51.5%	53.6%	52.6%
根本不信任	8.0%	6.0%	7.0%
总计	100.0%	100.0%	100.0%
列总计	2991	3315	6306

Chi-square tests：df = 3，卡方值为 10.931，sig = 0.012 < 0.050，所以不同性别的居民在对“商人”的信任度上具有显著差异。

D24d by A1

对单位领导/社区（村）干部的信任度 ＊ 性别 Crosstabulation

	男	女	总计
完全信任	24.8%	24.9%	24.9%
比较信任	55.2%	56.8%	56.0%
不太信任	16.1%	15.6%	15.8%
根本不信任	3.9%	2.7%	3.3%
总计	100.0%	100.0%	100.0%
列总计	2996	3316	6312

Chi-square tests：df = 3，卡方值为 7.304，sig = 0.063 > 0.050，所以不同性别的居民在对“单位领导/社区（村）干部”的信任度上没有显著差异。

D24e by A1

对公务员的信任度 ＊ 性别 Crosstabulation

	男	女	总计
完全信任	16.3%	16.6%	16.5%
比较信任	58.4%	58.0%	58.2%
不太信任	22.2%	23.5%	22.9%
根本不信任	3.1%	2.0%	2.5%
总计	100.0%	100.0%	100.0%
列总计	2987	3309	6296

Chi-square tests：df = 3，卡方值为 8.578，sig = 0.035 < 0.050，所以不同性别的居民在对“公务员”的信任度上具有显著差异。

D24f by A1

对教师的信任度＊ 性别 Crosstabulation

	男	女	总计
完全信任	31.9%	32.3%	32.1%
比较信任	55.5%	56.1%	55.8%
不太信任	11.1%	10.3%	10.7%
根本不信任	1.5%	1.3%	1.4%
总计	100.0%	100.0%	100.0%
列总计	2996	3314	6310

Chi-square tests：df = 3，卡方值为 1.582，sig = 0.664 > 0.050，所以不同性别的居民在对“教师”的信任度上没有显著差异。

D24g by A1

对警察的信任度 ＊ 性别 Crosstabulation

	男	女	总计
完全信任	38.9%	39.9%	39.4%
比较信任	49.6%	50.8%	50.2%
不太信任	9.0%	8.3%	8.6%
根本不信任	2.6%	1.0%	1.7%
总计	100.0%	100.0%	100.0%
列总计	3002	3317	6319

Chi-square tests：df = 3，卡方值为 24.020，sig = 0.000 < 0.050，所以不同性别的居民在对“警察”的信任度上具有显著差异。

D24h by A1

对医生的信任度 ＊ 性别 Crosstabulation

	男	女	总计
完全信任	26.6%	28.2%	27.4%
比较信任	54.4%	54.0%	54.1%
不太信任	16.2%	16.0%	16.1%
根本不信任	2.8%	1.8%	2.3%
总计	100.0%	100.0%	100.0%
列总计	2997	3316	6313

Chi-square tests：df = 3，卡方值为 8.188，sig = 0.042 < 0.050，所以不同性别的居民在对“医生”的信任度上具有显著差异。

D24i by A1

对法官的信任度 ＊ 性别 Crosstabulation

	男	女	总计
完全信任	32.3%	33.5%	32.9%
比较信任	52.3%	51.8%	52.0%
不太信任	12.7%	12.7%	12.7%
根本不信任	2.7%	2.0%	2.3%
总计	100.0%	100.0%	100.0%
列总计	2991	3309	6300

Chi-square tests：df = 3，卡方值为 4.511，sig = 0.211 > 0.050，所以不同性别的居民在对“法官”的信任度上没有显著差异。

D24j by A1

对陌生人的信任度 ＊ 性别 Crosstabulation

	男	女	总计
完全信任	1.8%	2.1%	2.0%
比较信任	10.7%	10.1%	10.4%
不太信任	48.5%	45.3%	46.8%
根本不信任	39.0%	42.5%	40.8%
总计	100.0%	100.0%	100.0%
列总计	2996	3323	6319

Chi-square tests：df = 3，卡方值为 10.277，sig = 0.016 < 0.050，所以不同性别的居民在对“陌生人”的信任度上具有显著差异。

D24k by A1

对外国人的信任度 ＊ 性别 Crosstabulation

	男	女	总计
完全信任	2.1%	2.2%	2.1%
比较信任	13.6%	14.4%	14.0%
不太信任	45.4%	45.4%	45.4%
根本不信任	39.0%	38.0%	38.4%
总计	100.0%	100.0%	100.0%
列总计	2971	3292	6263

Chi-square tests：df = 3，卡方值为 1.323，sig = 0.724 > 0.050，所以不同性别的居民在对“外国人”的信任度上没有显著差异。

D24l by A1

对同事或同学的信任度 ＊ 性别 Crosstabulation

	男	女	总计
完全信任	17.2%	16.8%	17.0%
比较信任	71.2%	69.7%	70.4%
不太信任	9.6%	11.4%	10.5%
根本不信任	2.1%	2.1%	2.1%
总计	100.0%	100.0%	100.0%
列总计	2985	3302	6287

Chi-square tests：df = 3，卡方值为 5.608，sig = 0.132 > 0.050，所以不同性别的居民在对“同事或同学”的信任度上没有显著差异。

D24m by A1

对本地政府的信任度 ＊ 性别 Crosstabulation

	男	女	总计
完全信任	30.3%	30.0%	30.2%
比较信任	52.8%	55.3%	54.1%
不太信任	13.4%	12.5%	12.9%
根本不信任	3.5%	2.2%	2.8%
总计	100.0%	100.0%	100.0%
列总计	2997	3318	6315

Chi-square tests：df = 3，卡方值为 12.559，sig = 0.006 < 0.050，所以不同性别的居民在对“本地政府”的信任度上具有显著差异。

D24n by A1

对中央政府的信任度 ＊ 性别 Crosstabulation

	男	女	总计
完全信任	57.1%	50.0%	53.4%
比较信任	36.3%	41.6%	39.0%
不太信任	5.3%	6.8%	6.1%
根本不信任	1.3%	1.7%	1.5%
总计	100.0%	100.0%	100.0%
列总计	3001	3321	6322

Chi-square tests：df = 3，卡方值为 33.308，sig = 0.000 < 0.050，所以不同性别的居民在对“中央政府”的信任度上具有显著差异。

D25 by A1

您认为弱势群体产生的最主要原因是 ＊ 性别 Crosstabulation

	男	女	总计
制度不合理，社会关怀不够	27.0%	26.0%	26.5%
收入分配不公	24.4%	25.5%	25.0%
机会不平等	10.5%	10.0%	10.2%
弱势群体自己不努力	16.1%	14.8%	15.4%
缺乏生存技能	20.7%	22.4%	21.6%
其他	1.3%	1.3%	1.3%
总计	100.0%	100.0%	100.0%
列总计	2995	3314	6309

Chi-square tests：df = 5，卡方值为 5.319，sig = 0.378 > 0.050，所以不同性别的居民在对“弱势群体产生的最主要原因”的选择上没有显著差异。

D26 by A1

您认为对当前我国伦理关系和道德风尚造成最大负面影响的因素是 ＊ 性别 Crosstabulation

	男	女	总计
传统文化的崩坏	23.3%	23.9%	23.7%
外来文化的冲击	10.1%	8.7%	9.4%
市场经济导致的个人主义	22.9%	23.1%	23.0%
网络技术的发展	6.4%	6.8%	6.6%
分配不公，两极分化	17.4%	20.0%	18.8%
以权谋私，官员腐败	19.9%	17.3%	18.5%
总计	100.0%	100.0%	100.0%
列总计	2990	3292	6282

Chi-square tests：df = 5，卡方值为 15.480，sig = 0.008 < 0.050，所以不同性别的居民在对“对当前我国伦理关系和道德风尚造成最大负面影响的因素”的选择上具有显著差异。

E1 by A1

您对于我们正在走的中国特色社会主义道路怎么看 ＊ 性别 Crosstabulation

	男	女	总计
充满信心，因为它可以给中国带来繁荣富强	72.8%	67.1%	69.8%

续表

	男	女	总计
不太了解，但相信这条路能够让老百姓过上好日子	18.9%	25.7%	22.5%
表示怀疑，走这条路究竟怎么样，现在还说不清楚	6.4%	5.2%	5.8%
走什么样的路，跟我没关系	1.8%	2.1%	1.9%
总计	100.0%	100.0%	100.0%
列总计	3004	3317	6321

Chi-square tests：df = 3，卡方值为 43.410，sig = 0.000 < 0.050，所以不同性别的居民在对“对于我们正在走的中国特色社会主义道路”的看法上具有显著差异。

E2a by A1

结合自己的情况进行选择：我会经常关心比我不幸的人 * 性别 Crosstabulation

	男	女	总计
完全不符合	4.2%	4.2%	4.2%
不太符合	18.2%	18.3%	18.2%
比较符合	52.0%	52.1%	52.0%
完全符合	25.7%	25.4%	25.5%
总计	100.0%	100.0%	100.0%
列总计	2999	3320	6319

Chi-square tests：df = 3，卡方值为 0.056，sig = 0.997 > 0.050，所以不同性别的居民在对“我会经常关心比我不幸的人”这一说法的认同度上没有显著差异。

E2b by A1

结合自己的情况进行选择：在做决定前，我会试着从每个人的立场去考虑问题 * 性别 Crosstabulation

	男	女	总计
完全不符合	2.9%	2.7%	2.8%
不太符合	13.6%	14.4%	14.0%
比较符合	58.4%	58.1%	58.2%
完全符合	25.1%	24.8%	24.9%
总计	100.0%	100.0%	100.0%
列总计	3004	3319	6323

Chi-square tests：df = 3，卡方值为 1.057，sig = 0.788 > 0.050，所以不同性别的居民在对“在做决定前，我会试着从每个人的立场去考虑问题”这一说法的认同度上没有显著差异。

E2c by A1

结合自己的情况进行选择：当我看到有人被利用时，我有点想要保护他们 * 性别 Crosstabulation

	男	女	总计
完全不符合	3.6%	3.3%	3.5%
不太符合	17.4%	18.1%	17.8%
比较符合	55.6%	55.6%	55.6%
完全符合	23.3%	23.0%	23.2%
总计	100.0%	100.0%	100.0%
列总计	2998	3318	6316

Chi-square tests：df = 3，卡方值为 1.014，sig = 0.798 > 0.050，所以不同性别的居民在对“当我看到有人被利用时，我有点想要保护他们”这一说法的认同度上没有显著差异。

E2d by A1

结合自己的情况进行选择：我有时会试图站在他人的角度，以更好地理解他们 * 性别 Crosstabulation

	男	女	总计
完全不符合	2.9%	2.5%	2.7%
不太符合	12.3%	11.9%	12.1%
比较符合	58.9%	59.0%	58.9%
完全符合	26.0%	26.6%	26.3%
总计	100.0%	100.0%	100.0%
列总计	2994	3318	6312

Chi-square tests：df = 3，卡方值为 1.377，sig = 0.711 > 0.050，所以不同性别的居民在对“我有时会试图站在他人的角度，以更好地理解他们”这一说法的认同度上没有显著差异。

E2e by A1

结合自己的情况进行选择：处在紧张情绪的状况中，我会惊慌害怕 * 性别 Crosstabulation

	男	女	总计
完全不符合	14.6%	7.3%	10.8%
不太符合	34.1%	27.0%	30.4%
比较符合	37.4%	44.7%	41.2%
完全符合	13.9%	21.0%	17.6%

续表

	男	女	总计
总计	100.0%	100.0%	100.0%
列总计	2984	3312	6296

Chi-square tests：df = 3，卡方值为 169.697，sig = 0.000 < 0.050，所以不同性别的居民在对“处在紧张情绪的状况中，我会惊慌害怕”这一说法的认同度上具有显著差异。

E2f by A1

结合自己的情况进行选择：我相信任何问题都有两面性，我会试图从两个方面加以考虑 ＊ 性别 Crosstabulation

	男	女	总计
完全不符合	2.5%	2.3%	2.4%
不太符合	12.9%	14.0%	13.5%
比较符合	54.9%	55.6%	55.2%
完全符合	29.8%	28.1%	28.9%
总计	100.0%	100.0%	100.0%
列总计	3002	3315	6317

Chi-square tests：df = 3，卡方值为 3.529，sig = 0.317 > 0.050，所以不同性别的居民在对“我相信任何问题都有两面性，我会试图从两个方面加以考虑”这一说法的认同度上没有显著差异。

E2g by A1

结合自己的情况进行选择：当我对某人很不耐烦或想批评他/她时，我通常会暂时站在他/她的位置上进行考虑 ＊ 性别 Crosstabulation

	男	女	总计
完全不符合	4.9%	3.9%	4.4%
不太符合	21.6%	24.9%	23.3%
比较符合	54.9%	52.9%	53.8%
完全符合	18.6%	18.4%	18.5%
总计	100.0%	100.0%	100.0%
列总计	2999	3317	6316

Chi-square tests：df = 3，卡方值为 12.153，sig = 0.007 < 0.050，所以不同性别的居民在对“当我对某人很不耐烦或想批评他/她时，我通常会暂时站在他/她的位置上进行考虑”这一说法的认同度上具有显著差异。

E2h by A1

结合自己的情况进行选择：当我在读一个有趣的故事或者看一部电影时，我会想象如果这些事情发生在自己身上，我会是怎样的感受 ＊ 性别 Crosstabulation

	男	女	总计
完全不符合	9.6%	8.1%	8.8%
不太符合	27.1%	26.5%	26.8%
比较符合	45.7%	47.0%	46.4%
完全符合	17.6%	18.4%	18.0%
总计	100.0%	100.0%	100.0%
列总计	2986	3309	6295

Chi-square tests：df = 3，卡方值为 5.521，sig = 0.137 > 0.050，所以不同性别的居民在对“当我在读一个有趣的故事或者看一部电影时，会想象如果这些事情发生在自己身上，我会是怎样的感受”这一说法的认同度上没有显著差异。

E2l by A1

结合自己的情况进行选择：当我看到有人发生意外而急需帮助时，我紧张得几乎精神崩溃 ＊ 性别 Crosstabulation

	男	女	总计
完全不符合	23.7%	16.5%	19.9%
不太符合	39.7%	40.6%	40.2%
比较符合	26.7%	31.0%	28.9%
完全符合	10.0%	11.9%	11.0%
总计	100.0%	100.0%	100.0%
列总计	2998	3320	6318

Chi-square tests：df = 3，卡方值为 57.187，sig = 0.000 < 0.050，所以不同性别的居民在对“当我看到有人发生意外而急需帮助时，我紧张得几乎精神崩溃”这一说法的认同度上具有显著差异。

E3 by A1

每个人都希望我们的国家越来越好，我们的生活越来越好。党的十八大提出，到 2020 年全面建成小康社会，到本世纪中叶建成社会主义现代化国家。您认为这样的目标能实现吗 ＊ 性别 Crosstabulation

	男	女	总计
相信一定能实现	56.6%	57.5%	57.0%
有困难，但只要努力还是能实现的	35.0%	34.1%	34.5%

续表

	男	女	总计
不可能实现	3.5%	2.4%	2.9%
说不清楚，跟我没关系	4.9%	6.0%	5.5%
总计	100.0%	100.0%	100.0%
列总计	3006	3324	6330

Chi-square tests：df = 3，卡方值为 9.814，sig = 0.020 < 0.050，所以不同性别的居民在对“每个人都希望我们的国家越来越好，我们的生活越来越好。党的十八大提出，到 2020 年全面建成小康社会，到本世纪中叶建成社会主义现代化国家。您认为这样的目标能实现吗”这一问题的信心度上具有显著差异。

E4 by A1

您认为在现代中国社会实际奉行的道德价值是 ＊ 性别 Crosstabulation

	男	女	总计
个人主义，人人为自己，上帝为大家	21.9%	21.9%	21.9%
义利合一，以理导欲	54.7%	56.1%	55.4%
见利忘义，物欲横流	10.7%	9.6%	10.1%
存义去利	12.7%	12.4%	12.5%
总计	100.0%	100.0%	100.0%
列总计	2962	3255	6217

Chi-square tests：df = 3，卡方值为 2.432，sig = 0.488 > 0.050，所以不同性别的居民在对“现代中国社会实际奉行的道德价值”的选择上没有显著差异。

E5a by A1

您认为当今中国社会最重要和最需要的德性是 ＊ 性别 Crosstabulation

	男	女	总计
爱（仁爱、博爱、友爱）	39.4%	39.9%	39.6%
义（道义、义务）	4.6%	4.4%	4.5%
宽容	3.4%	4.5%	4.0%
责任	15.0%	15.0%	15.0%
正义或公正	12.9%	11.2%	12.0%
诚信	9.0%	8.6%	8.8%
忠恕	1.1%	1.0%	1.0%
理智	0.9%	0.9%	0.9%
节制	0.2%	0.2%	0.2%

续表

	男	女	总计
谦让	1.2%	1.2%	1.2%
恭敬	0.6%	0.5%	0.5%
勇敢	0.4%	0.4%	0.4%
正直	2.3%	2.3%	2.3%
善良	3.3%	4.3%	3.8%
力行或知行合一	0.1%	0.2%	0.1%
教养	1.8%	1.3%	1.5%
孝悌	2.8%	3.5%	3.2%
气节	0.1%	0.2%	0.1%
中庸	0.1%	0.1%	0.1%
敬业	0.9%	0.5%	0.6%
总计	100.0%	100.0%	100.0%
列总计	3001	3317	6318

Chi-square tests：df=19，卡方值为23.035，sig=0.236>0.050，所以不同性别的居民在对“当今中国社会最重要和最需要的德性”的选择上没有显著差异。

E5b by A1

您认为当今中国社会第二重要和第二需要的德性是 ＊ 性别 Crosstabulation

	男	女	总计
爱（仁爱、博爱、友爱）	9.8%	10.3%	10.1%
义（道义、义务）	17.6%	17.1%	17.3%
宽容	6.2%	6.9%	6.6%
责任	14.5%	16.5%	15.5%
正义或公正	12.4%	11.6%	12.0%
诚信	13.4%	13.2%	13.2%
忠恕	1.2%	1.2%	1.2%
理智	3.0%	2.3%	2.6%
节制	0.2%	0.5%	0.4%
谦让	2.4%	1.8%	2.1%
恭敬	0.7%	0.7%	0.7%
勇敢	0.7%	0.9%	0.8%
正直	3.4%	3.0%	3.2%
善良	6.7%	7.2%	7.0%

续表

	男	女	总计
力行或知行合一	0.3%	0.2%	0.3%
教养	2.3%	2.5%	2.4%
孝悌	2.7%	3.2%	2.9%
气节	0.3%	0.1%	0.2%
中庸	0.2%	0.1%	0.1%
敬业	1.9%	0.9%	1.4%
总计	100.0%	100.0%	100.0%
列总计	2996	3315	6311

Chi-square tests：df = 19，卡方值为 40.530，sig = 0.003 < 0.050，所以不同性别的居民在对“当今中国社会第二重要和第二需要的德性”的选择上具有显著差异。

E5c by A1
您认为当今中国社会第三重要和第三需要的德性是 * 性别 Crosstabulation

	男	女	总计
爱（仁爱、博爱、友爱）	7.1%	8.0%	7.6%
义（道义、义务）	5.5%	5.8%	5.7%
宽容	15.5%	14.9%	15.2%
责任	10.5%	11.0%	10.8%
正义或公正	9.5%	9.2%	9.3%
诚信	18.9%	19.6%	19.2%
忠恕	1.0%	1.0%	1.0%
理智	2.3%	2.5%	2.4%
节制	0.9%	0.9%	0.9%
谦让	1.6%	2.1%	1.9%
恭敬	0.5%	0.6%	0.6%
勇敢	1.7%	2.2%	2.0%
正直	3.7%	2.9%	3.3%
善良	7.7%	8.3%	8.0%
力行或知行合一	1.0%	1.2%	1.1%
教养	3.5%	3.3%	3.4%
孝悌	3.5%	3.4%	3.5%
气节	0.8%	0.5%	0.6%
中庸	0.2%	0.1%	0.1%

续表

	男	女	总计
敬业	4.7%	2.3%	3.4%
总计	100.0%	100.0%	100.0%
列总计	2991	3311	6302

Chi-square tests：df = 19，卡方值为 42.470，sig = 0.002 < 0.050，所以不同性别的居民在对"当今中国社会第三重要和第三需要的德性"的选择上具有显著差异。

E6a by A1

您在所在单位有没有一种踏实和亲切的感觉 ＊ 性别 Crosstabulation

	男	女	总计
有	53.6%	53.5%	53.5%
还可以	39.7%	40.7%	40.2%
没有	6.7%	5.8%	6.2%
总计	100.0%	100.0%	100.0%
列总计	2974	3254	6228

Chi-square tests：df = 2，卡方值为 2.290，sig = 0.318 > 0.050，所以不同性别的居民在对"在所在单位是否有一种踏实和亲切的感觉"的认知上没有显著差异。

E6b by A1

您在所在社区/村有没有一种踏实和亲切的感觉 ＊ 性别 Crosstabulation

	男	女	总计
有	57.8%	59.2%	58.5%
还可以	37.6%	37.6%	37.6%
没有	4.6%	3.2%	3.9%
总计	100.0%	100.0%	100.0%
列总计	3003	3318	6321

Chi-square tests：df = 2，卡方值为 9.296，sig = 0.010 < 0.050，所以不同性别的居民在对"在所在社区/村是否有一种踏实和亲切的感觉"的认知上具有显著差异。

E6c by A1

您在所在城市有没有一种踏实和亲切的感觉 ＊ 性别 Crosstabulation

	男	女	总计
有	50.7%	52.3%	51.6%

续表

	男	女	总计
还可以	44.0%	43.5%	43.8%
没有	5.2%	4.2%	4.7%
总计	100.0%	100.0%	100.0%
列总计	3003	3310	6313

Chi-square tests：df = 2，卡方值为 4.595，sig = 0.101 > 0.050，所以不同性别的居民在对“在所在城市是否有一种踏实和亲切的感觉”的认知上没有显著差异。

E7 by A1

您认为在自己的成长中得到道德训练最重要的场所或机构是 * 性别 Crosstabulation

	男	女	总计
家庭	39.0%	45.7%	42.5%
学校	23.2%	24.2%	23.7%
社会（包括职业生活）	28.3%	24.0%	26.0%
国家或政府	7.2%	4.7%	5.9%
媒体	1.2%	0.9%	1.0%
其他	1.2%	0.5%	0.8%
总计	100.0%	100.0%	100.0%
列总计	3002	3316	6318

Chi-square tests：df = 5，卡方值为 55.603，sig = 0.000 < 0.050，所以不同性别的居民在对“自己的成长中得到道德训练最重要的场所或机构”的选择上具有显著差异。

E8 by A1

您听说过一些道德模范或身边的好人好事吗？您愿意像他们那样做人、做事吗 * 性别 Crosstabulation

	男	女	总计
知道一些，他们很了不起，我在努力向他们学习	68.8%	68.6%	68.7%
知道一些，我很敬佩他们，但自己学不来	21.8%	20.5%	21.1%
知道一些，我感到他们那样做有点不值得	2.5%	2.3%	2.4%
没听说过谁是道德模范和身边好人	7.0%	8.7%	7.9%
总计	100.0%	100.0%	100.0%
列总计	3006	3318	6324

Chi-square tests：df = 3，卡方值为 7.611，sig = 0.055 > 0.050，所以不同性别的居民在对“您听说过一些道德模范或身边的好人好事吗？您愿意像他们那样做人、做事吗”这一问题的回答上没有显著差异。

E9a by A1

您对自己所生活的地方下列群体职业道德状况总体评价如何：公务员道德状况（如工作认真负责、依法办事、公正廉洁、讲究效率、文明服务等）* 性别 Crosstabulation

	男	女	总计
非常满意	19.2%	18.7%	18.9%
比较满意	57.1%	59.2%	58.2%
不太满意	19.4%	19.1%	19.2%
不满意	4.4%	3.0%	3.6%
总计	100.0%	100.0%	100.0%
列总计	2999	3313	6312

Chi-square tests：df = 3，卡方值为 10.159，sig = 0.017 < 0.050，所以不同性别的居民在对“公务员道德状况（如工作认真负责、依法办事、公正廉洁、讲究效率、文明服务等）”的满意度上具有显著差异。

E9b by A1

您对自己所生活的地方下列群体职业道德状况总体评价如何：商人道德状况（如不卖假冒伪劣产品、不价格欺诈、不短斤少两、讲诚信服务等）* 性别 Crosstabulation

	男	女	总计
非常满意	9.8%	9.6%	9.7%
比较满意	42.6%	42.7%	42.7%
不太满意	37.5%	39.7%	38.7%
不满意	10.1%	7.9%	8.9%
总计	100.0%	100.0%	100.0%
列总计	3008	3315	6323

Chi-square tests：df = 3，卡方值为 10.478，sig = 0.015 < 0.050，所以不同性别的居民在对“商人道德状况（如不卖假冒伪劣产品、不价格欺诈、不短斤少两、讲诚信服务等）”的满意度上具有显著差异。

E9c by A1

您对自己所生活的地方下列群体职业道德状况总体评价如何：教师道德状况（如爱岗敬业、关爱学生、教书育人、为人师表、不搞有偿家教等）* 性别 Crosstabulation

	男	女	总计
非常满意	28.7%	28.1%	28.4%

续表

	男	女	总计
比较满意	54.8%	56.3%	55.6%
不太满意	13.7%	12.9%	13.3%
不满意	2.8%	2.7%	2.8%
总计	100.0%	100.0%	100.0%
列总计	3006	3318	6324

Chi-square tests：df = 3，卡方值为 1.809，sig = 0.613 > 0.050，所以不同性别的居民在对“教师道德状况（如爱岗敬业、关爱学生、教书育人、为人师表、不搞有偿家教等）”的满意度上没有显著差异。

E9d by A1

您对自己所生活的地方下列群体职业道德状况总体评价如何：医生道德状况（如爱岗敬业、钻研医术、救死扶伤、尊重病人、不收红包等）＊ 性别 Crosstabulation

	男	女	总计
非常满意	21.4%	21.5%	21.5%
比较满意	54.3%	54.8%	54.6%
不太满意	18.5%	19.8%	19.1%
不满意	5.9%	3.9%	4.8%
总计	100.0%	100.0%	100.0%
列总计	3008	3317	6325

Chi-square tests：df = 3，卡方值为 13.694，sig = 0.003 < 0.050，所以不同性别的居民在对“医生道德状况（如爱岗敬业、钻研医术、救死扶伤、尊重病人、不收红包等）”的满意度上具有显著差异。

E10 by A1

对当今中国社会，您更担忧哪种问题 ＊ 性别 Crosstabulation

	男	女	总计
言而无信，不守信用	27.7%	21.3%	24.4%
坑蒙拐骗，没有诚信	30.1%	34.4%	32.3%
人与人之间互不信任，社会安全度低	31.8%	34.7%	33.3%
可信任的人很少，遇到问题难以找到人倾诉和帮助	10.4%	9.6%	10.0%
总计	100.0%	100.0%	100.0%
列总计	2982	3293	6275

Chi-square tests：df = 3，卡方值为 40.557，sig = 0.000 < 0.050，所以不同性别的居民在对“对当今中国社会，您更担忧哪种问题”的选择上具有显著差异。

E111 by A1

您的思想行为受什么人影响最大 ＊ 性别 Crosstabulation

	男	女	总计
政府官员	15.9%	13.0%	14.4%
企业家	2.1%	1.3%	1.7%
演艺明星、体育明星	0.6%	0.3%	0.4%
教师	12.2%	12.3%	12.3%
知识精英	2.9%	1.9%	2.4%
自由撰稿人	0.2%	0.2%	0.2%
农民	2.6%	3.1%	2.8%
工人	1.2%	0.7%	1.0%
先哲先贤	4.5%	3.0%	3.7%
父母	57.8%	64.1%	61.1%
总计	100.0%	100.0%	100.0%
列总计	2993	3303	6296

Chi-square tests：df＝9，卡方值为48.288，sig＝0.000＜0.050，所以不同性别的居民在对“思想行为受什么人影响最大”的选择上具有显著差异。

E112 by A1

您的思想行为受什么人影响第二大 ＊ 性别 Crosstabulation

	男	女	总计
政府官员	11.5%	11.4%	11.4%
企业家	6.1%	4.7%	5.4%
演艺明星、体育明星	1.4%	1.4%	1.4%
教师	36.8%	41.0%	39.0%
知识精英	5.2%	6.0%	5.6%
自由撰稿人	0.9%	0.5%	0.7%
农民	8.5%	8.9%	8.7%
工人	4.4%	4.0%	4.2%
先哲先贤	8.6%	7.5%	8.0%
父母	16.7%	14.5%	15.6%
总计	100.0%	100.0%	100.0%
列总计	2964	3273	6237

Chi-square tests：df＝9，卡方值为24.406，sig＝0.004＜0.050，所以不同性别的居民在对“思想行为受什么人影响第二大”的选择上具有显著差异。

E113 by A1

您的思想行为受什么人影响第三大 ＊ 性别 Crosstabulation

	男	女	总计
政府官员	15.7%	16.2%	16.0%
企业家	5.2%	4.7%	4.9%
演艺明星、体育明星	3.2%	4.1%	3.6%
教师	16.2%	13.8%	15.0%
知识精英	11.8%	13.0%	12.4%
自由撰稿人	2.1%	2.4%	2.3%
农民	12.1%	11.5%	11.8%
工人	8.8%	9.3%	9.1%
先哲先贤	13.6%	15.0%	14.3%
父母	11.2%	9.9%	10.5%
总计	100.0%	100.0%	100.0%
列总计	2942	3244	6186

Chi-square tests：df = 9，卡方值为 18.670，sig = 0.028 < 0.050，所以不同性别的居民在对“思想行为受什么人影响第三大”的选择上具有显著差异。

E121 by A1

对形成我国当前各种新型伦理关系和道德观念，哪些因素影响最大 ＊ 性别 Crosstabulation

	男	女	总计
网络和媒体	39.4%	37.9%	38.6%
政府	35.5%	34.8%	35.2%
大学及其文化	5.3%	6.6%	6.0%
市场	7.7%	8.1%	7.9%
企业	1.6%	1.8%	1.7%
社会团体	5.4%	6.0%	5.7%
知识精英	2.6%	2.4%	2.5%
国外价值观与生活方式	2.3%	2.0%	2.1%
其他	0.2%	0.5%	0.3%
总计	100.0%	100.0%	100.0%
列总计	2955	3266	6221

Chi-square tests：df = 8，卡方值为 10.431，sig = 0.236 > 0.050，所以不同性别的居民在对“哪些因素对形成我国当前各种新型伦理关系和道德观念影响最大”的选择上没有显著差异。

E122 by A1

对形成我国当前各种新型伦理关系和道德观念，哪些因素影响第二大 * 性别 Crosstabulation

	男	女	总计
网络和媒体	17.1%	18.6%	17.9%
政府	30.1%	29.4%	29.7%
大学及其文化	9.4%	10.7%	10.1%
市场	17.3%	16.5%	16.9%
企业	6.9%	6.4%	6.6%
社会团体	10.1%	10.3%	10.2%
知识精英	4.7%	4.8%	4.8%
国外价值观与生活方式	4.1%	3.0%	3.5%
其他	0.2%	0.2%	0.2%
总计	100.0%	100.0%	100.0%
列总计	2929	3250	6179

Chi-square tests：df = 8，卡方值为 12.099，sig = 0.147 > 0.050，所以不同性别的居民在对“哪些因素对形成我国当前各种新型伦理关系和道德观念影响第二大”的选择上没有显著差异。

E123 by A1

对形成我国当前各种新型伦理关系和道德观念，哪些因素影响第三大 * 性别 Crosstabulation

	男	女	总计
网络和媒体	10.1%	11.0%	10.6%
政府	11.9%	12.5%	12.2%
大学及其文化	16.8%	16.8%	16.8%
市场	19.2%	19.2%	19.2%
企业	7.3%	6.8%	7.1%
社会团体	18.8%	18.1%	18.5%
知识精英	8.6%	8.8%	8.7%
国外价值观与生活方式	6.2%	6.0%	6.1%
其他	1.1%	0.6%	0.8%
总计	100.0%	100.0%	100.0%
列总计	2914	3234	6148

Chi-square tests：df = 8，卡方值为 6.959，sig = 0.541 > 0.050，所以不同性别的居民在对“哪些因素对形成我国当前各种新型伦理关系和道德观念影响第三大”的选择上没有显著差异。

E13 by A1

您认为哪种因素应当对当今不良道德风尚负主要责任 * 性别 Crosstabulation

	男	女	总计
以权谋私，官员腐败	46.2%	43.6%	44.8%
企业不讲诚信和损害社会利益	11.2%	11.4%	11.3%
学校道德教育功能弱化	6.9%	8.2%	7.6%
家庭伦理功能弱化	3.6%	4.1%	3.9%
个人缺乏道德自觉	18.3%	19.7%	19.0%
分配不公，两极分化	13.8%	13.1%	13.4%
总计	100.0%	100.0%	100.0%
列总计	2997	3302	6299

Chi-square tests：df = 5，卡方值为 9.009，sig = 0.109 > 0.050，所以不同性别的居民在对“哪种因素应当对当今不良道德风尚负主要责任”的认知上没有显著差异。

E14a by A1

您对下列关于网络的说法是否赞同：网络是个虚拟空间，不受现实生活中的道德规范约束 * 性别 Crosstabulation

	男	女	总计
非常不赞同	30.8%	29.5%	30.1%
不太赞同	35.8%	35.5%	35.6%
比较赞同	23.3%	25.1%	24.3%
非常赞同	10.1%	9.9%	10.0%
总计	100.0%	100.0%	100.0%
列总计	2902	3211	6113

Chi-square tests：df = 3，卡方值为 2.899，sig = 0.407 > 0.050，所以不同性别的居民在对“网络是个虚拟空间，不受现实生活中的道德规范约束”这一说法的认同度上没有显著差异。

E14b by A1

您对下列关于网络的说法是否赞同：人肉搜索侵犯个人隐私，应该杜绝 * 性别 Crosstabulation

	男	女	总计
非常不赞同	5.6%	5.4%	5.5%
不太赞同	13.5%	13.6%	13.6%
比较赞同	39.7%	40.6%	40.2%

续表

	男	女	总计
非常赞同	41.2%	40.3%	40.7%
总计	100.0%	100.0%	100.0%
列总计	2889	3202	6091

Chi-square tests：df = 3，卡方值为 0.829，sig = 0.843 > 0.050，所以不同性别的居民在对“人肉搜索侵犯个人隐私，应该杜绝”这一说法的认同度上没有显著差异。

E14c by A1

您对下列关于网络的说法是否赞同：明知网络谣言仍转发的，应该受到惩罚 * 性别 Crosstabulation

	男	女	总计
非常不赞同	4.2%	4.0%	4.1%
不太赞同	7.4%	7.6%	7.5%
比较赞同	33.7%	36.6%	35.2%
非常赞同	54.7%	51.9%	53.2%
总计	100.0%	100.0%	100.0%
列总计	2910	3213	6123

Chi-square tests：df = 3，卡方值为 6.214，sig = 0.102 > 0.050，所以不同性别的居民在对“明知网络谣言仍转发的，应该受到惩罚”这一说法的认同度上没有显著差异。

E15 by A1

您认为政府在制定政策和决策时充分考虑到伦理道德方面的要求了吗（如社会公平、利益均衡、关怀弱势群体，以及大多数人利益和感受）* 性别 Crosstabulation

	男	女	总计
有考虑	40.4%	36.1%	38.1%
有考虑，但不够	53.7%	57.7%	55.8%
比较赞同，没有考虑	5.9%	6.3%	6.1%
总计	100.0%	100.0%	100.0%
列总计	3000	3312	6312

Chi-square tests：df = 2，卡方值为 12.463，sig = 0.002 < 0.050，所以不同性别的居民在对“政府在制定政策和决策时是否充分考虑到伦理道德方面的要求”的评价上具有显著差异。

E16 by A1

您认为解决当前我国公民道德和社会风尚问题，最关键的是 * 性别 Crosstabulation

	男	女	总计
加强法制	34.5%	31.0%	32.7%
弘扬优秀道德传统	21.5%	23.0%	22.3%
建设伦理道德的核心价值	7.9%	8.3%	8.1%
惩治官员腐败	12.9%	11.7%	12.3%
解决分配不公问题	8.6%	8.9%	8.8%
提高个人道德素质	14.6%	17.1%	15.9%
总计	100.0%	100.0%	100.0%
列总计	2989	3310	6299

Chi-square tests：df = 5，卡方值为 15.983，sig = 0.007 < 0.050，所以不同性别的居民在对“为了解决当前我国公民道德和社会风尚问题，最关键的方法”的选择上具有显著差异。

E17 by A1

一些政府机关、企事业单位和大中小学，利用权力为本单位的职工子女在入学、招工中提供特殊政策，您认为这种行为道德吗 * 性别 Crosstabulation

	男	女	总计
为本单位人员谋福利，符合道德	6.8%	6.5%	6.7%
以权谋私，不道德	58.1%	56.6%	57.3%
是对社会公众的欺骗，严重不道德	20.5%	20.8%	20.6%
符合本单位员工利益，但严重侵蚀社会道德	11.0%	11.3%	11.2%
无所谓道德不道德	3.6%	4.8%	4.2%
总计	100.0%	100.0%	100.0%
列总计	2997	3305	6302

Chi-square tests：df = 4，卡方值为 6.520，sig = 0.164 > 0.050，所以不同性别的居民在对“一些政府机关、企事业单位和大中小学，利用权力为本单位的职工子女在入学、招工中提供特殊政策，您认为这种行为道德吗”的评价上没有显著差异。

E18a by A1

残疾人、留守儿童、孤寡老人等弱势群体需要来自全社会的关爱与帮助，您认为本地区做得怎么样：社区提供的服务 * 性别 Crosstabulation

	男	女	总计
很好	32.6%	30.9%	31.7%

续表

	男	女	总计
比较好	53.6%	56.1%	54.9%
不太好	11.7%	11.2%	11.4%
很差	2.1%	1.8%	1.9%
总计	100.0%	100.0%	100.0%
列总计	2986	3299	6285

Chi-square tests：df = 3，卡方值为 4.678，sig = 0.197 > 0.050，所以不同性别的居民在对“社区提供的服务”的评价上没有显著差异。

E18b by A1

残疾人、留守儿童、孤寡老人等弱势群体需要来自全社会的关爱与帮助，您认为本地区做得怎么样：周围人的尊重和关爱 ＊ 性别 Crosstabulation

	男	女	总计
很好	30.1%	29.5%	29.8%
比较好	58.4%	60.0%	59.3%
不太好	10.4%	9.9%	10.1%
很差	1.1%	0.6%	0.8%
总计	100.0%	100.0%	100.0%
列总计	2985	3298	6283

Chi-square tests：df = 3，卡方值为 6.506，sig = 0.089 > 0.050，所以不同性别的居民在对“周围人的尊重和关爱”的评价上没有显著差异。

E18c by A1

残疾人、留守儿童、孤寡老人等弱势群体需要来自全社会的关爱与帮助，您认为本地区做得怎么样：社会服务机构提供的专业化服务 ＊ 性别 Crosstabulation

	男	女	总计
很好	22.8%	25.0%	24.0%
比较好	54.8%	52.9%	53.8%
不太好	18.6%	19.9%	19.3%
很差	3.8%	2.2%	2.9%
总计	100.0%	100.0%	100.0%
列总计	2972	3286	6258

Chi-square tests：df = 3，卡方值为 19.455，sig = 0.000 < 0.050，所以不同性别的居民在对“社会服务机构提供的专业化服务”的评价上具有显著差异。

E18d by A1

残疾人、留守儿童、孤寡老人等弱势群体需要来自全社会的关爱与帮助，您认为本地区做得怎么样：政府实施的社会救助 ＊ 性别 Crosstabulation

	男	女	总计
很好	29.0%	28.9%	28.9%
比较好	52.2%	53.1%	52.6%
不太好	14.9%	15.1%	15.0%
很差	4.0%	2.9%	3.4%
总计	100.0%	100.0%	100.0%
列总计	2976	3276	6252

Chi-square tests：df = 3，卡方值为 5.489，sig = 0.139 > 0.050，所以不同性别的居民在对“政府实施的社会救助”的评价上没有显著差异。

E19a by A1

您认为目前社会公德中存在的最突出的问题是：坑蒙拐骗 ＊ 性别 Crosstabulation

	男	女	总计
未选	61.5%	58.6%	60.0%
已选	38.5%	41.4%	40.0%
总计	100.0%	100.0%	100.0%
列总计	3008	3322	6330

Chi-square tests：df = 1，卡方值为 5.379，sig = 0.020 < 0.050，所以不同性别的居民在对“坑蒙拐骗是目前社会公德中存在的最突出的问题”的认同上具有显著差异。

E19b by A1

您认为目前社会公德中存在的最突出的问题是：人际关系冷漠，“见危不救” ＊ 性别 Crosstabulation

	男	女	总计
未选	64.8%	61.9%	63.3%
已选	35.2%	38.1%	36.7%
总计	100.0%	100.0%	100.0%
列总计	3008	3321	6329

Chi-square tests：df = 1，卡方值为 5.904，sig = 0.015 < 0.050，所以不同性别的居民在对“人际关系冷漠，‘见危不救’是目前社会公德中存在的最突出的问题”的认同上具有显著差异。

E19c by A1

您认为目前社会公德中存在的最突出的问题是：不守承诺，社会信用度低 * 性别 Crosstabulation

	男	女	总计
未选	60.0%	63.6%	61.9%
已选	40.0%	36.4%	38.1%
总计	100.0%	100.0%	100.0%
列总计	3008	3320	6328

Chi-square tests：df = 1，卡方值为 8.870，sig = 0.003 < 0.050，所以不同性别的居民在对“不守承诺，社会信用度低是目前社会公德中存在的最突出的问题”的认同上具有显著差异。

E19d by A1

您认为目前社会公德中存在的最突出的问题是：社会财富分配不公，贫富悬殊 * 性别 Crosstabulation

	男	女	总计
未选	64.0%	66.7%	65.4%
已选	36.0%	33.3%	34.6%
总计	100.0%	100.0%	100.0%
列总计	3008	3321	6329

Chi-square tests：df = 1，卡方值为 5.089，sig = 0.024 < 0.050，所以不同性别的居民在对“社会财富分配不公，贫富悬殊是目前社会公德中存在的最突出的问题”的认同上具有显著差异。

E19e by A1

您认为目前社会公德中存在的最突出的问题是：公共场所缺乏道德 * 性别 Crosstabulation

	男	女	总计
未选	75.2%	74.6%	74.9%
已选	24.8%	25.4%	25.1%
总计	100.0%	100.0%	100.0%
列总计	3008	3321	6329

Chi-square tests：df = 1，卡方值为 0.257，sig = 0.612 > 0.050，所以不同性别的居民在对“公共场所缺乏道德是目前社会公德中存在的最突出的问题”的认同上没有显著差异。

E19f by A1

您认为目前社会公德中存在的最突出的问题是：自私自利，损人利己 ＊ 性别 Crosstabulation

	男	女	总计
未选	71.5%	70.1%	70.8%
已选	28.5%	29.9%	29.2%
总计	100.0%	100.0%	100.0%
列总计	3008	3321	6329

Chi-square tests：df = 1，卡方值为 1.446，sig = 0.229 > 0.050，所以不同性别的居民在对“自私自利，损人利己是目前社会公德中存在的最突出的问题”的认同上没有显著差异。

E19g by A1

您认为目前社会公德中存在的最突出的问题是：缺乏爱心 ＊ 性别 Crosstabulation

	男	女	总计
未选	75.2%	73.3%	74.2%
已选	24.8%	26.7%	25.8%
总计	100.0%	100.0%	100.0%
列总计	3008	3321	6329

Chi-square tests：df = 1，卡方值为 3.097，sig = 0.078 > 0.050，所以不同性别的居民在对“缺乏爱心是目前社会公德中存在的最突出的问题”的认同上没有显著差异。

E19h by A1

您认为目前社会公德中存在的最突出的问题是：缺乏公正心和正义感 ＊ 性别 Crosstabulation

	男	女	总计
未选	71.6%	73.4%	72.6%
已选	28.4%	26.6%	27.4%
总计	100.0%	100.0%	100.0%
列总计	3000	3306	6306

Chi-square tests：df = 1，卡方值为 2.499，sig = 0.114 > 0.050，所以不同性别的居民在对“缺乏公正心和正义感是目前社会公德中存在的最突出的问题”的认同上没有显著差异。

E19i by a1

您认为目前社会公德中存在的最突出的问题是：缺乏羞耻感 * 性别 Crosstabulation

	男	女	总计
未选	89.3%	90.0%	89.7%
已选	10.7%	10.0%	10.3%
总计	100.0%	100.0%	100.0%
列总计	3000	3306	6306

Chi-square tests：df = 1，卡方值为 0.871，sig = 0.351 > 0.050，所以不同性别的居民在对“缺乏羞耻感是目前社会公德中存在的最突出的问题”的认同上没有显著差异。

E19j by A1

您认为目前社会公德中存在的最突出的问题是：私欲膨胀，物欲横流 * 性别 Crosstabulation

	男	女	总计
未选	83.0%	84.4%	83.7%
已选	17.0%	15.6%	16.3%
总计	100.0%	100.0%	100.0%
列总计	3000	3306	6306

Chi-square tests：df = 1，卡方值为 2.139，sig = 0.144 > 0.050，所以不同性别的居民在对“私欲膨胀，物欲横流是目前社会公德中存在的最突出的问题”的认同上没有显著差异。

E19k by A1

您认为目前社会公德中存在的最突出的问题是：干部贪污受贿，以权谋利 * 性别 Crosstabulation

	男	女	总计
未选	62.8%	66.7%	64.8%
已选	37.2%	33.3%	35.2%
总计	100.0%	100.0%	100.0%
列总计	3000	3306	6306

Chi-square tests：df = 1，卡方值为 10.138，sig = 0.001 < 0.050，所以不同性别的居民在对“干部贪污受贿，以权谋利是目前社会公德中存在的最突出的问题”的认同上具有显著差异。

E19l by A1

您认为目前社会公德中存在的最突出的问题是：生活奢侈，铺张浪费 * 性别 Crosstabulation

	男	女	总计
未选	83.8%	85.2%	84.5%
已选	16.2%	14.8%	15.5%
总计	100.0%	100.0%	100.0%
列总计	3000	3306	6306

Chi-square tests：df = 1，卡方值为 2.177，sig = 0.140 > 0.050，所以不同性别的居民在对“生活奢侈，铺张浪费是目前社会公德中存在的最突出的问题”的认同上没有显著差异。

E19m by A1

您认为目前社会公德中存在的最突出的问题是：奉行功利主义，相互算计 * 性别 Crosstabulation

	男	女	总计
未选	90.0%	90.1%	90.1%
已选	10.0%	9.9%	9.9%
总计	100.0%	100.0%	100.0%
列总计	3000	3306	6306

Chi-square tests：df = 1，卡方值为 0.021，sig = 0.885 > 0.050，所以不同性别的居民在对“奉行功利主义，相互算计是目前社会公德中存在的最突出的问题”的认同上没有显著差异。

E19n by A1

您认为目前社会公德中存在的最突出的问题是：媒体缺乏社会责任，炒作新闻 * 性别 Crosstabulation

	男	女	总计
未选	86.9%	86.0%	86.4%
已选	13.1%	14.0%	13.6%
总计	100.0%	100.0%	100.0%
列总计	3000	3306	6306

Chi-square tests：df = 1，卡方值为 1.088，sig = 0.297 > 0.050，所以不同性别的居民在对“媒体缺乏社会责任，炒作新闻是目前社会公德中存在的最突出的问题”的认同上没有显著差异。

E19o by A1

您认为目前社会公德中存在的最突出的问题是：人与人、人与社会之间缺乏信任，社会安全度低 ＊ 性别 Crosstabulation

	男	女	总计
未选	70.8%	69.6%	70.2%
已选	29.2%	30.4%	29.8%
总计	100.0%	100.0%	100.0%
列总计	3000	3305	6305

Chi-square tests：df = 1，卡方值为 1.159，sig = 0.282 > 0.050，所以不同性别的居民在对“人与人、人与社会之间缺乏信任，社会安全度低是目前社会公德中存在的最突出的问题”的认同上没有显著差异。

E19p by A1

您认为目前社会公德中存在的最突出的问题是：娱乐界以丑闻、绯闻炒作，污染社会风气 ＊ 性别 Crosstabulation

	男	女	总计
未选	90.7%	89.5%	90.1%
已选	9.3%	10.5%	9.9%
总计	100.0%	100.0%	100.0%
列总计	3000	3307	6307

Chi-square tests：df = 1，卡方值为 2.362，sig = 0.124 > 0.050，所以不同性别的居民在对“娱乐界以丑闻、绯闻炒作，污染社会风气是目前社会公德中存在的最突出的问题”的认同上没有显著差异。

E19q by A1

您认为目前社会公德中存在的最突出的问题是：企业行为损害社会利益，如环境污染、产品质量低劣，以虚假广告误导公众 ＊ 性别 Crosstabulation

	男	女	总计
未选	81.6%	81.5%	81.5%
已选	18.4%	18.5%	18.5%
总计	100.0%	100.0%	100.0%
列总计	3000	3306	6306

Chi-square tests：df = 1，卡方值为 0.013，sig = 0.909 > 0.050，所以不同性别的居民在对“企业行为损害社会利益，如环境污染、产品质量低劣，以虚假广告误导公众是目前社会公德中存在的最突出的问题”的认同上没有显著差异。

E20 by A1

主流媒体的报道和朋友圈或国外媒体的消息不一致时，您会相信哪一个 * 性别 Crosstabulation

	男	女	总计
主流媒体	55.1%	50.6%	52.7%
朋友圈/亲朋圈子	9.8%	12.0%	10.9%
国外报道	1.8%	1.2%	1.5%
都不相信	9.6%	11.8%	10.8%
自己比较判断应该相信哪个	23.2%	23.5%	23.4%
其他	0.5%	0.8%	0.7%
总计	100.0%	100.0%	100.0%
列总计	2991	3296	6287

Chi-square tests：df = 5，卡方值为 25.568，sig = 0.000 < 0.050，所以不同性别的居民在对“主流媒体的报道和朋友圈或国外媒体的消息不一致时，您会相信哪一个”的选择上具有显著差异。

E21a by A1

下列哪些因素可能影响人际关系紧张：社会资源缺乏，引发恶性竞争 * 性别 Crosstabulation

	男	女	总计
未选	71.5%	71.7%	71.6%
已选	28.5%	28.3%	28.4%
总计	100.0%	100.0%	100.0%
列总计	3006	3320	6326

Chi-square tests：df = 1，卡方值为 0.029，sig = 0.865 > 0.050，所以不同性别的居民在对“社会资源缺乏，引发恶性竞争是可能影响人际关系紧张的因素”的认同上没有显著差异。

E21b by A1

下列哪些因素可能影响人际关系紧张：过度宣扬竞争意识 * 性别 Crosstabulation

	男	女	总计
未选	86.1%	85.3%	85.7%
已选	13.9%	14.7%	14.3%
总计	100.0%	100.0%	100.0%
列总计	3006	3319	6325

Chi-square tests：df = 1，卡方值为 0.750，sig = 0.386 > 0.050，所以不同性别的居民在对“过度宣扬竞争意识是可能影响人际关系紧张的因素”的认同上没有显著差异。

E21c by A1

下列哪些因素可能影响人际关系紧张：社会财富分配不公，贫富差距过大 * 性别 Crosstabulation

	男	女	总计
未选	53.1%	54.2%	53.7%
已选	46.9%	45.8%	46.3%
总计	100.0%	100.0%	100.0%
列总计	3006	3321	6327

Chi-square tests：df = 1，卡方值为 0.777，sig = 0.378 > 0.050，所以不同性别的居民在对“社会财富分配不公，贫富差距过大是可能影响人际关系紧张的因素”的认同上没有显著差异。

E21d by A1

下列哪些因素可能影响人际关系紧张：个人主义盛行 * 性别 Crosstabulation

	男	女	总计
未选	75.3%	78.5%	77.0%
已选	24.7%	21.5%	23.0%
总计	100.0%	100.0%	100.0%
列总计	3006	3320	6326

Chi-square tests：df = 1，卡方值为 8.818，sig = 0.003 < 0.050，所以不同性别的居民在对“个人主义盛行是可能影响人际关系紧张的因素”的认同上具有显著差异。

E21e by A1

下列哪些因素可能影响人际关系紧张：缺乏爱心 * 性别 Crosstabulation

	男	女	总计
未选	71.9%	69.2%	70.5%
已选	28.1%	30.8%	29.5%
总计	100.0%	100.0%	100.0%
列总计	3006	3321	6327

Chi-square tests：df = 1，卡方值为 5.246，sig = 0.022 < 0.050，所以不同性别的居民在对“缺乏爱心是可能影响人际关系紧张的因素”的认同上具有显著差异。

E21f by A1

下列哪些因素可能影响人际关系紧张：缺乏宽容 ＊ 性别 Crosstabulation

	男	女	总计
未选	74.2%	72.2%	73.2%
已选	25.8%	27.8%	26.8%
总计	100.0%	100.0%	100.0%
列总计	3006	3322	6328

Chi-square tests：df = 1，卡方值为 2.919，sig = 0.088 >0.050，所以不同性别的居民在对“缺乏宽容是可能影响人际关系紧张的因素”的认同上没有显著差异。

E21g by A1

下列哪些因素可能影响人际关系紧张：缺乏相互理解和沟通的意识和能力 ＊ 性别 Crosstabulation

	男	女	总计
未选	76.8%	74.0%	75.3%
已选	23.2%	26.0%	24.7%
总计	100.0%	100.0%	100.0%
列总计	3006	3321	6327

Chi-square tests：df = 1，卡方值为 6.495，sig = 0.011 <0.050，所以不同性别的居民在对“缺乏相互理解和沟通的意识和能力是可能影响人际关系紧张的因素”的认同上具有显著差异。

E21h by A1

下列哪些因素可能影响人际关系紧张：制度安排不公正，机会不平等 ＊ 性别 Crosstabulation

	男	女	总计
未选	71.8%	73.4%	72.6%
已选	28.2%	26.6%	27.4%
总计	100.0%	100.0%	100.0%
列总计	3006	3321	6327

Chi-square tests：df = 1，卡方值为 1.935，sig = 0.164 >0.050，所以不同性别的居民在对“制度安排不公正，机会不平等是可能影响人际关系紧张的因素”的认同上没有显著差异。

E21i by A1

下列哪些因素可能影响人际关系紧张：以权谋私，官员腐败 ＊ 性别 Crosstabulation

	男	女	总计
未选	59.9%	63.5%	61.8%
已选	40.1%	36.5%	38.2%
总计	100.0%	100.0%	100.0%
列总计	3006	3322	6328

Chi-square tests：df = 1，卡方值为 8.675，sig = 0.003 < 0.050，所以不同性别的居民在对“以权谋私，官员腐败是可能影响人际关系紧张的因素”的认同上具有显著差异。

E21j by A1

下列哪些因素可能影响人际关系紧张：缺乏道德信用 ＊ 性别 Crosstabulation

	男	女	总计
未选	71.2%	73.8%	72.6%
已选	28.8%	26.2%	27.4%
总计	100.0%	100.0%	100.0%
列总计	2997	3307	6304

Chi-square tests：df = 1，卡方值为 5.511，sig = 0.019 < 0.050，所以不同性别的居民在对“缺乏道德信用是可能影响人际关系紧张的因素”的认同上具有显著差异。

E21k by A1

下列哪些因素可能影响人际关系紧张：人与人、人与社会之间缺乏信任 ＊ 性别 Crosstabulation

	男	女	总计
未选	64.0%	62.8%	63.4%
已选	36.0%	37.2%	36.6%
总计	100.0%	100.0%	100.0%
列总计	3006	3322	6328

Chi-square tests：df = 1，卡方值为 0.950，sig = 0.330 > 0.050，所以不同性别的居民在对“人与人、人与社会之间缺乏信任是可能影响人际关系紧张的因素”的认同上没有显著差异。

E21l by A1

下列哪些因素可能影响人际关系紧张：传统伦理瓦解，社会缺乏统一的价值观 ＊ 性别 Crosstabulation

	男	女	总计
未选	86.8%	88.7%	87.8%
已选	13.2%	11.3%	12.2%
总计	100.0%	100.0%	100.0%
列总计	3006	3322	6328

Chi-square tests：df = 1，卡方值为 5.070，sig = 0.024 < 0.050，所以不同性别的居民在对“传统伦理瓦解，社会缺乏统一的价值观是可能影响人际关系紧张的因素”的认同上具有显著差异。

E21m by A1

下列哪些因素可能影响人际关系紧张：一切诉诸利益或法律，人际关系缺乏伦理调节的机制和能力 ＊ 性别 Crosstabulation

	男	女	总计
未选	93.2%	92.9%	93.1%
已选	6.8%	7.1%	6.9%
总计	100.0%	100.0%	100.0%
列总计	3005	3321	6326

Chi-square tests：df = 1，卡方值为 0.202，sig = 0.653 > 0.050，所以不同性别的居民在对“一切诉诸利益或法律，人际关系缺乏伦理调节的机制和能力是可能影响人际关系紧张的因素”的认同上没有显著差异。

E22a by A1

本地政府的就业政策对促进社会公平有效果吗 ＊ 性别 Crosstabulation

	男	女	总计
普遍受欢迎	36.6%	35.8%	36.2%
效果一般	45.5%	44.2%	44.8%
没有效果	7.1%	7.4%	7.3%
有负面影响	0.9%	0.9%	0.9%
不清楚	9.8%	11.7%	10.8%
总计	100.0%	100.0%	100.0%
列总计	2988	3280	6268

Chi-square tests：df = 4，卡方值为 6.371，sig = 0.173 > 0.050，所以不同性别的居民在对“就业政策对促进社会公平的效果”的评价上没有显著差异。

E22b by A1

本地政府的教育政策对促进社会公平有效果吗 * 性别 Crosstabulation

	男	女	总计
普遍受欢迎	46.8%	47.1%	47.0%
效果一般	40.4%	38.9%	39.6%
没有效果	5.4%	4.8%	5.1%
有负面影响	2.1%	1.5%	1.8%
不清楚	5.3%	7.7%	6.6%
总计	100.0%	100.0%	100.0%
列总计	2985	3281	6266

Chi-square tests：df = 4，卡方值为 19.374，sig = 0.001 < 0.050，所以不同性别的居民在对“教育政策对促进社会公平的效果”的评价上具有显著差异。

E22c by A1

本地政府的医疗卫生政策对促进社会公平有效果吗 * 性别 Crosstabulation

	男	女	总计
普遍受欢迎	45.5%	46.4%	46.0%
效果一般	41.2%	40.5%	40.8%
没有效果	7.2%	7.0%	7.1%
有负面影响	2.7%	1.8%	2.2%
不清楚	3.4%	4.4%	3.9%
总计	100.0%	100.0%	100.0%
列总计	2986	3285	6271

Chi-square tests：df = 4，卡方值为 10.961，sig = 0.027 < 0.050，所以不同性别的居民在对“医疗卫生政策对促进社会公平的效果”的评价上具有显著差异。

E22d by A1

本地政府的低保政策对促进社会公平有效果吗 * 性别 Crosstabulation

	男	女	总计
普遍受欢迎	49.2%	47.5%	48.3%
效果一般	33.9%	34.8%	34.4%
没有效果	6.6%	6.4%	6.5%
有负面影响	3.0%	2.6%	2.8%

续表

	男	女	总计
不清楚	7.3%	8.7%	8.0%
总计	100.0%	100.0%	100.0%
列总计	2985	3289	6274

Chi-square tests：df = 4，卡方值为 6.243，sig = 0.182 > 0.050，所以不同性别的居民在对“低保政策对促进社会公平的效果”的评价上没有显著差异。

E22e by A1

本地政府的房地产政策对促进社会公平有效果吗 ＊ 性别 Crosstabulation

	男	女	总计
普遍受欢迎	18.2%	18.6%	18.4%
效果一般	34.2%	33.2%	33.6%
没有效果	14.9%	16.1%	15.6%
有负面影响	9.0%	7.0%	8.0%
不清楚	23.8%	25.1%	24.5%
总计	100.0%	100.0%	100.0%
列总计	2975	3276	6251

Chi-square tests：df = 4，卡方值为 10.630，sig = 0.031 < 0.050，所以不同性别的居民在对“房地产政策对促进社会公平的效果”的评价上具有显著差异。

E22f by A1

本地政府的拆迁安置政策对促进社会公平有效果吗 ＊ 性别 Crosstabulation

	男	女	总计
普遍受欢迎	21.9%	24.6%	23.3%
效果一般	35.5%	33.8%	34.6%
没有效果	10.0%	9.9%	10.0%
有负面影响	8.3%	6.5%	7.4%
不清楚	24.3%	25.1%	24.7%
总计	100.0%	100.0%	100.0%
列总计	2972	3278	6250

Chi-square tests：df = 4，卡方值为 13.153，sig = 0.011 < 0.050，所以不同性别的居民在对“拆迁安置政策对促进社会公平的效果”的评价上具有显著差异。

E23 by A1

您听说过或参加过道德讲堂活动吗 ＊ 性别 Crosstabulation

	男	女	总计
没有听说过	44.8%	45.5%	45.2%
听说过，但没有参加过	29.1%	26.6%	27.8%
参加过，觉得很有意义	21.5%	24.1%	22.9%
参加过，但没留下太多印象	4.6%	3.8%	4.2%
总计	100.0%	100.0%	100.0%
列总计	2998	3304	6302

Chi-square tests：df = 3，卡方值为 10.443，sig = 0.015 < 0.050，所以不同性别的居民在对“您听说过或参加过道德讲堂活动吗”这一问题的回答上具有显著差异。

E24 by A1

有人说，一条好家规、一个好家风可以影响三代人。现在开展的弘扬好家风、好家训活动，您认为有意义吗 ＊ 性别 Crosstabulation

	男	女	总计
没有必要	5.8%	5.9%	5.8%
可有可无	8.5%	9.1%	8.8%
很有意义	85.7%	85.0%	85.4%
总计	100.0%	100.0%	100.0%
列总计	2999	3299	6298

Chi-square tests：df = 2，卡方值为 0.083，sig = 0.669 > 0.050，所以不同性别的居民在对“有人说，一条好家规、一个好家风可以影响三代人。现在开展的弘扬好家风、好家训活动，您认为有意义吗”这一问题的评价上没有显著差异。

E25 by A1

现在有的地方建了“好人馆”“好人广场”“好人公园”，您认为有必要为好人树碑立传吗 ＊ 性别 Crosstabulation

	男	女	总计
可有可无	12.3%	11.8%	12.0%
没有必要	13.8%	11.7%	12.7%
很有必要，可以让更多的人知道他们、学习他们	73.9%	76.5%	75.3%
总计	100.0%	100.0%	100.0%
列总计	2998	3300	6298

Chi-square tests：df = 2，卡方值为 7.082，sig = 0.029 < 0.050，所以不同性别的居民在对“现在有的地方建了‘好人馆’‘好人广场’‘好人公园’，您认为有必要为好人树碑立传吗”的认知上具有显著差异。

E26 by A1

您对所生活的地方的道德建设满意吗 ＊ 性别 Crosstabulation

	男	女	总计
没有必要	34.0%	31.2%	32.6%
可有可无	56.2%	59.7%	58.0%
不满意	6.4%	5.5%	5.9%
说不清楚	3.4%	3.5%	3.5%
总计	100.0%	100.0%	100.0%
列总计	2996	3307	6303

Chi-square tests：df = 3，卡方值为 9.197，sig = 0.027 < 0.050，所以不同性别的居民在对“生活地方的道德建设”的满意度上具有显著差异。

E28 by A1

对您所生活的地方社会公德状况满意吗 ＊ 性别 Crosstabulation

	男	女	总计
非常满意	23.3%	21.2%	22.2%
比较满意	45.2%	46.5%	45.8%
基本满意	25.4%	25.5%	25.5%
不满意	6.1%	6.8%	6.5%
总计	100.0%	100.0%	100.0%
列总计	2947	3254	6201

Chi-square tests：df = 3，卡方值为 4.603，sig = 0.203 > 0.050，所以不同性别的居民在对“生活地方的社会公德状况”的满意度上没有显著差异。

江苏省伦理道德评价的收入差异

B1a by A12

对当前我国社会的道德状况的满意程度 * 收入 Crosstabulation

	无收入	1—1999 元	2000—3999 元	4000 元及以上	总计
非常满意	24.9%	32.1%	26.9%	25.7%	27.9%
比较满意	62.0%	57.4%	59.9%	58.4%	59.3%
比较不满意	10.9%	7.4%	11.2%	13.2%	10.3%
非常不满意	2.2%	3.1%	2.0%	2.6%	2.5%
总计	100.0%	100.0%	100.0%	100.0%	100.0%
列总计	1226	1949	1994	1095	6264

Chi-square tests：df = 9，卡方值为 54.949，sig = 0.000 < 0.050，所以不同收入的居民在对“当前我国社会的道德状况”的满意程度上有显著差异。

B1b by A12

对当前我国社会人与人之间关系的满意程度 * 收入 Crosstabulation

	无收入	1—1999 元	2000—3999 元	4000 元及以上	总计
非常满意	23.8%	28.9%	23.2%	22.9%	25.0%
比较满意	65.3%	59.9%	63.7%	60.4%	62.3%
比较不满意	9.4%	9.4%	11.6%	14.9%	11.1%
非常不满意	1.5%	1.9%	1.4%	1.7%	1.6%
总计	100.0%	100.0%	100.0%	100.0%	100.0%
列总计	1228	1951	1988	1092	6259

Chi-square tests：df = 9，卡方值为 46.524，sig = 0.000 < 0.050，所以不同收入的居民在对“当前我国社会人与人之间关系”的满意程度上有显著差异。

B1c by A12

对您自己的道德状况的满意程度 * 收入 Crosstabulation

	无收入	1—1999 元	2000—3999 元	4000 元及以上	总计
非常满意	41.4%	47.9%	49.0%	46.4%	46.7%
比较满意	55.3%	49.6%	49.0%	51.2%	50.8%
比较不满意	2.6%	2.1%	1.7%	2.0%	2.0%
非常不满意	0.7%	0.4%	0.3%	0.4%	0.4%
总计	100.0%	100.0%	100.0%	100.0%	100.0%
列总计	1226	1950	1986	1091	6253

Chi-square tests：df = 9，卡方值为 22.794，sig = 0.007 < 0.050，所以不同收入的居民在对“自己的道德状况”的满意程度有显著差异。

B2 by A12

您认为目前我国社会中道德和幸福的现实关系是 ＊ 收入 Crosstabulation

	无收入	1—1999 元	2000—3999 元	4000 元及以上	总计
总体上道德和幸福能够一致，能惩恶扬善	77.6%	77.1%	80.1%	78.1%	78.3%
有道德、讲伦理的人大都吃亏，不守道德的人更能讨便宜	15.0%	15.7%	13.4%	16.2%	14.9%
道德和幸福没有关系，能挣钱、有发展无论怎样行动都行	7.4%	7.2%	6.4%	5.7%	6.7%
总计	100.0%	100.0%	100.0%	100.0%	100.0%
列总计	1206	1918	1956	1087	6167

Chi-square tests：df = 6，卡方值为 9.523，sig = 0.146 > 0.050，所以不同收入的居民在对“当前我国社会中道德和幸福的现实关系”的认知上没有显著差异。

B3a by A12

您认为您目前的状况是：生活水平提高了，但幸福感和快乐感降低了 ＊ 收入 Crosstabulation

	无收入	1—1999 元	2000—3999 元	4000 元及以上	总计
未选	87.6%	87.9%	85.3%	83.4%	86.2%
已选	12.4%	12.1%	14.7%	16.6%	13.8%
总计	100.0%	100.0%	100.0%	100.0%	100.0%
列总计	1233	1959	2004	1101	6297

Chi-square tests：df = 3，卡方值为 15.289，sig = 0.002 < 0.050，所以不同收入的居民在对“目前的生活水平提高了，但幸福感和快乐感降低了”的认同上有显著差异。

B3b by A12

您认为您目前的状况是：生活既不富裕也不小康，但幸福并快乐着 ＊ 收入 Crosstabulation

	无收入	1—1999 元	2000—3999 元	4000 元及以上	总计
未选	63.1%	63.9%	72.7%	82.7%	69.8%
已选	36.9%	36.1%	27.3%	17.3%	30.2%
总计	100.0%	100.0%	100.0%	100.0%	100.0%
列总计	1232	1959	2003	1101	6295

Chi-square tests：df = 3，卡方值为 154.182，sig = 0.000 < 0.050，所以不同收入的居民在对“生活既不富裕也不小康，但幸福并快乐着”的认同上有显著差异。

B3c by A12

您认为您目前的状况是：生活富裕，但不感到幸福和快乐 ＊ 收入 Crosstabulation

	无收入	1—1999 元	2000—3999 元	4000 元及以上	总计
未选	97.8%	97.5%	96.7%	95.5%	96.9%
已选	2.2%	2.5%	3.3%	4.5%	3.1%
总计	100.0%	100.0%	100.0%	100.0%	100.0%
列总计	1232	1958	2003	1101	6294

Chi-square tests：df = 3，卡方值为 13.847，sig = 0.003 < 0.050，所以不同收入的居民在对“生活富裕，但不感到幸福和快乐”的认同上有显著差异。

B3d byA12

您认为您目前的状况是：生活小康，幸福且快乐 ＊ 收入 Crosstabulation

	无收入	1—1999 元	2000—3999 元	4000 元及以上	总计
未选	66.1%	64.9%	55.5%	49.8%	59.5%
已选	33.9%	35.1%	44.5%	50.2%	40.5%
总计	100.0%	100.0%	100.0%	100.0%	100.0%
列总计	1232	1959	2003	1101	6295

Chi-square tests：df = 3，卡方值为 102.801 ，sig = 0.000 < 0.050，所以不同收入的居民在对“生活小康，幸福且快乐”的认同上有显著差异。

B3e by A12

您认为您目前的状况是：生活贫困，既不幸福也不快乐 ＊ 收入 Crosstabulation

	无收入	1—1999 元	2000—3999 元	4000 元及以上	总计
未选	91.2%	91.6%	97.5%	98.9%	94.7%
已选	8.8%	8.4%	2.5%	1.1%	5.3%
总计	100.0%	100.0%	100.0%	100.0%	100.0%
列总计	1232	1958	2003	1101	6294

Chi-square tests：df = 3，卡方值为 138.322，sig = 0.000 < 0.050，所以不同收入的居民在对“生活贫困，既不幸福也不快乐”的认同上有显著差异。

B3f by A12

您认为您目前的状况是：生活富裕，幸福也快乐 ＊ 收入 Crosstabulation

	无收入	1—1999 元	2000—3999 元	4000 元及以上	总计
未选	94.4%	92.0%	88.8%	85.8%	90.4%

续表

	无收入	1—1999 元	2000—3999 元	4000 元及以上	总计
已选	5.6%	8.0%	11.2%	14.2%	9.6%
总计	100.0%	100.0%	100.0%	100.0%	100.0%
列总计	1232	1959	2003	1101	6295

Chi-square tests：df = 3，卡方值为 60.768 ，sig = 0.000 < 0.050，所以不同收入的居民在对“生活富裕，幸福也快乐”的认同上有显著差异。

B3g by A12

您认为您目前的状况是：幸福感和快乐感提高了 ＊ 收入 Crosstabulation

	无收入	1—1999 元	2000—3999 元	4000 元及以上	总计
未选	74.7%	75.1%	71.2%	71.8%	73.2%
已选	25.3%	24.9%	28.8%	28.2%	26.8%
总计	100.0%	100.0%	100.0%	100.0%	100.0%
列总计	1232	1958	2003	1101	6294

Chi-square tests：df = 3，卡方值为 9.966 ，sig = 0.019 < 0.050，所以不同收入的居民在对“幸福感和快乐感提高了”的认同上有显著差异。

B4 by A12

如果条件允许的话，您或者您的孩子愿意生活在国内，还是到国外定居 ＊ 收入 Crosstabulation

	无收入	1—1999 元	2000—3999 元	4000 元及以上	总计
还是在国内生活好	74.8%	79.3%	80.4%	77.2%	78.4%
选择到国外定居	9.2%	7.9%	6.7%	9.1%	8.0%
走一步，看一步	10.5%	7.9%	7.2%	8.5%	8.3%
无所谓	5.6%	4.9%	5.6%	5.2%	5.3%
总计	100.0%	100.0%	100.0%	100.0%	100.0%
列总计	1224	1953	1989	1097	6263

Chi-square tests：df = 9，卡方值为 22.658 ，sig = 0.007 < 0.050，所以不同收入的居民在对“如果条件允许的话，您或者您的孩子愿意生活在国内，还是到国外定居”的选择上有显著差异。

B5 by A12

您认为中国梦和您个人、家庭追求美好生活有关系吗 ＊ 收入 Crosstabulation

	无收入	1—1999 元	2000—3999 元	4000 元及以上	总计
关系很大	56.4%	63.0%	70.7%	74.2%	66.1%

续表

	无收入	1—1999 元	2000—3999 元	4000 元及以上	总计
关系不大	21.5%	19.0%	18.1%	19.4%	19.3%
根本没有关系	4.9%	3.4%	2.8%	1.4%	3.2%
不清楚什么是中国梦	17.2%	14.6%	8.3%	5.1%	11.5%
总计	100.0%	100.0%	100.0%	100.0%	100.0%
列总计	1229	1956	2001	1099	6285

Chi-square tests：df = 9，卡方值为 174.442，sig = 0.000 < 0.050，所以不同收入的居民在对“中国梦和个人、家庭追求美好生活是否有关系”的认知上有显著差异。

B6 by A12

现在我们省正按照习近平总书记的要求，努力建设经济强、百姓富、环境美、社会文明程度高的新江苏。您对实现“新江苏”这样的目标有信心吗 * 收入 Crosstabulation

	无收入	1—1999 元	2000—3999 元	4000 元及以上	总计
很有信心	77.7%	84.3%	82.9%	83.4%	82.4%
没有信心	5.7%	4.1%	4.2%	3.5%	4.4%
说不清楚	16.6%	11.6%	12.8%	13.1%	13.2%
总计	100.0%	100.0%	100.0%	100.0%	100.0%
列总计	1228	1953	1994	1098	6273

Chi-square tests：df = 6，卡方值为 26.688，sig = 0.000 < 0.050，所以不同收入的居民在对“实现‘新江苏’这样的目标”的信心上有显著差异。

B7 by A12

您认为我国目前人与人之间的关系主要受什么影响 * 收入 Crosstabulation

	无收入	1—1999 元	2000—3999 元	4000 元及以上	总计
完全受利益影响	8.3%	11.2%	10.5%	11.8%	10.5%
主要受利益影响	39.8%	36.4%	38.7%	39.3%	38.3%
主要受情感影响	25.2%	27.0%	20.1%	16.4%	22.6%
完全受情感影响	2.6%	3.7%	3.1%	2.9%	3.2%
受个人价值观影响	12.1%	10.1%	13.7%	15.1%	12.5%
受共同价值观影响	11.9%	11.6%	13.9%	14.5%	12.9%
总计	100.0%	100.0%	100.0%	100.0%	100.0%
列总计	1215	1944	1993	1095	6247

Chi-square tests：df = 15，卡方值为 81.985，sig = 0.000 < 0.050，所以不同收入的居民在对“认为我国目前人与人之间的关系主要受什么影响”的选择上有显著差异。

B8a by A12

请问您是否同意以下说法：当前大多数人奉行的是“个人至上”＊收入 Crosstabulation

	无收入	1—1999 元	2000—3999 元	4000 元及以上	总计
完全同意	16.7%	18.8%	14.0%	13.7%	15.9%
比较同意	41.4%	37.7%	38.6%	40.8%	39.3%
不太同意	32.5%	32.4%	36.3%	34.8%	34.1%
完全不同意	9.3%	11.1%	11.1%	10.7%	10.7%
总计	100.0%	100.0%	100.0%	100.0%	100.0%
列总计	1230	1955	2000	1098	6283

Chi-square tests：df = 9，卡方值为 30.626，sig = 0.000 < 0.050，所以不同收入的居民在对“当前大多数人奉行的是‘个人至上’”的看法上有显著差异。

B8b by A12

请问您是否同意以下说法：现在我国大多数人是见利忘义的 ＊ 收入 Crosstabulation

	无收入	1—1999 元	2000—3999 元	4000 元及以上	总计
完全同意	9.3%	11.3%	8.1%	8.7%	9.4%
比较同意	29.0%	29.0%	26.0%	22.4%	26.9%
不太同意	48.3%	43.9%	48.6%	51.0%	47.5%
完全不同意	13.4%	15.8%	17.3%	17.9%	16.2%
总计	100.0%	100.0%	100.0%	100.0%	100.0%
列总计	1227	1951	1994	1094	6266

Chi-square tests：df = 9，卡方值为 44.155 ，sig = 0.000 < 0.050，所以不同收入的居民在对“我国大多数人是见利忘义的”的看法上有显著差异。

B8c by A12

请问您是否同意以下说法：当前大多数人都是以集体利益为重的 ＊ 收入 Crosstabulation

	无收入	1—1999 元	2000—3999 元	4000 元及以上	总计
完全同意	15.9%	19.1%	16.9%	14.5%	17.0%
比较同意	47.6%	45.1%	44.4%	41.4%	44.7%
不太同意	29.8%	29.3%	33.1%	36.7%	31.9%

续表

	无收入	1—1999 元	2000—3999 元	4000 元及以上	总计
完全不同意	6.6%	6.4%	5.7%	7.3%	6.4%
总计	100.0%	100.0%	100.0%	100.0%	100.0%
列总计	1223	1943	1996	1093	6255

Chi-square tests：df =，9 卡方值为 32.688，sig =0.000 <0.050，所以不同收入的居民在对“当前大多数人都是以集体利益为重的”的看法上有显著差异。

B8d by A12

请问您是否同意以下说法：当前大多数人都是家庭利益至上的 * 收入 Crosstabulation

	无收入	1—1999 元	2000—3999 元	4000 元及以上	总计
完全同意	33.1%	35.3%	30.1%	27.7%	31.9%
比较同意	49.9%	47.6%	49.0%	52.0%	49.3%
不太同意	14.8%	13.4%	17.8%	17.3%	15.8%
完全不同意	2.1%	3.7%	3.1%	3.0%	3.1%
总计	100.0%	100.0%	100.0%	100.0%	100.0%
列总计	1222	1944	1988	1092	6246

Chi-square tests：df =9，卡方值为 39.696，sig =0.000 <0.050，所以不同收入的居民在对“当前大多数人都是家庭利益至上的”的认同上有显著差异。

B8e by A12

请问您是否同意以下说法：当前的社会是一个金钱至上的社会 * 收入 Crosstabulation

	无收入	1—1999 元	2000—3999 元	4000 元及以上	总计
完全同意	26.5%	28.0%	21.6%	21.0%	24.4%
比较同意	36.8%	36.5%	36.7%	35.5%	36.5%
不太同意	28.3%	28.4%	32.9%	33.7%	30.8%
完全不同意	8.4%	7.0%	8.7%	9.8%	8.3%
总计	100.0%	100.0%	100.0%	100.0%	100.0%
列总计	1223	1944	1992	1092	6251

Chi-square tests：df =9，卡方值为 43.133，sig =0.000 <0.050，所以不同收入的居民在对“当前的社会是一个金钱至上的社会”的认同上有显著差异。

B8f by A12

请问您是否同意以下说法：好人有好报，恶人终归会受到惩罚 * 收入 Crosstabulation

	无收入	1—1999 元	2000—3999 元	4000 元及以上	总计
完全同意	54.0%	58.6%	53.3%	51.9%	54.8%
比较同意	33.0%	29.9%	32.4%	35.3%	32.2%
不太同意	10.5%	8.3%	11.1%	10.4%	10.0%
完全不同意	2.5%	3.1%	3.3%	2.5%	2.9%
总计	100.0%	100.0%	100.0%	100.0%	100.0%
列总计	1229	1947	1988	1089	6253

Chi-square tests：df = 9，卡方值为 25.003，sig = 0.003 < 0.050，所以不同收入的居民在对“好人有好报，恶人终归会受到惩罚”的认同上有显著差异。

B8g by A12

请问您是否同意以下说法：我们社会中的道德能够很好地约束人们的行为 * 收入 Crosstabulation

	无收入	1—1999 元	2000—3999 元	4000 元及以上	总计
完全同意	26.2%	29.4%	29.5%	25.7%	28.1%
比较同意	52.4%	51.0%	48.7%	51.6%	50.6%
不太同意	18.2%	16.5%	18.9%	19.9%	18.2%
完全不同意	3.3%	3.1%	3.0%	2.7%	3.0%
总计	100.0%	100.0%	100.0%	100.0%	100.0%
列总计	1227	1941	1996	1094	6258

Chi-square tests：df = 9，卡方值为 14.738，sig = 0.098 > 0.050，所以不同收入的居民在对“我们社会中的道德能够很好地约束人们的行为”的认同上没有显著差异。

B8h by A12

请问您是否同意以下说法：现有的规范和习俗能够很好地调节人与人的关系 * 收入 Crosstabulation

	无收入	1—1999 元	2000—3999 元	4000 元及以上	总计
完全同意	23.1%	27.2%	25.7%	24.8%	25.5%
比较同意	55.8%	53.9%	53.5%	54.3%	54.2%
不太同意	17.9%	15.8%	18.5%	18.3%	17.5%
完全不同意	3.2%	3.1%	2.3%	2.7%	2.8%

续表

	无收入	1—1999 元	2000—3999 元	4000 元及以上	总计
总计	100.0%	100.0%	100.0%	100.0%	100.0%
列总计	1224	1939	1991	1082	6236

Chi-square tests：df=9，卡方值为 13.808，sig =0.129 >0.050，所以不同收入的居民在对“现有的规范和习俗能够很好地调节人与人的关系”的认同上没有显著差异。

B8i by A12

请问您是否同意以下说法：为了经济利益可以少许破坏生态环境 * 收入 Crosstabulation

	无收入	1—1999 元	2000—3999 元	4000 元及以上	总计
完全同意	8.3%	8.5%	8.9%	9.2%	8.7%
比较同意	19.3%	17.8%	16.0%	16.6%	17.3%
不太同意	31.9%	29.4%	31.6%	28.3%	30.4%
完全不同意	40.4%	44.3%	43.6%	45.9%	43.6%
总计	100.0%	100.0%	100.0%	100.0%	100.0%
列总计	1227	1935	1992	1093	6247

Chi-square tests：df=9，卡方值为 14.925 ，sig=0.093 >0.050，所以不同收入的居民在对“为了经济利益可以少许破坏生态环境”的认同上没有显著差异。

B8j by A12

请问您是否同意以下说法：在社会生活中首要的是个人幸福，然后才可能去顾及他人 * 收入 Crosstabulation

	无收入	1—1999 元	2000—3999 元	4000 元及以上	总计
完全同意	18.6%	20.8%	15.5%	14.3%	17.5%
比较同意	38.5%	39.6%	38.1%	37.8%	38.6%
不太同意	31.0%	29.2%	33.9%	36.3%	32.3%
完全不同意	11.8%	10.5%	12.5%	11.6%	11.6%
总计	100.0%	100.0%	100.0%	100.0%	100.0%
列总计	1228	1950	1999	1093	6270

Chi-square tests：df=9，卡方值为 41.753 ，sig =0.000 <0.050，所以不同收入的居民在对“在社会生活中首要的是个人幸福，然后才可能去顾及他人”的认同上有显著差异。

B8k by A12

请问您是否同意以下说法：一个人的时候可以做一些诸如随地丢垃圾、随地吐痰等的小事，反正也没有别人知道 ＊ 收入 Crosstabulation

	无收入	1—1999 元	2000—3999 元	4000 元及以上	总计
完全同意	4.5%	4.5%	3.4%	3.7%	4.0%
比较同意	9.5%	10.4%	8.6%	7.8%	9.2%
不太同意	27.6%	28.0%	24.0%	22.2%	25.6%
完全不同意	58.5%	57.1%	64.0%	66.4%	61.2%
总计	100.0%	100.0%	100.0%	100.0%	100.0%
列总计	1230	1949	1997	1092	6268

Chi-square tests：df = 9，卡方值为 38.000，sig = 0.000 < 0.050，所以不同收入的居民在对“一个人的时候可以做一些诸如随地丢垃圾、随地吐痰等的小事，反正也没有别人知道”的认同上有显著差异。

B9 by A12

对中国社会，您最担忧的问题是 ＊ 收入 Crosstabulation

	无收入	1—1999 元	2000—3999 元	4000 元及以上	总计
腐败不能根治	26.1%	29.3%	30.9%	30.6%	29.4%
生态环境恶化	20.2%	18.5%	23.3%	26.0%	21.7%
贫富不均，两极分化	21.0%	20.4%	20.6%	17.0%	20.0%
老无所养，对未来没有把握	12.6%	14.7%	9.8%	7.1%	11.4%
生活水平下降	6.7%	5.5%	4.0%	3.6%	4.9%
道德滑坡，社会风气恶化	7.8%	6.4%	8.0%	11.7%	8.1%
人际关系紧张	2.5%	1.6%	1.6%	1.2%	1.7%
其他	3.1%	3.6%	1.8%	2.8%	2.8%
总计	100.0%	100.0%	100.0%	100.0%	100.0%
列总计	1222	1950	1998	1093	6263

Chi-square tests：df = 21，卡方值为 137.162 ，sig = 0.000 < 0.050，所以不同收入的居民在对“对中国社会，您最担忧的问题”的选择上有显著差异。

B10 by A12

和前几年相比，您认为目前我国官员腐败现象 ＊ 收入 Crosstabulation

	无收入	1—1999 元	2000—3999 元	4000 元及以上	总计
有较大改善	67.3%	73.7%	76.9%	75.1%	73.7%
没什么变化	28.5%	22.8%	20.2%	21.3%	22.8%

续表

	无收入	1—1999 元	2000—3999 元	4000 元及以上	总计
更加恶化	4.3%	3.4%	3.0%	3.6%	3.5%
总计	100.0%	100.0%	100.0%	100.0%	100.0%
列总计	1222	1954	2000	1099	6275

Chi-square tests：df = 6，卡方值为 37.942，sig = 0.000 < 0.050，所以不同收入的居民在对“和前几年相比，您认为目前我国官员腐败现象有无改善”的评价上有显著差异。

B11a by A12

当前我国社会道德生活中最重要的元素 ＊ 收入 Crosstabulation

	无收入	1—1999 元	2000—3999 元	4000 元及以上	总计
意识形态中所提倡的社会主义道德	25.0%	24.3%	27.9%	30.3%	26.6%
中国传统道德	57.6%	60.1%	58.7%	56.5%	58.5%
受西方文化影响而形成的道德	4.3%	4.0%	3.5%	2.8%	3.7%
市场经济中形成的道德	13.1%	11.3%	9.7%	10.2%	11.0%
其他		0.3%	0.3%	0.1%	0.2%
总计	100.0%	100.0%	100.0%	100.0%	100.0%
列总计	1198	1912	1983	1093	6186

Chi-square tests：df = 12，卡方值为 30.264 ，sig = 0.003 < 0.050，所以不同收入的居民在对“当前我国社会道德生活中最重要的元素”的选择上有显著差异。

B11b by A12

当前我国社会道德生活中第二重要的元素 ＊ 收入 Crosstabulation

	无收入	1—1999 元	2000—3999 元	4000 元及以上	总计
意识形态中所提倡的社会主义道德	45.2%	44.5%	45.9%	40.9%	44.5%
中国传统道德	27.0%	26.8%	28.7%	32.7%	28.5%
受西方文化影响而形成的道德	8.2%	7.6%	6.1%	8.0%	7.3%
市场经济中形成的道德	19.4%	20.7%	19.1%	18.4%	19.5%
其他	0.1%	0.5%	0.2%		0.2%
总计	100.0%	100.0%	100.0%	100.0%	100.0%
列总计	1183	1880	1938	1071	6072

Chi-square tests：df = 12，卡方值为 31.683 ，sig = 0.002 < 0.050，所以不同收入的居民在对“当前我国社会道德生活中第二重要的元素”的选择上有显著差异。

B11c by A12

当前我国社会道德生活中第三重要的元素 * 收入 Crosstabulation

	无收入	1—1999 元	2000—3999 元	4000 元及以上	总计
意识形态中所提倡的社会主义道德	22.2%	22.6%	20.5%	20.7%	21.5%
中国传统道德	11.3%	9.9%	8.9%	7.9%	9.5%
受西方文化影响而形成的道德	21.8%	19.6%	20.0%	19.7%	20.2%
市场经济中形成的道德	44.3%	47.1%	49.9%	50.8%	48.1%
其他	0.4%	0.9%	0.7%	0.8%	0.7%
总计	100.0%	100.0%	100.0%	100.0%	100.0%
列总计	1172	1871	1929	1061	6033

Chi-square tests：df = 12，卡方值为 21.318 ，sig = 0.046 < 0.050，所以不同收入的居民在对“当前我国社会道德生活中第三重要的元素”的选择上有显著差异。

B12 by A12

对伦理关系和道德生活，您最向往或怀念的是 * 收入 Crosstabulation

	无收入	1—1999 元	2000—3999 元	4000 元及以上	总计
传统社会的伦理和道德（如仁、义、礼、智、信）	42.3%	43.9%	48.1%	47.7%	45.6%
战争年代为理想而献身的革命精神（如革命烈士的无私献身精神）	16.4%	19.4%	17.9%	16.7%	17.9%
新中国成立后到“文化大革命”前的大公无私的集体主义精神	11.1%	14.8%	11.4%	10.6%	12.2%
追求个人利益的市场经济下的道德	6.9%	6.6%	5.4%	3.7%	5.8%
自由、平等、博爱的西方道德	23.3%	15.5%	17.1%	21.3%	18.5%
总计	100.0%	100.0%	100.0%	100.0%	100.0%
列总计	1225	1952	1996	1098	6271

Chi-square tests：df = 12，卡方值为 72.777 ，sig = 0.000 < 0.05 ，所以不同收入的居民在对“最向往的或怀念的伦理关系和道德生活”的选择上有显著差异。

B13a by A12

目前职业道德中最突出的问题是：将职业当作谋生的手段，缺乏责任感和奉献精神 * 收入 Crosstabulation

	无收入	1—1999 元	2000—3999 元	4000 元及以上	总计
未选	55.2%	56.3%	45.1%	41.1%	49.8%
已选	44.8%	43.7%	54.9%	58.9%	50.2%

续表

	无收入	1—1999 元	2000—3999 元	4000 元及以上	总计
总计	100. 0%	100. 0%	100. 0%	100. 0%	100. 0%
列总计	1213	1943	1985	1096	6237

Chi-square tests：df = 3，卡方值为 97. 213 ，sig = 0. 000 < 0. 050，所以不同收入的居民在对“目前职业道德中最突出的问题是将职业当作谋生的手段，缺乏责任感和奉献精神”的看法上有显著差异。

B13b by A12

目前职业道德中最突出的问题是：企业老板剥削员工，利益关系不公正 ＊ 收入 Crosstabulation

	无收入	1—1999 元	2000—3999 元	4000 元及以上	总计
未选	62. 1%	60. 0%	63. 9%	67. 9%	63. 1%
已选	37. 9%	40. 0%	36. 1%	32. 1%	36. 9%
总计	100. 0%	100. 0%	100. 0%	100. 0%	100. 0%
列总计	1215	1944	1986	1095	6240

Chi-square tests：df = 3，卡方值为 19. 915，sig = 0. 000 < 0. 050，所以不同收入的居民在对“目前职业道德中最突出的问题是企业老板剥削员工，利益关系不公正”的看法上有显著差异。

B13c by A12

目前职业道德中最突出的问题是：老板和员工、上级和下级相互勾结，对社会不负责任 ＊ 收入 Crosstabulation

	无收入	1—1999 元	2000—3999 元	4000 元及以上	总计
未选	75. 6%	77. 1%	81. 5%	80. 5%	78. 8%
已选	24. 4%	22. 9%	18. 5%	19. 5%	21. 2%
总计	100. 0%	100. 0%	100. 0%	100. 0%	100. 0%
列总计	1215	1944	1986	1096	6241

Chi-square tests：df = 3，卡方值为 21. 816，sig = 0. 000 < 0. 050，所以不同收入的居民在对“目前职业道德中最突出的问题是老板和员工、上级和下级相互勾结，对社会不负责任”的看法上有显著差异。

B13d by A12

目前职业道德中最突出的问题是：领导和业主道德素质差 ＊ 收入 Crosstabulation

	无收入	1—1999 元	2000—3999 元	4000 元及以上	总计
未选	81. 9%	81. 3%	81. 8%	83. 2%	81. 9%

续表

	无收入	1—1999 元	2000—3999 元	4000 元及以上	总计
已选	18.1%	18.7%	18.2%	16.8%	18.1%
总计	100.0%	100.0%	100.0%	100.0%	100.0%
列总计	1215	1944	1986	1096	6241

Chi-square tests：df = 3，卡方值为，1.709，sig = 0.635 > 0.050，所以不同收入的居民在对“目前职业道德中最突出的问题是领导和业主道德素质差”的看法上没有显著差异。

B13e by A12

目前职业道德中最突出的问题是：组织只是利益的博弈场所，缺乏伦理性与道德性 ＊ 收入 Crosstabulation

	无收入	1—1999 元	2000—3999 元	4000 元及以上	总计
未选	83.0%	84.8%	81.1%	77.3%	82.0%
已选	17.0%	15.2%	18.9%	22.7%	18.0%
总计	100.0%	100.0%	100.0%	100.0%	100.0%
列总计	1215	1944	1987	1096	6242

Chi-square tests：df = 3，卡方值为 28.538，sig = 0.000 < 0.050，所以不同收入的居民在对“目前职业道德中最突出的问题是组织只是利益的博弈场所，缺乏伦理性与道德性”的看法上有显著差异。

B14 by A12

您认为目前我国社会成员之间的收入差距 ＊ 收入 Crosstabulation

	无收入	1—1999 元	2000—3999 元	4000 元及以上	总计
合理，可以接受	18.4%	23.1%	18.4%	21.6%	20.4%
不合理，但可以接受	41.0%	34.2%	40.5%	47.9%	39.9%
不合理，不能接受	27.4%	29.6%	29.3%	19.7%	27.3%
说不清	13.2%	13.1%	11.8%	10.8%	12.3%
总计	100.0%	100.0%	100.0%	100.0%	100.0%
列总计	1223	1944	1991	1092	6250

Chi-square tests：df = 9，卡方值为 82.248，sig = 0.000 < 0.050，所以不同收入的居民在对“目前我国社会成员之间的收入差距”的评价上有显著差异。

B15 by A12

您认为目前我国社会的分配不公、两极分化现象 ＊ 收入 Crosstabulation

	无收入	1—1999 元	2000—3999 元	4000 元及以上	总计
有较大改善	42.4%	47.0%	47.3%	45.8%	46.0%

续表

	无收入	1—1999 元	2000—3999 元	4000 元及以上	总计
没什么变化	46. 3%	39. 0%	38. 7%	37. 6%	40. 1%
更加恶化	11. 3%	14. 0%	14. 0%	16. 6%	13. 9%
总计	100. 0%	100. 0%	100. 0%	100. 0%	100. 0%
列总计	1217	1938	1996	1093	6244

Chi-square tests：df = 6，卡方值为 30. 825 ，sig = 0. 000 < 0. 050，所以不同收入的居民在对“目前我国社会的分配不公、两极分化现象有无改善”的评价上有显著差异。

B16 by A12

跟三年前相比自己的社会经济地位 ＊ 收入 Crosstabulation

	无收入	1—1999 元	2000—3999 元	4000 元及以上	总计
上升了	30. 1%	40. 0%	38. 6%	41. 6%	37. 9%
差不多	46. 8%	43. 1%	46. 2%	44. 1%	45. 0%
下降了	11. 4%	11. 3%	9. 1%	7. 7%	10. 0%
不好说/说不清	11. 7%	5. 5%	6. 2%	6. 7%	7. 2%
总计	100. 0%	100. 0%	100. 0%	100. 0%	100. 0%
列总计	1227	1952	1999	1096	6274

Chi-square tests：df = 9，卡方值为 89. 244 ，sig = 0. 000 < 0. 050，所以不同收入的居民在对“跟三年前相比自己的社会经济地位是否有变化”的评价上有显著差异。

B17 by A12

跟同龄人相比，您觉得自己的社会经济地位 ＊ 收入 Crosstabulation

	无收入	1—1999 元	2000—3999 元	4000 元及以上	总计
较高	6. 0%	8. 8%	8. 6%	13. 8%	9. 1%
差不多	58. 7%	58. 5%	63. 4%	66. 1%	61. 4%
较低	23. 1%	24. 5%	18. 9%	10. 2%	20. 0%
不好说/说不清	12. 2%	8. 1%	9. 1%	10. 0%	9. 6%
总计	100. 0%	100. 0%	100. 0%	100. 0%	100. 0%
列总计	1217	1939	1981	1093	6230

Chi-square tests：df = 9，卡方值为 143. 778 ，sig = 0. 000 < 0. 050，所以不同收入的居民在对“跟同龄人相比，您觉得自己的社会经济地位状况”的评价上有显著差异。

B18a by A12

您对现代家庭伦理中最忧虑的问题是：婚姻不稳定，两性关系过度开放 ＊ 收入 Crosstabulation

	无收入	1—1999 元	2000—3999 元	4000 元及以上	总计
未选	81.5%	80.6%	78.4%	75.1%	79.1%
已选	18.5%	19.4%	21.6%	24.8%	20.9%
总计	100.0%	100.0%	100.0%	100.0%	100.0%
列总计	1211	1914	1973	1092	6190

Chi-square tests：df = 3，卡方值为 17.690，sig = 0.001 < 0.050，所以不同收入的居民在对“现代家庭伦理中最值得忧虑的问题是婚姻不稳定，两性关系过度开放”的看法上有显著差异。

B18b by A12

您对现代家庭伦理中最忧虑的问题是：子女，尤其是独生子女缺乏责任感 ＊ 收入 Crosstabulation

	无收入	1—1999 元	2000—3999 元	4000 元及以上	总计
未选	64.3%	62.0%	58.1%	51.6%	59.4%
已选	35.7%	38.0%	41.9%	48.4%	40.6%
总计	100.0%	100.0%	100.0%	100.0%	100.0%
列总计	1210	1913	1972	1092	6187

Chi-square tests：df = 3，卡方值为 46.676 ，sig = 0.000 < 0.050，所以不同收入的居民在对“现代家庭伦理中最值得忧虑的问题是子女，尤其是独生子女缺乏责任感”的看法上有显著差异。

B18c by A12

您对现代家庭伦理中最忧虑的问题是：子女不孝敬父母 ＊ 收入 Crosstabulation

	无收入	1—1999 元	2000—3999 元	4000 元及以上	总计
未选	73.1%	72.3%	76.1%	76.8%	74.5%
已选	26.9%	27.7%	23.9%	23.2%	25.5%
总计	100.0%	100.0%	100.0%	100.0%	100.0%
列总计	1210	1912	1972	1092	6186

Chi-square tests：df = 3，卡方值为 12.099 ，sig = 0.007 < 0.050，所以不同收入的居民在对“现代家庭伦理中最值得忧虑的问题是子女不孝敬父母”的看法上有显著差异。

B18d by A12

您对现代家庭伦理中最忧虑的问题是：代沟严重，价值观念对立 ＊ 收入 Crosstabulation

	无收入	1—1999 元	2000—3999 元	4000 元及以上	总计
未选	62.5%	67.8%	60.6%	62.6%	63.6%
已选	37.5%	32.2%	39.4%	37.4%	36.4%
总计	100.0%	100.0%	100.0%	100.0%	100.0%
列总计	1210	1912	1972	1092	6186

Chi-square tests：df = 3，卡方值为 23.565 ，sig = 0.000 < 0.050，所以不同收入的居民在对“现代家庭伦理中最忧虑的问题是代沟严重，价值观念对立”的看法上有显著差异。

B18e by A12

您对现代家庭伦理中最忧虑的问题是：婆媳关系紧张 ＊ 收入 Crosstabulation

	无收入	1—1999 元	2000—3999 元	4000 元及以上	总计
未选	86.9%	85.3%	87.3%	86.5%	86.5%
已选	13.1%	14.7%	12.7%	13.5%	13.5%
总计	100.0%	100.0%	100.0%	100.0%	100.0%
列总计	1210	1912	1973	1092	6187

Chi-square tests：df = 3，卡方值为 3.483，sig = 0.323 > 0.050，所以不同收入的居民对“现代家庭伦理中最忧虑的问题是婆媳关系紧张”的看法上没有显著差异。

B18f by A12

您对现代家庭伦理中最忧虑的问题是：父母不民主，不能容忍差异 ＊ 收入 Crosstabulation

	无收入	1—1999 元	2000—3999 元	4000 元及以上	总计
未选	94.9%	94.6%	95.0%	95.3%	94.9%
已选	5.1%	5.4%	5.0%	4.7%	5.1%
总计	100.0%	100.0%	100.0%	100.0%	100.0%
列总计	1210	1912	1972	1092	6186

Chi-square tests：df = 3，卡方值为 0.943 ，sig = 0.815 > 0.050，所以不同收入的居民对“现代家庭伦理中最忧虑的问题是父母不民主，不能容忍差异”的看法上没有显著差异。

B19a by A12

您是否同意以下关于家庭和婚姻的一些说法：是否离婚主要考虑自己的感受和利益 ＊ 收入 Crosstabulation

	无收入	1—1999元	2000—3999元	4000元及以上	总计
完全同意	9.3%	10.2%	9.9%	10.3%	9.9%
比较同意	24.1%	24.2%	24.4%	22.9%	24.0%
比较不同意	42.6%	38.8%	42.1%	40.7%	40.9%
完全不同意	24.0%	26.8%	23.6%	26.1%	25.1%
总计	100.0%	100.0%	100.0%	100.0%	100.0%
列总计	1219	1932	1988	1090	6229

Chi-square tests：df＝9，卡方值为9.948，sig ＝0.355＞0.050，所以不同收入的居民在对“是否离婚主要考虑自己的感受和利益”的看法上没有显著差异。

B19b by A12

您是否同意以下关于家庭和婚姻的一些说法：是否离婚应该从家庭整体（包括子女）考虑 ＊ 收入 Crosstabulation

	无收入	1—1999元	2000—3999元	4000元及以上	总计
完全同意	43.9%	44.4%	44.7%	46.3%	44.7%
比较同意	45.8%	44.0%	43.9%	41.6%	43.9%
比较不同意	8.0%	8.6%	9.3%	9.6%	8.9%
完全不同意	2.3%	3.0%	2.1%	2.5%	2.5%
总计	100.0%	100.0%	100.0%	100.0%	100.0%
列总计	1222	1937	1990	1093	6242

Chi-square tests：df＝9，卡方值为9.175，sig ＝0.421＞0.050，所以不同收入的居民在对“是否离婚应该从家庭整体（包括子女）考虑”的看法上没有显著差异。

B19c by A12

您是否同意以下关于家庭和婚姻的一些说法：婚姻是社会的事，应当兼顾社会评价和社会后果 ＊ 收入 Crosstabulation

	无收入	1—1999元	2000—3999元	4000元及以上	总计
完全同意	21.7%	27.6%	25.1%	25.0%	25.2%
比较同意	47.3%	44.4%	42.2%	42.0%	43.8%
比较不同意	23.4%	21.1%	24.7%	25.1%	23.4%
完全不同意	7.5%	6.9%	7.9%	8.0%	7.6%

续表

	无收入	1—1999 元	2000—3999 元	4000 元及以上	总计
总计	100. 0%	100. 0%	100. 0%	100. 0%	100. 0%
列总计	1224	1933	1989	1089	6235

Chi-square tests：df = 9，卡方值为 24. 426，sig = 0. 004 < 0. 050，所以不同收入的居民在对“婚姻是社会的事，应当兼顾社会评价和社会后果”的看法上有显著差异。

B19d by A12

您是否同意以下关于家庭和婚姻的一些说法：婚姻意味着责任，不能轻率地选择离婚 ＊ 收入 Crosstabulation

	无收入	1—1999 元	2000—3999 元	4000 元及以上	总计
完全同意	57. 4%	61. 4%	61. 8%	61. 8%	60. 8%
比较同意	34. 7%	31. 4%	31. 4%	31. 2%	32. 0%
比较不同意	5. 7%	5. 2%	4. 7%	5. 2%	5. 1%
完全不同意	2. 3%	1. 9%	2. 1%	1. 7%	2. 0%
总计	100. 0%	100. 0%	100. 0%	100. 0%	100. 0%
列总计	1229	1935	1988	1093	6245

Chi-square tests：df = 9，卡方值为 8. 954 ，sig = 0. 442 > 0. 050，所以不同收入的居民在对“婚姻意味着责任，不能轻率地选择离婚”的看法上没有显著差异。

B19e by A12

您是否同意以下关于家庭和婚姻的一些说法：遇到困难需要别人帮助时，朋友比兄弟姊妹更靠得住 ＊ 收入 Crosstabulation

	无收入	1—1999 元	2000—3999 元	4000 元及以上	总计
完全同意	15. 2%	17. 5%	16. 9%	14. 8%	16. 4%
比较同意	26. 4%	28. 1%	30. 9%	29. 1%	28. 9%
比较不同意	44. 5%	41. 0%	42. 2%	44. 9%	42. 8%
完全不同意	13. 9%	13. 4%	9. 9%	11. 1%	12. 0%
总计	100. 0%	100. 0%	100. 0%	100. 0%	100. 0%
列总计	1226	1940	1989	1091	6246

Chi-square tests：df = 9，卡方值为 28. 684，sig = 0. 001 < 0. 050，所以不同收入的居民在对“遇到困难需要别人帮助时，朋友比兄弟姊妹更靠得住”的看法上有显著差异。

B19f by A12

您是否同意以下关于家庭和婚姻的一些说法：无论父母对自己如何，都应当尽赡养义务 ＊ 收入 Crosstabulation

	无收入	1—1999 元	2000—3999 元	4000 元及以上	总计
完全同意	71.3%	73.0%	75.3%	75.8%	73.9%
比较同意	22.5%	22.0%	19.7%	19.2%	20.9%
比较不同意	4.1%	3.6%	3.6%	3.6%	3.7%
完全不同意	2.0%	1.3%	1.4%	1.4%	1.5%
总计	100.0%	100.0%	100.0%	100.0%	100.0%
列总计	1229	1947	1991	1092	6259

Chi-square tests：df = 9，卡方值为 11.836 ，sig = 0.223 > 0.050，所以不同收入的居民在对“无论父母对自己如何，都应当尽赡养义务”的看法上没有显著差异。

B19g by A12

您是否同意以下关于家庭和婚姻的一些说法：为了家庭利益可以在一定程度上损害国家利益 ＊ 收入 Crosstabulation

	无收入	1—1999 元	2000—3999 元	4000 元及以上	总计
完全同意	3.4%	4.0%	4.2%	3.2%	3.8%
比较同意	9.0%	9.8%	6.8%	8.3%	8.4%
比较不同意	30.4%	27.6%	25.9%	24.5%	27.1%
完全不同意	57.2%	58.5%	63.2%	64.0%	60.7%
总计	100.0%	100.0%	100.0%	100.0%	100.0%
列总计	1224	1944	1994	1092	6254

Chi-square tests：df = 9，卡方值为 30.858 ，sig = 0.000 < 0.050，所以不同收入的居民在对“为了家庭利益可以在一定程度上损害国家利益”的看法上有显著差异。

B20 by A12

您所在的地方发生过虐童事件吗 ＊ 收入 Crosstabulation

	无收入	1—1999 元	2000—3999 元	4000 元及以上	总计
经常会发生	0.7%	0.8%	0.8%	1.4%	0.9%
偶尔发生	12.7%	10.8%	11.7%	13.3%	11.9%
没听说过	86.7%	88.3%	87.5%	85.3%	87.2%
总计	100.0%	100.0%	100.0%	100.0%	100.0%
列总计	1223	1936	1989	1092	6240

Chi-square tests：df = 6，卡方值为 8.951 ，sig = 0.176 > 0.050，所以不同收入的居民在对“所在的地方是否发生过虐童事件”的回答上没有显著差异。

B21a by A12

您是否听说过或见过祠堂 ＊ 收入 Crosstabulation

	无收入	1—1999 元	2000—3999 元	4000 元及以上	总计
未选	74.5%	71.6%	65.1%	62.8%	68.6%
已选	25.5%	28.4%	34.9%	37.2%	31.4%
总计	100.0%	100.0%	100.0%	100.0%	100.0%
列总计	1231	1955	2002	1100	6288

Chi-square tests：df = 3，卡方值为 55.981，sig = 0.000 < 0.050，所以不同收入的居民在对“是否听说过或见过祠堂”的回答上有显著差异。

B21b by A12

您是否听说过或见过族谱 ＊ 收入 Crosstabulation

	无收入	1—1999 元	2000—3999 元	4000 元及以上	总计
未选	68.1%	65.4%	63.8%	61.7%	64.8%
已选	31.9%	34.6%	36.2%	38.3%	35.2%
总计	100.0%	100.0%	100.0%	100.0%	100.0%
列总计	1232	1956	2003	1100	6291

Chi-square tests：df = 3，卡方值为 11.657，sig = 0.009 < 0.050，所以不同收入的居民在对“是否听说过或见过族谱”的回答上有显著差异。

B21c by A12

您是否听说过或见过祖先牌位 ＊ 收入 Crosstabulation

	无收入	1—1999 元	2000—3999 元	4000 元及以上	总计
未选	73.4%	73.5%	71.5%	69.8%	72.2%
已选	26.6%	26.5%	28.5%	30.2%	27.8%
总计	100.0%	100.0%	100.0%	100.0%	100.0%
列总计	1232	1956	2003	1100	6291

Chi-square tests：df = 3，卡方值为 6.017，sig = 0.111 > 0.050，所以不同收入的居民在对“是否听说过或见过祖先牌位”的回答上没有显著差异。

B21d by A12

您是否听说过或见过姓氏辈分（×姓×字，或第×代）＊ 收入 Crosstabulation

	无收入	1—1999 元	2000—3999 元	4000 元及以上	总计
未选	60.0%	58.4%	60.1%	56.1%	58.8%

续表

	无收入	1—1999 元	2000—3999 元	4000 元及以上	总计
已选	40.0%	41.6%	39.9%	43.9%	41.2%
总计	100.0%	100.0%	100.0%	100.0%	100.0%
列总计	1232	1956	2003	1100	6291

Chi-square tests：df = 3，卡方值为 5.461 ，sig = 0.141 > 0.050，所以不同收入的居民在对“是否听说过或见过姓氏辈分（×姓×字，或第×代）”的回答上没有显著差异。

B21e by A12

您是否听说过或见过姓氏族支（×姓××堂）＊ 收入 Crosstabulation

	无收入	1—1999 元	2000—3999 元	4000 元及以上	总计
未选	90.5%	87.9%	89.7%	88.1%	89.0%
已选	9.5%	12.1%	10.3%	11.9%	11.0%
总计	100.0%	100.0%	100.0%	100.0%	100.0%
列总计	1232	1956	2003	1100	6291

Chi-square tests：df = 3，卡方值为 7.318，sig = 0.062 > 0.050，所以不同收入的居民在对“是否听说过或见过姓氏族支（×姓××堂）”的回答上没有显著差异。

B21f by A12

您是否听说过或见过到祖坟上磕头、烧纸、供菜或燃放鞭炮等行为 ＊ 收入 Crosstabulation

	无收入	1—1999 元	2000—3999 元	4000 元及以上	总计
未选	20.5%	17.4%	20.0%	21.3%	19.5%
已选	79.5%	82.6%	80.0%	78.7%	80.5%
总计	100.0%	100.0%	100.0%	100.0%	100.0%
列总计	1232	1957	2003	1100	6292

Chi-square tests：df = 3，卡方值为 8.963 ，sig = 0.030 < 0.050，所以不同收入的居民在对“是否听说过或见过到祖坟上磕头、烧纸、供菜或燃放鞭炮等行为”的回答上有显著差异。

B21g by A12

您是否听说过或见过到祖坟上鞠躬、献鲜花或供奉水果等行为 ＊ 收入 Crosstabulation

	无收入	1—1999 元	2000—3999 元	4000 元及以上	总计
未选	39.0%	32.9%	31.9%	31.6%	33.6%
已选	61.0%	67.1%	68.1%	68.4%	66.4%
总计	100.0%	100.0%	100.0%	100.0%	100.0%

续表

	无收入	1—1999 元	2000—3999 元	4000 元及以上	总计
列总计	1232	1957	2003	1100	6292

Chi-square tests：df = 3，卡方值为 21.272，sig = 0.000 < 0.050，所以不同收入的居民在对“是否听说过或见过到祖坟上鞠躬、献鲜花或供奉水果等行为”的回答上有显著差异。

B21h by A12

您是否听说过或见过宗族大事记或家族活动记录 * 收入 Crosstabulation

	无收入	1—1999 元	2000—3999 元	4000 元及以上	总计
未选	92.9%	93.3%	91.4%	89.3%	91.9%
已选	7.1%	6.7%	8.6%	10.7%	8.1%
总计	100.0%	100.0%	100.0%	100.0%	100.0%
列总计	1232	1957	2003	1100	6292

Chi-square tests：df = 3，卡方值为 17.469，sig = 0.001 < 0.050，所以不同收入的居民在对“是否听说过或见过宗族大事记或家族活动记录”的回答上有显著差异。

B21i by A12

您是否听说过或见过古牌坊、古牌匾、人物纪念石碑等古迹古物 * 收入 Crosstabulation

	无收入	1—1999 元	2000—3999 元	4000 元及以上	总计
未选	79.7%	81.2%	76.0%	72.1%	77.7%
已选	20.3%	18.8%	24.0%	27.9%	22.3%
总计	100.0%	100.0%	100.0%	100.0%	100.0%
列总计	1232	1957	2003	1100	6292

Chi-square tests：df = 3，卡方值为 39.801，sig = 0.000 < 0.050，所以不同收入的居民在对“是否听说过或见过古牌坊、古牌匾、人物纪念石碑等古迹古物”的回答上有显著差异。

B21j by A12

您是否听说过或见过以下传统活动：其他 * 收入 Crosstabulation

	无收入	1—1999 元	2000—3999 元	4000 元及以上	总计
未选	98.3%	98.4%	99.0%	98.5%	98.6%
已选	1.7%	1.6%	1.0%	1.5%	1.4%
总计	100.0%	100.0%	100.0%	100.0%	100.0%

续表

	无收入	1—1999 元	2000—3999 元	4000 元及以上	总计
列总计	1232	1957	2003	1100	6292

Chi-square tests：df = 3，卡方值为 3. 160，sig = 0. 368 > 0. 050，所以不同收入的居民在对“是否听说过或见过其他传统现象”的回答上没有显著差异。

B21k by A12

您是否听说过或见过以下传统活动：都没见过 ＊ 收入 Crosstabulation

	无收入	1—1999 元	2000—3999 元	4000 元及以上	总计
未选	94. 3%	95. 9%	96. 0%	96. 4%	95. 7%
已选	5. 7%	4. 1%	4. 0%	3. 6%	4. 3%
总计	100. 0%	100. 0%	100. 0%	100. 0%	100. 0%
列总计	1232	1957	2003	1100	6292

Chi-square tests：df = 3，卡方值为 7. 460，sig = 0. 059 > 0. 050，所以不同收入的居民在对“以上传统现象都没听说过或见过”的回答上没有显著差异。

B22a by A12

以下民间信仰情况，请问您是否见过或参观过：土地庙 ＊ 收入 Crosstabulation

	无收入	1—1999 元	2000—3999 元	4000 元及以上	总计
未选	64. 1%	62. 1%	63. 2%	63. 2%	63. 0%
已选	35. 9%	37. 9%	36. 8%	36. 8%	37. 0%
总计	100. 0%	100. 0%	100. 0%	100. 0%	100. 0%
列总计	1230	1954	1998	1100	6282

Chi-square tests：df = 3，卡方值为 1. 444 ，sig = 0. 695 > 0. 050，所以不同收入的居民在对“是否见过或参观过土地庙”的回答上没有显著差异。

B22b by A12

以下民间信仰情况，请问您是否见过或参观过：关帝庙、娘娘庙或其他神庙 ＊ 收入 Crosstabulation

	无收入	1—1999 元	2000—3999 元	4000 元及以上	总计
未选	81. 6%	82. 7%	75. 5%	75. 9%	79. 0%
已选	18. 4%	17. 3%	24. 5%	24. 1%	21. 0%
总计	100. 0%	100. 0%	100. 0%	100. 0%	100. 0%

续表

	无收入	1—1999 元	2000—3999 元	4000 元及以上	总计
列总计	1230	1954	1998	1100	6282

Chi-square tests：df = 3，卡方值为 41.691，sig = 0.000 < 0.050，所以不同收入的居民在对“是否见过或参观过关帝庙、娘娘庙或其他神庙”的回答上有显著差异。

B22c by A12

以下民间信仰情况，请问您是否见过或参观过：没见过 * 收入 Crosstabulation

	无收入	1—1999 元	2000—3999 元	4000 元及以上	总计
未选	44.7%	45.3%	50.6%	50.9%	47.9%
已选	55.3%	54.7%	49.4%	49.1%	52.1%
总计	100.0%	100.0%	100.0%	100.0%	100.0%
列总计	1230	1954	1997	1100	6281

Chi-square tests：df = 3，卡方值为 20.259，sig = 0.000 < 0.050，所以不同收入的居民在对“没见过或参观过任何形式的民间信仰”的回答上有显著差异。

B23a by A12

以下民间活动，您是否参加过或见过：个人敬供（烧香叩拜等）* 收入 Crosstabulation

	无收入	1—1999 元	2000—3999 元	4000 元及以上	总计
未选	54.2%	54.2%	52.2%	52.8%	53.3%
已选	45.8%	45.8%	47.8%	47.2%	46.7%
总计	100.0%	100.0%	100.0%	100.0%	100.0%
列总计	1231	1955	1999	1099	6284

Chi-square tests：df = 3，卡方值为 2.097，sig = 0.553 > 0.050，所以不同收入的居民在对“参加或见过个人敬供（烧香叩拜等）”的回答上没有显著差异。

B23b by A12

以下民间活动，您是否参加过或见过：节日集体敬供（聚餐等）* 收入 Crosstabulation

	无收入	1—1999 元	2000—3999 元	4000 元及以上	总计
未选	79.5%	82.0%	78.3%	79.3%	79.9%
已选	20.5%	18.0%	21.7%	20.7%	20.1%

续表

	无收入	1—1999 元	2000—3999 元	4000 元及以上	总计
总计	100.0%	100.0%	100.0%	100.0%	100.0%
列总计	1231	1954	1998	1099	6282

Chi-square tests：df = 3，卡方值为 8.943 ，sig = 0.030 < 0.050，所以不同收入的居民在对“参加或见过节日集体敬供（聚餐等）”的回答上有显著差异。

B23c by A12

以下民间活动，您是否参加过或见过：其他活动（建庙委员会、教育、助贫、敬老、龙舟等）＊ 收入 Crosstabulation

	无收入	1—1999 元	2000—3999 元	4000 元及以上	总计
未选	84.5%	84.4%	78.7%	75.0%	81.0%
已选	15.5%	15.6%	21.3%	25.0%	19.0%
总计	100.0%	100.0%	100.0%	100.0%	100.0%
列总计	1229	1953	1997	1098	6277

Chi-square tests：df = 3，卡方值为 56.533 ，sig = 0.000 < 0.050，所以不同收入的居民在对“参加或见过其他活动（建庙委员会、教育、助贫、敬老、龙舟等）”的回答上有显著差异。

B23d by A12

以下民间活动，您是否参加过或见过：没参加过 ＊ 收入 Crosstabulation

	无收入	1—1999 元	2000—3999 元	4000 元及以上	总计
未选	62.0%	59.7%	65.5%	67.5%	63.4%
已选	38.0%	40.3%	34.5%	32.5%	36.6%
总计	100.0%	100.0%	100.0%	100.0%	100.0%
列总计	1231	1953	1997	1098	6279

Chi-square tests：df = 3，卡方值为 24.242 ，sig = 0.000 < 0.050，所以不同收入的居民在对“没参加过任何形式的民间活动”的回答上有显著差异。

B24 by A12

您目前的身体健康状况 ＊ 收入 Crosstabulation

	无收入	1—1999 元	2000—3999 元	4000 元及以上	总计
很健康	28.0%	26.2%	29.2%	30.7%	28.3%
比较健康	51.3%	52.8%	60.6%	61.5%	56.5%

续表

	无收入	1—1999 元	2000—3999 元	4000 元及以上	总计
不太健康	17.2%	18.9%	9.3%	7.8%	13.6%
很不健康	3.4%	2.1%	1.0%		1.6%
总计	100.0%	100.0%	100.0%	100.0%	100.0%
列总计	1224	1949	1994	1094	6261

Chi-square tests：df = 9，卡方值为 185.204 ，sig = 0.000 < 0.050，所以不同收入的居民在对“目前的身体健康状况”的评价上有显著差异。

B25 by A12

您目前的健康状况和一年前比较 ＊ 收入 Crosstabulation

	无收入	1—1999 元	2000—3999 元	4000 元及以上	总计
更好	15.7%	14.8%	15.2%	18.3%	15.7%
没有变化	61.1%	61.6%	70.7%	70.3%	65.9%
更差	23.2%	23.6%	14.1%	11.4%	18.3%
总计	100.0%	100.0%	100.0%	100.0%	100.0%
列总计	1226	1953	1998	1098	6275

Chi-square tests：df = 6，卡方值为 119.889，sig = 0.000 < 0.050，所以不同收入的居民在对“和一年前比较，健康状况的变化情况”的评价上有显著差异。

B26 by A12

您的就医习惯是 ＊ 收入 Crosstabulation

	无收入	1—1999 元	2000—3999 元	4000 元及以上	总计
出现不适就去看病	52.2%	54.2%	55.3%	57.9%	54.8%
症状加重时去看病	22.9%	19.3%	20.3%	18.0%	20.1%
能不看病就不看	20.7%	23.1%	21.4%	19.5%	21.5%
从不看病	3.1%	2.7%	2.1%	3.1%	2.6%
其他	1.1%	0.7%	0.9%	1.5%	1.0%
总计	100.0%	100.0%	100.0%	100.0%	100.0%
列总计	1229	1951	1987	1098	6265

Chi-square tests：df = 12，卡方值为 24.750，sig = 0.016 < 0.050，所以不同收入的居民在对“就医习惯”的评价上有显著差异。

B27 by A12

您觉得目前的生活幸福吗 ＊ 收入 Crosstabulation

	无收入	1—1999 元	2000—3999 元	4000 元及以上	总计
非常幸福	26.1%	27.5%	27.2%	29.3%	27.4%
比较幸福	66.1%	64.1%	68.6%	67.7%	66.5%
不太幸福	6.9%	7.9%	3.9%	2.9%	5.6%
非常不幸福	0.9%	0.6%	0.4%	0.1%	0.5%
总计	100.0%	100.0%	100.0%	100.0%	100.0%
列总计	1230	1954	1997	1095	6276

Chi-square tests：df = 9，卡方值为 60.859，sig = 0.000 < 0.050，所以不同收入的居民在对“目前的生活是否幸福”的评价上有显著差异。

B28 by A12

您觉得对于老年人来说最理想的或者未来最希望的养老方式是 ＊ 收入 Crosstabulation

	无收入	1—1999 元	2000—3999 元	4000 元及以上	总计
敬老院、养老院、护理院等专业养老机构	8.8%	10.5%	15.5%	17.7%	13.0%
与子女一起，住在家里养老	59.6%	60.6%	55.0%	49.8%	56.8%
与子女分开，住在家里养老	18.4%	19.4%	20.7%	18.0%	19.4%
搬到其他地方独居养老	1.7%	1.1%	0.9%	1.4%	1.2%
回到老家养老	5.9%	5.3%	3.9%	6.8%	5.2%
旅游养老	4.0%	1.6%	3.0%	5.3%	3.2%
其他	1.6%	1.5%	1.0%	1.0%	1.2%
总计	100.0%	100.0%	100.0%	100.0%	100.0%
列总计	1224	1949	1992	1092	6257

Chi-square tests：df = 18，卡方值为 130.318，sig = 0.000 < 0.050，所以不同收入的居民在对“对于老年人来说最理想的或者未来最希望的养老方式”的选择上有显著差异。

B29a by A12

在过去的一周里，您为父母做过以下哪些事情：看望 ＊ 收入 Crosstabulation

	无收入	1—1999 元	2000—3999 元	4000 元及以上	总计
未选	62.7%	61.8%	55.6%	52.5%	58.4%
已选	37.3%	38.2%	44.4%	47.5%	41.6%
总计	100.0%	100.0%	100.0%	100.0%	100.0%

续表

	无收入	1—1999 元	2000—3999 元	4000 元及以上	总计
列总计	1232	1958	2002	1100	6292

Chi-square tests：df = 3，卡方值为 40.772，sig = 0.000 < 0.050，所以不同收入的居民在对“过去的一周里，是否看望过父母”的行为上有显著差异。

B29b by A12

在过去的一周里，您为父母做过以下哪些事情：打电话 ＊ 收入 Crosstabulation

	无收入	1—1999 元	2000—3999 元	4000 元及以上	总计
未选	58.0%	67.2%	56.9%	44.9%	58.3%
已选	42.0%	32.8%	43.1%	55.1%	41.7%
总计	100.0%	100.0%	100.0%	100.0%	100.0%
列总计	1232	1959	2002	1100	6293

Chi-square tests：df = 3，卡方值为 146.869，sig = 0.000 < 0.050，所以不同收入的居民在对“过去的一周里，是否和父母打过电话”的行为上有显著差异。

B29c by A12

在过去的一周里，您为父母做过以下哪些事情：买东西 ＊ 收入 Crosstabulation

	无收入	1—1999 元	2000—3999 元	4000 元及以上	总计
未选	58.5%	64.1%	56.2%	49.8%	58.0%
已选	41.5%	35.9%	43.8%	50.2%	42.0%
总计	100.0%	100.0%	100.0%	100.0%	100.0%
列总计	1232	1959	2002	1100	6293

Chi-square tests：df = 3，卡方值为 62.467，sig = 0.000 < 0.050，所以不同收入的居民在对“过去的一周里，是否为父母买过东西”的行为上有显著差异。

B29d by A12

在过去的一周里，您为父母做过以下哪些事情：陪看病 ＊ 收入 Crosstabulation

	无收入	1—1999 元	2000—3999 元	4000 元及以上	总计
未选	80.4%	79.8%	77.0%	73.5%	77.9%
已选	19.6%	20.2%	23.0%	26.5%	22.1%
总计	100.0%	100.0%	100.0%	100.0%	100.0%
列总计	1232	1959	2002	1099	6292

Chi-square tests：df = 3，卡方值为 21.910，sig = 0.000 < 0.050，所以不同收入的居民在对“过去的一周里，是否陪父母看过病”的行为上有显著差异。

B29e by A12

在过去的一周里，您为父母做过以下哪些事情：护理 ＊ 收入 Crosstabulation

	无收入	1—1999 元	2000—3999 元	4000 元及以上	总计
未选	86.1%	84.7%	85.2%	86.8%	85.5%
已选	13.9%	15.3%	14.8%	13.2%	14.5%
总计	100.0%	100.0%	100.0%	100.0%	100.0%
列总计	1232	1959	2002	1099	6292

Chi-square tests：df = 3，卡方值为 2.996 ，sig = 0.392 > 0.050，所以不同收入的居民在对“过去的一周里，是否为父母做过护理”的行为上没有显著差异。

B29f by A12

在过去的一周里，您为父母做过以下哪些事情：做家务 ＊ 收入 Crosstabulation

	无收入	1—1999 元	2000—3999 元	4000 元及以上	总计
未选	59.3%	67.8%	61.2%	60.1%	62.7%
已选	40.7%	32.2%	38.8%	39.9%	37.3%
总计	100.0%	100.0%	100.0%	100.0%	100.0%
列总计	1232	1959	2002	1099	6292

Chi-square tests：df = 3，卡方值为 33.186，sig = 0.000 < 0.050，所以不同收入的居民在对“过去的一周里，是否为父母做过家务”的行为上有显著差异。

B29g by A12

在过去的一周里，您为父母做过以下哪些事情：谈心聊天 ＊ 收入 Crosstabulation

	无收入	1—1999 元	2000—3999 元	4000 元及以上	总计
未选	60.4%	66.1%	57.7%	53.8%	60.2%
已选	39.6%	33.9%	42.3%	46.2%	39.8%
总计	100.0%	100.0%	100.0%	100.0%	100.0%
列总计	1231	1959	2002	1100	6292

Chi-square tests：df = 3，卡方值为 52.280 ，sig = 0.000 < 0.050，所以不同收入的居民在对“过去的一周里，是否与父母谈过心、聊过天”的行为上有显著差异。

B29h by A12

在过去的一周里，您为父母做过以下哪些事情：给钱 ＊ 收入 Crosstabulation

	无收入	1—1999 元	2000—3999 元	4000 元及以上	总计
未选	84.5%	82.0%	79.5%	75.2%	80.5%
已选	15.5%	18.0%	20.5%	24.8%	19.5%
总计	100.0%	100.0%	100.0%	100.0%	100.0%
列总计	1232	1959	2002	1100	6293

Chi-square tests：df = 3，卡方值为 36.424，sig = 0.000 < 0.050，所以不同收入的居民在对“过去的一周里，是否给过父母钱”的行为上有显著差异。

B29i by A12

在过去的一周里，您为父母做过以下哪些事情：外出旅游 ＊ 收入 Crosstabulation

	无收入	1—1999 元	2000—3999 元	4000 元及以上	总计
未选	92.3%	96.0%	93.1%	90.0%	93.3%
已选	7.7%	4.0%	6.9%	10.0%	6.7%
总计	100.0%	100.0%	100.0%	100.0%	100.0%
列总计	1231	1959	2002	1100	6292

Chi-square tests：df = 3，卡方值为 43.544，sig = 0.000 < 0.050，所以不同收入的居民在对“过去的一周里，是否陪父母外出旅游过”的行为上有显著差异。

B29j by A12

在过去的一周里，您为父母做过以下哪些事情：无 ＊ 收入 Crosstabulation

	无收入	1—1999 元	2000—3999 元	4000 元及以上	总计
未选	97.5%	98.3%	98.2%	98.4%	98.1%
已选	2.5%	1.7%	1.8%	1.6%	1.9%
总计	100.0%	100.0%	100.0%	100.0%	100.0%
列总计	1232	1959	2002	1100	6293

Chi-square tests：df = 3，卡方值为 3.328，sig = 0.344 > 0.050，所以不同收入的居民在对“没有为父母做过上述任何事情”的回答上没有显著差异。

B30a by A12

总体来说，您对自己生活的以下方面满意吗：身心健康状况 ＊ 收入 Crosstabulation

	无收入	1—1999 元	2000—3999 元	4000 元及以上	总计
非常不满意	5. 6%	4. 4%	4. 7%	4. 4%	4. 7%
不太满意	16. 2%	15. 7%	11. 3%	9. 6%	13. 3%
比较满意	54. 2%	54. 5%	58. 7%	61. 3%	57. 0%
非常满意	24. 0%	25. 4%	25. 3%	24. 8%	25. 0%
总计	100. 0%	100. 0%	100. 0%	100. 0%	100. 0%
列总计	1229	1953	1998	1098	6278

Chi-square tests：df = 9，卡方值为 45. 718 ，sig = 0. 000 < 0. 050，所以不同收入的居民在对“自己身心健康状况”的满意程度上有显著差异。

B30b by A12

总体来说，您对自己生活的以下方面满意吗：整体收入水平 ＊ 收入 Crosstabulation

	无收入	1—1999 元	2000—3999 元	4000 元及以上	总计
非常不满意	8. 4%	5. 5%	4. 2%	3. 4%	5. 3%
不太满意	31. 0%	32. 1%	27. 1%	18. 7%	27. 9%
比较满意	52. 0%	51. 4%	57. 9%	63. 7%	55. 7%
非常满意	8. 6%	11. 0%	10. 8%	14. 3%	11. 1%
总计	100. 0%	100. 0%	100. 0%	100. 0%	100. 0%
列总计	1228	1955	2002	1099	6284

Chi-square tests：df = 9，卡方值为 125. 908 ，sig = 0. 000 < 0. 050，所以不同收入的居民在对“自己整体收入水平”的满意程度上有显著差异。

B30c by A12

总体来说，您对自己生活的以下方面满意吗：家庭成员关系 ＊ 收入 Crosstabulation

	无收入	1—1999 元	2000—3999 元	4000 元及以上	总计
非常不满意	2. 8%	2. 8%	4. 0%	4. 2%	3. 4%
不太满意	5. 2%	4. 2%	4. 0%	3. 4%	4. 2%
比较满意	51. 7%	50. 8%	50. 1%	56. 1%	51. 7%
非常满意	40. 4%	42. 2%	41. 9%	36. 3%	40. 7%

续表

	无收入	1—1999 元	2000—3999 元	4000 元及以上	总计
总计	100. 0%	100. 0%	100. 0%	100. 0%	100. 0%
列总计	1233	1950	1996	1098	6277

Chi-square tests：df = 9，卡方值为 25. 252 ，sig = 0. 003 < 0. 050，所以不同收入的居民在对“家庭成员关系”的满意程度上有显著差异。

B30d by A12

总体来说，您对自己生活的以下方面满意吗：社会保障水平 ＊ 收入 Crosstabulation

	无收入	1—1999 元	2000—3999 元	4000 元及以上	总计
非常不满意	6. 8%	5. 3%	5. 1%	4. 1%	5. 3%
不太满意	21. 4%	19. 4%	18. 6%	16. 5%	19. 0%
比较满意	56. 9%	57. 2%	59. 9%	61. 2%	58. 7%
非常满意	14. 8%	18. 1%	16. 4%	18. 2%	16. 9%
总计	100. 0%	100. 0%	100. 0%	100. 0%	100. 0%
列总计	1227	1954	1997	1097	6275

Chi-square tests：df = 9，卡方值为 25. 738 ，sig = 0. 002 < 0. 050，所以不同收入的居民在对“社会保障水平”的满意程度上有显著差异。

C1a by A12

在当今中国社会最基本的伦理冲突中排第一位的是 ＊ 收入 Crosstabulation

	无收入	1—1999 元	2000—3999 元	4000 元及以上	总计
人与自然的冲突	21. 7%	20. 9%	25. 6%	27. 4%	23. 7%
人自我内在的冲突	9. 0%	8. 6%	8. 0%	9. 5%	8. 6%
人与人之间的冲突	43. 2%	46. 0%	42. 4%	37. 9%	42. 9%
个人与社会的冲突	16. 5%	14. 2%	15. 4%	16. 0%	15. 3%
个人与政府的冲突	9. 2%	10. 1%	8. 4%	8. 8%	9. 1%
其他	0. 4%	0. 3%	0. 2%	0. 5%	0. 3%
总计	100. 0%	100. 0%	100. 0%	100. 0%	100. 0%
列总计	1191	1878	1953	1089	6111

Chi-square tests：df = 15，卡方值为 37. 370 ，sig = 0. 001 < 0. 050，所以不同收入的居民在对“在当今中国社会最基本的伦理冲突中排第一位的”的选择上有显著差异。

C1b by A12

在当今中国社会最基本的伦理冲突中排第二位的是 * 收入 Crosstabulation

	无收入	1—1999元	2000—3999元	4000元及以上	总计
人与自然的冲突	16.0%	16.7%	16.4%	15.9%	16.3%
人自我内在的冲突	16.9%	19.2%	19.8%	19.0%	18.9%
人与人之间的冲突	25.9%	22.8%	24.7%	26.4%	24.6%
个人与社会的冲突	29.5%	28.5%	28.5%	27.8%	28.6%
个人与政府的冲突	11.6%	12.7%	10.4%	11.0%	11.5%
其他	0.2%	0.1%	0.2%		0.1%
总计	100.0%	100.0%	100.0%	100.0%	100.0%
列总计	1175	1846	1920	1081	6022

Chi-square tests：df = 15，卡方值为17.272，sig = 0.303 > 0.050，所以不同收入的居民在对“在当今中国社会最基本的伦理冲突中排第二位的”的选择上没有显著差异。

C1c by A12

在当今中国社会最基本的伦理冲突中排第三位的是 * 收入 Crosstabulation

	无收入	1—1999元	2000—3999元	4000元及以上	总计
人与自然的冲突	21.8%	22.0%	21.7%	17.1%	21.0%
人自我内在的冲突	20.4%	17.2%	19.4%	21.1%	19.2%
人与人之间的冲突	17.6%	17.5%	18.7%	18.5%	18.1%
个人与社会的冲突	23.4%	25.3%	24.5%	26.8%	24.9%
个人与政府的冲突	15.8%	17.0%	14.8%	15.8%	15.9%
其他	1.0%	1.0%	0.9%	0.7%	0.9%
总计	100.0%	100.0%	100.0%	100.0%	100.0%
列总计	1173	1836	1910	1073	5992

Chi-square tests：df = 15，卡方值为24.293，sig = 0.060 > 0.050，所以不同收入的居民在对“在当今中国社会最基本的伦理冲突中排第三位的”的选择上没有显著差异。

C2 by A12

造成环境污染最主要的原因是 * 收入 Crosstabulation

	无收入	1—1999元	2000—3999元	4000元及以上	总计
企业唯利是图	33.5%	32.3%	35.5%	34.6%	34.0%
政府缺乏生态意识，政策失当	23.1%	23.4%	25.8%	28.1%	24.9%
当代人自私自利，不顾未来和子孙利益	17.1%	18.2%	16.9%	16.3%	17.2%

续表

	无收入	1—1999 元	2000—3999 元	4000 元及以上	总计
个人缺乏环保意识	26.3%	26.1%	21.8%	20.9%	23.9%
总计	100.0%	100.0%	100.0%	100.0%	100.0%
列总计	1214	1938	1984	1095	6231

Chi-square tests：df = 9，卡方值为 27.940，sig = 0.001 < 0.050，所以不同收入的居民在对“造成环境污染最主要的原因”的认知上有显著差异。

C3a by A12

您是否同意以下说法：能够插队买到票，是一个人灵活的表现 * 收入 Crosstabulation

	无收入	1—1999 元	2000—3999 元	4000 元及以上	总计
完全同意	2.5%	3.7%	2.3%	2.3%	2.8%
比较同意	6.2%	8.5%	7.5%	6.6%	7.4%
比较不同意	36.8%	37.8%	33.1%	30.4%	34.8%
完全不同意	54.5%	50.1%	57.1%	60.7%	55.0%
总计	100.0%	100.0%	100.0%	100.0%	100.0%
列总计	1229	1952	1996	1098	6275

Chi-square tests：df = 9，卡方值为 47.159，sig = 0.000 < 0.050，所以不同收入的居民在对“能够插队买到票，是一个人灵活的表现”的看法上有显著差异。

C3b byA12

您是否同意以下说法：如果有可能，谁都会逃税 * 收入 Crosstabulation

	无收入	1—1999 元	2000—3999 元	4000 元及以上	总计
完全同意	3.7%	4.9%	4.2%	6.2%	4.7%
比较同意	13.8%	13.6%	14.2%	15.9%	14.2%
比较不同意	38.1%	35.7%	35.7%	32.2%	35.5%
完全不同意	44.4%	45.8%	45.9%	45.7%	45.6%
总计	100.0%	100.0%	100.0%	100.0%	100.0%
列总计	1227	1946	1992	1094	6259

Chi-square tests：df = 9，卡方值为 18.255，sig = 0.032 < 0.050，所以不同收入的居民在对“如果有可能，谁都会逃税”的看法上有显著差异。

C3c by A12

您是否同意以下说法：合同都只是形式，只要有关系，什么都好商量 * 收入 Crosstabulation

	无收入	1—1999元	2000—3999元	4000元及以上	总计
完全同意	6.4%	7.7%	5.6%	4.7%	6.2%
比较同意	20.1%	19.4%	18.5%	17.5%	18.9%
比较不同意	40.8%	41.4%	39.3%	39.4%	40.3%
完全不同意	32.7%	31.5%	36.6%	38.3%	34.5%
总计	100.0%	100.0%	100.0%	100.0%	100.0%
列总计	1223	1947	1993	1096	6259

Chi-square tests：df=9，卡方值为28.710，sig =0.001 <0.050，所以不同收入的居民在对“合同都只是形式，只要有关系，什么都好商量”的看法上有显著差异。

C3d by A12

您是否同意以下说法：要想打赢官司，找关系比找律师更有价值 * 收入 Crosstabulation

	无收入	1—1999元	2000—3999元	4000元及以上	总计
完全同意	8.9%	9.2%	7.5%	6.8%	8.2%
比较同意	23.2%	23.2%	21.5%	24.0%	22.8%
比较不同意	40.2%	39.7%	38.9%	38.3%	39.3%
完全不同意	27.7%	27.9%	32.0%	30.8%	29.7%
总计	100.0%	100.0%	100.0%	100.0%	100.0%
列总计	1221	1946	1987	1096	6250

Chi-square tests：df=9，卡方值为17.590，sig =0.040 <0.050，所以不同收入的居民在对“要想打赢官司，找关系比找律师更有价值”的看法上有显著差异。

C3e by A12

您是否同意以下说法：“三个土老乡，顶得上一个公章” * 收入 Crosstabulation

	无收入	1—1999元	2000—3999元	4000元及以上	总计
完全同意	5.7%	7.7%	4.7%	5.5%	6.0%
比较同意	22.9%	24.6%	20.4%	17.9%	21.8%
比较不同意	41.1%	39.7%	38.9%	40.2%	39.8%
完全不同意	30.2%	28.0%	36.0%	36.4%	32.4%
总计	100.0%	100.0%	100.0%	100.0%	100.0%

续表

	无收入	1—1999 元	2000—3999 元	4000 元及以上	总计
列总计	1221	1942	1987	1091	6241

Chi-square tests：df = 9，卡方值为 60. 715，sig ＝0. 000 < 0. 050，所以不同收入的居民在对“三个土老乡，顶得上一个公章”的看法上有显著差异。

C3f by A12

您是否同意以下说法：法院是一个替老百姓讲理的地方 ＊ 收入 Crosstabulation

	无收入	1—1999 元	2000—3999 元	4000 元及以上	总计
完全同意	34. 3%	38. 0%	37. 2%	33. 0%	36. 1%
比较同意	43. 5%	39. 4%	39. 9%	41. 1%	40. 7%
比较不同意	17. 2%	16. 8%	17. 5%	19. 1%	17. 5%
完全不同意	5. 1%	5. 8%	5. 4%	6. 8%	5. 7%
总计	100. 0%	100. 0%	100. 0%	100. 0%	100. 0%
列总计	1226	1937	1987	1091	6241

Chi-square tests：df = 9，卡方值为 15. 651 ，sig ＝0. 075 > 0. 050，所以不同收入的居民在对“法院是一个替老百姓讲理的地方”的看法上没有显著差异。

C3g by A12

您是否同意以下说法：在这个社会，想要不吃亏，就一定要懂得利用潜规则 ＊ 收入 Crosstabulation

	无收入	1—1999 元	2000—3999 元	4000 元及以上	总计
完全同意	10. 4%	11. 6%	8. 7%	8. 7%	9. 9%
比较同意	27. 7%	31. 0%	29. 5%	29. 2%	29. 6%
比较不同意	39. 4%	38. 5%	39. 0%	40. 7%	39. 2%
完全不同意	22. 5%	18. 9%	22. 8%	21. 5%	21. 3%
总计	100. 0%	100. 0%	100. 0%	100. 0%	100. 0%
列总计	1222	1944	1987	1094	6247

Chi-square tests：df = 9，卡方值为 22. 874，sig ＝0. 006 < 0. 050，所以不同收入的居民在对“在这个社会，想要不吃亏，就一定要懂得利用潜规则”的看法上有显著差异。

C3h by A12

您是否同意以下说法：要远离那些不守规则的人，因为当他因不守规则出事的时候，可能会连累到你 ＊ 收入 Crosstabulation

	无收入	1—1999 元	2000—3999 元	4000 元及以上	总计
完全同意	28.0%	28.5%	29.3%	31.3%	29.2%
比较同意	41.1%	41.0%	39.4%	39.9%	40.3%
比较不同意	23.2%	23.3%	23.4%	21.6%	23.0%
完全不同意	7.8%	7.2%	7.9%	7.2%	7.6%
总计	100.0%	100.0%	100.0%	100.0%	100.0%
列总计	1230	1950	1988	1095	6263

Chi-square tests：df = 9，卡方值为 5.568，sig = 0.782 > 0.050，所以不同收入的居民在对“要远离那些不守规则的人，因为当他因不守规则出事的时候，可能会连累到你”的看法上没有显著差异。

C3i by A12

您是否同意以下说法：在这个处处讲背景的年代，规则是对普通老百姓最好的保护 ＊ 收入 Crosstabulation

	无收入	1—1999 元	2000—3999 元	4000 元及以上	总计
完全同意	35.7%	37.6%	36.0%	35.4%	36.4%
比较同意	44.6%	42.9%	40.4%	41.7%	42.2%
比较不同意	15.3%	14.6%	17.8%	15.6%	15.9%
完全不同意	4.4%	4.9%	5.8%	7.3%	5.5%
总计	100.0%	100.0%	100.0%	100.0%	100.0%
列总计	1230	1953	1992	1096	6271

Chi-square tests：df = 9，卡方值为 22.534，sig = 0.007 < 0.050，所以不同收入的居民在对“在这个处处讲背景的年代，规则是对普通老百姓最好的保护 ”的看法上有显著差异。

C4 by A12

哪一种关系对社会秩序最具有根本性意义 ＊ 收入 Crosstabulation

	无收入	1—1999 元	2000—3999 元	4000 元及以上	总计
家庭伦理或血缘关系	43.8%	43.8%	38.4%	33.9%	40.3%
个人与社会的关系	25.6%	24.2%	29.9%	35.0%	28.2%
职业伦理关系	2.8%	2.7%	2.9%	2.2%	2.7%
个人与国家民族的关系	21.0%	23.6%	22.1%	22.2%	22.4%
人与自然的关系	3.1%	2.7%	3.9%	3.7%	3.3%

续表

	无收入	1—1999 元	2000—3999 元	4000 元及以上	总计
个人与他自身的关系	3.7%	3.1%	2.7%	3.0%	3.1%
总计	100.0%	100.0%	100.0%	100.0%	100.0%
列总计	1206	1924	1975	1083	6188

Chi-square tests：df = 15，卡方值为 66.885，sig = 0.000 < 0.050，所以不同收入的居民在对“哪一种关系对社会秩序最具有根本性意义”的选择上有显著差异。

C5a by A12

对于个人而言，您认为家庭、社会和国家哪个最重要 * 收入 Crosstabulation

	无收入	1—1999 元	2000—3999 元	4000 元及以上	总计
国家	60.3%	68.6%	65.1%	63.5%	65.0%
社会	3.3%	3.2%	3.5%	3.2%	3.3%
家庭	36.3%	28.2%	31.4%	33.3%	31.7%
总计	100.0%	100.0%	100.0%	100.0%	100.0%
列总计	1230	1953	1997	1099	6279

Chi-square tests：df = 6，卡方值为 25.656，sig = 0.000 < 0.050，所以不同收入的居民在对“家庭、社会和国家哪个最重要”的选择上有显著差异。

C5b by A12

对于个人而言，您认为家庭、社会和国家哪个第二重要 * 收入 Crosstabulation

	无收入	1—1999 元	2000—3999 元	4000 元及以上	总计
国家	24.0%	19.0%	21.4%	21.2%	21.1%
社会	50.6%	53.4%	55.4%	54.7%	53.7%
家庭	25.4%	27.6%	23.2%	24.1%	25.1%
总计	100.0%	100.0%	100.0%	100.0%	100.0%
列总计	1224	1941	1987	1092	6244

Chi-square tests：df = 6，卡方值为 20.581，sig = 0.002 < 0.050，所以不同收入的居民在对“家庭、社会和国家哪个第二重要”的选择上有显著差异。

C5c by A12

对于个人而言，您认为家庭、社会和国家哪个第三重要 * 收入 Crosstabulation

	无收入	1—1999 元	2000—3999 元	4000 元及以上	总计
国家	15.3%	11.9%	13.0%	15.0%	13.5%

续表

	无收入	1—1999 元	2000—3999 元	4000 元及以上	总计
社会	46.2%	43.9%	41.3%	42.2%	43.2%
家庭	38.4%	44.2%	45.7%	42.8%	43.3%
总计	100.0%	100.0%	100.0%	100.0%	100.0%
列总计	1213	1927	1971	1086	6197

Chi-square tests：df = 6，卡方值为 23.015，sig = 0.001 < 0.050，所以不同收入的居民在对“家庭、社会和国家哪个第三重要”的选择上有显著差异。

C6a by A12

在下列关系中，您认为最重要的是 * 收入 Crosstabulation

	无收入	1—1999 元	2000—3999 元	4000 元及以上	总计
父母与子女	66.5%	62.5%	61.2%	60.2%	62.5%
夫妇	15.6%	18.5%	18.8%	19.0%	18.1%
兄弟姐妹	0.7%	1.2%	0.5%	0.3%	0.7%
同事或同学	0.6%	0.8%	0.4%	1.1%	0.7%
上级或下级	0.4%	0.3%	0.7%	0.3%	0.4%
师生	0.3%	0.3%	0.1%		0.2%
与自然的关系	0.8%	0.6%	1.0%	1.0%	0.8%
个人与社会	1.2%	1.5%	1.5%	2.0%	1.5%
个人与国家	11.1%	12.2%	13.6%	13.3%	12.6%
个人与工作单位	0.7%	0.9%	0.8%	0.8%	0.8%
朋友	0.2%	0.2%	0.3%	0.1%	0.2%
个人与自身的关系（身心和谐）	1.8%	1.1%	1.1%	1.9%	1.4%
总计	100.0%	100.0%	100.0%	100.0%	100.0%
列总计	1230	1950	1996	1098	6274

Chi-square tests：df = 33，卡方值为 54.973，sig = 0.010 < 0.050，所以不同收入的居民在对“最重要的关系”的选择上有显著差异。

C6b by A12

在下列关系中，您认为第二重要的是 * 收入 Crosstabulation

	无收入	1—1999 元	2000—3999 元	4000 元及以上	总计
父母与子女	22.8%	23.6%	24.6%	24.5%	23.9%
夫妇	52.1%	51.4%	49.6%	50.5%	50.8%

续表

	无收入	1—1999 元	2000—3999 元	4000 元及以上	总计
兄弟姐妹	10.0%	9.5%	7.8%	6.2%	8.5%
同事或同学	1.2%	1.2%	1.1%	1.2%	1.2%
上级或下级	1.3%	1.2%	1.2%	1.7%	1.3%
师生	0.6%	0.4%	0.3%	0.3%	0.4%
与自然的关系	1.1%	1.3%	1.4%	1.2%	1.3%
个人与社会	4.8%	6.0%	6.9%	7.5%	6.3%
个人与国家	3.3%	3.3%	3.9%	4.0%	3.6%
个人与工作单位	1.0%	0.6%	1.5%	1.1%	1.0%
通过网络建立的关系	0.1%	0.1%	0.1%	0.1%	0.1%
朋友	1.1%	1.3%	0.7%	0.7%	0.9%
个人与自身的关系（身心和谐）	0.7%	0.2%	1.1%	1.1%	0.7%
总计	100.0%	100.0%	100.0%	100.0%	100.0%
列总计	1228	1948	1989	1096	6261

Chi-square tests：df = 36，卡方值为 58.865，sig = 0.009 < 0.050，所以不同收入的居民在对“第二重要的关系”的选择上有显著差异。

C6c by A12

在下列关系中，您认为第三重要的是 * 收入 Crosstabulation

	无收入	1—1999 元	2000—3999 元	4000 元及以上	总计
父母与子女	4.7%	6.3%	6.5%	7.1%	6.2%
夫妇	11.2%	11.8%	11.8%	9.7%	11.3%
兄弟姐妹	58.8%	57.2%	55.7%	52.2%	56.2%
同事或同学	5.1%	3.3%	4.4%	3.0%	4.0%
上级或下级	1.3%	1.8%	2.2%	2.8%	2.0%
师生	1.3%	1.3%	0.6%	1.6%	1.1%
与自然的关系	2.4%	1.5%	2.8%	2.8%	2.3%
个人与社会	4.6%	4.6%	4.0%	5.2%	4.5%
个人与国家	4.9%	6.1%	4.7%	5.2%	5.3%
个人与工作单位	0.9%	1.4%	2.0%	3.5%	1.9%
通过网络建立的关系	0.1%	0.2%	0.2%	0.1%	0.1%
朋友	3.8%	3.2%	3.8%	4.4%	3.7%
个人与自身的关系（身心和谐）	1.0%	1.3%	1.4%	2.3%	1.4%
总计	100.0%	100.0%	100.0%	100.0%	100.0%

续表

	无收入	1—1999 元	2000—3999 元	4000 元及以上	总计
列总计	1225	1942	1981	1093	6241

Chi-square tests：df = 36，卡方值为 88. 809，sig = 0. 000 < 0. 050，所以不同收入的居民在对“第三重要的关系”的选择上有显著差异。

C6d by A12

在下列关系中，您认为第四重要的是 ＊ 收入 Crosstabulation

	无收入	1—1999 元	2000—3999 元	4000 元及以上	总计
父母与子女	3. 2%	3. 7%	3. 8%	3. 7%	3. 6%
夫妇	3. 7%	5. 1%	4. 9%	3. 6%	4. 5%
兄弟姐妹	8. 5%	10. 0%	9. 3%	10. 4%	9. 5%
同事或同学	18. 9%	16. 8%	20. 2%	21. 0%	19. 0%
上级或下级	3. 9%	7. 0%	5. 8%	5. 7%	5. 8%
师生	4. 7%	3. 8%	3. 7%	3. 9%	4. 0%
与自然的关系	4. 6%	2. 9%	4. 9%	5. 7%	4. 4%
个人与社会	11. 6%	10. 3%	9. 5%	9. 0%	10. 1%
个人与国家	11. 9%	12. 6%	10. 2%	8. 8%	11. 0%
个人与工作单位	3. 0%	4. 4%	6. 3%	8. 2%	5. 4%
通过网络建立的关系	0. 1%	0. 2%	0. 4%	0. 5%	0. 3%
朋友	23. 5%	21. 5%	17. 9%	16. 7%	19. 9%
个人与自身的关系（身心和谐）	2. 5%	1. 7%	3. 2%	2. 8%	2. 6%
总计	100. 0%	100. 0%	100. 0%	100. 0%	100. 0%
列总计	1217	1930	1972	1088	6207

Chi-square tests：df = 36，卡方值为 133. 876，sig = 0. 000 < 0. 050，所以不同收入的居民在对“第四重要的关系”的选择上有显著差异。

C6e by A12

在下列关系中，您认为第五重要的是 ＊ 收入 Crosstabulation

	无收入	1—1999 元	2000—3999 元	4000 元及以上	总计
父母与子女	1. 0%	1. 4%	1. 3%	1. 8%	1. 3%
夫妇	2. 9%	3. 3%	3. 3%	3. 0%	3. 2%
兄弟姐妹	4. 5%	6. 3%	6. 0%	5. 1%	5. 6%
同事或同学	12. 2%	11. 2%	13. 4%	14. 1%	12. 6%

续表

	无收入	1—1999 元	2000—3999 元	4000 元及以上	总计
上级或下级	7.3%	7.5%	9.0%	9.0%	8.2%
师生	4.4%	4.3%	3.7%	3.2%	3.9%
与自然的关系	6.0%	6.0%	5.5%	5.6%	5.8%
个人与社会	17.0%	16.6%	14.0%	14.2%	15.4%
个人与国家	14.1%	13.0%	11.8%	11.4%	12.6%
个人与工作单位	4.3%	4.8%	6.9%	6.3%	5.6%
通过网络建立的关系	0.7%	0.7%	0.3%	0.6%	0.6%
朋友	18.0%	18.4%	18.5%	16.7%	18.1%
个人与自身的关系（身心和谐）	7.6%	6.4%	6.3%	8.8%	7.0%
总计	100.0%	100.0%	100.0%	100.0%	100.0%
列总计	1209	1925	1966	1083	6183

Chi-square tests：df = 36，卡方值为 59.766，sig = 0.008 < 0.050，所以不同收入的居民在对“第五重要的关系”的选择上有显著差异。

C7a by A12

您对自己所在企业（或所熟悉的本地企业）履行劳动安全保障责任的满意情况如何 * 收入 Crosstabulation

	无收入	1—1999 元	2000—3999 元	4000 元及以上	总计
非常不满意	6.3%	5.6%	5.0%	4.9%	5.4%
不太满意	21.6%	18.2%	16.5%	16.5%	18.0%
比较满意	60.5%	59.7%	60.4%	59.1%	60.0%
非常满意	11.6%	16.6%	18.1%	19.5%	16.6%
总计	100.0%	100.0%	100.0%	100.0%	100.0%
列总计	1112	1836	1944	1084	5976

Chi-square tests：df = 9，卡方值为 39.351，sig = 0.000 < 0.050，所以不同收入的居民在对“自己所在企业（或所熟悉的本地企业）履行劳动安全保障责任”的满意度上有显著差异。

C7b by A12

您对自己所在企业（或所熟悉的本地企业）履行薪酬正常发放责任的满意情况如何 * 收入 Crosstabulation

	无收入	1—1999 元	2000—3999 元	4000 元及以上	总计
非常不满意	4.5%	3.8%	4.1%	3.5%	4.0%

续表

	无收入	1—1999元	2000—3999元	4000元及以上	总计
不太满意	16.2%	14.5%	11.2%	10.2%	13.0%
比较满意	62.2%	59.7%	58.7%	60.2%	59.9%
非常满意	17.0%	22.0%	26.0%	26.1%	23.1%
总计	100.0%	100.0%	100.0%	100.0%	100.0%
列总计	1109	1829	1939	1078	5955

Chi-square tests：df=9，卡方值为56.104，sig =0.000<0.050，所以不同收入的居民在对“自己所在企业（或所熟悉的本地企业）履行薪酬正常发放责任”的满意度上有显著差异。

C7c by A12

您对自己所在企业（或所熟悉的本地企业）履行职工文化生活责任的满意情况如何 ＊ 收入 Crosstabulation

	无收入	1—1999元	2000—3999元	4000元及以上	总计
非常不满意	5.5%	6.5%	5.7%	4.6%	5.7%
不太满意	29.9%	30.6%	27.5%	26.0%	28.6%
比较满意	55.1%	51.1%	52.9%	54.1%	53.0%
非常满意	9.5%	11.8%	13.9%	15.3%	12.7%
总计	100.0%	100.0%	100.0%	100.0%	100.0%
列总计	1096	1823	1936	1082	5937

Chi-square tests：df=9，卡方值为32.003，sig =0.000<0.050，所以不同收入的居民在对“自己所在企业（或所熟悉的本地企业）履行职工文化生活责任”的满意度上有显著差异。

C7d by A12

您对自己所在企业（或所熟悉的本地企业）履行诚实守法经营责任的满意情况如何 ＊ 收入 Crosstabulation

	无收入	1—1999元	2000—3999元	4000元及以上	总计
非常不满意	3.4%	3.0%	3.6%	4.4%	3.5%
不太满意	18.1%	16.8%	13.4%	14.0%	15.4%
比较满意	63.8%	60.6%	60.7%	59.4%	61.0%
非常满意	14.7%	19.6%	22.3%	22.3%	20.0%
总计	100.0%	100.0%	100.0%	100.0%	100.0%
列总计	1105	1828	1936	1080	5949

Chi-square tests：df=9，卡方值为43.169，sig =0.000<0.050，所以不同收入的居民在对“自己所在企业（或所熟悉的本地企业）履行诚实守法经营责任”的满意度上有显著差异。

C7e by A12

您对自己所在企业（或所熟悉的本地企业）履行环境保护措施责任的满意情况如何 * 收入 Crosstabulation

	无收入	1—1999 元	2000—3999 元	4000 元及以上	总计
非常不满意	7.8%	6.4%	5.8%	5.7%	6.3%
不太满意	26.6%	24.3%	23.1%	25.1%	24.5%
比较满意	54.2%	53.4%	54.3%	50.8%	53.4%
非常满意	11.4%	15.9%	16.8%	18.3%	15.8%
总计	100.0%	100.0%	100.0%	100.0%	100.0%
列总计	1104	1829	1945	1082	5960

Chi-square tests：df = 9，卡方值为 29.968，sig = 0.000 < 0.050，所以不同收入的居民在对“自己所在企业（或所熟悉的本地企业）履行环境保护措施责任”的满意度上有显著差异。

C7f by A12

您对自己所在企业（或所熟悉的本地企业）履行慈善公益事业责任的满意情况如何 * 收入 Crosstabulation

	无收入	1—1999 元	2000—3999 元	4000 元及以上	总计
非常不满意	7.5%	7.0%	5.5%	5.7%	6.4%
不太满意	30.0%	27.5%	25.0%	26.6%	27.0%
比较满意	51.7%	52.2%	53.3%	50.4%	52.1%
非常满意	10.8%	13.2%	16.2%	17.3%	14.5%
总计	100.0%	100.0%	100.0%	100.0%	100.0%
列总计	1090	1819	1931	1074	5914

Chi-square tests：df = 9，卡方值为 36.498，sig = 0.000 < 0.050，所以不同收入的居民在对“自己所在企业（或所熟悉的本地企业）履行慈善公益事业责任”的满意度上有显著差异。

C8a by A12

您觉得您身边下列现象常见吗：占卜算命 * 收入 Crosstabulation

	无收入	1—1999 元	2000—3999 元	4000 元及以上	总计
经常见到	19.2%	16.3%	17.0%	20.9%	17.9%
偶尔见到	44.4%	44.0%	49.4%	50.3%	46.9%
没见过	36.4%	39.7%	33.6%	28.8%	35.2%
总计	100.0%	100.0%	100.0%	100.0%	100.0%

续表

	无收入	1—1999 元	2000—3999 元	4000 元及以上	总计
列总计	1231	1952	1993	1099	6275

Chi-square tests：df = 6，卡方值为 46.939，sig = 0.000 < 0.050，所以不同收入的居民在对“占卜算命是否常见”的回答上有显著差异。

C8b by A12

您觉得您身边下列现象常见吗：操办喜事时比富斗阔 ＊ 收入 Crosstabulation

	无收入	1—1999 元	2000—3999 元	4000 元及以上	总计
经常见到	16.0%	15.6%	18.3%	22.4%	17.7%
偶尔见到	41.8%	39.9%	42.8%	43.6%	41.9%
没见过	42.1%	44.5%	38.9%	33.9%	40.4%
总计	100.0%	100.0%	100.0%	100.0%	100.0%
列总计	1229	1952	1992	1093	6266

Chi-square tests：df = 6，卡方值为 45.091，sig = 0.000 < 0.050，所以不同收入的居民在对“操办喜事时比富斗阔是否常见”的回答上有显著差异。

C8c by A12

您觉得您身边下列现象常见吗：在父母生前不尽孝，却对父母的丧事大操大办 ＊ 收入 Crosstabulation

	无收入	1—1999 元	2000—3999 元	4000 元及以上	总计
经常见到	13.3%	12.8%	14.8%	16.9%	14.3%
偶尔见到	38.8%	38.6%	42.0%	43.4%	40.6%
没见过	47.9%	48.6%	43.2%	39.7%	45.2%
总计	100.0%	100.0%	100.0%	100.0%	100.0%
列总计	1229	1950	1992	1095	6266

Chi-square tests：df = 6，卡方值为 31.197，sig = 0.000 < 0.050，所以不同收入的居民对“在父母生前不尽孝，却对父母的丧事大操大办是否常见”的回答上有显著差异。

C8d by A12

您觉得您身边下列现象常见吗：赌博或变相赌博 ＊ 收入 Crosstabulation

	无收入	1—1999 元	2000—3999 元	4000 元及以上	总计
经常见到	19.8%	19.2%	21.3%	26.7%	21.3%

续表

	无收入	1—1999 元	2000—3999 元	4000 元及以上	总计
偶尔见到	37.2%	37.2%	39.2%	40.8%	38.5%
没见过	43.0%	43.7%	39.4%	32.5%	40.2%
总计	100.0%	100.0%	100.0%	100.0%	100.0%
列总计	1228	1954	1993	1098	6273

Chi-square tests：df = 6，卡方值为 48.174，sig = 0.000 < 0.050，所以不同收入的居民在对“赌博或变相赌博是否常见”的回答上有显著差异。

C8e by A12

您觉得您身边下列现象常见吗：封建迷信活动 * 收入 Crosstabulation

	无收入	1—1999 元	2000—3999 元	4000 元及以上	总计
经常见到	8.5%	8.1%	11.4%	13.9%	10.3%
偶尔见到	33.5%	31.9%	35.8%	41.2%	35.1%
没见过	58.0%	60.0%	52.7%	44.9%	54.7%
总计	100.0%	100.0%	100.0%	100.0%	100.0%
列总计	1230	1952	1992	1098	6272

Chi-square tests：df = 6，卡方值为 81.649，sig = 0.000 < 0.050，所以不同收入的居民在对“封建迷信活动是否常见”的回答上有显著差异。

C8f by A12

您觉得您身边下列现象常见吗：非法宗教活动 * 收入 Crosstabulation

	无收入	1—1999 元	2000—3999 元	4000 元及以上	总计
经常见到	1.7%	2.4%	2.8%	4.3%	2.7%
偶尔见到	12.5%	11.1%	11.9%	14.7%	12.3%
没见过	85.8%	86.5%	85.3%	81.0%	85.0%
总计	100.0%	100.0%	100.0%	100.0%	100.0%
列总计	1230	1951	1990	1099	6270

Chi-square tests：df = 6，卡方值为 25.702，sig = 0.000 < 0.050，所以不同收入的居民在对“非法宗教活动是否常见”的回答上有显著差异。

C9 by A12

是否经常买到假冒伪劣商品 * 收入 Crosstabulation

	无收入	1—1999 元	2000—3999 元	4000 元及以上	总计
经常	11.6%	10.4%	9.4%	9.8%	10.2%

续表

	无收入	1—1999 元	2000—3999 元	4000 元及以上	总计
偶尔	56. 4%	53. 5%	62. 1%	65. 3%	58. 9%
没有	27. 5%	30. 1%	25. 4%	22. 2%	26. 7%
不清楚	4. 5%	5. 9%	3. 0%	2. 7%	4. 2%
总计	100. 0%	100. 0%	100. 0%	100. 0%	100. 0%
列总计	1233	1959	2001	1100	6293

Chi-square tests：df = 9，卡方值为 70. 527，sig = 0. 000 < 0. 050，所以不同收入的居民在对“买到假冒伪劣商品”的频率上有显著差异。

C10 by A12

在购物、就医、理财等方面经常遇到虚假广告吗 ＊ 收入 Crosstabulation

	无收入	1—1999 元	2000—3999 元	4000 元及以上	总计
经常	24. 3%	24. 0%	25. 3%	25. 8%	24. 8%
偶尔	48. 8%	46. 2%	52. 2%	54. 5%	50. 1%
没有	19. 9%	23. 1%	18. 2%	15. 8%	19. 6%
不清楚	7. 0%	6. 7%	4. 4%	3. 9%	5. 6%
总计	100. 0%	100. 0%	100. 0%	100. 0%	100. 0%
列总计	1229	1956	2000	1101	6286

Chi-square tests：df = 9，卡方值为 55. 677，sig = 0. 000 < 0. 050，所以不同收入的居民在对“在购物、就医、理财等方面遇到虚假广告”的频率上有显著差异。

C11 by A12

社区（或村）是否有社区公约、村规民约 ＊ 收入 Crosstabulation

	无收入	1—1999 元	2000—3999 元	4000 元及以上	总计
经常	52. 3%	65. 2%	70. 3%	65. 6%	64. 4%
偶尔	17. 1%	13. 6%	11. 5%	12. 2%	13. 4%
没有	30. 5%	21. 1%	18. 1%	22. 1%	22. 2%
不清楚		0. 1%		0. 1%	
总计	100. 0%	100. 0%	100. 0%	100. 0%	100. 0%
列总计	1232	1958	2002	1100	6292

Chi-square tests：df = 12，卡方值为 115. 918，sig = 0. 000 < 0. 050，所以不同收入的居民在对“社区（或村）是否有社区公约、村规民约”的回答上有显著差异。

C12a by A12

您觉得您周围的人在日常生活中遵守步行、骑车时不闯红灯的规则吗 ＊ 收入 Crosstabulation

	无收入	1—1999 元	2000—3999 元	4000 元及以上	总计
不遵守	9.1%	8.7%	9.7%	11.7%	9.6%
基本遵守	57.8%	56.4%	57.9%	58.0%	57.4%
自觉遵守	33.1%	34.9%	32.4%	30.3%	32.9%
总计	100.0%	100.0%	100.0%	100.0%	100.0%
列总计	1221	1948	1995	1100	6264

Chi-square tests：df = 6，卡方值为 12.484，sig = 0.052 > 0.050，所以不同收入的居民在对“周围的人在日常生活中是否遵守步行、骑车时不闯红灯的规则”的回答上没有显著差异。

C12b by A12

您觉得您周围的人在日常生活中遵守乘车、购物时自觉排队的规则吗 ＊ 收入 Crosstabulation

	无收入	1—1999 元	2000—3999 元	4000 元及以上	总计
不遵守	5.0%	4.4%	5.1%	7.0%	5.2%
基本遵守	54.9%	53.1%	54.5%	54.5%	54.2%
自觉遵守	40.1%	42.5%	40.4%	38.5%	40.7%
总计	100.0%	100.0%	100.0%	100.0%	100.0%
列总计	1221	1949	1991	1100	6261

Chi-square tests：df = 6，卡方值为 13.412，sig = 0.037 < 0.050，所以不同收入的居民在对“周围的人在日常生活中是否遵守乘车、购物时自觉排队的规则”的回答上有显著差异。

C12c by A12

您觉得您周围的人在日常生活中遵守文明游览的规则吗 ＊ 收入 Crosstabulation

	无收入	1—1999 元	2000—3999 元	4000 元及以上	总计
不遵守	4.9%	4.2%	4.5%	5.6%	4.7%
基本遵守	60.6%	56.7%	57.4%	58.5%	58.0%
自觉遵守	34.5%	39.2%	38.0%	35.9%	37.3%
总计	100.0%	100.0%	100.0%	100.0%	100.0%
列总计	1212	1941	1985	1094	6232

Chi-square tests：df = 6，卡方值为 10.537，sig = 0.104 > 0.050，所以不同收入的居民在对“周围的人在日常生活中是否遵守文明游览的规则”的回答上没有显著差异。

C12d by A12

您觉得您周围的人在日常生活中遵守社会公约、村规民约规则吗 ＊ 收入 Crosstabulation

	无收入	1—1999 元	2000—3999 元	4000 元及以上	总计
不遵守	5.2%	4.9%	4.3%	5.0%	4.8%
基本遵守	56.0%	52.2%	52.4%	55.8%	53.6%
自觉遵守	38.7%	42.9%	43.3%	39.3%	41.6%
总计	100.0%	100.0%	100.0%	100.0%	100.0%
列总计	1185	1915	1959	1090	6149

Chi-square tests：df = 6，卡方值为 10.788，sig = 0.095 > 0.050，所以不同收入的居民在对“周围的人在日常生活中是否遵守社会公约、村规民约”的回答上没有显著差异。

D1a by A12

判断下列词语是否是社会主义核心价值观：文明 ＊ 收入 Crosstabulation

	无收入	1—1999 元	2000—3999 元	4000 元及以上	总计
未选	14.7%	16.8%	14.3%	15.0%	15.3%
已选	85.3%	83.2%	85.7%	85.0%	84.7%
总计	100.0%	100.0%	100.0%	100.0%	100.0%
列总计	1210	1943	1995	1097	6245

Chi-square tests：df = 3，卡方值为 5.318，sig = 0.150 > 0.050，所以不同收入的居民在对“‘文明’是否是社会主义核心价值观”的认知上没有显著差异。

D1b by A12

判断下列词语是否是社会主义核心价值观：诚信 ＊ 收入 Crosstabulation

	无收入	1—1999 元	2000—3999 元	4000 元及以上	总计
未选	13.7%	16.2%	10.7%	8.5%	12.6%
已选	86.3%	83.8%	89.3%	91.5%	87.4%
总计	100.0%	100.0%	100.0%	100.0%	100.0%
列总计	1210	1944	1995	1097	6246

Chi-square tests：df = 3，卡方值为 47.930，sig = 0.000 < 0.050，所以不同收入的居民在对“‘诚信’是否是社会主义核心价值观”的认知上有显著差异。

D1c by A12

判断下列词语是否是社会主义核心价值观：勇敢 ＊ 收入 Crosstabulation

	无收入	1—1999 元	2000—3999 元	4000 元及以上	总计
未选	77.9%	75.3%	83.2%	85.8%	80.1%
已选	22.1%	24.7%	16.8%	14.2%	19.9%
总计	100.0%	100.0%	100.0%	100.0%	100.0%
列总计	1210	1944	1995	1097	6246

Chi-square tests：df = 3，卡方值为 65.847，sig = 0.000 < 0.050，所以不同收入的居民在对"'勇敢'是否是社会主义核心价值观"的认知上有显著差异。

D1d by A12

判断下列词语是否是社会主义核心价值观：爱国 ＊ 收入 Crosstabulation

	无收入	1—1999 元	2000—3999 元	4000 元及以上	总计
未选	15.5%	18.0%	13.4%	16.0%	15.7%
已选	84.5%	82.0%	86.6%	84.0%	84.3%
总计	100.0%	100.0%	100.0%	100.0%	100.0%
列总计	1210	1943	1995	1097	6245

Chi-square tests：df = 3，卡方值为 15.733，sig = 0.001 < 0.050，所以不同收入的居民在对"'爱国'是否是社会主义核心价值观"的认知上有显著差异。

D1e by A12

判断下列词语是否是社会主义核心价值观：创新 ＊ 收入 Crosstabulation

	无收入	1—1999 元	2000—3999 元	4000 元及以上	总计
未选	70.2%	72.2%	72.8%	67.2%	71.1%
已选	29.8%	27.8%	27.2%	32.8%	28.9%
总计	100.0%	100.0%	100.0%	100.0%	100.0%
列总计	1210	1944	1995	1097	6246

Chi-square tests：df = 3，卡方值为 12.537，sig = 0.006 < 0.050，所以不同收入的居民在对"'创新'是否是社会主义核心价值观"的认知上有显著差异。

D1f by A12

判断下列词语是否是社会主义核心价值观：友善 ＊ 收入 Crosstabulation

	无收入	1—1999 元	2000—3999 元	4000 元及以上	总计
未选	48.2%	50.8%	43.4%	42.0%	46.4%

续表

	无收入	1—1999元	2000—3999元	4000元及以上	总计
已选	51.8%	49.2%	56.6%	58.0%	53.6%
总计	100.0%	100.0%	100.0%	100.0%	100.0%
列总计	1210	1943	1995	1097	6245

Chi-square tests：df=3，卡方值为32.281，sig =0.000<0.050，所以不同收入的居民在对"'友善'是否是社会主义核心价值观"的认知上有显著差异。

D1g by A12

判断下列词语是否是社会主义核心价值观：勤劳 * 收入 Crosstabulation

	无收入	1—1999元	2000—3999元	4000元及以上	总计
未选	71.9%	69.2%	74.2%	73.3%	72.0%
已选	28.1%	30.8%	25.8%	26.7%	28.0%
总计	100.0%	100.0%	100.0%	100.0%	100.0%
列总计	1210	1943	1995	1097	6245

Chi-square tests：df=3，卡方值为13.356，sig =0.004<0.050，所以不同收入的居民在对"'勤劳'是否是社会主义核心价值观"的认知上有显著差异。

D2 by A12

社会主义核心价值观和工作、生活有关系 * 收入 Crosstabulation

	无收入	1—1999元	2000—3999元	4000元及以上	总计
对改变社会风气有好处，每个人都应该这样做人、做事	71.0%	72.1%	79.6%	82.5%	76.1%
与个人工作、生活没关系	8.3%	7.3%	5.8%	6.3%	6.9%
说不清	20.7%	20.6%	14.5%	11.2%	17.0%
总计	100.0%	100.0%	100.0%	100.0%	100.0%
列总计	1224	1941	1994	1097	6256

Chi-square tests：df=6，卡方值为78.289，sig =0.000<0.050，所以不同收入的居民在对"社会主义核心价值观和工作、生活的关系"的认知上有显著差异。

D3 by A12

中华民族历来有孝敬、礼让、仁爱、节俭的传统，您认为现在还需要这些吗 * 收入 Crosstabulation

	无收入	1—1999元	2000—3999元	4000元及以上	总计
这些传统什么时候都不能丢	94.7%	95.1%	96.6%	96.2%	95.7%

续表

	无收入	1—1999 元	2000—3999 元	4000 元及以上	总计
可有可无	3.4%	3.1%	2.4%	2.3%	2.8%
已经过时，没必要讲这些	1.9%	1.8%	1.0%	1.5%	1.5%
总计	100.0%	100.0%	100.0%	100.0%	100.0%
列总计	1232	1956	2001	1101	6290

Chi-square tests：df = 6，卡方值为 10.337，sig = 0.111 > 0.050，所以不同收入的居民在对“中华民族历来有孝敬、礼让、仁爱、节俭的传统，现在还需要这些吗”这一问题的看法上没有显著差异。

D4 by A12

在青少年中开展革命传统教育是否有现实意义 ＊ 收入 Crosstabulation

	无收入	1—1999 元	2000—3999 元	4000 元及以上	总计
很有必要，应该大力开展	85.3%	88.9%	91.0%	88.6%	88.8%
已经过时了，没必要开展	2.3%	1.4%	1.8%	2.4%	1.9%
可有可无，意义不大	6.1%	4.4%	3.9%	5.3%	4.8%
说不清楚	6.3%	5.3%	3.2%	3.7%	4.6%
总计	100.0%	100.0%	100.0%	100.0%	100.0%
列总计	1232	1957	2001	1101	6291

Chi-square tests：df = 9，卡方值为 35.513，sig = 0.000 < 0.050，所以不同收入的居民在对“在青少年中开展革命传统教育是否有现实意义”的评价上有显著差异。

D5 by A12

您认为当前中国社会个人道德素质的主要问题 ＊ 收入 Crosstabulation

	无收入	1—1999 元	2000—3999 元	4000 元及以上	总计
道德上无知	13.6%	16.4%	14.4%	13.3%	14.7%
有道德知识，但不见诸行动	77.4%	72.3%	78.3%	79.6%	76.5%
既无知，也不行动	6.9%	8.8%	6.3%	5.8%	7.1%
其他	2.2%	2.5%	1.1%	1.3%	1.8%
总计	100.0%	100.0%	100.0%	100.0%	100.0%
列总计	1225	1941	1997	1098	6261

Chi-square tests：df = 9，卡方值为 39.781，sig = 0.000 < 0.050，所以不同收入的居民在对“当前中国社会个人道德素质的主要问题”的选择上有显著差异。

D6 by A12

对社会生活而言，个体德性（即个人的道德品质）和社会公正哪个更重要 * 收入 Crosstabulation

	无收入	1—1999元	2000—3999元	4000元及以上	总计
个体德性最重要	18.5%	17.8%	17.0%	16.5%	17.5%
社会公正最重要	32.7%	34.3%	32.0%	29.5%	32.4%
二者应当统一，但二者矛盾时应先追求个体德性	18.4%	19.3%	19.2%	18.3%	18.9%
二者应当统一，但二者矛盾时应先追求社会公正	30.3%	28.5%	31.8%	35.8%	31.2%
总计	100.0%	100.0%	100.0%	100.0%	100.0%
列总计	1226	1950	1996	1099	6271

Chi-square tests：df = 9，卡方值为20.092，sig = 0.017 < 0.050，所以不同收入的居民在对“对社会生活而言，个体德性（即个人的道德品质）和社会公正哪个更重要”的选择上有显著差异。

D7 by A12

根据什么来判断某种行为是否符合伦理道德 * 收入 Crosstabulation

	无收入	1—1999元	2000—3999元	4000元及以上	总计
传统	15.1%	17.7%	18.2%	15.7%	17.0%
风俗习惯	9.4%	11.6%	8.5%	8.0%	9.6%
大多数人认同的道德规范	21.2%	21.8%	25.7%	29.1%	24.2%
当事人的共同利益和意志	3.6%	3.4%	4.1%	3.7%	3.7%
自己的良心	33.8%	35.1%	29.4%	24.5%	31.2%
自己的利益	0.8%	1.0%	0.5%	0.2%	0.7%
意识形态要求	2.6%	2.4%	1.9%	2.9%	2.4%
己立立人，立达达人；己所不欲，勿施于人	13.4%	7.0%	11.5%	15.9%	11.3%
总计	100.0%	100.0%	100.0%	100.0%	100.0%
列总计	1229	1955	2001	1099	6284

Chi-square tests：df = 21，卡方值为141.326，sig = 0.000 < 0.050，所以不同收入的居民在对“根据什么来判断某种行为是否符合伦理道德”的选择上有显著差异。

D8 by A12

老王的朋友是老张的生意竞争对手，想知道老张平时都跟哪些人接触，花钱让老王监视老张并向其报告。如果您是老王，您会怎么做 * 收入 Crosstabulation

	无收入	1—1999 元	2000—3999 元	4000 元及以上	总计
毫不犹豫地答应，个人利益高于一切，只要不让朋友知道，无可厚非	2.4%	2.8%	2.8%	2.9%	2.7%
可能答应，谈不上道德不道德	5.1%	4.8%	4.3%	5.0%	4.7%
可能答应，虽然对朋友不道德，但是有利可图，对自身是道德的	4.0%	4.8%	3.7%	3.5%	4.0%
不会答应，因为这不道德，见利忘义的行为无论如何都不可取	88.6%	87.6%	89.3%	88.6%	88.5%
总计	100.0%	100.0%	100.0%	100.0%	100.0%
列总计	1224	1957	2000	1100	6281

Chi-square tests：df = 9，卡方值为 7.044，sig = 0.633 > 0.050，所以不同收入的居民在对“老王的朋友是老张的生意竞争对手，想知道老张平时都跟哪些人接触，花钱让老王监视老张并向其报告。如果您是老王，您会怎么做”这一问题的回答上没有显著差异。

D9 by A12

遇到人生重大挫折时，最经常的反应 * 收入 Crosstabulation

	无收入	1—1999 元	2000—3999 元	4000 元及以上	总计
去寺庙，求菩萨保佑	2.2%	2.4%	1.3%	1.6%	1.9%
找朋友倾诉，求得疏解	19.1%	15.0%	20.4%	19.9%	18.4%
向家人倾诉，寻求安慰	38.3%	37.9%	35.8%	29.9%	35.9%
坚持自己的追求	9.6%	8.7%	11.7%	12.1%	10.4%
自己独立承受和化解	29.7%	34.3%	30.2%	35.7%	32.3%
其他	1.0%	1.7%	0.7%	0.7%	1.1%
总计	100.0%	100.0%	100.0%	100.0%	100.0%
列总计	1224	1955	1999	1100	6278

Chi-square tests：df = 15，卡方值为 75.876，sig = 0.000 < 0.050，所以不同收入的居民在对“遇到人生重大挫折时，最经常的反应”的选择上有显著差异。

D10 by A12

当遇到人与人之间的利益冲突时，您首选的办法 * 收入 Crosstabulation

	无收入	1—1999 元	2000—3999 元	4000 元及以上	总计
诉诸法律，打官司	9.3%	8.0%	9.8%	7.8%	8.8%

续表

	无收入	1—1999 元	2000—3999 元	4000 元及以上	总计
主动与对方沟通，适可而止	52.8%	50.1%	56.2%	59.9%	54.3%
找第三方帮助沟通调解，尽量不伤和气	25.4%	28.6%	25.3%	25.1%	26.3%
能忍则忍	12.5%	13.3%	8.7%	7.1%	10.6%
总计	100.0%	100.0%	100.0%	100.0%	100.0%
列总计	1229	1949	1997	1099	6274

Chi-square tests：df = 9，卡方值为 62.231，sig = 0.000 < 0.050，所以不同收入的居民在对“当遇到人与人之间的利益冲突时，您有何种办法”的选择上有显著差异。

D11 by A12

当有陌生人走进您的单位或社区，或在车厢中与陌生人在一起时，您通常的态度是 * 收入 Crosstabulation

	无收入	1—1999 元	2000—3999 元	4000 元及以上	总计
对他/她微笑	23.8%	19.3%	28.4%	33.5%	25.6%
主动打招呼	11.2%	17.1%	14.8%	16.0%	15.0%
没有任何反应	23.8%	20.3%	19.0%	17.2%	20.0%
保持警惕，防止上当	40.6%	42.2%	37.1%	33.0%	38.6%
其他	0.6%	1.1%	0.7%	0.3%	0.7%
总计	100.0%	100.0%	100.0%	100.0%	100.0%
列总计	1229	1949	1999	1098	6275

Chi-square tests：df = 12，卡方值为 121.542，sig = 0.000 < 0.050，所以不同收入的居民在对“当有陌生人走进您的单位或社区，或在车厢中与陌生人在一起时，您通常的态度”的选择上有显著差异。

D12 by A12

假设您双手抱着东西走进电梯，您觉得电梯里的陌生人可能会怎样 * 收入 Crosstabulation

	无收入	1—1999 元	2000—3999 元	4000 元及以上	总计
主动问您去几楼并帮您按楼层	34.6%	36.5%	43.6%	43.8%	39.7%
当作没看见	20.8%	17.7%	15.7%	15.4%	17.3%
会在您的请求下给予帮助	44.6%	45.8%	40.7%	40.7%	43.1%
总计	100.0%	100.0%	100.0%	100.0%	100.0%
列总计	1223	1947	1997	1097	6264

Chi-square tests：df = 6，卡方值为 47.496，sig = 0.000 < 0.050，所以不同收入的居民在对“假设您双手抱着东西走进电梯，您觉得电梯里的陌生人可能会怎样”的回答上有显著差异。

D13 by A12

假设您走在街上被陌生人不小心踩到了并发出“哎哟”一声，您认为对方会做何种反应 ＊ 收入 Crosstabulation

	无收入	1—1999 元	2000—3999 元	4000 元及以上	总计
用言语或手势表达歉意	85.8%	87.2%	92.1%	91.6%	89.3%
不会做任何表示	11.9%	10.4%	6.9%	7.4%	9.0%
反而说您大惊小怪	2.4%	2.4%	1.1%	1.0%	1.7%
总计	100.0%	100.0%	100.0%	100.0%	100.0%
列总计	1229	1954	1999	1101	6283

Chi-square tests：df＝6，卡方值为 50.510，sig ＝0.000＜0.050，所以不同收入的居民在对“假设您走在街上被陌生人不小心踩到了并发出‘哎哟’一声，您认为对方会做何种反应”的选择上有显著差异。

D14 by A12

与人相处时，如何选择自己的行为 ＊ 收入 Crosstabulation

	无收入	1—1999 元	2000—3999 元	4000 元及以上	总计
按照自己的准则办事，不必顾忌太多	15.3%	19.0%	20.9%	19.1%	18.9%
以己度人，己立立人	26.9%	23.6%	24.4%	27.5%	25.2%
以自己利益最大化为最高目标	3.8%	3.9%	2.8%	2.7%	3.3%
以对双方有好处为标准	25.5%	27.3%	22.5%	19.9%	24.1%
权衡利弊，理性选择	28.0%	25.4%	29.0%	30.4%	27.9%
其他	0.6%	0.8%	0.4%	0.4%	0.6%
总计	100.0%	100.0%	100.0%	100.0%	100.0%
列总计	1223	1951	1993	1097	6264

Chi-square tests：df＝15，卡方值为 55.513，sig ＝0.000＜0.050，所以不同收入的居民在对“与人相处时，如何选择自己的行为”的选择上有显著差异。

D15 by A12

您认为目前我国社会对人际关系伦理的调节能力和个人行为道德的调节能力 ＊ 收入 Crosstabulation

	无收入	1—1999 元	2000—3999 元	4000 元及以上	总计
良好	35.2%	41.2%	38.6%	36.1%	38.3%
一般	56.3%	53.0%	56.0%	56.2%	55.2%
很差	4.7%	3.4%	2.8%	5.1%	3.8%

续表

	无收入	1—1999 元	2000—3999 元	4000 元及以上	总计
几乎没有，一切都听从法律和利益	3.8%	2.4%	2.7%	2.6%	2.8%
总计	100.0%	100.0%	100.0%	100.0%	100.0%
列总计	1231	1954	1999	1100	6284

Chi-square tests：df = 9，卡方值为 31.633，sig = 0.000 < 0.050，所以不同收入的居民在对“目前我国社会对人际关系伦理的调节能力和个人行为道德的调节能力”的评价上有显著差异。

D16 by A12

现在社会上有些人不守道德反而讨了便宜，您会不会为了得到好处而仿效 * 收入 Crosstabulation

	无收入	1—1999 元	2000—3999 元	4000 元及以上	总计
从来不这么做	60.5%	64.0%	60.5%	60.7%	61.6%
通常不这么做，关键时刻会这么做	11.4%	8.7%	10.4%	9.5%	9.9%
经常这么做	0.9%	1.4%	0.5%	1.0%	1.0%
相信“善有善报，恶有恶报”	20.7%	18.3%	21.6%	22.8%	20.6%
说不清	6.1%	7.4%	7.0%	5.6%	6.7%
其他	0.4%	0.1%		0.3%	0.2%
总计	100.0%	100.0%	100.0%	100.0%	100.0%
列总计	1232	1958	2001	1100	6291

Chi-square tests：df = 15，卡方值为 40.277，sig = 0.000 < 0.050，所以不同收入的居民在对“现在社会上有些人不守道德反而讨了便宜，您会不会为了得到好处而仿效”的看法上有显著差异。

D17 by A12

您常常体验到自己身上有一种“伦理感”的存在，如感到自己不属于自己，而属于他人、某个集体、国家、民族，行为选择要服从于“它”，有一种要为“它”奉献的冲动吗 * 收入 Crosstabulation

	无收入	1—1999 元	2000—3999 元	4000 元及以上	总计
没有，我只感受到我自己个人实实在在的生活	34.0%	34.9%	31.0%	28.9%	32.4%
偶尔有，但主要是因为那种情况下我的利益与“它”一致	16.2%	17.7%	17.0%	18.9%	17.4%
偶尔有，是在受某种作品或生活情境的影响之后	20.0%	17.5%	19.1%	18.9%	18.8%

续表

	无收入	1—1999 元	2000—3999 元	4000 元及以上	总计
时常有，“它”是一种内在的信念	29.2%	29.0%	32.6%	32.8%	30.8%
其他	0.7%	0.8%	0.3%	0.5%	0.6%
总计	100.0%	100.0%	100.0%	100.0%	100.0%
列总计	1218	1944	1996	1095	6253

Chi-square tests：df = 12，卡方值为 26.988，sig = 0.008 < 0.050，所以不同收入的居民在对“您常常体验到自己身上一种‘伦理感’的存在，如感到自己不属于自己，而属于他人、某个集体、国家、民族，行为选择要服从于‘它’，有一种要为‘它’奉献的冲动吗”这一问题的回答上有显著差异。

D18a by A12

对政府官员道德状况的满意度 ＊ 收入 Crosstabulation

	无收入	1—1999 元	2000—3999 元	4000 元及以上	总计
非常不满意	7.7%	7.0%	6.6%	8.5%	7.3%
不太满意	17.1%	14.9%	21.0%	20.7%	18.3%
比较满意	40.5%	39.6%	42.5%	43.7%	41.4%
非常满意	34.7%	38.5%	29.9%	27.1%	33.0%
总计	100.0%	100.0%	100.0%	100.0%	100.0%
列总计	1229	1950	1998	1096	6273

Chi-square tests：df = 9，卡方值为 69.167，sig = 0.000 < 0.050，所以不同收入的居民在对“政府官员道德状况”的满意度上有显著差异。

D18b by A12

对一般公务员道德状况的满意度 ＊ 收入 Crosstabulation

	无收入	1—1999 元	2000—3999 元	4000 元及以上	总计
非常不满意	4.0%	3.1%	3.2%	4.3%	3.5%
不太满意	17.3%	16.8%	20.5%	20.5%	18.7%
比较满意	42.3%	40.5%	45.2%	45.4%	43.2%
非常满意	36.4%	39.6%	31.2%	29.8%	34.6%
总计	100.0%	100.0%	100.0%	100.0%	100.0%
列总计	1223	1942	1990	1095	6250

Chi-square tests：df = 9，卡方值为 50.225，sig = 0.000 < 0.050，所以不同收入的居民在对“一般公务员道德状况”的满意度上有显著差异。

D18c by A12

对企业家道德状况的满意度 ＊ 收入 Crosstabulation

	无收入	1—1999 元	2000—3999 元	4000 元及以上	总计
非常不满意	4.2%	4.5%	3.7%	4.5%	4.2%
不太满意	19.3%	16.3%	21.3%	21.5%	19.4%
比较满意	46.9%	43.9%	47.8%	49.9%	46.8%
非常满意	29.7%	35.3%	27.2%	24.1%	29.6%
总计	100.0%	100.0%	100.0%	100.0%	100.0%
列总计	1220	1926	1981	1087	6214

Chi-square tests：df = 9，卡方值为 59.138，sig = 0.000 < 0.050，所以不同收入的居民在对“企业家道德状况”的满意度上有显著差异。

D18d by A12

对教师道德状况的满意度 ＊ 收入 Crosstabulation

	无收入	1—1999 元	2000—3999 元	4000 元及以上	总计
非常不满意	1.8%	3.7%	4.2%	4.8%	3.7%
不太满意	11.8%	11.1%	13.6%	13.4%	12.4%
比较满意	27.2%	23.8%	31.6%	35.3%	29.0%
非常满意	59.3%	61.4%	50.5%	46.5%	54.9%
总计	100.0%	100.0%	100.0%	100.0%	100.0%
列总计	1232	1947	1995	1094	6268

Chi-square tests：df = 9，卡方值为 102.829，sig = 0.000 < 0.050，所以不同收入的居民在对“教师道德状况”的满意度上有显著差异。

D18e by A12

对青少年道德状况的满意度 ＊ 收入 Crosstabulation

	无收入	1—1999 元	2000—3999 元	4000 元及以上	总计
非常不满意	2.0%	2.0%	2.2%	3.2%	2.3%
不太满意	12.7%	14.0%	17.8%	17.3%	15.5%
比较满意	38.4%	33.3%	41.5%	43.3%	38.6%
非常满意	46.9%	50.7%	38.5%	36.2%	43.6%
总计	100.0%	100.0%	100.0%	100.0%	100.0%
列总计	1232	1948	1997	1098	6275

Chi-square tests：df = 9，卡方值为 99.497，sig = 0.000 < 0.050，所以不同收入的居民在对“青少年道德状况”的满意度上有显著差异。

D18f by A12

对演艺娱乐界道德状况的满意度 * 收入 Crosstabulation

	无收入	1—1999 元	2000—3999 元	4000 元及以上	总计
非常不满意	7.8%	8.8%	11.0%	13.7%	10.2%
不太满意	22.3%	20.7%	24.6%	22.4%	22.6%
比较满意	43.7%	41.9%	45.9%	46.1%	44.3%
非常满意	26.2%	28.5%	18.5%	17.8%	23.0%
总计	100.0%	100.0%	100.0%	100.0%	100.0%
列总计	1211	1933	1979	1089	6212

Chi-square tests：df = 9，卡方值为 96.406，sig = 0.000 < 0.050，所以不同收入的居民在对“演艺娱乐界道德状况”的满意度上有显著差异。

D18g by A12

对自由职业者道德状况的满意度 * 收入 Crosstabulation

	无收入	1—1999 元	2000—3999 元	4000 元及以上	总计
非常不满意	3.4%	3.2%	3.4%	3.8%	3.4%
不太满意	18.0%	17.0%	21.7%	18.3%	18.9%
比较满意	44.3%	41.1%	43.7%	48.8%	43.9%
非常满意	34.3%	38.7%	31.2%	29.1%	33.8%
总计	100.0%	100.0%	100.0%	100.0%	100.0%
列总计	1208	1940	1986	1091	6225

Chi-square tests：df = 9，卡方值为 47.635，sig = 0.000 < 0.050，所以不同收入的居民在对“自由职业者道德状况”的满意度上有显著差异。

D18h by A12

对农民道德状况的满意度 * 收入 Crosstabulation

	无收入	1—1999 元	2000—3999 元	4000 元及以上	总计
非常不满意	1.9%	1.8%	1.9%	3.2%	2.1%
不太满意	9.1%	8.1%	13.3%	10.8%	10.4%
比较满意	23.2%	22.4%	29.2%	31.2%	26.3%
非常满意	65.8%	67.6%	55.6%	54.8%	61.2%
总计	100.0%	100.0%	100.0%	100.0%	100.0%
列总计	1229	1948	1989	1093	6259

Chi-square tests：df = 9，卡方值为 102.754，sig = 0.000 < 0.050，所以不同收入的居民在对“农民道德状况”的满意度上有显著差异。

D18i by A12

对商人道德状况的满意度 ＊ 收入 Crosstabulation

	无收入	1—1999 元	2000—3999 元	4000 元及以上	总计
非常不满意	5.2%	5.7%	5.5%	5.8%	5.6%
不太满意	19.2%	17.1%	22.0%	21.4%	19.8%
比较满意	45.0%	44.0%	45.6%	47.8%	45.4%
非常满意	30.6%	33.2%	26.8%	24.9%	29.2%
总计	100.0%	100.0%	100.0%	100.0%	100.0%
列总计	1223	1952	1990	1096	6261

Chi-square tests：df = 9，卡方值为 38.661，sig = 0.000 < 0.050，所以不同收入的居民在对“商人道德状况”的满意度上有显著差异。

D18j by A12

对工人道德状况的满意度 ＊ 收入 Crosstabulation

	无收入	1—1999 元	2000—3999 元	4000 元及以上	总计
非常不满意	1.4%	1.4%	1.6%	2.5%	1.7%
不太满意	10.2%	9.2%	12.3%	12.2%	10.9%
比较满意	30.3%	27.6%	32.0%	32.5%	30.4%
非常满意	58.1%	61.7%	54.1%	52.8%	57.0%
总计	100.0%	100.0%	100.0%	100.0%	100.0%
列总计	1226	1946	1986	1096	6254

Chi-square tests：df = 9，卡方值为 38.484，sig = 0.000 < 0.050，所以不同收入的居民在对“工人道德状况”的满意度上有显著差异。

D18k by A12

对专家学者道德状况的满意度 ＊ 收入 Crosstabulation

	无收入	1—1999 元	2000—3999 元	4000 元及以上	总计
非常不满意	1.5%	2.8%	3.5%	5.3%	3.2%
不太满意	11.3%	10.2%	13.5%	15.2%	12.4%
比较满意	30.8%	29.7%	33.8%	35.8%	32.3%
非常满意	56.4%	57.3%	49.2%	43.7%	52.2%
总计	100.0%	100.0%	100.0%	100.0%	100.0%
列总计	1226	1936	1987	1096	6245

Chi-square tests：df = 9，卡方值为 88.732，sig = 0.000 < 0.050，所以不同收入的居民在对“专家学者道德状况”的满意度上有显著差异。

D18l by A12

对医生道德状况的满意度 ＊ 收入 Crosstabulation

	无收入	1—1999 元	2000—3999 元	4000 元及以上	总计
非常不满意	4.0%	4.1%	4.9%	6.0%	4.7%
不太满意	11.5%	11.1%	15.4%	16.5%	13.5%
比较满意	32.2%	30.3%	35.9%	37.7%	33.8%
非常满意	52.2%	54.5%	43.8%	39.7%	48.1%
总计	100.0%	100.0%	100.0%	100.0%	100.0%
列总计	1225	1946	1992	1097	6260

Chi-square tests：df＝9，卡方值为92.111，sig ＝0.000＜0.050，所以不同收入的居民在对“医生道德状况”的满意度上有显著差异。

D18m by A12

对弱势群体道德状况的满意度 ＊ 收入 Crosstabulation

	无收入	1—1999 元	2000—3999 元	4000 元及以上	总计
非常不满意	2.3%	2.6%	2.6%	3.6%	2.7%
不太满意	11.7%	9.7%	13.1%	13.3%	11.8%
比较满意	37.1%	37.7%	41.8%	43.0%	39.7%
非常满意	49.0%	49.9%	42.5%	40.1%	45.9%
总计	100.0%	100.0%	100.0%	100.0%	100.0%
列总计	1090	1714	1631	867	5302

Chi-square tests：df＝9，卡方值为40.120，sig ＝0.000＜0.050，所以不同收入的居民在对“弱势群体道德状况”的满意度上有显著差异。

D19 by A12

您认为大家在一起合作共事，最重要的条件是 ＊ 收入 Crosstabulation

	无收入	1—1999 元	2000—3999 元	4000 元及以上	总计
心情要愉快，否则就不在一起或另找单位	28.5%	29.8%	28.7%	24.8%	28.3%
自由宽松的氛围	8.1%	7.9%	6.6%	6.0%	7.2%
不违背做人的基本准则	32.1%	32.0%	32.9%	35.3%	32.9%
尽量约束自己，考虑别人的感受	13.8%	11.3%	11.2%	13.5%	12.1%
以共同体的利益为最高准则	17.1%	18.0%	20.2%	19.7%	18.8%
其他	0.5%	1.0%	0.4%	0.8%	0.7%

续表

	无收入	1—1999元	2000—3999元	4000元及以上	总计
总计	100.0%	100.0%	100.0%	100.0%	100.0%
列总计	1229	1945	1988	1092	6254

Chi-square tests：df=15，卡方值为32.577，sig =0.005<0.050，所以不同收入的居民在对“大家合作共事时最重要的条件”的选择上有显著差异。

D20 by A12

您常常体验到自己身上“道德感”的存在和满足吗？如社会行为不是出于本能欲望的冲动，而是考虑是否符合道德规则 * 收入 Crosstabulation

	无收入	1—1999元	2000—3999元	4000元及以上	总计
没有，只是凭自己的意志和利益办事	15.9%	15.6%	13.0%	12.9%	14.4%
在有监督的环境中有，其他环境中没有	9.2%	11.2%	8.1%	7.1%	9.1%
能考虑行为符合公认的道德准则，但是出于对社会评价的考虑	34.3%	33.1%	35.0%	36.7%	34.6%
经常有，因为行为应当符合社会规则	40.3%	39.7%	43.6%	43.0%	41.6%
其他	0.4%	0.4%	0.3%	0.3%	0.4%
总计	100.0%	100.0%	100.0%	100.0%	100.0%
列总计	1223	1946	1994	1098	6261

Chi-square tests：df=12，卡方值为32.274，sig =0.001<0.050，所以不同收入的居民在对“您常常体验到自己身上‘道德感’的存在和满足吗？如社会行为不是出于本能欲望的冲动，而是考虑是否符合道德规则”这一问题的选择上有显著差异。

D21 by A12

您觉得大多数人都是可以相信的吗？如果1分代表“大多数人都可以相信”，5分代表“对其他人都应该小心防备”，您会选几分 * 收入 Crosstabulation

	无收入	1—1999元	2000—3999元	4000元及以上	总计
1分	25.2%	29.7%	30.6%	29.4%	29.0%
2分	22.1%	22.3%	22.9%	22.3%	22.5%
3分	31.9%	28.0%	30.0%	32.1%	30.1%
4分	12.6%	11.4%	9.9%	9.6%	10.9%
5分	8.2%	8.6%	6.5%	6.6%	7.5%
总计	100.0%	100.0%	100.0%	100.0%	100.0%
列总计	1231	1959	2001	1099	6290

Chi-square tests：df=12，卡方值为29.275，sig =0.004<0.050，所以不同收入的居民在对“您觉得大多数人都是可以相信的吗？如果1分代表‘大多数人都可以相信’，5分代表‘对其他人都应该小心防备’，您会选几分”这一问题的回答上有显著差异。

D22 by A12

如果在路边看到一个老人摔倒，您的反应是 * 收入 Crosstabulation

	无收入	1—1999 元	2000—3999 元	4000 元及以上	总计
立即将其扶起	42.8%	49.2%	45.0%	38.3%	44.7%
等有证人时再扶	23.1%	22.2%	22.3%	24.2%	22.8%
先拍照，再扶起	11.6%	7.8%	12.7%	17.8%	11.8%
不扶，避免惹是生非	8.6%	5.9%	5.7%	5.4%	6.3%
报警	12.4%	13.4%	13.0%	13.4%	13.0%
其他	1.4%	1.6%	1.4%	1.0%	1.4%
总计	100.0%	100.0%	100.0%	100.0%	100.0%
列总计	1228	1955	2000	1098	6281

Chi-square tests：df = 15，卡方值为 99.088，sig = 0.000 < 0.050，所以不同收入的居民在对“如果在路边看到一个老人摔倒，您的反应”的选择上有显著差异。

D23a by A12

您认为导致当前医患关系紧张的首要原因是 * 收入 Crosstabulation

	无收入	1—1999 元	2000—3999 元	4000 元及以上	总计
医生缺乏职业道德，对病人不负责任	32.7%	32.2%	31.5%	30.2%	31.7%
医疗制度不合理，看病难、看病贵	41.1%	41.0%	47.4%	49.8%	44.6%
医生腐败，不送红包不认真看病	14.2%	15.3%	10.7%	10.4%	12.8%
“医闹”严重，病人蓄意闹事	10.9%	10.2%	9.3%	8.0%	9.6%
其他	1.2%	1.4%	1.1%	1.7%	1.3%
总计	100.0%	100.0%	100.0%	100.0%	100.0%
列总计	1198	1909	1967	1080	6154

Chi-square tests：df = 12，卡方值为 50.858，sig = 0.000 < 0.050，所以不同收入的居民在对“导致当前医患关系紧张的首要原因”的选择上有显著差异。

D23b by A12

您认为导致当前医患关系紧张的次要原因是 * 收入 Crosstabulation

	无收入	1—1999 元	2000—3999 元	4000 元及以上	总计
医生缺乏职业道德，对病人不负责任	34.1%	31.1%	32.1%	34.5%	32.6%
医疗制度不合理，看病难、看病贵	28.3%	28.1%	28.8%	26.9%	28.2%
医生腐败，不送红包就不认真看病	18.9%	23.7%	19.9%	20.2%	20.9%

续表

	无收入	1—1999 元	2000—3999 元	4000 元及以上	总计
“医闹”严重，病人蓄意闹事	17.5%	15.8%	17.6%	17.2%	16.9%
其他	1.2%	1.3%	1.6%	1.3%	1.4%
总计	100.0%	100.0%	100.0%	100.0%	100.0%
列总计	1149	1825	1881	1030	5885

Chi-square tests：df = 12，卡方值为 17.793，sig = 0.122 > 0.050，所以不同收入的居民在对“导致当前医患关系紧张的次要原因”的选择上没有显著差异。

D24a by A12

对您的家人的信任度 ＊ 收入 Crosstabulation

	无收入	1—1999 元	2000—3999 元	4000 元及以上	总计
完全信任	87.8%	88.7%	88.4%	87.7%	88.2%
比较信任	11.1%	11.0%	11.1%	11.9%	11.2%
不太信任	0.9%	0.3%	0.4%	0.3%	0.5%
根本不信任	0.2%		0.1%	0.1%	0.1%
总计	100.0%	100.0%	100.0%	100.0%	100.0%
列总计	1206	1914	1975	1076	6171

Chi-square tests：df = 9，卡方值为 10.608，sig = 0.304 > 0.050，所以不同收入的居民在对“家人”的信任度上没有显著差异。

D24b by A12

对您的邻居的信任度 ＊ 收入 Crosstabulation

	无收入	1—1999 元	2000—3999 元	4000 元及以上	总计
完全信任	28.8%	36.0%	29.9%	26.3%	30.9%
比较信任	62.5%	58.0%	63.0%	65.4%	61.8%
不太信任	8.3%	5.2%	6.5%	7.6%	6.6%
根本不信任	0.5%	0.8%	0.6%	0.7%	0.7%
总计	100.0%	100.0%	100.0%	100.0%	100.0%
列总计	1231	1952	1996	1100	6279

Chi-square tests：df = 9，卡方值为 48.336，sig = 0.000 < 0.050，所以不同收入的居民在对“邻居”的信任度上有显著差异。

D24c by A12

对商人的信任度 * 收入 Crosstabulation

	无收入	1—1999 元	2000—3999 元	4000 元及以上	总计
完全信任	5.5%	8.5%	5.9%	5.7%	6.6%
比较信任	32.7%	35.9%	33.7%	31.0%	33.7%
不太信任	54.9%	47.7%	54.3%	56.2%	52.7%
根本不信任	6.8%	7.9%	6.2%	7.0%	7.0%
总计	100.0%	100.0%	100.0%	100.0%	100.0%
列总计	1227	1949	1994	1097	6267

Chi-square tests：df = 9，卡方值为 39.274，sig = 0.000 < 0.050，所以不同收入的居民在对“商人”的信任度上有显著差异。

D24d by A12

对单位领导/社区（村）干部的信任度 * 收入 Crosstabulation

	无收入	1—1999 元	2000—3999 元	4000 元及以上	总计
完全信任	21.3%	27.9%	25.7%	21.9%	24.8%
比较信任	55.3%	54.5%	57.7%	56.8%	56.1%
不太信任	20.1%	14.1%	13.7%	17.8%	15.8%
根本不信任	3.3%	3.5%	3.0%	3.5%	3.3%
总计	100.0%	100.0%	100.0%	100.0%	100.0%
列总计	1230	1949	1996	1098	6273

Chi-square tests：df = 9，卡方值为 47.180，sig = 0.000 < 0.050，所以不同收入的居民在对“单位领导/社区（村）干部”的信任度上有显著差异。

D24e by A12

对公务员的信任度 * 收入 Crosstabulation

	无收入	1—1999 元	2000—3999 元	4000 元及以上	总计
完全信任	15.0%	19.0%	15.8%	14.4%	16.4%
比较信任	55.8%	58.7%	58.6%	59.1%	58.2%
不太信任	27.1%	19.1%	23.4%	23.9%	22.9%
根本不信任	2.0%	3.2%	2.2%	2.5%	2.5%
总计	100.0%	100.0%	100.0%	100.0%	100.0%
列总计	1224	1945	1995	1094	6258

Chi-square tests：df = 9，卡方值为 41.697，sig = 0.000 < 0.050，所以不同收入的居民在对“公务员”的信任度上有显著差异。

D24f by A12

对教师的信任度 * 收入 Crosstabulation

	无收入	1—1999 元	2000—3999 元	4000 元及以上	总计
完全信任	31.9%	36.9%	29.3%	28.2%	32.0%
比较信任	55.7%	52.3%	58.5%	57.8%	55.9%
不太信任	11.6%	9.4%	10.7%	12.3%	10.8%
根本不信任	0.9%	1.4%	1.4%	1.7%	1.4%
总计	100.0%	100.0%	100.0%	100.0%	100.0%
列总计	1229	1948	1997	1097	6271

Chi-square tests：df = 9，卡方值为 41.089，sig = 0.000 < 0.050，所以不同收入的居民在对“教师”的信任度上有显著差异。

D24g by A12

对警察的信任度 * 收入 Crosstabulation

	无收入	1—1999 元	2000—3999 元	4000 元及以上	总计
完全信任	39.6%	44.5%	36.8%	33.9%	39.2%
比较信任	49.7%	46.9%	52.9%	53.1%	50.4%
不太信任	9.1%	7.0%	8.7%	10.7%	8.6%
根本不信任	1.5%	1.6%	1.6%	2.3%	1.7%
总计	100.0%	100.0%	100.0%	100.0%	100.0%
列总计	1229	1952	1999	1100	6280

Chi-square tests：df = 9，卡方值为 48.668，sig = 0.000 < 0.050，所以不同收入的居民在对“警察”的信任度上有显著差异。

D24h by A12

对医生的信任度 * 收入 Crosstabulation

	无收入	1—1999 元	2000—3999 元	4000 元及以上	总计
完全信任	27.8%	32.5%	24.5%	23.3%	27.4%
比较信任	53.9%	51.0%	55.8%	56.9%	54.1%
不太信任	16.4%	14.4%	17.5%	16.7%	16.2%
根本不信任	1.9%	2.1%	2.2%	3.1%	2.3%
总计	100.0%	100.0%	100.0%	100.0%	100.0%
列总计	1231	1952	1998	1095	6276

Chi-square tests：df = 9，卡方值为 47.493，sig = 0.000 < 0.050，所以不同收入的居民在对“医生”的信任度上有显著差异。

D24i by A12

对法官的信任度 ＊ 收入 Crosstabulation

	无收入	1—1999 元	2000—3999 元	4000 元及以上	总计
完全信任	33.0%	38.0%	30.0%	28.4%	32.8%
比较信任	51.8%	48.1%	55.2%	54.1%	52.1%
不太信任	14.0%	11.5%	12.2%	14.6%	12.8%
根本不信任	1.2%	2.4%	2.7%	2.8%	2.3%
总计	100.0%	100.0%	100.0%	100.0%	100.0%
列总计	1226	1941	1998	1097	6262

Chi-square tests：df = 9，卡方值为 53.114，sig = 0.000 < 0.050，所以不同收入的居民在对“法官”的信任度上有显著差异。

D24j by A12

对陌生人的信任度 ＊ 收入 Crosstabulation

	无收入	1—1999 元	2000—3999 元	4000 元及以上	总计
完全信任	1.7%	2.5%	1.8%	1.7%	2.0%
比较信任	8.9%	9.5%	10.6%	13.1%	10.4%
不太信任	45.0%	43.9%	48.7%	50.7%	46.8%
根本不信任	44.4%	44.1%	38.8%	34.5%	40.8%
总计	100.0%	100.0%	100.0%	100.0%	100.0%
列总计	1231	1952	2001	1097	6281

Chi-square tests：df = 9，卡方值为 46.483，sig = 0.000 < 0.050，所以不同收入的居民在对“陌生人”的信任度上有显著差异。

D24k by A12

对外国人的信任度 ＊ 收入 Crosstabulation

	无收入	1—1999 元	2000—3999 元	4000 元及以上	总计
完全信任	1.7%	2.0%	2.1%	2.9%	2.1%
比较信任	13.8%	10.6%	15.3%	17.7%	14.0%
不太信任	45.3%	41.8%	46.3%	50.3%	45.4%
根本不信任	39.2%	45.5%	36.3%	29.1%	38.5%
总计	100.0%	100.0%	100.0%	100.0%	100.0%
列总计	1219	1927	1987	1091	6224

Chi-square tests：df = 9，卡方值为 97.247，sig = 0.000 < 0.050，所以不同收入的居民在对“外国人”的信任度上有显著差异。

D24l by A12

对同事或同学的信任度 ＊ 收入 Crosstabulation

	无收入	1—1999 元	2000—3999 元	4000 元及以上	总计
完全信任	15.3%	18.1%	16.6%	17.5%	17.0%
比较信任	70.5%	67.8%	71.6%	71.9%	70.3%
不太信任	11.2%	11.7%	10.2%	8.9%	10.6%
根本不信任	2.9%	2.4%	1.6%	1.7%	2.1%
总计	100.0%	100.0%	100.0%	100.0%	100.0%
列总计	1228	1935	1996	1091	6250

Chi-square tests：df = 9，卡方值为 20.893，sig = 0.013 < 0.050，所以不同收入的居民在对“同事或同学”的信任度上有显著差异。

D24m by A12

对本地政府的信任度 ＊ 收入 Crosstabulation

	无收入	1—1999 元	2000—3999 元	4000 元及以上	总计
完全信任	27.6%	34.4%	29.4%	26.6%	30.1%
比较信任	55.8%	51.2%	55.7%	55.1%	54.2%
不太信任	14.0%	11.2%	12.5%	15.4%	12.9%
根本不信任	2.6%	3.2%	2.4%	2.9%	2.8%
总计	100.0%	100.0%	100.0%	100.0%	100.0%
列总计	1233	1949	1998	1096	6276

Chi-square tests：df = 9，卡方值为 37.985，sig = 0.000 < 0.050，所以不同收入的居民在对“本地政府”的信任度上有显著差异。

D24n by A12

对中央政府的信任度 ＊ 收入 Crosstabulation

	无收入	1—1999 元	2000—3999 元	4000 元及以上	总计
完全信任	51.6%	58.1%	51.3%	50.1%	53.3%
比较信任	39.9%	35.6%	40.5%	41.9%	39.1%
不太信任	7.6%	4.7%	6.7%	6.1%	6.1%
根本不信任	0.9%	1.6%	1.6%	1.7%	1.5%
总计	100.0%	100.0%	100.0%	100.0%	100.0%
列总计	1233	1952	1999	1099	6283

Chi-square tests：df = 9，卡方值为 38.293，sig = 0.000 < 0.050，所以不同收入的居民在对“中央政府”的信任度上有显著差异。

D25 by A12

您认为弱势群体产生的最主要原因 * 收入 Crosstabulation

	无收入	1—1999 元	2000—3999 元	4000 元及以上	总计
制度不合理，社会关怀不够	25.7%	25.7%	26.6%	28.6%	26.5%
收入分配不公	25.4%	25.8%	25.7%	22.3%	25.1%
机会不平等	11.6%	9.8%	9.3%	11.1%	10.2%
弱势群体自己不努力	16.0%	16.5%	14.3%	14.6%	15.4%
缺乏生存技能	19.9%	20.7%	23.1%	21.8%	21.5%
其他	1.3%	1.5%	1.0%	1.5%	1.3%
总计	100.0%	100.0%	100.0%	100.0%	100.0%
列总计	1224	1949	1998	1099	6270

Chi-square tests：df = 15，卡方值为 22.799，sig = 0.089 > 0.050，所以不同收入的居民在对“弱势群体产生的最主要原因”的选择上没有显著差异。

D26 by A12

你认为对当前我国伦理关系和道德风尚造成最大负面影响的因素是 * 收入 Crosstabulation

	无收入	1—1999 元	2000—3999 元	4000 元及以上	总计
传统文化的崩坏	24.4%	25.0%	21.0%	24.3%	23.5%
外来文化的冲击	9.7%	7.4%	10.5%	10.7%	9.4%
市场经济导致的个人主义	21.5%	21.6%	24.6%	24.7%	23.1%
网络技术的发展	6.1%	6.0%	7.4%	6.9%	6.6%
分配不公，两极分化	19.7%	19.9%	18.5%	16.8%	18.9%
以权谋私，官员腐败	18.6%	20.1%	18.0%	16.6%	18.5%
总计	100.0%	100.0%	100.0%	100.0%	100.0%
列总计	1220	1941	1989	1094	6244

Chi-square tests：df = 15，卡方值为 39.987，sig = 0.000 < 0.050，所以不同收入的居民在对“认为对当前我国伦理关系和道德风尚造成最大负面影响的因素”的选择上有显著差异。

E1 by A12

您对于我们正在走的中国特色社会主义道路怎么看 * 收入 Crosstabulation

	无收入	1—1999 元	2000—3999 元	4000 元及以上	总计
充满信心，因为它可以给中国带来繁荣富强	62.1%	70.2%	72.8%	72.6%	69.9%

续表

	无收入	1—1999元	2000—3999元	4000元及以上	总计
不太了解，但相信这条路能够让老百姓过上好日子	27.8%	23.3%	20.4%	18.7%	22.4%
表示怀疑，走这条路究竟怎么样，现在还说不清楚	7.5%	4.3%	5.2%	7.6%	5.8%
走什么样的路，跟我没关系	2.6%	2.2%	1.7%	1.2%	1.9%
总计	100.0%	100.0%	100.0%	100.0%	100.0%
列总计	1228	1956	2000	1098	6282

Chi-square tests：df=9，卡方值为69.684，sig =0.000<0.050，所以不同收入的居民在对“对于我们正在走的中国特色社会主义道路”的看法上有显著差异。

E2a by A12

结合自己的情况进行选择：我会经常关心比我不幸的人 ＊ 收入 Crosstabulation

	无收入	1—1999元	2000—3999元	4000元及以上	总计
完全不符合	5.4%	4.5%	3.8%	3.0%	4.2%
不太符合	21.4%	17.2%	17.0%	19.3%	18.3%
比较符合	51.9%	51.4%	53.0%	51.7%	52.1%
完全符合	21.3%	26.9%	26.3%	26.0%	25.4%
总计	100.0%	100.0%	100.0%	100.0%	100.0%
列总计	1230	1955	1998	1097	6280

Chi-square tests：df=9，卡方值为31.078，sig =0.000<0.050，所以不同收入的居民在对“我会经常关心比我不幸的人”的看法上有显著差异。

E2b by A12

结合自己的情况进行选择：在做决定前，我会试着从每个人的立场去考虑问题 ＊ 收入 Crosstabulation

	无收入	1—1999元	2000—3999元	4000元及以上	总计
完全不符合	2.8%	3.2%	2.4%	2.7%	2.8%
不太符合	17.4%	14.6%	13.2%	10.9%	14.1%
比较符合	58.0%	56.7%	59.2%	60.1%	58.3%
完全符合	21.8%	25.5%	25.2%	26.3%	24.8%
总计	100.0%	100.0%	100.0%	100.0%	100.0%
列总计	1230	1955	1999	1100	6284

Chi-square tests：df=9，卡方值为29.132，sig =0.001<0.050，所以不同收入的居民在对“在做决定前，我会试着从每个人的立场去考虑问题”的看法上有显著差异。

E2c by A12

结合自己的情况进行选择：当我看到有人被利用时，我有点想要保护他们 * 收入 Crosstabulation

	无收入	1—1999 元	2000—3999 元	4000 元及以上	总计
完全不符合	4.5%	3.7%	3.0%	2.8%	3.5%
不太符合	20.2%	18.4%	17.2%	15.3%	17.8%
比较符合	54.0%	55.2%	55.8%	58.0%	55.6%
完全符合	21.3%	22.6%	24.1%	23.9%	23.0%
总计	100.0%	100.0%	100.0%	100.0%	100.0%
列总计	1229	1952	1998	1098	6277

Chi-square tests：df = 9，卡方值为 20.165，sig = 0.017 < 0.050，所以不同收入的居民在对“当我看到有人被利用时，我有点想要保护他们”的看法上有显著差异。

E2d by A12

结合自己的情况进行选择：我有时会试图站在他人的角度，以更好地理解他们 * 收入 Crosstabulation

	无收入	1—1999 元	2000—3999 元	4000 元及以上	总计
完全不符合	2.4%	3.1%	2.8%	2.1%	2.7%
不太符合	14.2%	12.8%	11.6%	9.6%	12.1%
比较符合	61.6%	58.7%	57.2%	59.3%	58.9%
完全符合	21.8%	25.5%	28.4%	29.0%	26.3%
总计	100.0%	100.0%	100.0%	100.0%	100.0%
列总计	1226	1951	1999	1097	6273

Chi-square tests：df = 9，卡方值为 32.993，sig = 0.000 < 0.050，所以不同收入的居民在对“我有时会试图站在他人的角度，以更好地理解他们”的看法上有显著差异。

E2e by A12

结合自己的情况进行选择：处在紧张情绪的状况中，我会惊慌害怕 * 收入 Crosstabulation

	无收入	1—1999 元	2000—3999 元	4000 元及以上	总计
完全不符合	9.3%	11.5%	10.4%	11.5%	10.7%
不太符合	25.8%	29.7%	32.9%	32.0%	30.4%
比较符合	43.1%	40.6%	40.3%	42.3%	41.3%

续表

	无收入	1—1999 元	2000—3999 元	4000 元及以上	总计
完全符合	21.8%	18.2%	16.4%	14.2%	17.6%
总计	100.0%	100.0%	100.0%	100.0%	100.0%
列总计	1227	1943	1993	1094	6257

Chi-square tests：df = 9，卡方值为 41.390，sig = 0.000 < 0.050，所以不同收入的居民在对“处在紧张情绪的状况中，我会惊慌害怕”的看法上有显著差异。

E2f by A12

结合自己的情况进行选择：我相信任何问题都有两面性，我会试图从两个方面加以考虑 * 收入 Crosstabulation

	无收入	1—1999 元	2000—3999 元	4000 元及以上	总计
完全不符合	2.8%	2.6%	2.1%	1.8%	2.4%
不太符合	15.6%	15.0%	12.7%	10.2%	13.5%
比较符合	55.3%	55.4%	54.5%	56.2%	55.2%
完全符合	26.2%	27.0%	30.7%	31.8%	28.9%
总计	100.0%	100.0%	100.0%	100.0%	100.0%
列总计	1229	1949	2001	1098	6277

Chi-square tests：df = 9，卡方值为 32.069，sig = 0.000 < 0.050，所以不同收入的居民在对“我相信任何问题都有两面性，我会试图从两个方面加以考虑”的看法上有显著差异。

E2g by A12

结合自己的情况进行选择：当我对某人很不耐烦或想批评他/她时，我通常会暂时站在他/她的位置上进行考虑 * 收入 Crosstabulation

	无收入	1—1999 元	2000—3999 元	4000 元及以上	总计
完全不符合	4.7%	5.0%	3.8%	4.0%	4.4%
不太符合	27.2%	23.4%	22.2%	21.3%	23.4%
比较符合	51.1%	53.6%	53.9%	57.1%	53.8%
完全符合	17.0%	18.0%	20.2%	17.6%	18.4%
总计	100.0%	100.0%	100.0%	100.0%	100.0%
列总计	1230	1951	2000	1096	6277

Chi-square tests：df = 9，卡方值为 24.412，sig = 0.000 < 0.050，所以不同收入的居民在对“当我对某人很不耐烦或想批评他/她时，我通常会暂时站在他/她的位置上进行考虑”的看法上有显著差异。

E2h by A12

结合自己的情况进行选择：当我在读一个有趣的故事或者看一部电影时，会想象如果这些事情发生在自己身上，我会是怎样的感受 ＊ 收入 Crosstabulation

	无收入	1—1999 元	2000—3999 元	4000 元及以上	总计
完全不符合	10.8%	9.3%	7.9%	7.7%	8.9%
不太符合	27.6%	28.7%	25.9%	23.8%	26.7%
比较符合	44.5%	45.5%	46.6%	50.1%	46.5%
完全符合	17.1%	16.5%	19.7%	18.4%	18.0%
总计	100.0%	100.0%	100.0%	100.0%	100.0%
列总计	1221	1947	1992	1096	6256

Chi-square tests：df = 9，卡方值为 27.325，sig = 0.001 < 0.050，所以不同收入的居民在对“当我在读一个有趣的故事或者看一部电影时，会想象如果这些事情发生在自己身上，我会是怎样的感受”的看法上有显著差异。

E2i by A12

结合自己的情况进行选择：当我看到有人发生意外而急需帮助时，我紧张得几乎精神崩溃 ＊ 收入 Crosstabulation

	无收入	1—1999 元	2000—3999 元	4000 元及以上	总计
完全不符合	18.8%	19.4%	19.7%	22.4%	19.9%
不太符合	38.7%	37.6%	41.5%	44.2%	40.2%
比较符合	30.4%	30.5%	29.0%	24.1%	28.9%
完全符合	12.1%	12.4%	9.9%	9.1%	11.0%
总计	100.0%	100.0%	100.0%	100.0%	100.0%
列总计	1231	1952	1999	1097	6279

Chi-square tests：df = 9，卡方值为 35.758，sig = 0.000 < 0.050，所以不同收入的居民在对“当我看到有人发生意外而急需帮助时，我紧张得几乎精神崩溃”的看法上有显著差异。

E3 by A12

每个人都希望我们的国家越来越好，我们的生活越来越好。党的十八大提出，到 2020 年全面建成小康社会，到本世纪中叶建成社会主义现代化国家，您认为这样的目标能实现吗 ＊ 收入 Crosstabulation

	无收入	1—1999 元	2000—3999 元	4000 元及以上	总计
相信一定能实现	54.3%	60.8%	57.2%	53.1%	57.0%
有困难，但只要努力还是能实现的	34.1%	30.1%	36.0%	41.0%	34.6%

续表

	无收入	1—1999 元	2000—3999 元	4000 元及以上	总计
不可能实现	2.8%	3.1%	2.4%	3.5%	2.9%
说不清楚，跟我没关系	8.8%	6.0%	4.4%	2.4%	5.4%
总计	100.0%	100.0%	100.0%	100.0%	100.0%
列总计	1233	1956	2002	1100	6291

Chi-square tests：df = 9，卡方值为 89.832，sig = 0.000 < 0.050，所以不同收入的居民在对“到 2020 年全面建成小康社会，到本世纪中叶建成社会主义现代化国家的目标能实现吗”的信心度上有显著差异。

E4 by A12

您认为在现代中国社会实际奉行的道德价值是 * 收入 Crosstabulation

	无收入	1—1999 元	2000—3999 元	4000 元及以上	总计
个人主义，人人为自己，上帝为大家	25.2%	23.1%	19.7%	20.0%	21.9%
义利合一，以理导欲	53.9%	53.9%	57.7%	55.7%	55.4%
见利忘义，物欲横流	9.3%	11.4%	9.2%	10.5%	10.1%
存义去利	11.5%	11.6%	13.4%	13.8%	12.5%
总计	100.0%	100.0%	100.0%	100.0%	100.0%
列总计	1198	1912	1980	1089	6179

Chi-square tests：df = 9，卡方值为 26.759，sig = 0.002 < 0.050，所以不同收入的居民在对“现代中国社会实际奉行的道德价值”的认知上有显著差异。

E5a by A12

您认为当今中国社会最重要和最需要的德性是 * 收入 Crosstabulation

	无收入	1—1999 元	2000—3999 元	4000 元及以上	总计
爱（仁爱、博爱、友爱）	38.3%	37.3%	41.7%	41.0%	39.5%
义（道义、义务）	3.9%	4.6%	4.4%	5.2%	4.5%
宽容	3.3%	5.2%	3.5%	3.3%	3.9%
责任	14.7%	15.4%	14.7%	15.2%	15.0%
正义或公正	12.4%	11.1%	12.4%	12.8%	12.1%
诚信	9.2%	8.5%	8.6%	9.5%	8.8%
忠恕	0.5%	1.4%	1.2%	0.7%	1.0%
理智	1.1%	0.8%	1.0%	0.6%	0.9%
节制	0.7%	0.1%	0.1%	0.1%	0.2%
谦让	1.9%	1.5%	0.8%	0.5%	1.2%

续表

	无收入	1—1999 元	2000—3999 元	4000 元及以上	总计
恭敬	0.7%	0.5%	0.5%	0.5%	0.5%
勇敢	0.7%	0.5%	0.3%	0.3%	0.4%
正直	2.1%	2.7%	2.3%	1.8%	2.3%
善良	4.6%	4.8%	2.7%	3.2%	3.8%
力行或知行合一	0.3%		0.2%	0.1%	0.1%
教养	1.8%	1.5%	1.5%	1.4%	1.5%
孝悌	3.5%	3.2%	3.1%	2.9%	3.2%
气节		0.2%	0.1%	0.3%	0.1%
中庸	0.2%	0.2%	0.1%		0.1%
敬业	0.2%	0.6%	1.1%	0.5%	0.7%
总计	100.0%	100.0%	100.0%	100.0%	100.0%
列总计	1229	1951	1999	1100	6279

Chi-square tests，df=57，卡方值为116.517，sig=0.000<0.050，所以不同收入的居民在对“当今中国社会最重要和最需要的德性”的选择上有显著差异。

E5b by A12

您认为当今中国社会第二重要和第二需要的德性是 * 收入 Crosstabulation

	无收入	1—1999 元	2000—3999 元	4000 元及以上	总计
爱（仁爱、博爱、友爱）	10.8%	9.3%	9.9%	11.2%	10.1%
义（道义、义务）	16.3%	16.2%	18.0%	18.7%	17.2%
宽容	7.8%	6.5%	6.4%	5.6%	6.6%
责任	15.0%	14.6%	16.8%	15.9%	15.6%
正义或公正	11.6%	12.0%	11.4%	13.3%	12.0%
诚信	12.7%	12.9%	14.3%	12.7%	13.3%
忠恕	1.5%	1.4%	0.9%	1.1%	1.2%
理智	2.7%	2.8%	2.3%	3.2%	2.7%
节制	0.5%	0.3%	0.5%	0.2%	0.4%
谦让	1.6%	1.8%	2.5%	2.3%	2.1%
恭敬	0.8%	0.6%	0.7%	1.1%	0.7%
勇敢	1.0%	1.0%	0.8%	0.3%	0.8%
正直	2.8%	3.8%	3.0%	2.8%	3.2%
善良	6.9%	8.8%	6.5%	4.8%	7.0%
力行或知行合一	0.2%	0.2%	0.2%	0.5%	0.3%

续表

	无收入	1—1999 元	2000—3999 元	4000 元及以上	总计
教养	3.1%	2.4%	2.2%	1.9%	2.4%
孝悌	3.2%	3.6%	2.3%	2.7%	2.9%
气节	0.1%	0.2%	0.2%	0.3%	0.2%
中庸	0.2%	0.1%	0.1%		0.1%
敬业	1.1%	1.5%	1.3%	1.5%	1.4%
总计	100.0%	100.0%	100.0%	100.0%	100.0%
列总计	1229	1948	1996	1099	6272

Chi-square tests：df = 57，卡方值为 80.048，sig = 0.024 < 0.050，所以不同收入的居民在对“当今中国社会第二重要和第二需要的德性”的选择上有显著差异。

E5c by A12

您认为当今中国社会第三重要和第三需要的德性是 ＊ 收入 Crosstabulation

	无收入	1—1999 元	2000—3999 元	4000 元及以上	总计
爱（仁爱、博爱、友爱）	8.6%	7.3%	6.6%	8.7%	7.6%
义（道义、义务）	5.2%	6.5%	4.9%	5.8%	5.6%
宽容	13.6%	15.3%	16.1%	15.0%	15.2%
责任	12.5%	8.8%	11.8%	10.7%	10.8%
正义或公正	8.7%	8.6%	10.1%	10.1%	9.4%
诚信	18.3%	19.7%	18.9%	19.8%	19.2%
忠恕	1.5%	1.2%	0.7%	0.5%	1.0%
理智	2.4%	2.6%	2.4%	2.4%	2.4%
节制	0.7%	0.9%	0.9%	1.0%	0.9%
谦让	2.1%	1.9%	1.7%	2.1%	1.9%
恭敬	0.5%	0.7%	0.7%	0.3%	0.6%
勇敢	2.9%	2.3%	1.3%	1.5%	1.9%
正直	3.1%	3.2%	3.9%	2.6%	3.3%
善良	9.4%	8.9%	7.2%	6.6%	8.0%
力行或知行合一	1.3%	0.8%	1.2%	1.4%	1.1%
教养	3.4%	2.9%	3.5%	4.2%	3.4%
孝悌	3.4%	3.8%	3.6%	2.6%	3.4%
气节	0.6%	0.7%	0.6%	0.7%	0.6%
中庸	0.2%	0.2%	0.2%	0.1%	0.1%
敬业	1.6%	3.8%	4.0%	3.8%	3.4%

续表

	无收入	1—1999 元	2000—3999 元	4000 元及以上	总计
总计	100.0%	100.0%	100.0%	100.0%	100.0%
列总计	1228	1943	1994	1098	6263

Chi-square tests：df = 57，卡方值为 93.947，sig = 0.001 < 0.050，所以不同收入的居民在对“当今中国社会第三重要和第三需要的德性”的选择上有显著差异。

E6a by A12

您在所在单位有没有一种踏实和亲切的感觉 * 收入 Crosstabulation

	无收入	1—1999 元	2000—3999 元	4000 元及以上	总计
有	46.6%	56.7%	55.0%	52.4%	53.5%
还可以	43.2%	36.4%	40.1%	44.2%	40.3%
没有	10.2%	6.8%	4.9%	3.4%	6.2%
总计	100.0%	100.0%	100.0%	100.0%	100.0%
列总计	1188	1926	1982	1097	6193

Chi-square tests：df = 6，卡方值为 79.941，sig = 0.000 < 0.050，所以不同收入的居民在对“您在所在单位有没有一种踏实和亲切的感觉”的评价上有显著差异。

E6b by A12

您在所在社区/村有没有一种踏实和亲切的感觉 * 收入 Crosstabulation

	无收入	1—1999 元	2000—3999 元	4000 元及以上	总计
有	57.8%	63.6%	58.7%	49.8%	58.5%
还可以	37.9%	32.6%	37.9%	45.7%	37.6%
没有	4.3%	3.8%	3.4%	4.5%	3.9%
总计	100.0%	100.0%	100.0%	100.0%	100.0%
列总计	1231	1955	1996	1100	6282

Chi-square tests：df = 6，卡方值为 58.252，sig = 0.000 < 0.050，所以不同收入的居民在对“您在所在社区/村有没有一种踏实和亲切的感觉”的评价上有显著差异。

E6c by A12

您在所在城市有没有一种踏实和亲切的感觉 * 收入 Crosstabulation

	无收入	1—1999 元	2000—3999 元	4000 元及以上	总计
有	49.4%	55.4%	51.4%	47.2%	51.5%
还可以	43.9%	39.6%	45.3%	48.5%	43.8%

续表

	无收入	1—1999 元	2000—3999 元	4000 元及以上	总计
没有	6.8%	5.0%	3.3%	4.3%	4.7%
总计	100.0%	100.0%	100.0%	100.0%	100.0%
列总计	1229	1951	1994	1100	6274

Chi-square tests：df = 6，卡方值为 45.331，sig = 0.000 < 0.050，所以不同收入的居民在对“您在所在城市有没有一种踏实和亲切的感觉”的评价上有显著差异。

E7 by A12

您认为在自己的成长过程中得到道德训练最重要的场所或机构是 * 收入 Crosstabulation

	无收入	1—1999 元	2000—3999 元	4000 元及以上	总计
家庭	45.2%	43.6%	40.7%	40.6%	42.5%
学校	25.4%	21.5%	24.0%	25.7%	23.8%
社会（包括职业生活）	23.6%	25.0%	27.9%	26.6%	26.0%
国家或政府	4.4%	8.0%	5.5%	4.5%	5.9%
媒体	0.6%	0.9%	1.4%	1.3%	1.1%
其他	0.8%	0.9%	0.5%	1.3%	0.8%
总计	100.0%	100.0%	100.0%	100.0%	100.0%
列总计	1227	1951	1999	1100	6277

Chi-square tests：df = 15，卡方值为 53.671，sig = 0.000 < 0.050，所以不同收入的居民在对“在自己的成长过程中得到道德训练最重要的场所或机构”的认知上有显著差异。

E8 by A12

您听说过一些道德模范或身边的好人好事吗？您愿意像他们那样做人、做事吗 * 收入 Crosstabulation

	无收入	1—1999 元	2000—3999 元	4000 元及以上	总计
知道一些，他们很了不起，我在努力向他们学习	63.1%	65.2%	72.8%	73.9%	68.7%
知道一些，我很敬佩他们，但自己学不来	23.6%	22.7%	19.3%	18.8%	21.1%
知道一些，我感到他们那样做有点不值得	2.4%	2.5%	2.6%	1.8%	2.4%
没听说过谁是道德模范和身边好人	10.9%	9.7%	5.4%	5.5%	7.8%
总计	100.0%	100.0%	100.0%	100.0%	100.0%
列总计	1230	1955	1999	1100	6284

Chi-square tests：df = 9，卡方值为 79.390，sig = 0.000 < 0.050，所以不同收入的居民在对“您听说过一些道德模范或身边的好人好事吗？您愿意像他们那样做人、做事吗”的认知上有显著差异。

E9a by A12

您对自己所生活的地方下列群体的职业道德状况总体评价如何：公务员道德状况（如工作认真负责、依法办事、公正廉洁、讲究效率、文明服务等）* 收入 Crosstabulation

	无收入	1—1999 元	2000—3999 元	4000 元及以上	总计
非常满意	16.9%	22.4%	17.8%	16.6%	18.9%
比较满意	59.4%	55.7%	60.0%	58.3%	58.3%
不太满意	20.7%	17.9%	18.5%	21.5%	19.3%
不满意	3.0%	3.9%	3.7%	3.6%	3.6%
总计	100.0%	100.0%	100.0%	100.0%	100.0%
列总计	1226	1952	1997	1099	6274

Chi-square tests：df = 9，卡方值为 32.014，sig = 0.000 < 0.050，所以不同收入的居民在对“公务员道德状况（如工作认真负责、依法办事、公正廉洁、讲究效率、文明服务等）”的总体评价上有显著差异。

E9b by A12

您对自己所生活的地方下列群体的职业道德状况总体评价如何：商人道德状况（如不卖假冒伪劣产品、不价格欺诈、不短斤少两、讲诚信服务等）* 收入 Crosstabulation

	无收入	1—1999 元	2000—3999 元	4000 元及以上	总计
非常满意	8.6%	10.6%	9.6%	9.1%	9.6%
比较满意	44.6%	42.6%	43.6%	39.4%	42.8%
不太满意	37.9%	37.0%	37.8%	44.2%	38.7%
不满意	8.9%	9.8%	9.0%	7.4%	8.9%
总计	100.0%	100.0%	100.0%	100.0%	100.0%
列总计	1229	1957	1999	1100	6285

Chi-square tests：df = 9，卡方值为 23.105，sig = 0.006 < 0.050，所以不同收入的居民在对“商人道德状况（如不卖假冒伪劣产品、不价格欺诈、不短斤少两、讲诚信服务等）”的总体评价上有显著差异。

E9c by A12

您对自己所生活的地方下列群体职业道德状况总体评价如何：教师道德状况（如爱岗敬业、关爱学生、教书育人、为人师表、不搞有偿家教等）* 收入 Crosstabulation

	无收入	1—1999 元	2000—3999 元	4000 元及以上	总计
非常满意	28.5%	33.0%	26.7%	22.5%	28.3%

续表

	无收入	1—1999 元	2000—3999 元	4000 元及以上	总计
比较满意	57.0%	53.1%	56.3%	57.7%	55.7%
不太满意	12.3%	11.1%	14.2%	16.8%	13.3%
不满意	2.3%	2.8%	2.8%	2.9%	2.7%
总计	100.0%	100.0%	100.0%	100.0%	100.0%
列总计	1229	1955	2001	1100	6285

Chi-square tests：df = 9，卡方值为 54.295，sig = 0.000 < 0.050，所以不同收入的居民在对“教师道德状况（如爱岗敬业、关爱学生、教书育人、为人师表、不搞有偿家教等）”的总体评价上有显著差异。

E9d by A12

您对自己所生活的地方下列群体职业道德状况总体评价如何：医生道德状况（如爱岗敬业、钻研医术、救死扶伤、尊重病人、不收红包等）＊收入 Crosstabulation

	无收入	1—1999 元	2000—3999 元	4000 元及以上	总计
非常满意	21.4%	25.1%	20.3%	16.5%	21.4%
比较满意	54.2%	54.1%	55.7%	54.3%	54.6%
不太满意	20.0%	16.7%	19.0%	23.2%	19.2%
不满意	4.3%	4.1%	4.9%	6.1%	4.8%
总计	100.0%	100.0%	100.0%	100.0%	100.0%
列总计	1228	1957	2001	1100	6286

Chi-square tests：df = 9，卡方值为 49.471，sig = 0.000 < 0.050，所以不同收入的居民在对“医生道德状况（如爱岗敬业、钻研医术、救死扶伤、尊重病人、不收红包等）”的总体评价上有显著差异。

E10 by A12

对当今中国社会，更担忧哪种问题 ＊ 收入 Crosstabulation

	无收入	1—1999 元	2000—3999 元	4000 元及以上	总计
言而无信，不守信用	19.2%	25.2%	24.2%	28.7%	24.3%
坑蒙拐骗，没有诚信	37.8%	34.7%	30.3%	25.6%	32.3%
人与人之间互不信任，社会安全度低	32.2%	29.7%	35.4%	37.3%	33.3%
可信任的人很少，遇到问题难以找到人倾诉和帮助	10.8%	10.5%	10.1%	8.3%	10.0%
总计	100.0%	100.0%	100.0%	100.0%	100.0%
列总计	1218	1939	1988	1090	6235

Chi-square tests：df = 9，卡方值为 74.662，sig = 0.000 < 0.050，所以不同收入的居民在对“对当今中国社会，更担忧哪种问题”的选择上有显著差异。

E11a by A12

您的思想行为受什么人影响最大 ＊ 收入 Crosstabulation

	无收入	1—1999 元	2000—3999 元	4000 元及以上	总计
政府官员	11.6%	16.9%	14.0%	13.9%	14.4%
企业家	0.9%	1.8%	1.5%	2.6%	1.7%
演艺明星、体育明星	0.6%	0.4%	0.6%	0.3%	0.5%
教师	14.1%	11.6%	11.8%	11.9%	12.2%
知识精英	2.0%	2.1%	2.3%	3.6%	2.4%
自由撰稿人	0.4%	0.3%	0.2%	0.1%	0.2%
农民	4.0%	4.2%	2.0%	0.6%	2.8%
工人	0.7%	1.2%	1.2%	0.6%	1.0%
先哲先贤	3.1%	2.7%	4.3%	5.5%	3.8%
父母	62.8%	58.9%	62.1%	60.9%	61.0%
总计	100.0%	100.0%	100.0%	100.0%	100.0%
列总计	1227	1943	1992	1097	6259

Chi-square tests：df = 27，卡方值为 109.358，sig = 0.000 < 0.050，所以不同收入的居民在对“思想行为受什么人影响最大”的选择上有显著差异。

E11b by A12

您的思想行为受什么人影响第二大 ＊ 收入 Crosstabulation

	无收入	1—1999 元	2000—3999 元	4000 元及以上	总计
政府官员	10.0%	12.8%	11.5%	10.7%	11.5%
企业家	3.7%	4.8%	5.8%	7.6%	5.4%
演艺明星、体育明星	1.7%	1.3%	1.3%	1.0%	1.3%
教师	39.5%	36.0%	40.6%	40.9%	39.0%
知识精英	5.1%	4.3%	6.4%	6.9%	5.6%
自由撰稿人	0.7%	0.6%	0.8%	0.8%	0.7%
农民	11.4%	12.1%	5.8%	4.8%	8.7%
工人	4.8%	4.9%	4.2%	2.0%	4.1%
先哲先贤	7.9%	6.7%	8.3%	9.9%	8.0%
父母	15.3%	16.3%	15.4%	15.3%	15.6%
总计	100.0%	100.0%	100.0%	100.0%	100.0%
列总计	1211	1927	1975	1086	6199

Chi-square tests：df = 27，卡方值为 144.534，sig = 0.000 < 0.050，所以不同收入的居民在对“思想行为受什么人影响第二大”的选择上有显著差异。

E11c by A12

您的思想行为受什么人影响第三大 * 收入 Crosstabulation

	无收入	1—1999 元	2000—3999 元	4000 元及以上	总计
政府官员	17.4%	15.4%	15.4%	16.2%	15.9%
企业家	4.0%	4.6%	5.4%	5.7%	4.9%
演艺明星、体育明星	3.7%	3.0%	3.6%	4.8%	3.7%
教师	13.1%	15.5%	15.5%	15.3%	15.0%
知识精英	10.8%	10.1%	14.5%	15.0%	12.5%
自由撰稿人	2.8%	1.9%	2.2%	2.4%	2.3%
农民	14.5%	15.3%	9.7%	6.5%	11.8%
工人	9.2%	10.5%	9.0%	6.5%	9.1%
先哲先贤	14.6%	11.9%	15.1%	17.1%	14.4%
父母	9.9%	11.8%	9.7%	10.5%	10.5%
总计	100.0%	100.0%	100.0%	100.0%	100.0%
列总计	1203	1910	1959	1078	6150

Chi-square tests：df = 27，卡方值为 134.685，sig = 0.000 < 0.050，所以不同收入的居民在对“思想行为受什么人影响第三大”的选择上有显著差异。

E12a by A12

对形成我国当前各种新型伦理关系和道德观念，哪种因素影响最大 * 收入 Crosstabulation

	无收入	1—1999 元	2000—3999 元	4000 元及以上	总计
网络和媒体	33.4%	34.2%	41.2%	46.6%	38.5%
政府	36.4%	38.3%	33.8%	30.8%	35.2%
大学及其文化	9.2%	5.0%	4.6%	6.6%	6.0%
市场	8.4%	9.3%	7.2%	6.4%	7.9%
企业	1.5%	2.6%	1.4%	1.0%	1.7%
社会团体	6.2%	6.4%	5.8%	4.0%	5.7%
知识精英	2.7%	2.5%	3.1%	1.4%	2.5%
国外价值观与生活方式	1.8%	1.4%	2.7%	2.7%	2.1%
其他	0.4%	0.3%	0.3%	0.5%	0.3%
总计	100.0%	100.0%	100.0%	100.0%	100.0%
列总计	1203	1912	1980	1093	6188

Chi-square tests：df = 24，卡方值为 132.904，sig = 0.000 < 0.050，所以不同收入的居民在对“形成我国当前各种新型伦理关系和道德观念，哪种因素影响最大”的选择上有显著差异。

E12b by A12

对形成我国当前各种新型伦理关系和道德观念，哪种因素影响第二大 * 收入 Crosstabulation

	无收入	1—1999 元	2000—3999 元	4000 元及以上	总计
网络和媒体	19.7%	17.7%	16.6%	19.0%	18.0%
政府	29.2%	28.6%	30.5%	30.5%	29.7%
大学及其文化	10.8%	9.5%	10.4%	10.3%	10.2%
市场	16.6%	17.9%	17.2%	14.8%	16.9%
企业	5.9%	7.9%	6.2%	6.2%	6.6%
社会团体	10.5%	10.7%	10.2%	9.1%	10.2%
知识精英	4.5%	5.0%	4.8%	4.3%	4.7%
国外价值观与生活方式	2.5%	2.6%	3.9%	5.5%	3.5%
其他	0.3%	0.1%	0.3%	0.2%	0.2%
总计	100.0%	100.0%	100.0%	100.0%	100.0%
列总计	1196	1900	1965	1084	6145

Chi-square tests：df = 24，卡方值为 44.321，sig = 0.007 < 0.050，所以不同收入的居民在对“形成我国当前各种新型伦理关系和道德观念，哪种因素影响第二大”的选择上有显著差异。

E12c by A12

对形成我国当前各种新型伦理关系和道德观念，哪种因素影响第三大 * 收入 Crosstabulation

	无收入	1—1999 元	2000—3999 元	4000 元及以上	总计
网络和媒体	13.2%	10.0%	10.9%	8.3%	10.6%
政府	12.8%	12.7%	11.5%	12.2%	12.2%
大学及其文化	16.6%	15.2%	18.8%	16.5%	16.8%
市场	19.7%	18.9%	19.3%	18.9%	19.2%
企业	7.1%	8.6%	6.4%	5.4%	7.0%
社会团体	18.1%	19.8%	17.3%	18.1%	18.4%
知识精英	7.5%	8.3%	8.8%	11.0%	8.8%
国外价值观与生活方式	4.7%	5.6%	5.9%	8.8%	6.1%
其他	0.4%	0.9%	1.1%	0.8%	0.9%
总计	100.0%	100.0%	100.0%	100.0%	100.0%
列总计	1190	1889	1961	1075	6115

Chi-square tests：df = 24，卡方值为 68.693，sig = 0.000 < 0.050，所以不同收入的居民在对“形成我国当前各种新型伦理关系和道德观念，哪种因素影响第三大”的选择上有显著差异。

E13 by A12

您认为哪种因素应当对当今不良道德风尚负主要责任 ＊ 收入 Crosstabulation

	无收入	1—1999 元	2000—3999 元	4000 元及以上	总计
以权谋私，官员腐败	42.2%	44.3%	45.9%	46.7%	44.8%
企业不讲诚信和损害社会利益	10.1%	10.7%	12.8%	11.3%	11.4%
大学及其文化学校道德教育功能弱化	8.8%	6.5%	7.5%	8.2%	7.6%
家庭伦理功能弱化	4.6%	4.5%	3.2%	3.3%	3.9%
个人缺乏道德自觉	21.3%	19.2%	17.6%	18.6%	19.0%
分配不公，两极分化	13.0%	14.7%	13.0%	12.0%	13.4%
总计	100.0%	100.0%	100.0%	100.0%	100.0%
列总计	1223	1946	1993	1099	6261

Chi-square tests：df = 15，卡方值为 32.822，sig = 0.005 < 0.050，所以不同收入的居民在对“哪种因素应当对当今不良道德风尚负主要责任”的认知上有显著差异。

E14a by A12

对下列关于网络的说法是否赞同：网络是一个虚拟空间，不应该受现实生活中的道德规范约束 ＊ 收入 Crosstabulation

	无收入	1—1999 元	2000—3999 元	4000 元及以上	总计
非常不赞同	30.6%	27.7%	30.5%	33.4%	30.2%
不太赞同	37.5%	35.7%	34.2%	35.8%	35.6%
比较赞同	22.9%	25.6%	25.4%	21.3%	24.3%
非常赞同	9.0%	11.0%	9.9%	9.4%	10.0%
总计	100.0%	100.0%	100.0%	100.0%	100.0%
列总计	1180	1852	1965	1080	6077

Chi-square tests：df = 9，卡方值为 20.665，sig = 0.014 < 0.050，所以不同收入的居民在对“网络是一个虚拟空间，不应该受现实生活中的道德规范约束”的认识上有显著差异。

E14b by A12

对下列关于网络的说法是否赞同：人肉搜索侵犯个人隐私，应该杜绝 ＊ 收入 Crosstabulation

	无收入	1—1999 元	2000—3999 元	4000 元及以上	总计
非常不赞同	5.6%	6.0%	5.5%	4.0%	5.4%
不太赞同	13.3%	13.0%	12.9%	16.1%	13.6%

续表

	无收入	1—1999 元	2000—3999 元	4000 元及以上	总计
比较赞同	41.7%	41.3%	39.4%	38.1%	40.2%
非常赞同	39.4%	39.7%	42.2%	41.9%	40.8%
总计	100.0%	100.0%	100.0%	100.0%	100.0%
列总计	1177	1840	1958	1080	6055

Chi-square tests：df = 9，卡方值为 16.764，sig = 0.053 > 0.050，所以不同收入的居民在对“人肉搜索侵犯个人隐私，应该杜绝”的认识上没有显著差异。

E14c by A12

对下列关于网络的说法是否赞同：明知是网络谣言仍然转发的，应该受到惩罚 * 收入 Crosstabulation

	无收入	1—1999 元	2000—3999 元	4000 元及以上	总计
非常不赞同	3.6%	4.2%	4.3%	3.9%	4.0%
不太赞同	7.4%	8.4%	6.3%	8.4%	7.5%
比较赞同	41.3%	34.4%	34.2%	31.8%	35.2%
非常赞同	47.8%	53.0%	55.2%	55.9%	53.2%
总计	100.0%	100.0%	100.0%	100.0%	100.0%
列总计	1183	1855	1967	1082	6087

Chi-square tests：df = 9，卡方值为 34.402，sig = 0.000 < 0.050，所以不同收入的居民在对“明知是网络谣言仍然转发的，应该受到惩罚”的认识上有显著差异。

E15 by A12

认为政府在制定政策和决策时充分考虑到伦理道德方面的要求了吗（如社会公平、利益均衡、关怀弱势群体，以及大多数人利益和感受）* 收入 Crosstabulation

	无收入	1—1999 元	2000—3999 元	4000 元及以上	总计
有考虑	35.8%	40.4%	37.1%	38.0%	38.1%
有考虑，但不够	56.1%	52.4%	57.9%	57.9%	55.8%
比较赞同，没有考虑	8.1%	7.2%	4.9%	4.1%	6.1%
总计	100.0%	100.0%	100.0%	100.0%	100.0%
列总计	1222	1951	2001	1099	6273

Chi-square tests：df = 6，卡方值为 34.966，sig = 0.000 < 0.050，所以不同收入的居民在对“政府在制定政策和决策时是否充分考虑到伦理道德方面的要求（如社会公平、利益均衡、关怀弱势群体，以及大多数人利益和感受）”的评价上有显著差异。

E16 by A12

认为解决当前我国的公民道德和社会风尚问题，最关键的是 ＊ 收入 Crosstabulation

	无收入	1—1999 元	2000—3999 元	4000 元及以上	总计
加强法制	27.7%	32.9%	34.9%	32.9%	32.6%
弘扬优秀道德传统	22.9%	22.1%	22.1%	22.2%	22.3%
建设伦理道德的核心价值	8.9%	6.4%	8.0%	10.9%	8.2%
惩治官员腐败	12.3%	14.5%	10.9%	10.9%	12.3%
解决分配不公问题	9.3%	10.6%	7.6%	7.0%	8.8%
提高个人道德素质	19.0%	13.4%	16.5%	16.1%	15.9%
总计	100.0%	100.0%	100.0%	100.0%	100.0%
列总计	1220	1947	1998	1096	6261

Chi-square tests：df = 15，卡方值为 75.000，sig = 0.000 < 0.050，所以不同收入的居民在对“认为解决当前我国的公民道德和社会风尚问题，最关键的方法”的选择上有显著差异。

E17 by A12

一些政府机关、企事业单位和大中小学，利用权力为本单位的职工子女在入学、招工中提供特殊政策，您认为这种行为道德吗 ＊ 收入 Crosstabulation

	无收入	1—1999 元	2000—3999 元	4000 元及以上	总计
为本单位人员谋福利，符合道德	6.7%	6.2%	6.9%	7.4%	6.7%
以权谋私，不道德	56.2%	58.6%	57.7%	55.1%	57.2%
是对社会公众的欺骗，严重不道德	22.4%	21.8%	20.0%	17.7%	20.6%
符合本单位员工利益，但严重侵蚀社会道德	9.6%	9.2%	11.3%	16.4%	11.2%
无所谓道德不道德	5.0%	4.2%	4.2%	3.4%	4.2%
总计	100.0%	100.0%	100.0%	100.0%	100.0%
列总计	1225	1946	1996	1095	6262

Chi-square tests：df = 12，卡方值为 51.246，sig = 0.000 < 0.050，所以不同收入的居民在对“一些政府机关、企事业单位和大中小学，利用权力为本单位的职工子女在入学、招工中提供特殊政策，您认为这种行为道德吗”这一问题的看法上有显著差异。

E18a by A12

残疾人、留守儿童、孤寡老人等弱势群体需要来自全社会的关爱与帮助，您认为本地区做得怎么样：社区提供的服务 ＊ 收入 Crosstabulation

	无收入	1—1999 元	2000—3999 元	4000 元及以上	总计
很好	24.9%	33.2%	34.7%	30.9%	31.7%

续表

	无收入	1—1999 元	2000—3999 元	4000 元及以上	总计
比较好	60.2%	53.2%	54.3%	54.0%	55.1%
不太好	12.5%	11.2%	9.7%	13.1%	11.3%
很差	2.4%	2.3%	1.3%	2.0%	1.9%
总计	100.0%	100.0%	100.0%	100.0%	100.0%
列总计	1221	1947	1984	1094	6246

Chi-square tests：df = 9，卡方值为 48.854，sig = 0.000 < 0.050，所以不同收入的居民在对“社区提供的服务”的评价上有显著差异。

E18b by A12

残疾人、留守儿童、孤寡老人等弱势群体需要来自全社会的关爱与帮助，您认为本地区做得怎么样：周围人的尊重和关爱 * 收入 Crosstabulation

	无收入	1—1999 元	2000—3999 元	4000 元及以上	总计
很好	27.2%	31.4%	31.3%	26.4%	29.7%
比较好	61.1%	58.6%	58.7%	60.0%	59.4%
不太好	10.7%	9.2%	9.4%	12.4%	10.1%
很差	1.0%	0.8%	0.5%	1.2%	0.8%
总计	100.0%	100.0%	100.0%	100.0%	100.0%
列总计	1225	1946	1982	1091	6244

Chi-square tests：df = 9，卡方值为 24.428，sig = 0.004 < 0.050，所以不同收入的居民在对“周围人的尊重和关爱”的评价上有显著差异。

E18c by A12

残疾人、留守儿童、孤寡老人等弱势群体需要来自全社会的关爱与帮助，您认为本地区做得怎么样：社会服务机构提供的专业化服务 * 收入 Crosstabulation

	无收入	1—1999 元	2000—3999 元	4000 元及以上	总计
很好	19.2%	24.5%	27.7%	21.8%	24.0%
比较好	56.6%	53.1%	52.8%	53.5%	53.8%
不太好	20.5%	19.3%	17.3%	21.6%	19.3%
很差	3.7%	3.0%	2.2%	3.0%	2.9%
总计	100.0%	100.0%	100.0%	100.0%	100.0%
列总计	1220	1942	1971	1086	6219

Chi-square tests：df = 9，卡方值为 41.858，sig = 0.000 < 0.050，所以不同收入的居民在对“社会服务机构提供的专业化服务”的评价上有显著差异。

E18d by A12

残疾人、留守儿童、孤寡老人等弱势群体需要来自全社会的关爱与帮助，您认为本地区做得怎么样：政府实施的社会救助 ＊ 收入 Crosstabulation

	无收入	1—1999元	2000—3999元	4000元及以上	总计
很好	23.8%	31.3%	31.7%	25.4%	28.9%
比较好	55.8%	50.9%	52.0%	53.6%	52.7%
不太好	16.6%	13.7%	13.6%	18.0%	15.0%
很差	3.8%	4.0%	2.8%	3.0%	3.4%
总计	100.0%	100.0%	100.0%	100.0%	100.0%
列总计	1221	1940	1967	1084	6212

Chi-square tests：df = 9，卡方值为47.622，sig = 0.000 < 0.050，所以不同收入的居民在对“政府实施的社会救助”的认知上有显著差异。

E19a by A12

您认为目前社会公德中存在的最突出的问题是：坑蒙拐骗 ＊ 收入 Crosstabulation

	无收入	1—1999元	2000—3999元	4000元及以上	总计
未选	56.1%	59.0%	61.3%	63.9%	60.0%
已选	43.9%	41.0%	38.7%	36.1%	40.0%
总计	100.0%	100.0%	100.0%	100.0%	100.0%
列总计	1230	1956	2004	1101	6291

Chi-square tests：df = 3，卡方值为17.116，sig = 0.001 < 0.050，所以不同收入的居民在对“坑蒙拐骗是目前社会公德中存在的最突出的问题”的看法上有显著差异。

E19b by A12

您认为目前社会公德中存在的最突出的问题是：人际关系冷漠，见危不救 ＊ 收入 Crosstabulation

	无收入	1—1999元	2000—3999元	4000元及以上	总计
未选	61.8%	68.1%	61.1%	59.9%	63.2%
已选	38.2%	31.9%	38.9%	40.1%	36.8%
总计	100.0%	100.0%	100.0%	100.0%	100.0%
列总计	1230	1956	2003	1101	6290

Chi-square tests：df = 3，卡方值为30.295，sig = 0.000 < 0.050，所以不同收入的居民在对“人际关系冷漠，见危不救是目前社会公德中存在的最突出的问题”的看法上有显著差异。

E19c by A12

您认为目前社会公德中存在的最突出的问题是：不守承诺，社会信用度低 * 收入 Crosstabulation

	无收入	1—1999 元	2000—3999 元	4000 元及以上	总计
未选	61.9%	65.1%	62.6%	54.9%	61.9%
已选	38.1%	34.9%	37.4%	45.1%	38.1%
总计	100.0%	100.0%	100.0%	100.0%	100.0%
列总计	1230	1956	2002	1101	6289

Chi-square tests：df = 3，卡方值为 31.996，sig = 0.000 < 0.050，所以不同收入的居民在对“不守承诺，社会信用度低是目前社会公德中存在的最突出的问题”的看法上有显著差异。

E19d by A12

您认为目前社会公德中存在的最突出的问题是：社会财富分配不公，贫富悬殊 * 收入 Crosstabulation

	无收入	1—1999 元	2000—3999 元	4000 元及以上	总计
未选	69.4%	65.7%	63.3%	64.3%	65.4%
已选	30.6%	34.3%	36.7%	35.7%	34.6%
总计	100.0%	100.0%	100.0%	100.0%	100.0%
列总计	1230	1956	2003	1101	6290

Chi-square tests：df = 3，卡方值为 13.407，sig = 0.004 < 0.050，所以不同收入的居民在对“社会财富分配不公，贫富悬殊是目前社会公德中存在的最突出的问题”的看法上有显著差异。

E19e by A12

您认为目前社会公德中存在的最突出的问题是：公共场所缺乏道德 * 收入 Crosstabulation

	无收入	1—1999 元	2000—3999 元	4000 元及以上	总计
未选	75.3%	77.4%	72.7%	74.8%	75.1%
已选	24.7%	22.6%	27.3%	25.2%	24.9%
总计	100.0%	100.0%	100.0%	100.0%	100.0%
列总计	1230	1956	2003	1101	6290

Chi-square tests：df = 3，卡方值为 11.550，sig = 0.009 < 0.050，所以不同收入的居民在对“公共场所缺乏道德是目前社会公德中存在的最突出的问题”的看法上有显著差异。

E19f by A12

您认为目前社会公德中存在的最突出的问题是：自私自利，损人利己 * 收入 Crosstabulation

	无收入	1—1999 元	2000—3999 元	4000 元及以上	总计
未选	66.5%	69.5%	72.3%	75.1%	70.8%
已选	33.5%	30.5%	27.7%	24.9%	29.2%
总计	100.0%	100.0%	100.0%	100.0%	100.0%
列总计	1230	1955	2004	1101	6290

Chi-square tests：df = 3，卡方值为 24.765，sig = 0.000 < 0.050，所以不同收入的居民在对“自私自利，损人利己是目前社会公德中存在的最突出的问题”的看法上有显著差异。

E19g by A12

您认为目前社会公德中存在的最突出的问题是：缺乏爱心 * 收入 Crosstabulation

	无收入	1—1999 元	2000—3999 元	4000 元及以上	总计
未选	73.8%	71.6%	75.4%	76.8%	74.2%
已选	26.2%	28.4%	24.6%	23.2%	25.8%
总计	100.0%	100.0%	100.0%	100.0%	100.0%
列总计	1230	1955	2004	1101	6290

Chi-square tests：df = 3，卡方值为 12.833，sig = 0.005 < 0.050，所以不同收入的居民在对“缺乏爱心是目前社会公德中存在的最突出的问题”的看法上有显著差异。

E19h by A12

您认为目前社会公德中存在的最突出的问题是：缺乏公正心和正义感 * 收入 Crosstabulation

	无收入	1—1999 元	2000—3999 元	4000 元及以上	总计
未选	74.1%	72.7%	72.3%	71.1%	72.5%
已选	25.9%	27.3%	27.7%	28.9%	27.5%
总计	100.0%	100.0%	100.0%	100.0%	100.0%
列总计	1226	1948	1998	1095	6267

Chi-square tests：df = 3，卡方值为 2.740，sig = 0.434 > 0.050，所以不同收入的居民在对“缺乏公正心和正义感是目前社会公德中存在的最突出的问题”的看法上没有显著差异。

E19i by A12

您认为目前社会公德中存在的最突出的问题是：缺乏羞耻感 ＊ 收入 Crosstabulation

	无收入	1—1999 元	2000—3999 元	4000 元及以上	总计
未选	89.1%	90.3%	90.2%	88.8%	89.8%
已选	10.9%	9.7%	9.8%	11.2%	10.2%
总计	100.0%	100.0%	100.0%	100.0%	100.0%
列总计	1226	1948	1998	1095	6267

Chi-square tests：df = 3，卡方值为 3.048，sig = 0.384 > 0.050，所以不同收入的居民在对“缺乏羞耻感是目前社会公德中存在的最突出的问题”的看法上没有显著差异。

E19j by A12

您认为目前社会公德中存在的最突出的问题是：私欲膨胀，物欲横流 ＊ 收入 Crosstabulation

	无收入	1—1999 元	2000—3999 元	4000 元及以上	总计
未选	84.3%	85.4%	82.8%	82.0%	83.8%
已选	15.7%	14.6%	17.2%	18.0%	16.2%
总计	100.0%	100.0%	100.0%	100.0%	100.0%
列总计	1226	1948	1998	1095	6267

Chi-square tests：df = 3，卡方值为 7.747，sig = 0.052 > 0.050，所以不同收入的居民在对“私欲膨胀，物欲横流是目前社会公德中存在的最突出的问题”的看法上没有显著差异。

E19k by A12

您认为目前社会公德中存在的最突出的问题是：干部贪污受贿，以权谋利 ＊ 收入 Crosstabulation

	无收入	1—1999 元	2000—3999 元	4000 元及以上	总计
未选	66.4%	63.9%	64.1%	66.0%	64.8%
已选	33.6%	36.1%	35.9%	34.0%	35.2%
总计	100.0%	100.0%	100.0%	100.0%	100.0%
列总计	1226	1948	1998	1095	6267

Chi-square tests：df = 3，卡方值为 3.319，sig = 0.345 > 0.050，所以不同收入的居民在对“干部贪污受贿，以权谋利是目前社会公德中存在的最突出的问题”的看法上没有显著差异。

E19l by A12

您认为目前社会公德中存在的最突出的问题是：生活奢侈，铺张浪费 ＊ 收入 Crosstabulation

	无收入	1—1999 元	2000—3999 元	4000 元及以上	总计
未选	86.5%	84.6%	83.7%	83.7%	84.5%
已选	13.5%	15.4%	16.3%	16.3%	15.5%
总计	100.0%	100.0%	100.0%	100.0%	100.0%
列总计	1226	1948	1998	1095	6267

Chi-square tests：df = 3，卡方值为 5.414，sig = 0.144 > 0.050，所以不同收入的居民在对“生活奢侈，铺张浪费是目前社会公德中存在的最突出的问题”的看法上没有显著差异。

E19m by A12

您认为目前社会公德中存在的最突出的问题是：奉行功利主义，相互算计 ＊ 收入 Crosstabulation

	无收入	1—1999 元	2000—3999 元	4000 元及以上	总计
未选	90.3%	90.4%	90.0%	89.1%	90.0%
已选	9.7%	9.6%	10.0%	10.9%	10.0%
总计	100.0%	100.0%	100.0%	100.0%	100.0%
列总计	1226	1948	1998	1095	6267

Chi-square tests：df = 3，卡方值为 1.376，sig = 0.711 > 0.050，所以不同收入的居民在对“奉行功利主义，相互算计是目前社会公德中存在的最突出的问题”的看法上没有显著差异。

E19n by A12

您认为目前社会公德中存在的最突出的问题是：媒体缺乏社会责任，炒作新闻 ＊ 收入 Crosstabulation

	无收入	1—1999 元	2000—3999 元	4000 元及以上	总计
未选	87.5%	88.6%	85.3%	83.0%	86.4%
已选	12.5%	11.4%	14.7%	17.0%	13.6%
总计	100.0%	100.0%	100.0%	100.0%	100.0%
列总计	1226	1948	1998	1095	6267

Chi-square tests：df = 3，卡方值为 22.091，sig = 0.000 < 0.050，所以不同收入的居民在对“媒体缺乏社会责任，炒作新闻是目前社会公德中存在的最突出的问题”的看法上有显著差异。

E19o by A12

您认为目前社会公德中存在的最突出的问题是：人与人、人与社会之间缺乏信任，社会安全度低 ＊ 收入 Crosstabulation

	无收入	1—1999 元	2000—3999 元	4000 元及以上	总计
未选	70.0%	70.6%	71.8%	66.2%	70.1%
已选	30.0%	29.4%	28.2%	33.8%	29.9%
总计	100.0%	100.0%	100.0%	100.0%	100.0%
列总计	1226	1948	1997	1095	6266

Chi-square tests：df = 3，卡方值为 10.743，sig = 0.013 < 0.050，所以不同收入的居民在对“人与人、人与社会之间缺乏信任，社会安全度低是目前社会公德中存在的最突出的问题”的看法上有显著差异。

E19p by A12

您认为目前社会公德中存在的最突出的问题是：娱乐界以丑闻、绯闻炒作，污染社会风气 ＊ 收入 Crosstabulation

	无收入	1—1999 元	2000—3999 元	4000 元及以上	总计
未选	91.2%	93.0%	87.8%	87.6%	90.0%
已选	8.8%	7.0%	12.2%	12.4%	10.0%
总计	100.0%	100.0%	100.0%	100.0%	100.0%
列总计	1226	1949	1998	1095	6268

Chi-square tests：df = 3，卡方值为 39.844，sig = 0.000 < 0.050，所以不同收入的居民在对“娱乐界以丑闻、绯闻炒作，污染社会风气是目前社会公德中存在的最突出的问题”的看法上有显著差异。

E19q by A12

您认为目前社会公德中存在的最突出的问题是：企业行为损害社会利益，如环境污染、产品质量低劣，以虚假广告误导公众 ＊ 收入 Crosstabulation

	无收入	1—1999 元	2000—3999 元	4000 元及以上	总计
未选	82.7%	84.5%	80.2%	77.6%	81.6%
已选	17.3%	15.5%	19.8%	22.4%	18.4%
总计	100.0%	100.0%	100.0%	100.0%	100.0%
列总计	1226	1949	1997	1095	6267

Chi-square tests：df = 3，卡方值为 26.158，sig = 0.000 < 0.050，所以不同收入的居民在对“企业行为损害社会利益，如环境污染、产品质量低劣，以虚假广告误导公众是目前社会公德中存在的最突出的问题”的看法上有显著差异。

E20 by A12

主流媒体的报道和朋友圈或国外媒体的消息不一致时，您会相信哪一个 * 收入 Crosstabulation

	无收入	1—1999 元	2000—3999 元	4000 元及以上	总计
主流媒体	44.4%	57.0%	53.4%	53.1%	52.7%
朋友圈	13.9%	10.3%	11.1%	8.6%	11.0%
国外报道	1.3%	0.9%	1.5%	2.7%	1.5%
都不相信	13.3%	11.4%	9.9%	8.0%	10.7%
自己比较判断应该相信哪个	26.2%	19.5%	23.8%	26.7%	23.4%
其他	0.9%	0.8%	0.4%	0.9%	0.7%
总计	100.0%	100.0%	100.0%	100.0%	100.0%
列总计	1224	1940	1987	1097	6248

Chi-square tests：df = 15，卡方值为 99.272，sig = 0.000 < 0.050，所以不同收入的居民在对“主流媒体的报道和朋友圈或国外媒体的消息不一致时，您会相信哪一个”的选择上有显著差异。

E21a by A12

下列哪些因素可能影响人际关系紧张：社会资源缺乏，引发恶性竞争 * 收入 Crosstabulation

	无收入	1—1999 元	2000—3999 元	4000 元及以上	总计
未选	71.1%	74.2%	70.3%	70.2%	71.7%
已选	28.9%	25.8%	29.7%	29.8%	28.3%
总计	100.0%	100.0%	100.0%	100.0%	100.0%
列总计	1230	1953	2003	1101	6287

Chi-square tests：df = 3，卡方值为 9.572，sig = 0.023 < 0.050，所以不同收入的居民在对“社会资源缺乏，引发恶性竞争可能是影响人际关系紧张的因素”的看法上有显著差异。

E21b by A12

下列哪些因素可能影响人际关系紧张：过度宣扬竞争意识 * 收入 Crosstabulation

	无收入	1—1999 元	2000—3999 元	4000 元及以上	总计
未选	86.7%	86.4%	84.4%	85.6%	85.7%
已选	13.3%	13.6%	15.6%	14.4%	14.3%
总计	100.0%	100.0%	100.0%	100.0%	100.0%
列总计	1230	1953	2002	1101	6286

Chi-square tests：df = 3，卡方值为 4.751，sig = 0.191 > 0.050，所以不同收入的居民在对“过度宣扬竞争意识可能是影响人际关系紧张的因素”的看法上没有显著差异。

E21c byA12

下列哪些因素可能影响人际关系紧张：社会财富分配不公，贫富差距过大 * 收入 Crosstabulation

	无收入	1—1999 元	2000—3999 元	4000 元及以上	总计
未选	55.5%	53.3%	53.3%	52.7%	53.6%
已选	44.5%	46.7%	46.7%	47.3%	46.4%
总计	100.0%	100.0%	100.0%	100.0%	100.0%
列总计	1231	1954	2002	1101	6288

Chi-square tests：df = 3，卡方值为 2.264，sig = 0.519 > 0.050，所以不同收入的居民在对“社会财富分配不公，贫富差距过大可能是影响人际关系紧张的因素”的看法上没有显著差异。

E21d by A12

下列哪些因素可能影响人际关系紧张：个人主义盛行 * 收入 Crosstabulation

	无收入	1—1999 元	2000—3999 元	4000 元及以上	总计
未选	75.2%	78.3%	77.6%	75.8%	77.0%
已选	24.8%	21.7%	22.4%	24.2%	23.0%
总计	100.0%	100.0%	100.0%	100.0%	100.0%
列总计	1231	1954	2001	1101	6287

Chi-square tests：df = 3，卡方值为 5.255，sig = 0.154 > 0.050，所以不同收入的居民在对“个人主义盛行可能是影响人际关系紧张的因素”的看法上没有显著差异。

E21e by A12

下列哪些因素可能影响人际关系紧张：缺乏爱心 * 收入 Crosstabulation

	无收入	1—1999 元	2000—3999 元	4000 元及以上	总计
未选	70.5%	69.2%	70.4%	72.6%	70.4%
已选	29.5%	30.8%	29.6%	27.4%	29.6%
总计	100.0%	100.0%	100.0%	100.0%	100.0%
列总计	1231	1953	2003	1101	6288

Chi-square tests：df = 3，卡方值为 3.902，sig = 0.272 > 0.050，所以不同收入的居民在对“缺乏爱心可能是影响人际关系紧张的因素”的看法上没有显著差异。

E21f by A12

下列哪些因素可能影响人际关系紧张：缺乏宽容 ＊ 收入 Crosstabulation

	无收入	1—1999元	2000—3999元	4000元及以上	总计
未选	74.3%	71.9%	72.2%	75.8%	73.2%
已选	25.7%	28.1%	27.8%	24.2%	26.8%
总计	100.0%	100.0%	100.0%	100.0%	100.0%
列总计	1231	1954	2003	1101	6289

Chi-square tests：df = 3，卡方值为7.447，sig = 0.059 > 0.050，所以不同收入的居民在对“缺乏宽容可能是影响人际关系紧张的因素”的看法上没有显著差异。

E21g by A12

下列哪些因素可能影响人际关系紧张：缺乏相互理解和沟通的意识和能力 ＊ 收入 Crosstabulation

	无收入	1—1999元	2000—3999元	4000元及以上	总计
未选	75.9%	79.2%	73.2%	71.6%	75.3%
已选	24.1%	20.8%	26.8%	28.4%	24.7%
总计	100.0%	100.0%	100.0%	100.0%	100.0%
列总计	1231	1954	2002	1101	6288

Chi-square tests：df = 3，卡方值为29.031，sig = 0.000 < 0.050，所以不同收入的居民在对“缺乏相互理解和沟通的意识和能力可能是影响人际关系紧张的因素”的看法上有显著差异。

E21h by A12

下列哪些因素可能影响人际关系紧张：制度安排不公正，机会不平等 ＊ 收入 Crosstabulation

	无收入	1—1999元	2000—3999元	4000元及以上	总计
未选	73.4%	75.0%	72.3%	67.3%	72.5%
已选	26.6%	25.0%	27.7%	32.7%	27.5%
总计	100.0%	100.0%	100.0%	100.0%	100.0%
列总计	1231	1954	2002	1101	6288

Chi-square tests：df = 3，卡方值为21.483，sig = 0.000 < 0.050，所以不同收入的居民在对“制度安排不公正，机会不平等可能是影响人际关系紧张的因素”的看法上有显著差异。

E21i by A12

下列哪些因素可能影响人际关系紧张：以权谋私，官员腐败 ＊ 收入 Crosstabulation

	无收入	1—1999 元	2000—3999 元	4000 元及以上	总计
未选	62.4%	60.1%	62.3%	63.0%	61.8%
已选	37.6%	39.9%	37.7%	37.0%	38.2%
总计	100.0%	100.0%	100.0%	100.0%	100.0%
列总计	1231	1954	2003	1101	6289

Chi-square tests：df = 3，卡方值为 3.405，sig = 0.333 > 0.050，所以不同收入的居民在对“以权谋私，官员腐败可能是影响人际关系紧张的因素”的看法上没有显著差异。

E21j by A12

下列哪些因素可能影响人际关系紧张：缺乏道德信用 ＊ 收入 Crosstabulation

	无收入	1—1999 元	2000—3999 元	4000 元及以上	总计
未选	73.8%	73.6%	72.4%	70.5%	72.7%
已选	26.2%	26.4%	27.6%	29.5%	27.3%
总计	100.0%	100.0%	100.0%	100.0%	100.0%
列总计	1227	1947	1996	1095	6265

Chi-square tests：df = 3，卡方值为 4.217，sig = 0.297 > 0.050，所以不同收入的居民在对“缺乏道德信用可能是影响人际关系紧张的因素”的看法上没有显著差异。

E21k by A12

下列哪些因素可能影响人际关系紧张：人与人、人与社会之间缺乏信任 ＊ 收入 Crosstabulation

	无收入	1—1999 元	2000—3999 元	4000 元及以上	总计
未选	64.1%	65.7%	63.2%	58.8%	63.4%
已选	35.9%	34.3%	36.8%	41.2%	36.6%
总计	100.0%	100.0%	100.0%	100.0%	100.0%
列总计	1231	1954	2003	1101	6289

Chi-square tests：df = 3，卡方值为 14.775，sig = 0.002 < 0.050，所以不同收入的居民在对“人与人、人与社会之间缺乏信任可能是影响人际关系紧张的因素”的看法上有显著差异。

E21l by A12

下列哪些因素可能影响人际关系紧张：传统伦理瓦解，社会缺乏统一的价值观 * 收入 Crosstabulation

	无收入	1—1999 元	2000—3999 元	4000 元及以上	总计
未选	88.2%	88.3%	88.7%	84.7%	87.8%
已选	11.8%	11.7%	11.3%	15.3%	12.2%
总计	100.0%	100.0%	100.0%	100.0%	100.0%
列总计	1231	1954	2003	1101	6289

Chi-square tests：df = 3，卡方值为 12.293，sig = 0.006 < 0.050，所以不同收入的居民在对“传统伦理瓦解，社会缺乏统一的价值观可能是影响人际关系紧张的因素”的看法上有显著差异。

E21m by A12

下列哪些因素可能影响人际关系紧张：一切诉诸利益或法律，人际关系缺乏伦理调节的机制和能力 * 收入 Crosstabulation

	无收入	1—1999 元	2000—3999 元	4000 元及以上	总计
未选	93.1%	93.5%	92.9%	92.2%	93.0%
已选	6.9%	6.5%	7.1%	7.8%	7.0%
总计	100.0%	100.0%	100.0%	100.0%	100.0%
列总计	1231	1953	2002	1101	6287

Chi-square tests：df = 3，卡方值为 1.928，sig = 0.587 > 0.050，所以不同收入的居民在对“一切诉诸利益或法律，人际关系缺乏伦理调节的机制和能力可能是影响人际关系紧张的因素”的看法上没有显著差异。

E22a by A12

本地政府的就业政策对促进社会公平有效果吗 * 收入 Crosstabulation

	无收入	1—1999 元	2000—3999 元	4000 元及以上	总计
普遍受欢迎	31.2%	36.4%	38.6%	36.8%	36.2%
效果一般	44.8%	41.4%	46.4%	48.3%	44.9%
没有效果	9.1%	8.9%	5.5%	5.7%	7.3%
有负面影响	1.0%	1.0%	0.9%	0.6%	0.9%
不清楚	13.9%	12.2%	8.7%	8.5%	10.8%
总计	100.0%	100.0%	100.0%	100.0%	100.0%
列总计	1221	1938	1981	1089	6229

Chi-square tests：df = 12，卡方值为 75.795，sig = 0.000 < 0.050，所以不同收入的居民在对“就业政策对促进社会公平的效果”的评价上有显著差异。

E22b by A12

本地政府的教育政策对促进社会公平有效果吗 ＊ 收入 Crosstabulation

	无收入	1—1999 元	2000—3999 元	4000 元及以上	总计
普遍受欢迎	45.3%	50.1%	46.8%	43.4%	46.9%
效果一般	39.8%	36.8%	40.5%	43.4%	39.7%
没有效果	5.3%	4.6%	5.2%	5.3%	5.1%
有负面影响	1.4%	1.5%	2.0%	2.3%	1.8%
不清楚	8.2%	7.1%	5.5%	5.6%	6.5%
总计	100.0%	100.0%	100.0%	100.0%	100.0%
列总计	1219	1934	1984	1091	6228

Chi-square tests：df = 12，卡方值为 31.910，sig = 0.001 < 0.050，所以不同收入的居民在对“教育政策对促进社会公平的效果”的评价上有显著差异。

E22c by A12

本地政府的医疗卫生政策对促进社会公平有效果吗 ＊ 收入 Crosstabulation

	无收入	1—1999 元	2000—3999 元	4000 元及以上	总计
普遍受欢迎	44.0%	50.7%	45.2%	41.2%	46.0%
效果一般	41.8%	36.4%	42.1%	45.4%	40.9%
没有效果	7.1%	7.1%	7.0%	7.2%	7.1%
有负面影响	2.3%	1.8%	2.3%	2.4%	2.2%
不清楚	4.8%	4.0%	3.4%	3.8%	3.9%
总计	100.0%	100.0%	100.0%	100.0%	100.0%
列总计	1221	1939	1982	1090	6232

Chi-square tests：df = 12，卡方值为 38.247，sig = 0.000 < 0.050，所以不同收入的居民在对“医疗卫生政策对促进社会公平的效果”的评价上有显著差异。

E22d by A12

本地政府的低保政策对促进社会公平有效果吗 ＊ 收入 Crosstabulation

	无收入	1—1999 元	2000—3999 元	4000 元及以上	总计
普遍受欢迎	42.9%	49.4%	49.6%	50.0%	48.3%
效果一般	37.3%	32.2%	34.8%	34.6%	34.5%
没有效果	7.0%	7.3%	5.7%	5.7%	6.4%
有负面影响	3.7%	3.5%	2.3%	1.6%	2.8%

续表

	无收入	1—1999 元	2000—3999 元	4000 元及以上	总计
不清楚	9.1%	7.7%	7.6%	8.1%	8.0%
总计	100.0%	100.0%	100.0%	100.0%	100.0%
列总计	1222	1939	1983	1091	6235

Chi-square tests：df = 12，卡方值为 35.846，sig = 0.000 < 0.050，所以不同收入的居民在对“低保政策对促进社会公平的效果”的评价上有显著差异。

E22e by A12

本地政府的房地产政策对促进社会公平有效果吗 ＊ 收入 Crosstabulation

	无收入	1—1999 元	2000—3999 元	4000 元及以上	总计
普遍受欢迎	17.1%	16.7%	19.5%	20.6%	18.4%
效果一般	32.2%	30.6%	36.3%	36.1%	33.7%
没有效果	15.0%	14.9%	15.7%	17.0%	15.5%
有负面影响	5.5%	7.1%	9.2%	9.8%	7.9%
不清楚	30.2%	30.7%	19.3%	16.5%	24.5%
总计	100.0%	100.0%	100.0%	100.0%	100.0%
列总计	1217	1929	1976	1090	6212

Chi-square tests：df = 12，卡方值为 138.923，sig = 0.000 < 0.050，所以不同收入的居民在对“房地产政策对促进社会公平的效果”的评价上有显著差异。

E22f by A12

本地政府的拆迁安置政策对促进社会公平有效果吗 ＊ 收入 Crosstabulation

	无收入	1—1999 元	2000—3999 元	4000 元及以上	总计
普遍受欢迎	20.7%	21.0%	25.7%	26.1%	23.3%
效果一般	32.9%	31.2%	37.2%	38.8%	34.8%
没有效果	11.9%	9.5%	9.8%	8.3%	9.9%
有负面影响	5.5%	8.4%	6.9%	8.1%	7.3%
不清楚	29.1%	29.8%	20.4%	18.8%	24.7%
总计	100.0%	100.0%	100.0%	100.0%	100.0%
列总计	1220	1930	1973	1088	6211

Chi-square tests：df = 12，卡方值为 111.819，sig = 0.000 < 0.050，所以不同收入的居民在对“拆迁安置政策对促进社会公平的效果”的评价上有显著差异。

E23 by A12

您听说过、参加过道德讲堂活动吗 * 收入 Crosstabulation

	无收入	1—1999 元	2000—3999 元	4000 元及以上	总计
没有听说过	55.6%	51.5%	37.9%	35.1%	45.1%
听说过，但没有参加过	26.2%	26.1%	29.1%	31.0%	27.9%
参加过，觉得很有意义	14.4%	19.0%	28.5%	28.8%	22.8%
参加过，但没留下太多印象	3.7%	3.5%	4.6%	5.2%	4.2%
总计	100.0%	100.0%	100.0%	100.0%	100.0%
列总计	1227	1950	1992	1095	6264

Chi-square tests：df = 9，卡方值为 205.204，sig = 0.000 < 0.050，所以不同收入的居民在对“您听说过、参加过道德讲堂活动吗”这一问题的回答上有显著差异。

E24 by A12

有人说，一条好家规、一个好家风可以影响三代人。现在开展的弘扬好家风、好家训活动，您认为有意义吗 * 收入 Crosstabulation

	无收入	1—1999 元	2000—3999 元	4000 元及以上	总计
没有必要	6.7%	6.7%	4.5%	5.7%	5.8%
可有可无	10.5%	8.8%	8.3%	7.8%	8.8%
很有意义	82.8%	84.5%	87.2%	86.5%	85.4%
总计	100.0%	100.0%	100.0%	100.0%	100.0%
列总计	1224	1949	1990	1097	6260

Chi-square tests：df = 6，卡方值为 17.874，sig = 0.007 < 0.050，所以不同收入的居民在对“有人说，好家规、好家风可以影响三代人。现在开展的弘扬好家风、好家训活动，您认为有意义吗”这一问题的看法上有显著差异。

E25 by A12

现在有的地方建了“好人馆”“好人广场”“好人公园”，您认为有必要为好人树碑立传吗 * 收入 Crosstabulation

	无收入	1—1999 元	2000—3999 元	4000 元及以上	总计
可有可无	13.4%	11.2%	11.8%	12.5%	12.0%
没有必要	12.0%	12.8%	12.5%	13.5%	12.7%
很有必要，可以让更多的人知道他们、学习他们	74.6%	76.0%	75.7%	74.0%	75.3%
总计	100.0%	100.0%	100.0%	100.0%	100.0%

续表

	无收入	1—1999 元	2000—3999 元	4000 元及以上	总计
列总计	1227	1949	1987	1096	6259

Chi-square tests：df = 6，卡方值为 5. 170，sig = 0. 522 > 0. 050，所以不同收入的居民在对“现在有的地方建了‘好人馆’‘好人广场’‘好人公园’，您认为有必要为好人树碑立传吗”这一问题的看法上没有显著差异。

E26 by A12

您对所生活的地方道德建设满意吗 ＊ 收入 Crosstabulation

	无收入	1—1999 元	2000—3999 元	4000 元及以上	总计
没有必要	26. 5%	36. 8%	33. 2%	30. 6%	32. 6%
可有可无	62. 4%	53. 7%	58. 2%	60. 8%	58. 0%
不满意	6. 9%	5. 7%	5. 6%	5. 7%	5. 9%
说不清楚	4. 2%	3. 8%	3. 0%	3. 0%	3. 5%
总计	100. 0%	100. 0%	100. 0%	100. 0%	100. 0%
列总计	1228	1949	1994	1093	6264

Chi-square tests：df = 9，卡方值为 45. 534，sig = 0. 000 < 0. 050，所以不同收入的居民在对“所生活地方的道德建设”的满意度上有显著差异。

E28 by A12

您对您所生活地方的社会公德状况满意吗 ＊ 收入 Crosstabulation

	无收入	1—1999 元	2000—3999 元	4000 元及以上	总计
非常满意	19. 4%	23. 8%	23. 3%	20. 6%	22. 2%
比较满意	45. 3%	45. 8%	46. 6%	46. 1%	46. 0%
基本满意	27. 9%	23. 5%	24. 9%	26. 5%	25. 3%
不满意	7. 4%	6. 8%	5. 3%	6. 8%	6. 5%
总计	100. 0%	100. 0%	100. 0%	100. 0%	100. 0%
列总计	1216	1913	1955	1081	6165

Chi-square tests：df = 9，卡方值为 22. 042，sig = 0. 009 < 0. 050，所以不同收入的居民在对“所生活地方的社会公德状况”的满意度上有显著差异。

江苏省伦理道德评价的年龄差异

B1a by A2

对当前我国社会的道德状况的满意程度 ＊ 年龄 Crosstabulation

	17—29 岁	30—39 岁	40—49 岁	50—59 岁	60—69 岁	70—80 岁	总计
非常满意	25.0%	25.4%	28.4%	28.8%	29.6%	33.3%	28.0%
比较满意	57.3%	58.8%	58.9%	60.2%	59.5%	66.7%	59.2%
比较不满意	15.3%	13.7%	10.3%	8.4%	8.3%		10.4%
非常不满意	2.4%	2.2%	2.4%	2.5%	2.6%		2.4%
总计	100.0%	100.0%	100.0%	100.0%	100.0%	100.0%	100.0%
列总计	872	788	1469	1695	1453	15	6292

Chi-square tests：df = 15，卡方值为 50.783，sig = 0.000 < 0.050，所以不同年龄层的居民在对“当前我国社会道德”的总体评价上存在显著差异。

B1b by A2

对当前我国社会人与人之间关系的满意程度 ＊ 年龄 Crosstabulation

	17—29 岁	30—39 岁	40—49 岁	50—59 岁	60—69 岁	70—80 岁	总计
非常满意	22.2%	22.1%	23.5%	26.9%	27.9%	20.0%	25.1%
比较满意	59.6%	62.9%	64.1%	62.2%	60.8%	66.7%	62.1%
比较不满意	15.7%	14.0%	10.5%	9.7%	9.7%	6.7%	11.2%
非常不满意	2.5%	1.0%	1.8%	1.2%	1.6%	6.7%	1.6%
总计	100.0%	100.0%	100.0%	100.0%	100.0%	100.0%	100.0%
列总计	871	788	1465	1697	1450	15	6286

Chi-square tests：df = 15，卡方值为 55.974，sig = 0.000 < 0.05 ，所以不同年龄层的居民在对“当前我国社会人与人之间关系”的评价上存在显著差异。

B1c by A2

对您自己的道德状况的满意程度 ＊ 年龄 Crosstabulation

	17—29 岁	30—39 岁	40—49 岁	50—59 岁	60—69 岁	70—80 岁	总计
非常满意	37.1%	43.0%	46.8%	49.7%	51.3%	53.3%	46.8%
比较满意	58.6%	53.6%	50.9%	48.4%	46.9%	40.0%	50.7%
比较不满意	3.4%	3.0%	1.8%	1.8%	1.3%	6.7%	2.1%
非常不满意	0.8%	0.4%	0.5%	0.1%	0.4%		0.4%
总计	100.0%	100.0%	100.0%	100.0%	100.0%	100.0%	100.0%

续表

	17—29 岁	30—39 岁	40—49 岁	50—59 岁	60—69 岁	70—80 岁	总计
列总计	870	791	1463	1693	1449	15	6281

Chi-square tests：df = 15，卡方值为 75.508，sig = 0.000 < 0.050，所以不同年龄层的居民在对“自己道德状况”的评价中存在显著差异。

B2 by A2

我国社会中道德和幸福的现实关系 ＊ 年龄 Crosstabulation

	17—29 岁	30—39 岁	40—49 岁	50—59 岁	60—69 岁	70—80 岁	总计
总体上道德和幸福能够一致，能惩恶扬善	78.9%	78.1%	80.3%	75.9%	78.4%	85.7%	78.2%
有道德、讲伦理的人大都吃亏，不守道德的人更能讨便宜	15.5%	15.3%	13.4%	16.0%	15.2%	7.1%	15.0%
道德和幸福没有关系，能挣钱、有发展无论怎样行动都行	5.6%	6.6%	6.3%	8.0%	6.4%	7.1%	6.7%
总计	100.0%	100.0%	100.0%	100.0%	100.0%	100.0%	100.0%
列总计	859	777	1447	1667	1423	14	6187

Chi-square tests：df = 10，卡方值为 13.063，sig = 0.220 > 0.050，所以不同年龄层的居民在对“目前我国社会中道德和幸福的现实关系”的评价上没有显著差异。

B3a by A2

您认为您目前的状况是：生活水平提高了，但幸福感和快乐感降低了 ＊ 年龄 Crosstabulation

	17—29 岁	30—39 岁	40—49 岁	50—59 岁	60—69 岁	70—80 岁	总计
未选	79.2%	83.4%	86.1%	89.1%	88.5%	93.3%	86.2%
已选	20.8%	16.6%	13.9%	10.9%	11.5%	6.7%	13.8%
总计	100.0%	100.0%	100.0%	100.0%	100.0%	100.0%	100.0%
列总计	875	796	1477	1702	1460	15	6325

Chi-square tests：df = 5，卡方值为 60.016，sig = 0.000 < 0.050，所以不同年龄层的居民在对“生活水平提高了，但幸福感和快乐感降低了”的认同上存在显著差异。

B3b by A2

您认为您目前的状况是：生活既不富裕也不小康，但幸福并快乐着 * 年龄 Crosstabulation

	17—29 岁	30—39 岁	40—49 岁	50—59 岁	60—69 岁	70—80 岁	总计
未选	72.3%	70.9%	69.4%	68.7%	69.2%	73.3%	69.8%
已选	27.7%	29.1%	30.6%	31.3%	30.8%	26.7%	30.2%
总计	100.0%	100.0%	100.0%	100.0%	100.0%	100.0%	100.0%
列总计	874	795	1477	1702	1460	15	6323

Chi-square tests：df = 5，卡方值为 4.424，sig = 0.490 > 0.050，所以不同年龄层的居民在对“生活既不富裕也不小康，但幸福并快乐着”的认同上没有显著差异。

B3c by A2

您认为您目前的状况是：生活富裕，但不感到幸福和快乐 * 年龄 Crosstabulation

	17—29 岁	30—39 岁	40—49 岁	50—59 岁	60—69 岁	70—80 岁	总计
未选	95.7%	95.3%	97.0%	97.5%	97.5%	100.0%	96.9%
已选	4.3%	4.7%	3.0%	2.5%	2.5%		3.1%
总计	100.0%	100.0%	100.0%	100.0%	100.0%	100.0%	100.0%
列总计	874	795	1477	1701	1460	15	6322

Chi-square tests：df = 5，卡方值为 15.112，sig = 0.010 < 0.050，所以不同年龄层的居民在对“生活富裕，但不感到幸福和快乐”的认同上有显著差异。

B3d by A2

您认为您目前的状况是：生活小康，幸福且快乐 * 年龄 Crosstabulation

	17—29 岁	30—39 岁	40—49 岁	50—59 岁	60—69 岁	70—80 岁	总计
未选	55.7%	57.5%	60.9%	62.2%	58.6%	73.3%	59.6%
已选	44.3%	42.5%	39.1%	37.8%	41.4%	26.7%	40.4%
总计	100.0%	100.0%	100.0%	100.0%	100.0%	100.0%	100.0%
列总计	874	795	1477	1702	1460	15	6323

Chi-square tests：df = 5，卡方值为 14.389 ，sig = 0.013 < 0.050，所以不同年龄层的居民在对“生活小康，幸福且快乐”的认同上存在显著差异。

B3e by A2

您认为您目前的状况是：生活贫困，既不幸福也不快乐 ＊ 年龄 Crosstabulation

	17—29 岁	30—39 岁	40—49 岁	50—59 岁	60—69 岁	70—80 岁	总计
未选	95. 8%	96. 7%	94. 9%	92. 5%	95. 3%	80. 0%	94. 6%
已选	4. 2%	3. 3%	5. 1%	7. 5%	4. 7%	20. 0%	5. 4%
总计	100. 0%	100. 0%	100. 0%	100. 0%	100. 0%	100. 0%	100. 0%
列总计	874	795	1477	1701	1460	15	6322

Chi-square tests：df = 5，卡方值为 32. 362，sig = 0. 000 < 0. 050，所以不同年龄层的居民在对“生活贫困，既不幸福也不快乐”的认同上存在显著差异。

B3f by A2

您认为您目前的状况是：生活富裕，幸福也快乐 ＊ 年龄 Crosstabulation

	17—29 岁	30—39 岁	40—49 岁	50—59 岁	60—69 岁	70—80 岁	总计
未选	93. 5%	91. 2%	90. 2%	88. 3%	90. 5%	80. 0%	90. 3%
已选	6. 5%	8. 8%	9. 8%	11. 7%	9. 5%	20. 0%	9. 7%
总计	100. 0%	100. 0%	100. 0%	100. 0%	100. 0%	100. 0%	100. 0%
列总计	874	795	1477	1702	1460	15	6323

Chi-square tests：df = 5，卡方值为 20. 497，sig = 0. 001 < 0. 050，所以不同年龄层的居民在对“生活富裕，幸福也快乐”的认同上存在显著差异。

B3g by A2

您认为您目前的状况是：幸福感和快乐感提高了 ＊ 年龄 Crosstabulation

	17—29 岁	30—39 岁	40—49 岁	50—59 岁	60—69 岁	70—80 岁	总计
未选	76. 1%	73. 6%	72. 8%	74. 3%	70. 4%	66. 7%	73. 2%
已选	23. 9%	26. 4%	27. 2%	25. 7%	29. 6%	33. 3%	26. 8%
总计	100. 0%	100. 0%	100. 0%	100. 0%	100. 0%	100. 0%	100. 0%
列总计	874	795	1477	1701	1460	15	6322

Chi-square tests：df = 5，卡方值为 10. 967，sig = 0. 052 > 0. 050，所以不同年龄层的居民在对“幸福感和快乐感提高了”的认同上没有显著差异。

B4 by A2

如果条件允许的话，您或者您的孩子愿意生活在国内，还是到国外定居 ＊ 年龄 Crosstabulation

	17—29 岁	30—39 岁	40—49 岁	50—59 岁	60—69 岁	70—80 岁	总计
还是在国内生活好	66. 7%	72. 0%	79. 5%	82. 1%	83. 3%	93. 3%	78. 4%

续表

	17—29 岁	30—39 岁	40—49 岁	50—59 岁	60—69 岁	70—80 岁	总计
选择到国外定居	10.8%	10.9%	8.3%	7.1%	5.8%		8.0%
走一步，看一步	14.0%	11.4%	8.5%	5.7%	6.0%		8.3%
无所谓	8.5%	5.7%	3.7%	5.1%	5.0%	6.7%	5.3%
总计	100.0%	100.0%	100.0%	100.0%	100.0%	100.0%	100.0%
列总计	871	789	1466	1695	1454	15	6290

Chi-square tests：df = 15，卡方值为 149.493，sig = 0.000 < 0.050，所以不同年龄层的居民在对“在条件允许的情况下，是愿意生活在国内，还是生活在国外”的选择上存在显著差异。

B5 by A2

您认为中国梦和您个人、家庭追求美好生活有无关系 * 年龄 Crosstabulation

	17—29 岁	30—39 岁	40—49 岁	50—59 岁	60—69 岁	70—80 岁	总计
关系很大	65.5%	65.4%	66.0%	64.0%	69.1%	60.0%	66.0%
关系不大	26.3%	23.7%	20.0%	17.3%	14.2%	20.0%	19.3%
根本没有关系	2.4%	3.7%	2.7%	4.0%	2.7%	6.7%	3.1%
不清楚什么是中国梦	5.8%	7.3%	11.3%	14.7%	14.1%	13.3%	11.6%
总计	100.0%	100.0%	100.0%	100.0%	100.0%	100.0%	100.0%
列总计	875	794	1475	1696	1458	15	6313

Chi-square tests：df = 15，卡方值为 124.527，sig = 0.000 < 0.050，所以不同年龄层的居民在对“中国梦与个人、家庭追求美好生活有无关系”的评价上存在显著差异。

B6 by A2

现在我们省正按照习近平总书记的要求，努力建设经济强、百姓富、环境美、社会文明程度高的新江苏。对实现“新江苏”这样的目标的信心 * 年龄 Crosstabulation

	17—29 岁	30—39 岁	40—49 岁	50—59 岁	60—69 岁	70—80 岁	总计
很有信心	76.3%	78.4%	81.5%	83.7%	87.3%	86.7%	82.3%
没有信心	5.9%	5.4%	4.7%	4.0%	3.2%		4.4%
说不清楚	17.7%	16.2%	13.8%	12.3%	9.6%	13.3%	13.3%
总计	100.0%	100.0%	100.0%	100.0%	100.0%	100.0%	100.0%
列总计	874	792	1472	1695	1453	15	6301

Chi-square tests：df = 10，卡方值为 57.894，sig = 0.000 < 0.050，所以认为不同年龄层的居民在对“江苏省实现‘经济强、百姓富、环境美、社会文明程度高’的目标”的信心度上存在显著差异。

B7 by A2

您认为我国目前人与人之间关系的主要影响因素 * 年龄 Crosstabulation

	17—29 岁	30—39 岁	40—49 岁	50—59 岁	60—69 岁	70—80 岁	总计
完全受利益影响	11. 1%	11. 5%	10. 0%	11. 0%	9. 5%	26. 7%	10. 6%
主要受利益影响	43. 1%	44. 3%	39. 7%	36. 7%	32. 7%	20. 0%	38. 3%
主要受情感影响	12. 5%	14. 2%	20. 7%	25. 9%	31. 2%	13. 3%	22. 5%
完全受情感影响	2. 1%	1. 5%	3. 2%	4. 0%	3. 9%		3. 2%
受个人价值观影响	15. 3%	16. 2%	13. 4%	10. 4%	10. 5%	6. 7%	12. 5%
受共同价值观影响	15. 9%	12. 3%	13. 0%	12. 0%	12. 2%	33. 3%	12. 9%
总计	100. 0%	100. 0%	100. 0%	100. 0%	100. 0%	100. 0%	100. 0%
列总计	870	790	1465	1685	1449	15	6274

Chi-square tests：df = 25，卡方值为 212. 215，sig = 0. 000 < 0. 050，所以不同年龄层的居民在对“目前人与人之间的关系受什么因素影响”的认知上存在显著差异。

B8a by A2

请问您是否同意以下说法：当前大多数人奉行的是“个人至上” * 年龄 Crosstabulation

	17—29 岁	30—39 岁	40—49 岁	50—59 岁	60—69 岁	70—80 岁	总计
完全同意	15. 8%	15. 4%	16. 8%	17. 1%	14. 1%	20. 0%	16. 0%
比较同意	48. 2%	43. 2%	35. 8%	38. 1%	36. 3%	46. 7%	39. 2%
不太同意	30. 7%	32. 9%	36. 5%	32. 5%	36. 1%	26. 7%	34. 0%
完全不同意	5. 4%	8. 6%	10. 8%	12. 2%	13. 5%	6. 7%	10. 8%
总计	100. 0%	100. 0%	100. 0%	100. 0%	100. 0%	100. 0%	100. 0%
列总计	874	794	1473	1699	1456	15	6311

Chi-square tests：df = 15，卡方值为 85. 008，sig = 0. 000 < 0. 050，所以不同年龄层的居民在对“当前大多数人奉行的是‘个人至上’”的看法上存在显著差异。

B8b by A2

请问您是否同意以下说法：现在我国大多数人是见利忘义的 * 年龄 Crosstabulation

	17—29 岁	30—39 岁	40—49 岁	50—59 岁	60—69 岁	70—80 岁	总计
完全同意	8. 2%	9. 6%	9. 4%	10. 7%	8. 7%	20. 0%	9. 5%
比较同意	24. 7%	26. 2%	26. 2%	28. 3%	27. 7%	33. 3%	26. 9%
不太同意	55. 9%	49. 2%	47. 5%	44. 2%	45. 0%	40. 0%	47. 4%

续表

	17—29 岁	30—39 岁	40—49 岁	50—59 岁	60—69 岁	70—80 岁	总计
完全不同意	11.1%	15.0%	16.8%	16.8%	18.6%	6.7%	16.2%
总计	100.0%	100.0%	100.0%	100.0%	100.0%	100.0%	100.0%
列总计	874	794	1466	1695	1450	15	6294

Chi-square tests：df = 15，卡方值为 51.666，sig = 0.000 < 0.05 所以认为不同年龄层的居民在对“现在我国大多数人是见利忘义的”的看法上存在显著差异。

B8c by A2

请问您是否同意以下说法：当前大多数人都是以集体利益为重的 * 年龄 Crosstabulation

	17—29 岁	30—39 岁	40—49 岁	50—59 岁	60—69 岁	70—80 岁	总计
完全同意	11.7%	12.4%	17.5%	18.8%	20.2%	26.7%	17.0%
比较同意	47.9%	40.5%	42.3%	44.9%	47.2%	53.3%	44.7%
不太同意	35.1%	39.6%	33.2%	29.9%	26.9%	20.0%	31.9%
完全不同意	5.3%	7.4%	7.0%	6.4%	5.7%		6.4%
总计	100.0%	100.0%	100.0%	100.0%	100.0%	100.0%	100.0%
列总计	869	792	1461	1693	1451	15	6281

Chi-square tests：df = 15，卡方值 84.911，sig = 0.000 < 0.050，所以认为不同年龄层的居民在对“当前大多数人都是以集体利益为重的”的看法上存在显著差异。

B8d by A2

请问您是否同意以下说法：当前大多数人都是家庭利益至上 * 年龄 Crosstabulation

	17—29 岁	30—39 岁	40—49 岁	50—59 岁	60—69 岁	70—80 岁	总计
完全同意	25.9%	29.9%	31.3%	35.6%	33.5%	40.0%	32.0%
比较同意	57.0%	49.6%	49.0%	46.0%	48.0%	46.7%	49.1%
不太同意	14.8%	17.7%	16.1%	15.3%	15.6%	13.3%	15.8%
完全不同意	2.3%	2.8%	3.7%	3.1%	3.0%		3.0%
总计	100.0%	100.0%	100.0%	100.0%	100.0%	100.0%	100.0%
列总计	869	790	1464	1695	1440	15	6273

Chi-square tests：df = 15，卡方值为 41.108，sig = 0.000 < 0.050，所以不同年龄层的居民在对“当前大多数人都是家庭利益至上”的看法上存在显著差异。

B8e by A2

请问您是否同意以下说法：当前的社会是一个金钱至上的社会 * 年龄 Crosstabulation

	17—29 岁	30—39 岁	40—49 岁	50—59 岁	60—69 岁	70—80 岁	总计
完全同意	24.0%	21.1%	24.3%	27.3%	23.7%	33.3%	24.6%
比较同意	35.9%	39.2%	34.3%	37.8%	36.6%	26.7%	36.6%
不太同意	33.8%	31.5%	32.3%	26.7%	31.2%	33.3%	30.6%
完全不同意	6.3%	8.1%	9.1%	8.2%	8.6%	6.7%	8.2%
总计	100.0%	100.0%	100.0%	100.0%	100.0%	100.0%	100.0%
列总计	870	790	1467	1688	1450	15	6280

Chi-square tests：df = 15，卡方值为 33.656，sig = 0.004 < 0.05 所以不同年龄层的居民在对“当前的社会是一个金钱至上的社会”的看法上存在显著差异。

B8f by A2

请问您是否同意以下说法：好人有好报，恶人终归会受到惩罚 * 年龄 Crosstabulation

	17—29 岁	30—39 岁	40—49 岁	50—59 岁	60—69 岁	70—80 岁	总计
完全同意	43.2%	48.6%	55.3%	60.7%	57.8%	53.3%	54.8%
比较同意	39.4%	36.3%	31.2%	28.5%	31.4%	33.3%	32.3%
不太同意	13.6%	10.9%	10.1%	8.4%	9.2%	6.7%	10.0%
完全不同意	3.8%	4.2%	3.5%	2.5%	1.6%	6.7%	2.9%
总计	100.0%	100.0%	100.0%	100.0%	100.0%	100.0%	100.0%
列总计	870	790	1467	1694	1446	15	6282

Chi-square tests：df = 15，卡方值为 102.335，sig = 0.000 < 0.050，所以不同年龄层的居民在对“好人有好报，恶人终归会受到惩罚”的看法上存在显著差异。

B8g by A2

请问您是否同意以下说法：我们社会中的道德能够很好地约束人们的行为 * 年龄 Crosstabulation

	17—29 岁	30—39 岁	40—49 岁	50—59 岁	60—69 岁	70—80 岁	总计
完全同意	21.3%	25.3%	28.8%	29.7%	31.3%	33.3%	28.1%
比较同意	53.4%	50.7%	48.3%	51.6%	50.1%	40.0%	50.6%
不太同意	21.4%	20.9%	19.9%	15.8%	15.9%	26.7%	18.2%
完全不同意	3.8%	3.0%	3.0%	2.9%	2.7%		3.0%

续表

	17—29 岁	30—39 岁	40—49 岁	50—59 岁	60—69 岁	70—80 岁	总计
总计	100.0%	100.0%	100.0%	100.0%	100.0%	100.0%	100.0%
列总计	872	789	1470	1695	1444	15	6285

Chi-square tests：df = 15，卡方值为 50.686，sig = 0.000 < 0.05 所以不同年龄层的居民在对“我们社会中的道德能够很好地约束人们的行为”的看法上存在显著差异。

B8h by A2

请问您是否同意以下说法：现有的规范和习俗能够很好地调节人与人之间的关系 * 年龄 Crosstabulation

	17—29 岁	30—39 岁	40—49 岁	50—59 岁	60—69 岁	70—80 岁	总计
完全同意	20.9%	23.4%	25.3%	26.7%	28.6%	20.0%	25.6%
比较同意	55.9%	55.6%	52.3%	55.3%	52.5%	53.3%	54.1%
不太同意	20.2%	17.9%	18.9%	15.3%	17.0%	20.0%	17.5%
完全不同意	3.0%	3.0%	3.5%	2.8%	1.9%	6.7%	2.8%
总计	100.0%	100.0%	100.0%	100.0%	100.0%	100.0%	100.0%
列总计	870	789	1461	1685	1444	15	6264

Chi-square tests：df = 15，卡方值为 35.645，sig = 0.002 < 0.05 所以不同年龄层的居民在对“现有的规范和习俗能够很好地调节人与人之间的关系”的看法上存在显著差异。

B8i by A2

请问您是否同意以下说法：为了经济利益可以少许破坏生态环境 * 年龄 Crosstabulation

	17—29 岁	30—39 岁	40—49 岁	50—59 岁	60—69 岁	70—80 岁	总计
完全同意	11.9%	8.1%	10.3%	7.6%	6.8%	26.7%	8.8%
比较同意	18.7%	17.2%	16.8%	18.5%	15.7%	20.0%	17.3%
不太同意	33.9%	29.5%	29.1%	29.7%	30.8%	13.3%	30.3%
完全不同意	35.4%	45.3%	43.8%	44.2%	46.7%	40.0%	43.6%
总计	100.0%	100.0%	100.0%	100.0%	100.0%	100.0%	100.0%
列总计	872	791	1464	1686	1448	15	6276

Chi-square tests：df = 15，卡方值为 57.197，sig = 0.000 < 0.050，所以不同年龄层的居民在对“为了经济利益可以少许破坏生态环境”的看法上存在显著差异。

B8j by A2

请问您是否同意以下说法：在社会生活中首要的是个人幸福，然后才可能去顾及他人 ＊ 年龄 Crosstabulation

	17—29 岁	30—39 岁	40—49 岁	50—59 岁	60—69 岁	70—80 岁	总计
完全同意	12.2%	14.5%	18.5%	20.4%	18.6%	26.7%	17.7%
比较同意	42.1%	38.0%	35.0%	38.6%	40.2%	33.3%	38.5%
不太同意	36.8%	33.9%	34.7%	28.3%	30.5%	33.3%	32.2%
完全不同意	8.9%	13.6%	11.8%	12.7%	10.8%	6.7%	11.6%
总计	100.0%	100.0%	100.0%	100.0%	100.0%	100.0%	100.0%
列总计	872	793	1472	1697	1449	15	6298

Chi-square tests：df = 15，卡方值为 67.442，sig = 0.000 < 0.050，所以不同年龄层的居民在对“在社会生活中首要的是个人幸福，然后才可能去顾及他人”的看法上存在显著差异。

B8k by A2

请问您是否同意以下说法：一个人的时候可以做一些诸如随地丢垃圾、随地吐痰等的小事，反正也没有别人知道 ＊ 年龄 Crosstabulation

	17—29 岁	30—39 岁	40—49 岁	50—59 岁	60—69 岁	70—80 岁	总计
完全同意	4.1%	4.0%	4.4%	4.4%	3.2%	6.7%	4.0%
比较同意	8.1%	8.2%	7.7%	10.6%	10.0%		9.1%
不太同意	24.4%	22.8%	25.3%	25.2%	28.7%	26.7%	25.6%
完全不同意	63.3%	64.9%	62.6%	59.8%	58.1%	66.7%	61.2%
总计	100.0%	100.0%	100.0%	100.0%	100.0%	100.0%	100.0%
列总计	873	793	1472	1692	1451	15	6296

Chi-square tests：df = 15，卡方值为 30.292，sig = 0.011 < 0.05 ，所以不同年龄层的居民在对“一个人的时候可以做一些诸如随地丢垃圾、随地吐痰等的小事，反正也没有别人知道”的看法上存在显著差异。

B9 by A2

对中国社会，您最担忧的问题是 ＊ 年龄 Crosstabulation

	17—29 岁	30—39 岁	40—49 岁	50—59 岁	60—69 岁	70—80 岁	总计
腐败不能根治	29.0%	26.8%	29.8%	27.6%	33.1%	26.7%	29.5%
生态环境恶化	26.6%	28.6%	23.0%	19.3%	16.4%	6.7%	21.6%
贫富不均，两极分化	20.4%	18.0%	19.2%	21.2%	19.9%	13.3%	19.9%
老无所养，对未来没有把握	6.3%	8.2%	10.9%	14.0%	13.5%	26.7%	11.4%

续表

	17—29 岁	30—39 岁	40—49 岁	50—59 岁	60—69 岁	70—80 岁	总计
生活水平下降	2.1%	4.3%	5.0%	6.9%	4.5%		4.9%
道德滑坡，社会风气恶化	11.5%	11.9%	8.6%	5.6%	6.3%	26.7%	8.1%
人际关系紧张	3.2%	1.0%	1.8%	1.5%	1.4%		1.7%
其他	0.8%	1.3%	1.8%	3.9%	4.7%		2.8%
总计	100.0%	100.0%	100.0%	100.0%	100.0%	100.0%	100.0%
列总计	871	791	1471	1689	1454	15	6291

Chi-square tests：df = 35，卡方值为 260.345，sig = 0.000 < 0.050，所以不同年龄层的居民在对“中国社会最担忧的问题”的选择上存在显著差异。

B10 by A2

和前几年相比，您认为目前我国官员腐败现象 * 年龄 Crosstabulation

	17—29 岁	30—39 岁	40—49 岁	50—59 岁	60—69 岁	70—80 岁	总计
有较大改善	67.6%	70.8%	74.7%	73.7%	77.9%	80.0%	73.7%
没什么变化	27.3%	24.8%	21.9%	22.9%	19.8%	13.3%	22.8%
更加恶化	5.0%	4.4%	3.4%	3.3%	2.3%	6.7%	3.5%
总计	100.0%	100.0%	100.0%	100.0%	100.0%	100.0%	100.0%
列总计	874	795	1472	1695	1452	15	6303

Chi-square tests：df = 10，卡方值为 39.345，sig = 0.000 < 0.050，所以不同年龄层的居民在对“目前我国官员腐败现象”的评价上存在显著差异。

B11a by A2

当前我国社会道德生活中最重要的元素 * 年龄 Crosstabulation

	17—29 岁	30—39 岁	40—49 岁	50—59 岁	60—69 岁	70—80 岁	总计
意识形态中所提倡的社会主义道德	30.6%	24.3%	23.3%	24.8%	30.9%	40.0%	26.6%
中国传统道德	55.1%	62.3%	60.4%	60.0%	54.8%	60.0%	58.5%
受西方文化影响而形成的道德	3.0%	2.4%	4.8%	3.9%	3.6%		3.7%
市场经济中形成的道德	11.1%	10.7%	11.5%	11.1%	10.5%		11.0%
其他	0.2%	0.3%		0.2%	0.2%		0.2%
总计	100.0%	100.0%	100.0%	100.0%	100.0%	100.0%	100.0%

续表

	17—29岁	30—39岁	40—49岁	50—59岁	60—69岁	70—80岁	总计
列总计	867	783	1456	1663	1426	15	6210

Chi-square tests：df=20，卡方值为49.994，sig=0.000<0.050，所以不同年龄层的居民在对“当前我国社会道德生活中最重要的元素”的认知上存在显著差异。

B11b by A2

当前我国社会道德生活中第二重要的元素 ＊ 年龄 Crosstabulation

	17—29岁	30—39岁	40—49岁	50—59岁	60—69岁	70—80岁	总计
意识形态中所提倡的社会主义道德	42.8%	45.8%	46.2%	43.4%	44.6%	28.6%	44.5%
中国传统道德	31.1%	25.3%	26.1%	27.2%	32.3%	14.3%	28.4%
受西方文化影响而形成的道德	7.9%	8.2%	7.6%	7.9%	5.8%	14.3%	7.4%
市场经济中形成的道德	18.1%	20.6%	20.1%	21.4%	16.8%	42.9%	19.5%
其他		0.1%		0.2%	0.6%		0.2%
总计	100.0%	100.0%	100.0%	100.0%	100.0%	100.0%	100.0%
列总计	845	767	1424	1643	1407	14	6100

Chi-square tests：df=20，卡方值为58.148，sig=0.000<0.05 ，所以不同年龄层的居民在对“当前我国社会道德生活中第二重要的元素”的认知上存在显著差异。

B11c by A2

当前我国社会道德生活中第三重要的元素 ＊ 年龄 Crosstabulation

	17—29岁	30—39岁	40—49岁	50—59岁	60—69岁	70—80岁	总计
意识形态中所提倡的社会主义道德	19.5%	20.7%	22.9%	23.7%	18.8%	28.6%	21.4%
中国传统道德	9.9%	8.5%	10.1%	9.6%	9.2%	14.3%	9.5%
受西方文化影响而形成的道德	21.1%	19.3%	18.2%	20.8%	21.0%	14.3%	20.1%
市场经济中形成的道德	48.7%	50.7%	48.3%	45.0%	50.3%	42.9%	48.2%
其他	0.8%	0.8%	0.4%	0.9%	0.8%		0.7%
总计	100.0%	100.0%	100.0%	100.0%	100.0%	100.0%	100.0%
列总计	842	763	1414	1628	1397	14	6058

Chi-square tests：df=20，卡方值为26.329，sig=0.155>0.050，所以不同年龄层的居民在对“当前我国社会道德生活中第三重要的元素”的认知上没有显著差异。

B12 by A2

对伦理关系和道德生活，您最向往或怀念的是 * 年龄 Crosstabulation

	17—29 岁	30—39 岁	40—49 岁	50—59 岁	60—69 岁	70—80 岁	总计
传统社会的伦理和道德（如仁、义、礼、智、信）	44.0%	47.9%	47.6%	45.4%	42.4%	46.7%	45.3%
战争年代为理想而献身的革命精神（如革命烈士的无私献身精神）	9.5%	13.4%	18.0%	20.6%	22.7%	13.3%	18.0%
新中国成立后到“文化大革命”前的大公无私的集体主义精神	5.6%	6.4%	10.5%	14.1%	18.7%	26.7%	12.2%
追求个人利益的市场经济下的道德	4.5%	6.0%	5.8%	6.6%	5.5%		5.8%
自由、平等、博爱的西方道德	36.4%	26.3%	18.1%	13.3%	10.7%	13.3%	18.7%
总计	100.0%	100.0%	100.0%	100.0%	100.0%	100.0%	100.0%
列总计	873	794	1471	1695	1451	15	6299

Chi-square tests：df = 20，卡方值为 444.182，sig = 0.000 < 0.050，所以不同年龄层的居民在对“最向往或怀念的伦理关系和道德生活”的选择上有显著差异。

B13a by A11

目前职业道德中最突出的问题是：将职业当作谋生的手段，缺乏责任感和奉献精神 * 年龄 Crosstabulation

	17—29 岁	30—39 岁	40—49 岁	50—59 岁	60—69 岁	70—80 岁	总计
未选	42.1%	44.2%	48.5%	54.2%	54.0%	57.1%	49.9%
已选	57.9%	55.8%	51.5%	45.8%	46.0%	42.9%	50.1%
总计	100.0%	100.0%	100.0%	100.0%	100.0%	100.0%	100.0%
列总计	871	790	1467	1678	1445	14	6265

Chi-square tests：df = 5，卡方值为 55.062，sig = 0.000 < 0.050，所以不同年龄层的居民在对“将职业当作谋生的手段，缺乏责任感和奉献精神是目前职业道德中最突出的问题”的看法上有显著差异。

B13b by A11

目前职业道德中最突出的问题是：企业老板剥削员工，利益关系不公正 ＊ 年龄 Crosstabulation

	17—29 岁	30—39 岁	40—49 岁	50—59 岁	60—69 岁	70—80 岁	总计
未选	65.6%	65.2%	64.5%	60.6%	61.8%	71.4%	63.1%
已选	34.4%	34.8%	35.5%	39.4%	38.2%	28.6%	36.9%
总计	100.0%	100.0%	100.0%	100.0%	100.0%	100.0%	100.0%
列总计	872	792	1466	1679	1445	14	6268

Chi-square tests：df = 5，卡方值为 10.913，sig = 0.053 > 0.050，所以不同年龄层的居民在对“企业老板剥削员工，利益关系不公正是目前职业道德中最突出的问题”的看法上没有显著差异。

B13c by A11

目前职业道德中最突出的问题是：老板和员工、上级和下级相互勾结，共同对社会不负责任 ＊ 年龄 Crosstabulation

	17—29 岁	30—39 岁	40—49 岁	50—59 岁	60—69 岁	70—80 岁	总计
未选	78.2%	80.2%	78.2%	79.8%	77.6%	71.4%	78.7%
已选	21.8%	19.8%	21.8%	20.2%	22.4%	28.6%	21.3%
总计	100.0%	100.0%	100.0%	100.0%	100.0%	100.0%	100.0%
列总计	872	792	1467	1679	1445	14	6269

Chi-square tests：df = 5，卡方值为 4.015，sig = 0.547 > 0.050，所以不同年龄层的居民在对“老板和员工、上级和下级相互勾结，共同对社会不负责任是目前职业道德中最突出的问题”的看法上没有显著差异。

B13d by A11

目前职业道德中最突出的问题是：领导和业主道德素质差 ＊ 年龄 Crosstabulation

	17—29 岁	30—39 岁	40—49 岁	50—59 岁	60—69 岁	70—80 岁	总计
未选	85.7%	85.1%	82.2%	80.2%	79.6%	57.1%	81.8%
已选	14.3%	14.9%	17.8%	19.8%	20.4%	42.9%	18.2%
总计	100.0%	100.0%	100.0%	100.0%	100.0%	100.0%	100.0%
列总计	872	792	1467	1679	1445	14	6269

Chi-square tests：df = 51，卡方值为 28.248，sig = 0.000 < 0.050，所以不同年龄层的居民在对“领导和业主道德素质差是目前职业道德中最突出的问题”的看法上有显著差异。

B13e by A11

目前职业道德中最突出的问题是：组织只是利益的博弈场所，缺乏伦理性与道德性 ＊ 年龄 Crosstabulation

	17—29 岁	30—39 岁	40—49 岁	50—59 岁	60—69 岁	70—80 岁	总计
未选	72.6%	75.6%	82.6%	85.9%	86.0%	78.6%	82.0%
已选	27.4%	24.4%	17.4%	14.1%	14.0%	21.4%	18.0%
总计	100.0%	100.0%	100.0%	100.0%	100.0%	100.0%	100.0%
列总计	873	792	1467	1679	1445	14	6270

Chi-square tests：df = 5，卡方值为 106.605，sig = 0.000 < 0.050，所以不同年龄层的居民在对“组织只是利益的博弈场所，缺乏伦理性与道德性是目前职业道德中最突出的问题”的看法上有显著差异。

B14 by A2

您认为目前我国社会成员之间的收入差距 ＊ 年龄 Crosstabulation

	17—29 岁	30—39 岁	40—49 岁	50—59 岁	60—69 岁	70—80 岁	总计
合理，可以接受	16.0%	19.6%	19.4%	22.2%	22.9%	6.7%	20.5%
不合理，但可以接受	50.1%	44.7%	40.1%	34.2%	37.1%	46.7%	39.8%
不合理，不能接受	18.6%	23.4%	26.6%	31.6%	30.5%	40.0%	27.4%
说不清	15.3%	12.3%	13.8%	12.0%	9.5%	6.7%	12.3%
总计	100.0%	100.0%	100.0%	100.0%	100.0%	100.0%	100.0%
列总计	869	790	1467	1688	1448	15	6277

Chi-square tests：df = 15，卡方值为 126.816，sig = 0.000 < 0.050，所以不同年龄层的居民在对“目前我国社会成员之间的收入差距”的认知上有显著差异。

B15 by A2

和前几年相比，您认为目前我国社会分配不公、两极分化的现象 ＊ 年龄 Crosstabulation

	17—29 岁	30—39 岁	40—49 岁	50—59 岁	60—69 岁	70—80 岁	总计
有较大改善	44.2%	46.7%	47.2%	45.1%	46.4%	60.0%	46.0%
没什么变化	42.7%	39.0%	39.5%	39.6%	40.0%	26.7%	40.0%
更加恶化	13.0%	14.3%	13.2%	15.3%	13.5%	13.3%	14.0%
总计	100.0%	100.0%	100.0%	100.0%	100.0%	100.0%	100.0%
列总计	868	792	1467	1688	1441	15	6271

Chi-square tests：df = 10，卡方值为 8.279，sig = 0.602 > 0.05，所以不同年龄层的居民在对“目前我国社会分配不公、两极分化的现象有无改善”的评价上没有显著差异。

B16 by A2

跟三年前相比，对自己的社会经济地位 ＊ 年龄 Crosstabulation

	17—29 岁	30—39 岁	40—49 岁	50—59 岁	60—69 岁	70—80 岁	总计
上升了	31.2%	32.2%	35.6%	40.7%	44.2%	33.3%	37.9%
差不多	45.4%	51.3%	47.0%	42.7%	41.6%	53.3%	44.9%
下降了	7.8%	8.3%	11.1%	11.5%	9.3%	6.7%	10.0%
不好说/说不清	15.6%	8.2%	6.2%	5.1%	4.9%	6.7%	7.1%
总计	100.0%	100.0%	100.0%	100.0%	100.0%	100.0%	100.0%
列总计	868	793	1473	1697	1455	15	6301

Chi-square tests：df = 15，卡方值为 174.578，sig = 0.000 < 0.050，所以不同年龄层的居民在对“跟三年前相比，对自己的社会经济地位上升与否”的认知上有显著差异。

B17 by A2

跟同龄人相比，自己的社会经济地位 ＊ 年龄 Crosstabulation

	17—29 岁	30—39 岁	40—49 岁	50—59 岁	60—69 岁	70—80 岁	总计
较高	6.1%	6.4%	7.2%	9.7%	13.6%	13.3%	9.1%
差不多	61.0%	63.7%	61.5%	60.9%	60.6%	53.3%	61.3%
较低	16.8%	17.3%	21.8%	22.2%	19.0%	26.7%	20.0%
不好说/说不清	16.0%	12.6%	9.5%	7.2%	6.8%	6.7%	9.5%
总计	100.0%	100.0%	100.0%	100.0%	100.0%	100.0%	100.0%
列总计	867	786	1463	1692	1435	15	6258

Chi-square tests：df = 15，卡方值为 136.905，sig = 0.000 < 0.050，所以不同年龄层的居民在对“跟同龄人相比，自己的社会经济地位较高与否”的认知上有显著差异。

B18a by A2

您对现代家庭伦理中最忧虑的问题是：婚姻不稳定，两性关系过度开放 ＊ 年龄 Crosstabulation

	17—29 岁	30—39 岁	40—49 岁	50—59 岁	60—69 岁	70—80 岁	总计
未选	77.1%	76.2%	80.0%	79.8%	79.9%	71.4%	79.0%
已选	22.9%	23.8%	20.0%	20.2%	20.1%	28.6%	21.0%
总计	100.0%	100.0%	100.0%	100.0%	100.0%	100.0%	100.0%
列总计	870	786	1462	1658	1429	14	6219

Chi-square tests：df = 5，卡方值为 8.184，sig = 0.146 > 0.050，所以不同年龄层的居民在对“婚姻不稳定，两性关系过度开放是现代家庭伦理中最忧虑的问题”的看法上没有显著差异。

B18b by A2

您对现代家庭伦理中最忧虑的问题是：子女，尤其是独生子女缺乏责任感 ＊ 年龄 Crosstabulation

	17—29 岁	30—39 岁	40—49 岁	50—59 岁	60—69 岁	70—80 岁	总计
未选	61.7%	53.8%	56.2%	62.0%	62.0%	64.3%	59.6%
已选	38.3%	46.2%	43.8%	38.0%	38.0%	35.7%	40.4%
总计	100.0%	100.0%	100.0%	100.0%	100.0%	100.0%	100.0%
列总计	869	786	1462	1657	1428	14	6216

Chi-square tests：df = 5，卡方值为 27.236，sig = 0.000 < 0.050，所以不同年龄层的居民在对“子女，尤其是独生子女缺乏责任感是现代家庭伦理中最忧虑的问题”的看法上有显著差异。

B18c by A2

您对现代家庭伦理中最忧虑的问题是：子女不孝敬父母 ＊ 年龄 Crosstabulation

	17—29 岁	30—39 岁	40—49 岁	50—59 岁	60—69 岁	70—80 岁	总计
未选	75.8%	76.5%	76.9%	73.8%	70.4%	71.4%	74.4%
已选	24.2%	23.5%	23.1%	26.2%	29.6%	28.6%	25.6%
总计	100.0%	100.0%	100.0%	100.0%	100.0%	100.0%	100.0%
列总计	869	786	1461	1657	1428	14	6215

Chi-square tests：df = 5，卡方值为 19.416，sig = 0.002 < 0.050，所以不同年龄层的居民在对“子女不孝敬父母是现代家庭伦理中最忧虑的问题”的看法上有显著差异。

B18d by A2

您对现代家庭伦理中最忧虑的问题是：代沟严重，价值观念对立 ＊ 年龄 Crosstabulation

	17—29 岁	30—39 岁	40—49 岁	50—59 岁	60—69 岁	70—80 岁	总计
未选	56.5%	60.4%	61.0%	67.2%	68.1%	64.3%	63.6%
已选	43.5%	39.6%	39.0%	32.8%	31.9%	35.7%	36.4%
总计	100.0%	100.0%	100.0%	100.0%	100.0%	100.0%	100.0%
列总计	869	786	1461	1657	1428	14	6215

Chi-square tests：df = 5，卡方值为 48.447，sig = 0.000 < 0.050，所以不同年龄层的居民在对“代沟严重，价值观念对立是现代家庭伦理中最忧虑的问题”的看法上有显著差异。

B18e by A2

您对现代家庭伦理中最忧虑的问题是：婆媳关系紧张 ＊ 年龄 Crosstabulation

	17—29 岁	30—39 岁	40—49 岁	50—59 岁	60—69 岁	70—80 岁	总计
未选	80.6%	85.9%	87.5%	88.0%	87.5%	92.9%	86.5%
已选	19.4%	14.1%	12.5%	12.0%	12.5%	7.1%	13.5%
总计	100.0%	100.0%	100.0%	100.0%	100.0%	100.0%	100.0%
列总计	869	786	1461	1658	1428	14	6216

Chi-square tests：df = 5，卡方值为 32.688，sig = 0.000 < 0.050，所以不同年龄层的居民在对“婆媳关系紧张是现代家庭伦理中最忧虑的问题”的看法上有显著差异。

B18f by A2

您对现代家庭伦理中最忧虑的问题是：父母不民主，不能容忍差异 ＊ 年龄 Crosstabulation

	17—29 岁	30—39 岁	40—49 岁	50—59 岁	60—69 岁	70—80 岁	总计
未选	90.9%	94.9%	96.0%	95.2%	95.7%	92.9%	94.9%
已选	9.1%	5.1%	4.0%	4.8%	4.3%	7.1%	5.1%
总计	100.0%	100.0%	100.0%	100.0%	100.0%	100.0%	100.0%
列总计	869	786	1461	1657	1428	14	6215

Chi-square tests：df = 5，卡方值为 33.858，sig = 0.000 < 0.050，所以不同年龄层的居民在对“父母不民主，不能容忍差异是现代家庭伦理中最忧虑的问题”的看法上有显著差异。

B19a by A2

您是否同意以下关于家庭和婚姻的一些说法：是否离婚主要考虑自己的感受和利益 ＊ 年龄 Crosstabulation

	17—29 岁	30—39 岁	40—49 岁	50—59 岁	60—69 岁	70—80 岁	总计
完全同意	9.2%	7.3%	8.5%	11.7%	11.6%		10.0%
比较同意	26.6%	20.7%	21.4%	23.2%	27.4%	60.0%	24.0%
比较不同意	45.7%	45.0%	41.5%	39.1%	37.5%	26.7%	40.9%
完全不同意	18.5%	26.9%	28.7%	26.0%	23.5%	13.3%	25.1%
总计	100.0%	100.0%	100.0%	100.0%	100.0%	100.0%	100.0%
列总计	871	791	1464	1680	1436	15	6257

Chi-square tests：df = 15，卡方值为 86.185，sig = 0.000 < 0.050，所以不同年龄层的居民在对“是否离婚主要考虑自己的感受和利益”的看法上有显著差异。

B19b by A2

您是否同意以下关于家庭和婚姻的一些说法：是否离婚应该从家庭整体（包括子女）考虑 * 年龄 Crosstabulation

	17—29 岁	30—39 岁	40—49 岁	50—59 岁	60—69 岁	70—80 岁	总计
完全同意	42.3%	45.5%	46.9%	46.4%	42.5%	20.0%	44.9%
比较同意	48.2%	45.5%	42.2%	41.5%	44.2%	60.0%	43.8%
比较不同意	8.4%	7.1%	8.4%	9.3%	10.2%	20.0%	8.9%
完全不同意	1.1%	1.9%	2.6%	2.8%	3.1%		2.5%
总计	100.0%	100.0%	100.0%	100.0%	100.0%	100.0%	100.0%
列总计	873	793	1466	1685	1438	15	6270

Chi-square tests：df = 15，卡方值为 35.274，sig = 0.002 < 0.050，所以不同年龄层的居民在对“是否离婚应该从家庭整体（包括子女）考虑”的看法上有显著差异。

B19c by A2

您是否同意以下关于家庭和婚姻的一些说法：婚姻是社会的事，应当兼顾社会评价和社会后果 * 年龄 Crosstabulation

	17—29 岁	30—39 岁	40—49 岁	50—59 岁	60—69 岁	70—80 岁	总计
完全同意	17.4%	19.5%	26.3%	29.3%	27.3%	40.0%	25.3%
比较同意	42.8%	40.2%	41.8%	43.8%	48.0%	33.3%	43.7%
比较不同意	31.8%	29.3%	24.3%	19.0%	19.6%	20.0%	23.5%
完全不同意	8.0%	11.0%	7.5%	7.9%	5.1%	6.7%	7.6%
总计	100.0%	100.0%	100.0%	100.0%	100.0%	100.0%	100.0%
列总计	872	791	1463	1682	1439	15	6262

Chi-square tests：df = 15，卡方值为 143.057，sig = 0.000 < 0.050，所以不同年龄层的居民在对“婚姻是社会的事，应当兼顾社会评价和社会后果”的看法上有显著差异。

B19d by A2

您是否同意以下关于家庭和婚姻的一些说法：婚姻意味着责任，不能轻率地选择离婚 * 年龄 Crosstabulation

	17—29 岁	30—39 岁	40—49 岁	50—59 岁	60—69 岁	70—80 岁	总计
完全同意	53.3%	59.6%	62.9%	64.0%	60.6%	60.0%	60.9%
比较同意	38.7%	33.0%	29.9%	29.9%	31.9%	40.0%	32.0%
比较不同意	6.4%	4.4%	4.9%	4.5%	5.7%		5.1%
完全不同意	1.5%	3.0%	2.3%	1.7%	1.8%		2.0%

续表

	17—29 岁	30—39 岁	40—49 岁	50—59 岁	60—69 岁	70—80 岁	总计
总计	100.0%	100.0%	100.0%	100.0%	100.0%	100.0%	100.0%
列总计	870	795	1470	1684	1439	15	6273

Chi-square tests：df = 15，卡方值为 43.467，sig = 0.000 < 0.050，所以不同年龄层的居民在对“婚姻意味着责任，不能轻率地选择离婚”的看法上有显著差异。

B19e by A2

您是否同意以下关于家庭和婚姻的一些说法：遇到困难需要别人帮助时，朋友比兄弟姊妹更靠得住 ＊ 年龄 Crosstabulation

	17—29 岁	30—39 岁	40—49 岁	50—59 岁	60—69 岁	70—80 岁	总计
完全同意	11.1%	13.8%	16.1%	18.9%	18.4%	13.3%	16.4%
比较同意	31.4%	30.3%	25.3%	29.4%	29.3%	40.0%	28.8%
比较不同意	49.4%	45.3%	46.0%	37.5%	40.1%	40.0%	42.7%
完全不同意	8.0%	10.6%	12.5%	14.2%	12.2%	6.7%	12.0%
总计	100.0%	100.0%	100.0%	100.0%	100.0%	100.0%	100.0%
列总计	870	792	1468	1687	1442	15	6274

Chi-square tests：df = 15，卡方值为 85.397，sig = 0.000 < 0.050，所以不同年龄层的居民在对“遇到困难需要别人帮助时，朋友比兄弟姊妹更靠得住”的看法上有显著差异。

B19f by A2

您是否同意以下关于家庭和婚姻的一些说法：无论父母对自己如何，都应当尽赡养义务 ＊ 年龄 Crosstabulation

	17—29 岁	30—39 岁	40—49 岁	50—59 岁	60—69 岁	70—80 岁	总计
完全同意	66.6%	74.7%	75.1%	76.6%	74.2%	80.0%	74.1%
比较同意	26.0%	20.8%	19.6%	18.7%	21.2%	20.0%	20.8%
比较不同意	6.3%	3.4%	3.4%	3.2%	3.2%		3.7%
完全不同意	1.1%	1.1%	1.9%	1.4%	1.5%		1.5%
总计	100.0%	100.0%	100.0%	100.0%	100.0%	100.0%	100.0%
列总计	870	793	1471	1691	1446	15	6286

Chi-square tests：df = 15，卡方值为 47.040，sig = 0.000 < 0.050，所以不同年龄层的居民在对“无论父母对自己如何，都应当尽赡养义务”的看法上有显著差异。

B19g by A2

您是否同意以下关于家庭和婚姻的一些说法：为了家庭利益可以在一定程度上损害国家利益 ＊ 年龄 Crosstabulation

	17—29 岁	30—39 岁	40—49 岁	50—59 岁	60—69 岁	70—80 岁	总计
完全同意	3.0%	2.9%	4.3%	4.6%	3.7%		3.9%
比较同意	9.4%	7.8%	8.1%	9.4%	7.3%	13.3%	8.4%
比较不同意	33.5%	27.1%	25.2%	25.7%	26.5%	20.0%	27.0%
完全不同意	54.1%	62.2%	62.5%	60.3%	62.5%	66.7%	60.7%
总计	100.0%	100.0%	100.0%	100.0%	100.0%	100.0%	100.0%
列总计	871	791	1473	1686	1446	15	6282

Chi-square tests：df = 15，卡方值为 38.165，sig = 0.001 < 0.050，所以不同年龄层的居民在对“为了家庭利益可以在一定程度上损害国家利益”的看法上有显著差异。

B20 by A2

您所在的地区发生过虐童事件吗 ＊ 年龄 Crosstabulation

	17—29 岁	30—39 岁	40—49 岁	50—59 岁	60—69 岁	70—80 岁	总计
经常会发生	1.1%	0.9%	0.8%	0.7%	1.0%		0.9%
偶尔发生	15.5%	15.9%	13.7%	9.4%	8.5%	13.3%	11.9%
没听说过	83.3%	83.2%	85.6%	89.9%	90.5%	86.7%	87.3%
总计	100.0%	100.0%	100.0%	100.0%	100.0%	100.0%	100.0%
列总计	870	791	1464	1687	1441	15	6268

Chi-square tests：df = 10，卡方值为 55.924，sig = 0.000 < 0.050，所以不同年龄层的居民在对“所在的地方发生过虐童事件”的回答上有显著差异。

B21a by A2

您是否听说过或见过祠堂 ＊ 年龄 Crosstabulation

	17—29 岁	30—39 岁	40—49 岁	50—59 岁	60—69 岁	70—80 岁	总计
未选	72.0%	63.9%	67.6%	70.3%	67.6%	60.0%	68.4%
已选	28.0%	36.1%	32.4%	29.7%	32.4%	40.0%	31.6%
总计	100.0%	100.0%	100.0%	100.0%	100.0%	100.0%	100.0%
列总计	875	795	1477	1698	1456	15	6316

Chi-square tests：df = 5，卡方值为 16.757，sig = 0.005 < 0.050，所以不同年龄层的居民在对“是否听说过或见过祠堂”的回答上有显著差异。

B21b by A2

您是否听说过或见过族谱 ＊ 年龄 Crosstabulation

	17—29 岁	30—39 岁	40—49 岁	50—59 岁	60—69 岁	70—80 岁	总计
未选	63.3%	58.9%	62.6%	68.4%	66.5%	66.7%	64.7%
已选	36.7%	41.1%	37.4%	31.6%	33.5%	33.3%	35.3%
总计	100.0%	100.0%	100.0%	100.0%	100.0%	100.0%	100.0%
列总计	875	795	1477	1700	1457	15	6319

Chi-square tests：df = 5，卡方值为 27.570，sig = 0.000 < 0.050，所以不同年龄层的居民在对“是否听说过或见过族谱”的回答上有显著差异。

B21c by A2

您是否听说过或见过祖先牌位 ＊ 年龄 Crosstabulation

	17—29 岁	30—39 岁	40—49 岁	50—59 岁	60—69 岁	70—80 岁	总计
未选	76.5%	73.7%	71.6%	71.9%	69.7%	73.3%	72.2%
已选	23.5%	26.3%	28.4%	28.1%	30.3%	26.7%	27.8%
总计	100.0%	100.0%	100.0%	100.0%	100.0%	100.0%	100.0%
列总计	875	795	1477	1700	1457	15	6319

Chi-square tests：df = 1，卡方值为 13.799，sig = 0.017 < 0.050，所以不同年龄层的居民在对“是否听说过或见过祖先牌位”的回答上有显著差异。

B21d by A2

您是否听说过或见过姓氏辈分（×姓×字，或第×代）＊ 年龄 Crosstabulation

	17—29 岁	30—39 岁	40—49 岁	50—59 岁	60—69 岁	70—80 岁	总计
未选	51.4%	54.0%	59.2%	61.2%	62.3%	60.0%	58.7%
已选	48.6%	46.0%	40.8%	38.8%	37.7%	40.0%	41.3%
总计	100.0%	100.0%	100.0%	100.0%	100.0%	100.0%	100.0%
列总计	875	795	1477	1700	1457	15	6319

Chi-square tests：df = 1，卡方值为 39.023，sig = 0.000 < 0.050，所以不同年龄层的居民在对“是否听说过或见过姓氏辈分”的回答上有显著差异。

B21e by A2

您是否听说过或见过姓氏族支（×姓××堂）＊ 年龄 Crosstabulation

	17—29 岁	30—39 岁	40—49 岁	50—59 岁	60—69 岁	70—80 岁	总计
未选	90.6%	88.9%	89.4%	88.1%	88.5%	93.3%	89.0%

续表

	17—29 岁	30—39 岁	40—49 岁	50—59 岁	60—69 岁	70—80 岁	总计
已选	9.4%	11.1%	10.6%	11.9%	11.5%	6.7%	11.0%
总计	100.0%	100.0%	100.0%	100.0%	100.0%	100.0%	100.0%
列总计	875	795	1477	1700	1457	15	6319

Chi-square tests：df = 5，卡方值为4.705，sig = 0.453 > 0.050，所以不同年龄层的居民在对“是否听说过或见过姓氏族支”的回答上没有显著差异。

B21f by A2

您是否听说过或见过到祖坟上磕头、烧纸、供菜或燃放鞭炮等行为 * 年龄 Crosstabulation

	17—29 岁	30—39 岁	40—49 岁	50—59 岁	60—69 岁	70—80 岁	总计
未选	22.7%	20.8%	19.3%	17.8%	18.9%	13.3%	19.4%
已选	77.3%	79.2%	80.7%	82.2%	81.1%	86.7%	80.6%
总计	100.0%	100.0%	100.0%	100.0%	100.0%	100.0%	100.0%
列总计	875	795	1477	1700	1458	15	6320

Chi-square tests：df = 5，卡方值为10.495，sig = 0.062 > 0.050，所以不同年龄层的居民在对“是否听说过或见过到祖坟上磕头、烧纸、供菜或燃放鞭炮等行为”的回答上没有显著差异。

B21g by A2

您是否听说过或见过到祖坟上鞠躬、献鲜花或供奉水果等行为 * 年龄 Crosstabulation

	17—29 岁	30—39 岁	40—49 岁	50—59 岁	60—69 岁	70—80 岁	总计
未选	40.3%	36.2%	33.1%	32.1%	30.1%	33.3%	33.5%
已选	59.7%	63.8%	66.9%	67.9%	69.9%	66.7%	66.5%
总计	100.0%	100.0%	100.0%	100.0%	100.0%	100.0%	100.0%
列总计	875	795	1477	1700	1458	15	6320

Chi-square tests：df = 5，卡方值为30.239，sig = 0.000 < 0.050，所以不同年龄层的居民在对“是否听说过或见过到祖坟上鞠躬、献鲜花或供奉水果等行为”的回答上有显著差异。

B21h by A2

您是否听说过或见过宗族大事记或家族活动记录 * 年龄 Crosstabulation

	17—29 岁	30—39 岁	40—49 岁	50—59 岁	60—69 岁	70—80 岁	总计
未选	91.5%	91.6%	91.9%	92.2%	92.0%	80.0%	91.9%
已选	8.5%	8.4%	8.1%	7.8%	8.0%	20.0%	8.1%
总计	100.0%	100.0%	100.0%	100.0%	100.0%	100.0%	100.0%

续表

	17—29 岁	30—39 岁	40—49 岁	50—59 岁	60—69 岁	70—80 岁	总计
列总计	875	795	1477	1700	1458	15	6320

Chi-square tests：df = 5，卡方值为 3. 416，sig = 0. 636 > 0. 050，所以不同年龄层的居民在对“是否听说过或见过宗族大事记或家族活动记录”的回答上没有显著差异。

B21i by A2

您是否听说过或见过古牌坊、古牌匾、人物纪念石碑等古迹古物 ＊ 年龄 Crosstabulation

	17—29 岁	30—39 岁	40—49 岁	50—59 岁	60—69 岁	70—80 岁	总计
未选	76. 1%	73. 8%	77. 9%	80. 0%	78. 0%	86. 7%	77. 7%
已选	23. 9%	26. 2%	22. 1%	20. 0%	22. 0%	13. 3%	22. 3%
总计	100. 0%	100. 0%	100. 0%	100. 0%	100. 0%	100. 0%	100. 0%
列总计	875	795	1477	1700	1458	15	6320

Chi-square tests：df = 5，卡方值为 14. 106，sig = 0. 015 < 0. 050，所以不同年龄层的居民在对“古牌坊、古牌匾、人物纪念石碑等古迹古物”的回答上有显著差异。

B21j by A2

您是否听说过或见过其他形式的传统活动 ＊ 年龄 Crosstabulation

	17—29 岁	30—39 岁	40—49 岁	50—59 岁	60—69 岁	70—80 岁	总计
未选	98. 2%	98. 2%	99. 1%	98. 8%	98. 3%	100. 0%	98. 6%
已选	1. 8%	1. 8%	0. 9%	1. 2%	1. 7%		1. 4%
总计	100. 0%	100. 0%	100. 0%	100. 0%	100. 0%	100. 0%	100. 0%
列总计	875	795	1477	1700	1458	15	6320

Chi-square tests：df = 5，卡方值为 6. 359，sig = 0. 273 > 0. 050，所以不同年龄层的居民在对“是否听说过或见过其他形式的传统活动”的回答上没有显著差异。

B21k by A2

您是否听说过或见过以下传统活动：都没见过 ＊ 年龄 Crosstabulation

	17—29 岁	30—39 岁	40—49 岁	50—59 岁	60—69 岁	70—80 岁	总计
未选	95. 9%	96. 4%	96. 2%	94. 8%	95. 7%	100. 0%	95. 7%
已选	4. 1%	3. 6%	3. 8%	5. 2%	4. 3%		4. 3%
总计	100. 0%	100. 0%	100. 0%	100. 0%	100. 0%	100. 0%	100. 0%

续表

	17—29 岁	30—39 岁	40—49 岁	50—59 岁	60—69 岁	70—80 岁	总计
列总计	875	795	1477	1700	1458	15	6320

Chi-square tests：df = 5，卡方值为 5.667，sig = 0.340 > 0.050，所以不同年龄层的居民在对“没听说过或见过任何形式的传统活动”的回答上没有显著差异。

B22a by A2

以下民间信仰情况，请问您是否见过或参与过：土地庙 * 年龄 Crosstabulation

	17—29 岁	30—39 岁	40—49 岁	50—59 岁	60—69 岁	70—80 岁	总计
未选	64.3%	63.4%	62.0%	64.2%	62.0%	46.7%	63.0%
已选	35.7%	36.6%	38.0%	35.8%	38.0%	53.3%	37.0%
总计	100.0%	100.0%	100.0%	100.0%	100.0%	100.0%	100.0%
列总计	874	794	1475	1697	1455	15	6310

Chi-square tests：df = 5，卡方值为 4.703，sig = 0.453 > 0.050，所以不同年龄层的居民在对“是否见过或参与过土地庙”的回答上没有显著差异。

B22b by A2

以下民间信仰情况，请问您是否见过或参与过：关帝庙、娘娘庙或其他神庙 * 年龄 Crosstabulation

	17—29 岁	30—39 岁	40—49 岁	50—59 岁	60—69 岁	70—80 岁	总计
未选	77.5%	74.7%	80.6%	81.3%	78.4%	66.7%	79.0%
已选	22.5%	25.3%	19.4%	18.7%	21.6%	33.3%	21.0%
总计	100.0%	100.0%	100.0%	100.0%	100.0%	100.0%	100.0%
列总计	874	794	1475	1697	1455	15	6310

Chi-square tests：df = 5，卡方值为 19.464，sig = 0.002 < 0.050，所以不同年龄层的居民在对“是否见过或参与过关帝庙、娘娘庙或其他神庙”的回答上有显著差异。

B22c by A2

以下民间信仰情况，请问您是否见过或参与过：没见过 * 年龄 Crosstabulation

	17—29 岁	30—39 岁	40—49 岁	50—59 岁	60—69 岁	70—80 岁	总计
未选	50.7%	52.3%	48.3%	44.3%	47.2%	66.7%	47.9%
已选	49.3%	47.7%	51.7%	55.7%	52.8%	33.3%	52.1%
总计	100.0%	100.0%	100.0%	100.0%	100.0%	100.0%	100.0%

续表

	17—29岁	30—39岁	40—49岁	50—59岁	60—69岁	70—80岁	总计
列总计	874	794	1475	1696	1455	15	6309

Chi-square tests：df = 5，卡方值为20.188，sig = 0.001 < 0.050，所以不同年龄层的居民在对“没见过民间信仰”的回答上有显著差异。

B23a by A2

以下民间活动，您是否参加过或见过：个人敬供（烧香叩拜等）* 年龄 Crosstabulation

	17—29岁	30—39岁	40—49岁	50—59岁	60—69岁	70—80岁	总计
未选	52.7%	53.5%	56.9%	51.8%	52.2%	26.7%	53.3%
已选	47.3%	46.5%	43.1%	48.2%	47.8%	73.3%	46.7%
总计	100.0%	100.0%	100.0%	100.0%	100.0%	100.0%	100.0%
列总计	875	793	1475	1697	1457	15	6312

Chi-square tests：df = 5，卡方值为14.311，sig = 0.011 < 0.050，所以不同年龄层的居民在对“是否参加过或见过个人敬供”的回答上有显著差异。

B23b by A2

以下民间活动，您是否参加过或见过：节日集体敬供（聚餐等）* 年龄 Crosstabulation

	17—29岁	30—39岁	40—49岁	50—59岁	60—69岁	70—80岁	总计
未选	75.7%	77.0%	80.1%	81.7%	81.6%	66.7%	79.9%
已选	24.3%	23.0%	19.9%	18.3%	18.4%	33.3%	20.1%
总计	100.0%	100.0%	100.0%	100.0%	100.0%	100.0%	100.0%
列总计	875	792	1475	1696	1457	15	6310

Chi-square tests：df = 5，卡方值为21.688，sig = 0.001 < 0.050，所以不同年龄层的居民在对“是否参加过或见过节日集体敬供”的回答上有显著差异。

B23c by A2

以下民间活动，您是否参加过或见过：其他活动（建庙委员会、教育、助贫、敬老、龙舟等）* 年龄 Crosstabulation

	17—29岁	30—39岁	40—49岁	50—59岁	60—69岁	70—80岁	总计
未选	76.3%	78.8%	78.7%	83.0%	84.5%	86.7%	80.9%

续表

	17—29 岁	30—39 岁	40—49 岁	50—59 岁	60—69 岁	70—80 岁	总计
已选	23.7%	21.2%	21.3%	17.0%	15.5%	13.3%	19.1%
总计	100.0%	100.0%	100.0%	100.0%	100.0%	100.0%	100.0%
列总计	874	792	1472	1695	1457	15	6305

Chi-square tests：df = 5，卡方值为 35.983，sig = 0.000 < 0.050，所以不同年龄层的居民在对“是否参加过或见过其他民间活动”的回答上有显著差异。

B23d by A2
以下民间活动，您是否参加过或见过：没参加过 ＊ 年龄 Crosstabulation

	17—29 岁	30—39 岁	40—49 岁	50—59 岁	60—69 岁	70—80 岁	总计
未选	69.8%	67.1%	62.1%	61.7%	60.4%	86.7%	63.3%
已选	30.2%	32.9%	37.9%	38.3%	39.6%	13.3%	36.7%
总计	100.0%	100.0%	100.0%	100.0%	100.0%	100.0%	100.0%
列总计	875	791	1471	1696	1456	15	6307

Chi-square tests：df = 5，卡方值为 32.842，sig = 0.000 < 0.050，所以不同年龄层的居民在对“没参加过或见过任何形式的民间活动”的回答上有显著差异。

B24 by A2
您觉得您目前的身体健康状况是 ＊ 年龄 Crosstabulation

	17—29 岁	30—39 岁	40—49 岁	50—59 岁	60—69 岁	70—80 岁	总计
很健康	39.0%	33.9%	29.6%	24.5%	22.1%	20.0%	28.3%
比较健康	55.5%	57.1%	54.6%	56.3%	58.6%	73.3%	56.4%
不太健康	5.2%	8.1%	14.2%	17.0%	17.2%	6.7%	13.6%
很不健康	0.3%	0.9%	1.6%	2.2%	2.1%		1.6%
总计	100.0%	100.0%	100.0%	100.0%	100.0%	100.0%	100.0%
列总计	870	793	1468	1690	1453	15	6289

Chi-square tests：df = 15，卡方值为 186.567，sig = 0.000 < 0.050，所以不同年龄层的居民在对“目前的身体健康状况”的评价上有显著差异。

B25 by A2
您觉得您的健康状况和一年前比较起来如何 ＊ 年龄 Crosstabulation

	17—29 岁	30—39 岁	40—49 岁	50—59 岁	60—69 岁	70—80 岁	总计
更好	23.8%	15.4%	13.9%	15.7%	13.2%	13.3%	15.8%

续表

	17—29 岁	30—39 岁	40—49 岁	50—59 岁	60—69 岁	70—80 岁	总计
没有变化	66.2%	75.0%	69.8%	61.2%	62.3%	66.7%	65.9%
更差	10.0%	9.6%	16.3%	23.1%	24.6%	20.0%	18.3%
总计	100.0%	100.0%	100.0%	100.0%	100.0%	100.0%	100.0%
列总计	871	792	1472	1695	1458	15	6303

Chi-square tests：df = 10，卡方值为 188.016，sig = 0.000 < 0.050，所以不同年龄层的居民在对“和一年前比较，自己的健康状况如何”的评价上有显著差异。

B26 by A2

您的就医习惯是 ＊ 年龄 Crosstabulation

	17—29 岁	30—39 岁	40—49 岁	50—59 岁	60—69 岁	70—80 岁	总计
出现不适就去看病	52.9%	59.9%	56.3%	54.8%	51.7%	60.0%	54.8%
症状加重时去看病	24.7%	19.5%	18.5%	19.6%	19.8%	13.3%	20.1%
能不看病就不看	18.3%	17.5%	21.4%	22.6%	24.2%	20.0%	21.5%
从不看病	2.4%	2.7%	2.8%	2.5%	2.9%		2.7%
其他	1.7%	0.5%	1.0%	0.5%	1.3%	6.7%	1.0%
总计	100.0%	100.0%	100.0%	100.0%	100.0%	100.0%	100.0%
列总计	871	790	1474	1695	1448	15	6293

Chi-square tests：df = 20，卡方值为 54.377，sig = 0.000 < 0.050，所以不同年龄层的居民在对“就医习惯”的选择上有显著差异。

B27 by A2

总的来说，您觉得目前的生活幸福吗 ＊ 年龄 Crosstabulation

	17—29 岁	30—39 岁	40—49 岁	50—59 岁	60—69 岁	70—80 岁	总计
非常幸福	25.1%	24.9%	27.4%	26.7%	31.2%	33.3%	27.4%
比较幸福	69.7%	70.9%	66.7%	65.9%	62.6%	60.0%	66.5%
不太幸福	4.8%	4.0%	5.4%	6.7%	5.8%	6.7%	5.6%
非常不幸福	0.5%	0.1%	0.5%	0.6%	0.5%		0.5%
总计	100.0%	100.0%	100.0%	100.0%	100.0%	100.0%	100.0%
列总计	874	791	1473	1697	1454	15	6304

Chi-square tests：df = 15，卡方值为 30.245，sig = 0.011 < 0.050，所以不同年龄层的居民在对“目前的生活幸福状况”的评价上有显著差异。

B28 by A2

您觉得对于老年人来说最理想的，或者说，您未来最希望的养老方式是哪种 ＊ 年龄 Crosstabulation

	17—29 岁	30—39 岁	40—49 岁	50—59 岁	60—69 岁	70—80 岁	总计
敬老院、养老院、护理院等专业养老机构	12. 0%	15. 5%	11. 6%	13. 3%	13. 4%		13. 0%
与子女一起，住在家里养老	52. 3%	53. 0%	58. 3%	58. 0%	57. 7%	73. 3%	56. 6%
与子女分开，住在家里养老	14. 7%	19. 2%	20. 0%	20. 7%	20. 8%	20. 0%	19. 5%
搬到其他地方独居养老	2. 3%	1. 3%	1. 1%	0. 5%	1. 2%		1. 2%
回到老家养老	6. 4%	5. 8%	5. 5%	4. 8%	4. 7%		5. 3%
旅游养老	11. 9%	4. 5%	2. 3%	1. 1%	0. 6%		3. 2%
其他	0. 5%	0. 6%	1. 2%	1. 7%	1. 5%	6. 7%	1. 2%
总计	100. 0%	100. 0%	100. 0%	100. 0%	100. 0%	100. 0%	100. 0%
列总计	865	792	1463	1697	1453	15	6285

Chi-square tests：df = 30，卡方值为 336. 339，sig = 0. 000 < 0. 050，所以不同年龄层的居民在对“对于老年人来说最理想的，或者说，自己未来最希望的养老方式”的选择上有显著差异。

B29a by A2

在过去的一周里，您为父母做过以下哪些事情：看望 ＊ 年龄 Crosstabulation

	17—29 岁	30—39 岁	40—49 岁	50—59 岁	60—69 岁	70—80 岁	总计
未选	60. 0%	48. 7%	46. 5%	57. 5%	75. 5%	73. 3%	58. 4%
已选	40. 0%	51. 3%	53. 5%	42. 5%	24. 5%	26. 7%	41. 6%
总计	100. 0%	100. 0%	100. 0%	100. 0%	100. 0%	100. 0%	100. 0%
列总计	875	794	1477	1700	1459	15	6320

Chi-square tests：df = 5，卡方值为 295. 445，sig = 0. 000 < 0. 050，所以不同年龄层的居民在对“过去一周里，是否看望过父母”的行为上有显著差异。

B29b by A2

在过去的一周里，您为父母做过以下哪些事情：打电话 ＊ 年龄 Crosstabulation

	17—29 岁	30—39 岁	40—49 岁	50—59 岁	60—69 岁	70—80 岁	总计
未选	34. 6%	35. 5%	48. 3%	67. 3%	84. 2%	60. 0%	58. 2%
已选	65. 4%	64. 5%	51. 7%	32. 7%	15. 8%	40. 0%	41. 8%

续表

	17—29岁	30—39岁	40—49岁	50—59岁	60—69岁	70—80岁	总计
总计	100.0%	100.0%	100.0%	100.0%	100.0%	100.0%	100.0%
列总计	875	794	1477	1701	1459	15	6321

Chi-square tests：df = 5，卡方值为891.589，sig = 0.000 < 0.050，所以不同年龄层的居民在对“过去一周里，是否给父母打过电话”的行为上有显著差异。

B29c by A2

在过去的一周里，您为父母做过以下哪些事情：买东西 ＊ 年龄 Crosstabulation

	17—29岁	30—39岁	40—49岁	50—59岁	60—69岁	70—80岁	总计
未选	42.7%	41.3%	48.8%	63.0%	79.5%	86.7%	58.0%
已选	57.3%	58.7%	51.2%	37.0%	20.5%	13.3%	42.0%
总计	100.0%	100.0%	100.0%	100.0%	100.0%	100.0%	100.0%
列总计	875	794	1477	1701	1459	15	6321

Chi-square tests：df = 5，卡方值为525.350，sig = 0.000 < 0.050，所以不同年龄层的居民在对“过去一周里，是否给父母买过东西”的行为上有显著差异。

B29d by A2

在过去的一周里，您为父母做过以下哪些事情：陪看病 ＊ 年龄 Crosstabulation

	17—29岁	30—39岁	40—49岁	50—59岁	60—69岁	70—80岁	总计
未选	79.0%	74.7%	69.9%	78.2%	86.9%	73.3%	77.9%
已选	21.0%	25.3%	30.1%	21.8%	13.1%	26.7%	22.1%
总计	100.0%	100.0%	100.0%	100.0%	100.0%	100.0%	100.0%
列总计	875	794	1476	1701	1459	15	6320

Chi-square tests：df = 5，卡方值为129.987，sig = 0.000 < 0.050，所以不同年龄层的居民在对“过去一周里，是否陪父母看过病”的行为上有显著差异。

B29e by A2

在过去的一周里，您为父母做过以下哪些事情：护理 ＊ 年龄 Crosstabulation

	17—29岁	30—39岁	40—49岁	50—59岁	60—69岁	70—80岁	总计
未选	91.3%	88.5%	82.1%	82.0%	87.9%	100.0%	85.5%
已选	8.7%	11.5%	17.9%	18.0%	12.1%		14.5%
总计	100.0%	100.0%	100.0%	100.0%	100.0%	100.0%	100.0%
列总计	875	794	1476	1701	1459	15	6320

Chi-square tests：df = 5，卡方值为69.421，sig = 0.000 < 0.050，所以不同年龄层的居民在对“过去一周里，是否给父母护理过”的行为上有显著差异。

B29f by A2

在过去的一周里，您为父母做过以下哪些事情：做家务 ＊ 年龄 Crosstabulation

	17—29 岁	30—39 岁	40—49 岁	50—59 岁	60—69 岁	70—80 岁	总计
未选	44.8%	48.5%	55.7%	68.6%	81.5%	66.7%	62.7%
已选	55.2%	51.5%	44.3%	31.4%	18.5%	33.3%	37.3%
总计	100.0%	100.0%	100.0%	100.0%	100.0%	100.0%	100.0%
列总计	875	794	1476	1701	1459	15	6320

Chi-square tests：df = 5，卡方值为465.466，sig = 0.000 < 0.050，所以不同年龄层的居民在对“过去一周里，是否给父母做过家务”的行为上有显著差异。

B29g by A2

在过去的一周里，您为父母做过以下哪些事情：谈心聊天 ＊ 年龄 Crosstabulation

	17—29 岁	30—39 岁	40—49 岁	50—59 岁	60—69 岁	70—80 岁	总计
未选	42.7%	50.9%	50.0%	65.4%	79.8%	80.0%	60.2%
已选	57.3%	49.1%	50.0%	34.6%	20.2%	20.0%	39.8%
总计	100.0%	100.0%	100.0%	100.0%	100.0%	100.0%	100.0%
列总计	874	794	1477	1701	1459	15	6320

Chi-square tests：df = 5，卡方值为462.360，sig = 0.000 < 0.050，所以不同年龄层的居民在对“过去一周里，是否和父母谈过心、聊过天”的行为上有显著差异。

B29h by A2

在过去的一周里，您为父母做过以下哪些事情：给钱 ＊ 年龄 Crosstabulation

	17—29 岁	30—39 岁	40—49 岁	50—59 岁	60—69 岁	70—80 岁	总计
未选	83.7%	73.2%	72.3%	81.4%	89.9%	80.0%	80.5%
已选	16.3%	26.8%	27.7%	18.6%	10.1%	20.0%	19.5%
总计	100.0%	100.0%	100.0%	100.0%	100.0%	100.0%	100.0%
列总计	875	794	1477	1701	1459	15	6321

Chi-square tests：df = 5，卡方值为177.964，sig = 0.000 < 0.050，所以不同年龄层的居民在对“过去一周里，是否给过父母钱”的行为上有显著差异。

B29i by A2

在过去的一周里，您为父母做过以下哪些事情：外出旅游 ＊ 年龄 Crosstabulation

	17—29 岁	30—39 岁	40—49 岁	50—59 岁	60—69 岁	70—80 岁	总计
未选	86.6%	88.8%	91.5%	96.4%	98.0%	100.0%	93.3%
已选	13.4%	11.2%	8.5%	3.6%	2.0%		6.7%
总计	100.0%	100.0%	100.0%	100.0%	100.0%	100.0%	100.0%
列总计	874	794	1477	1701	1459	15	6320

Chi-square tests：df = 5，卡方值为 174.534，sig = 0.000 < 0.050，所以不同年龄层的居民在对“过去一周里，是否与父母外出旅游过”的行为上有显著差异。

B29j by A2

在过去的一周里，您为父母做过以下哪些事情：无 ＊ 年龄 Crosstabulation

	17—29 岁	30—39 岁	40—49 岁	50—59 岁	60—69 岁	70—80 岁	总计
未选	97.7%	98.4%	97.5%	98.3%	98.3%	100.0%	98.0%
已选	2.3%	1.6%	2.5%	1.7%	1.7%		2.0%
总计	100.0%	100.0%	100.0%	100.0%	100.0%	100.0%	100.0%
列总计	875	794	1477	1701	1459	15	6321

Chi-square tests：df = 5，卡方值为 4.531，sig = 0.476 > 0.050，所以不同年龄层的居民在对“过去一周没有为父母做过任何事情”的回答上没有显著差异。

B30a by A2

总体来说，您对自己生活的以下方面满意吗：身心健康状况 ＊ 年龄 Crosstabulation

	17—29 岁	30—39 岁	40—49 岁	50—59 岁	60—69 岁	70—80 岁	总计
非常不满意	7.3%	4.3%	5.2%	3.9%	4.1%	6.7%	4.8%
不太满意	11.1%	11.5%	13.6%	14.7%	13.5%	20.0%	13.3%
比较满意	56.8%	57.8%	56.5%	55.9%	57.7%	53.3%	56.8%
非常满意	24.8%	26.5%	24.6%	25.5%	24.7%	20.0%	25.1%
总计	100.0%	100.0%	100.0%	100.0%	100.0%	100.0%	100.0%
列总计	875	793	1470	1696	1457	15	6306

Chi-square tests：df = 15，卡方值为 27.266，sig = 0.027 < 0.050，所以不同年龄层的居民在对“自己身心健康状况”的评价上有显著差异。

B30b by A2

总体来说，您对自己生活的以下方面满意吗：整体收入水平 ＊ 年龄 Crosstabulation

	17—29 岁	30—39 岁	40—49 岁	50—59 岁	60—69 岁	70—80 岁	总计
非常不满意	6.2%	4.4%	5.6%	6.0%	4.5%	6.7%	5.4%
不太满意	30.0%	30.4%	29.3%	28.8%	23.1%	33.3%	28.0%
比较满意	54.9%	53.9%	55.1%	54.4%	58.6%	60.0%	55.6%
非常满意	8.8%	11.3%	9.9%	10.8%	13.8%		11.0%
总计	100.0%	100.0%	100.0%	100.0%	100.0%	100.0%	100.0%
列总计	872	794	1473	1700	1458	15	6312

Chi-square tests：df = 15，卡方值为 43.795，sig = 0.000 < 0.050，所以不同年龄层的居民在对“自己整体收入水平”的评价上有显著差异。

B30c by A2

总体来说，您对自己生活的以下方面满意吗：家庭成员关系 ＊ 年龄 Crosstabulation

	17—29 岁	30—39 岁	40—49 岁	50—59 岁	60—69 岁	70—80 岁	总计
非常不满意	6.3%	3.6%	3.9%	2.2%	2.5%	6.7%	3.4%
不太满意	6.2%	4.9%	3.8%	3.5%	4.0%		4.2%
比较满意	55.9%	54.3%	49.7%	50.2%	51.1%	46.7%	51.6%
非常满意	31.6%	37.1%	42.6%	44.0%	42.5%	46.7%	40.7%
总计	100.0%	100.0%	100.0%	100.0%	100.0%	100.0%	100.0%
列总计	874	795	1470	1696	1455	15	6305

Chi-square tests：df = 15，卡方值为 79.548，sig = 0.000 < 0.050，所以不同年龄层的居民在对“自己家庭成员关系”的评价上有显著差异。

B30d by A2

总体来说，您对自己生活的以下方面满意吗：社会保障水平 ＊ 年龄 Crosstabulation

	17—29 岁	30—39 岁	40—49 岁	50—59 岁	60—69 岁	70—80 岁	总计
非常不满意	6.1%	4.2%	6.3%	6.2%	4.1%	6.7%	5.4%
不太满意	19.9%	22.4%	19.4%	19.2%	16.1%	6.7%	19.0%
比较满意	60.5%	58.6%	58.0%	56.9%	60.0%	73.3%	58.6%
非常满意	13.5%	14.9%	16.3%	17.8%	19.8%	13.3%	16.9%

续表

	17—29 岁	30—39 岁	40—49 岁	50—59 岁	60—69 岁	70—80 岁	总计
总计	100.0%	100.0%	100.0%	100.0%	100.0%	100.0%	100.0%
列总计	874	794	1470	1699	1451	15	6303

Chi-square tests：df = 15，卡方值为 43.936，sig = 0.000 < 0.050，所以不同年龄层的居民在对“自己社会保障水平”的评价上有显著差异。

C1a by A2

在当今中国社会最基本的伦理冲突中排第一位的是 ＊ 年龄 Crosstabulation

	17—29 岁	30—39 岁	40—49 岁	50—59 岁	60—69 岁	70—80 岁	总计
人与自然的冲突	20.5%	21.4%	24.6%	23.7%	26.0%	26.7%	23.7%
人自我内在的冲突	9.4%	10.1%	9.0%	8.0%	7.6%	20.0%	8.6%
人与人之间的冲突	46.2%	43.3%	43.2%	42.4%	41.3%	40.0%	43.0%
个人与社会的冲突	17.2%	15.7%	13.9%	15.3%	15.4%	6.7%	15.3%
个人与政府的冲突	6.2%	9.6%	8.9%	10.3%	9.3%	6.7%	9.1%
其他	0.5%		0.4%	0.3%	0.4%		0.3%
总计	100.0%	100.0%	100.0%	100.0%	100.0%	100.0%	100.0%
列总计	868	785	1450	1638	1381	15	6137

Chi-square tests：df = 25，卡方值为 38.805，sig = 0.039 < 0.050，所以不同年龄层的居民在对“在当今中国社会最基本的伦理冲突中排第一位的是”的选择上有显著差异。

C1b by A2

在当今中国社会最基本的伦理冲突中排第二位的是 ＊ 年龄 Crosstabulation

	17—29 岁	30—39 岁	40—49 岁	50—59 岁	60—69 岁	70—80 岁	总计
人与自然的冲突	14.6%	15.0%	15.9%	17.3%	17.3%	14.3%	16.3%
人自我内在的冲突	16.5%	19.5%	20.2%	19.7%	18.4%	28.6%	19.1%
人与人之间的冲突	24.6%	24.7%	24.8%	23.5%	25.4%	21.4%	24.5%
个人与社会的冲突	32.5%	30.5%	28.3%	28.1%	26.0%	28.6%	28.6%
个人与政府的冲突	11.7%	10.2%	10.8%	11.3%	12.6%	7.1%	11.4%
其他		0.1%		0.1%	0.3%		0.1%
总计	100.0%	100.0%	100.0%	100.0%	100.0%	100.0%	100.0%
列总计	861	774	1423	1622	1353	14	6047

Chi-square tests：df = 25，卡方值为 29.570，sig = 0.241 > 0.050，所以不同年龄层的居民在对“在当今中国社会最基本的伦理冲突中排第二位的是”的选择上没有显著差异。

C1c by A2

在当今中国社会最基本的伦理冲突中排第三位的是 * 年龄 Crosstabulation

	17—29 岁	30—39 岁	40—49 岁	50—59 岁	60—69 岁	70—80 岁	总计
人与自然的冲突	20.6%	19.7%	20.7%	21.6%	21.4%	14.3%	21.0%
人自我内在的冲突	23.0%	19.6%	19.0%	17.8%	18.4%	7.1%	19.2%
人与人之间的冲突	16.8%	17.7%	17.7%	18.8%	18.4%	28.6%	18.0%
个人与社会的冲突	23.0%	26.8%	25.4%	24.7%	25.3%	21.4%	25.0%
个人与政府的冲突	16.0%	15.8%	15.9%	16.4%	15.3%	28.6%	15.9%
其他	0.6%	0.4%	1.2%	0.8%	1.3%		0.9%
总计	100.0%	100.0%	100.0%	100.0%	100.0%	100.0%	100.0%
列总计	862	770	1413	1610	1346	14	6015

Chi-square tests：df = 25，卡方值为24.830，sig = 0.472 > 0.050，所以不同年龄层的居民在对“当今中国社会最基本的伦理冲突中排第三位的是”的选择上没有显著差异。

C2 by A2

您认为造成环境污染的最主要原因是 * 年龄 Crosstabulation

	17—29 岁	30—39 岁	40—49 岁	50—59 岁	60—69 岁	70—80 岁	总计
企业唯利是图	32.3%	33.0%	34.6%	35.3%	33.4%	60.0%	34.0%
政府缺乏生态意识，政策失当	21.5%	24.4%	25.1%	25.2%	26.5%	26.7%	24.8%
当代人自私自利，不顾未来和子孙利益	20.9%	21.4%	17.0%	14.8%	16.1%		17.2%
个人缺乏环保意识	25.4%	21.2%	23.4%	24.6%	24.1%	13.3%	23.9%
总计	100.0%	100.0%	100.0%	100.0%	100.0%	100.0%	100.0%
列总计	871	791	1461	1684	1436	15	6258

Chi-square tests：df = 15，卡方值为39.483，sig = 0.001 < 0.050，所以不同年龄层的居民在对“造成环境污染的最主要原因”的认知上有显著差异。

C3a by A2

您是否同意以下说法：能够插队买到票，是一个人灵活的表现 * 年龄 Crosstabulation

	17—29 岁	30—39 岁	40—49 岁	50—59 岁	60—69 岁	70—80 岁	总计
完全同意	1.9%	2.0%	2.9%	3.7%	2.5%		2.8%
比较同意	6.7%	7.2%	6.0%	8.2%	8.1%	20.0%	7.4%

续表

	17—29 岁	30—39 岁	40—49 岁	50—59 岁	60—69 岁	70—80 岁	总计
比较不同意	32. 5%	30. 9%	35. 9%	34. 2%	37. 8%	33. 3%	34. 8%
完全不同意	58. 9%	59. 9%	55. 3%	53. 8%	51. 5%	46. 7%	55. 1%
总计	100. 0%	100. 0%	100. 0%	100. 0%	100. 0%	100. 0%	100. 0%
列总计	875	794	1473	1694	1452	15	6303

Chi-square tests：df = 15，卡方值为 39. 489，sig = 0. 001 < 0. 050，所以不同年龄层的居民在对“能够插队买到票，是一个人灵活的表现”的看法上有显著差异。

C3b by A2

您是否同意以下说法：如果有可能，谁都会逃税 ＊ 年龄 Crosstabulation

	17—29 岁	30—39 岁	40—49 岁	50—59 岁	60—69 岁	70—80 岁	总计
完全同意	4. 4%	4. 5%	5. 2%	5. 6%	3. 6%	14. 3%	4. 7%
比较同意	15. 9%	16. 1%	13. 8%	14. 3%	12. 6%	7. 1%	14. 2%
比较不同意	37. 6%	33. 8%	36. 2%	33. 4%	37. 2%	21. 4%	35. 5%
完全不同意	42. 1%	45. 5%	44. 9%	46. 8%	46. 7%	57. 1%	45. 5%
总计	100. 0%	100. 0%	100. 0%	100. 0%	100. 0%	100. 0%	100. 0%
列总计	872	793	1469	1691	1449	14	6288

Chi-square tests：df = 15，卡方值为 27. 436，sig = 0. 025 < 0. 050，所以不同年龄层的居民在对“如果有可能，谁都会逃税”的看法上有显著差异。

C3c by A2

您是否同意以下说法：合同都只是形式，只要有关系，什么都好商量 ＊ 年龄 Crosstabulation

	17—29 岁	30—39 岁	40—49 岁	50—59 岁	60—69 岁	70—80 岁	总计
完全同意	3. 7%	5. 8%	5. 4%	7. 9%	7. 3%	6. 7%	6. 3%
比较同意	16. 5%	18. 7%	17. 4%	19. 8%	20. 9%	20. 0%	18. 9%
比较不同意	38. 7%	37. 1%	41. 9%	39. 5%	42. 1%	46. 7%	40. 3%
完全不同意	41. 1%	38. 5%	35. 3%	32. 7%	29. 7%	26. 7%	34. 5%
总计	100. 0%	100. 0%	100. 0%	100. 0%	100. 0%	100. 0%	100. 0%
列总计	873	793	1469	1687	1450	15	6287

Chi-square tests：df = 15，卡方值为 61. 193，sig = 0. 000 < 0. 050，所以不同年龄层的居民在对“合同都只是形式，只要有关系，什么都好商量”的看法上有显著差异。

C3d by A2

您是否同意以下说法：要想打赢官司，找关系比找律师更有价值 ＊ 年龄 Crosstabulation

	17—29 岁	30—39 岁	40—49 岁	50—59 岁	60—69 岁	70—80 岁	总计
完全同意	5.9%	7.9%	8.6%	10.5%	7.0%		8.3%
比较同意	22.7%	22.1%	21.1%	23.0%	25.2%	40.0%	22.9%
比较不同意	38.9%	40.1%	41.2%	37.1%	39.1%	20.0%	39.1%
完全不同意	32.5%	29.9%	29.1%	29.3%	28.7%	40.0%	29.7%
总计	100.0%	100.0%	100.0%	100.0%	100.0%	100.0%	100.0%
列总计	874	793	1462	1688	1446	15	6278

Chi-square tests：df = 15，卡方值为36.831，sig = 0.001 < 0.050，所以不同年龄层的居民在对“要想打赢官司，找关系比找律师更有价值”的看法上有显著差异。

C3e by A2

您是否同意以下说法：“三个土老乡，顶得上一个公章” ＊ 年龄 Crosstabulation

	17—29 岁	30—39 岁	40—49 岁	50—59 岁	60—69 岁	70—80 岁	总计
完全同意	3.9%	5.9%	5.8%	6.9%	6.4%	13.3%	6.0%
比较同意	18.7%	19.3%	19.6%	23.5%	25.0%	20.0%	21.7%
比较不同意	41.8%	37.8%	40.8%	39.1%	39.8%	26.7%	39.8%
完全不同意	35.6%	37.0%	33.8%	30.5%	28.8%	40.0%	32.4%
总计	100.0%	100.0%	100.0%	100.0%	100.0%	100.0%	100.0%
列总计	873	786	1463	1686	1445	15	6268

Chi-square tests：df = 15，卡方值为48.435，sig = 0.000 < 0.050，所以不同年龄层的居民在对“三个土老乡，顶得上一个公章”的看法上有显著差异。

C3f by A2

您是否同意以下说法：法院是一个替老百姓讲理的地方 ＊ 年龄 Crosstabulation

	17—29 岁	30—39 岁	40—49 岁	50—59 岁	60—69 岁	70—80 岁	总计
完全同意	25.2%	31.9%	37.1%	39.6%	39.4%	66.7%	36.1%
比较同意	47.5%	43.0%	40.2%	37.2%	39.9%	26.7%	40.6%
比较不同意	20.0%	18.9%	17.0%	17.5%	15.9%	6.7%	17.5%
完全不同意	7.3%	6.2%	5.7%	5.7%	4.8%		5.8%
总计	100.0%	100.0%	100.0%	100.0%	100.0%	100.0%	100.0%
列总计	872	789	1464	1690	1440	15	6270

Chi-square tests：df = 15，卡方值为78.549，sig = 0.000 < 0.050，所以不同年龄层的居民在对“法院是一个替老百姓讲理的地方”的看法上有显著差异。

C3g by A2

您是否同意以下说法：在这个社会，要想不吃亏，就一定要懂得利用潜规则 ＊ 年龄 Crosstabulation

	17—29 岁	30—39 岁	40—49 岁	50—59 岁	60—69 岁	70—80 岁	总计
完全同意	6. 5%	7. 2%	11. 2%	11. 8%	10. 0%	26. 7%	10. 0%
比较同意	26. 8%	31. 6%	28. 4%	30. 5%	30. 4%	26. 7%	29. 6%
比较不同意	41. 7%	38. 3%	38. 9%	37. 5%	40. 5%	26. 7%	39. 2%
完全不同意	25. 0%	22. 9%	21. 5%	20. 2%	19. 0%	20. 0%	21. 2%
总计	100. 0%	100. 0%	100. 0%	100. 0%	100. 0%	100. 0%	100. 0%
列总计	873	791	1470	1685	1439	15	6273

Chi-square tests：df = 15，卡方值为 48. 629，sig = 0. 000 < 0. 050，所以不同年龄层的居民在对“在这个社会，要想不吃亏，就一定要懂得利用潜规则”的看法上有显著差异。

C3h by A2

您是否同意以下说法：要远离那些不守规则的人，因为当他因不守规则出事的时候，可能会连累到你 ＊ 年龄 Crosstabulation

	17—29 岁	30—39 岁	40—49 岁	50—59 岁	60—69 岁	70—80 岁	总计
完全同意	23. 3%	29. 0%	31. 7%	30. 3%	28. 7%	33. 3%	29. 1%
比较同意	41. 9%	41. 1%	38. 3%	40. 0%	41. 6%	40. 0%	40. 4%
比较不同意	25. 7%	23. 8%	22. 0%	21. 8%	22. 8%	20. 0%	22. 9%
完全不同意	9. 0%	6. 2%	8. 0%	7. 9%	6. 8%	6. 7%	7. 6%
总计	100. 0%	100. 0%	100. 0%	100. 0%	100. 0%	100. 0%	100. 0%
列总计	875	791	1471	1691	1448	15	6291

Chi-square tests：df = 15，卡方值为 27. 878，sig = 0. 022 < 0. 050，所以不同年龄层的居民与在对“要远离那些不守规则的人，因为当他因不守规则出事的时候，可能会连累到你”的看法上有显著差异。

C3i by A2

您是否同意以下说法：在这个处处讲背景的年代，规则是对普通老百姓最好的保护 ＊ 年龄 Crosstabulation

	17—29 岁	30—39 岁	40—49 岁	50—59 岁	60—69 岁	70—80 岁	总计
完全同意	26. 7%	30. 7%	35. 6%	40. 4%	41. 0%	35. 7%	36. 3%
比较同意	47. 9%	44. 2%	39. 2%	40. 5%	42. 8%	57. 1%	42. 3%
比较不同意	18. 6%	20. 3%	17. 8%	13. 8%	12. 5%	7. 1%	15. 9%

续表

	17—29 岁	30—39 岁	40—49 岁	50—59 岁	60—69 岁	70—80 岁	总计
完全不同意	6.7%	4.8%	7.4%	5.3%	3.6%		5.5%
总计	100.0%	100.0%	100.0%	100.0%	100.0%	100.0%	100.0%
列总计	875	794	1470	1691	1455	14	6299

Chi-square tests：df = 15，卡方值为 114.007，sig = 0.000 < 0.050，所以不同年龄层的居民在对“在这个处处讲背景的年代，规则是对普通老百姓最好的保护”的看法上有显著差异。

C4 by A2

哪一种关系对社会秩序最具有根本性意义 ＊ 年龄 Crosstabulation

	17—29 岁	30—39 岁	40—49 岁	50—59 岁	60—69 岁	70—80 岁	总计
家庭伦理或血缘关系	30.4%	36.9%	38.2%	43.3%	46.5%	57.1%	40.3%
个人与社会的关系	40.1%	36.1%	29.8%	23.6%	20.6%		28.2%
职业伦理关系	3.8%	2.8%	2.9%	2.5%	2.0%	7.1%	2.7%
个人与国家民族的关系	16.5%	17.7%	22.2%	24.4%	26.1%	35.7%	22.4%
人与自然的关系	3.9%	3.6%	3.9%	3.5%	2.2%		3.4%
个人与他自身的关系	5.3%	2.9%	2.9%	2.7%	2.6%		3.1%
总计	100.0%	100.0%	100.0%	100.0%	100.0%	100.0%	100.0%
列总计	868	781	1461	1668	1424	14	6216

Chi-square tests：df = 25，卡方值为 218.934，sig = 0.000 < 0.050，所以不同年龄层的居民在对“哪一种关系对社会秩序最具有根本性意义”的选择上有显著差异。

C5a by A2

对于个人而言，您认为家庭、社会和国家哪个最重要 ＊ 年龄 Crosstabulation

	17—29 岁	30—39 岁	40—49 岁	50—59 岁	60—69 岁	70—80 岁	总计
国家	48.9%	59.3%	63.2%	68.4%	75.3%	73.3%	64.9%
社会	4.9%	2.3%	3.7%	2.9%	2.9%	6.7%	3.3%
家庭	46.2%	38.4%	33.1%	28.7%	21.9%	20.0%	31.8%
总计	100.0%	100.0%	100.0%	100.0%	100.0%	100.0%	100.0%
列总计	871	794	1471	1698	1455	15	6304

Chi-square tests：df = 10，卡方值为 197.914，sig = 0.000 < 0.050，所以不同年龄层的居民在对“家庭、社会和国家哪个是最重要的”的选择上有显著差异。

C5b by A2

对于个人而言，您认为家庭、社会和国家哪个第二重要 ＊ 年龄 Crosstabulation

	17—29 岁	30—39 岁	40—49 岁	50—59 岁	60—69 岁	70—80 岁	总计
国家	26.8%	24.0%	23.6%	20.6%	14.7%	7.1%	21.2%
社会	52.8%	51.8%	50.7%	53.2%	59.1%	64.3%	53.8%
家庭	20.4%	24.2%	25.7%	26.2%	26.2%	28.6%	25.1%
总计	100.0%	100.0%	100.0%	100.0%	100.0%	100.0%	100.0%
列总计	867	792	1457	1692	1449	14	6271

Chi-square tests：df = 10，卡方值为 71.290，sig = 0.000 < 0.050，所以不同年龄层的居民在对“家庭、社会和国家哪个是第二重要的”的选择上有显著差异。

C5c by A2

对于个人而言，您认为家庭、社会和国家哪个第三重要 ＊ 年龄 Crosstabulation

	17—29 岁	30—39 岁	40—49 岁	50—59 岁	60—69 岁	70—80 岁	总计
国家	23.9%	16.5%	12.8%	10.8%	9.4%	14.3%	13.5%
社会	42.5%	46.0%	45.7%	44.3%	38.3%	35.7%	43.2%
家庭	33.6%	37.5%	41.4%	45.0%	52.3%	50.0%	43.3%
总计	100.0%	100.0%	100.0%	100.0%	100.0%	100.0%	100.0%
列总计	861	792	1443	1679	1434	14	6223

Chi-square tests：df = 10，卡方值为 168.645，sig = 0.000 < 0.050，所以不同年龄层的居民在对“家庭、社会和国家哪个是第三重要的”的选择上有显著差异。

C6a by A2

在下列关系中，您认为最重要的是 ＊ 年龄 Crosstabulation

	17—29 岁	30—39 岁	40—49 岁	50—59 岁	60—69 岁	70—80 岁	总计
父母与子女	66.5%	65.5%	63.0%	61.8%	58.4%	60.0%	62.4%
夫妇	14.9%	16.0%	17.1%	20.3%	19.9%	13.3%	18.2%
兄弟姐妹	0.3%	0.5%	0.8%	0.7%	1.1%	6.7%	0.7%
同事或同学	0.8%	0.6%	0.5%	0.8%	0.8%		0.7%
上级或下级	0.7%	0.1%	0.2%	0.6%	0.5%		0.4%
师生	0.1%	0.1%	0.2%	0.2%	0.1%		0.2%
与自然的关系	1.7%	0.8%	1.2%	0.4%	0.6%		0.8%
个人与社会	1.6%	1.5%	2.0%	1.4%	1.4%		1.6%
个人与国家	9.6%	11.9%	12.5%	12.1%	15.4%	20.0%	12.6%

续表

	17—29 岁	30—39 岁	40—49 岁	50—59 岁	60—69 岁	70—80 岁	总计
个人与工作单位	0.7%	0.1%	0.9%	1.0%	0.9%		0.8%
朋友	0.3%	0.5%	0.1%	0.2%	0.1%		0.2%
个人与自身的关系（身心和谐）	2.6%	2.3%	1.6%	0.7%	0.8%		1.4%
总计	100.0%	100.0%	100.0%	100.0%	100.0%	100.0%	100.0%
列总计	872	795	1474	1692	1454	15	6302

Chi-square tests：df = 55，卡方值为 117.641，sig = 0.000 < 0.050，所以不同年龄层的居民在对“最重要的关系”的选择上有显著差异。

C6b by A2

在下列关系中，您认为第二重要的是 * 年龄 Crosstabulation

	17—29 岁	30—39 岁	40—49 岁	50—59 岁	60—69 岁	70—80 岁	总计
父母与子女	21.1%	22.9%	23.3%	24.6%	26.3%	26.7%	24.0%
夫妇	46.8%	53.7%	52.0%	51.7%	48.9%	46.7%	50.7%
兄弟姐妹	14.1%	7.4%	8.0%	7.6%	7.4%	13.3%	8.5%
同事或同学	2.1%	0.6%	1.1%	1.2%	0.8%	6.7%	1.2%
上级或下级	1.4%	0.8%	1.3%	1.3%	1.5%		1.3%
师生	0.6%	0.1%	0.3%	0.3%	0.6%		0.4%
与自然的关系	1.3%	1.6%	1.4%	1.2%	1.0%		1.3%
个人与社会	5.9%	6.3%	6.3%	6.0%	7.0%	6.7%	6.3%
个人与国家	3.8%	3.1%	3.3%	4.0%	3.7%		3.6%
个人与工作单位	0.8%	1.1%	1.3%	1.0%	0.9%		1.0%
通过网络建立的关系		0.3%	0.1%		0.1%		0.1%
朋友	0.8%	0.9%	1.0%	0.7%	1.3%		0.9%
个人与自身的关系（身心和谐）	1.4%	1.1%	0.6%	0.4%	0.6%		0.7%
总计	100.0%	100.0%	100.0%	100.0%	100.0%	100.0%	100.0%
列总计	871	794	1465	1693	1451	15	6289

Chi-square tests：df = 60，卡方值为 98.829，sig = 0.001 < 0.050，所以不同年龄层的居民在对“第二重要的关系”的选择上有显著差异。

C6c by A2

在下列关系中，您认为第三重要的是 * 年龄 Crosstabulation

	17—29 岁	30—39 岁	40—49 岁	50—59 岁	60—69 岁	70—80 岁	总计
父母与子女	5.5%	5.6%	6.2%	6.4%	6.9%		6.2%
夫妇	12.0%	11.4%	11.1%	10.3%	12.4%	6.7%	11.3%
兄弟姐妹	50.7%	52.5%	57.0%	58.6%	57.7%	66.7%	56.2%
同事或同学	7.8%	4.9%	3.8%	2.7%	2.6%	13.3%	3.9%
上级或下级	2.5%	2.9%	2.4%	1.8%	1.2%		2.1%
师生	1.1%	0.6%	1.3%	1.2%	0.9%	6.7%	1.1%
与自然的关系	2.8%	2.1%	2.1%	2.6%	2.1%		2.3%
个人与社会	5.2%	6.7%	3.4%	4.8%	3.7%		4.5%
个人与国家	4.6%	4.5%	5.3%	4.8%	6.3%	6.7%	5.2%
个人与工作单位	1.5%	3.2%	1.8%	1.8%	1.7%		1.9%
通过网络建立的关系		0.1%	0.2%	0.2%	0.1%		0.1%
朋友	4.8%	3.7%	3.9%	3.7%	3.0%		3.7%
个人与自身的关系（身心和谐）	1.5%	1.8%	1.7%	1.1%	1.3%		1.4%
总计	100.0%	100.0%	100.0%	100.0%	100.0%	100.0%	100.0%
列总计	870	792	1461	1685	1446	15	6269

Chi-square tests：df = 60，卡方值为 128.210，sig = 0.000 < 0.050，所以不同年龄层的居民在对“第三重要的关系”的选择上有显著差异。

C6d by A2

在下列关系中，您认为第四重要的是 * 年龄 Crosstabulation

	17—29 岁	30—39 岁	40—49 岁	50—59 岁	60—69 岁	70—80 岁	总计
父母与子女	3.8%	3.7%	3.9%	2.9%	4.0%	13.3%	3.6%
夫妇	3.1%	4.4%	4.6%	4.7%	5.2%	6.7%	4.5%
兄弟姐妹	9.1%	9.4%	9.1%	9.0%	11.1%		9.6%
同事或同学	23.9%	22.1%	20.0%	17.4%	15.0%	20.0%	19.0%
上级或下级	4.9%	5.3%	7.6%	6.0%	4.3%		5.7%
师生	5.4%	3.4%	4.4%	3.5%	3.4%	6.7%	4.0%
与自然的关系	5.3%	4.6%	4.7%	4.1%	3.6%		4.3%
个人与社会	9.3%	10.8%	9.6%	9.7%	10.7%	13.3%	10.0%
个人与国家	9.2%	8.4%	9.4%	12.4%	13.7%	20.0%	11.1%
个人与工作单位	5.6%	7.5%	5.9%	4.9%	4.0%	6.7%	5.3%

续表

	17—29 岁	30—39 岁	40—49 岁	50—59 岁	60—69 岁	70—80 岁	总计
通过网络建立的关系	0. 3%		0. 3%	0. 4%	0. 1%		0. 3%
朋友	16. 8%	16. 6%	17. 9%	23. 0%	22. 6%	13. 3%	20. 0%
个人与自身的关系（身心和谐）	3. 2%	3. 9%	2. 5%	2. 0%	2. 3%		2. 6%
总计	100. 0%	100. 0%	100. 0%	100. 0%	100. 0%	100. 0%	100. 0%
列总计	870	789	1452	1671	1435	15	6232

Chi-square tests：df = 60，卡方值为 157. 866，sig = 0. 000 < 0. 050，所以不同年龄层的居民在对“第四重要的关系”的选择上有显著差异。

C6e by A2

在下列关系中，您认为第五重要的是 * 年龄 Crosstabulation

	17—29 岁	30—39 岁	40—49 岁	50—59 岁	60—69 岁	70—80 岁	总计
父母与子女	1. 0%	1. 1%	1. 4%	1. 5%	1. 4%		1. 3%
夫妇	3. 3%	3. 2%	2. 0%	3. 1%	3. 1%	14. 3%	3. [illegible]%
兄弟姐妹	4. 3%	5. 1%	5. 6%	5. 8%	6. 4%	14. 3%	5. 6%
同事或同学	15. 7%	11. 8%	12. 9%	12. 1%	11. 7%		12. 6%
上级或下级	9. 9%	10. 0%	8. 2%	7. 7%	6. 6%		8. 2%
师生	4. 6%	4. 3%	3. 1%	4. 3%	3. 9%		4. 0%
与自然的关系	6. 9%	4. 7%	4. 8%	5. 9%	6. 6%	14. 3%	5. 8%
个人与社会	15. 6%	13. 9%	15. 9%	15. 7%	15. 4%		15. 4%
个人与国家	9. 7%	11. 8%	12. 6%	14. 5%	12. 2%	28. 6%	12. 5%
个人与工作单位	5. 5%	7. 8%	5. 9%	5. 0%	4. 9%	7. 1%	5. 6%
通过网络建立的关系	0. 5%	0. 9%	0. 3%	0. 8%	0. 4%		0. 6%
朋友	15. 6%	17. 9%	19. 1%	17. 0%	20. 2%	14. 3%	18. 1%
个人与自身的关系（身心和谐）	7. 4%	7. 5%	7. 3%	6. 4%	6. 9%	7. 1%	7. 0%
总计	100. 0%	100. 0%	100. 0%	100. 0%	100. 0%	100. 0%	100. 0%
列总计	870	787	1446	1665	1426	14	6208

Chi-square tests：df = 60，卡方值为 94. 392，sig = 0. 003 < 0. 050，所以不同年龄层的居民在对“第五重要的关系”的选择上有显著差异。

C7a by A2

对自己所在企业履行劳动安全保障责任的满意情况 ＊ 年龄 Crosstabulation

	17—29 岁	30—39 岁	40—49 岁	50—59 岁	60—69 岁	70—80 岁	总计
非常不满意	6.1%	5.2%	6.0%	6.1%	3.9%		5.5%
不太满意	17.4%	22.2%	19.9%	17.6%	14.8%	20.0%	18.1%
比较满意	62.9%	54.9%	57.9%	58.7%	63.7%	66.7%	59.7%
非常满意	13.7%	17.7%	16.2%	17.6%	17.5%	13.3%	16.7%
总计	100.0%	100.0%	100.0%	100.0%	100.0%	100.0%	100.0%
列总计	856	772	1411	1594	1347	15	5995

Chi-square tests：df = 15，卡方值为 43.486，sig = 0.000 < 0.050，所以不同年龄层的居民在对“自己所在企业履行劳动安全保障责任”的满意度上有显著差异。

C7b by A2

对自己所在企业履行薪酬正常发放责任的满意情况 ＊ 年龄 Crosstabulation

	17—29 岁	30—39 岁	40—49 岁	50—59 岁	60—69 岁	70—80 岁	总计
非常不满意	4.7%	4.5%	3.9%	4.0%	3.4%	6.7%	4.0%
不太满意	14.0%	13.6%	14.8%	12.7%	10.9%	13.3%	13.1%
比较满意	62.0%	60.1%	60.3%	58.4%	59.1%	53.3%	59.7%
非常满意	19.3%	21.8%	21.0%	24.8%	26.6%	26.7%	23.2%
总计	100.0%	100.0%	100.0%	100.0%	100.0%	100.0%	100.0%
列总计	851	771	1405	1586	1345	15	5973

Chi-square tests：df = 15，卡方值为 31.592，sig = 0.007 < 0.050，所以不同年龄层的居民与居民对“自己所在企业履行薪酬正常发放责任”的满意度上有显著差异。

C7c by A2

对自己所在企业履行职工文化生活责任的满意情况 ＊ 年龄 Crosstabulation

	17—29 岁	30—39 岁	40—49 岁	50—59 岁	60—69 岁	70—80 岁	总计
非常不满意	4.9%	6.0%	6.2%	6.2%	5.1%		5.7%
不太满意	22.3%	28.0%	32.0%	30.0%	27.7%	26.7%	28.6%
比较满意	60.7%	52.3%	49.2%	50.6%	54.6%	60.0%	52.9%
非常满意	12.1%	13.7%	12.6%	13.2%	12.5%	13.3%	12.8%
总计	100.0%	100.0%	100.0%	100.0%	100.0%	100.0%	100.0%
列总计	853	765	1397	1585	1341	15	5956

Chi-square tests：df = 15，卡方值为 40.275，sig = 0.000 < 0.050，所以不同年龄层的居民在对“自己所在企业履行职工文化生活责任”的满意度上有显著差异。

C7d by A2

对自己所在企业履行诚实守法经营责任的满意情况 ＊ 年龄 Crosstabulation

	17—29 岁	30—39 岁	40—49 岁	50—59 岁	60—69 岁	70—80 岁	总计
非常不满意	4.4%	3.8%	4.4%	3.3%	2.3%		3.6%
不太满意	12.4%	14.8%	15.8%	16.5%	15.7%	20.0%	15.4%
比较满意	63.8%	60.2%	60.5%	59.7%	61.7%	53.3%	61.0%
非常满意	19.3%	21.2%	19.2%	20.4%	20.2%	26.7%	20.1%
总计	100.0%	100.0%	100.0%	100.0%	100.0%	100.0%	100.0%
列总计	854	769	1398	1591	1340	15	5967

Chi-square tests：df = 15，卡方值为 22.070，sig = 0.106 > 0.050，所以不同年龄层的居民在对“自己所在企业履行诚实守法经营责任”的满意度上没有显著差异。

C7e by A2

对自己所在企业履行环境保护措施责任的满意情况 ＊ 年龄 Crosstabulation

	17—29 岁	30—39 岁	40—49 岁	50—59 岁	60—69 岁	70—80 岁	总计
非常不满意	6.8%	7.1%	6.6%	5.8%	5.9%	26.7%	6.4%
不太满意	23.2%	26.2%	27.0%	24.6%	21.8%	6.7%	24.5%
比较满意	54.5%	49.9%	52.4%	53.0%	55.7%	40.0%	53.2%
非常满意	15.5%	16.8%	14.0%	16.6%	16.6%	26.7%	15.9%
总计	100.0%	100.0%	100.0%	100.0%	100.0%	100.0%	100.0%
列总计	853	772	1403	1589	1347	15	5979

Chi-square tests：df = 15，卡方值为 32.556，sig = 0.005 < 0.050，所以不同年龄层的居民在对“自己所在企业履行环境保护责任”的满意度上有显著差异。

C7f by A2

对自己所在企业履行慈善公益事业责任的满意情况 ＊ 年龄 Crosstabulation

	17—29 岁	30—39 岁	40—49 岁	50—59 岁	60—69 岁	70—80 岁	总计
非常不满意	7.7%	6.8%	6.6%	6.2%	5.5%	6.7%	6.4%
不太满意	24.2%	28.2%	29.2%	26.0%	26.9%	13.3%	27.0%
比较满意	54.2%	50.5%	50.2%	52.3%	53.3%	60.0%	52.1%
非常满意	13.8%	14.5%	14.0%	15.5%	14.3%	20.0%	14.5%
总计	100.0%	100.0%	100.0%	100.0%	100.0%	100.0%	100.0%
列总计	854	765	1390	1579	1329	15	5932

Chi-square tests：df = 15，卡方值为 15.878，sig = 0.390 > 0.050，所以不同年龄层的居民在对“自己所在企业履行慈善公益事业责任”的满意度上没有显著差异。

C8a by A2

您觉得您身边占卜算命现象是否常见 * 年龄 Crosstabulation

	17—29岁	30—39岁	40—49岁	50—59岁	60—69岁	70—80岁	总计
经常见到	22.5%	21.5%	19.3%	16.8%	13.2%	28.6%	18.0%
偶尔见到	52.0%	52.0%	50.5%	41.9%	42.8%	42.9%	46.8%
没见过	25.5%	26.4%	30.3%	41.2%	43.9%	28.6%	35.2%
总计	100.0%	100.0%	100.0%	100.0%	100.0%	100.0%	100.0%
列总计	873	794	1474	1695	1452	14	6302

Chi-square tests：df = 10，卡方值为164.269，sig = 0.000 < 0.050，所以不同年龄层的居民在对“您觉得您身边占卜算命现象是否常见”的回答上有显著差异。

C8b by A2

您觉得您身边操办喜事时比富斗阔的现象是否常见 * 年龄 Crosstabulation

	17—29岁	30—39岁	40—49岁	50—59岁	60—69岁	70—80岁	总计
经常见到	21.3%	22.6%	18.6%	15.9%	14.6%	14.3%	17.8%
偶尔见到	49.3%	44.9%	42.0%	39.1%	38.5%	64.3%	41.8%
没见过	29.4%	32.5%	39.4%	45.0%	47.0%	21.4%	40.3%
总计	100.0%	100.0%	100.0%	100.0%	100.0%	100.0%	100.0%
列总计	872	795	1475	1690	1448	14	6294

Chi-square tests：df = 10，卡方值为116.081，sig = 0.000 < 0.050，所以不同年龄层的居民在对“您觉得您身边操办喜事时比富斗阔的现象是否常见”的选择上有显著差异。

C8c by A2

您觉得您身边在父母生前不尽孝，却对父母的丧事大操大办的现象是否常见 * 年龄 Crosstabulation

	17—29岁	30—39岁	40—49岁	50—59岁	60—69岁	70—80岁	总计
经常见到	14.6%	17.9%	16.6%	13.2%	11.0%	20.0%	14.3%
偶尔见到	42.9%	44.5%	42.7%	37.8%	38.0%	53.3%	40.6%
没见过	42.5%	37.6%	40.8%	48.9%	51.0%	26.7%	45.1%
总计	100.0%	100.0%	100.0%	100.0%	100.0%	100.0%	100.0%
列总计	871	793	1474	1692	1449	15	6294

Chi-square tests：df = 10，卡方值为72.169，sig = 0.000 < 0.050，所以不同年龄层的居民在对“您觉得您身边在父母生前不尽孝，却对父母的丧事大操大办的现象是否常见”的选择上有显著差异。

C8d by A2

您觉得您身边赌博或变相赌博现象是否常见 ＊ 年龄 Crosstabulation

	17—29 岁	30—39 岁	40—49 岁	50—59 岁	60—69 岁	70—80 岁	总计
经常见到	21.4%	25.2%	22.6%	19.1%	20.2%	53.3%	21.3%
偶尔见到	44.4%	41.0%	40.1%	36.1%	35.2%	26.7%	38.6%
没见过	34.1%	33.8%	37.3%	44.8%	44.7%	20.0%	40.1%
总计	100.0%	100.0%	100.0%	100.0%	100.0%	100.0%	100.0%
列总计	873	793	1475	1692	1453	15	6301

Chi-square tests：df = 10，卡方值为 73.222，sig = 0.000 < 0.050，所以不同年龄层的居民在对“您觉得您身边赌博或变相赌博现象是否常见”的选择上有显著差异。

C8e by A2

您觉得您身边封建迷信活动是否常见 ＊ 年龄 Crosstabulation

	17—29 岁	30—39 岁	40—49 岁	50—59 岁	60—69 岁	70—80 岁	总计
经常见到	12.8%	12.4%	10.6%	8.8%	9.1%	13.3%	10.3%
偶尔见到	38.3%	41.4%	38.2%	31.0%	31.0%	53.3%	35.1%
没见过	48.9%	46.2%	51.2%	60.2%	59.8%	33.3%	54.6%
总计	100.0%	100.0%	100.0%	100.0%	100.0%	100.0%	100.0%
列总计	872	792	1473	1694	1454	15	6300

Chi-square tests：df = 10，卡方值为 83.666，sig = 0.000 < 0.050，所以不同年龄层的居民在对“您觉得您身边封建迷信活动是否常见”的选择上有显著差异。

C8f by A2

您觉得您身边非法宗教活动是否常见 ＊ 年龄 Crosstabulation

	17—29 岁	30—39 岁	40—49 岁	50—59 岁	60—69 岁	70—80 岁	总计
经常见到	4.0%	4.0%	2.2%	2.1%	2.3%	13.3%	2.7%
偶尔见到	16.7%	16.8%	13.2%	9.9%	9.1%	6.7%	12.3%
没见过	79.2%	79.2%	84.5%	88.0%	88.6%	80.0%	85.0%
总计	100.0%	100.0%	100.0%	100.0%	100.0%	100.0%	100.0%
列总计	872	792	1474	1692	1453	15	6298

Chi-square tests：df = 10，卡方值为 80.203，sig = 0.000 < 0.050，所以不同年龄层的居民在对“您觉得您身边非法宗教活动是否常见”的回答上有显著差异。

C9 by A2

您在生活中经常买到假冒伪劣商品吗 * 年龄 Crosstabulation

	17—29岁	30—39岁	40—49岁	50—59岁	60—69岁	70—80岁	总计
经常	10.2%	7.5%	10.2%	10.9%	11.2%		10.3%
偶尔	65.6%	67.4%	62.5%	52.9%	53.3%	80.0%	58.9%
没有	20.7%	22.9%	23.5%	31.4%	30.3%	20.0%	26.7%
不清楚	3.5%	2.1%	3.7%	4.8%	5.2%		4.1%
总计	100.0%	100.0%	100.0%	100.0%	100.0%	100.0%	100.0%
列总计	875	795	1476	1701	1459	15	6321

Chi-square tests：df = 15，卡方值为107.174，sig = 0.000 < 0.050，所以不同年龄层的居民在对“生活中买到假冒伪劣商品频率”的评价上有显著差异。

C10 by A2

您在购物、就医、理财等方面经常遇到虚假广告吗 * 年龄 Crosstabulation

	17—29岁	30—39岁	40—49岁	50—59岁	60—69岁	70—80岁	总计
经常	22.0%	22.9%	23.5%	25.7%	27.9%	40.0%	24.9%
偶尔	56.2%	55.4%	52.4%	46.3%	45.2%	40.0%	50.0%
没有	16.7%	18.3%	18.2%	22.0%	20.7%	20.0%	19.6%
不清楚	5.0%	3.4%	6.0%	6.1%	6.2%		5.6%
总计	100.0%	100.0%	100.0%	100.0%	100.0%	100.0%	100.0%
列总计	873	794	1476	1699	1457	15	6314

Chi-square tests：df = 15，卡方值为59.075，sig = 0.000 < 0.050，所以不同年龄层的居民在对“购物、就医、理财等方面遇到虚假广告频率”的评价上有显著差异。

C11 by A2

您生活的社区（或村）是否有社区公约、村规民约 * 年龄 Crosstabulation

	17—29岁	30—39岁	40—49岁	50—59岁	60—69岁	70—80岁	总计
经常	49.8%	61.4%	65.1%	67.6%	69.6%	86.7%	64.3%
偶尔	15.4%	15.3%	12.6%	12.9%	12.5%	13.3%	13.4%
没有	34.6%	23.3%	22.1%	19.5%	17.6%		22.2%
不清楚			0.1%		0.1%		
总计	100.0%	100.0%	100.0%	100.0%	100.0%	100.0%	100.0%
列总计	875	795	1474	1702	1459	15	6320

Chi-square tests：df = 20，卡方值为140.247，sig = 0.000 < 0.050，所以不同年龄层的居民在对“您生活的社区（或村）是否有社区公约、村规民约”的回答上有显著差异。

C12a by A2

您觉得您周围的人在日常生活中遵守步行、骑车时不闯红灯的规则吗 ＊ 年龄 Crosstabulation

	17—29 岁	30—39 岁	40—49 岁	50—59 岁	60—69 岁	70—80 岁	总计
不遵守	12.9%	13.0%	10.8%	7.7%	7.3%		9.7%
基本遵守	57.0%	55.6%	56.2%	57.8%	58.6%	66.7%	57.2%
自觉遵守	30.1%	31.4%	33.0%	34.5%	34.1%	33.3%	33.1%
总计	100.0%	100.0%	100.0%	100.0%	100.0%	100.0%	100.0%
列总计	874	792	1472	1688	1450	15	6291

Chi-square tests：df = 10，卡方值为43.005，sig = 0.000 < 0.050，所以不同年龄层的居民在对“您觉得您周围的人在日常生活中遵守步行、骑车时不闯红灯的规则吗”的评价上有显著差异。

C12b by A2

您觉得您周围的人在日常生活中遵守乘车、购物时自觉排队的规则吗 ＊ 年龄 Crosstabulation

	17—29 岁	30—39 岁	40—49 岁	50—59 岁	60—69 岁	70—80 岁	总计
不遵守	7.7%	6.4%	5.8%	4.1%	3.6%		5.2%
基本遵守	53.8%	55.4%	55.0%	53.6%	53.4%	64.3%	54.2%
自觉遵守	38.5%	38.2%	39.2%	42.3%	43.0%	35.7%	40.7%
总计	100.0%	100.0%	100.0%	100.0%	100.0%	100.0%	100.0%
列总计	875	791	1471	1688	1449	14	6288

Chi-square tests：df = 10，卡方值为32.907，sig = 0.000 < 0.050，所以不同年龄层的居民在对“您觉得您周围的人在日常生活中遵守乘车、购物时自觉排队的规则吗”的评价上有显著差异。

C12c by A2

您觉得您周围的人在日常生活中遵守文明游览的规则吗 ＊ 年龄 Crosstabulation

	17—29 岁	30—39 岁	40—49 岁	50—59 岁	60—69 岁	70—80 岁	总计
不遵守	7.3%	5.4%	5.1%	3.5%	3.5%	7.7%	4.7%
基本遵守	58.2%	58.7%	58.7%	57.3%	57.7%	61.5%	58.0%
自觉遵守	34.4%	35.9%	36.2%	39.2%	38.8%	30.8%	37.3%
总计	100.0%	100.0%	100.0%	100.0%	100.0%	100.0%	100.0%
列总计	874	789	1463	1675	1444	13	6258

Chi-square tests：df = 10，卡方值为29.546，sig = 0.001 < 0.050，所以不同年龄层的居民在对“您觉得您周围的人在日常生活中遵守文明游览的规则吗”的评价上有显著差异。

C12d by A2

您觉得您周围的人在日常生活中遵守社会公约、村规民约吗 ＊ 年龄 Crosstabulation

	17—29 岁	30—39 岁	40—49 岁	50—59 岁	60—69 岁	70—80 岁	总计
不遵守	6.5%	5.5%	5.0%	4.8%	3.4%		4.8%
基本遵守	56.6%	56.5%	54.5%	50.7%	53.1%	53.3%	53.7%
自觉遵守	36.9%	37.9%	40.5%	44.5%	43.5%	46.7%	41.5%
总计	100.0%	100.0%	100.0%	100.0%	100.0%	100.0%	100.0%
列总计	867	775	1436	1662	1418	15	6173

Chi-square tests：df = 10，卡方值为 30.430，sig = 0.001 < 0.050，所以不同年龄层的居民在对“您觉得您周围的人在日常生活中遵守社会公约、村规民约吗”的评价上有显著差异。

D1a by A2

判断下列词语是否是社会主义核心价值观：文明 ＊ 年龄 Crosstabulation

	17—29 岁	30—39 岁	40—49 岁	50—59 岁	60—69 岁	70—80 岁	总计
未选	16.0%	13.5%	15.6%	15.2%	15.6%	20.0%	15.3%
已选	84.0%	86.5%	84.4%	84.8%	84.4%	80.0%	84.7%
总计	100.0%	100.0%	100.0%	100.0%	100.0%	100.0%	100.0%
列总计	873	792	1472	1687	1434	15	6273

Chi-square tests：df = 5，卡方值为 2.773，sig = 0.735 > 0.050，所以不同年龄层的居民在对“‘文明’是否是社会主义核心价值观的内容”的认知上没有显著差异。

D1b by A2

判断下列词语是否是社会主义核心价值观：诚信 ＊ 年龄 Crosstabulation

	17—29 岁	30—39 岁	40—49 岁	50—59 岁	60—69 岁	70—80 岁	总计
未选	9.3%	9.7%	12.2%	14.0%	15.1%	6.7%	12.6%
已选	90.7%	90.3%	87.8%	86.0%	84.9%	93.3%	87.4%
总计	100.0%	100.0%	100.0%	100.0%	100.0%	100.0%	100.0%
列总计	873	792	1472	1688	1434	15	6274

Chi-square tests：df = 5，卡方值为 26.399，sig = 0.000 < 0.050，所以不同年龄层的居民在对“‘诚信’是否是社会主义核心价值观的内容”的认知上有显著差异。

D1c by A2

判断下列词语是否是社会主义核心价值观：勇敢 ＊ 年龄 Crosstabulation

	17—29 岁	30—39 岁	40—49 岁	50—59 岁	60—69 岁	70—80 岁	总计
未选	84.0%	86.1%	83.0%	75.3%	77.0%	93.3%	80.1%
已选	16.0%	13.9%	17.0%	24.7%	23.0%	6.7%	19.9%
总计	100.0%	100.0%	100.0%	100.0%	100.0%	100.0%	100.0%
列总计	873	792	1472	1688	1434	15	6274

Chi-square tests：df = 5，卡方值为 68.804，sig = 0.000 < 0.050，所以不同年龄层的居民在对“‘勇敢’是否是社会主义核心价值观的内容”的认知上有显著差异。

D1d by A2

判断下列词语是否是社会主义核心价值观：爱国 ＊ 年龄 Crosstabulation

	17—29 岁	30—39 岁	40—49 岁	50—59 岁	60—69 岁	70—80 岁	总计
未选	19.5%	17.3%	15.7%	14.8%	13.7%	13.3%	15.7%
已选	80.5%	82.7%	84.3%	85.2%	86.3%	86.7%	84.3%
总计	100.0%	100.0%	100.0%	100.0%	100.0%	100.0%	100.0%
列总计	873	792	1472	1687	1434	15	6273

Chi-square tests：df = 5，卡方值为 16.580，sig = 0.005 < 0.050，所以不同年龄层的居民在对“‘爱国’是否是社会主义核心价值观的内容”的认知上有显著差异。

D1e by A2

判断下列词语是否是社会主义核心价值观：创新 ＊ 年龄 Crosstabulation

	17—29 岁	30—39 岁	40—49 岁	50—59 岁	60—69 岁	70—80 岁	总计
未选	59.2%	68.8%	69.0%	75.6%	76.2%	80.0%	71.0%
已选	40.8%	31.2%	31.0%	24.4%	23.8%	20.0%	29.0%
总计	100.0%	100.0%	100.0%	100.0%	100.0%	100.0%	100.0%
列总计	873	792	1472	1687	1435	15	6274

Chi-square tests：df = 5，卡方值为 100.104，sig = 0.000 < 0.050，所以不同年龄层的居民在对“‘创新’是否是社会主义核心价值观的内容”的认知上有显著差异。

D1f by A2

判断下列词语是否是社会主义核心价值观：友善 ＊ 年龄 Crosstabulation

	17—29 岁	30—39 岁	40—49 岁	50—59 岁	60—69 岁	70—80 岁	总计
未选	44.7%	39.1%	46.6%	49.4%	48.5%	40.0%	46.5%

续表

	17—29 岁	30—39 岁	40—49 岁	50—59 岁	60—69 岁	70—80 岁	总计
已选	55.3%	60.9%	53.4%	50.6%	51.5%	60.0%	53.5%
总计	100.0%	100.0%	100.0%	100.0%	100.0%	100.0%	100.0%
列总计	873	792	1472	1687	1434	15	6273

Chi-square tests：df = 5，卡方值为 26.504，sig = 0.000 < 0.050，所以不同年龄层的居民在对“‘友善’是否是社会主义核心价值观的内容”的认知上有显著差异。

D1g by A2

判断下列词语是否是社会主义核心价值观：勤劳 ＊ 年龄 Crosstabulation

	17—29 岁	30—39 岁	40—49 岁	50—59 岁	60—69 岁	70—80 岁	总计
未选	76.7%	77.3%	71.6%	67.9%	71.3%	53.3%	71.9%
已选	23.3%	22.7%	28.4%	32.1%	28.7%	46.7%	28.1%
总计	100.0%	100.0%	100.0%	100.0%	100.0%	100.0%	100.0%
列总计	873	792	1472	1687	1434	15	6273

Chi-square tests：df = 5，卡方值为 37.929，sig = 0.000 < 0.050，所以不同年龄层的居民在对“‘勤劳’是否是社会主义核心价值观的内容”的认知上有显著差异。

D2 by A2

您认为社会主义核心价值观和您的工作、生活有关系吗 ＊ 年龄 Crosstabulation

	17—29 岁	30—39 岁	40—49 岁	50—59 岁	60—69 岁	70—80 岁	总计
对改变社会风气有好处，每个人都应该这样做人、做事	75.0%	77.9%	77.1%	74.0%	76.7%	92.9%	76.0%
与个人工作、生活没关系	7.8%	6.8%	6.4%	7.0%	6.6%		6.8%
说不清	17.2%	15.3%	16.5%	19.0%	16.6%	7.1%	17.1%
总计	100.0%	100.0%	100.0%	100.0%	100.0%	100.0%	100.0%
列总计	872	793	1469	1688	1448	14	6284

Chi-square tests：df = 10，卡方值为 11.480，sig = 0.321 > 0.050，所以不同年龄层的居民在对“您认为社会主义核心价值观和您的工作、生活有关系吗”的选择上没有显著差异。

D3 by A2

中华民族历来有孝敬、礼让、仁爱、节俭的传统，您认为现在还需要这些吗 ＊ 年龄 Crosstabulation

	17—29 岁	30—39 岁	40—49 岁	50—59 岁	60—69 岁	70—80 岁	总计
这些传统什么时候都不能丢	94.9%	95.5%	95.5%	95.6%	96.5%	93.3%	95.7%
可有可无	3.7%	2.9%	3.1%	2.5%	2.2%	6.7%	2.8%
已经过时，没必要讲这些	1.5%	1.6%	1.4%	1.8%	1.3%		1.5%
总计	100.0%	100.0%	100.0%	100.0%	100.0%	100.0%	100.0%
列总计	875	795	1475	1699	1459	15	6318

Chi-square tests：df = 10，卡方值为 7.875，sig = 0.641 > 0.050，所以不同年龄层的居民在对“中华民族历来有孝敬、礼让、仁爱、节俭的传统，您认为现在还需要这些吗”这一问题的回答上没有显著差异。

D4 by A2

您认为在青少年中开展革命传统教育是否有现实意义 ＊ 年龄 Crosstabulation

	17—29 岁	30—39 岁	40—49 岁	50—59 岁	60—69 岁	70—80 岁	总计
很有必要，应该大力开展	82.4%	88.2%	88.9%	89.2%	92.2%	100.0%	88.8%
已经过时了，没必要开展	3.1%	2.0%	1.9%	1.6%	1.4%		1.9%
可有可无，意义不大	9.1%	5.2%	4.1%	4.4%	3.1%		4.8%
说不清楚	5.4%	4.7%	5.1%	4.8%	3.3%		4.6%
总计	100.0%	100.0%	100.0%	100.0%	100.0%	100.0%	100.0%
列总计	875	795	1474	1701	1459	15	6319

Chi-square tests：df = 15，卡方值为 70.508，sig = 0.000 < 0.050，所以不同年龄层的居民在对“您认为在青少年中开展革命传统教育是否有现实意义”的评价上有显著差异。

D5 by A2

您认为当前中国社会个人道德素质的主要问题 ＊ 年龄 Crosstabulation

	17—29 岁	30—39 岁	40—49 岁	50—59 岁	60—69 岁	70—80 岁	总计
道德上无知	11.6%	10.6%	13.1%	16.5%	17.9%	26.7%	14.6%
有道德知识，但不见诸行动	81.8%	82.2%	79.5%	73.0%	71.3%	60.0%	76.5%
既无知，也不行动	5.6%	5.8%	6.2%	8.3%	8.2%	6.7%	7.1%

续表

	17—29 岁	30—39 岁	40—49 岁	50—59 岁	60—69 岁	70—80 岁	总计
其他	1.0%	1.4%	1.2%	2.1%	2.6%	6.7%	1.8%
总计	100.0%	100.0%	100.0%	100.0%	100.0%	100.0%	100.0%
列总计	872	791	1471	1691	1448	15	6288

Chi-square tests：df = 15，卡方值为 77.220，sig = 0.000 < 0.050，所以不同年龄层的居民在对“当前中国社会个人道德素质的主要问题”的认知上有显著差异。

D6 by A2

您认为对社会生活而言，个体德性（即个人的道德品质）和社会公正哪个更重要 ＊ 年龄 Crosstabulation

	17—29 岁	30—39 岁	40—49 岁	50—59 岁	60—69 岁	70—80 岁	总计
个体德性最重要	15.3%	15.4%	17.1%	18.8%	18.7%	20.0%	17.5%
社会公正最重要	19.9%	26.3%	34.0%	37.4%	35.5%	46.7%	32.4%
二者应当统一，但二者矛盾时应先追求个体德性	22.6%	19.1%	18.6%	18.8%	17.4%	6.7%	19.0%
二者应当统一，但二者矛盾时应先追求社会公正	42.3%	39.2%	30.3%	24.9%	28.4%	26.7%	31.2%
总计	100.0%	100.0%	100.0%	100.0%	100.0%	100.0%	100.0%
列总计	871	794	1473	1693	1452	15	6298

Chi-square tests：df = 15，卡方值为 163.589，sig = 0.000 < 0.050，所以不同年龄层的居民在对“您认为对社会生活而言，个体德性（即个人的道德品质）和社会公正哪个更重要”这一问题的选择上有显著差异。

D7 by A2

您根据什么来判断某种行为是否符合伦理道德 ＊ 年龄 Crosstabulation

	17—29 岁	30—39 岁	40—49 岁	50—59 岁	60—69 岁	70—80 岁	总计
传统	10.9%	15.3%	18.0%	18.5%	19.2%	26.7%	17.1%
风俗习惯	8.6%	7.2%	9.0%	11.2%	10.0%	6.7%	9.5%
大多数人认同的道德规范	23.7%	26.9%	24.4%	23.2%	24.1%	26.7%	24.2%
当事人的共同利益和意志	5.0%	4.8%	3.9%	2.9%	3.0%		3.7%
自己的良心	19.6%	27.4%	31.1%	35.3%	35.8%	26.7%	31.2%

续表

	17—29岁	30—39岁	40—49岁	50—59岁	60—69岁	70—80岁	总计
自己的利益	0.6%	1.1%	0.6%	0.6%	0.5%	6.7%	0.7%
意识形态要求	3.4%	1.9%	2.6%	2.1%	2.1%	6.7%	2.4%
己立立人，立达达人；己所不欲，勿施于人	28.3%	15.3%	10.5%	6.2%	5.4%		11.2%
总计	100.0%	100.0%	100.0%	100.0%	100.0%	100.0%	100.0%
列总计	874	795	1474	1699	1455	15	6312

Chi-square tests：df = 35，卡方值为457.553，sig = 0.000 < 0.050，所以不同年龄层的居民在对“根据什么来判断某种行为是否符合伦理道德”的选择上有显著差异。

D8 by A2

老王的朋友是老张的生意竞争对手，想知道老张平时都跟哪些人接触，花钱让老王监视老张并向其报告。如果您是老王，您会怎么做 ＊ 年龄 Crosstabulation

	17—29岁	30—39岁	40—49岁	50—59岁	60—69岁	70—80岁	总计
毫不犹豫地答应，个人利益高于一切，只要不让朋友知道，无可厚非	2.7%	3.5%	2.6%	2.8%	2.3%	6.7%	2.7%
可能答应，谈不上道德不道德	5.9%	5.0%	4.3%	4.7%	4.2%	6.7%	4.7%
可能答应，虽然对朋友不道德，但是有利可图，对自身是道德的	5.5%	3.3%	3.4%	4.6%	3.4%		4.0%
不会答应，因为这不道德，见利忘义的行为无论如何都不可取	85.8%	88.1%	89.7%	87.9%	90.0%	86.7%	88.6%
总计	100.0%	100.0%	100.0%	100.0%	100.0%	100.0%	100.0%
列总计	874	793	1474	1698	1455	15	6309

Chi-square tests：df = 15，卡方值为20.065，sig = 0.169 > 0.050，所以不同年龄层的居民在对“老王的朋友是老张的生意竞争对手，想知道老张平时都跟哪些人接触，花钱让老王监视老张并向其报告。如果您是老王，您会怎么做”这一问题的选择上没有显著差异。

D9 by A2

遇到人生重大挫折时，您最通常的反应是 ＊ 年龄 Crosstabulation

	17—29岁	30—39岁	40—49岁	50—59岁	60—69岁	70—80岁	总计
去寺庙，求菩萨保佑	1.7%	0.8%	0.9%	2.8%	2.5%		1.9%

续表

	17—29 岁	30—39 岁	40—49 岁	50—59 岁	60—69 岁	70—80 岁	总计
找朋友倾诉，求得疏解	27.1%	22.7%	18.7%	15.1%	14.2%	26.7%	18.4%
向家人倾诉，寻求安慰	31.0%	32.8%	34.4%	38.2%	39.8%	33.3%	36.0%
坚持自己的追求	15.8%	12.6%	10.9%	7.7%	9.0%	6.7%	10.5%
自己独立承受和化解	23.7%	30.9%	34.4%	34.6%	32.9%	33.3%	32.2%
其他	0.6%	0.3%	0.7%	1.5%	1.6%		1.1%
总计	100.0%	100.0%	100.0%	100.0%	100.0%	100.0%	100.0%
列总计	873	793	1473	1697	1455	15	6306

Chi-square tests：df = 25，卡方值为 196.575，sig = 0.000 < 0.050，所以不同年龄层的居民在对“遇到人生重大挫折时，您通常的反应”的选择上有显著差异。

D10 by A2

当遇到人与人之间的利益冲突时，您首选的办法是 ＊ 年龄 Crosstabulation

	17—29 岁	30—39 岁	40—49 岁	50—59 岁	60—69 岁	70—80 岁	总计
诉诸法律，打官司	8.2%	8.9%	8.4%	9.4%	8.9%	26.7%	8.8%
主动与对方沟通，适可而止	62.0%	55.9%	52.4%	50.4%	54.6%	40.0%	54.1%
找第三方帮助沟通调解，尽量不伤和气	25.3%	26.3%	28.7%	26.8%	24.2%	33.3%	26.4%
能忍则忍	4.5%	8.9%	10.5%	13.4%	12.3%		10.6%
总计	100.0%	100.0%	100.0%	100.0%	100.0%	100.0%	100.0%
列总计	874	790	1472	1697	1454	15	6302

Chi-square tests：df = 15，卡方值为 80.269，sig = 0.000 < 0.050，所以不同年龄层的居民在对“当遇到人与人之间的利益冲突时，首选的办法”的选择上有显著差异。

D11 by A2

当有陌生人走进您的单位或社区，或在车厢中与陌生人在一起时，您经常的态度是 ＊ 年龄 Crosstabulation

	17—29 岁	30—39 岁	40—49 岁	50—59 岁	60—69 岁	70—80 岁	总计
对他/她微笑	39.2%	32.7%	24.4%	21.6%	19.9%	13.3%	25.7%
主动打招呼	12.9%	15.2%	16.2%	14.6%	15.7%	13.3%	15.1%
没有任何反应	21.4%	17.5%	17.0%	20.3%	22.7%	26.7%	19.9%

续表

	17—29 岁	30—39 岁	40—49 岁	50—59 岁	60—69 岁	70—80 岁	总计
保持警惕，防止上当	26.0%	34.3%	41.7%	42.4%	40.8%	46.7%	38.6%
其他	0.5%	0.3%	0.6%	1.0%	0.9%		0.7%
总计	100.0%	100.0%	100.0%	100.0%	100.0%	100.0%	100.0%
列总计	873	795	1473	1696	1452	15	6304

Chi-square tests：df = 20，卡方值为 186.618，sig = 0.000 < 0.050，所以不同年龄层的居民在对“当有陌生人走进您的单位或社区，或在车厢中与陌生人在一起时，您经常的态度”的选择上有显著差异。

D12 by A2

假设您双手抱着东西走进电梯，您觉得电梯里的陌生人可能会怎样 * 年龄 Crosstabulation

	17—29 岁	30—39 岁	40—49 岁	50—59 岁	60—69 岁	70—80 岁	总计
主动问您去几楼并帮您按楼层	43.8%	44.5%	39.2%	37.2%	37.8%	40.0%	39.6%
当作没看见	18.1%	18.0%	14.8%	17.2%	18.8%	20.0%	17.2%
会在您的请求下给予帮助	38.2%	37.5%	46.1%	45.6%	43.4%	40.0%	43.1%
总计	100.0%	100.0%	100.0%	100.0%	100.0%	100.0%	100.0%
列总计	875	793	1470	1689	1449	15	6291

Chi-square tests：df = 10，卡方值为 36.550，sig = 0.000 < 0.050，所以不同年龄层的居民在对“假设您双手抱着东西走进电梯，您觉得电梯里的陌生人可能会怎样”这一问题的看法上有显著差异。

D13 by A2

假设您走在街上被陌生人不小心踩到了并发出“哎哟”一声，您认为对方会做何种反应 * 年龄 Crosstabulation

	17—29 岁	30—39 岁	40—49 岁	50—59 岁	60—69 岁	70—80 岁	总计
用言语或手势表达歉意	91.0%	90.6%	90.7%	88.1%	87.3%	93.3%	89.2%
不会做任何表示	7.4%	7.4%	8.2%	9.9%	11.0%		9.1%
反而说您大惊小怪	1.6%	2.0%	1.2%	2.0%	1.7%	6.7%	1.7%
总计	100.0%	100.0%	100.0%	100.0%	100.0%	100.0%	100.0%
列总计	873	795	1476	1699	1452	15	6310

Chi-square tests：df = 10，卡方值为 22.935，sig = 0.011 < 0.050，所以不同年龄层的居民在对“假设您走在街上被陌生人不小心踩到了并发出‘哎哟’一声，您认为对方会做何种反应”这一问题的看法上有显著差异。

D14 by A2

与人相处时，您如何选择自己的行为 ＊ 年龄 Crosstabulation

	17—29 岁	30—39 岁	40—49 岁	50—59 岁	60—69 岁	70—80 岁	总计
按照自己的准则办事，不必顾忌太多	13. 2%	14. 9%	18. 3%	21. 7%	21. 6%	33. 3%	18. 9%
以己度人，己立立人	32. 1%	26. 5%	25. 6%	23. 2%	22. 2%	20. 0%	25. 2%
以自己利益最大化为最高目标	3. 1%	3. 0%	3. 5%	3. 1%	3. 7%		3. 3%
以对双方有好处为标准	15. 8%	20. 9%	23. 5%	27. 3%	28. 2%	20. 0%	24. 2%
权衡利弊，理性选择	35. 6%	34. 0%	28. 7%	24. 0%	23. 7%	26. 7%	27. 9%
其他	0. 1%	0. 6%	0. 5%	0. 7%	0. 6%		0. 5%
总计	100. 0%	100. 0%	100. 0%	100. 0%	100. 0%	100. 0%	100. 0%
列总计	871	793	1471	1692	1449	15	6291

Chi-square tests：df = 25，卡方值为 161. 040，sig = 0. 000 < 0. 050，所以不同年龄层的居民在对“与人相处时，如何选择自己的行为”的选择上有显著差异。

D15 by A2

您认为目前我国社会对人际关系的伦理调节能力和个人行为的道德调节能力 ＊ 年龄 Crosstabulation

	17—29 岁	30—39 岁	40—49 岁	50—59 岁	60—69 岁	70—80 岁	总计
良好	33. 0%	34. 5%	38. 7%	40. 0%	41. 4%	33. 3%	38. 4%
一般	59. 0%	56. 5%	55. 4%	54. 1%	52. 8%	60. 0%	55. 1%
很差	4. 1%	4. 8%	3. 9%	3. 4%	3. 4%		3. 8%
几乎没有，一切都听从法律和利益	3. 9%	4. 3%	1. 9%	2. 5%	2. 5%	6. 7%	2. 8%
总计	100. 0%	100. 0%	100. 0%	100. 0%	100. 0%	100. 0%	100. 0%
列总计	875	795	1474	1696	1457	15	6312

Chi-square tests：df = 15，卡方值为 39. 554，sig = 0. 001 < 0. 050，所以不同年龄层的居民在对“目前我国社会对人际关系的伦理调节能力和个人行为的道德调节能力”的评价上有显著差异。

D16 by A2

现在社会上有些人不守道德反而讨了便宜，您会不会为了得到好处而仿效 * 年龄 Crosstabulation

	17—29 岁	30—39 岁	40—49 岁	50—59 岁	60—69 岁	70—80 岁	总计
从来不这么做	47.7%	52.3%	61.3%	66.3%	69.5%	73.3%	61.6%
通常不这么做，关键时刻会这么做	15.3%	11.3%	8.8%	9.8%	7.3%		9.9%
经常这么做	0.8%	0.6%	1.3%	0.9%	1.0%		0.9%
相信善有善报，恶有恶报，终将会善恶报应	28.2%	25.9%	22.3%	16.9%	16.3%	13.3%	20.7%
说不清	7.9%	9.7%	6.0%	5.9%	5.8%	13.3%	6.7%
其他	0.1%	0.1%	0.3%	0.2%			0.2%
总计	100.0%	100.0%	100.0%	100.0%	100.0%	100.0%	100.0%
列总计	875	794	1477	1700	1457	15	6318

Chi-square tests：df = 25，卡方值为 187.360，sig = 0.000 < 0.050，所以不同年龄层的居民在对“现在社会上有些人不守道德反而讨了便宜，您会不会为了得到好处而仿效”这一问题的回答上有显著差异。

D17 by A2

您常常体验到自己身上有一种“伦理感”的存在，如感到自己不属于自己，而属于他人、某个集体、国家、民族，行为选择要服从于“它”，有一种要为“它”奉献的冲动吗 * 年龄 Crosstabulation

	17—29 岁	30—39 岁	40—49 岁	50—59 岁	60—69 岁	70—80 岁	总计
没有，我只感受到我自己个人实实在在的生活	26.0%	29.6%	31.9%	36.0%	34.3%	60.0%	32.5%
偶尔有，但主要是因为那种情况下我的利益与“它”一致	21.5%	17.6%	17.0%	16.1%	16.7%	6.7%	17.4%
偶尔有，是在受某种作品或生活情境的影响之后	26.6%	22.9%	18.7%	16.7%	14.5%	6.7%	18.8%
时常有，“它”是一种内在的信念	25.2%	29.2%	32.1%	30.5%	34.0%	26.7%	30.8%
其他	0.7%	0.6%	0.5%	0.6%	0.4%		0.6%
总计	100.0%	100.0%	100.0%	100.0%	100.0%	100.0%	100.0%
列总计	869	790	1469	1693	1444	15	6280

Chi-square tests：df = 20，卡方值为 107.607，sig = 0.000 < 0.050，所以不同年龄层的居民在对“您常常体验到自己身上有一种‘伦理感’的存在，如感到自己不属于自己，而属于他人、某个集体、国家、民族，行为选择要服从于‘它’，有一种要为‘它’奉献的冲动吗”这一问题的回答上有显著差异。

D18a by A2

您对当前中国社会政府官员群体的道德状况是否满意 * 年龄 Crosstabulation

	17—29 岁	30—39 岁	40—49 岁	50—59 岁	60—69 岁	70—80 岁	总计
非常不满意	8.2%	8.3%	8.1%	7.7%	5.0%		7.3%
不太满意	24.9%	21.4%	16.9%	16.9%	15.5%	26.7%	18.3%
比较满意	43.2%	43.6%	41.9%	39.2%	41.1%	46.7%	41.4%
非常满意	23.6%	26.7%	33.1%	36.2%	38.4%	26.7%	33.0%
总计	100.0%	100.0%	100.0%	100.0%	100.0%	100.0%	100.0%
列总计	874	794	1472	1695	1450	15	6300

Chi-square tests: df = 15，卡方值为 106.293，sig = 0.000 < 0.050，所以不同年龄层的居民在对“当前中国社会政府官员群体的道德状况”的满意度上有显著差异。

D18b by A2

您对当前中国社会一般公务员群体的道德状况是否满意 * 年龄 Crosstabulation

	17—29 岁	30—39 岁	40—49 岁	50—59 岁	60—69 岁	70—80 岁	总计
非常不满意	5.0%	3.0%	3.3%	4.0%	2.8%		3.6%
不太满意	23.5%	22.5%	17.8%	17.3%	16.3%	6.7%	18.7%
比较满意	45.8%	45.5%	43.0%	40.9%	42.6%	66.7%	43.1%
非常满意	25.6%	29.0%	35.9%	37.8%	38.3%	26.7%	34.6%
总计	100.0%	100.0%	100.0%	100.0%	100.0%	100.0%	100.0%
列总计	875	791	1465	1689	1443	15	6278

Chi-square tests: df = 15，卡方值为 81.293，sig = 0.000 < 0.050，所以不同年龄层的居民在对“当前中国社会一般公务员群体的道德状况”的满意度上有显著差异。

D18c by A2

您对当前中国社会企业家群体的道德状况是否满意 * 年龄 Crosstabulation

	17—29 岁	30—39 岁	40—49 岁	50—59 岁	60—69 岁	70—80 岁	总计
非常不满意	5.1%	3.8%	4.3%	3.8%	4.1%	6.7%	4.2%
不太满意	25.3%	24.1%	17.8%	17.7%	17.1%	26.7%	19.5%
比较满意	49.0%	47.0%	47.4%	45.1%	45.9%	60.0%	46.7%
非常满意	20.7%	25.0%	30.5%	33.4%	32.9%	6.7%	29.7%
总计	100.0%	100.0%	100.0%	100.0%	100.0%	100.0%	100.0%
列总计	871	787	1457	1682	1428	15	6240

Chi-square tests: df = 15，卡方值为 84.402，sig = 0.000 < 0.050，所以不同年龄层的居民在对“当前中国社会企业家群体的道德状况”的满意度上有显著差异。

D18d by A2

您对当前中国社会教师群体的道德状况是否满意 ＊ 年龄 Crosstabulation

	17—29 岁	30—39 岁	40—49 岁	50—59 岁	60—69 岁	70—80 岁	总计
非常不满意	4.8%	4.7%	3.5%	3.6%	2.6%	13.3%	3.7%
不太满意	18.0%	15.5%	11.4%	10.6%	10.7%	6.7%	12.4%
比较满意	30.5%	32.0%	30.1%	27.8%	25.8%	33.3%	28.8%
非常满意	46.7%	47.8%	55.0%	58.0%	60.9%	46.7%	55.1%
总计	100.0%	100.0%	100.0%	100.0%	100.0%	100.0%	100.0%
列总计	872	793	1470	1695	1451	15	6296

Chi-square tests：df = 15，卡方值为 91.903，sig = 0.000 < 0.050，所以不同年龄层的居民在对“当前中国社会教师群体的道德状况”的满意度上有显著差异。

D18e by A2

您对当前中国社会青少年群体的道德状况是否满意 ＊ 年龄 Crosstabulation

	17—29 岁	30—39 岁	40—49 岁	50—59 岁	60—69 岁	70—80 岁	总计
非常不满意	4.0%	2.8%	2.2%	1.9%	1.4%		2.3%
不太满意	21.1%	17.3%	13.7%	14.8%	13.7%	26.7%	15.5%
比较满意	41.6%	42.6%	40.1%	35.3%	37.2%	40.0%	38.7%
非常满意	33.3%	37.3%	44.0%	48.0%	47.7%	33.3%	43.6%
总计	100.0%	100.0%	100.0%	100.0%	100.0%	100.0%	100.0%
列总计	873	796	1470	1693	1454	15	6301

Chi-square tests：df = 15，卡方值为 98.589，sig = 0.000 < 0.050，所以不同年龄层的居民在对“当前中国社会青少年群体的道德状况”的满意度上有显著差异。

D18f by A2

您对当前中国社会演艺娱乐界群体的道德状况是否满意 ＊ 年龄 Crosstabulation

	17—29 岁	30—39 岁	40—49 岁	50—59 岁	60—69 岁	70—80 岁	总计
非常不满意	9.2%	11.4%	11.0%	10.1%	9.2%	13.3%	10.2%
不太满意	26.2%	23.2%	22.2%	22.0%	21.0%	26.7%	22.6%
比较满意	46.7%	45.6%	43.3%	42.1%	44.9%	53.3%	44.2%
非常满意	17.9%	19.9%	23.4%	25.7%	24.9%	6.7%	23.1%
总计	100.0%	100.0%	100.0%	100.0%	100.0%	100.0%	100.0%
列总计	867	790	1452	1676	1440	15	6240

Chi-square tests：df = 15，卡方值为 38.260，sig = 0.001 < 0.050，所以不同年龄层的居民在对“当前中国社会演艺娱乐界群体的道德状况”的满意度上有显著差异。

D18g by A2

您对当前中国社会自由职业者群体的道德状况是否满意 ＊ 年龄 Crosstabulation

	17—29 岁	30—39 岁	40—49 岁	50—59 岁	60—69 岁	70—80 岁	总计
非常不满意	4.5%	2.9%	3.0%	3.4%	3.3%	6.7%	3.4%
不太满意	23.6%	20.2%	16.9%	18.8%	18.0%	20.0%	19.0%
比较满意	42.8%	43.2%	43.9%	42.8%	45.5%	66.7%	43.8%
非常满意	29.1%	33.6%	36.2%	35.0%	33.2%	6.7%	33.8%
总计	100.0%	100.0%	100.0%	100.0%	100.0%	100.0%	100.0%
列总计	869	791	1452	1683	1441	15	6251

Chi-square tests：df = 15，卡方值为 34.761，sig = 0.003 < 0.050，所以不同年龄层的居民在对“当前中国社会自由职业者群体的道德状况”的满意度上有显著差异。

D18h by A2

您对当前中国社会农民群体的道德状况是否满意 ＊ 年龄 Crosstabulation

	17—29 岁	30—39 岁	40—49 岁	50—59 岁	60—69 岁	70—80 岁	总计
非常不满意	3.2%	3.2%	1.8%	1.9%	1.3%	6.7%	2.1%
不太满意	15.1%	12.8%	10.0%	8.5%	9.3%	6.7%	10.5%
比较满意	30.8%	30.8%	26.7%	22.1%	25.0%	33.3%	26.2%
非常满意	50.9%	53.2%	61.5%	67.5%	64.4%	53.3%	61.3%
总计	100.0%	100.0%	100.0%	100.0%	100.0%	100.0%	100.0%
列总计	869	791	1467	1698	1447	15	6287

Chi-square tests：df = 15，卡方值为 109.054，sig = 0.000 < 0.050，所以不同年龄层的居民在对“当前中国社会农民群体的道德状况”的满意度上有显著差异。

D18i by A2

您对当前中国社会商人群体的道德状况是否满意 ＊ 年龄 Crosstabulation

	17—29 岁	30—39 岁	40—49 岁	50—59 岁	60—69 岁	70—80 岁	总计
非常不满意	5.5%	5.8%	5.1%	5.5%	5.5%	26.7%	5.5%
不太满意	25.5%	22.7%	19.1%	18.5%	17.7%	6.7%	19.9%
比较满意	46.8%	47.0%	45.7%	42.7%	45.5%	66.7%	45.2%
非常满意	22.1%	24.6%	30.0%	33.3%	31.4%		29.3%
总计	100.0%	100.0%	100.0%	100.0%	100.0%	100.0%	100.0%
列总计	873	794	1465	1693	1448	15	6288

Chi-square tests：df = 15，卡方值为 78.956，sig = 0.000 < 0.050，所以不同年龄层的居民在对“当前中国社会商人群体的道德状况”的满意度上有显著差异。

D18j by A2

您对当前中国社会工人群体的道德状况是否满意 ＊ 年龄 Crosstabulation

	17—29 岁	30—39 岁	40—49 岁	50—59 岁	60—69 岁	70—80 岁	总计
非常不满意	2.5%	2.1%	1.7%	1.5%	0.9%	7.1%	1.7%
不太满意	16.8%	14.0%	10.6%	9.1%	8.3%	7.1%	11.0%
比较满意	33.8%	32.6%	30.6%	27.2%	30.1%	28.6%	30.3%
非常满意	47.0%	51.3%	57.1%	62.1%	60.6%	57.1%	57.1%
总计	100.0%	100.0%	100.0%	100.0%	100.0%	100.0%	100.0%
列总计	871	794	1460	1692	1451	14	6282

Chi-square tests：df = 15，卡方值为 102.272，sig = 0.000 < 0.050，所以不同年龄层的居民在对“当前中国社会工人群体的道德状况”的满意度上有显著差异。

D18k by A2

您对当前中国社会专家学者群体的道德状况是否满意 ＊ 年龄 Crosstabulation

	17—29 岁	30—39 岁	40—49 岁	50—59 岁	60—69 岁	70—80 岁	总计
非常不满意	5.6%	4.3%	3.5%	2.6%	1.6%		3.2%
不太满意	17.2%	16.7%	11.9%	10.5%	9.9%	13.3%	12.4%
比较满意	34.2%	36.7%	32.4%	30.8%	29.8%	46.7%	32.2%
非常满意	42.9%	42.3%	52.2%	56.1%	58.7%	40.0%	52.2%
总计	100.0%	100.0%	100.0%	100.0%	100.0%	100.0%	100.0%
列总计	871	792	1465	1689	1441	15	6273

Chi-square tests：df = 15，卡方值为 130.932，sig = 0.000 < 0.050，所以不同年龄层的居民在对“当前中国社会专家学者群体的道德状况”的满意度上有显著差异。

D18l by A2

您对当前中国社会医生群体的道德状况是否满意 ＊ 年龄 Crosstabulation

	17—29 岁	30—39 岁	40—49 岁	50—59 岁	60—69 岁	70—80 岁	总计
非常不满意	5.6%	5.9%	4.4%	4.4%	3.9%	6.7%	4.6%
不太满意	19.4%	15.0%	13.4%	11.1%	12.1%	20.0%	13.5%
比较满意	36.6%	36.0%	35.5%	30.9%	31.7%	53.3%	33.6%
非常满意	38.4%	43.1%	46.6%	53.7%	52.4%	20.0%	48.2%
总计	100.0%	100.0%	100.0%	100.0%	100.0%	100.0%	100.0%
列总计	872	792	1467	1692	1450	15	6288

Chi-square tests：df = 15，卡方值为 93.647，sig = 0.000 < 0.050，所以不同年龄层的居民在对“当前中国社会医生群体的道德状况”的满意度上有显著差异。

D18m by A2

您对当前中国社会弱势群体的道德状况是否满意 ＊ 年龄 Crosstabulation

	17—29岁	30—39岁	40—49岁	50—59岁	60—69岁	70—80岁	总计
非常不满意	4.2%	3.6%	2.5%	2.8%	1.4%		2.7%
不太满意	17.3%	13.7%	11.4%	9.9%	10.5%	8.3%	11.8%
比较满意	44.6%	44.5%	39.7%	35.9%	38.5%	75.0%	39.7%
非常满意	33.9%	38.2%	46.5%	51.4%	49.7%	16.7%	45.9%
总计	100.0%	100.0%	100.0%	100.0%	100.0%	100.0%	100.0%
列总计	706	642	1220	1461	1282	12	5323

Chi-square tests：df = 15，卡方值为108.137，sig = 0.000 < 0.050，所以不同年龄层的居民在对“当前中国社会弱势群体的道德状况”的满意度上有显著差异。

D19 by A2

您认为大家在一起合作共事，最重要的条件是 ＊ 年龄 Crosstabulation

	17—29岁	30—39岁	40—49岁	50—59岁	60—69岁	70—80岁	总计
心情要愉快，否则就不在一起或另找单位	24.0%	25.4%	25.6%	32.9%	29.8%	33.3%	28.3%
自由宽松的氛围	8.1%	6.4%	6.9%	7.3%	7.1%	6.7%	7.2%
不违背做人的基本准则	33.6%	34.8%	34.5%	30.3%	32.9%	13.3%	32.8%
尽量约束自己，考虑别人的感受	14.0%	14.1%	13.4%	11.5%	9.2%		12.1%
以共同体的利益为最高准则	20.0%	18.6%	19.3%	17.3%	19.7%	46.7%	18.9%
其他	0.3%	0.6%	0.3%	0.7%	1.3%		0.7%
总计	100.0%	100.0%	100.0%	100.0%	100.0%	100.0%	100.0%
列总计	864	792	1470	1692	1451	15	6284

Chi-square tests：df = 25，卡方值为76.501，sig = 0.000 < 0.050，所以不同年龄层的居民在对“大家在一起合作共事时，最重要的条件”的选择上有显著差异。

D20 by A2

您常常体验到自己身上“道德感”的存在和满足吗？如社会行为不是出于本能欲望的冲动，而是考虑是否符合道德规则 ＊ 年龄 Crosstabulation

	17—29岁	30—39岁	40—49岁	50—59岁	60—69岁	70—80岁	总计
没有，只是凭自己的意志和利益办事	11.0%	12.0%	13.7%	16.7%	15.3%	26.7%	14.3%

续表

	17—29 岁	30—39 岁	40—49 岁	50—59 岁	60—69 岁	70—80 岁	总计
在有监督的环境中有，其他环境中没有	8.6%	8.7%	9.1%	8.9%	9.5%	13.3%	9.0%
能考虑行为符合公认的道德准则，但是出于对社会评价的考虑	46.9%	41.5%	34.6%	30.8%	28.3%		34.6%
经常有，因为行为应当符合社会规则	33.2%	37.2%	42.1%	43.3%	46.5%	60.0%	41.7%
其他	0.2%	0.5%	0.4%	0.2%	0.4%		0.3%
总计	100.0%	100.0%	100.0%	100.0%	100.0%	100.0%	100.0%
列总计	870	792	1471	1692	1448	15	6288

Chi-square tests：df = 20，卡方值为 128.985，sig = 0.000 < 0.050，所以不同年龄层的居民在对“您常常体验到自己身上‘道德感’的存在和满足吗？如社会行为不是出于本能欲望的冲动，而是考虑是否符合道德规则”这一问题的回答上有显著差异。

D21 by A2

您觉得大多数人都是可以相信的吗？如果 1 分代表“大多数人都可以相信”，5 分代表“对其他人都应该小心防备”，您会选几分 * 年龄 Crosstabulation

	17—29 岁	30—39 岁	40—49 岁	50—59 岁	60—69 岁	70—80 岁	总计
1 分	17.2%	25.1%	31.5%	32.8%	31.6%	40.0%	29.1%
2 分	24.6%	18.8%	22.9%	21.6%	23.8%	20.0%	22.5%
3 分	42.1%	37.1%	28.1%	27.1%	24.7%	13.3%	30.1%
4 分	11.1%	11.9%	10.4%	10.4%	11.1%	6.7%	10.8%
5 分	4.9%	7.0%	7.1%	8.1%	8.8%	20.0%	7.5%
总计	100.0%	100.0%	100.0%	100.0%	100.0%	100.0%	100.0%
列总计	871	796	1477	1699	1460	15	6318

Chi-square tests：df = 20，卡方值为 164.101，sig = 0.000 < 0.050，所以不同年龄层的居民在对“您觉得大多数人都是可以相信的吗？如果 1 分代表‘大多数人都可以相信’，5 分代表‘对其他人都应该小心防备’，您会选几分”这一问题的回答上有显著差异。

D22 by A2

如果在路边看到一个老人摔倒，您的反应是 * 年龄 Crosstabulation

	17—29 岁	30—39 岁	40—49 岁	50—59 岁	60—69 岁	70—80 岁	总计
立即将其扶起	33.9%	35.2%	45.9%	47.2%	52.1%	60.0%	44.7%

续表

	17—29岁	30—39岁	40—49岁	50—59岁	60—69岁	70—80岁	总计
等有证人时再扶	23.4%	21.8%	20.3%	24.3%	23.3%	26.7%	22.7%
先拍照，再扶起	22.2%	19.4%	12.9%	7.5%	5.8%		11.9%
不扶，避免惹是生非	8.2%	7.1%	6.3%	5.8%	5.3%		6.3%
报警	11.0%	15.1%	13.4%	14.0%	11.7%	13.3%	13.0%
其他	1.3%	1.4%	1.2%	1.2%	1.9%		1.4%
总计	100.0%	100.0%	100.0%	100.0%	100.0%	100.0%	100.0%
列总计	873	793	1473	1698	1457	15	6309

Chi-square tests：df = 25，卡方值为282.116，sig = 0.000 < 0.050，所以不同年龄层的居民在对“如果在路边看到一个老人摔倒，您会如何反应”的选择上有显著差异。

D23a by A2

您认为导致当前医患关系紧张的首要原因是 * 年龄 Crosstabulation

	17—29岁	30—39岁	40—49岁	50—59岁	60—69岁	70—80岁	总计
医生缺乏职业道德，对病人不负责任	29.4%	31.6%	30.9%	33.3%	32.4%	60.0%	31.8%
医疗制度不合理，看病难、看病贵	50.4%	50.1%	45.7%	40.5%	41.8%	26.7%	44.6%
医生腐败，不送红包不认真看病	9.1%	10.4%	12.5%	14.4%	14.6%	6.7%	12.7%
“医闹”严重，病人蓄意闹事	10.3%	6.9%	9.6%	10.1%	10.0%	6.7%	9.6%
其他	0.8%	1.0%	1.2%	1.7%	1.2%		1.3%
总计	100.0%	100.0%	100.0%	100.0%	100.0%	100.0%	100.0%
列总计	861	779	1448	1663	1415	15	6181

Chi-square tests：df = 20，卡方值为61.384，sig = 0.000 < 0.050，所以不同年龄层的居民在对“导致当前医患关系紧张的首要原因”的选择上有显著差异。

D23b by A2

您认为导致当前医患关系紧张的次要原因是 * 年龄 Crosstabulation

	17—29岁	30—39岁	40—49岁	50—59岁	60—69岁	70—80岁	总计
医生缺乏职业道德，对病人不负责任	32.9%	34.4%	34.3%	31.6%	31.0%	13.3%	32.6%
医疗制度不合理，看病难、看病贵	26.2%	28.7%	26.8%	30.3%	27.8%	46.7%	28.2%

续表

	17—29岁	30—39岁	40—49岁	50—59岁	60—69岁	70—80岁	总计
医生腐败，不送红包就不认真看病	16.7%	16.9%	22.5%	21.7%	23.2%	13.3%	20.9%
“医闹”严重，病人蓄意闹事	23.4%	18.6%	15.1%	14.9%	16.3%	26.7%	16.9%
其他	0.7%	1.4%	1.4%	1.5%	1.8%		1.4%
总计	100.0%	100.0%	100.0%	100.0%	100.0%	100.0%	100.0%
列总计	820	738	1375	1596	1369	15	5913

Chi-square tests：df = 20，卡方值为63.311，sig = 0.000 < 0.050，所以不同年龄层的居民在对“导致当前医患关系紧张的次要原因”的选择上有显著差异。

D24a by A2

您对您的家人的信任程度如何 * 年龄 Crosstabulation

	17—29岁	30—39岁	40—49岁	50—59岁	60—69岁	70—80岁	总计
完全信任	83.8%	87.6%	89.1%	89.1%	89.9%	80.0%	88.3%
比较信任	15.5%	11.7%	10.4%	10.5%	9.6%	20.0%	11.1%
不太信任	0.7%	0.4%	0.4%	0.3%	0.6%		0.5%
根本不信任		0.3%	0.1%	0.1%			0.1%
总计	100.0%	100.0%	100.0%	100.0%	100.0%	100.0%	100.0%
列总计	852	783	1442	1667	1440	15	6199

Chi-square tests：df = 15，卡方值为30.764，sig = 0.009 < 0.050，所以不同年龄层的居民在对“家人”的信任度上有显著差异。

D24b by A2

您对您的邻居的信任程度如何 * 年龄 Crosstabulation

	17—29岁	30—39岁	40—49岁	50—59岁	60—69岁	70—80岁	总计
完全信任	20.4%	24.2%	29.6%	36.8%	35.9%	20.0%	31.0%
比较信任	65.9%	65.0%	63.4%	58.6%	59.0%	73.3%	61.7%
不太信任	12.4%	10.2%	6.5%	4.1%	4.5%	6.7%	6.7%
根本不信任	1.3%	0.6%	0.5%	0.5%	0.5%		0.7%
总计	100.0%	100.0%	100.0%	100.0%	100.0%	100.0%	100.0%
列总计	872	794	1471	1700	1455	15	6307

Chi-square tests：df = 15，卡方值为174.616，sig = 0.000 < 0.050，所以不同年龄层的居民在对“邻居”的信任度上有显著差异。

D24c by A2

您对商人的信任程度如何 ＊ 年龄 Crosstabulation

	17—29 岁	30—39 岁	40—49 岁	50—59 岁	60—69 岁	70—80 岁	总计
完全信任	4.7%	5.2%	6.9%	7.5%	7.2%		6.6%
比较信任	28.2%	31.0%	33.3%	35.0%	37.3%	40.0%	33.7%
不太信任	60.3%	56.4%	52.2%	50.7%	49.2%	46.7%	52.7%
根本不信任	6.8%	7.4%	7.6%	6.8%	6.2%	13.3%	6.9%
总计	100.0%	100.0%	100.0%	100.0%	100.0%	100.0%	100.0%
列总计	870	793	1474	1695	1449	15	6296

Chi-square tests：df = 15，卡方值为 47.559，sig = 0.000 < 0.050，所以不同年龄层的居民在对“商人”的信任度上有显著差异。

D24d by A2

您对单位领导/社区（村）干部的信任程度如何 ＊ 年龄 Crosstabulation

	17—29 岁	30—39 岁	40—49 岁	50—59 岁	60—69 岁	70—80 岁	总计
完全信任	15.6%	19.4%	23.2%	29.3%	30.1%	13.3%	24.9%
比较信任	55.9%	56.7%	56.1%	55.6%	56.0%	66.7%	56.0%
不太信任	24.1%	19.2%	17.4%	12.3%	11.5%	13.3%	15.8%
根本不信任	4.4%	4.7%	3.3%	2.8%	2.4%	6.7%	3.3%
总计	100.0%	100.0%	100.0%	100.0%	100.0%	100.0%	100.0%
列总计	871	795	1473	1697	1450	15	6301

Chi-square tests：df = 15，卡方值为 160.985，sig = 0.000 < 0.050，所以不同年龄层的居民在对“单位领导/社区（村）干部”的信任度上有显著差异。

D24e by A2

您对公务员的信任程度如何 ＊ 年龄 Crosstabulation

	17—29 岁	30—39 岁	40—49 岁	50—59 岁	60—69 岁	70—80 岁	总计
完全信任	9.9%	12.7%	15.7%	19.9%	19.6%	6.7%	16.5%
比较信任	57.1%	55.9%	58.6%	57.5%	60.1%	66.7%	58.1%
不太信任	29.4%	29.0%	23.3%	20.1%	18.4%	20.0%	22.9%
根本不信任	3.7%	2.4%	2.4%	2.5%	1.9%	6.7%	2.5%
总计	100.0%	100.0%	100.0%	100.0%	100.0%	100.0%	100.0%
列总计	872	793	1468	1695	1442	15	6285

Chi-square tests：df = 15，卡方值为 108.381，sig = 0.000 < 0.050，所以不同年龄层的居民在对“公务员”的信任度上有显著差异。

D24f by A2

您对教师的信任程度如何 * 年龄 Crosstabulation

	17—29 岁	30—39 岁	40—49 岁	50—59 岁	60—69 岁	70—80 岁	总计
完全信任	24.1%	28.5%	30.9%	36.3%	35.4%	26.7%	32.1%
比较信任	62.6%	57.4%	56.6%	52.7%	53.5%	60.0%	55.8%
不太信任	11.4%	12.6%	11.3%	9.7%	9.8%	6.7%	10.7%
根本不信任	1.8%	1.5%	1.2%	1.4%	1.2%	6.7%	1.4%
总计	100.0%	100.0%	100.0%	100.0%	100.0%	100.0%	100.0%
列总计	874	794	1472	1696	1448	15	6299

Chi-square tests：df = 15，卡方值为 59.204 ，sig = 0.000 < 0.050，所以不同年龄层的居民在对“教师”的信任度上有显著差异。

D24g by A2

您对警察的信任程度如何 * 年龄 Crosstabulation

	17—29 岁	30—39 岁	40—49 岁	50—59 岁	60—69 岁	70—80 岁	总计
完全信任	30.5%	34.9%	37.9%	44.1%	43.4%	33.3%	39.4%
比较信任	56.0%	52.8%	50.3%	47.1%	48.8%	66.7%	50.2%
不太信任	10.5%	10.3%	10.0%	7.1%	7.0%		8.6%
根本不信任	3.0%	2.0%	1.8%	1.7%	0.9%		1.7%
总计	100.0%	100.0%	100.0%	100.0%	100.0%	100.0%	100.0%
列总计	873	796	1474	1700	1450	15	6308

Chi-square tests：df = 15，卡方值为 84.341，sig = 0.000 < 0.050，所以不同年龄层的居民在对“警察”的信任度上有显著差异。

D24h by A2

您对医生的信任程度如何 * 年龄 Crosstabulation

	17—29 岁	30—39 岁	40—49 岁	50—59 岁	60—69 岁	70—80 岁	总计
完全信任	21.0%	23.3%	26.9%	30.6%	30.8%	13.3%	27.5%
比较信任	59.0%	54.7%	52.4%	53.5%	52.8%	73.3%	54.0%
不太信任	17.2%	19.5%	17.7%	14.0%	14.8%	13.3%	16.2%
根本不信任	2.9%	2.5%	3.0%	1.9%	1.7%		2.3%
总计	100.0%	100.0%	100.0%	100.0%	100.0%	100.0%	100.0%
列总计	873	794	1469	1699	1452	15	6302

Chi-square tests：df = 15，卡方值为 61.494，sig = 0.000 < 0.050，所以不同年龄层的居民在对“医生”的信任度上有显著差异。

D24i by A2

您对法官的信任程度如何 ＊ 年龄 Crosstabulation

	17—29 岁	30—39 岁	40—49 岁	50—59 岁	60—69 岁	70—80 岁	总计
完全信任	25.9%	28.3%	32.6%	36.7%	36.0%	20.0%	33.0%
比较信任	57.0%	54.8%	50.7%	48.9%	52.1%	60.0%	51.9%
不太信任	14.4%	14.6%	13.9%	12.2%	10.2%	20.0%	12.8%
根本不信任	2.7%	2.3%	2.8%	2.2%	1.8%		2.3%
总计	100.0%	100.0%	100.0%	100.0%	100.0%	100.0%	100.0%
列总计	874	792	1468	1694	1446	15	6289

Chi-square tests：df = 15，卡方值为 58.298，sig = 0.000 < 0.050，所以不同年龄层的居民在对“法官”的信任度上有显著差异。

D24j by A2

您对陌生人的信任程度如何 ＊ 年龄 Crosstabulation

	17—29 岁	30—39 岁	40—49 岁	50—59 岁	60—69 岁	70—80 岁	总计
完全信任	2.4%	1.9%	2.0%	2.2%	1.4%		2.0%
比较信任	14.8%	10.1%	10.1%	9.6%	9.5%		10.4%
不太信任	51.1%	50.8%	47.8%	42.7%	45.8%	60.0%	46.8%
根本不信任	31.7%	37.2%	40.1%	45.4%	43.3%	40.0%	40.7%
总计	100.0%	100.0%	100.0%	100.0%	100.0%	100.0%	100.0%
列总计	873	793	1475	1701	1452	15	6309

Chi-square tests：df = 15，卡方值为 68.562，sig = 0.000 < 0.050，所以不同年龄层的居民在对“陌生人”的信任度上有显著差异。

D24k by A2

您对外国人信任程度如何 ＊ 年龄 Crosstabulation

	17—29 岁	30—39 岁	40—49 岁	50—59 岁	60—69 岁	70—80 岁	总计
完全信任	3.6%	2.3%	2.3%	1.7%	1.5%		2.1%
比较信任	21.7%	15.1%	13.7%	12.5%	11.1%	6.7%	14.1%
不太信任	51.6%	51.1%	45.9%	40.9%	43.4%	53.3%	45.5%
根本不信任	23.2%	31.5%	38.1%	44.9%	44.0%	40.0%	38.4%
总计	100.0%	100.0%	100.0%	100.0%	100.0%	100.0%	100.0%
列总计	872	787	1465	1685	1429	15	6253

Chi-square tests：df = 15，卡方值为 176.859，sig = 0.000 < 0.050，所以不同年龄层的居民在对“外国人”的信任度上有显著差异。

D24l by A2

您对同事或同学的信任程度如何 * 年龄 Crosstabulation

	17—29 岁	30—39 岁	40—49 岁	50—59 岁	60—69 岁	70—80 岁	总计
完全信任	14.1%	13.8%	16.1%	19.5%	18.7%	6.7%	17.0%
比较信任	73.6%	73.6%	70.2%	68.3%	69.0%	73.3%	70.3%
不太信任	10.7%	10.9%	11.6%	9.8%	10.1%	20.0%	10.6%
根本不信任	1.6%	1.8%	2.1%	2.4%	2.2%		2.1%
总计	100.0%	100.0%	100.0%	100.0%	100.0%	100.0%	100.0%
列总计	872	791	1468	1689	1441	15	6276

Chi-square tests：df = 15，卡方值为 30.233，sig = 0.011 < 0.050，所以不同年龄层的居民在对“同事或同学”的信任度上有显著差异。

D24m by A2

您对本地政府的信任程度如何 * 年龄 Crosstabulation

	17—29 岁	30—39 岁	40—49 岁	50—59 岁	60—69 岁	70—80 岁	总计
完全信任	20.1%	23.8%	28.6%	34.5%	36.2%	20.0%	30.2%
比较信任	57.9%	54.9%	54.3%	52.3%	53.2%	53.3%	54.1%
不太信任	17.7%	18.0%	14.0%	10.7%	8.8%	26.7%	12.9%
根本不信任	4.2%	3.4%	3.1%	2.5%	1.8%		2.8%
总计	100.0%	100.0%	100.0%	100.0%	100.0%	100.0%	100.0%
列总计	874	791	1473	1699	1452	15	6304

Chi-square tests：df = 15，卡方值为 148.028，sig = 0.000 < 0.050，所以不同年龄层的居民在对“本地政府”的信任度上有显著差异。

D24n by A2

您对中央政府的信任程度如何 * 年龄 Crosstabulation

	17—29 岁	30—39 岁	40—49 岁	50—59 岁	60—69 岁	70—80 岁	总计
完全信任	38.8%	44.7%	52.9%	59.2%	60.2%	66.7%	53.3%
比较信任	46.0%	46.2%	39.2%	35.3%	35.2%	33.3%	39.0%
不太信任	12.2%	7.8%	6.1%	4.2%	3.9%		6.1%
根本不信任	3.0%	1.3%	1.8%	1.3%	0.8%		1.5%
总计	100.0%	100.0%	100.0%	100.0%	100.0%	100.0%	100.0%
列总计	874	796	1475	1699	1452	15	6311

Chi-square tests：df = 15，卡方值为 202.480，sig = 0.000 < 0.050，所以不同年龄层的居民在对“中央政府”的信任度上有显著差异。

D25 by A2

您认为弱势群体产生的最主要原因是 ＊ 年龄 Crosstabulation

	17—29 岁	30—39 岁	40—49 岁	50—59 岁	60—69 岁	70—80 岁	总计
制度不合理，社会关怀不够	28.6%	27.1%	25.0%	25.7%	27.1%	26.7%	26.4%
收入分配不公	29.1%	22.5%	22.5%	25.6%	26.0%	20.0%	25.1%
机会不平等	10.7%	9.3%	10.6%	11.0%	9.0%	6.7%	10.2%
弱势群体自己不努力	11.8%	16.0%	15.5%	16.1%	16.2%	20.0%	15.4%
缺乏生存技能	19.1%	23.8%	25.5%	20.0%	19.8%	20.0%	21.6%
其他	0.7%	1.3%	0.9%	1.6%	1.8%	6.7%	1.3%
总计	100.0%	100.0%	100.0%	100.0%	100.0%	100.0%	100.0%
列总计	873	794	1474	1693	1449	15	6298

Chi-square tests：df = 25，卡方值为 59.211，sig = 0.000 < 0.050，所以不同年龄层的居民在对“弱势群体产生的最主要原因”的认知上有显著差异。

D26 by A2

您认为对当前我国伦理关系和道德风尚造成最大负面影响的因素是 ＊ 年龄 Crosstabulation

	17—29 岁	30—39 岁	40—49 岁	50—59 岁	60—69 岁	70—80 岁	总计
传统文化的崩坏	20.2%	20.6%	21.6%	24.3%	28.4%	20.0%	23.6%
外来文化的冲击	12.6%	9.0%	10.5%	8.5%	7.5%	6.7%	9.4%
市场经济导致的个人主义	24.6%	29.5%	23.9%	20.9%	20.2%	13.3%	23.0%
网络技术的发展	8.7%	6.8%	6.8%	6.8%	5.1%	6.7%	6.7%
分配不公，两极分化	16.8%	16.1%	18.1%	20.7%	20.0%	33.3%	18.8%
以权谋私，官员腐败	17.1%	18.0%	19.1%	18.8%	18.7%	20.0%	18.5%
总计	100.0%	100.0%	100.0%	100.0%	100.0%	100.0%	100.0%
列总计	873	793	1465	1688	1438	15	6272

Chi-square tests：df = 25，卡方值为 91.703，sig = 0.000 < 0.050，所以不同年龄层的居民在对“对当前我国伦理关系和道德风尚造成最大负面影响的因素”的选择上有显著差异。

E1 by A2

您对于中国特色社会主义道路怎么看 ＊ 年龄 Crosstabulation

	17—29 岁	30—39 岁	40—49 岁	50—59 岁	60—69 岁	70—80 岁	总计
充满信心，因为它可以给中国带来繁荣富强	62.2%	65.9%	68.5%	70.6%	76.5%	73.3%	69.7%
不太了解，但相信这条路能够让老百姓过上好日子	25.6%	24.3%	23.6%	22.9%	18.4%	20.0%	22.6%
表示怀疑，走这条路究竟怎么样，现在还说不清楚	10.0%	8.8%	5.8%	4.5%	3.2%	6.7%	5.8%
走什么样的路，跟我没关系	2.2%	1.0%	2.1%	2.1%	2.0%		1.9%
总计	100.0%	100.0%	100.0%	100.0%	100.0%	100.0%	100.0%
列总计	871	794	1475	1698	1457	15	6310

Chi-square tests：df = 15，卡方值为 101.604，sig = 0.000 < 0.050，所以不同年龄层的居民在对“中国特色社会主义道路”的看法上有显著差异。

E2a by A2

结合自己的情况进行选择：我会经常关心比我不幸的人 ＊ 年龄 Crosstabulation

	17—29 岁	30—39 岁	40—49 岁	50—59 岁	60—69 岁	70—80 岁	总计
完全不符合	4.6%	4.3%	4.1%	4.3%	3.8%		4.2%
不太符合	27.1%	19.4%	15.9%	17.2%	15.8%	13.3%	18.2%
比较符合	53.8%	54.2%	53.1%	48.3%	53.4%	53.3%	52.1%
完全符合	14.6%	22.1%	26.9%	30.2%	27.0%	33.3%	25.5%
总计	100.0%	100.0%	100.0%	100.0%	100.0%	100.0%	100.0%
列总计	872	793	1477	1696	1455	15	6308

Chi-square tests：df = 15，卡方值为 118.851，sig = 0.000 < 0.050，所以不同年龄层的居民在对“我会经常关心比我不幸的人”的看法上有显著差异。

E2b by A2

结合自己的情况进行选择：在做决定前，我会试着从每个人的立场去考虑问题 ＊ 年龄 Crosstabulation

	17—29 岁	30—39 岁	40—49 岁	50—59 岁	60—69 岁	70—80 岁	总计
完全不符合	3.0%	1.4%	3.2%	3.5%	2.1%		2.8%

续表

	17—29 岁	30—39 岁	40—49 岁	50—59 岁	60—69 岁	70—80 岁	总计
不太符合	13.7%	14.7%	13.8%	14.3%	14.0%		14.0%
比较符合	62.9%	59.4%	56.3%	56.1%	59.3%	60.0%	58.2%
完全符合	20.4%	24.5%	26.8%	26.1%	24.5%	40.0%	25.0%
总计	100.0%	100.0%	100.0%	100.0%	100.0%	100.0%	100.0%
列总计	873	795	1476	1698	1455	15	6312

Chi-square tests：df = 15，卡方值为 33.005，sig = 0.005 < 0.050，所以不同年龄层的居民在对“在做决定前，我会试着从每个人的立场去考虑问题”的看法上有显著差异。

E2c by A2

结合自己的情况进行选择：当我看到有人被利用时，我有点想要保护他们 ＊ 年龄 Crosstabulation

	17—29 岁	30—39 岁	40—49 岁	50—59 岁	60—69 岁	70—80 岁	总计
完全不符合	3.4%	3.3%	3.3%	3.8%	3.4%		3.5%
不太符合	19.8%	15.0%	16.3%	18.6%	18.8%	20.0%	17.8%
比较符合	57.8%	58.9%	54.6%	53.5%	55.8%	46.7%	55.5%
完全符合	18.9%	22.8%	25.8%	24.1%	22.1%	33.3%	23.2%
总计	100.0%	100.0%	100.0%	100.0%	100.0%	100.0%	100.0%
列总计	872	794	1475	1698	1451	15	6305

Chi-square tests：df = 15，卡方值为 27.338，sig = 0.026 < 0.050，所以不同年龄层的居民在对“当我看到有人被利用时，我有点想要保护他们”的看法上有显著差异。

E2d by A2

结合自己的情况进行选择：我有时会试图站在他人的角度，以更好地理解他们 ＊ 年龄 Crosstabulation

	17—29 岁	30—39 岁	40—49 岁	50—59 岁	60—69 岁	70—80 岁	总计
完全不符合	2.2%	2.4%	2.7%	2.9%	2.9%		2.7%
不太符合	12.6%	11.7%	11.3%	12.9%	11.5%	26.7%	12.0%
比较符合	64.2%	60.7%	57.4%	55.2%	60.5%	40.0%	58.9%
完全符合	21.0%	25.2%	28.6%	29.0%	25.1%	33.3%	26.4%
总计	100.0%	100.0%	100.0%	100.0%	100.0%	100.0%	100.0%
列总计	872	794	1473	1696	1452	15	6302

Chi-square tests：df = 15，卡方值为 35.896，sig = 0.002 < 0.050，所以不同年龄层的居民在对“我有时会试图站在他人的角度考虑问题，以更好地理解他们”的看法上有显著差异。

E2e by A2

结合自己的情况进行选择：处在紧张情绪的状况中，我会惊慌害怕 * 年龄 Crosstabulation

	17—29 岁	30—39 岁	40—49 岁	50—59 岁	60—69 岁	70—80 岁	总计
完全不符合	6.4%	8.0%	10.3%	13.2%	12.8%		10.8%
不太符合	26.9%	27.0%	30.7%	30.8%	33.2%	42.9%	30.4%
比较符合	48.2%	46.1%	40.2%	38.3%	38.6%	35.7%	41.2%
完全符合	18.5%	18.9%	18.8%	17.6%	15.4%	21.4%	17.7%
总计	100.0%	100.0%	100.0%	100.0%	100.0%	100.0%	100.0%
列总计	872	789	1470	1690	1450	14	6285

Chi-square tests：df = 15，卡方值为 76.112，sig = 0.000 < 0.050，所以不同年龄层的居民在对“处在紧张情绪的状况中，我会惊慌害怕”的看法上有显著差异。

E2f by A2

结合自己的情况进行选择：我相信任何问题都有两面性，我会试图从两个方面加以考虑 * 年龄 Crosstabulation

	17—29 岁	30—39 岁	40—49 岁	50—59 岁	60—69 岁	70—80 岁	总计
完全不符合	2.7%	1.6%	2.8%	2.5%	1.9%		2.3%
不太符合	12.6%	11.3%	12.1%	14.5%	15.2%	20.0%	13.4%
比较符合	61.3%	58.4%	55.8%	51.9%	53.3%	46.7%	55.2%
完全符合	23.4%	28.6%	29.3%	31.1%	29.6%	33.3%	29.0%
总计	100.0%	100.0%	100.0%	100.0%	100.0%	100.0%	100.0%
列总计	873	793	1476	1697	1451	15	6305

Chi-square tests：df = 15，卡方值为 39.354，sig = 0.001 < 0.050，所以不同年龄层的居民在对“我相信任何问题都有两面性，我会试图从两个方面加以考虑”的看法上有显著差异。

E2g by A2

结合自己的情况进行选择：当我对某人很不耐烦或想批评他/她时，我通常会暂时站在他/她的位置上进行考虑 * 年龄 Crosstabulation

	17—29 岁	30—39 岁	40—49 岁	50—59 岁	60—69 岁	70—80 岁	总计
完全不符合	4.4%	4.3%	3.9%	4.9%	4.4%		4.4%
不太符合	26.8%	24.7%	22.0%	21.8%	23.7%	26.7%	23.3%
比较符合	55.7%	54.5%	54.2%	52.4%	53.5%	53.3%	53.8%
完全符合	13.2%	16.5%	19.8%	20.9%	18.4%	20.0%	18.5%

续表

	17—29 岁	30—39 岁	40—49 岁	50—59 岁	60—69 岁	70—80 岁	总计
总计	100. 0%	100. 0%	100. 0%	100. 0%	100. 0%	100. 0%	100. 0%
列总计	873	794	1477	1696	1450	15	6305

Chi-square tests：df = 15，卡方值为 33. 920，sig = 0. 003 < 0. 050，所以不同年龄层的居民在对“当我对某人很不耐烦或想批评他/她时，我通常会暂时站在他/她的位置上进行考虑”的看法上有显著差异。

E2h by A2

结合自己的情况进行选择：当我在读一个有趣的故事或者看一部电影时，我会想象如果这些事情发生在自己身上，我会是怎样的感受 ＊ 年龄 Crosstabulation

	17—29 岁	30—39 岁	40—49 岁	50—59 岁	60—69 岁	70—80 岁	总计
完全不符合	6. 3%	6. 8%	8. 5%	10. 9%	9. 2%	13. 3%	8. 8%
不太符合	22. 5%	21. 2%	27. 1%	27. 5%	31. 4%	26. 7%	26. 8%
比较符合	52. 6%	51. 3%	44. 8%	43. 7%	44. 4%	53. 3%	46. 3%
完全符合	18. 7%	20. 7%	19. 7%	17. 9%	14. 9%	6. 7%	18. 1%
总计	100. 0%	100. 0%	100. 0%	100. 0%	100. 0%	100. 0%	100. 0%
列总计	873	789	1470	1692	1445	15	6284

Chi-square tests：df = 15，卡方值为 76. 211，sig = 0. 000 < 0. 050，所以不同年龄层的居民在对“当我在读一个有趣的故事或者看一部电影时，我会想象如果这些事情发生在自己身上，我会是怎样的感受”的看法上有显著差异。

E2i by A2

结合自己的情况进行选择：当我看到有人发生意外而急需帮助时，我紧张得几乎精神崩溃 ＊ 年龄 Crosstabulation

	17—29 岁	30—39 岁	40—49 岁	50—59 岁	60—69 岁	70—80 岁	总计
完全不符合	15. 1%	17. 6%	18. 7%	23. 1%	21. 6%	20. 0%	19. 9%
不太符合	45. 0%	42. 6%	40. 9%	35. 0%	41. 1%	33. 3%	40. 1%
比较符合	32. 2%	30. 7%	28. 6%	28. 3%	27. 4%	6. 7%	29. 0%
完全符合	7. 8%	9. 2%	11. 9%	13. 6%	9. 9%	40. 0%	11. 0%
总计	100. 0%	100. 0%	100. 0%	100. 0%	100. 0%	100. 0%	100. 0%
列总计	874	792	1476	1697	1453	15	6307

Chi-square tests：df = 15，卡方值为 84. 767，sig = 0. 000 < 0. 050，所以不同年龄层的居民在对“当我看到有人发生意外而急需帮助时，我紧张得几乎精神崩溃”的看法上有显著差异。

E3 by A2

每个人都希望我们的国家越来越好，我们的生活越来越好。党的十八大提出，到2020年全面建成小康社会，到本世纪中叶建成社会主义现代化国家，您认为这样的目标能实现吗 * 年龄 Crosstabulation

	17—29岁	30—39岁	40—49岁	50—59岁	60—69岁	70—80岁	总计
相信一定能实现	43.4%	53.0%	56.5%	61.1%	63.4%	73.3%	57.1%
有困难，但只要努力还是能实现的	49.1%	38.5%	35.9%	28.8%	28.9%	26.7%	34.5%
不可能实现	3.5%	3.6%	3.0%	2.7%	2.5%		2.9%
说不清楚，跟我没关系	4.0%	4.9%	4.6%	7.4%	5.2%		5.4%
总计	100.0%	100.0%	100.0%	100.0%	100.0%	100.0%	100.0%
列总计	874	795	1476	1700	1459	15	6319

Chi-square tests：df = 15，卡方值为157.547，sig = 0.000 < 0.050，所以不同年龄层的居民在对“到2020年全面建成小康社会，到本世纪中叶建成社会主义现代化国家，您认为这样的目标能实现吗”的看法上有显著差异。

E4 by A2

您认为在现代中国社会实际奉行的道德价值是 * 年龄 Crosstabulation

	17—29岁	30—39岁	40—49岁	50—59岁	60—69岁	70—80岁	总计
个人主义，人人为自己，上帝为大家	27.1%	21.8%	21.0%	23.2%	18.4%		21.9%
义利合一，以理导欲	51.7%	55.2%	56.2%	54.0%	58.4%	73.3%	55.4%
见利忘义，物欲横流	10.0%	12.5%	9.8%	10.0%	9.4%	20.0%	10.2%
存义去利	11.1%	10.5%	13.0%	12.8%	13.8%	6.7%	12.6%
总计	100.0%	100.0%	100.0%	100.0%	100.0%	100.0%	100.0%
列总计	862	790	1454	1666	1419	15	6206

Chi-square tests：df = 15，卡方值为43.288，sig = 0.000 < 0.050，所以不同年龄层的居民在对“现代中国社会实际奉行的道德价值”的看法上有显著差异。

E5a by A2

您认为当今中国社会最重要和最需要的德性是 * 年龄 Crosstabulation

	17—29岁	30—39岁	40—49岁	50—59岁	60—69岁	70—80岁	总计
爱（仁爱、博爱、友爱）	42.2%	45.0%	37.7%	38.3%	38.7%	46.7%	39.7%

续表

	17—29岁	30—39岁	40—49岁	50—59岁	60—69岁	70—80岁	总计
义（道义、义务）	6.6%	4.2%	5.1%	3.8%	3.7%		4.5%
宽容	2.1%	2.5%	4.3%	4.4%	5.0%	13.3%	4.0%
责任	11.3%	13.1%	17.1%	15.3%	15.7%	6.7%	15.0%
正义或公正	13.9%	13.4%	12.3%	10.8%	11.3%	13.3%	12.0%
诚信	8.6%	9.1%	8.9%	8.5%	9.2%	6.7%	8.8%
忠恕	1.3%	1.4%	0.9%	1.1%	0.8%		1.0%
理智	1.5%	0.8%	0.8%	1.0%	0.7%	6.7%	0.9%
节制	0.1%		0.3%	0.1%	0.3%		0.2%
谦让	1.3%	0.4%	1.0%	1.6%	1.4%		1.2%
恭敬	0.7%	0.4%	0.3%	0.7%	0.5%		0.5%
勇敢	0.3%		0.7%	0.5%	0.3%		0.4%
正直	1.5%	2.5%	1.9%	2.7%	2.5%		2.3%
善良	2.7%	2.6%	3.1%	4.9%	4.4%		3.8%
力行或知行合一	0.6%	0.1%	0.1%	0.1%			0.1%
教养	1.9%	1.1%	1.7%	1.4%	1.5%		1.5%
孝悌	2.6%	2.9%	2.2%	4.2%	3.3%	6.7%	3.2%
气节	0.1%		0.4%	0.1%	0.1%		0.1%
中庸	0.1%		0.2%	0.1%	0.1%		0.1%
敬业	0.6%	0.6%	0.9%	0.5%	0.6%		0.6%
总计	100.0%	100.0%	100.0%	100.0%	100.0%	100.0%	100.0%
列总计	875	794	1473	1698	1452	15	6307

Chi-square tests: df = 95，卡方值为169.003，sig = 0.000 < 0.050，所以不同年龄层的居民在对“当今中国社会最重要和最需要的德性”的看法上有显著差异。

E5b by A2

您认为当今中国社会第二重要和第二需要的德性是 * 年龄 Crosstabulation

	17—29岁	30—39岁	40—49岁	50—59岁	60—69岁	70—80岁	总计
爱（仁爱、博爱、友爱）	12.7%	10.3%	11.4%	8.8%	8.6%	6.7%	10.1%
义（道义、义务）	20.4%	21.1%	17.0%	16.0%	15.2%	6.7%	17.3%
宽容	6.3%	6.4%	6.7%	7.1%	6.3%		6.6%
责任	17.6%	14.0%	15.6%	14.4%	16.5%	20.0%	15.6%
正义或公正	11.1%	11.6%	13.3%	12.1%	11.4%	6.7%	12.0%

续表

	17—29 岁	30—39 岁	40—49 岁	50—59 岁	60—69 岁	70—80 岁	总计
诚信	10. 1%	13. 2%	13. 8%	13. 6%	14. 2%	20. 0%	13. 3%
忠恕	1. 1%	0. 6%	1. 0%	1. 5%	1. 4%		1. 2%
理智	2. 5%	2. 8%	2. 9%	2. 8%	2. 2%		2. 6%
节制	0. 1%	0. 6%	0. 2%	0. 7%	0. 1%		0. 4%
谦让	2. 3%	1. 9%	2. 0%	2. 2%	1. 9%		2. 1%
恭敬	1. 0%	0. 9%	0. 8%	0. 6%	0. 6%		0. 7%
勇敢	0. 2%	0. 1%	0. 7%	1. 0%	1. 4%		0. 8%
正直	2. 2%	3. 3%	2. 6%	3. 5%	3. 7%	20. 0%	3. 2%
善良	5. 5%	6. 4%	5. 3%	8. 3%	8. 5%	13. 3%	7. 0%
力行或知行合一	0. 7%	0. 3%	0. 3%	0. 2%			0. 3%
教养	2. 2%	3. 0%	2. 2%	2. 5%	2. 1%		2. 3%
孝悌	2. 9%	1. 9%	2. 8%	3. 2%	3. 4%	6. 7%	3. 0%
气节		0. 1%	0. 3%	0. 2%	0. 1%		0. 2%
中庸	0. 2%		0. 1%	0. 1%	0. 1%		0. 1%
敬业	0. 8%	1. 4%	1. 2%	1. 2%	2. 3%		1. 4%
总计	100. 0%	100. 0%	100. 0%	100. 0%	100. 0%	100. 0%	100. 0%
列总计	873	793	1470	1697	1452	15	6300

Chi-square tests：df = 95，卡方值为 164. 205，sig = 0. 000 < 0. 050，所以不同年龄层的居民在对“当今中国社会第二重要和第二需要的德性”的看法上有显著差异。

E5c by A2

您认为当今中国社会第三重要和第三需要的德性是 ＊ 年龄 Crosstabulation

	17—29 岁	30—39 岁	40—49 岁	50—59 岁	60—69 岁	70—80 岁	总计
爱（仁爱、博爱、友爱）	10. 0%	9. 0%	7. 4%	6. 9%	6. 3%	7. 1%	7. 6%
义（道义、义务）	6. 9%	6. 8%	5. 3%	5. 7%	4. 7%	7. 1%	5. 7%
宽容	14. 9%	12. 2%	14. 5%	16. 0%	16. 7%	7. 1%	15. 2%
责任	11. 0%	14. 4%	8. 9%	10. 4%	11. 1%		10. 8%
正义或公正	11. 3%	9. 6%	10. 7%	8. 0%	8. 1%	14. 3%	9. 3%
诚信	18. 0%	16. 1%	21. 1%	20. 5%	18. 4%	14. 3%	19. 2%
忠恕	1. 1%	1. 3%	1. 3%	0. 6%	0. 9%		1. 0%
理智	2. 5%	2. 8%	2. 5%	2. 7%	1. 9%		2. 4%
节制	1. 4%	0. 9%	1. 0%	0. 8%	0. 5%		0. 9%

续表

	17—29 岁	30—39 岁	40—49 岁	50—59 岁	60—69 岁	70—80 岁	总计
谦让	2.1%	2.1%	1.8%	2.2%	1.2%	14.3%	1.9%
恭敬	0.3%	0.5%	0.8%	0.5%	0.6%	7.1%	0.6%
勇敢	1.5%	1.8%	2.0%	2.4%	1.8%		1.9%
正直	2.3%	2.4%	4.2%	2.8%	3.9%	7.1%	3.3%
善良	6.5%	8.1%	7.4%	7.7%	10.2%		8.1%
力行或知行合一	1.5%	1.6%	1.0%	0.8%	1.0%	7.1%	1.1%
教养	4.4%	2.9%	3.4%	3.5%	3.1%		3.4%
孝悌	2.2%	3.2%	2.2%	4.1%	4.9%	14.3%	3.5%
气节	0.7%	0.4%	0.8%	0.5%	0.6%		0.6%
中庸	0.2%	0.3%	0.1%		0.2%		0.1%
敬业	1.3%	3.8%	3.7%	3.9%	3.7%		3.4%
总计	100.0%	100.0%	100.0%	100.0%	100.0%	100.0%	100.0%
列总计	873	793	1465	1695	1451	14	6291

Chi-square tests：df = 95，卡方值为 196.226，sig = 0.000 < 0.050，所以不同年龄层的居民在对“当今中国社会第三重要和第三需要的德性”的看法上有显著差异。

E6a by A2

您在所在单位有没有一种踏实和亲切的感觉：＊ 年龄 Crosstabulation

	17—29 岁	30—39 岁	40—49 岁	50—59 岁	60—69 岁	70—80 岁	总计
有	41.9%	47.8%	55.2%	57.5%	57.8%	53.3%	53.6%
还可以	52.2%	46.7%	38.8%	35.4%	36.2%	40.0%	40.1%
没有	5.9%	5.5%	6.1%	7.2%	6.0%	6.7%	6.3%
总计	100.0%	100.0%	100.0%	100.0%	100.0%	100.0%	100.0%
列总计	866	783	1454	1671	1430	15	6219

Chi-square tests：df = 10，卡方值为 96.180，sig = 0.000 < 0.050，所以不同年龄层的居民在对“您在所在单位有没有一种踏实和亲切的感觉”的评价上有显著差异。

E6b by A2

您在所在社区/村有没有一种踏实和亲切的感觉 ＊ 年龄 Crosstabulation

	17—29 岁	30—39 岁	40—49 岁	50—59 岁	60—69 岁	70—80 岁	总计
有	44.7%	49.9%	58.6%	64.3%	64.9%	53.3%	58.6%

续表

	17—29 岁	30—39 岁	40—49 岁	50—59 岁	60—69 岁	70—80 岁	总计
还可以	51.4%	45.5%	37.2%	32.0%	31.7%	33.3%	37.6%
没有	3.9%	4.5%	4.1%	3.7%	3.4%	13.3%	3.9%
总计	100.0%	100.0%	100.0%	100.0%	100.0%	100.0%	100.0%
列总计	874	795	1474	1698	1454	15	6310

Chi-square tests：df = 10，卡方值为 149.131，sig = 0.000 < 0.050，所以不同年龄层的居民在对“您在所在社区/村有没有一种踏实和亲切的感觉”的评价上有显著差异。

E6c by A2

您在所在城市有没有一种踏实和亲切的感觉 ＊ 年龄 Crosstabulation

	17—29 岁	30—39 岁	40—49 岁	50—59 岁	60—69 岁	70—80 岁	总计
有	40.0%	47.0%	49.8%	56.7%	56.5%	66.7%	51.6%
还可以	53.7%	48.1%	46.1%	38.5%	39.3%	33.3%	43.8%
没有	6.3%	4.9%	4.1%	4.7%	4.2%		4.7%
总计	100.0%	100.0%	100.0%	100.0%	100.0%	100.0%	100.0%
列总计	874	795	1473	1694	1452	15	6303

Chi-square tests：df = 10，卡方值为 92.814，sig = 0.000 < 0.050，所以不同年龄层的居民在对“您在所在城市有没有一种踏实和亲切的感觉”的评价上有显著差异。

E7 by A2

您认为在自己的成长中得到道德训练最重要的场所或机构是 ＊ 年龄 Crosstabulation

	17—29 岁	30—39 岁	40—49 岁	50—59 岁	60—69 岁	70—80 岁	总计
家庭	37.8%	38.6%	43.8%	46.5%	41.6%	33.3%	42.5%
学校	35.7%	28.4%	22.1%	21.3%	18.7%	20.0%	23.7%
社会（包括职业生活）	23.8%	27.7%	28.1%	23.0%	27.5%	40.0%	26.0%
国家或政府	2.0%	3.7%	4.5%	6.7%	9.7%	6.7%	5.9%
媒体	0.5%	1.0%	1.1%	1.6%	0.9%		1.1%
其他	0.3%	0.6%	0.5%	0.9%	1.5%		0.8%
总计	100.0%	100.0%	100.0%	100.0%	100.0%	100.0%	100.0%
列总计	871	790	1477	1694	1458	15	6305

Chi-square tests：df = 25，卡方值为 204.708，sig = 0.000 < 0.050，所以不同年龄层的居民在对“在自己的成长中得到道德训练最重要的场所或机构”的选择上有显著差异。

E8 by A2

您听说过一些道德模范或身边的好人好事吗？您愿意像他们那样做人、做事吗 ＊ 年龄 Crosstabulation

	17—29 岁	30—39 岁	40—49 岁	50—59 岁	60—69 岁	70—80 岁	总计
知道一些，他们很了不起，我在努力向他们学习	66.2%	70.9%	70.1%	67.3%	69.1%	80.0%	68.7%
知道一些，我很敬佩他们，但自己学不来	25.3%	20.6%	20.4%	21.0%	19.9%	6.7%	21.1%
知道一些，我感到他们那样做有点不值得	2.4%	1.4%	3.0%	2.1%	2.6%		2.4%
没听说过谁是道德模范和身边好人	6.1%	7.2%	6.6%	9.7%	8.4%	13.3%	7.9%
总计	100.0%	100.0%	100.0%	100.0%	100.0%	100.0%	100.0%
列总计	871	796	1474	1698	1458	15	6312

Chi-square tests：df = 15，卡方值为 34.906，sig = 0.003 < 0.050，所以不同年龄层的居民在对“您听说过一些道德模范或身边的好人好事吗？您愿意像他们那样做人、做事吗”的看法上有显著差异。

E9a by A2

您对自己所生活地方的下列群体的职业道德状况总体评价如何：对公务员道德状况的满意度（如工作认真负责、依法办事、公正廉洁、讲究效率、文明服务等）＊ 年龄 Crosstabulation

	17—29 岁	30—39 岁	40—49 岁	50—59 岁	60—69 岁	70—80 岁	总计
非常满意	15.0%	17.0%	19.6%	21.2%	19.4%	6.7%	19.0%
比较满意	60.7%	54.1%	56.6%	56.9%	61.2%	73.3%	58.1%
不太满意	20.7%	25.8%	20.0%	17.4%	16.3%	20.0%	19.3%
不满意	3.6%	3.1%	3.8%	4.4%	3.0%		3.7%
总计	100.0%	100.0%	100.0%	100.0%	100.0%	100.0%	100.0%
列总计	871	795	1472	1698	1450	15	6301

Chi-square tests：df = 15，卡方值为 56.144，sig = 0.000 < 0.050，所以不同年龄层的居民在对“公务员道德状况”的满意度上有显著差异。

E9b by A2

您对自己所生活地方的下列群体职业道德状况总体评价如何：对商人道德状况的满意度（如不卖假冒伪劣产品、不价格欺诈、不短斤少两、讲诚信服务等）＊年龄 Crosstabulation

	17—29 岁	30—39 岁	40—49 岁	50—59 岁	60—69 岁	70—80 岁	总计
非常满意	7.9%	9.4%	10.6%	10.3%	9.6%		9.7%
比较满意	45.9%	38.4%	40.9%	43.9%	43.2%	33.3%	42.6%
不太满意	38.0%	42.0%	40.4%	36.3%	38.6%	40.0%	38.8%
不满意	8.3%	10.2%	8.1%	9.5%	8.7%	26.7%	9.0%
总计	100.0%	100.0%	100.0%	100.0%	100.0%	100.0%	100.0%
列总计	872	795	1476	1700	1454	15	6312

Chi-square tests：df = 15，卡方值为 28.888，sig = 0.017 < 0.050，所以不同年龄层的居民在对“商人道德状况”的满意度上有显著差异。

E9c by A2

您对自己所生活地方的下列群体职业道德状况总体评价如何：对教师道德状况的满意度（如爱岗敬业、关爱学生、教书育人、为人师表、不搞有偿家教等）＊年龄 Crosstabulation

	17—29 岁	30—39 岁	40—49 岁	50—59 岁	60—69 岁	70—80 岁	总计
非常满意	24.5%	24.7%	28.5%	30.7%	30.4%	13.3%	28.5%
比较满意	59.0%	55.3%	54.5%	54.2%	56.0%	66.7%	55.5%
不太满意	13.9%	16.3%	14.6%	12.3%	11.1%	13.3%	13.3%
不满意	2.6%	3.6%	2.5%	2.8%	2.5%	6.7%	2.8%
总计	100.0%	100.0%	100.0%	100.0%	100.0%	100.0%	100.0%
列总计	873	796	1476	1700	1453	15	6313

Chi-square tests：df = 15，卡方值为 35.707，sig = 0.002 < 0.050，所以不同年龄层的居民在对“教师道德状况”的满意度上有显著差异。

E9d by A2

您对自己所生活地方的下列群体职业道德状况总体评价如何：对医生道德状况的满意度（如爱岗敬业、钻研医术、救死扶伤、尊重病人、不收红包等）＊年龄 Crosstabulation

	17—29 岁	30—39 岁	40—49 岁	50—59 岁	60—69 岁	70—80 岁	总计
非常满意	16.6%	18.2%	22.0%	23.6%	23.6%		21.5%
比较满意	57.9%	53.5%	51.1%	55.0%	55.4%	80.0%	54.5%

续表

	17—29 岁	30—39 岁	40—49 岁	50—59 岁	60—69 岁	70—80 岁	总计
不太满意	21.0%	22.1%	21.6%	17.0%	16.7%	20.0%	19.2%
不满意	4.5%	6.2%	5.4%	4.4%	4.3%		4.8%
总计	100.0%	100.0%	100.0%	100.0%	100.0%	100.0%	100.0%
列总计	872	796	1475	1701	1455	15	6314

Chi-square tests：df = 15，卡方值为 55.591，sig = 0.000 < 0.050，所以不同年龄层的居民在对“医生道德状况”的满意度上有显著差异。

E10 by A2

对当今中国社会，您更担忧哪种问题 ＊ 年龄 Crosstabulation

	17—29 岁	30—39 岁	40—49 岁	50—59 岁	60—69 岁	70—80 岁	总计
言而无信，不守信用	20.1%	19.2%	24.5%	26.9%	26.2%	28.6%	24.3%
坑蒙拐骗，没有诚信	24.8%	28.2%	31.0%	36.5%	35.8%	28.6%	32.4%
人与人之间互不信任，社会安全度低	45.9%	41.9%	33.6%	26.9%	28.4%	21.4%	33.3%
可信任的人很少，遇到问题难以找到人倾诉和帮助	9.2%	10.8%	10.8%	9.7%	9.6%	21.4%	10.0%
总计	100.0%	100.0%	100.0%	100.0%	100.0%	100.0%	100.0%
列总计	870	788	1469	1681	1441	14	6263

Chi-square tests：df = 15，卡方值为 150.299，sig = 0.000 < 0.050，所以不同年龄层的居民在对“在当今中国社会，您更担忧哪种问题”的选择上有显著差异。

E11a by A2

您的思想行为受什么人影响最大 ＊ 年龄 Crosstabulation

	17—29 岁	30—39 岁	40—49 岁	50—59 岁	60—69 岁	70—80 岁	总计
政府官员	8.2%	11.4%	15.0%	17.1%	15.9%		14.4%
企业家	2.6%	1.9%	2.0%	1.3%	1.2%		1.7%
演艺明星、体育明星	1.0%	0.4%	0.4%	0.4%	0.2%	7.1%	0.5%
教师	15.6%	12.8%	11.4%	11.7%	11.5%	14.3%	12.3%
知识精英	2.9%	2.8%	2.7%	2.0%	1.9%		2.4%
自由撰稿人	0.7%		0.3%	0.2%	0.1%		0.2%
农民	1.4%	2.3%	2.6%	3.3%	3.8%		2.8%
工人	0.5%	0.8%	0.9%	0.9%	1.6%		1.0%

续表

	17—29 岁	30—39 岁	40—49 岁	50—59 岁	60—69 岁	70—80 岁	总计
先哲先贤	4.2%	4.6%	4.8%	2.6%	3.2%		3.7%
父母	62.9%	63.2%	60.0%	60.5%	60.6%	78.6%	61.1%
总计	100.0%	100.0%	100.0%	100.0%	100.0%	100.0%	100.0%
列总计	873	791	1468	1690	1449	14	6285

Chi-square tests：df = 45，卡方值为 137.569，sig = 0.000 < 0.050，所以不同年龄层的居民在对“您的思想行为受什么人影响最大”的认知上有显著差异。

E11b by A2

您的思想行为受什么人影响第二大 ＊ 年龄 Crosstabulation

	17—29 岁	30—39 岁	40—49 岁	50—59 岁	60—69 岁	70—80 岁	总计
政府官员	7.4%	9.8%	11.4%	12.4%	13.7%	8.3%	11.4%
企业家	4.8%	5.7%	6.3%	5.4%	4.6%		5.4%
演艺明星、体育明星	2.2%	1.9%	1.4%	1.1%	0.9%		1.4%
教师	47.5%	41.1%	40.0%	35.9%	35.5%	33.3%	39.0%
知识精英	6.9%	7.5%	6.3%	5.1%	3.8%		5.6%
自由撰稿人	0.8%	0.5%	1.1%	0.8%	0.3%		0.7%
农民	4.0%	5.1%	7.8%	10.6%	12.2%	8.3%	8.7%
工人	1.5%	3.8%	3.7%	5.1%	5.1%	16.7%	4.2%
先哲先贤	8.6%	8.2%	7.5%	8.2%	8.0%	8.3%	8.1%
父母	16.2%	16.3%	14.4%	15.4%	15.9%	25.0%	15.5%
总计	100.0%	100.0%	100.0%	100.0%	100.0%	100.0%	100.0%
列总计	869	784	1453	1673	1437	12	6228

Chi-square tests：df = 45，卡方值为 183.509，sig = 0.000 < 0.050，所以不同年龄层的居民在对“您的思想行为受什么人影响第二大”的认知上有显著差异。

E11c by A2

您的思想行为受什么人影响第三大 ＊ 年龄 Crosstabulation

	17—29 岁	30—39 岁	40—49 岁	50—59 岁	60—69 岁	70—80 岁	总计
政府官员	15.2%	14.6%	16.4%	15.9%	17.0%	15.4%	16.0%
企业家	6.4%	7.0%	5.7%	4.0%	3.4%		5.0%
演艺明星、体育明星	6.6%	5.1%	3.4%	2.5%	2.5%		3.6%
教师	13.7%	13.4%	14.3%	15.9%	16.0%	23.1%	14.9%

续表

	17—29岁	30—39岁	40—49岁	50—59岁	60—69岁	70—80岁	总计
知识精英	15.4%	15.7%	13.3%	10.6%	10.1%	15.4%	12.4%
自由撰稿人	3.7%	2.2%	2.4%	1.8%	1.9%		2.3%
农民	6.4%	9.2%	10.9%	15.1%	13.8%	7.7%	11.9%
工人	5.1%	8.1%	8.5%	10.8%	10.6%	7.7%	9.1%
先哲先贤	18.1%	15.4%	14.6%	12.1%	13.6%	23.1%	14.3%
父母	9.3%	9.2%	10.4%	11.3%	11.2%	7.7%	10.5%
总计	100.0%	100.0%	100.0%	100.0%	100.0%	100.0%	100.0%
列总计	861	781	1439	1658	1426	13	6178

Chi-square tests：df=45，卡方值为196.050，sig=0.000<0.050，所以不同年龄层的居民在对“您的思想行为受什么人影响第三大”的认知上有显著差异。

E12a by A2

对形成我国当前各种新型伦理关系和道德观念，哪种因素影响最大 * 年龄 Crosstabulation

	17—29岁	30—39岁	40—49岁	50—59岁	60—69岁	70—80岁	总计
网络和媒体	43.9%	42.3%	40.7%	37.7%	32.3%	26.7%	38.6%
政府	25.3%	28.1%	33.8%	38.5%	42.4%	53.3%	35.2%
大学及其文化	11.1%	6.8%	5.3%	4.9%	4.4%		6.0%
市场	5.7%	8.1%	7.5%	7.8%	9.6%	13.3%	7.9%
企业	1.4%	2.3%	1.2%	1.8%	1.9%		1.7%
社会团体	7.6%	6.5%	6.1%	5.1%	4.6%	6.7%	5.7%
知识精英	2.2%	2.5%	2.5%	2.2%	3.1%		2.5%
国外价值观与生活方式	2.6%	3.3%	2.8%	1.5%	1.1%		2.1%
其他	0.1%	0.1%	0.1%	0.5%	0.6%		0.3%
总计	100.0%	100.0%	100.0%	100.0%	100.0%	100.0%	100.0%
列总计	872	790	1452	1663	1418	15	6210

Chi-square tests：df=40，卡方值为200.721，sig=0.000<0.050，所以不同年龄层的居民在对“形成我国当前各种新型伦理关系和道德观念，哪种因素影响最大”的认知上有显著差异。

E12b by A2

对形成我国当前各种新型伦理关系和道德观念，哪种因素影响第二大 ＊ 年龄 Crosstabulation

	17—29 岁	30—39 岁	40—49 岁	50—59 岁	60—69 岁	70—80 岁	总计
网络和媒体	18. 3%	18. 0%	18. 0%	18. 1%	17. 7%	26. 7%	18. 0%
政府	28. 0%	30. 2%	30. 0%	30. 2%	29. 6%	20. 0%	29. 7%
大学及其文化	13. 7%	10. 6%	10. 2%	7. 6%	10. 6%	6. 7%	10. 1%
市场	15. 1%	16. 6%	16. 5%	17. 7%	17. 7%	6. 7%	16. 9%
企业	4. 1%	6. 0%	5. 9%	8. 5%	6. 6%	33. 3%	6. 6%
社会团体	12. 3%	9. 9%	10. 5%	10. 1%	9. 1%	6. 7%	10. 3%
知识精英	3. 3%	4. 2%	5. 1%	4. 7%	5. 7%		4. 8%
国外价值观与生活方式	5. 1%	4. 6%	3. 5%	2. 8%	2. 7%		3. 5%
其他	0. 1%		0. 3%	0. 2%	0. 4%		0. 2%
总计	100. 0%	100. 0%	100. 0%	100. 0%	100. 0%	100. 0%	100. 0%
列总计	870	785	1445	1650	1404	15	6169

Chi-square tests：df = 40，卡方值为 94. 441，sig = 0. 000 < 0. 050，所以不同年龄层的居民在对“形成我国当前各种新型伦理关系和道德观念，哪种因素影响第二大”的认知上有显著差异。

E12c by A2

对形成我国当前各种新型伦理关系和道德观念，哪种因素影响第三大 ＊ 年龄 Crosstabulation

	17—29 岁	30—39 岁	40—49 岁	50—59 岁	60—69 岁	70—80 岁	总计
网络和媒体	11. 7%	11. 2%	10. 5%	9. 2%	11. 1%	23. 1%	10. 6%
政府	12. 9%	13. 5%	12. 7%	11. 6%	11. 5%		12. 2%
大学及其文化	19. 4%	14. 6%	15. 6%	16. 5%	18. 1%	15. 4%	16. 8%
市场	19. 0%	18. 9%	18. 5%	19. 5%	20. 2%	23. 1%	19. 3%
企业	5. 5%	6. 6%	6. 6%	8. 8%	6. 6%	7. 7%	7. 0%
社会团体	17. 3%	18. 0%	19. 4%	19. 8%	16. 8%	23. 1%	18. 4%
知识精英	6. 1%	7. 9%	9. 1%	9. 0%	10. 1%	7. 7%	8. 7%
国外价值观与生活方式	7. 9%	8. 7%	6. 2%	5. 0%	4. 7%		6. 1%
其他	0. 1%	0. 5%	1. 5%	0. 7%	1. 0%		0. 8%
总计	100. 0%	100. 0%	100. 0%	100. 0%	100. 0%	100. 0%	100. 0%
列总计	865	783	1435	1643	1399	13	6138

Chi-square tests：df = 40，卡方值为 82. 496，sig = 0. 000 < 0. 050，所以不同年龄层的居民在对“形成我国当前各种新型伦理关系和道德观念，哪种因素影响第三大”的认知上有显著差异。

E13 by A2

您认为哪种因素应当对当今不良道德风尚负主要责任 ＊ 年龄 Crosstabulation

	17—29 岁	30—39 岁	40—49 岁	50—59 岁	60—69 岁	70—80 岁	总计
以权谋私，官员腐败	35.2%	43.7%	47.0%	48.3%	44.5%	60.0%	44.8%
企业不讲诚信和损害社会利益	14.5%	14.6%	10.1%	10.6%	9.6%	13.3%	11.3%
大学及其文化学校道德教育功能弱化	9.5%	7.8%	8.1%	6.4%	7.0%		7.5%
家庭伦理功能弱化	3.8%	3.2%	3.2%	4.5%	4.4%		3.9%
个人缺乏道德自觉	23.7%	20.5%	19.3%	16.4%	18.4%	13.3%	19.1%
分配不公，两极分化	13.3%	10.2%	12.3%	13.7%	16.2%	13.3%	13.5%
总计	100.0%	100.0%	100.0%	100.0%	100.0%	100.0%	100.0%
列总计	874	792	1473	1690	1444	15	6288

Chi-square tests：df = 25，卡方值为 96.545，sig = 0.000 < 0.050，所以不同年龄层的居民在对“您认为哪种因素应当对当今不良道德风尚负主要责任”的认知上有显著差异。

E14a by A2

对下列关于网络的说法是否赞同：网络是一个虚拟空间，不受现实生活中的道德规范约束 ＊ 年龄 Crosstabulation

	17—29 岁	30—39 岁	40—49 岁	50—59 岁	60—69 岁	70—80 岁	总计
非常不赞同	32.4%	31.6%	29.2%	30.4%	28.6%	6.7%	30.1%
不太赞同	40.0%	35.7%	35.6%	32.9%	36.0%	26.7%	35.6%
比较赞同	20.7%	22.7%	25.1%	24.8%	25.5%	60.0%	24.3%
非常赞同	6.9%	10.0%	10.1%	11.8%	9.9%	6.7%	10.0%
总计	100.0%	100.0%	100.0%	100.0%	100.0%	100.0%	100.0%
列总计	866	790	1452	1627	1352	15	6102

Chi-square tests：df = 15，卡方值为 43.117，sig = 0.000 < 0.050，所以不同年龄层的居民在对“网络是一个虚拟空间，不受现实生活中的道德规范约束”的看法上有显著差异。

E14b by A2

对下列关于网络的说法是否赞同：人肉搜索侵犯个人隐私，应该杜绝 ＊ 年龄 Crosstabulation

	17—29 岁	30—39 岁	40—49 岁	50—59 岁	60—69 岁	70—80 岁	总计
非常不赞同	4.8%	5.8%	6.0%	6.0%	4.7%		5.5%

续表

	17—29 岁	30—39 岁	40—49 岁	50—59 岁	60—69 岁	70—80 岁	总计
不太赞同	18.2%	14.0%	13.7%	11.9%	11.9%	13.3%	13.5%
比较赞同	41.8%	41.3%	39.6%	39.0%	40.2%	60.0%	40.2%
非常赞同	35.1%	38.8%	40.6%	43.2%	43.2%	26.7%	40.8%
总计	100.0%	100.0%	100.0%	100.0%	100.0%	100.0%	100.0%
列总计	868	791	1448	1619	1339	15	6080

Chi-square tests：df = 15，卡方值为 40.396，sig = 0.000 < 0.050，所以不同年龄层的居民在对“人肉搜索侵犯个人隐私，应该杜绝”的看法上有显著差异。

E14c by A2

对下列关于网络的说法是否赞同：明知网络谣言仍转发的，应该受到惩罚 * 年龄 Crosstabulation

	17—29 岁	30—39 岁	40—49 岁	50—59 岁	60—69 岁	70—80 岁	总计
非常不赞同	4.0%	5.2%	3.5%	4.6%	3.5%	6.7%	4.1%
不太赞同	9.3%	7.6%	6.0%	7.1%	7.4%	6.7%	7.5%
比较赞同	40.3%	36.2%	33.4%	33.0%	36.0%	46.7%	35.2%
非常赞同	46.3%	51.1%	56.3%	55.4%	53.1%	40.0%	53.2%
总计	100.0%	100.0%	100.0%	100.0%	100.0%	100.0%	100.0%
列总计	868	791	1453	1631	1354	15	6112

Chi-square tests：df = 15，卡方值为 35.442，sig = 0.002 < 0.050，所以不同年龄层的居民在对“明知网络谣言仍转发的，应该受到惩罚”的看法上有显著差异。

E15 by A2

您认为政府在制定政策和决策时充分考虑到伦理道德方面的要求了吗（如社会公平、利益均衡、关怀弱势群体，以及大多数人利益和感受）* 年龄 Crosstabulation

	17—29 岁	30—39 岁	40—49 岁	50—59 岁	60—69 岁	70—80 岁	总计
有所考虑	28.8%	35.3%	38.2%	40.8%	41.7%	60.0%	38.1%
有所考虑，但不够	66.9%	59.2%	56.8%	51.3%	52.0%	26.7%	55.8%
比较赞同，没有考虑	4.4%	5.5%	5.0%	8.0%	6.3%	13.3%	6.1%
总计	100.0%	100.0%	100.0%	100.0%	100.0%	100.0%	100.0%
列总计	872	796	1471	1695	1452	15	6301

Chi-square tests：df = 10，卡方值为 83.679，sig = 0.000 < 0.050，所以不同年龄层的居民在对“政府在制定政策和决策时是否充分考虑到伦理道德方面的要求”的评价上有显著差异。

E16 by A2

您认为解决当前我国的公民道德和社会风尚问题，最关键的是 ＊ 年龄 Crosstabulation

	17—29 岁	30—39 岁	40—49 岁	50—59 岁	60—69 岁	70—80 岁	总计
加强法制	21.8%	29.9%	31.6%	37.2%	36.2%	57.1%	32.7%
弘扬优秀道德传统	21.1%	21.0%	22.3%	22.8%	23.0%	7.1%	22.2%
建设伦理道德的核心价值	14.1%	9.8%	7.6%	7.0%	5.6%		8.1%
惩治官员腐败	11.4%	12.4%	14.7%	10.5%	12.2%	7.1%	12.2%
解决分配不公问题	8.4%	8.7%	7.5%	9.5%	9.6%	7.1%	8.8%
提高个人道德素质	23.1%	18.2%	16.3%	13.0%	13.3%	21.4%	15.9%
总计	100.0%	100.0%	100.0%	100.0%	100.0%	100.0%	100.0%
列总计	870	796	1467	1695	1446	14	6288

Chi-square tests：df = 25，卡方值为 176.220，sig = 0.000 < 0.050，所以不同年龄层的居民在对“解决当前我国的公民道德和社会风尚问题，最关键的方法”的选择上有显著差异。

E17 by A2

一些政府机关、企事业单位和大中小学，利用权力为本单位的职工子女在入学、招工中提供特殊政策，您认为这种行为道德吗 ＊ 年龄 Crosstabulation

	17—29 岁	30—39 岁	40—49 岁	50—59 岁	60—69 岁	70—80 岁	总计
为本单位人员谋福利，符合道德	9.3%	7.3%	6.4%	6.1%	5.7%	6.7%	6.7%
以权谋私，不道德	49.9%	52.3%	54.6%	63.0%	60.4%	73.3%	57.3%
是对社会公众的欺骗，严重不道德	19.6%	21.9%	22.8%	19.5%	20.0%	13.3%	20.7%
符合本单位员工利益，但严重侵蚀社会道德	17.6%	14.6%	12.5%	7.1%	8.9%	6.7%	11.2%
无所谓道德不道德	3.6%	3.9%	3.7%	4.3%	5.1%		4.2%
总计	100.0%	100.0%	100.0%	100.0%	100.0%	100.0%	100.0%
列总计	873	790	1469	1692	1451	15	6290

Chi-square tests：df = 20，卡方值为 125.806，sig = 0.000 < 0.050，所以不同年龄层的居民在对“一些政府机关、企事业单位和大中小学，利用权力为本单位的职工子女在入学、招工中提供特殊政策，您认为这种行为道德吗”的评价上有显著差异。

E18a by A2

残疾人、留守儿童、孤寡老人等弱势群体需要来自全社会的关爱与帮助，您认为本地区做得怎么样：社区提供的服务 * 年龄 Crosstabulation

	17—29 岁	30—39 岁	40—49 岁	50—59 岁	60—69 岁	70—80 岁	总计
很好	25.6%	28.2%	33.2%	33.5%	33.7%	33.3%	31.7%
比较好	60.0%	53.9%	53.4%	54.6%	54.6%	40.0%	55.0%
不太好	13.2%	15.1%	11.6%	9.5%	10.0%	26.7%	11.4%
很差	1.2%	2.8%	1.7%	2.4%	1.7%		1.9%
总计	100.0%	100.0%	100.0%	100.0%	100.0%	100.0%	100.0%
列总计	868	788	1469	1687	1447	15	6274

Chi-square tests：df = 15，卡方值为 54.518，sig = 0.000 < 0.050，所以不同年龄层的居民在对“社区提供的服务”的评价上有显著差异。

E18b by A2

残疾人、留守儿童、孤寡老人等弱势群体需要来自全社会的关爱与帮助，您认为本地区做得怎么样：周围人的尊重和关爱 * 年龄 Crosstabulation

	17—29 岁	30—39 岁	40—49 岁	50—59 岁	60—69 岁	70—80 岁	总计
很好	25.5%	23.8%	29.6%	32.0%	33.1%	26.7%	29.8%
比较好	60.4%	60.7%	59.7%	58.3%	58.6%	53.3%	59.3%
不太好	12.8%	14.2%	9.9%	9.0%	7.7%	20.0%	10.1%
很差	1.3%	1.3%	0.7%	0.7%	0.6%		0.8%
总计	100.0%	100.0%	100.0%	100.0%	100.0%	100.0%	100.0%
列总计	867	789	1468	1686	1447	15	6272

Chi-square tests：df = 15，卡方值为 60.485，sig = 0.000 < 0.050，所以不同年龄层的居民在对“周围人的尊重和关爱”的评价上有显著差异。

E18c by A2

残疾人、留守儿童、孤寡老人等弱势群体需要来自全社会的关爱与帮助，您认为本地区做得怎么样：社会服务机构提供的专业化服务 * 年龄 Crosstabulation

	17—29 岁	30—39 岁	40—49 岁	50—59 岁	60—69 岁	70—80 岁	总计
很好	20.8%	22.3%	24.5%	25.2%	25.1%	13.3%	24.0%
比较好	56.8%	51.2%	53.8%	52.8%	54.4%	60.0%	53.8%
不太好	20.3%	23.2%	19.2%	18.2%	17.9%	26.7%	19.3%
很差	2.1%	3.3%	2.6%	3.8%	2.6%		2.9%
总计	100.0%	100.0%	100.0%	100.0%	100.0%	100.0%	100.0%
列总计	866	785	1460	1680	1441	15	6247

Chi-square tests：df = 15，卡方值为 27.522，sig = 0.025 < 0.050，所以不同年龄层的居民在对“社会服务机构提供的专业化服务”的评价上有显著差异。

E18d by A2

残疾人、留守儿童、孤寡老人等弱势群体需要来自全社会的关爱与帮助，您认为本地区做得怎么样：政府实施的社会救助 * 年龄 Crosstabulation

	17—29 岁	30—39 岁	40—49 岁	50—59 岁	60—69 岁	70—80 岁	总计
很好	23.5%	26.0%	29.9%	29.9%	31.6%	20.0%	28.9%
比较好	54.9%	51.3%	51.5%	53.4%	52.7%	40.0%	52.7%
不太好	17.7%	18.9%	14.9%	13.2%	13.0%	33.3%	14.9%
很差	3.9%	3.8%	3.7%	3.5%	2.7%	6.7%	3.5%
总计	100.0%	100.0%	100.0%	100.0%	100.0%	100.0%	100.0%
列总计	864	784	1457	1677	1443	15	6240

Chi-square tests：df = 15，卡方值为 45.238，sig = 0.000 < 0.050，所以不同年龄层的居民在对“政府实施的社会救助”的评价上有显著差异。

E19a by A2

您认为目前社会公德中存在的最突出的问题是：坑蒙拐骗 * 年龄 Crosstabulation

	17—29 岁	30—39 岁	40—49 岁	50—59 岁	60—69 岁	70—80 岁	总计
未选	62.1%	61.2%	62.4%	57.4%	58.6%	53.3%	60.0%
已选	37.9%	38.8%	37.6%	42.6%	41.4%	46.7%	40.0%
总计	100.0%	100.0%	100.0%	100.0%	100.0%	100.0%	100.0%
列总计	874	796	1477	1699	1458	15	6319

Chi-square tests：df = 5，卡方值为 11.542，sig = 0.042 < 0.050，所以不同年龄层的居民在对“坑蒙拐骗是目前社会公德中存在的最突出的问题”的看法上有显著差异。

E19b by A2

您认为目前社会公德中存在的最突出的问题是：人际关系冷漠，见危不救 * 年龄 Crosstabulation

	17—29 岁	30—39 岁	40—49 岁	50—59 岁	60—69 岁	70—80 岁	总计
未选	53.9%	55.5%	62.3%	68.1%	68.6%	53.3%	63.3%
已选	46.1%	44.5%	37.7%	31.9%	31.4%	46.7%	36.7%
总计	100.0%	100.0%	100.0%	100.0%	100.0%	100.0%	100.0%
列总计	874	796	1476	1699	1458	15	6318

Chi-square tests：df = 5，卡方值为 89.682，sig = 0.000 < 0.050，所以不同年龄层的居民在对“人际关系冷漠，见危不救是目前社会公德中存在的最突出的问题”的看法上有显著差异。

E19c by A2

您认为目前社会公德中存在的最突出的问题是：不守承诺，社会信用度低 * 年龄 Crosstabulation

	17—29 岁	30—39 岁	40—49 岁	50—59 岁	60—69 岁	70—80 岁	总计
未选	55.5%	60.0%	63.4%	62.2%	64.4%	80.0%	61.8%
已选	44.5%	40.0%	36.6%	37.8%	35.6%	20.0%	38.2%
总计	100.0%	100.0%	100.0%	100.0%	100.0%	100.0%	100.0%
列总计	874	795	1476	1699	1458	15	6317

Chi-square tests：df = 5，卡方值为 23.870，sig = 0.000 < 0.050，所以不同年龄层的居民在对“不守承诺，社会信用度低是目前社会公德中存在的最突出的问题”的看法上有显著差异。

E19d by A2

您认为目前社会公德中存在的最突出的问题是：社会财富分配不公，贫富悬殊 * 年龄 Crosstabulation

	17—29 岁	30—39 岁	40—49 岁	50—59 岁	60—69 岁	70—80 岁	总计
未选	68.3%	68.8%	67.5%	64.3%	61.0%	60.0%	65.4%
已选	31.7%	31.2%	32.5%	35.7%	39.0%	40.0%	34.6%
总计	100.0%	100.0%	100.0%	100.0%	100.0%	100.0%	100.0%
列总计	874	796	1476	1699	1458	15	6318

Chi-square tests：df = 5，卡方值为 24.121，sig = 0.000 < 0.050，所以不同年龄层的居民在对“社会财富分配不公，贫富悬殊是目前社会公德中存在的最突出的问题”的看法上有显著差异。

E19e by A2

您认为目前社会公德中存在的最突出的问题是：公共场所缺乏道德 * 年龄 Crosstabulation

	17—29 岁	30—39 岁	40—49 岁	50—59 岁	60—69 岁	70—80 岁	总计
未选	67.5%	72.2%	75.5%	76.9%	77.8%	80.0%	74.9%
已选	32.5%	27.8%	24.5%	23.1%	22.2%	20.0%	25.1%
总计	100.0%	100.0%	100.0%	100.0%	100.0%	100.0%	100.0%
列总计	874	796	1476	1699	1458	15	6318

Chi-square tests：df = 5，卡方值为 39.202，sig = 0.000 < 0.050，所以不同年龄层的居民在对“公共场所缺乏道德是目前社会公德中存在的最突出的问题”的看法上有显著差异。

E19f by A2

您认为目前社会公德中存在的最突出的问题是：自私自利，损人利己 ＊ 年龄 Crosstabulation

	17—29 岁	30—39 岁	40—49 岁	50—59 岁	60—69 岁	70—80 岁	总计
未选	69.2%	72.0%	69.9%	71.0%	71.5%	66.7%	70.7%
已选	30.8%	28.0%	30.1%	29.0%	28.5%	33.3%	29.3%
总计	100.0%	100.0%	100.0%	100.0%	100.0%	100.0%	100.0%
列总计	874	796	1477	1698	1458	15	6318

Chi-square tests：df = 5，卡方值为 2.741，sig = 0.740 > 0.050，所以不同年龄层的居民在对“自私自利，损人利己是目前社会公德中存在的最突出的问题”的看法上没有显著差异。

E19g by A2

您认为目前社会公德中存在的最突出的问题是：缺乏爱心 ＊ 年龄 Crosstabulation

	17—29 岁	30—39 岁	40—49 岁	50—59 岁	60—69 岁	70—80 岁	总计
未选	76.7%	73.2%	73.3%	72.9%	75.2%	86.7%	74.1%
已选	23.3%	26.8%	26.7%	27.1%	24.8%	13.3%	25.9%
总计	100.0%	100.0%	100.0%	100.0%	100.0%	100.0%	100.0%
列总计	874	796	1477	1698	1458	15	6318

Chi-square tests：df = 5，卡方值为 7.314，sig = 0.198 > 0.050，所以不同年龄层的居民在对居民对于“缺乏爱心是目前社会公德中存在的最突出的问题”的认知上没有显著差异。

E19h by A2

您认为目前社会公德中存在的最突出的问题是：缺乏公正心和正义感 ＊ 年龄 Crosstabulation

	17—29 岁	30—39 岁	40—49 岁	50—59 岁	60—69 岁	70—80 岁	总计
未选	73.7%	73.8%	69.5%	74.2%	72.3%	60.0%	72.5%
已选	26.3%	26.2%	30.5%	25.8%	27.7%	40.0%	27.5%
总计	100.0%	100.0%	100.0%	100.0%	100.0%	100.0%	100.0%
列总计	867	791	1475	1693	1454	15	6295

Chi-square tests：df = 5，卡方值为 11.832，sig = 0.037 < 0.050，所以不同年龄层的居民在对“缺乏公正心和正义感是目前社会公德中存在的最突出的问题”的看法上有显著差异。

E19i by A2

您认为目前社会公德中存在的最突出的问题是：缺乏羞耻感 ＊ 年龄 Crosstabulation

	17—29 岁	30—39 岁	40—49 岁	50—59 岁	60—69 岁	70—80 岁	总计
未选	88. 5%	88. 7%	90. 2%	89. 4%	90. 6%	100. 0%	89. 7%
已选	11. 5%	11. 3%	9. 8%	10. 6%	9. 4%		10. 3%
总计	100. 0%	100. 0%	100. 0%	100. 0%	100. 0%	100. 0%	100. 0%
列总计	867	791	1475	1693	1454	15	6295

Chi-square tests：df = 5，卡方值为 5. 661，sig = 0. 341 > 0. 050，所以不同年龄层的居民在对“缺乏羞耻感是目前社会公德中存在的最突出的问题”的看法上没有显著差异。

E19j by A2

您认为目前社会公德中存在的最突出的问题是：私欲膨胀，物欲横流 ＊ 年龄 Crosstabulation

	17—29 岁	30—39 岁	40—49 岁	50—59 岁	60—69 岁	70—80 岁	总计
未选	78. 2%	82. 2%	83. 7%	86. 7%	84. 5%	93. 3%	83. 8%
已选	21. 8%	17. 8%	16. 3%	13. 3%	15. 5%	6. 7%	16. 2%
总计	100. 0%	100. 0%	100. 0%	100. 0%	100. 0%	100. 0%	100. 0%
列总计	867	791	1475	1693	1454	15	6295

Chi-square tests：df = 5，卡方值为 33. 662，sig = 0. 000 < 0. 050，所以不同年龄层的居民在对“私欲膨胀，物欲横流是目前社会公德中存在的最突出的问题”的看法上有显著差异。

E19k by A2

您认为目前社会公德中存在的最突出的问题是：干部贪污受贿，以权谋利 ＊ 年龄 Crosstabulation

	17—29 岁	30—39 岁	40—49 岁	50—59 岁	60—69 岁	70—80 岁	总计
未选	73. 0%	65. 2%	65. 2%	63. 6%	61. 4%	46. 7%	64. 9%
已选	27. 0%	34. 8%	34. 8%	36. 4%	38. 6%	53. 3%	35. 1%
总计	100. 0%	100. 0%	100. 0%	100. 0%	100. 0%	100. 0%	100. 0%
列总计	867	791	1475	1693	1454	15	6295

Chi-square tests：df = 5，卡方值为 36. 426，sig = 0. 000 < 0. 050，所以不同年龄层的居民在对“干部贪污受贿，以权谋利是目前社会公德中存在的最突出的问题”的看法上有显著差异。

E19l by A2

您认为目前社会公德中存在的最突出的问题是：生活奢侈，铺张浪费 * 年龄 Crosstabulation

	17—29 岁	30—39 岁	40—49 岁	50—59 岁	60—69 岁	70—80 岁	总计
未选	86.5%	83.6%	83.3%	83.6%	86.5%	93.3%	84.6%
已选	13.5%	16.4%	16.7%	16.4%	13.5%	6.7%	15.4%
总计	100.0%	100.0%	100.0%	100.0%	100.0%	100.0%	100.0%
列总计	867	791	1475	1693	1454	15	6295

Chi-square tests：df = 5，卡方值为 11.321，sig = 0.045 < 0.050，所以不同年龄层的居民在对“生活奢侈，铺张浪费是目前社会公德中存在的最突出的问题”的看法上有显著差异。

E19m by A2

您认为目前社会公德中存在的最突出的问题是：奉行功利主义，相互算计 * 年龄 Crosstabulation

	17—29 岁	30—39 岁	40—49 岁	50—59 岁	60—69 岁	70—80 岁	总计
未选	89.6%	92.0%	89.0%	89.5%	91.0%	86.7%	90.1%
已选	10.4%	8.0%	11.0%	10.5%	9.0%	13.3%	9.9%
总计	100.0%	100.0%	100.0%	100.0%	100.0%	100.0%	100.0%
列总计	867	791	1475	1693	1454	15	6295

Chi-square tests：df = 5，卡方值为 7.647，sig = 0.177 > 0.050，所以不同年龄层的居民在对“奉行功利主义，相互算计是目前社会公德中存在的最突出的问题”的看法上没有显著差异。

E19n by A2

您认为目前社会公德中存在的最突出的问题是：媒体缺乏社会责任，炒作新闻 * 年龄 Crosstabulation

	17—29 岁	30—39 岁	40—49 岁	50—59 岁	60—69 岁	70—80 岁	总计
未选	79.8%	84.8%	86.6%	87.9%	89.0%	93.3%	86.4%
已选	20.2%	15.2%	13.4%	12.1%	11.0%	6.7%	13.6%
总计	100.0%	100.0%	100.0%	100.0%	100.0%	100.0%	100.0%
列总计	867	791	1475	1693	1454	15	6295

Chi-square tests：df = 5，卡方值为 45.793，sig = 0.000 < 0.050，所以不同年龄层的居民在对“媒体缺乏社会责任，炒作新闻是目前社会公德中存在的最突出的问题”的看法上有显著差异。

E19o by A2

您认为目前社会公德中存在的最突出的问题是：人与人、人与社会之间缺乏信任，社会安全度低 * 年龄 Crosstabulation

	17—29 岁	30—39 岁	40—49 岁	50—59 岁	60—69 岁	70—80 岁	总计
未选	67.5%	64.6%	69.7%	73.1%	71.9%	60.0%	70.1%
已选	32.5%	35.4%	30.3%	26.9%	28.1%	40.0%	29.9%
总计	100.0%	100.0%	100.0%	100.0%	100.0%	100.0%	100.0%
列总计	867	791	1475	1693	1453	15	6294

Chi-square tests：df = 5，卡方值为 24.522，sig = 0.000 < 0.050，所以不同年龄层的居民在对“人与人、人与社会之间缺乏信任，社会安全度低是目前社会公德中存在的最突出的问题”的看法上有显著差异。

E19p by A2

您认为目前社会公德中存在的最突出的问题是：娱乐界以丑闻、绯闻炒作，污染社会风气 * 年龄 Crosstabulation

	17—29 岁	30—39 岁	40—49 岁	50—59 岁	60—69 岁	70—80 岁	总计
未选	84.9%	87.7%	90.0%	91.7%	92.6%	86.7%	90.1%
已选	15.1%	12.3%	10.0%	8.3%	7.4%	13.3%	9.9%
总计	100.0%	100.0%	100.0%	100.0%	100.0%	100.0%	100.0%
列总计	867	791	1475	1694	1454	15	6296

Chi-square tests：df = 5，卡方值为 47.044，sig = 0.000 < 0.050，所以不同年龄层的居民在对“娱乐界以丑闻、绯闻炒作，污染社会风气是目前社会公德中存在的最突出的问题”的看法上有显著差异。

E19q by A2

您认为目前社会公德中存在的最突出的问题是：企业行为损害社会利益，如环境污染、产品质量低劣，以虚假广告误导公众 * 年龄 Crosstabulation

	17—29 岁	30—39 岁	40—49 岁	50—59 岁	60—69 岁	70—80 岁	总计
未选	77.9%	75.9%	80.7%	83.5%	85.2%	66.7%	81.5%
已选	22.1%	24.1%	19.3%	16.5%	14.8%	33.3%	18.5%
总计	100.0%	100.0%	100.0%	100.0%	100.0%	100.0%	100.0%
列总计	867	791	1475	1693	1454	15	6295

Chi-square tests：df = 5，卡方值为 44.949，sig = 0.000 < 0.050，所以不同年龄层的居民在对“企业行为损害社会利益，如环境污染、产品质量低劣，以虚假广告误导公众是目前社会公德中存在的最突出的问题”的看法上有显著差异。

E20 by A2

主流媒体的报道和朋友圈或国外媒体的消息不一致时，您会相信哪一个 ＊ 年龄 Crosstabulation

	17—29 岁	30—39 岁	40—49 岁	50—59 岁	60—69 岁	70—80 岁	总计
主流媒体	36.5%	42.9%	51.2%	58.4%	62.5%	73.3%	52.7%
朋友圈/亲朋圈子	12.5%	11.3%	11.7%	10.0%	10.0%	13.3%	10.9%
国外报道	3.2%	2.5%	2.0%	0.5%	0.4%		1.5%
都不相信	13.9%	12.5%	10.4%	10.4%	9.0%	6.7%	10.8%
自己比较判断应该相信哪个	33.3%	29.8%	24.0%	20.0%	17.5%	6.7%	23.4%
其他	0.6%	1.0%	0.7%	0.7%	0.6%		0.7%
总计	100.0%	100.0%	100.0%	100.0%	100.0%	100.0%	100.0%
列总计	863	791	1467	1693	1447	15	6276

Chi-square tests：df = 25，卡方值为 248.378，sig = 0.000 < 0.050，所以不同年龄层的居民在对“主流媒体的报道和朋友圈或国外媒体的消息不一致时，您会相信哪一个”的选择上有显著差异。

E21a by A2

下列哪些因素可能影响人际关系紧张：社会资源缺乏，引发恶性竞争 ＊ 年龄 Crosstabulation

	17—29 岁	30—39 岁	40—49 岁	50—59 岁	60—69 岁	70—80 岁	总计
未选	63.8%	67.7%	71.5%	74.0%	76.2%	60.0%	71.7%
已选	36.2%	32.3%	28.5%	26.0%	23.8%	40.0%	28.3%
总计	100.0%	100.0%	100.0%	100.0%	100.0%	100.0%	100.0%
列总计	873	795	1476	1700	1456	15	6315

Chi-square tests：df = 5，卡方值为 52.951，sig = 0.000 < 0.050，所以不同年龄层的居民在对“社会资源缺乏，引发恶性竞争可能是影响人际关系紧张的因素”的看法上有显著差异。

E21b by A2

下列哪些因素可能影响人际关系紧张：过度宣扬竞争意识 ＊ 年龄 Crosstabulation

	17—29 岁	30—39 岁	40—49 岁	50—59 岁	60—69 岁	70—80 岁	总计
未选	81.7%	86.5%	85.2%	86.7%	86.5%	100.0%	85.6%
已选	18.3%	13.5%	14.8%	13.3%	13.5%		14.4%
总计	100.0%	100.0%	100.0%	100.0%	100.0%	100.0%	100.0%

续表

	17—29 岁	30—39 岁	40—49 岁	50—59 岁	60—69 岁	70—80 岁	总计
列总计	872	795	1476	1700	1456	15	6314

Chi-square tests：df = 5，卡方值为 17.097，sig = 0.004 < 0.050，所以不同年龄层的居民在对“过度宣扬竞争意识可能是影响人际关系紧张的因素”的看法上有显著差异。

E21c by A2

下列哪些因素可能影响人际关系紧张：社会财富分配不公，贫富差距过大 * 年龄 Crosstabulation

	17—29 岁	30—39 岁	40—49 岁	50—59 岁	60—69 岁	70—80 岁	总计
未选	56.9%	57.5%	54.9%	51.3%	50.8%	40.0%	53.6%
已选	43.1%	42.5%	45.1%	48.7%	49.2%	60.0%	46.4%
总计	100.0%	100.0%	100.0%	100.0%	100.0%	100.0%	100.0%
列总计	873	795	1476	1701	1456	15	6316

Chi-square tests：df = 5，卡方值为 19.104，sig = 0.002 < 0.050，所以不同年龄层的居民在对“社会财富分配不公，贫富差距过大可能是影响人际关系紧张的因素”的看法上有显著差异。

E21d by A2

下列哪些因素可能影响人际关系紧张：个人主义盛行 * 年龄 Crosstabulation

	17—29 岁	30—39 岁	40—49 岁	50—59 岁	60—69 岁	70—80 岁	总计
未选	71.8%	76.1%	78.7%	79.0%	76.7%	73.3%	77.0%
已选	28.2%	23.9%	21.3%	21.0%	23.3%	26.7%	23.0%
总计	100.0%	100.0%	100.0%	100.0%	100.0%	100.0%	100.0%
列总计	873	795	1476	1700	1456	15	6315

Chi-square tests：df = 5，卡方值为 20.105，sig = 0.001 < 0.050，所以不同年龄层的居民在对“个人主义盛行可能是影响人际关系紧张的因素”的看法上有显著差异。

E21e by A2

下列哪些因素可能影响人际关系紧张：缺乏爱心 * 年龄 Crosstabulation

	17—29 岁	30—39 岁	40—49 岁	50—59 岁	60—69 岁	70—80 岁	总计
未选	73.2%	70.1%	69.9%	69.5%	70.4%	73.3%	70.4%
已选	26.8%	29.9%	30.1%	30.5%	29.6%	26.7%	29.6%
总计	100.0%	100.0%	100.0%	100.0%	100.0%	100.0%	100.0%

续表

	17—29 岁	30—39 岁	40—49 岁	50—59 岁	60—69 岁	70—80 岁	总计
列总计	874	795	1476	1700	1456	15	6316

Chi-square tests：df = 5，卡方值为 4. 239，sig = 0. 516 > 0. 050，所以不同年龄层的居民在对“缺乏爱心可能是影响人际关系紧张的因素”的看法上没有显著差异。

E21f by A2

下列哪些因素可能影响人际关系紧张：缺乏宽容 * 年龄 Crosstabulation

	17—29 岁	30—39 岁	40—49 岁	50—59 岁	60—69 岁	70—80 岁	总计
未选	74. 7%	74. 7%	73. 6%	72. 3%	72. 0%	60. 0%	73. 2%
已选	25. 3%	25. 3%	26. 4%	27. 7%	28. 0%	40. 0%	26. 8%
总计	100. 0%	100. 0%	100. 0%	100. 0%	100. 0%	100. 0%	100. 0%
列总计	874	795	1476	1701	1456	15	6317

Chi-square tests：df = 5，卡方值为 5. 053，sig = 0. 409 > 0. 050，所以不同年龄层的居民在对“缺乏宽容可能是影响人际关系紧张的因素”的看法上没有显著差异。

E21g by A2

下列哪些因素可能影响人际关系紧张：缺乏相互理解和沟通的意识和能力 * 年龄 Crosstabulation

	17—29 岁	30—39 岁	40—49 岁	50—59 岁	60—69 岁	70—80 岁	总计
未选	68. 4%	72. 3%	76. 1%	77. 7%	77. 1%	93. 3%	75. 3%
已选	31. 6%	27. 7%	23. 9%	22. 3%	22. 9%	6. 7%	24. 7%
总计	100. 0%	100. 0%	100. 0%	100. 0%	100. 0%	100. 0%	100. 0%
列总计	873	795	1476	1701	1456	15	6316

Chi-square tests：df = 5，卡方值为 36. 993，sig = 0. 000 < 0. 050，所以不同年龄层的居民在对“缺乏相互理解和沟通的意识和能力可能是影响人际关系紧张的因素”的看法上有显著差异。

E21h by A2

下列哪些因素可能影响人际关系紧张：制度安排不公正，机会不平等 * 年龄 Crosstabulation

	17—29 岁	30—39 岁	40—49 岁	50—59 岁	60—69 岁	70—80 岁	总计
未选	71. 6%	69. 3%	70. 8%	74. 1%	75. 1%	66. 7%	72. 6%
已选	28. 4%	30. 7%	29. 2%	25. 9%	24. 9%	33. 3%	27. 4%

续表

	17—29 岁	30—39 岁	40—49 岁	50—59 岁	60—69 岁	70—80 岁	总计
总计	100.0%	100.0%	100.0%	100.0%	100.0%	100.0%	100.0%
列总计	873	795	1476	1701	1456	15	6316

Chi-square tests：df = 5，卡方值为 13.757，sig = 0.017 < 0.050，所以不同年龄层的居民在对“制度安排不公正，机会不平等可能是影响人际关系紧张的因素”的看法上有显著差异。

E21i by A2

下列哪些因素可能影响人际关系紧张：以权谋私，官员腐败 ＊ 年龄 Crosstabulation

	17—29 岁	30—39 岁	40—49 岁	50—59 岁	60—69 岁	70—80 岁	总计
未选	68.9%	64.5%	63.6%	58.0%	58.7%	46.7%	61.8%
已选	31.1%	35.5%	36.4%	42.0%	41.3%	53.3%	38.2%
总计	100.0%	100.0%	100.0%	100.0%	100.0%	100.0%	100.0%
列总计	874	795	1476	1701	1456	15	6317

Chi-square tests：df = 5，卡方值为 40.939，sig = 0.000 < 0.050，所以不同年龄层的居民在对“以权谋私，官员腐败可能是影响人际关系紧张的因素”的看法上有显著差异。

E21j by A2

下列哪些因素可能影响人际关系紧张：缺乏道德信用 ＊ 年龄 Crosstabulation

	17—29 岁	30—39 岁	40—49 岁	50—59 岁	60—69 岁	70—80 岁	总计
未选	72.7%	71.8%	74.1%	72.7%	71.1%	73.3%	72.5%
已选	27.3%	28.2%	25.9%	27.3%	28.9%	26.7%	27.5%
总计	100.0%	100.0%	100.0%	100.0%	100.0%	100.0%	100.0%
列总计	867	790	1474	1695	1452	15	6293

Chi-square tests：df = 5，卡方值为 3.591，sig = 0.610 > 0.050，所以不同年龄层的居民在对“缺乏道德信用可能是影响人际关系紧张的因素”的看法上没有显著差异。

E21k by A2

下列哪些因素可能影响人际关系紧张：人与人、人与社会之间缺乏信任 ＊ 年龄 Crosstabulation

	17—29 岁	30—39 岁	40—49 岁	50—59 岁	60—69 岁	70—80 岁	总计
未选	55.3%	58.5%	63.6%	65.9%	67.4%	66.7%	63.3%

续表

	17—29 岁	30—39 岁	40—49 岁	50—59 岁	60—69 岁	70—80 岁	总计
已选	44.7%	41.5%	36.4%	34.1%	32.6%	33.3%	36.7%
总计	100.0%	100.0%	100.0%	100.0%	100.0%	100.0%	100.0%
列总计	874	795	1476	1701	1456	15	6317

Chi-square tests：df = 5，卡方值为 47.696，sig = 0.000 < 0.050，所以不同年龄层的居民在对“人与人、人与社会之间缺乏信任可能是影响人际关系紧张的因素”的看法上有显著差异。

E21l by A2

下列哪些因素可能影响人际关系紧张：传统伦理瓦解，社会缺乏统一的价值观 ＊ 年龄 Crosstabulation

	17—29 岁	30—39 岁	40—49 岁	50—59 岁	60—69 岁	70—80 岁	总计
未选	84.8%	86.2%	89.5%	89.5%	86.7%	80.0%	87.8%
已选	15.2%	13.8%	10.5%	10.5%	13.3%	20.0%	12.2%
总计	100.0%	100.0%	100.0%	100.0%	100.0%	100.0%	100.0%
列总计	874	795	1476	1701	1456	15	6317

Chi-square tests：df = 5，卡方值为 20.163，sig = 0.001 < 0.050，所以不同年龄层的居民在对“传统伦理瓦解，社会缺乏统一的价值观可能是影响人际关系紧张的因素”的看法上有显著差异。

E21m by A2

下列哪些因素可能影响人际关系紧张：一切诉诸利益或法律，人际关系缺乏伦理调节的机制和能力 ＊ 年龄 Crosstabulation

	17—29 岁	30—39 岁	40—49 岁	50—59 岁	60—69 岁	70—80 岁	总计
未选	91.2%	89.4%	94.3%	93.3%	94.4%	93.3%	93.0%
已选	8.8%	10.6%	5.7%	6.7%	5.6%	6.7%	7.0%
总计	100.0%	100.0%	100.0%	100.0%	100.0%	100.0%	100.0%
列总计	874	795	1476	1700	1455	15	6315

Chi-square tests：df = 5，卡方值为 28.691，sig = 0.000 < 0.050，所以不同年龄层的居民在对“一切诉诸利益或法律，人际关系缺乏伦理调节的机制和能力可能是影响人际关系紧张的因素”的看法上有显著差异。

E22a by A2

本地政府的就业政策对促进社会公平有效果吗 ＊ 年龄 Crosstabulation

	17—29 岁	30—39 岁	40—49 岁	50—59 岁	60—69 岁	70—80 岁	总计
普遍受欢迎	29.5%	34.3%	35.3%	38.6%	39.3%	40.0%	36.2%

续表

	17—29 岁	30—39 岁	40—49 岁	50—59 岁	60—69 岁	70—80 岁	总计
效果一般	56.9%	49.0%	46.9%	39.7%	39.1%	53.3%	44.8%
没有效果	7.1%	8.2%	7.3%	7.3%	6.8%		7.3%
有负面影响	0.9%	0.6%	0.8%	1.0%	1.0%		0.9%
不清楚	5.6%	7.8%	9.7%	13.4%	13.8%	6.7%	10.8%
总计	100.0%	100.0%	100.0%	100.0%	100.0%	100.0%	100.0%
列总计	863	790	1462	1682	1444	15	6256

Chi-square tests：df = 20，卡方值为 127.962，sig = 0.000 < 0.050，所以不同年龄层的居民在对“就业政策对促进社会公平的效果”的评价上有显著差异。

E22b by A2

本地政府的教育政策对促进社会公平有效果吗 * 年龄 Crosstabulation

	17—29 岁	30—39 岁	40—49 岁	50—59 岁	60—69 岁	70—80 岁	总计
普遍受欢迎	41.6%	42.6%	47.5%	48.3%	50.9%	53.3%	47.1%
效果一般	46.5%	45.4%	40.2%	36.3%	35.3%	26.7%	39.3%
没有效果	6.6%	6.1%	5.3%	5.0%	3.5%	6.7%	5.1%
有负面影响	1.5%	2.4%	1.8%	1.5%	1.9%		1.8%
不清楚	3.8%	3.5%	5.3%	8.9%	8.3%	13.3%	6.6%
总计	100.0%	100.0%	100.0%	100.0%	100.0%	100.0%	100.0%
列总计	864	789	1464	1680	1443	15	6255

Chi-square tests：df = 20，卡方值为 105.242，sig = 0.000 < 0.050，所以不同年龄层的居民在对“教育政策对促进社会公平的效果”的评价上有显著差异。

E22c by A2

本地政府的医疗卫生政策对促进社会公平有效果吗 * 年龄 Crosstabulation

	17—29 岁	30—39 岁	40—49 岁	50—59 岁	60—69 岁	70—80 岁	总计
普遍受欢迎	39.7%	39.2%	45.3%	49.5%	50.1%	53.3%	46.0%
效果一般	47.2%	48.3%	42.3%	36.5%	36.2%	33.3%	40.8%
没有效果	7.9%	8.2%	6.9%	6.7%	6.5%	13.3%	7.0%
有负面影响	1.5%	1.5%	1.9%	2.6%	2.9%		2.2%
不清楚	3.7%	2.8%	3.5%	4.8%	4.2%		4.0%
总计	100.0%	100.0%	100.0%	100.0%	100.0%	100.0%	100.0%
列总计	862	785	1467	1684	1446	15	6259

Chi-square tests：df = 20，卡方值为 80.893，sig = 0.000 < 0.050，所以不同年龄层的居民在对“医疗卫生政策对促进社会公平的效果”的评价上有显著差异。

E22d by A2

本地政府的低保政策对促进社会公平有效果吗 ＊ 年龄 Crosstabulation

	17—29 岁	30—39 岁	40—49 岁	50—59 岁	60—69 岁	70—80 岁	总计
普遍受欢迎	42. 8%	47. 9%	48. 2%	49. 0%	51. 3%	60. 0%	48. 4%
效果一般	40. 9%	37. 9%	35. 6%	30. 8%	31. 3%	26. 7%	34. 3%
没有效果	6. 6%	5. 8%	5. 5%	7. 1%	6. 8%	13. 3%	6. 5%
有负面影响	2. 2%	2. 3%	3. 0%	3. 6%	2. 5%		2. 8%
不清楚	7. 5%	6. 1%	7. 7%	9. 5%	8. 1%		8. 0%
总计	100. 0%	100. 0%	100. 0%	100. 0%	100. 0%	100. 0%	100. 0%
列总计	866	789	1464	1683	1445	15	6262

Chi-square tests：df = 20，卡方值为 55. 094，sig = 0. 000 < 0. 050，所以不同年龄层的居民在“低保政策对促进社会公平的效果”的评价上有显著差异。

E22e by A2

本地政府的房地产政策对促进社会公平有效果吗 ＊ 年龄 Crosstabulation

	17—29 岁	30—39 岁	40—49 岁	50—59 岁	60—69 岁	70—80 岁	总计
普遍受欢迎	19. 9%	20. 1%	16. 2%	18. 2%	18. 8%	26. 7%	18. 4%
效果一般	43. 0%	37. 4%	35. 1%	29. 4%	29. 1%	33. 3%	33. 6%
没有效果	17. 8%	18. 5%	17. 2%	13. 8%	13. 0%	20. 0%	15. 6%
有负面影响	6. 4%	7. 3%	8. 5%	7. 7%	9. 1%	13. 3%	8. 0%
不清楚	13. 0%	16. 7%	22. 9%	30. 8%	29. 9%	6. 7%	24. 5%
总计	100. 0%	100. 0%	100. 0%	100. 0%	100. 0%	100. 0%	100. 0%
列总计	866	791	1457	1673	1438	15	6240

Chi-square tests：df = 20，卡方值为 191. 349，sig = 0. 000 < 0. 050，所以不同年龄层的居民在对“房地产政策对促进社会公平的效果”的评价上有显著差异。

E22f by A2

本地政府的拆迁安置政策对促进社会公平有效果吗 ＊ 年龄 Crosstabulation

	17—29 岁	30—39 岁	40—49 岁	50—59 岁	60—69 岁	70—80 岁	总计
普遍受欢迎	24. 5%	24. 1%	22. 5%	22. 7%	24. 0%	26. 7%	23. 4%
效果一般	44. 4%	40. 9%	33. 9%	31. 2%	30. 0%	40. 0%	34. 6%
没有效果	10. 5%	9. 5%	11. 0%	9. 6%	9. 1%	6. 7%	9. 9%
有负面影响	5. 8%	6. 8%	8. 5%	7. 3%	7. 5%	13. 3%	7. 4%
不清楚	14. 9%	18. 6%	24. 1%	29. 2%	29. 3%	13. 3%	24. 7%

续表

	17—29 岁	30—39 岁	40—49 岁	50—59 岁	60—69 岁	70—80 岁	总计
总计	100.0%	100.0%	100.0%	100.0%	100.0%	100.0%	100.0%
列总计	867	789	1459	1673	1435	15	6238

Chi-square tests：df = 20，卡方值为 132.716，sig = 0.000 < 0.050，所以不同年龄层的居民在对“拆迁安置政策对促进社会公平的效果”的评价上有显著差异。

E23 by A2

您听说过或参加过道德讲堂活动吗 * 年龄 Crosstabulation

	17—29 岁	30—39 岁	40—49 岁	50—59 岁	60—69 岁	70—80 岁	总计
没有听说过	36.1%	38.5%	43.2%	50.2%	49.9%	46.7%	45.1%
听说过，但没有参加过	34.0%	31.9%	28.7%	25.9%	23.3%	33.3%	27.9%
参加过，觉得很有意义	22.4%	24.7%	23.9%	21.0%	23.2%	20.0%	22.9%
参加过，但没留下太多印象	7.5%	4.8%	4.1%	2.8%	3.6%		4.2%
总计	100.0%	100.0%	100.0%	100.0%	100.0%	100.0%	100.0%
列总计	867	789	1474	1696	1450	15	6291

Chi-square tests：df = 15，卡方值为 109.074，sig = 0.000 < 0.050，所以不同年龄层的居民在对“您听说过或参加过道德讲堂活动”的回答上有显著差异。

E24 by A2

有人说，一条好家规、一个好家风可以影响三代人。现在开展的弘扬好家风、好家训活动，您认为有意义吗 * 年龄 Crosstabulation

	17—29 岁	30—39 岁	40—49 岁	50—59 岁	60—69 岁	70—80 岁	总计
没有必要	5.6%	5.4%	6.1%	5.9%	5.6%	13.3%	5.8%
可有可无	12.3%	8.2%	8.0%	8.7%	7.8%	6.7%	8.8%
很有意义	82.1%	86.4%	85.8%	85.4%	86.6%	80.0%	85.4%
总计	100.0%	100.0%	100.0%	100.0%	100.0%	100.0%	100.0%
列总计	872	792	1468	1688	1452	15	6287

Chi-square tests：df = 10，卡方值为 18.654 ，sig = 0.045 < 0.050，所以不同年龄层的居民在对“现在开展的弘扬好家风、好家训活动，您认为有意义与否”的选择上有显著差异。

E25 by A2

现在有的地方建了“好人馆”“好人广场”“好人公园”，您认为有必要为好人树碑立传吗 ＊ 年龄 Crosstabulation

	17—29 岁	30—39 岁	40—49 岁	50—59 岁	60—69 岁	70—80 岁	总计
可有可无	15. 2%	11. 3%	11. 6%	12. 5%	10. 5%	13. 3%	12. 1%
没有必要	10. 3%	11. 5%	13. 7%	13. 9%	12. 2%	26. 7%	12. 7%
很有必要，可以让更多的人知道他们、学习他们	74. 5%	77. 2%	74. 7%	73. 6%	77. 3%	60. 0%	75. 3%
总计	100. 0%	100. 0%	100. 0%	100. 0%	100. 0%	100. 0%	100. 0%
列总计	867	790	1473	1692	1450	15	6287

Chi-square tests：df = 10，卡方值为 24. 203，sig = 0. 007 < 0. 050，所以不同年龄层的居民在对“现在有的地方建了‘好人馆’‘好人广场’‘好人公园’，您认为有必要为好人树碑立传吗”的回答上有显著差异。

E26 by A2

您对您所生活地方的道德建设满意吗 ＊ 年龄 Crosstabulation

	17—29 岁	30—39 岁	40—49 岁	50—59 岁	60—69 岁	70—80 岁	总计
没有必要	22. 0%	26. 7%	32. 8%	37. 0%	36. 5%	53. 3%	32. 6%
可有可无	67. 1%	61. 3%	57. 7%	54. 3%	55. 5%	26. 7%	58. 0%
不满意	7. 0%	6. 8%	5. 9%	5. 7%	5. 1%	20. 0%	6. 0%
说不清楚	3. 8%	5. 2%	3. 6%	3. 1%	2. 8%		3. 5%
总计	100. 0%	100. 0%	100. 0%	100. 0%	100. 0%	100. 0%	100. 0%
列总计	867	790	1474	1693	1453	15	6292

Chi-square tests：df = 15，卡方值为 98. 844，sig = 0. 000 < 0. 050，所以不同年龄层的居民在对“所生活地方道德建设”的满意度上有显著差异。

E28 by A2

您对您所生活地方的社会公德状况满意吗 ＊ 年龄 Crosstabulation

	17—29 岁	30—39 岁	40—49 岁	50—59 岁	60—69 岁	70—80 岁	总计
非常满意	16. 3%	19. 1%	21. 9%	25. 2%	24. 3%	33. 3%	22. 3%
比较满意	44. 0%	42. 5%	45. 8%	46. 9%	47. 6%	46. 7%	45. 8%
基本满意	30. 3%	30. 2%	26. 5%	22. 6%	22. 5%	13. 3%	25. 5%
不满意	9. 4%	8. 3%	5. 8%	5. 3%	5. 6%	6. 7%	6. 4%

续表

	17—29 岁	30—39 岁	40—49 岁	50—59 岁	60—69 岁	70—80 岁	总计
总计	100. 0%	100. 0%	100. 0%	100. 0%	100. 0%	100. 0%	100. 0%
列总计	848	786	1447	1665	1430	15	6191

Chi-square tests：df = 15，卡方值为 79. 554，sig = 0. 000 < 0. 050，所以不同年龄层的居民在对“生活地方的社会公德状况”的满意度上有显著差异。

江苏省伦理道德评价的教育差异

B1a by A6

您对当前我国社会的道德状况的满意程度 ＊ 受教育程度 Crosstabulation

	大专以下	大专及大专以上	总计
非常满意	28.6%	25.5%	28.0%
比较满意	59.9%	56.2%	59.2%
比较不满意	9.0%	15.7%	10.4%
非常不满意	2.4%	2.6%	2.5%
总计	100.0%	100.0%	100.0%
列总计	5055	1257	6312

Chi-square tests：df = 3，卡方值为 48.743，sig = 0.000 < 0.050，所以受教育程度不同的居民在对“当前我国社会的道德状况的满意程度”的评价上有显著差异。

B1b by A6

您对当前我国社会人与人之间关系的满意程度 ＊ 受教育程度 Crosstabulation

	大专以下	大专及大专以上	总计
非常满意	25.8%	22.2%	25.1%
比较满意	62.6%	59.8%	62.0%
比较不满意	10.0%	16.2%	11.3%
非常不满意	1.6%	1.8%	1.6%
总计	100.0%	100.0%	100.0%
列总计	5053	1254	6307

Chi-square tests：df = 3，卡方值为 40.818，sig = 0.000 < 0.050，所以受教育程度不同的居民在对“当前我国社会人与人之间关系的满意程度”的评价上有显著差异。

B1c by A6

您对自己的道德状况的满意程度 ＊ 受教育程度 Crosstabulation

	大专以下	大专及大专以上	总计
非常满意	47.2%	45.3%	46.8%

续表

	大专以下	大专及大专以上	总计
比较满意	50.3%	52.2%	50.7%
比较不满意	2.1%	1.9%	2.1%
非常不满意	0.3%	0.6%	0.4%
总计	100.0%	100.0%	100.0%
列总计	5047	1254	6301

Chi-square tests：df=3，卡方值为3.903，sig =0.272>0.050，所以受教育程度不同的居民在对“自己的道德状况的满意程度”的评价上没有显著差异。

B2 by A6

您认为目前我国社会中道德和幸福的现实关系是 * 受教育程度 Crosstabulation

	大专以下	大专及大专以上	总计
总体上道德和幸福能够一致，能惩恶扬善	77.3%	82.1%	78.3%
有道德、讲伦理的人大都吃亏，不守道德的人更能讨便宜	15.3%	13.9%	15.0%
道德和幸福没有关系，能挣钱、有发展无论怎样行动都行	7.4%	3.9%	6.7%
总计	100.0%	100.0%	100.0%
列总计	4966	1241	6207

Chi-square tests：df=2，卡方值为21.588，sig =0.000<0.050，所以受教育程度不同的居民在对“目前我国社会中道德和幸福的现实关系”的评价上有显著差异。

B3a by A6

您认为您目前的状况是：生活水平提高了，但幸福感和快乐感降低了 * 受教育程度 Crosstabulation

	大专以下	大专及大专以上	总计
未选	88.1%	78.5%	86.2%
已选	11.9%	21.5%	13.8%
总计	100.0%	100.0%	100.0%
列总计	5082	1264	6346

Chi-square tests：df=1，卡方值为78.164，sig =0.000<0.050，所以受教育程度不同的居民在对“生活水平提高了，但幸福感和快乐感降低了”的认知上有显著差异。

B3b by A6

您认为您目前的状况是：生活既不富裕也不小康，但幸福并快乐着 ＊ 受教育程度 Crosstabulation

	大专以下	大专及大专以上	总计
未选	68.3%	76.1%	69.8%
已选	31.7%	23.9%	30.2%
总计	100.0%	100.0%	100.0%
列总计	5081	1263	6344

Chi-square tests：df = 1，卡方值为 29.183，sig = 0.000 < 0.050，所以受教育程度不同的居民在对“生活既不富裕也不小康，但幸福并快乐着”的认知上有显著差异。

B3c by A6

您认为您目前的状况是：生活富裕，但不感到幸福和快乐 ＊ 受教育程度 Crosstabulation

	大专以下	大专及大专以上	总计
未选	97.0%	96.1%	96.9%
已选	3.0%	3.8%	3.1%
总计	100.0%	100.0%	100.0%
列总计	5080	1263	6343

Chi-square tests：df = 1，卡方值为 2.404，sig = 0.121 > 0.050，所以受教育程度不同的居民在对“生活富裕，但不感到幸福和快乐”的认知上没有显著差异。

B3d by A6

您认为您目前的状况是：生活小康，幸福且快乐 ＊ 受教育程度 Crosstabulation

	大专以下	大专及大专以上	总计
未选	60.8%	54.2%	59.5%
已选	39.2%	45.8%	40.5%
总计	100.0%	100.0%	100.0%
列总计	5081	1263	6344

Chi-square tests：df = 1，卡方值为 18.280，sig = 0.000 < 0.050，所以受教育程度不同的居民在对“生活小康，幸福且快乐”的认知上有显著差异。

B3e by A6

您认为您目前的状况是：生活贫困，既不幸福也不快乐 ＊ 受教育程度 Crosstabulation

	大专以下	大专及大专以上	总计
未选	93. 9%	97. 5%	94. 6%
已选	6. 1%	2. 5%	5. 4%
总计	100. 0%	100. 0%	100. 0%
列总计	5080	1263	6343

Chi-square tests：df = 1，卡方值为 24. 837，sig ＝0. 000 < 0. 050，所以受教育程度不同的居民在对“生活贫困，既不幸福也不快乐”的认知上有显著差异。

B3f by A6

您认为您目前的状况是：生活富裕，幸福也快乐 ＊ 受教育程度 Crosstabulation

	大专以下	大专及大专以上	总计
未选	90. 3%	90. 5%	90. 3%
已选	9. 7%	9. 5%	9. 7%
总计	100. 0%	100. 0%	100. 0%
列总计	5081	1263	6344

Chi-square tests：df = 1，卡方值为 0. 057，sig ＝0. 812 > 0. 050，所以受教育程度不同的居民在对“生活富裕，幸福也快乐”的认知上没有显著差异。

B3g by A6

您认为您目前的状况是：幸福感和快乐感提高了 ＊ 受教育程度 Crosstabulation

	大专以下	大专及大专以上	总计
未选	73. 3%	72. 8%	73. 2%
已选	26. 7%	27. 2%	26. 8%
总计	100. 0%	100. 0%	100. 0%
列总计	5080	1263	6343

Chi-square tests：df = 1，卡方值为 0. 131，sig ＝0. 717 > 0. 050，所以受教育程度不同的居民在对“幸福感和快乐感提高了”的认知上没有显著差异。

B4 by A6

如果条件允许的话，您或者您的孩子愿意生活在国内，还是到国外定居 ＊ 受教育程度 Crosstabulation

	大专以下	大专及大专以上	总计
还是在国内生活好	80.6%	69.8%	78.4%
选择到国外定居	7.2%	11.3%	8.0%
走一步，看一步	7.5%	11.3%	8.3%
无所谓	4.8%	7.6%	5.3%
总计	100.0%	100.0%	100.0%
列总计	5054	1257	6311

Chi-square tests：df = 3，卡方值为 68.290，sig = 0.000 < 0.050，所以受教育程度不同的居民在对“如果条件允许的话，您或者您的孩子愿意生活在国内，还是到国外定居”的选择上有显著差异。

B5 by A6

认为中国梦和个人、家庭追求美好生活的关系 ＊ 受教育程度 Crosstabulation

	大专以下	大专及大专以上	总计
关系很大	63.6%	76.1%	66.1%
关系不大	19.0%	20.3%	19.1%
根本没有关系	3.6%	1.1%	3.1%
不清楚什么是中国梦	13.7%	2.5%	11.5%
总计	100.0%	100.0%	100.0%
列总计	5071	1263	6334

Chi-square tests：df = 3，卡方值为 155.540，sig = 0.000 < 0.050，所以受教育程度不同的居民在对“认为中国梦和个人、家庭追求美好生活的关系”的认知上有显著差异。

B6 by A6

现在我们省正按照习近平总书记的要求，努力建设经济强、百姓富、环境美、社会文明程度高的新江苏。您对实现“新江苏”这样的目标有信心吗 ＊ 受教育程度 Crosstabulation

	大专以下	大专及大专以上	总计
很有信心	82.2%	83.2%	82.4%
没有信心	4.7%	3.3%	4.4%
说不清楚	13.1%	13.5%	13.2%
总计	100.0%	100.0%	100.0%

续表

	大专以下	大专及大专以上	总计
列总计	5061	1261	6322

Chi-square tests：df=2，卡方值为4.285，sig =0.117>0.050，所以受教育程度不同的居民在对“对实现‘新江苏’这样的目标”的信心度上没有显著差异。

B7 by A6

您认为我国目前人与人之间的关系主要受什么影响 * 受教育程度 Crosstabulation

	大专以下	大专及大专以上	总计
完全受利益影响	11.1%	8.6%	10.6%
主要受利益影响	37.0%	43.0%	38.2%
主要受情感影响	25.4%	11.3%	22.5%
完全受情感影响	3.6%	1.6%	3.2%
受个人价值观影响	10.7%	20.0%	12.6%
受共同价值观影响	12.2%	15.5%	12.9%
总计	100.0%	100.0%	100.0%
列总计	5033	1262	6295

Chi-square tests：df=5，卡方值为196.471，sig =0.000<0.050，所以受教育程度不同的居民在对“目前人与人之间的关系主要受什么影响”的选择上有显著差异。

B8a by A6

请问您是否同意以下说法：当前大多数人奉行的是“个人至上” * 受教育程度 Crosstabulation

	大专以下	大专及大专以上	总计
完全同意	17.1%	11.5%	16.0%
比较同意	38.1%	43.9%	39.1%
不太同意	33.8%	35.2%	34.1%
完全不同意	11.1%	9.4%	10.8%
总计	100.0%	100.0%	100.0%
列总计	5069	1263	6332

Chi-square tests：df=3，卡方值为31.641，sig =0.000<0.050，所以受教育程度不同的居民在对“当前大多数人奉行的是‘个人至上’”的看法上有显著差异。

B8b by A6

请问您是否同意以下说法：现在我国大多数人是见利忘义的 * 受教育程度 Crosstabulation

	大专以下	大专及大专以上	总计
完全同意	10.3%	6.0%	9.5%
比较同意	28.5%	20.5%	26.9%
不太同意	44.9%	57.6%	47.4%
完全不同意	16.3%	15.9%	16.2%
总计	100.0%	100.0%	100.0%
列总计	5056	1259	6315

Chi-square tests：df = 3，卡方值为 77.860，sig = 0.000 < 0.050，所以受教育程度不同的居民在对“现在我国大多数人是见利忘义的”的看法上有显著差异。

B8c by A6

请问您是否同意以下说法：当前大多数人都是以集体利益为重的 * 受教育程度 Crosstabulation

	大专以下	大专及大专以上	总计
完全同意	18.3%	12.0%	17.0%
比较同意	44.9%	44.0%	44.7%
不太同意	30.5%	37.7%	31.9%
完全不同意	6.4%	6.3%	6.3%
总计	100.0%	100.0%	100.0%
列总计	5045	1257	6302

Chi-square tests：df = 3，卡方值为 39.928，sig = 0.000 < 0.050，所以受教育程度不同的居民在对“当前大多数人都是以集体利益为重的”的看法上有显著差异。

B8d by A6

请问您是否同意以下说法：当前大多数人都是以家庭利益至上的 * 受教育程度 Crosstabulation

	大专以下	大专及大专以上	总计
完全同意	34.2%	23.4%	32.0%
比较同意	47.8%	54.8%	49.2%
不太同意	15.0%	18.8%	15.8%
完全不同意	3.1%	2.9%	3.1%

续表

	大专以下	大专及大专以上	总计
总计	100.0%	100.0%	100.0%
列总计	5036	1258	6294

Chi-square tests：df=3，卡方值为56.509，sig =0.000<0.050，所以受教育程度不同的居民在对“当前大多数人都是以家庭利益至上的”的看法上有显著差异。

B8e by A6

请问您是否同意以下说法：当前的社会是一个金钱至上的社会 * 受教育程度 Crosstabulation

	大专以下	大专及大专以上	总计
完全同意	26.4%	17.1%	24.5%
比较同意	36.8%	35.5%	36.5%
不太同意	29.0%	37.4%	30.7%
完全不同意	7.8%	10.0%	8.3%
总计	100.0%	100.0%	100.0%
列总计	5045	1255	6300

Chi-square tests：df=3，卡方值为64.193，sig =0.000<0.050，所以受教育程度不同的居民在对“当前的社会是一个金钱至上的社会”的看法上有显著差异。

B8f by A6

请问您是否同意以下说法：好人有好报，恶人终归会受到惩罚 * 受教育程度 Crosstabulation

	大专以下	大专及大专以上	总计
完全同意	57.1%	45.3%	54.8%
比较同意	30.5%	39.5%	32.3%
不太同意	9.4%	12.4%	10.0%
完全不同意	3.0%	2.8%	2.9%
总计	100.0%	100.0%	100.0%
列总计	5052	1250	6302

Chi-square tests：df=3，卡方值为59.999，sig =0.000<0.050，所以受教育程度不同的居民在对“好人有好报，恶人终归会受到惩罚”的看法上有显著差异。

B8g by A6

请问您是否同意以下说法：我们的社会中道德能够很好地约束人们的行为 * 受教育程度 Crosstabulation

	大专以下	大专及大专以上	总计
完全同意	29.1%	24.7%	28.2%
比较同意	50.8%	49.4%	50.5%
不太同意	17.0%	23.2%	18.2%
完全不同意	3.1%	2.6%	3.0%
总计	100.0%	100.0%	100.0%
列总计	5044	1262	6306

Chi-square tests：df = 3，卡方值为 29.470，sig = 0.000 < 0.050，所以受教育程度不同的居民在对“我们的社会中道德能够很好地约束人们的行为”的看法上有显著差异。

B8h by A6

请问您是否同意以下说法：现有的规范和习俗能够很好地调节人与人的关系 * 受教育程度 Crosstabulation

	大专以下	大专及大专以上	总计
完全同意	26.3%	22.8%	25.6%
比较同意	54.1%	54.1%	54.1%
不太同意	16.8%	20.4%	17.5%
完全不同意	2.8%	2.7%	2.8%
总计	100.0%	100.0%	100.0%
列总计	5029	1256	6285

Chi-square tests：df = 3，卡方值为 12.277，sig = 0.006 < 0.050，所以受教育程度不同的居民在对“现有的规范和习俗能够很好地调节人与人的关系”的看法上有显著差异。

B8i by A6

请问您是否同意以下说法：为了经济利益可以少许破坏生态环境 * 受教育程度 Crosstabulation

	大专以下	大专及大专以上	总计
完全同意	9.1%	7.3%	8.8%
比较同意	17.6%	16.5%	17.4%
不太同意	30.7%	28.9%	30.3%
完全不同意	42.6%	47.3%	43.6%

续表

	大专以下	大专及大专以上	总计
总计	100.0%	100.0%	100.0%
列总计	5038	1258	6296

Chi-square tests：df = 3，卡方值为 10.476，sig = 0.015 < 0.050，所以受教育程度不同的居民在对“为了经济利益可以少许破坏生态环境”的看法上有显著差异。

B8j by A6

请问您是否同意以下说法：在社会生活中首要的是个人幸福，然后才可能去顾及他人 * 受教育程度 Crosstabulation

	大专以下	大专及大专以上	总计
完全同意	19.4%	10.9%	17.7%
比较同意	38.8%	37.5%	38.5%
不太同意	30.6%	38.9%	32.3%
完全不同意	11.3%	12.7%	11.5%
总计	100.0%	100.0%	100.0%
列总计	5057	1262	6319

Chi-square tests：df = 3，卡方值为 64.436，sig = 0.000 < 0.050，所以受教育程度不同的居民在对“在社会生活中首要的是个人幸福，然后才可能去顾及他人”的看法上有显著差异。

B8k by A6

请问您是否同意以下说法：一个人的时候可以做些诸如随地丢垃圾、随地吐痰等的小事，反正也没有别人知道 * 受教育程度 Crosstabulation

	大专以下	大专及大专以上	总计
完全同意	4.2%	3.4%	4.0%
比较同意	9.7%	6.9%	9.2%
不太同意	26.5%	21.9%	25.6%
完全不同意	59.6%	67.8%	61.2%
总计	100.0%	100.0%	100.0%
列总计	5056	1261	6317

Chi-square tests：df = 3，卡方值为 29.687，sig = 0.000 < 0.050，所以受教育程度不同的居民在对“一个人的时候可以做些诸如随地丢垃圾、随地吐痰等的小事，反正也没有别人知道”的看法上有显著差异。

B9 by A6

对中国社会，您最担忧的问题是 * 受教育程度 Crosstabulation

	大专以下	大专及大专以上	总计
腐败不能根治	30.0%	27.6%	29.5%
生态环境恶化	19.6%	29.8%	21.6%
贫富不均，两极分化	20.0%	19.3%	19.9%
老无所养，对未来没有把握	12.7%	6.0%	11.4%
生活水平下降	5.6%	2.1%	4.9%
道德滑坡，社会风气恶化	7.2%	11.6%	8.1%
人际关系紧张	1.6%	2.1%	1.7%
其他	3.2%	1.4%	2.9%
总计	100.0%	100.0%	100.0%
列总计	5055	1257	6312

Chi-square tests：df = 7，卡方值为 152.426，sig = 0.000 < 0.050，所以受教育程度不同的居民在对“对中国社会，您最担忧的问题”的选择上有显著差异。

B10 by A6

和前几年相比，您认为目前我国官员腐败现象 * 受教育程度 Crosstabulation

	大专以下	大专及大专以上	总计
有较大改善	72.9%	77.0%	73.7%
没什么变化	23.5%	20.1%	22.8%
更加恶化	3.7%	2.9%	3.5%
总计	100.0%	100.0%	100.0%
列总计	5062	1262	6324

Chi-square tests：df = 2，卡方值为 9.162，sig = 0.010 < 0.050，所以受教育程度不同的居民在对“和前几年相比，您认为目前我国官员腐败现象是否改善”的看法上有显著差异。

B11a by A6

当前我国社会道德生活中最重要的元素 * 受教育程度 Crosstabulation

	大专以下	大专及大专以上	总计
意识形态中所提倡的社会主义道德	25.4%	31.3%	26.6%
中国传统道德	59.0%	56.9%	58.6%
受西方文化影响而形成的道德	4.1%	2.0%	3.7%
市场经济中形成的道德	11.3%	9.7%	11.0%

续表

	大专以下	大专及大专以上	总计
其他	0. 2%	0. 2%	0. 2%
总计	100. 0%	100. 0%	100. 0%
列总计	4973	1257	6230

Chi-square tests：df =4，卡方值为 28. 226，sig =0. 000 <0. 050，所以受教育程度不同的居民在对“当前我国社会道德生活中最重要的元素”的认知上有显著差异。

B11b by A6

当前我国社会道德生活中第二重要的元素 ＊ 受教育程度 Crosstabulation

	大专以下	大专及大专以上	总计
意识形态中所提倡的社会主义道德	44. 6%	43. 6%	44. 4%
中国传统道德	27. 5%	31. 8%	28. 4%
受西方文化影响而形成的道德	7. 6%	6. 4%	7. 4%
市场经济中形成的道德	20. 0%	18. 2%	19. 6%
其他	0. 3%		0. 2%
总计	100. 0%	100. 0%	100. 0%
列总计	4895	1222	6117

Chi-square tests：df =4，卡方值为 13. 396，sig =0. 009 <0. 050，所以受教育程度不同的居民在对“当前我国社会道德生活中第二重要的元素”的认知上有显著差异。

B11c by A6

当前我国社会道德生活中第三重要的元素 ＊ 受教育程度 Crosstabulation

	大专以下	大专及大专以上	总计
意识形态中所提倡的社会主义道德	22. 2%	18. 8%	21. 5%
中国传统道德	9. 9%	8. 2%	9. 5%
受西方文化影响而形成的道德	20. 1%	20. 0%	20. 0%
市场经济中形成的道德	47. 2%	51. 9%	48. 2%
其他	0. 6%	1. 1%	0. 7%
总计	100. 0%	100. 0%	100. 0%
列总计	4860	1215	6075

Chi-square tests：df =4，卡方值为 14. 977，sig =0. 005 <0. 050，所以受教育程度不同的居民在对“当前我国社会道德生活中第三重要的元素”的认知上有显著差异。

B12 by A6

对伦理关系和道德生活，您最向往或怀念的是 ＊ 受教育程度 Crosstabulation

	大专以下	大专及大专以上	总计
传统社会的伦理和道德（如仁、义、礼、智、信）	44.0%	51.4%	45.5%
战争年代为理想而献身的革命精神（如革命烈士的无私献身精神）	19.5%	11.8%	17.9%
新中国成立后到“文化大革命”前的大公无私的集体主义精神	13.6%	6.3%	12.2%
追求个人利益的市场经济下的道德	6.4%	3.5%	5.8%
自由、平等、博爱的西方道德	16.5%	26.9%	18.6%
总计	100.0%	100.0%	100.0%
列总计	5058	1262	6320

Chi-square tests：df = 4，卡方值为 163.106，sig = 0.000 < 0.050，所以受教育程度不同的居民在对“最向往或怀念的是伦理关系和道德生活”的选择上有显著差异。

B13a by A6

目前职业道德中最突出的问题是：将职业当作谋生的手段，缺乏责任感和奉献精神 ＊ 受教育程度 Crosstabulation

	大专以下	大专及大专以上	总计
未选	54.4%	31.9%	49.9%
已选	45.6%	68.1%	50.1%
总计	100.0%	100.0%	100.0%
列总计	5031	1255	6286

Chi-square tests：df = 1，卡方值为 203.587，sig = 0.000 < 0.050，所以受教育程度不同的居民在对“将职业当作谋生的手段，缺乏责任感和奉献精神是目前职业道德中最突出的问题”的看法上有显著差异。

B13b by A6

目前职业道德中最突出的问题是：企业老板剥削员工，利益关系不公正 ＊ 受教育程度 Crosstabulation

	大专以下	大专及大专以上	总计
未选	61.2%	70.4%	63.1%
已选	38.8%	29.6%	36.9%
总计	100.0%	100.0%	100.0%
列总计	5032	1257	6289

Chi-square tests：df = 1，卡方值为 36.367，sig = 0.000 < 0.050，所以受教育程度不同的居民在对“企业老板剥削员工，利益关系不公正是目前职业道德中最突出的问题”的看法上有显著差异。

B13c by A6

目前职业道德中最突出的问题是：老板和员工、上级和下级相互勾结，共同对社会不负责任 ＊ 受教育程度 Crosstabulation

	大专以下	大专及大专以上	总计
未选	78.1%	81.6%	78.8%
已选	21.9%	18.4%	21.2%
总计	100.0%	100.0%	100.0%
列总计	5032	1258	6290

Chi-square tests：df = 1，卡方值为 7.044，sig = 0.008 < 0.050，所以受教育程度不同的居民在对“老板和员工、上级和下级相互勾结，共同对社会不负责任是目前职业道德中最突出的问题”的看法上有显著差异。

B13d by A6

目前职业道德中最突出的问题是：领导和业主道德素质差 ＊ 受教育程度 Crosstabulation

	大专以下	大专及大专以上	总计
未选	80.9%	85.8%	81.9%
已选	19.1%	14.2%	18.1%
总计	100.0%	100.0%	100.0%
列总计	5032	1258	6290

Chi-square tests：df = 1，卡方值为 16.077，sig = 0.000 < 0.050，所以受教育程度不同的居民在对“领导和业主道德素质差是目前职业道德中最突出的问题”的看法上有显著差异。

B13e by A6

目前职业道德中最突出的问题是：组织只是利益的博弈场所，缺乏伦理性与道德性 ＊ 受教育程度 Crosstabulation

	大专以下	大专及大专以上	总计
未选	84.3%	72.5%	81.9%
已选	15.7%	27.5%	18.1%
总计	100.0%	100.0%	100.0%
列总计	5033	1258	6291

Chi-square tests：df = 1，卡方值为 94.445，sig = 0.000 < 0.050，所以受教育程度不同的居民在对“组织只是利益的博弈场所，缺乏伦理性与道德性是目前职业道德中最突出的问题”的看法上有显著差异。

B14 by A6

您认为目前我国社会成员之间的收入差距 ＊ 受教育程度 Crosstabulation

	大专以下	大专及大专以上	总计
合理，可以接受	21.9%	14.8%	20.5%
不合理，但可以接受	36.6%	52.6%	39.8%
不合理，不能接受	29.0%	20.7%	27.3%
说不清	12.4%	12.0%	12.3%
总计	100.0%	100.0%	100.0%
列总计	5044	1254	6298

Chi-square tests：df = 3，卡方值为 115.540，sig = 0.000 < 0.050，所以受教育程度不同的居民在对“目前我国社会成员之间的收入差距”的评价上有显著差异。

B15 by A6

和前几年相比，您认为目前我国社会的分配不公、两极分化现象 ＊ 受教育程度 Crosstabulation

	大专以下	大专及大专以上	总计
有较大改善	46.5%	44.2%	46.0%
没什么变化	40.2%	39.4%	40.0%
更加恶化	13.4%	16.3%	14.0%
总计	100.0%	100.0%	100.0%
列总计	5036	1255	6291

Chi-square tests：df = 2，卡方值为 7.596，sig = 0.022 < 0.050，所以受教育程度不同的居民在对“和前几年相比，您认为目前我国社会的分配不公、两极分化现象”的看法上有显著差异。

B16 by A6

跟三年前相比，您觉得自己的社会经济地位 ＊ 受教育程度 Crosstabulation

	大专以下	大专及大专以上	总计
上升了	39.5%	31.5%	37.9%
差不多	44.4%	47.2%	44.9%
下降了	10.0%	9.9%	10.0%
不好说/说不清	6.1%	11.4%	7.2%
总计	100.0%	100.0%	100.0%
列总计	5066	1256	6322

Chi-square tests：df = 3，卡方值为 57.600，sig = 0.000 < 0.050，所以受教育程度不同的居民在对“跟三年前相比，您觉得自己的社会经济地位是否有改善”的看法上有显著差异。

B17 by A6

跟同龄人相比，您觉得自己的社会经济地位 * 受教育程度 Crosstabulation

	大专以下	大专及大专以上	总计
较高	8.9%	9.6%	9.1%
差不多	61.7%	60.1%	61.4%
较低	20.6%	17.6%	20.0%
不好说/说不清	8.7%	12.8%	9.5%
总计	100.0%	100.0%	100.0%
列总计	5027	1252	6279

Chi-square tests：df = 3，卡方值为 22.751，sig = 0.000 < 0.050，所以受教育程度不同的居民在对“跟同龄人相比，您觉得自己的社会经济地位”的看法上有显著差异。

B18a by A6

您对现代家庭伦理中最忧虑的问题是：婚姻不稳定，两性关系过度开放 * 受教育程度 Crosstabulation

	大专以下	大专及大专以上	总计
未选	79.8%	76.1%	79.1%
已选	20.2%	23.9%	20.9%
总计	100.0%	100.0%	100.0%
列总计	4982	1257	6239

Chi-square tests：df = 1，卡方值为 8.091，sig = 0.004 < 0.050，所以受教育程度不同的居民在对“婚姻不稳定，两性关系过度开放是现代家庭伦理中最忧虑的问题”的看法上有显著差异。

B18b by A6

您对现代家庭伦理中最忧虑的问题是：子女，尤其是独生子女缺乏责任感 * 受教育程度 Crosstabulation

	大专以下	大专及大专以上	总计
未选	62.2%	48.5%	59.5%
已选	37.8%	51.5%	40.5%
总计	100.0%	100.0%	100.0%
列总计	4979	1257	6236

Chi-square tests：df = 1，卡方值为 78.306，sig = 0.000 < 0.050，所以受教育程度不同的居民在对“子女，尤其是独生子女缺乏责任感是现代家庭伦理中最忧虑的问题”的看法上有显著差异。

B18c by A6

您对现代家庭伦理中最忧虑的问题是：子女不孝敬父母 ＊ 受教育程度 Crosstabulation

	大专以下	大专及大专以上	总计
未选	73.2%	78.6%	74.3%
已选	26.8%	21.4%	25.7%
总计	100.0%	100.0%	100.0%
列总计	4978	1257	6235

Chi-square tests：df = 1，卡方值为 15.094，sig ＝0.000 < 0.050，所以受教育程度不同的居民在对“子女不孝敬父母是现代家庭伦理中最忧虑的问题”的看法上有显著差异。

B18d by A6

您对现代家庭伦理中最忧虑的问题是：代沟严重，价值观念对立 ＊ 受教育程度 Crosstabulation

	大专以下	大专及大专以上	总计
未选	64.9%	58.3%	63.6%
已选	35.1%	41.7%	36.4%
总计	100.0%	100.0%	100.0%
列总计	4978	1257	6235

Chi-square tests：df = 1，卡方值为 18.952，sig ＝0.000 < 0.050，所以受教育程度不同的居民在对“代沟严重，价值观念对立是现代家庭伦理中最忧虑的问题”的看法上有显著差异。

B18e by A6

您对现代家庭伦理中最忧虑的问题是：婆媳关系紧张 ＊ 受教育程度 Crosstabulation

	大专以下	大专及大专以上	总计
未选	86.3%	87.3%	86.5%
已选	13.7%	12.7%	13.5%
总计	100.0%	100.0%	100.0%
列总计	4979	1257	6236

Chi-square tests：df = 1，卡方值为 0.774，sig ＝0.379 > 0.050，所以受教育程度不同的居民在对“婆媳关系紧张是现代家庭伦理中最忧虑的问题”的看法上没有显著差异。

B18f by A6

您对现代家庭伦理中最忧虑的问题是：父母不民主，不能容忍差异 ＊ 受教育程度 Crosstabulation

	大专以下	大专及大专以上	总计
未选	95.4%	92.7%	94.9%
已选	4.6%	7.3%	5.1%
总计	100.0%	100.0%	100.0%
列总计	4978	1257	6235

Chi-square tests：df = 1，卡方值为 15.736，sig = 0.000 < 0.050，所以受教育程度不同的居民在对“父母不民主，不能容忍差异是现代家庭伦理中最忧虑的问题”的看法上有显著差异。

B19a by A6

您是否同意以下关于家庭和婚姻的一些说法：是否离婚主要考虑自己的感受和利益 ＊ 受教育程度 Crosstabulation

	大专以下	大专及大专以上	总计
完全同意	10.2%	9.0%	10.0%
比较同意	24.1%	23.9%	24.0%
比较不同意	39.5%	46.6%	41.0%
完全不同意	26.2%	20.5%	25.1%
总计	100.0%	100.0%	100.0%
列总计	5018	1260	6278

Chi-square tests：df = 3，卡方值为 26.777，sig = 0.000 < 0.050，所以受教育程度不同的居民在对“是否离婚主要考虑自己的感受和利益”的看法上有显著差异。

B19b by A6

您是否同意以下关于家庭和婚姻的一些说法：是否离婚应该从家庭整体（包括子女）考虑 ＊ 受教育程度 Crosstabulation

	大专以下	大专及大专以上	总计
完全同意	46.0%	40.1%	44.8%
比较同意	42.2%	50.1%	43.8%
比较不同意	8.9%	8.6%	8.9%
完全不同意	2.8%	1.2%	2.5%
总计	100.0%	100.0%	100.0%
列总计	5030	1261	6291

Chi-square tests：df = 3，卡方值为 33.050，sig = 0.000 < 0.050，所以受教育程度不同的居民在对“是否离婚应该从家庭整体（包括子女）考虑”的看法上有显著差异。

B19c by A6

您是否同意以下关于家庭和婚姻的一些说法：婚姻是社会的事，应当兼顾社会评价和社会后果 ＊ 受教育程度 Crosstabulation

	大专以下	大专及大专以上	总计
完全同意	26.5%	20.0%	25.2%
比较同意	43.9%	43.0%	43.7%
比较不同意	22.1%	28.9%	23.5%
完全不同意	7.4%	8.1%	7.6%
总计	100.0%	100.0%	100.0%
列总计	5026	1258	6284

Chi-square tests：df = 3，卡方值为 37.221，sig = 0.000 < 0.050，所以受教育程度不同的居民在对“婚姻是社会的事，应当兼顾社会评价和社会后果”的看法上有显著差异。

B19d by A6

您是否同意以下关于家庭和婚姻的一些说法：婚姻意味着责任，不能轻率地选择离婚 ＊ 受教育程度 Crosstabulation

	大专以下	大专及大专以上	总计
完全同意	61.8%	57.0%	60.9%
比较同意	30.9%	36.5%	32.0%
比较不同意	5.2%	4.9%	5.1%
完全不同意	2.1%	1.6%	2.0%
总计	100.0%	100.0%	100.0%
列总计	5036	1259	6295

Chi-square tests：df = 3，卡方值为 14.989，sig = 0.002 < 0.050，所以受教育程度不同的居民在对“婚姻意味着责任，不能轻率地选择离婚”的看法上有显著差异。

B19e by A6

您是否同意以下关于家庭和婚姻的一些说法：遇到困难需要别人帮助时，朋友比兄弟姊妹更靠得住 ＊ 受教育程度 Crosstabulation

	大专以下	大专及大专以上	总计
完全同意	18.0%	10.0%	16.4%
比较同意	28.4%	30.7%	28.9%
比较不同意	40.3%	52.2%	42.7%

续表

	大专以下	大专及大专以上	总计
完全不同意	13.1%	7.1%	12.0%
总计	100.0%	100.0%	100.0%
列总计	5041	1255	6296

Chi-square tests：df = 3，卡方值为 105.029，sig = 0.000 < 0.050，所以受教育程度不同的居民在对“遇到困难需要别人帮助时，朋友比兄弟姊妹更靠得住”的看法上有显著差异。

B19f by A6

您是否同意以下关于家庭和婚姻的一些说法：无论父母对自己如何，都应当尽赡养义务 ＊ 受教育程度 Crosstabulation

	大专以下	大专及大专以上	总计
完全同意	74.0%	74.3%	74.0%
比较同意	20.8%	20.7%	20.8%
比较不同意	3.6%	3.9%	3.7%
完全不同意	1.6%	1.1%	1.5%
总计	100.0%	100.0%	100.0%
列总计	5053	1255	6308

Chi-square tests：df = 3，卡方值为 1.576，sig = 0.665 > 0.050，所以受教育程度不同的居民在对“无论父母对自己如何，都应当尽赡养义务”的看法上没有显著差异。

B19g by A6

您是否同意以下关于家庭和婚姻的一些说法：为了家庭利益可以在一定程度上损害国家利益 ＊ 受教育程度 Crosstabulation

	大专以下	大专及大专以上	总计
完全同意	4.1%	2.8%	3.8%
比较同意	9.0%	6.2%	8.4%
比较不同意	26.4%	29.3%	27.0%
完全不同意	60.5%	61.7%	60.7%
总计	100.0%	100.0%	100.0%
列总计	5049	1255	6304

Chi-square tests：df = 3，卡方值为 16.930，sig = 0.001 < 0.050，所以受教育程度不同的居民在对“为了家庭利益可以在一定程度上损害国家利益”的看法上有显著差异。

B20 by A6

您所在的地方发生过虐童事件吗 ＊ 受教育程度 Crosstabulation

	大专以下	大专及大专以上	总计
经常会发生	0.9%	0.8%	0.9%
偶尔发生	11.3%	14.2%	11.9%
没听说过	87.8%	85.0%	87.2%
总计	100.0%	100.0%	100.0%
列总计	5034	1256	6290

Chi-square tests：df = 2，卡方值为 7.843，sig = 0.020 < 0.050，所以受教育程度不同的居民在对“您所在的地方发生过虐童事件吗”的回答上有显著差异。

B21a by A6

您是否听说过或见过祠堂 ＊ 受教育程度 Crosstabulation

	大专以下	大专及大专以上	总计
未选	70.1%	62.0%	68.5%
已选	29.9%	38.0%	31.5%
总计	100.0%	100.0%	100.0%
列总计	5074	1264	6338

Chi-square tests：df = 1，卡方值为 30.749，sig = 0.000 < 0.050，所以受教育程度不同的居民在对“是否听说过或见过祠堂”的回答上有显著差异。

B21b by A6

您是否听说过或见过族谱 ＊ 受教育程度 Crosstabulation

	大专以下	大专及大专以上	总计
未选	66.8%	56.3%	64.7%
已选	33.2%	43.7%	35.3%
总计	100.0%	100.0%	100.0%
列总计	5077	1264	6341

Chi-square tests：df = 1，卡方值为 48.315，sig = 0.000 < 0.050，所以受教育程度不同的居民在对“是否听说过或见过族谱”的回答上有显著差异。

B21c by A6

您是否听说过或见过祖先牌位 ＊ 受教育程度 Crosstabulation

	大专以下	大专及大专以上	总计
未选	72.7%	70.3%	72.2%

续表

	大专以下	大专及大专以上	总计
已选	27.3%	29.7%	27.8%
总计	100.0%	100.0%	100.0%
列总计	5077	1264	6341

Chi-square tests：df = 1，卡方值为 2.878，sig = 0.090 > 0.050，所以受教育程度不同的居民在对“是否听说过或见过祖先牌位”的回答上没有显著差异。

B21d by A6

您是否听说过或见过姓氏辈分（×姓×字，或第×代）＊受教育程度 Crosstabulation

	大专以下	大专及大专以上	总计
未选	61.0%	49.9%	58.8%
已选	39.0%	50.1%	41.1%
总计	100.0%	100.0%	100.0%
列总计	5077	1264	6341

Chi-square tests：df = 1，卡方值为 51.658，sig = 0.000 < 0.050，所以受教育程度不同的居民在对“是否听说过或见过姓氏辈分（×姓×字，或第×代）”的回答上有显著差异。

B21e by A6

您是否听说过或见过姓氏族支（×姓××堂）＊受教育程度 Crosstabulation

	大专以下	大专及大专以上	总计
未选	89.2%	88.3%	89.0%
已选	10.8%	11.7%	11.0%
总计	100.0%	100.0%	100.0%
列总计	5077	1264	6341

Chi-square tests：df = 1，卡方值为 0.792，sig = 0.373 > 0.050，所以受教育程度不同的居民在对“是否听说过或见过姓氏族支（×姓××堂）”的回答上没有显著差异。

B21f by A6

您是否听说过或见过到祖坟上磕头、烧纸、供菜或燃放鞭炮等行为＊受教育程度 Crosstabulation

	大专以下	大专及大专以上	总计
未选	18.8%	22.0%	19.5%

续表

	大专以下	大专及大专以上	总计
已选	81.1%	78.0%	80.5%
总计	100.0%	100.0%	100.0%
列总计	5078	1264	6342

Chi-square tests：df = 1，卡方值为6.479，sig = 0.011 < 0.050，所以受教育程度不同的居民在对“是否听说过或见过到祖坟上磕头、烧纸、供菜或燃放鞭炮等行为”的回答上有显著差异。

B21g by A6

您是否听说过或见过到祖坟上鞠躬、献鲜花或供奉水果等行为 * 受教育程度 Crosstabulation

	大专以下	大专及大专以上	总计
未选	34.2%	31.3%	33.6%
已选	65.8%	68.8%	66.4%
总计	100.0%	100.0%	100.0%
列总计	5078	1264	6342

Chi-square tests：df = 1，卡方值为3.861，sig = 0.049 < 0.050，所以受教育程度不同的居民在对“是否听说过或见过到祖坟上鞠躬、献鲜花或供奉水果等行为”的回答上有显著差异。

B21h by A6

您是否听说过或见过宗族大事记或家族活动记录 * 受教育程度 Crosstabulation

	大专以下	大专及大专以上	总计
未选	92.8%	88.4%	91.9%
已选	7.2%	11.6%	8.1%
总计	100.0%	100.0%	100.0%
列总计	5078	1264	6342

Chi-square tests：df = 1，卡方值为26.621，sig = 0.000 < 0.050，所以受教育程度不同的居民在对“是否听说过或见过宗族大事记或家族活动记录”的回答上有显著差异。

B21i by A6

您是否听说过或见过古牌坊、古牌匾、人物纪念石碑等古迹古物 * 受教育程度 Crosstabulation

	大专以下	大专及大专以上	总计
未选	79.9%	69.1%	77.7%

续表

	大专以下	大专及大专以上	总计
已选	20.1%	30.9%	22.3%
总计	100.0%	100.0%	100.0%
列总计	5078	1264	6342

Chi-square tests：df = 1，卡方值为 67.306，sig = 0.000 < 0.050，所以受教育程度不同的居民在对“是否听说过或见过古牌坊、古牌匾、人物纪念石碑等古迹古物”的回答上有显著差异。

B21j by A6

您是否听说过或见过以下传统活动：其他 * 受教育程度 Crosstabulation

	大专以下	大专及大专以上	总计
未选	98.7%	97.9%	98.6%
已选	1.3%	2.1%	1.4%
总计	100.0%	100.0%	100.0%
列总计	5078	1264	6342

Chi-square tests：df = 1，卡方值为 5.488，sig = 0.019 < 0.050，所以受教育程度不同的居民在对“是否听说过或见过其他传统现象”的回答上有显著差异。

B21k by A6

您是否听说过或见过以下传统活动：都没见过 * 受教育程度 Crosstabulation

	大专以下	大专及大专以上	总计
未选	95.4%	96.9%	95.7%
已选	4.6%	3.1%	4.3%
总计	100.0%	100.0%	100.0%
列总计	5078	1264	6342

Chi-square tests：df = 1，卡方值为 5.569，sig = 0.018 < 0.050，所以受教育程度不同的居民在对“没听说过或没见过任何形式的传统现象”的判断上有显著差异。

B22a by A6

以下民间信仰情况，请问您是否见过或参与过：土地庙 * 受教育程度 Crosstabulation

	大专以下	大专及大专以上	总计
未选	63.1%	63.2%	63.1%

续表

	大专以下	大专及大专以上	总计
已选	36.9%	36.8%	36.9%
总计	100.0%	100.0%	100.0%
列总计	5070	1262	6332

Chi-square tests：df = 1，卡方值为 0.004，sig = 0.949 > 0.050，所以受教育程度不同的居民在对“是否见过或参与过土地庙”的回答上没有显著差异。

B22b by A6

以下民间信仰情况，请问您是否见过或参与过：关帝庙、娘娘庙或其他神庙 * 受教育程度 Crosstabulation

	大专以下	大专及大专以上	总计
未选	80.6%	72.9%	79.0%
已选	19.4%	27.1%	21.0%
总计	100.0%	100.0%	100.0%
列总计	5070	1262	6332

Chi-square tests：df = 1，卡方值为 35.699，sig = 0.000 < 0.050，所以受教育程度不同的居民在对“是否见过或参与过关帝庙、娘娘庙或其他神庙”的回答上有显著差异。

B22c by A6

以下民间信仰情况，请问您是否见过或参与过：没见过 * 受教育程度 Crosstabulation

	大专以下	大专及大专以上	总计
未选	46.4%	53.5%	47.8%
已选	53.6%	46.5%	52.2%
总计	100.0%	100.0%	100.0%
列总计	5069	1262	6331

Chi-square tests：df = 1，卡方值为 20.452，sig = 0.000 < 0.050，所以受教育程度不同的居民在对“没见过任何形式的民间信仰”的回答上有显著差异。

B23a by A6

以下民间活动，您是否参加过或见过：个人敬供（烧香叩拜等） * 受教育程度 Crosstabulation

	大专以下	大专及大专以上	总计
未选	53.5%	52.9%	53.4%

续表

	大专以下	大专及大专以上	总计
已选	46.5%	47.1%	46.6%
总计	100.0%	100.0%	100.0%
列总计	5070	1264	6334

Chi-square tests：df = 1，卡方值为 0.129，sig = 0.719 > 0.050，所以受教育程度不同的居民在对“是否参加过或见过个人敬供（烧香叩拜等）”的回答上没有显著差异。

B23b by A6

以下民间活动，您是否参加过或见过：节日集体敬供（聚餐等）＊受教育程度 Crosstabulation

	大专以下	大专及大专以上	总计
未选	81.0%	75.6%	79.9%
已选	19.0%	24.4%	20.1%
总计	100.0%	100.0%	100.0%
列总计	5060	1264	6332

Chi-square tests：df = 1，卡方值为 18.391，sig = 0.000 < 0.050，所以受教育程度不同的居民在对“是否参加过或见过节日集体敬供（聚餐等）”的回答上有显著差异。

B23c by A6

以下民间活动，您是否参加过或见过：其他活动（建庙委员会、教育、助贫、敬老、龙舟等）＊受教育程度 Crosstabulation

	大专以下	大专及大专以上	总计
未选	83.0%	72.4%	80.9%
已选	17.0%	27.6%	19.1%
总计	100.0%	100.0%	100.0%
列总计	5064	1263	6327

Chi-square tests：df = 1，卡方值为 73.444，sig = 0.000 < 0.050，所以受教育程度不同的居民在对“是否参加过或见过其他活动（建庙委员会、教育、助贫、敬老、龙舟等）”的回答上有显著差异。

B23d by A6

以下民间活动，您是否参加过或见过：没参加过 ＊受教育程度 Crosstabulation

	大专以下	大专及大专以上	总计
未选	61.0%	72.5%	63.3%

续表

	大专以下	大专及大专以上	总计
已选	39.0%	27.5%	36.7%
总计	100.0%	100.0%	100.0%
列总计	5065	1264	6329

Chi-square tests：df = 1，卡方值为 57.198，sig = 0.000 < 0.050，所以受教育程度不同的居民在对“没参加过任何形式的民间活动”的回答上有显著差异。

B24 by A6

您觉得您目前的身体健康状况是 ＊ 受教育程度 Crosstabulation

	大专以下	大专及大专以上	总计
很健康	28.1%	29.5%	28.4%
比较健康	54.7%	63.3%	56.4%
不太健康	15.3%	6.8%	13.6%
很不健康	1.9%	0.4%	1.6%
总计	100.0%	100.0%	100.0%
列总计	5054	1257	6311

Chi-square tests：df = 3，卡方值为 82.305，sig = 0.000 < 0.050，所以受教育程度不同的居民在对“自己目前的身体健康状况”的评价上有显著差异。

B25 by A6

您觉得您的健康状况和一年前比较起来如何 ＊ 受教育程度 Crosstabulation

	大专以下	大专及大专以上	总计
更好	15.1%	18.1%	15.7%
没有变化	64.9%	70.3%	66.0%
更差	20.0%	11.5%	18.3%
总计	100.0%	100.0%	100.0%
列总计	5067	1258	6325

Chi-square tests：df = 2，卡方值为 49.754，sig = 0.000 < 0.050，所以受教育程度不同的居民在对“和一年前比较起来，自己现在身体状况如何”的评价上有显著差异。

B26 by A6

您的就医习惯是 ＊ 受教育程度 Crosstabulation

	大专以下	大专及大专以上	总计
出现不适就去看病	54.9%	54.7%	54.9%

续表

	大专以下	大专及大专以上	总计
症状加重时去看病	18.9%	24.2%	20.0%
能不看病就不看	22.3%	18.3%	21.5%
从不看病	2.8%	1.9%	2.7%
其他	1.0%	1.0%	1.0%
总计	100.0%	100.0%	100.0%
列总计	5055	1260	6315

Chi-square tests：df=4，卡方值为25.176，sig =0.000<0.050，所以受教育程度不同的居民在对“就医习惯”上有显著差异。

B27 by A6

总的来说，您觉得目前的生活幸福吗 ＊ 受教育程度 Crosstabulation

	大专以下	大专及大专以上	总计
非常幸福	28.6%	22.8%	27.5%
比较幸福	64.8%	73.1%	66.4%
不太幸福	6.0%	4.0%	5.6%
非常不幸福	0.6%	0.2%	0.5%
总计	100.0%	100.0%	100.0%
列总计	5063	1263	6326

Chi-square tests：df=3，卡方值为34.153，sig =0.000<0.050，所以受教育程度不同的居民在对“目前的生活幸福感”的评价上有显著差异。

B28 by A6

觉得对于老年人来说最理想的、最希望的养老方式是哪种 ＊ 受教育程度 Crosstabulation

	大专以下	大专及大专以上	总计
敬老院、养老院、护理院等专业养老机构	11.2%	20.4%	13.0%
与子女一起，住在家里养老	59.7%	44.2%	56.7%
与子女分开，住在家里养老	19.5%	19.3%	19.5%
搬到其他地方独居养老	1.0%	1.8%	1.2%
回到老家养老	5.4%	4.5%	5.2%
旅游养老	1.6%	9.4%	3.2%
其他	1.5%	0.4%	1.3%

续表

	大专以下	大专及大专以上	总计
总计	100.0%	100.0%	100.0%
列总计	5057	1251	6308

Chi-square tests：df = 6，卡方值为 312.999，sig = 0.000 < 0.050，所以受教育程度不同的居民在对“最理想的、最希望的养老方式”的选择上有显著差异。

B29a by A6

在过去的一周里，您为父母做过以下哪些事情：看望 * 受教育程度 Crosstabulation

	大专以下	大专及大专以上	总计
未选	60.5%	50.1%	58.4%
已选	39.5%	49.9%	41.6%
总计	100.0%	100.0%	100.0%
列总计	5078	1264	6342

Chi-square tests：df = 1，卡方值为 45.213，sig = 0.000 < 0.050，所以受教育程度不同的居民在对“过去的一周里，去看望过父母 ”的行为上有显著差异。

B29b by A6

在过去的一周里，您为父母做过以下哪些事情：打电话 * 受教育程度 Crosstabulation

	大专以下	大专及大专以上	总计
未选	63.9%	35.8%	58.3%
已选	36.1%	64.2%	41.7%
总计	100.0%	100.0%	100.0%
列总计	5079	1264	6343

Chi-square tests：df = 1，卡方值为 328.430，sig = 0.000 < 0.050，所以受教育程度不同的居民在对“过去的一周里，给父母打过电话”的行为上有显著差异。

B29c by A6

在过去的一周里，您为父母做过以下哪些事情：买东西 * 受教育程度 Crosstabulation

	大专以下	大专及大专以上	总计
未选	62.2%	41.5%	58.1%

续表

	大专以下	大专及大专以上	总计
已选	37.8%	58.5%	41.9%
总计	100.0%	100.0%	100.0%
列总计	5079	1264	6343

Chi-square tests：df = 1，卡方值为 178.193，sig = 0.000 < 0.050，所以受教育程度不同的居民在对“过去的一周里，给父母买过东西”的行为上有显著差异。

B29d by A6

在过去的一周里，您为父母做过以下哪些事情：陪看病 * 受教育程度 Crosstabulation

	大专以下	大专及大专以上	总计
未选	79.0%	74.1%	78.0%
已选	21.0%	25.9%	22.0%
总计	100.0%	100.0%	100.0%
列总计	5078	1264	6342

Chi-square tests：df = 1，卡方值为 14.378，sig = 0.000 < 0.050，所以受教育程度不同的居民在对“过去的一周里去陪父母看过病”的行为上有显著差异。

B29e by A6

在过去的一周里，您为父母做过以下哪些事情：护理 * 受教育程度 Crosstabulation

	大专以下	大专及大专以上	总计
未选	84.8%	88.8%	85.6%
已选	15.2%	11.2%	14.4%
总计	100.0%	100.0%	100.0%
列总计	5078	1264	6342

Chi-square tests：df = 1，卡方值为 13.157，sig = 0.000 < 0.050，所以受教育程度不同的居民在对“过去的一周里，为父母护理过”的行为上有显著差异。

B29f by A6

在过去的一周里，您为父母做过以下哪些事情：做家务 ＊ 受教育程度 Crosstabulation

	大专以下	大专及大专以上	总计
未选	66.0%	49.7%	62.8%
已选	34.0%	50.3%	37.2%
总计	100.0%	100.0%	100.0%
列总计	5078	1264	6342

Chi-square tests：df = 1，卡方值为 115.723，sig = 0.000 < 0.050，所以受教育程度不同的居民在对“过去的一周里，为父母做过家务”的行为上有显著差异。

B29g by A6

在过去的一周里，您为父母做过以下哪些事情：谈心聊天 ＊ 受教育程度 Crosstabulation

	大专以下	大专及大专以上	总计
未选	64.4%	43.6%	60.2%
已选	35.6%	56.4%	39.8%
总计	100.0%	100.0%	100.0%
列总计	5078	1264	6342

Chi-square tests：df = 1，卡方值为 182.892，sig = 0.000 < 0.050，所以受教育程度不同的居民在对“过去的一周里，和父母谈过心、聊过天”的行为上有显著差异。

B29h by A6

在过去的一周里，您为父母做过以下哪些事情：给钱 ＊ 受教育程度 Crosstabulation

	大专以下	大专及大专以上	总计
未选	81.0%	78.8%	80.6%
已选	19.0%	21.2%	19.4%
总计	100.0%	100.0%	100.0%
列总计	5079	1264	6343

Chi-square tests：df = 1，卡方值为 3.136，sig = 0.077 > 0.050，所以受教育程度不同的居民在对“过去的一周里，给过父母钱”的行为上没有显著差异。

B29i by A6

在过去的一周里，您为父母做过以下哪些事情：外出旅游 ＊ 受教育程度 Crosstabulation

	大专以下	大专及大专以上	总计
未选	95.5%	84.7%	93.3%
已选	4.5%	15.3%	6.7%
总计	100.0%	100.0%	100.0%
列总计	5078	1264	6342

Chi-square tests：df = 1，卡方值为 188.776，sig = 0.000 < 0.050，所以受教育程度不同的居民在对“过去的一周里，带父母外出旅游过”的行为上有显著差异。

B29j by A6

在过去的一周里，您为父母做过以下哪些事情：无 ＊ 受教育程度 Crosstabulation

	大专以下	大专及大专以上	总计
未选	97.9%	98.5%	98.0%
已选	2.1%	1.5%	2.0%
总计	100.0%	100.0%	100.0%
列总计	5079	1264	6343

Chi-square tests：df = 1，卡方值为 1.681，sig = 0.195 > 0.050，所以受教育程度不同的居民在对“过去的一周里，没有为父母做过任何事情”的回答上没有显著差异。

B30a by A6

总体来说，您对自己生活的以下方面满意吗：身心健康状况 ＊ 受教育程度 Crosstabulation

	大专以下	大专及大专以上	总计
非常不满意	4.5%	5.7%	4.8%
不太满意	13.9%	10.9%	13.3%
比较满意	56.1%	59.7%	56.8%
非常满意	25.5%	23.7%	25.1%
总计	100.0%	100.0%	100.0%
列总计	5066	1262	6328

Chi-square tests：df = 3，卡方值为 13.640，sig = 0.003 < 0.050，所以受教育程度不同的居民在对“身心健康状况”的评价上有显著差异。

B30b by A6

总体来说，您对自己生活的以下方面满意吗：整体收入水平 * 受教育程度 Crosstabulation

	大专以下	大专及大专以上	总计
非常不满意	5.5%	5.0%	5.4%
不太满意	28.0%	27.7%	27.9%
比较满意	55.3%	56.9%	55.6%
非常满意	11.3%	10.4%	11.1%
总计	100.0%	100.0%	100.0%
列总计	5071	1263	6334

Chi-square tests：df = 3，卡方值为 1.729，sig = 0.631 > 0.050，所以受教育程度不同的居民在对“整体收入水平”的评价上没有显著差异。

B30c by A6

总体来说，您对自己生活的以下方面满意吗：家庭成员关系 * 受教育程度 Crosstabulation

	大专以下	大专及大专以上	总计
非常不满意	3.0%	5.5%	3.5%
不太满意	4.2%	4.4%	4.2%
比较满意	50.4%	56.1%	51.5%
非常满意	42.5%	34.0%	40.8%
总计	100.0%	100.0%	100.0%
列总计	5066	1261	6327

Chi-square tests：df = 3，卡方值为 42.465，sig = 0.000 < 0.050，所以受教育程度不同的居民在对“家庭成员关系的满意度”存在显著差异。

B30d by A6

总体来说，您对自己生活的以下方面满意吗：社会保障水平 * 受教育程度 Crosstabulation

	大专以下	大专及大专以上	总计
非常不满意	5.5%	5.3%	5.4%
不太满意	18.9%	19.6%	19.0%
比较满意	58.1%	60.6%	58.6%

续表

	大专以下	大专及大专以上	总计
非常满意	17.6%	14.6%	17.0%
总计	100.0%	100.0%	100.0%
列总计	5062	1263	6325

Chi-square tests：df = 3，卡方值为6.753，sig = 0.080 > 0.050，所以受教育程度不同的居民在对“社会保障水平”的满意度上没有显著差异。

C1a by A6

在当今中国社会最基本的伦理冲突中排第一位的是 * 受教育程度 Crosstabulation

	大专以下	大专及大专以上	总计
人与自然的冲突	23.1%	25.5%	23.6%
人自我内在的冲突	8.2%	10.3%	8.6%
人与人之间的冲突	43.9%	39.4%	43.0%
个人与社会的冲突	14.7%	17.9%	15.4%
个人与政府的冲突	9.8%	6.5%	9.1%
其他	0.3%	0.4%	0.3%
总计	100.0%	100.0%	100.0%
列总计	4904	1254	6158

Chi-square tests：df = 5，卡方值为31.314，sig = 0.000 < 0.050，所以受教育程度不同的居民在对“在当今中国社会最基本的伦理冲突中排第一位的”的认识上有显著差异。

C1b by A12

在当今中国社会最基本的伦理冲突中排第二位的是 * 受教育程度 Crosstabulation

	大专以下	大专及大专以上	总计
人与自然的冲突	16.6%	15.1%	16.3%
人自我内在的冲突	19.3%	17.7%	19.0%
人与人之间的冲突	24.3%	25.8%	24.6%
个人与社会的冲突	28.4%	29.5%	28.6%
个人与政府的冲突	11.3%	11.8%	11.4%
其他	0.1%		0.1%
总计	100.0%	100.0%	100.0%
列总计	4825	1242	6067

Chi-square tests：df = 5，卡方值为6.036，sig = 0.303 > 0.050，所以受教育程度不同的居民在对“当今中国社会最基本的伦理冲突中排第二位的”的认识上没有显著差异。

C1c by A12

在当今中国社会最基本的伦理冲突中排第三位的是 * 受教育程度 Crosstabulation

	大专以下	大专及大专以上	总计
人与自然的冲突	21.2%	20.4%	21.0%
人自我内在的冲突	18.7%	20.9%	19.2%
人与人之间的冲突	17.5%	20.2%	18.0%
个人与社会的冲突	25.2%	23.9%	25.0%
个人与政府的冲突	16.4%	14.1%	15.9%
其他	1.0%	0.5%	0.9%
总计	100.0%	100.0%	100.0%
列总计	4797	1238	6035

Chi-square tests：df = 5，卡方值为 13.550，sig = 0.019 < 0.050，所以受教育程度不同的居民在对“在当今中国社会最基本的伦理冲突中排第三位的”的认识上有显著差异。

C2 by A12

您认为造成环境污染最主要的原因是 * 受教育程度 Crosstabulation

	大专以下	大专及大专以上	总计
企业唯利是图	34.7%	31.1%	34.0%
政府缺乏生态意识，政策失当	24.1%	28.1%	24.9%
当代人自私自利，不顾未来和子孙利益	16.8%	19.2%	17.3%
个人缺乏环保意识	24.4%	21.5%	23.8%
总计	100.0%	100.0%	100.0%
列总计	5021	1258	6279

Chi-square tests：df = 3，卡方值为 17.565，sig = 0.001 < 0.050，所以受教育程度不同的居民在对“造成环境污染的最主要原因”的选择上有显著差异。

C3a by A12

您是否同意以下说法：能够插队买到票，是一个人灵活的表现 * 受教育程度 Crosstabulation

	大专以下	大专及大专以上	总计
完全同意	3.0%	1.7%	2.8%
比较同意	7.8%	5.6%	7.4%
比较不同意	36.1%	29.5%	34.8%
完全不同意	53.1%	63.2%	55.1%

续表

	大专以下	大专及大专以上	总计
总计	100.0%	100.0%	100.0%
列总计	5062	1263	6325

Chi-square tests：df = 3，卡方值为 43.871，sig = 0.000 < 0.050，所以受教育程度不同的居民在对“能够插队买到票，是一个人灵活的表现”的看法上有显著差异。

C3b by A12

您是否同意以下说法：如果有可能，谁都会逃税 ＊ 受教育程度 Crosstabulation

	大专以下	大专及大专以上	总计
完全同意	4.8%	4.4%	4.7%
比较同意	13.7%	16.2%	14.2%
比较不同意	35.5%	35.7%	35.6%
完全不同意	46.0%	43.7%	45.5%
总计	100.0%	100.0%	100.0%
列总计	5049	1260	6309

Chi-square tests：df = 3，卡方值为 6.029，sig = 0.110 > 0.050，所以受教育程度不同的居民在对“如果有可能，谁都会逃税”的看法上没有显著差异。

C3c by A12

您是否同意以下说法：合同都只是形式，只要有关系，什么都好商量 ＊ 受教育程度 Crosstabulation

	大专以下	大专及大专以上	总计
完全同意	7.1%	3.2%	6.3%
比较同意	19.9%	14.9%	18.9%
比较不同意	40.7%	39.1%	40.4%
完全不同意	32.3%	42.8%	34.4%
总计	100.0%	100.0%	100.0%
列总计	5046	1263	6309

Chi-square tests：df = 3，卡方值为 71.034，sig = 0.000 < 0.050，所以受教育程度不同的居民在对“合同都只是形式，只要有关系，什么都好商量”的看法上有显著差异。

C3d by A12

您是否同意以下说法：要想打赢官司，找关系比找律师更有价值 ＊ 受教育程度 Crosstabulation

	大专以下	大专及大专以上	总计
完全同意	9.2%	4.4%	8.3%
比较同意	23.4%	20.7%	22.8%
比较不同意	38.8%	41.3%	39.3%
完全不同意	28.6%	33.6%	29.6%
总计	100.0%	100.0%	100.0%
列总计	5037	1263	6300

Chi-square tests：df = 3，卡方值为 40.898，sig = 0.000 < 0.050，所以受教育程度不同的居民在对“要想打赢官司，找关系比找律师更有价值”的看法上有显著差异。

C3e by A6

您是否同意以下说法：“三个土老乡，顶得上一个公章” ＊ 受教育程度 Crosstabulation

	大专以下	大专及大专以上	总计
完全同意	6.6%	3.7%	6.0%
比较同意	23.3%	15.8%	21.8%
比较不同意	39.7%	40.3%	39.9%
完全不同意	30.4%	40.3%	32.4%
总计	100.0%	100.0%	100.0%
列总计	5033	1257	6290

Chi-square tests：df = 3，卡方值为 70.802，sig = 0.000 < 0.050，所以受教育程度不同的居民在对“三个土老乡，顶得上一个公章”的看法上有显著差异。

C3f by A6

您是否同意以下说法：法院是一个替老百姓讲理的地方 ＊ 受教育程度 Crosstabulation

	大专以下	大专及大专以上	总计
完全同意	38.1%	28.3%	36.1%
比较同意	39.4%	45.6%	40.7%
比较不同意	16.8%	20.1%	17.5%
完全不同意	5.7%	6.0%	5.7%

续表

	大专以下	大专及大专以上	总计
总计	100.0%	100.0%	100.0%
列总计	5033	1259	6292

Chi-square tests：df=3，卡方值为42.491，sig =0.000 <0.050，所以受教育程度不同的居民在对“法院是一个替老百姓讲理的地方”的看法上有显著差异。

C3g by A6

您是否同意以下说法：在这个社会，要想不吃亏，就一定要懂得利用潜规则 * 受教育程度 Crosstabulation

	大专以下	大专及大专以上	总计
完全同意	11.0%	6.0%	10.0%
比较同意	30.3%	26.7%	29.6%
比较不同意	38.7%	41.3%	39.1%
完全不同意	20.0%	26.0%	21.2%
总计	100.0%	100.0%	100.0%
列总计	5033	1262	6295

Chi-square tests：df=3，卡方值为48.048，sig =0.000 <0.050，所以受教育程度不同的居民在对“在这个社会，要想不吃亏，就一定要懂得利用潜规则”的看法上有显著差异。

C3h by A6

您是否同意以下说法：要远离那些不守规则的人，因为当他因不守规则出事的时候，可能会连累到你 * 受教育程度 Crosstabulation

	大专以下	大专及大专以上	总计
完全同意	29.6%	27.2%	29.1%
比较同意	40.2%	41.2%	40.4%
比较不同意	22.9%	23.0%	22.9%
完全不同意	7.3%	8.7%	7.6%
总计	100.0%	100.0%	100.0%
列总计	5050	1263	6313

Chi-square tests：df=3，卡方值为4.987，sig =0.137 >0.050，所以受教育程度不同的居民在对“要远离那些不守规则的人，因为当他因不守规则出事的时候，可能会连累到你”的看法上没有显著差异。

C3i by A6

您是否同意以下说法：在这个处处讲背景的年代，规则是对普通老百姓最好的保护 ＊ 受教育程度 Crosstabulation

	大专以下	大专及大专以上	总计
完全同意	37.8%	30.4%	36.3%
比较同意	41.8%	43.7%	42.2%
比较不同意	15.1%	19.1%	15.9%
完全不同意	5.2%	6.8%	5.5%
总计	100.0%	100.0%	100.0%
列总计	5058	1263	6321

Chi-square tests：df = 3，卡方值为 30.715，sig = 0.000 < 0.050，所以受教育程度不同的居民在对“在这个处处讲背景的年代，规则是对普通老百姓最好的保护”的看法上有显著差异。

C4 by A6

哪一种关系对社会秩序最具有根本性意义 ＊ 受教育程度 Crosstabulation

	大专以下	大专及大专以上	总计
家庭伦理或血缘关系	42.9%	29.7%	40.3%
个人与社会的关系	25.0%	41.4%	28.3%
职业伦理关系	2.7%	2.5%	2.7%
个人与国家民族的关系	23.0%	19.8%	22.3%
人与自然的关系	3.3%	3.5%	3.4%
个人与他自身的关系	3.1%	3.1%	3.1%
总计	100.0%	100.0%	100.0%
列总计	4984	1253	6237

Chi-square tests：df = 5，卡方值为 144.384，sig = 0.000 < 0.050，所以受教育程度不同的居民在对“哪一种关系对社会秩序最具有根本性意义”的认知上有显著差异。

C5a by A6

对于个人而言，您认为家庭、社会和国家哪个最重要 ＊ 受教育程度 Crosstabulation

	大专以下	大专及大专以上	总计
国家	66.9%	57.3%	64.9%
社会	3.2%	3.9%	3.3%
家庭	30.0%	38.8%	31.7%

续表

	大专以下	大专及大专以上	总计
总计	100.0%	100.0%	100.0%
列总计	5063	1262	6325

Chi-square tests：df = 2，卡方值为 40.728，sig = 0.000 < 0.050，所以受教育程度不同的居民在对“家庭、社会和国家哪个最重要”的选择上有显著差异。

C5b by A6

对于个人而言，您认为家庭、社会和国家哪个第二重要 * 受教育程度 Crosstabulation

	大专以下	大专及大专以上	总计
国家	20.7%	23.1%	21.2%
社会	52.9%	57.3%	53.8%
家庭	26.4%	19.6%	25.1%
总计	100.0%	100.0%	100.0%
列总计	5035	1256	6291

Chi-square tests：df = 2，卡方值为 25.256，sig = 0.000 < 0.050，所以受教育程度不同的居民在对“家庭、社会和国家哪个第二重要”的选择上有显著差异。

C5c by A6

对于个人而言，您认为家庭、社会和国家哪个第三重要 * 受教育程度 Crosstabulation

	大专以下	大专及大专以上	总计
国家	12.1%	19.2%	13.5%
社会	44.3%	38.8%	43.2%
家庭	43.7%	42.0%	43.3%
总计	100.0%	100.0%	100.0%
列总计	4996	1248	6244

Chi-square tests：df = 2，卡方值为 45.549，sig = 0.000 < 0.050，所以受教育程度不同的居民在对“家庭、社会和国家哪个第三重要”的选择上有显著差异。

C6a by A6

在下列关系中，您认为最重要的是 * 受教育程度 Crosstabulation

	大专以下	大专及大专以上	总计
父母与子女	63.0%	60.5%	62.5%

续表

	大专以下	大专及大专以上	总计
夫妇	18.5%	16.7%	18.1%
兄弟姐妹	0.9%	0.1%	0.7%
同事或同学	0.7%	0.6%	0.7%
上级或下级	0.4%	0.5%	0.4%
师生	0.2%		0.2%
与自然的关系	0.7%	1.4%	0.8%
个人与社会	1.4%	2.1%	1.6%
个人与国家	12.2%	14.1%	12.6%
个人与工作单位	0.8%	0.6%	0.8%
朋友	0.2%	0.2%	0.2%
个人与自身的关系（身心和谐）	0.9%	3.1%	1.4%
总计	100.0%	100.0%	100.0%
列总计	5062	1261	6323

Chi-square tests：df = 11，卡方值为 64.858，sig = 0.000 < 0.050，所以受教育程度不同的居民在对“您认为最重要的关系”的选择上有显著差异。

C6b by A6

在下列关系中，您认为第二重要的是 * 受教育程度 Crosstabulation

	大专以下	大专及大专以上	总计
父母与子女	24.0%	23.9%	24.0%
夫妇	51.4%	48.4%	50.8%
兄弟姐妹	8.7%	7.6%	8.5%
同事或同学	1.2%	0.9%	1.1%
上级或下级	1.2%	1.4%	1.3%
师生	0.4%	0.4%	0.4%
与自然的关系	1.2%	1.4%	1.3%
个人与社会	5.8%	8.3%	6.3%
个人与国家	3.5%	4.0%	3.6%
个人与工作单位	1.0%	1.2%	1.0%
通过网络建立的关系	0.1%	0.1%	0.1%
朋友	1.0%	0.6%	1.0%

续表

	大专以下	大专及大专以上	总计
个人与自身的关系（身心和谐）	0.5%	1.7%	0.7%
总计	100.0%	100.0%	100.0%
列总计	5050	1260	6310

Chi-square tests：df = 12，卡方值为 37.224，sig = 0.000 < 0.050，所以受教育程度不同的居民在对“您认为第二重要的关系”的选择上有显著差异。

C6c by A6
在下列关系中，您认为第三重要的是 * 受教育程度 Crosstabulation

	大专以下	大专及大专以上	总计
父母与子女	6.0%	7.1%	6.2%
夫妇	11.5%	10.8%	11.3%
兄弟姐妹	58.2%	47.9%	56.2%
同事或同学	3.3%	6.3%	3.9%
上级或下级	1.7%	3.3%	2.1%
师生	1.2%	0.6%	1.1%
与自然的关系	2.1%	3.2%	2.3%
个人与社会	4.2%	5.6%	4.5%
个人与国家	5.3%	5.1%	5.2%
个人与工作单位	1.4%	3.7%	1.9%
通过网络建立的关系	0.2%		0.1%
朋友	3.8%	3.5%	3.7%
个人与自身的关系（身心和谐）	1.0%	3.0%	1.4%
总计	100.0%	100.0%	100.0%
列总计	5030	1260	6290

Chi-square tests：df = 12，卡方值为 124.378，sig = 0.000 < 0.050，所以受教育程度不同的居民在对“您认为第三重要的关系”的选择上有显著差异。

C6d by A6
在下列关系中，您认为第四重要的是 * 受教育程度 Crosstabulation

	大专以下	大专及大专以上	总计
父母与子女	3.4%	4.3%	3.6%

续表

	大专以下	大专及大专以上	总计
夫妇	4.5%	4.6%	4.5%
兄弟姐妹	9.5%	9.7%	9.6%
同事或同学	17.7%	24.1%	19.0%
上级或下级	5.8%	5.6%	5.8%
师生	3.9%	4.1%	4.0%
与自然的关系	4.1%	5.3%	4.3%
个人与社会	10.1%	9.6%	10.0%
个人与国家	11.9%	7.7%	11.1%
个人与工作单位	4.9%	7.2%	5.4%
通过网络建立的关系	0.3%	0.2%	0.3%
朋友	21.6%	13.7%	20.0%
个人与自身的关系（身心和谐）	2.3%	3.8%	2.6%
总计	100.0%	100.0%	100.0%
列总计	4998	1255	6253

Chi-square tests：df = 12，卡方值为 94.834，sig = 0.000 < 0.050，所以受教育程度不同的居民在对“您认为第四重要的关系”的选择上有显著差异。

C6e by A6

在下列关系中，您认为第五重要的是 * 受教育程度 Crosstabulation

	大专以下	大专及大专以上	总计
父母与子女	1.2%	1.8%	1.3%
夫妇	3.2%	3.2%	3.2%
兄弟姐妹	5.8%	4.5%	5.6%
同事或同学	12.3%	13.7%	12.6%
上级或下级	7.4%	11.4%	8.2%
师生	4.0%	3.8%	4.0%
与自然的关系	5.5%	7.2%	5.8%
个人与社会	15.5%	14.8%	15.4%
个人与国家	13.5%	8.8%	12.6%
个人与工作单位	5.1%	7.8%	5.6%
通过网络建立的关系	0.5%	0.9%	0.6%
朋友	19.1%	14.1%	18.1%

续表

	大专以下	大专及大专以上	总计
个人与自身的关系（身心和谐）	6.8%	8.0%	7.0%
总计	100.0%	100.0%	100.0%
列总计	4976	1253	6229

Chi-square tests：df = 12，卡方值为 81.374，sig = 0.000 < 0.050，所以受教育程度不同的居民在对“您认为第五重要的关系”的选择上有显著差异。

C7a by A6

您对自己所在企业（或所熟悉的本地企业）履行劳动安全保障责任的满意情况如何 * 受教育程度 Crosstabulation

	大专以下	大专及大专以上	总计
非常不满意	5.7%	4.7%	5.5%
不太满意	18.5%	16.2%	18.1%
比较满意	59.6%	60.9%	59.9%
非常满意	16.2%	18.2%	16.6%
总计	100.0%	100.0%	100.0%
列总计	4772	1244	6016

Chi-square tests：df = 3，卡方值为 7.351，sig = 0.062 > 0.050，所以受教育程度不同的居民在对“自己所在企业（或所熟悉的本地企业）履行劳动安全保障责任”的满意度上没有显著差异。

C7b by A6

您对自己所在企业（或所熟悉的本地企业）履行薪酬正常发放责任的满意情况如何 * 受教育程度 Crosstabulation

	大专以下	大专及大专以上	总计
非常不满意	4.1%	3.8%	4.0%
不太满意	13.4%	11.6%	13.1%
比较满意	59.4%	61.2%	59.7%
非常满意	23.1%	23.4%	23.2%
总计	100.0%	100.0%	100.0%
列总计	4752	1242	5994

Chi-square tests：df = 3，卡方值为 3.437，sig = 0.329 > 0.050，所以受教育程度不同的居民在对“自己所在企业（或所熟悉的本地企业）履行薪酬正常发放责任”的满意度上没有显著差异。

C7c by A6

您对自己所在企业（或所熟悉的本地企业）履行职工文化生活责任的满意情况如何 ＊ 受教育程度 Crosstabulation

	大专以下	大专及大专以上	总计
非常不满意	6.1%	4.2%	5.7%
不太满意	29.9%	23.8%	28.6%
比较满意	51.8%	56.9%	52.9%
非常满意	12.1%	15.1%	12.8%
总计	100.0%	100.0%	100.0%
列总计	4733	1244	5977

Chi-square tests：df = 3，卡方值为 30.814，sig = 0.000 < 0.050，所以受教育程度不同的居民在对“自己所在企业（或所熟悉的本地企业）履行职工文化生活责任”的满意度上有显著差异。

C7d by A6

您对自己所在企业（或所熟悉的本地企业）履行诚实守法经营责任的满意情况如何 ＊ 受教育程度 Crosstabulation

	大专以下	大专及大专以上	总计
非常不满意	3.5%	3.7%	3.6%
不太满意	16.2%	12.5%	15.4%
比较满意	60.5%	63.0%	61.0%
非常满意	19.8%	20.8%	20.0%
总计	100.0%	100.0%	100.0%
列总计	4745	1243	5988

Chi-square tests：df = 3，卡方值为 10.339，sig = 0.016 < 0.050，所以受教育程度不同的居民在对“自己所在企业（或所熟悉的本地企业）履行诚实守法经营责任”的满意度上有显著差异。

C7e by A6

您对自己所在企业（或所熟悉的本地企业）履行环境保护责任的满意情况如何 ＊ 受教育程度 Crosstabulation

	大专以下	大专及大专以上	总计
非常不满意	6.7%	5.0%	6.4%
不太满意	25.2%	22.1%	24.5%
比较满意	52.7%	55.5%	53.3%
非常满意	15.4%	17.5%	15.8%

续表

	大专以下	大专及大专以上	总计
总计	100.0%	100.0%	100.0%
列总计	4757	1242	5999

Chi-square tests：df=3，卡方值为12.610，sig =0.006<0.050，所以受教育程度不同的居民在对“自己所在企业（或所熟悉的本地企业）履行环境保护责任”的满意度上有显著差异。

C7f by A6

您对自己所在企业（或所熟悉的本地企业）履行慈善公益事业责任的满意情况如何 * 受教育程度 Crosstabulation

	大专以下	大专及大专以上	总计
非常不满意	6.8%	5.0%	6.4%
不太满意	27.5%	24.6%	26.9%
比较满意	51.9%	53.1%	52.1%
非常满意	13.7%	17.3%	14.5%
总计	100.0%	100.0%	100.0%
列总计	4713	1240	5953

Chi-square tests：df=3，卡方值为16.791，sig =0.001<0.050，所以受教育程度不同的居民在对“自己所在企业（或所熟悉的本地企业）履行慈善公益事业责任”的满意度上有显著差异。

C8a by A6

您觉得您身边下列现象常见吗：占卜算命 * 受教育程度 Crosstabulation

	大专以下	大专及大专以上	总计
经常见到	18.0%	18.0%	18.0%
偶尔见到	44.4%	56.5%	46.9%
没见过	37.6%	25.5%	35.2%
总计	100.0%	100.0%	100.0%
列总计	5062	1262	6324

Chi-square tests：df=2，卡方值为73.189，sig =0.000<0.050，所以受教育程度不同的居民在对“占卜算命是否常见”的回答上有显著差异。

C8b by A6

您觉得您身边下列现象常见吗：操办喜事时比富斗阔 ＊ 受教育程度 Crosstabulation

	大专以下	大专及大专以上	总计
经常见到	17.2%	19.9%	17.8%
偶尔见到	39.8%	50.1%	41.8%
没见过	43.0%	29.9%	40.4%
总计	100.0%	100.0%	100.0%
列总计	5057	1259	6316

Chi-square tests：df = 2，卡方值为 72.413，sig = 0.000 < 0.050，所以受教育程度不同的居民在对“操办喜事时比富斗阔是否常见”的回答上有显著差异。

C8c by A6

您觉得您身边下列现象常见吗：在父母生前不尽孝，却对父母的丧事大操大办 ＊ 受教育程度 Crosstabulation

	大专以下	大专及大专以上	总计
经常见到	14.0%	15.1%	14.3%
偶尔见到	39.2%	46.0%	40.5%
没见过	46.8%	38.8%	45.2%
总计	100.0%	100.0%	100.0%
列总计	5054	1262	6316

Chi-square tests：df = 2，卡方值为 26.673，sig = 0.000 < 0.050，所以受教育程度不同的居民在对“在父母生前不尽孝，却对父母的丧事大操大办是否常见”的回答上有显著差异。

C8d by A6

您觉得您身边下列现象常见吗：赌博或变相赌博 ＊ 受教育程度 Crosstabulation

	大专以下	大专及大专以上	总计
经常见到	20.9%	22.7%	21.3%
偶尔见到	37.0%	44.8%	38.6%
没见过	42.0%	32.5%	40.1%
总计	100.0%	100.0%	100.0%
列总计	5061	1262	6323

Chi-square tests：df = 2，卡方值为 39.964，sig = 0.000 < 0.050，所以受教育程度不同的居民在对“赌博或变相赌博是否常见”的回答上有显著差异。

C8e by A6

您觉得您身边下列现象常见吗：封建迷信活动 * 受教育程度 Crosstabulation

	大专以下	大专及大专以上	总计
经常见到	9.5%	13.5%	10.3%
偶尔见到	32.7%	44.7%	35.1%
没见过	57.8%	41.9%	54.7%
总计	100.0%	100.0%	100.0%
列总计	5059	1263	6322

Chi-square tests：df = 2，卡方值为 103.946，sig = 0.000 < 0.050，所以受教育程度不同的居民在对“封建迷信活动是否常见”的回答上有显著差异。

C8f by A6

您觉得您身边下列现象常见吗：非法宗教活动 * 受教育程度 Crosstabulation

	大专以下	大专及大专以上	总计
经常见到	2.2%	4.8%	2.7%
偶尔见到	11.0%	17.3%	12.3%
没见过	86.7%	78.0%	85.0%
总计	100.0%	100.0%	100.0%
列总计	5059	1261	6320

Chi-square tests：df = 2，卡方值为 65.121，sig = 0.000 < 0.050，所以受教育程度不同的居民在对“非法宗教活动是否常见”的回答上有显著差异。

C9 by A6

在生活中经常买到假冒伪劣商品吗 * 受教育程度 Crosstabulation

	大专以下	大专及大专以上	总计
经常	10.9%	7.5%	10.2%
偶尔	56.2%	69.9%	58.9%
没有	28.5%	19.7%	26.7%
不清楚	4.4%	2.9%	4.1%
总计	100.0%	100.0%	100.0%
列总计	5079	1264	6343

Chi-square tests：df = 3，卡方值为 78.142，sig = 0.000 < 0.050，所以受教育程度不同的居民在对“生活中买到假冒伪劣商品的频率”的评价上有显著差异。

C10 by A6

您在购物、就医、理财时经常遇到虚假广告吗 * 受教育程度 Crosstabulation

	大专以下	大专及大专以上	总计
经常	24.8%	24.5%	24.8%
偶尔	48.5%	56.5%	50.1%
没有	20.6%	15.4%	19.6%
不清楚	6.1%	3.6%	5.6%
总计	100.0%	100.0%	100.0%
列总计	5072	1264	6336

Chi-square tests：df = 3，卡方值为 38.359，sig = 0.000 < 0.050，所以受教育程度不同的居民在对“购物、就医、理财时遇到虚假广告”的频率上有显著差异。

C11 by A6

您生活的社区（或村）是否有社区公约、村规民约 * 受教育程度 Crosstabulation

	大专以下	大专及大专以上	总计
经常	63.8%	66.3%	64.3%
偶尔	14.1%	10.5%	13.4%
没有	21.9%	23.3%	22.2%
不清楚	0.1%		
总计	100.0%	100.0%	100.0%
列总计	5078	1263	6341

Chi-square tests：df = 4，卡方值为 13.853，sig = 0.008 < 0.050，所以受教育程度不同的居民在对“生活的社区（或村）是否有社区公约、村规民约”的回答上有显著差异。

C12a by A6

您觉得您周围的人在日常生活中遵守步行、骑车时不闯红灯的规则吗 * 受教育程度 Crosstabulation

	大专以下	大专及大专以上	总计
不遵守	9.1%	11.9%	9.7%
基本遵守	56.8%	59.3%	57.3%
自觉遵守	34.1%	28.8%	33.0%
总计	100.0%	100.0%	100.0%

续表

	大专以下	大专及大专以上	总计
列总计	5049	1264	6313

Chi-square tests：df = 2，卡方值为 17.454，sig = 0.000 < 0.050，所以受教育程度不同的居民在对“周围的人在日常生活中是否遵守步行、骑车时不闯红灯的规则”的评价上有显著差异。

C12b by A6

您觉得您周围的人在日常生活中遵守乘车、购物时自觉排队的规则吗 * 受教育程度 Crosstabulation

	大专以下	大专及大专以上	总计
不遵守	4.8%	6.5%	5.2%
基本遵守	53.6%	56.5%	54.2%
自觉遵守	41.6%	37.0%	40.7%
总计	100.0%	100.0%	100.0%
列总计	5047	1263	6310

Chi-square tests：df = 2，卡方值为 12.291，sig = 0.002 < 0.050，所以受教育程度不同的居民在对“周围的人在日常生活中是否遵守乘车、购物自觉排队的规则”的评价上有显著差异。

C12c by A6

您觉得您周围的人在日常生活中遵守文明游览的规则吗 * 受教育程度 Crosstabulation

	大专以下	大专及大专以上	总计
不遵守	4.5%	5.4%	4.6%
基本遵守	57.5%	60.3%	58.1%
自觉遵守	38.0%	34.3%	37.3%
总计	100.0%	100.0%	100.0%
列总计	5018	1262	6280

Chi-square tests：df = 2，卡方值为 6.990，sig = 0.030 < 0.050，所以受教育程度不同的居民在对“周围的人在日常生活中是否遵守文明游览的规则”的评价上有显著差异。

C12d by A6

您觉得您周围的人在日常生活中遵守社会公约、村规民约吗 * 受教育程度 Crosstabulation

	大专以下	大专及大专以上	总计
不遵守	4.9%	4.6%	4.8%

续表

	大专以下	大专及大专以上	总计
基本遵守	52.8%	57.8%	53.8%
自觉遵守	42.4%	37.6%	41.4%
总计	100.0%	100.0%	100.0%
列总计	4940	1253	6193

Chi-square tests：df = 2，卡方值为 10.366，sig = 0.006 < 0.050，所以受教育程度不同的居民在对“周围的人在日常生活中是否遵守社会公约、村规民约”的评价上有显著差异。

D1a by A6

判断下列词语是否是社会主义核心价值观：文明 ＊ 受教育程度 Crosstabulation

	大专以下	大专及大专以上	总计
未选	15.8%	13.2%	15.3%
已选	84.2%	86.8%	84.7%
总计	100.0%	100.0%	100.0%
列总计	5033	1261	6294

Chi-square tests：df = 1，卡方值为 5.553，sig = 0.018 < 0.050，所以受教育程度不同的居民在对“‘文明’是否是社会主义核心价值观”的认知上有显著差异。

D1b by A6

判断下列词语是否是社会主义核心价值观：诚信 ＊ 受教育程度 Crosstabulation

	大专以下	大专及大专以上	总计
未选	14.3%	5.9%	12.6%
已选	85.7%	94.1%	87.4%
总计	100.0%	100.0%	100.0%
列总计	5034	1261	6295

Chi-square tests：df = 1，卡方值为 65.320，sig = 0.000 < 0.050，所以受教育程度不同的居民在对“诚信是否是社会主义核心价值观”的认知上有显著差异。

D1c by A6

判断下列词语是否是社会主义核心价值观：勇敢 ＊ 受教育程度 Crosstabulation

	大专以下	大专及大专以上	总计
未选	77.9%	89.1%	80.1%
已选	22.1%	10.9%	19.8%

续表

	大专以下	大专及大专以上	总计
总计	100.0%	100.0%	100.0%
列总计	5034	1261	6295

Chi-square tests：df=1，卡方值为79.895，sig =0.000<0.050，所以受教育程度不同的居民在对“‘勇敢’是否是社会主义核心价值观”的认知上有显著差异。

D1d by A6

判断下列词语是否是社会主义核心价值观：爱国 * 受教育程度 Crosstabulation

	大专以下	大专及大专以上	总计
未选	16.4%	13.2%	15.7%
已选	83.6%	86.8%	84.3%
总计	100.0%	100.0%	100.0%
列总计	5033	1261	6294

Chi-square tests：df=1，卡方值为7.828，sig =0.005<0.050，所以受教育程度不同的居民在对“‘爱国’是否是社会主义核心价值观”的认知上有显著差异。

D1e by A6

判断下列词语是否是社会主义核心价值观：创新 * 受教育程度 Crosstabulation

	大专以下	大专及大专以上	总计
未选	72.4%	66.1%	71.1%
已选	27.6%	33.9%	28.9%
总计	100.0%	100.0%	100.0%
列总计	5034	1261	6295

Chi-square tests：df=1，卡方值为19.537，sig =0.000<0.050，所以受教育程度不同的居民在对“‘创新’是否是社会主义核心价值观”的认知上有显著差异。

D1f by A6

判断下列词语是否是社会主义核心价值观：友善 * 受教育程度 Crosstabulation

	大专以下	大专及大专以上	总计
未选	49.0%	36.1%	46.4%
已选	51.0%	63.9%	53.6%
总计	100.0%	100.0%	100.0%
列总计	5033	1261	6294

Chi-square tests：df=1，卡方值为67.822，sig =0.000<0.050，所以受教育程度不同的居民在对“‘友善’是否是社会主义核心价值观”的认知上有显著差异。

D1g by A6

判断下列词语是否是社会主义核心价值观：勤劳 ＊ 受教育程度 Crosstabulation

	大专以下	大专及大专以上	总计
未选	69.5%	81.4%	71.9%
已选	30.5%	18.6%	28.1%
总计	100.0%	100.0%	100.0%
列总计	5033	1261	6294

Chi-square tests：df=1，卡方值为70.743，sig =0.000<0.050，所以受教育程度不同的居民在对“‘勤劳’是否是社会主义核心价值观”的认知上有显著差异。

D2 by A6

您认为社会主义核心价值观和工作、生活有关系吗 ＊ 受教育程度 Crosstabulation

	大专以下	大专及大专以上	总计
对改变社会风气有好处，每个人都应该这样做人做事	73.6%	85.7%	76.0%
与个人工作、生活没关系	7.4%	4.8%	6.9%
说不清	19.0%	9.5%	17.1%
总计	100.0%	100.0%	100.0%
列总计	5044	1262	6306

Chi-square tests：df=2，卡方值为82.839，sig =0.000<0.050，所以受教育程度不同的居民在对“认为社会主义核心价值观和工作、生活有关系吗”的认知上有显著差异。

D3 by A6

中华民族历来有孝敬、礼让、仁爱、节俭的传统，您认为现在还需要这些吗 ＊ 受教育程度 Crosstabulation

	大专以下	大专及大专以上	总计
这些传统什么时候都不能丢	95.6%	96.2%	95.7%
可有可无	2.8%	2.5%	2.8%
已经过时，没必要讲这些	1.6%	1.3%	1.5%
总计	100.0%	100.0%	100.0%
列总计	5076	1264	6340

Chi-square tests：df=2，卡方值为1.102，sig =0.576>0.050，所以受教育程度不同的居民在对“中华民族历来有孝敬、礼让、仁爱、节俭的传统，您认为现在还需要这些吗”的评价上没有显著差异。

D4 by A6

您认为在青少年中开展革命传统教育是否有现实意义 * 受教育程度 Crosstabulation

	大专以下	大专及大专以上	总计
很有必要，应该大力开展	88.9%	88.4%	88.8%
已经过时了，没必要开展	1.8%	2.1%	1.9%
可有可无，意义不大	4.5%	5.8%	4.8%
说不清楚	4.7%	3.8%	4.6%
总计	100.0%	100.0%	100.0%
列总计	5076	1264	6340

Chi-square tests：df = 3，卡方值为 5.759，sig = 0.124 > 0.050，所以受教育程度不同的居民在对“在青少年中开展革命传统教育是否有意义”的评价上没有显著差异。

D5 by A6

您认为当前中国社会个人道德素质的主要问题是 * 受教育程度 Crosstabulation

	大专以下	大专及大专以上	总计
道德上无知	15.5%	11.2%	14.6%
有道德知识，但不见诸行动	75.0%	82.4%	76.5%
既无知，也不行动	7.5%	5.5%	7.1%
其他	2.0%	0.9%	1.8%
总计	100.0%	100.0%	100.0%
列总计	5046	1263	6309

Chi-square tests：df = 3，卡方值为 32.734，sig = 0.000 < 0.050，所以受教育程度不同的居民在对“当前中国社会个人道德素质的主要问题”的选择上有显著差异。

D6 by A6

您认为对社会生活而言，个体德性（即个人的道德品质）和社会公正哪个更重要 * 受教育程度 Crosstabulation

	大专以下	大专及大专以上	总计
个体德性最重要	18.4%	13.8%	17.5%
社会公正最重要	34.6%	23.6%	32.4%
二者应当统一，但二者矛盾时应先追求个体德性	19.0%	18.8%	18.9%
二者应当统一，但二者矛盾时应先追求社会公正	28.0%	43.8%	31.2%

续表

	大专以下	大专及大专以上	总计
总计	100. 0%	100. 0%	100. 0%
列总计	5059	1260	6319

Chi-square tests：df = 3，卡方值为 130. 627，sig = 0. 000 < 0. 050，所以受教育程度不同的居民在对“个体德性（即个人的道德品质）和社会公正哪个更重要”的选择上有显著差异。

D7 by A6

您根据什么来判断某种行为是否符合伦理道德 ＊ 受教育程度 Crosstabulation

	大专以下	大专及大专以上	总计
传统	17. 9%	13. 9%	17. 1%
风俗习惯	10. 3%	6. 4%	9. 5%
大多数人认同的道德规范	23. 0%	29. 1%	24. 2%
当事人的共同利益和意志	3. 5%	4. 6%	3. 7%
自己的良心	34. 7%	17. 3%	31. 2%
自己的利益	0. 7%	0. 3%	0. 7%
意识形态要求	2. 2%	3. 2%	2. 4%
己立立人，立达达人；己所不欲，勿施于人	7. 8%	25. 3%	11. 3%
总计	100. 0%	100. 0%	100. 0%
列总计	5070	1263	6333

Chi-square tests：df = 7，卡方值为 427. 993，sig = 0. 000 < 0. 050，所以受教育程度不同的居民在对“根据什么来判断某种行为是否符合伦理道德”的认知上有显著差异。

D8 by A6

老王的朋友是老张的生意竞争对手，想知道老张平时都跟哪些人接触，花钱让老王监视老张并向其报告。如果您是老王，您会怎么做 ＊ 受教育程度 Crosstabulation

	大专以下	大专及大专以上	总计
毫不犹豫地答应，个人利益高于一切，只要不让朋友知道，无可厚非	2. 9%	1. 9%	2. 7%
可能答应，谈不上道德不道德	4. 7%	4. 6%	4. 7%
可能答应，虽然对朋友不道德，但是有利可图，对自身是道德的	4. 0%	4. 1%	4. 0%
不会答应，因为这不道德，见利忘义的行为无论如何都不可取	88. 3%	89. 4%	88. 5%
总计	100. 0%	100. 0%	100. 0%

续表

	大专以下	大专及大专以上	总计
列总计	5070	1260	6330

Chi-square tests：df = 3，卡方值为 4.147，sig = 0.246 > 0.050，所以受教育程度不同的居民在对“老王的朋友是老张的生意竞争对手，想知道老张平时都跟哪些人接触，花钱让老王监视老张并向其报告。如果您是老王，您会怎么做”这一问题的回答上没有显著差异。

D9 by A6

遇到人生重大挫折时，您通常的反应是 * 受教育程度 Crosstabulation

	大专以下	大专及大专以上	总计
去寺庙，求菩萨保佑	2.1%	0.9%	1.9%
找朋友倾诉，求得疏解	16.5%	26.0%	18.4%
向家人倾诉，寻求安慰	37.5%	29.8%	36.0%
坚持自己的追求	9.5%	14.1%	10.4%
自己独立承受和化解	33.2%	28.6%	32.2%
其他	1.2%	0.6%	1.1%
总计	100.0%	100.0%	100.0%
列总计	5067	1260	6327

Chi-square tests：df = 5，卡方值为 105.947，sig = 0.000 < 0.050，所以受教育程度不同的居民在对“遇到人生重大挫折时，您通常的反应”的选择上有显著差异。

D10 by A6

当遇到人与人之间的利益冲突时，首选的办法是 * 受教育程度 Crosstabulation

	大专以下	大专及大专以上	总计
诉诸法律，打官司	9.0%	7.8%	8.8%
主动与对方沟通，适可而止	51.4%	65.6%	54.2%
找第三方帮助沟通调解，尽量不伤和气	27.4%	22.2%	26.4%
能忍则忍	12.1%	4.5%	10.6%
总计	100.0%	100.0%	100.0%
列总计	5061	1263	6324

Chi-square tests：df = 3，卡方值为 104.882，sig = 0.000 < 0.050，所以受教育程度不同的居民在对“当遇到人与人之间的利益冲突时，首选的办法”的选择上有显著差异。

D11 by A6

当有陌生人走进您的单位或社区，或在车厢中与陌生人在一起时，您通常的态度是 * 受教育程度 Crosstabulation

	大专以下	大专及大专以上	总计
对他/她微笑	22.0%	40.1%	25.6%
主动打招呼	15.0%	15.5%	15.1%
没有任何反应	20.5%	17.8%	20.0%
保持警惕，防止上当	41.7%	25.9%	38.6%
其他	0.7%	0.6%	0.7%
总计	100.0%	100.0%	100.0%
列总计	5063	1261	6324

Chi-square tests：df = 4，卡方值为 197.991，sig = 0.000 < 0.050，所以受教育程度不同的居民在对“当有陌生人走进您的单位或社区，或在车厢中与陌生人在一起时，您通常的态度”的选择上有显著差异。

D12 by A6

假设您双手抱着东西走进电梯，您觉得电梯里的陌生人可能会怎样 * 受教育程度 Crosstabulation

	大专以下	大专及大专以上	总计
主动问您去几楼并帮您按楼层	38.0%	45.6%	39.5%
当作没看见	17.8%	15.2%	17.3%
会在您的请求下给予帮助	44.2%	39.1%	43.2%
总计	100.0%	100.0%	100.0%
列总计	5050	1262	6312

Chi-square tests：df = 2，卡方值为 24.650，sig = 0.000 < 0.050，所以受教育程度不同的居民在对“假设您双手抱着东西走进电梯，您觉得电梯里的陌生人可能会怎样”这一问题的回答上有显著差异。

D13 by A6

假设您走在街上被陌生人不小心踩到了并发出“哎哟”一声，您认为对方会做何种反应 * 受教育程度 Crosstabulation

	大专以下	大专及大专以上	总计
用言语或手势表达歉意	88.3%	93.1%	89.2%
不会做任何表示	9.9%	5.8%	9.1%
反而说您大惊小怪	1.8%	1.1%	1.7%
总计	100.0%	100.0%	100.0%

续表

	大专以下	大专及大专以上	总计
列总计	5069	1262	6331

Chi-square tests：df = 2，卡方值为 24.507，sig = 0.000 < 0.050，所以受教育程度不同的居民在对“假设您走在街上被陌生人不小心踩到了并发出‘哎哟’一声，您认为对方会做何种反应”这一问题的回答上有显著差异。

D14 by A6

与人相处时，如何选择自己的行为 ＊ 受教育程度 Crosstabulation

	大专以下	大专及大专以上	总计
按照自己的准则办事，不必顾忌太多	20.3%	13.3%	18.9%
以己度人，己立立人	23.4%	32.5%	25.2%
以自己利益最大化为最高目标	3.7%	1.8%	3.3%
以对双方有好处为标准	26.2%	16.3%	24.2%
权衡利弊，理性选择	25.8%	36.0%	27.9%
其他	0.7%	0.1%	0.5%
总计	100.0%	100.0%	100.0%
列总计	5050	1262	6312

Chi-square tests：df = 5，卡方值为 153.435，sig = 0.000 < 0.050，所以受教育程度不同的居民在对“与人相处时，如何选择自己的行为”的选择上有显著差异。

D15 by A6

您认为目前我国社会对人际关系的伦理调节能力和个人行为的道德调节能力 ＊ 受教育程度 Crosstabulation

	大专以下	大专及大专以上	总计
良好	39.1%	34.9%	38.3%
一般	54.7%	57.1%	55.2%
很差	3.5%	4.9%	3.8%
几乎没有，一切都听从法律和利益	2.7%	3.2%	2.8%
总计	100.0%	100.0%	100.0%
列总计	5071	1262	6333

Chi-square tests：df = 3，卡方值为 12.026，sig = 0.007 < 0.050，所以受教育程度不同的居民在对“目前我国社会对人际关系的伦理调节能力和个人行为的道德调节能力”的评价上有显著差异。

D16 by A6

现在社会上有些人不守道德反而讨了便宜，您会不会为了得到好处而仿效 * 受教育程度 Crosstabulation

	大专以下	大专及大专以上	总计
从来不这么做	64.0%	51.9%	61.6%
通常不这么做，关键时刻会这么做	9.2%	12.8%	9.9%
经常这么做	1.0%	0.7%	0.9%
相信善有善报，恶有恶报，终将会善恶报应	18.9%	27.8%	20.7%
说不清	6.7%	6.5%	6.7%
其他	0.1%	0.2%	0.2%
总计	100.0%	100.0%	100.0%
列总计	5075	1264	6339

Chi-square tests：df = 5，卡方值为 77.527，sig = 0.000 < 0.050，所以受教育程度不同的居民在对“现在社会上有些人不守道德反而讨了便宜，您会不会为了得到好处而仿效”的选择上有显著差异。

D17 by A6

常常体验到自己身上有一种“伦理感”的存在，如感到自己不属于自己，而属于他人、某个集体、国家、民族，行为选择要服从于“它”，有一种要为“它”奉献的冲动吗 * 受教育程度 Crosstabulation

	大专以下	大专及大专以上	总计
没有，我只感受到我自己个人实实在在的生活	35.0%	22.3%	32.5%
偶尔有，但主要是因为那种情况下我的利益与“它”一致	16.8%	19.5%	17.4%
偶尔有，是在受某种作品或生活情境的影响之后	17.6%	23.6%	18.8%
时常有，“它”是一种内在的信念	30.0%	34.1%	30.8%
其他	0.6%	0.6%	0.6%
总计	100.0%	100.0%	100.0%
列总计	5042	1259	6301

Chi-square tests：df = 4，卡方值为 79.170，sig = 0.000 < 0.050，所以受教育程度不同的居民在对“常常体验到自己身上有一种‘伦理感’的存在，如感到自己不属于自己，而属于他人、某个集体、国家、民族，行为选择要服从于‘它’，有一种要为‘它’奉献的冲动吗”这一问题的回答上有显著差异。

D18a by A6

对政府官员道德状况的满意度 * 受教育程度 Crosstabulation

	大专以下	大专及大专以上	总计
非常不满意	7.3%	6.9%	7.2%

续表

	大专以下	大专及大专以上	总计
不太满意	16.8%	24.5%	18.3%
比较满意	40.6%	45.3%	41.5%
非常满意	35.3%	23.3%	32.9%
总计	100.0%	100.0%	100.0%
列总计	5062	1260	6322

Chi-square tests：df=3，卡方值为82.975，sig =0.000<0.050，所以受教育程度不同的居民在对“政府官员道德状况”的满意度上有显著差异。

D18b by A6

对一般公务员道德状况的满意度 ＊ 受教育程度 Crosstabulation

	大专以下	大专及大专以上	总计
非常不满意	3.6%	3.3%	3.5%
不太满意	17.5%	23.9%	18.7%
比较满意	42.4%	46.4%	43.2%
非常满意	36.5%	26.4%	34.5%
总计	100.0%	100.0%	100.0%
列总计	5040	1260	6300

Chi-square tests：df=3，卡方值为55.945，sig =0.000<0.050，所以受教育程度不同的居民在对“一般公务员道德状况”的满意度上有显著差异。

D18c by A6

对企业家道德状况的满意度 ＊ 受教育程度 Crosstabulation

	大专以下	大专及大专以上	总计
非常不满意	4.2%	4.1%	4.2%
不太满意	18.3%	23.9%	19.4%
比较满意	45.6%	50.9%	46.7%
非常满意	31.9%	21.0%	29.7%
总计	100.0%	100.0%	100.0%
列总计	5007	1255	6262

Chi-square tests：df=3，卡方值为61.837，sig =0.000<0.050，所以受教育程度不同的居民在对“企业家道德状况”的满意度上有显著差异。

D18d by A6

对教师道德状况的满意度 * 受教育程度 Crosstabulation

	大专以下	大专及大专以上	总计
非常不满意	3.7%	3.7%	3.7%
不太满意	11.1%	17.8%	12.4%
比较满意	27.5%	34.6%	28.9%
非常满意	57.7%	43.9%	55.0%
总计	100.0%	100.0%	100.0%
列总计	5058	1259	6317

Chi-square tests：df = 3，卡方值为 88.266，sig = 0.000 < 0.050，所以受教育程度不同的居民在对“教师道德状况”的满意度上有显著差异。

D18e by A6

对青少年道德状况的满意度 * 受教育程度 Crosstabulation

	大专以下	大专及大专以上	总计
非常不满意	2.3%	2.0%	2.2%
不太满意	14.4%	20.4%	15.6%
比较满意	37.2%	44.6%	38.7%
非常满意	46.1%	33.0%	43.5%
总计	100.0%	100.0%	100.0%
列总计	5063	1259	6322

Chi-square tests：df = 3，卡方值为 78.714，sig = 0.000 < 0.050，所以受教育程度不同的居民在对“青少年道德状况”的满意度上有显著差异。

D18f by A6

对演艺娱乐界道德状况的满意度 * 受教育程度 Crosstabulation

	大专以下	大专及大专以上	总计
非常不满意	9.3%	13.5%	10.1%
不太满意	21.9%	25.8%	22.7%
比较满意	43.8%	45.3%	44.1%
非常满意	25.0%	15.4%	23.1%
总计	100.0%	100.0%	100.0%
列总计	5003	1257	6260

Chi-square tests：df = 3，卡方值为 65.430，sig = 0.000 < 0.050，所以受教育程度不同的居民在对“演艺娱乐界道德状况”的满意度上有显著差异。

D18g by A6

对自由职业者道德状况的满意度 * 受教育程度 Crosstabulation

	大专以下	大专及大专以上	总计
非常不满意	3.5%	2.9%	3.4%
不太满意	18.1%	22.3%	19.0%
比较满意	42.8%	48.6%	43.9%
非常满意	35.6%	26.2%	33.7%
总计	100.0%	100.0%	100.0%
列总计	5014	1258	6272

Chi-square tests：df = 3，卡方值为 43.550，sig = 0.000 < 0.050，所以受教育程度不同的居民在对“自由职业者道德状况”的满意度上有显著差异。

D18h by A6

对农民道德状况的满意度 * 受教育程度 Crosstabulation

	大专以下	大专及大专以上	总计
非常不满意	2.1%	2.2%	2.1%
不太满意	9.3%	15.5%	10.5%
比较满意	24.2%	34.5%	26.2%
非常满意	64.5%	47.8%	61.2%
总计	100.0%	100.0%	100.0%
列总计	5055	1254	6309

Chi-square tests：df = 3，卡方值为 123.382，sig = 0.000 < 0.050，所以受教育程度不同的居民在对“农民道德状况”的满意度上有显著差异。

D18i by A6

对商人道德状况的满意度 * 受教育程度 Crosstabulation

	大专以下	大专及大专以上	总计
非常不满意	5.7%	4.6%	5.5%
不太满意	18.8%	24.4%	19.9%
比较满意	43.7%	51.8%	45.3%
非常满意	31.8%	19.2%	29.3%
总计	100.0%	100.0%	100.0%
列总计	5050	1259	6309

Chi-square tests：df = 3，卡方值为 87.059，sig = 0.000 < 0.050，所以受教育程度不同的居民在对“商人道德状况”的满意度上有显著差异。

D18j by A6

对工人道德状况的满意度 ＊ 受教育程度 Crosstabulation

	大专以下	大专及大专以上	总计
非常不满意	1.7%	1.5%	1.7%
不太满意	9.9%	15.0%	11.0%
比较满意	28.8%	37.0%	30.4%
非常满意	59.6%	46.5%	57.0%
总计	100.0%	100.0%	100.0%
列总计	5046	1257	6303

Chi-square tests：df = 3，卡方值为 76.945，sig = 0.000 < 0.050，所以受教育程度不同的居民在对“工人道德状况”的满意度上有显著差异。

D18k by A6

对专家学者道德状况的满意度 ＊ 受教育程度 Crosstabulation

	大专以下	大专及大专以上	总计
非常不满意	2.9%	4.6%	3.2%
不太满意	11.2%	17.3%	12.4%
比较满意	30.9%	38.1%	32.3%
非常满意	55.1%	40.0%	52.1%
总计	100.0%	100.0%	100.0%
列总计	5037	1257	6294

Chi-square tests：df = 3，卡方值为 100.259，sig = 0.000 < 0.050，所以受教育程度不同的居民在对“专家学者道德状况”的满意度上有显著差异。

D18l by A6

对医生道德状况的满意度 ＊ 受教育程度 Crosstabulation

	大专以下	大专及大专以上	总计
非常不满意	4.7%	4.7%	4.7%
不太满意	12.2%	18.7%	13.5%
比较满意	32.2%	39.8%	33.7%
非常满意	50.9%	36.8%	48.1%
总计	100.0%	100.0%	100.0%
列总计	5051	1258	6309

Chi-square tests：df = 3，卡方值为 89.873，sig = 0.000 < 0.050，所以受教育程度不同的居民在对“医生道德状况”的满意度上有显著差异。

D18m by A6

对弱势群体道德状况的满意度 ＊ 受教育程度 Crosstabulation

	大专以下	大专及大专以上	总计
非常不满意	2.7%	2.5%	2.7%
不太满意	10.6%	17.3%	11.8%
比较满意	38.2%	46.4%	39.7%
非常满意	48.5%	33.8%	45.8%
总计	100.0%	100.0%	100.0%
列总计	4362	976	5338

Chi-square tests：df = 3，卡方值为 81.693，sig = 0.000 < 0.050，所以受教育程度不同的居民在对“弱势群体道德状况”的满意度上有显著差异。

D19 by A6

您认为大家在一起合作共事，最重要的条件是 ＊ 受教育程度 Crosstabulation

	大专以下	大专及大专以上	总计
心情要愉快，否则就不在一起或另找单位	29.7%	22.7%	28.3%
自由宽松的氛围	7.3%	6.6%	7.2%
不违背做人的基本准则	32.3%	35.3%	32.9%
尽量约束自己，考虑别人的感受	11.5%	14.5%	12.1%
以共同体的利益为最高准则	18.4%	20.8%	18.9%
其他	0.8%	0.2%	0.7%
总计	100.0%	100.0%	100.0%
列总计	5055	1248	6303

Chi-square tests：df = 5，卡方值为 35.738，sig = 0.000 < 0.050，所以受教育程度不同的居民在对“您认为大家在一起合作共事，最重要的条件”的选择上有显著差异。

D20 by A6

您常常体验到自己身上“道德感”的存在和满足吗？如社会行为不是出于本能欲望的冲动，而是考虑是否符合道德规则 ＊ 受教育程度 Crosstabulation

	大专以下	大专及大专以上	总计
没有，只是凭自己的意志和利益办事	15.9%	8.1%	14.3%
在有监督的环境中有，其他环境中没有	9.7%	6.5%	9.0%

续表

	大专以下	大专及大专以上	总计
能考虑行为符合公认的道德准则，但是往往出于对社会评价的考虑	32.6%	42.8%	34.6%
经常有，因为行为应当符合社会规则	41.5%	42.5%	41.7%
其他	0.4%	0.2%	0.3%
总计	100.0%	100.0%	100.0%
列总计	5046	1263	6309

Chi-square tests：df = 4，卡方值为 86.327，sig = 0.000 < 0.050，所以受教育程度不同的居民在对“您常常体验到自己身上‘道德感’的存在和满足吗？如社会行为不是出于本能欲望的冲动，而是考虑是否符合道德规则”这一问题的回答上有显著差异。

D21 by A6

您觉得大多数人都是可以相信的吗？如果 1 分代表“大多数人都可以相信”，5 分代表“对其他人都应该小心防备”，您会选几分？ * 受教育程度 Crosstabulation

	大专以下	大专及大专以上	总计
1 分	29.6%	26.9%	29.1%
2 分	22.1%	24.2%	22.5%
3 分	28.7%	36.0%	30.1%
4 分	11.1%	9.7%	10.8%
5 分	8.5%	3.2%	7.5%
总计	100.0%	100.0%	100.0%
列总计	5077	1262	6339

Chi-square tests：df = 4，卡方值为 62.050，sig = 0.000 < 0.050，所以受教育程度不同的居民在对“觉得大多数人都是可以相信的吗？如果 1 分代表‘大多数人都可以相信’，5 分代表‘对其他人都应该小心防备’，您会选几分？”这一问题的回答上有显著差异。

D22 by A6

如果在路边看到一个老人摔倒，您的反应是 * 受教育程度 Crosstabulation

	大专以下	大专及大专以上	总计
立即将其扶起	46.7%	36.6%	44.7%
等有证人时再扶	23.1%	21.2%	22.7%
先拍照，再扶起	9.3%	22.3%	11.9%
不扶，避免惹是生非	6.4%	5.9%	6.3%

续表

	大专以下	大专及大专以上	总计
报警	13.1%	12.8%	13.1%
其他	1.4%	1.2%	1.4%
总计	100.0%	100.0%	100.0%
列总计	5069	1261	6330

Chi-square tests：df=5，卡方值为169.584，sig =0.000<0.050，所以受教育程度不同的居民在对“如果在路边看到一个老人摔倒，您的反应”的选择上有显著差异。

D23a by A6

您认为导致当前医患关系紧张的首要原因是 * 受教育程度 Crosstabulation

	大专以下	大专及大专以上	总计
医生缺乏职业道德，对病人不负责任	33.6%	24.9%	31.8%
医疗制度不合理，看病难、看病贵	41.3%	57.4%	44.5%
医生腐败，不送红包不认真看病	14.1%	7.3%	12.7%
“医闹”严重，病人蓄意闹事	9.8%	9.0%	9.6%
其他	1.3%	1.4%	1.3%
总计	100.0%	100.0%	100.0%
列总计	4955	1247	6202

Chi-square tests：df=4，卡方值为118.760，sig =0.000<0.050，所以受教育程度不同的居民在对“导致当前医患关系紧张的首要原因”的选择上有显著差异。

D23b by A6

您认为导致当前医患关系紧张的次要原因是 * 受教育程度 Crosstabulation

	大专以下	大专及大专以上	总计
医生缺乏职业道德，对病人不负责任	31.7%	36.1%	32.6%
医疗制度不合理，看病难、看病贵	29.1%	24.2%	28.2%
医生腐败，不送红包不认真看病	22.0%	16.6%	20.9%
“医闹”严重，病人蓄意闹事	15.6%	22.1%	16.9%
其他	1.5%	0.9%	1.4%
总计	100.0%	100.0%	100.0%
列总计	4752	1178	5930

Chi-square tests：df=4，卡方值为53.671，sig =0.000<0.050，所以受教育程度不同的居民在对“导致当前医患关系紧张的次要原因”的选择上有显著差异。

D24a by A6

对家人的信任程度 * 受教育程度 Crosstabulation

	大专以下	大专及大专以上	总计
完全信任	88.7%	86.7%	88.3%
比较信任	10.8%	12.8%	11.2%
不太信任	0.5%	0.3%	0.5%
根本不信任	0.1%	0.2%	0.1%
总计	100.0%	100.0%	100.0%
列总计	4982	1238	6220

Chi-square tests：df = 3，卡方值为 6.139，sig = 0.105 > 0.050，所以受教育程度不同的居民在对“家人”的信任程度上没有显著差异。

D24b by A6

对邻居的信任程度 * 受教育程度 Crosstabulation

	大专以下	大专及大专以上	总计
完全信任	33.6%	20.8%	31.0%
比较信任	60.0%	68.4%	61.7%
不太信任	5.8%	10.2%	6.7%
根本不信任	0.7%	0.6%	0.6%
总计	100.0%	100.0%	100.0%
列总计	5067	1261	6328

Chi-square tests：df = 3，卡方值为 93.165，sig = 0.000 < 0.050，所以受教育程度不同的居民在对“邻居”的信任程度上有显著差异。

D24c by A6

对商人的信任程度 * 受教育程度 Crosstabulation

	大专以下	大专及大专以上	总计
完全信任	7.3%	4.0%	6.6%
比较信任	34.8%	29.5%	33.8%
不太信任	50.5%	61.5%	52.7%
根本不信任	7.4%	5.1%	6.9%
总计	100.0%	100.0%	100.0%
列总计	5060	1256	6316

Chi-square tests：df = 3，卡方值为 55.502，sig = 0.000 < 0.050，所以受教育程度不同的居民在对“商人”的信任程度上有显著差异。

D24d by A6

对单位领导/社区（村）干部的信任程度 ＊ 受教育程度 Crosstabulation

	大专以下	大专及大专以上	总计
完全信任	25.9%	20.3%	24.8%
比较信任	55.4%	58.7%	56.1%
不太信任	15.2%	18.5%	15.8%
根本不信任	3.5%	2.5%	3.3%
总计	100.0%	100.0%	100.0%
列总计	5061	1261	6322

Chi-square tests：df=3，卡方值为24.616，sig =0.000<0.050，所以受教育程度不同的居民在对“单位领导/社区（村）干部”的信任程度上有显著差异。

D24e by A6

对公务员的信任程度 ＊ 受教育程度 Crosstabulation

	大专以下	大专及大专以上	总计
完全信任	17.5%	12.3%	16.5%
比较信任	57.3%	61.4%	58.1%
不太信任	22.5%	24.4%	22.9%
根本不信任	2.7%	1.8%	2.5%
总计	100.0%	100.0%	100.0%
列总计	5046	1260	6306

Chi-square tests：df=3，卡方值为24.034，sig =0.000<0.050，所以受教育程度不同的居民在对“公务员”的信任程度上有显著差异。

D24f by A6

对教师的信任程度 ＊ 受教育程度 Crosstabulation

	大专以下	大专及大专以上	总计
完全信任	33.6%	25.6%	32.0%
比较信任	54.3%	61.9%	55.8%
不太信任	10.6%	11.2%	10.7%
根本不信任	1.4%	1.3%	1.4%
总计	100.0%	100.0%	100.0%
列总计	5058	1262	6320

Chi-square tests：df=3，卡方值为31.096，sig =0.000<0.050，所以受教育程度不同的居民在对“教师”的信任程度上有显著差异。

D24g by A6

对警察的信任程度 ＊ 受教育程度 Crosstabulation

	大专以下	大专及大专以上	总计
完全信任	41.3%	31.7%	39.4%
比较信任	48.7%	56.8%	50.3%
不太信任	8.3%	9.8%	8.6%
根本不信任	1.7%	1.7%	1.7%
总计	100.0%	100.0%	100.0%
列总计	5066	1263	6329

Chi-square tests：df = 3，卡方值为 39.533，sig = 0.000 < 0.050，所以受教育程度不同的居民在对“警察”的信任程度上有显著差异。

D24h by A6

对医生的信任程度 ＊ 受教育程度 Crosstabulation

	大专以下	大专及大专以上	总计
完全信任	29.1%	21.0%	27.5%
比较信任	52.4%	60.7%	54.1%
不太信任	16.1%	16.6%	16.2%
根本不信任	2.4%	1.7%	2.3%
总计	100.0%	100.0%	100.0%
列总计	5063	1260	6323

Chi-square tests：df = 3，卡方值为 39.410，sig = 0.000 < 0.050，所以受教育程度不同的居民在对“医生”的信任程度上有显著差异。

D24i by A6

对法官的信任程度 ＊ 受教育程度 Crosstabulation

	大专以下	大专及大专以上	总计
完全信任	34.5%	26.5%	32.9%
比较信任	50.8%	57.0%	52.0%
不太信任	12.4%	14.1%	12.7%
根本不信任	2.3%	2.5%	2.3%
总计	100.0%	100.0%	100.0%
列总计	5048	1262	6310

Chi-square tests：df = 3，卡方值为 29.695，sig = 0.000 < 0.050，所以受教育程度不同的居民在对“法官”的信任程度上有显著差异。

D24j by A6

对陌生人的信任程度 * 受教育程度 Crosstabulation

	大专以下	大专及大专以上	总计
完全信任	2.1%	1.7%	2.0%
比较信任	9.5%	14.1%	10.4%
不太信任	45.0%	54.4%	46.9%
根本不信任	43.5%	29.8%	40.7%
总计	100.0%	100.0%	100.0%
列总计	5069	1260	6329

Chi-square tests：df = 3，卡方值为 87.299，sig = 0.000 < 0.050，所以受教育程度不同的居民在对“陌生人”的信任程度上有显著差异。

D24k by A6

对外国人的信任程度 * 受教育程度 Crosstabulation

	大专以下	大专及大专以上	总计
完全信任	2.0%	2.6%	2.1%
比较信任	12.0%	22.3%	14.0%
不太信任	43.6%	52.7%	45.4%
根本不信任	42.4%	22.4%	38.4%
总计	100.0%	100.0%	100.0%
列总计	5018	1255	6273

Chi-square tests：df = 3，卡方值为 200.831，sig = 0.000 < 0.050，所以受教育程度不同的居民在对“外国人”的信任程度上有显著差异。

D24l by A6

对同事或同学的信任程度 * 受教育程度 Crosstabulation

	大专以下	大专及大专以上	总计
完全信任	17.5%	14.8%	17.0%
比较信任	69.0%	75.7%	70.3%
不太信任	11.1%	8.6%	10.6%
根本不信任	2.4%	1.0%	2.1%
总计	100.0%	100.0%	100.0%
列总计	5038	1259	6297

Chi-square tests：df = 3，卡方值为 26.861，sig = 0.000 < 0.050，所以受教育程度不同的居民在对“同事或同学”的信任程度上有显著差异。

D24m by A6

对本地政府的信任程度 ＊ 受教育程度 Crosstabulation

	大专以下	大专及大专以上	总计
完全信任	32. 4%	21. 3%	30. 2%
比较信任	52. 4%	61. 1%	54. 1%
不太信任	12. 2%	15. 8%	12. 9%
根本不信任	3. 0%	1. 8%	2. 8%
总计	100. 0%	100. 0%	100. 0%
列总计	5066	1259	6325

Chi-square tests：df = 3，卡方值为 70. 427，sig = 0. 000 < 0. 050，所以受教育程度不同的居民在对“本地政府”的信任程度上有显著差异。

D24n by A6

对中央政府的信任程度 ＊ 受教育程度 Crosstabulation

	大专以下	大专及大专以上	总计
完全信任	55. 7%	43. 6%	53. 3%
比较信任	37. 1%	47. 0%	39. 1%
不太信任	5. 6%	8. 3%	6. 1%
根本不信任	1. 6%	1. 1%	1. 5%
总计	100. 0%	100. 0%	100. 0%
列总计	5069	1263	6332

Chi-square tests：df = 3，卡方值为 66. 604，sig = 0. 000 < 0. 050，所以受教育程度不同的居民在对“中央政府”的信任程度上有显著差异。

D25 by A6

您认为弱势群体产生的最主要原因是 ＊ 受教育程度 Crosstabulation

	大专以下	大专及大专以上	总计
制度不合理，社会关怀不够	25. 5%	30. 2%	26. 5%
收入分配不公	25. 2%	24. 4%	25. 0%
机会不平等	10. 3%	10. 0%	10. 2%
弱势群体自己不努力	16. 1%	12. 4%	15. 4%
缺乏生存技能	21. 6%	21. 9%	21. 6%
其他	1. 3%	1. 2%	1. 3%

续表

	大专以下	大专及大专以上	总计
总计	100.0%	100.0%	100.0%
列总计	5057	1262	6319

Chi-square tests：df=5，卡方值为18.027，sig =0.003<0.050，所以受教育程度不同的居民在对“弱势群体产生的最主要原因”的选择上有显著差异。

D26 by A6

您认为对当前我国伦理关系和道德风尚造成最大负面影响的因素是 * 受教育程度 Crosstabulation

	大专以下	大专及大专以上	总计
传统文化的崩坏	24.5%	19.9%	23.6%
外来文化的冲击	9.0%	11.1%	9.4%
市场经济导致的个人主义	21.5%	29.0%	23.0%
网络技术的发展	6.8%	6.2%	6.6%
分配不公，两极分化	18.9%	18.7%	18.8%
以权谋私，官员腐败	19.4%	15.1%	18.5%
总计	100.0%	100.0%	100.0%
列总计	5032	1260	6292

Chi-square tests：df=5，卡方值为49.358，sig =0.000<0.050，所以受教育程度不同的居民在对“当前我国伦理关系和道德风尚造成最大负面影响的因素”的选择上有显著差异。

E1 by A6

您对我们正在走的中国特色社会主义道路怎么看 * 受教育程度 Crosstabulation

	大专以下	大专及大专以上	总计
充满信心，因为它可以给中国带来繁荣富强	69.2%	72.4%	69.8%
不太了解，但相信这条路能够让老百姓过上好日子	23.7%	17.7%	22.5%
表示怀疑，走这条路究竟怎么样，现在还说不清楚	5.0%	8.9%	5.8%
走什么样的路，跟我没关系	2.2%	1.0%	1.9%
总计	100.0%	100.0%	100.0%
列总计	5069	1262	6331

Chi-square tests：df=3，卡方值为51.625，sig =0.000<0.050，所以受教育程度不同的居民在对“我们正在走的中国特色社会主义道路”的看法上有显著差异。

E2a by A6

结合自己的情况进行选择：我会经常关心比我不幸的人 * 受教育程度 Crosstabulation

	大专以下	大专及大专以上	总计
完全不符合	4.2%	4.1%	4.2%
不太符合	17.7%	20.5%	18.2%
比较符合	51.7%	53.4%	52.1%
完全符合	26.4%	22.0%	25.5%
总计	100.0%	100.0%	100.0%
列总计	5068	1261	6329

Chi-square tests：df = 3，卡方值为 12.308，sig = 0.006 < 0.050，所以受教育程度不同的居民在对“我会经常关心比我不幸的人”的看法上有显著差异。

E2b by A6

结合自己的情况进行选择：在做决定前，我会试着从每个人的立场去考虑问题 * 受教育程度 Crosstabulation

	大专以下	大专及大专以上	总计
完全不符合	2.9%	2.4%	2.8%
不太符合	14.6%	11.6%	14.0%
比较符合	57.3%	62.0%	58.3%
完全符合	25.2%	23.9%	24.9%
总计	100.0%	100.0%	100.0%
列总计	5071	1262	6333

Chi-square tests：df = 3，卡方值为 11.803，sig = 0.008 < 0.050，所以受教育程度不同的居民在对“在做决定前，我会试着从每个人的立场去考虑问题”的看法上有显著差异。

E2c by A6

结合自己的情况进行选择：当我看到有人被利用时，我有点想要保护他们 * 受教育程度 Crosstabulation

	大专以下	大专及大专以上	总计
完全不符合	3.4%	3.8%	3.4%
不太符合	18.5%	15.3%	17.8%
比较符合	54.6%	59.6%	55.6%
完全符合	23.6%	21.3%	23.1%

续表

	大专以下	大专及大专以上	总计
总计	100.0%	100.0%	100.0%
列总计	5064	1262	6326

Chi-square tests：df = 3，卡方值为 13.035，sig = 0.005 < 0.050，所以受教育程度不同的居民在对“当我看到有人被利用时，我有点想要保护他们”的看法上有显著差异。

E2d by A6

结合自己的情况进行选择：我有时会试图站在他人的角度，以更好地理解他们 * 受教育程度 Crosstabulation

	大专以下	大专及大专以上	总计
完全不符合	2.7%	2.6%	2.7%
不太符合	12.7%	9.7%	12.1%
比较符合	58.5%	60.3%	58.9%
完全符合	26.1%	27.4%	26.3%
总计	100.0%	100.0%	100.0%
列总计	5061	1261	6322

Chi-square tests：df = 3，卡方值为 8.874，sig = 0.031 < 0.050，所以受教育程度不同的居民在对“我有时会试图站在他人的角度，以更好地理解他们”的看法上有显著差异。

E2e by A6

结合自己的情况进行选择：处在紧张情绪的状况中，我会惊慌害怕 * 受教育程度 Crosstabulation

	大专以下	大专及大专以上	总计
完全不符合	11.7%	7.1%	10.8%
不太符合	30.5%	30.2%	30.4%
比较符合	39.8%	46.4%	41.1%
完全符合	18.0%	16.3%	17.6%
总计	100.0%	100.0%	100.0%
列总计	5046	1260	6306

Chi-square tests：df = 3，卡方值为 32.615，sig = 0.000 < 0.050，所以受教育程度不同的居民在对“处在紧张情绪的状况中，我会惊慌害怕”的看法上有显著差异。

E2f by A6

结合自己的情况进行选择：我相信任何问题都有两面性，我会试图从两个方面加以考虑 ＊ 受教育程度 Crosstabulation

	大专以下	大专及大专以上	总计
完全不符合	2.4%	2.1%	2.4%
不太符合	14.5%	9.5%	13.5%
比较符合	54.3%	58.8%	55.2%
完全符合	28.8%	29.6%	28.9%
总计	100.0%	100.0%	100.0%
列总计	5064	1262	6326

Chi-square tests：df = 3，卡方值为 23.115，sig = 0.000 < 0.050，所以受教育程度不同的居民在对“我相信任何问题都有两面性，我会试图从两个方面加以考虑”的看法上有显著差异。

E2g by A6

结合自己的情况进行选择：当我对某人很不耐烦或想批评他/她时，我通常会暂时站在他/她的位置上进行考虑 ＊ 受教育程度 Crosstabulation

	大专以下	大专及大专以上	总计
完全不符合	4.7%	2.9%	4.4%
不太符合	23.5%	22.7%	23.3%
比较符合	52.9%	57.6%	53.9%
完全符合	18.8%	16.8%	18.4%
总计	100.0%	100.0%	100.0%
列总计	5064	1262	6326

Chi-square tests：df = 3，卡方值为 14.238，sig = 0.003 < 0.050，所以受教育程度不同的居民在对“当我对某人很不耐烦或想批评他/她时，我通常会暂时站在他/她的位置上进行考虑”的看法上有显著差异。

E2h by A6

结合自己的情况进行选择：当我在读一个有趣的故事或者看一部电影时，会想象如果这些事情发生在自己身上，我会是怎样的感受 ＊ 受教育程度 Crosstabulation

	大专以下	大专及大专以上	总计
完全不符合	9.8%	5.0%	8.8%
不太符合	28.1%	21.7%	26.8%
比较符合	44.5%	53.9%	46.3%
完全符合	17.7%	19.4%	18.0%

续表

	大专以下	大专及大专以上	总计
总计	100.0%	100.0%	100.0%
列总计	5045	1260	6305

Chi-square tests：df = 3，卡方值为 62.749，sig = 0.000 < 0.050，所以受教育程度不同的居民在对“当我在读一个有趣的故事或者看一部电影时，会想象如果这些事情发生在自己身上，我会是怎样的感受”这一问题的看法上有显著差异。

E2i by A6

结合自己的情况进行选择：当我看到有人发生意外而急需帮助时，我紧张得几乎精神崩溃 * 受教育程度 Crosstabulation

	大专以下	大专及大专以上	总计
完全不符合	20.5%	17.4%	19.9%
不太符合	38.7%	46.2%	40.1%
比较符合	28.7%	29.8%	28.9%
完全符合	12.1%	6.6%	11.0%
总计	100.0%	100.0%	100.0%
列总计	5066	1262	6328

Chi-square tests：df = 3，卡方值为 47.242，sig = 0.000 < 0.050，所以受教育程度不同的居民在对“当我看到有人发生意外而急需帮助时，我紧张得几乎精神崩溃”的看法上有显著差异。

E3 by A6

每个人都希望我们的国家越来越好，我们的生活越来越好。党的十八大提出，到 2020 年全面建成小康社会，到本世纪中叶建成社会主义现代化国家，您认为这样的目标能实现吗 * 受教育程度 Crosstabulation

	大专以下	大专及大专以上	总计
相信一定能实现	59.4%	47.7%	57.0%
有困难，但只要努力还是能实现的	31.3%	47.5%	34.6%
不可能实现	3.0%	2.8%	2.9%
说不清楚，跟我没关系	6.3%	2.1%	5.5%
总计	100.0%	100.0%	100.0%
列总计	5077	1263	6340

Chi-square tests：df = 3，卡方值为 134.530，sig = 0.000 < 0.050，所以受教育程度不同的居民在对“认为全面建成小康社会的目标，建成社会主义现代化国家能实现吗”的看法上有显著差异。

E4 by A6

您认为在现代中国社会实际奉行的道德价值是 * 受教育程度 Crosstabulation

	大专以下	大专及大专以上	总计
个人主义，人人为自己，上帝为大家	22.2%	20.7%	21.9%
义利合一，以理导欲	54.8%	57.6%	55.4%
见利忘义，物欲横流	10.4%	9.0%	10.2%
存义去利	12.5%	12.7%	12.5%
总计	100.0%	100.0%	100.0%
列总计	4972	1254	6226

Chi-square tests：df = 3，卡方值为4.367，sig = 0.224 > 0.050，所以受教育程度不同的居民在对“认为在现代中国社会实际奉行的道德价值”的看法上没有显著差异。

E5a by A6

您认为当今中国社会最重要和最需要的德性是 * 受教育程度 Crosstabulation

	大专以下	大专及大专以上	总计
爱（仁爱、博爱、友爱）	38.9%	42.6%	39.7%
义（道义、义务）	4.2%	5.6%	4.5%
宽容	4.4%	2.4%	4.0%
责任	15.3%	13.4%	14.9%
正义或公正	11.4%	14.4%	12.0%
诚信	8.6%	9.7%	8.8%
忠恕	1.0%	1.1%	1.0%
理智	1.0%	0.7%	0.9%
节制	0.1%	0.1%	0.2%
谦让	1.4%	0.5%	1.2%
恭敬	0.6%	0.3%	0.5%
勇敢	0.5%	0.1%	0.4%
正直	2.3%	2.0%	2.3%
善良	4.2%	2.4%	3.8%
力行或知行合一	0.1%	0.5%	0.1%
教养	1.6%	1.1%	1.5%
孝悌	3.3%	2.5%	3.2%
气节	0.1%	0.2%	0.1%
中庸	0.1%	0.1%	0.1%

续表

	大专以下	大专及大专以上	总计
敬业	0.7%	0.3%	0.6%
总计	100.0%	100.0%	100.0%
列总计	5064	1264	6328

Chi-square tests：df = 19，卡方值为 73.162，sig ＝0.000 < 0.050，所以受教育程度不同的居民在对“当今中国社会最重要和最需要的德性”的选择上有显著差异。

E5b by A6

您认为当今中国社会第二重要和第二需要的德性是 ＊ 受教育程度 Crosstabulation

	大专以下	大专及大专以上	总计
爱（仁爱、博爱、友爱）	9.5%	12.4%	10.1%
义（道义、义务）	16.1%	22.0%	17.3%
宽容	6.8%	5.9%	6.6%
责任	15.3%	16.5%	15.6%
正义或公正	12.0%	12.3%	12.0%
诚信	13.7%	11.5%	13.2%
忠恕	1.3%	0.6%	1.2%
理智	2.6%	2.6%	2.6%
节制	0.4%	0.1%	0.4%
谦让	2.2%	1.4%	2.1%
恭敬	0.8%	0.6%	0.7%
勇敢	0.9%	0.2%	0.8%
正直	3.4%	2.5%	3.2%
善良	7.4%	5.3%	7.0%
力行或知行合一	0.2%	0.5%	0.3%
教养	2.6%	1.7%	2.4%
孝悌	3.1%	2.4%	2.9%
气节	0.2%	0.2%	0.2%
中庸	0.1%	0.2%	0.1%
敬业	1.5%	1.2%	1.4%
总计	100.0%	100.0%	100.0%
列总计	5058	1263	6321

Chi-square tests：df = 19，卡方值为 69.956，sig ＝0.000 < 0.050，所以受教育程度不同的居民在对“当今中国社会第二重要和第二需要的德性”的选择上有显著差异。

E5c by A6

您认为当今中国社会第三重要和第三需要的德性是 ＊ 受教育程度 Crosstabulation

	大专以下	大专及大专以上	总计
爱（仁爱、博爱、友爱）	7.0%	10.1%	7.6%
义（道义、义务）	5.5%	6.3%	5.7%
宽容	15.4%	14.2%	15.2%
责任	10.2%	13.3%	10.8%
正义或公正	8.9%	11.5%	9.4%
诚信	19.4%	18.3%	19.2%
忠恕	1.0%	0.8%	1.0%
理智	2.5%	2.3%	2.4%
节制	0.8%	1.0%	0.9%
谦让	2.0%	1.4%	1.9%
恭敬	0.7%	0.2%	0.6%
勇敢	2.2%	0.9%	1.9%
正直	3.5%	2.5%	3.3%
善良	8.6%	5.6%	8.0%
力行或知行合一	0.9%	2.1%	1.1%
教养	3.3%	3.9%	3.4%
孝悌	3.8%	2.0%	3.5%
气节	0.6%	0.8%	0.6%
中庸	0.1%	0.2%	0.1%
敬业	3.6%	2.7%	3.4%
总计	100.0%	100.0%	100.0%
列总计	5049	1263	6312

Chi-square tests：df = 19，卡方值为 94.371，sig = 0.000 < 0.050，所以受教育程度不同的居民在对“当今中国社会第三重要和第三需要的德性”的选择上有显著差异。

E6a by A6

您在所在单位有没有一种踏实和亲切的感觉 ＊ 受教育程度 Crosstabulation

	大专以下	大专及大专以上	总计
有	54.2%	50.7%	53.5%
还可以	38.7%	46.5%	40.3%

续表

	大专以下	大专及大专以上	总计
没有	7.1%	2.9%	6.2%
总计	100.0%	100.0%	100.0%
列总计	4981	1257	6238

Chi-square tests：df = 2，卡方值为 46.022，sig = 0.000 < 0.050，所以受教育程度不同的居民在对“所在单位有没有一种踏实和亲切的感觉”的评价上有显著差异。

E6b by A6

在所在社区/村有没有一种踏实和亲切的感觉 ＊ 受教育程度 Crosstabulation

	大专以下	大专及大专以上	总计
有	60.5%	50.4%	58.5%
还可以	35.6%	45.8%	37.7%
没有	3.9%	3.7%	3.9%
总计	100.0%	100.0%	100.0%
列总计	5068	1263	6331

Chi-square tests：df = 2，卡方值为 45.657，sig = 0.000 < 0.050，所以受教育程度不同的居民在对“所在社区/村有没有一种踏实和亲切的感觉”的评价上有显著差异。

E6c by A6

在所在城市有没有一种踏实和亲切的感觉 ＊ 受教育程度 Crosstabulation

	大专以下	大专及大专以上	总计
有	52.8%	46.2%	51.5%
还可以	42.1%	50.2%	43.8%
没有	5.0%	3.6%	4.7%
总计	100.0%	100.0%	100.0%
列总计	5060	1263	6323

Chi-square tests：df = 2，卡方值为 27.312，sig = 0.000 < 0.050，所以受教育程度不同的居民在对“所在城市有没有一种踏实和亲切的感觉”的评价上有显著差异。

E7 by A6

您认为在自己的成长中得到道德训练的最重要场所或机构是 ＊ 受教育程度 Crosstabulation

	大专以下	大专及大专以上	总计
家庭	43.1%	40.2%	42.5%

续表

	大专以下	大专及大专以上	总计
学校	21.7%	31.9%	23.8%
社会（包括职业生活）	26.5%	23.9%	26.0%
国家或政府	6.7%	2.3%	5.8%
媒体	1.1%	1.0%	1.1%
其他	0.9%	0.6%	0.8%
总计	100.0%	100.0%	100.0%
列总计	5065	1261	6326

Chi-square tests：df = 5，卡方值为 82.801，sig = 0.000 < 0.050，所以受教育程度不同的居民在对“自己的成长中得到道德训练的最重要场所或机构”的选择上有显著差异。

E8 by A6

您听说过一些道德模范或身边好人的故事吗？愿意像他们那样做人做事吗 * 受教育程度 Crosstabulation

	大专以下	大专及大专以上	总计
知道一些，他们很了不起，我在努力向他们学习	67.4%	73.6%	68.7%
知道一些，我很敬佩他们，但自己学不来	20.8%	22.1%	21.1%
知道一些，我感到他们那样做有点不值得	2.6%	1.6%	2.4%
没听说过谁是道德模范和身边好人	9.2%	2.8%	7.9%
总计	100.0%	100.0%	100.0%
列总计	5071	1263	6334

Chi-square tests：df = 3，卡方值为 62.574，sig = 0.000 < 0.050，所以受教育程度不同的居民在对“听说过一些道德模范或身边好人的故事吗？愿意像他们那样做人做事吗”这一问题的回答上有显著差异。

E9a by A6

您对自己所生活的地方下列群体职业道德状况总体评价如何：公务员道德状况（如工作认真负责、依法办事、公正廉洁、讲究效率、文明服务等）* 受教育程度 Crosstabulation

	大专以下	大专及大专以上	总计
非常满意	19.7%	15.8%	18.9%
比较满意	57.5%	61.0%	58.2%
不太满意	18.8%	20.7%	19.2%
不满意	3.9%	2.5%	3.6%

续表

	大专以下	大专及大专以上	总计
总计	100.0%	100.0%	100.0%
列总计	5059	1263	6322

Chi-square tests：df = 3，卡方值为 17.681，sig = 0.001 < 0.050，所以受教育程度不同的居民在对“公务员道德状况（如工作认真负责、依法办事、公正廉洁、讲究效率、文明服务等）”的满意度上有显著差异。

E9b by A6

您对自己所生活的地方下列群体职业道德状况总体评价如何：商人道德状况（如不卖假冒伪劣产品、不价格欺诈、不短斤少两、讲诚信服务等）* 受教育程度 Crosstabulation

	大专以下	大专及大专以上	总计
非常满意	10.4%	7.0%	9.7%
比较满意	42.8%	42.1%	42.6%
不太满意	37.4%	43.8%	38.7%
不满意	9.4%	7.0%	9.0%
总计	100.0%	100.0%	100.0%
列总计	5069	1264	6333

Chi-square tests：df = 3，卡方值为 28.953，sig = 0.000 < 0.050，所以受教育程度不同的居民在对“商人道德状况（如不卖假冒伪劣产品、不价格欺诈、不短斤少两、讲诚信服务等）”的满意度上有显著差异。

E9c by A6

您对自己所生活的地方下列群体职业道德状况总体评价如何：教师道德状况（如爱岗敬业、关爱学生、教书育人、为人师表、不搞有偿家教等）* 受教育程度 Crosstabulation

	大专以下	大专及大专以上	总计
非常满意	29.9%	22.0%	28.4%
比较满意	54.8%	58.6%	55.6%
不太满意	12.4%	16.9%	13.3%
不满意	2.8%	2.5%	2.7%
总计	100.0%	100.0%	100.0%
列总计	5071	1263	6334

Chi-square tests：df = 3，卡方值为 40.972，sig = 0.000 < 0.050，所以受教育程度不同的居民在对“教师道德状况（如爱岗敬业、关爱学生、教书育人、为人师表、不搞有偿家教等）”的满意度上有显著差异。

E9d by A6

您对自己所生活的地方下列群体职业道德状况总体评价如何：医生道德状况（如爱岗敬业、钻研医术、救死扶伤、尊重病人、不收红包等）＊受教育程度 Crosstabulation

	大专以下	大专及大专以上	总计
非常满意	22.9%	15.4%	21.4%
比较满意	53.9%	57.5%	54.6%
不太满意	18.1%	22.9%	19.2%
不满意	5.0%	4.1%	4.8%
总计	100.0%	100.0%	100.0%
列总计	5071	1264	6335

Chi-square tests：df = 3，卡方值为 42.238，sig = 0.000 < 0.050，所以受教育程度不同的居民在对“医生道德状况（如爱岗敬业、钻研医术、救死扶伤、尊重病人、不收红包等）”的满意度上有显著差异。

E10 by A6

对当今中国社会，更担忧哪种问题 ＊ 受教育程度 Crosstabulation

	大专以下	大专及大专以上	总计
言而无信，不守信用	24.6%	23.1%	24.3%
坑蒙拐骗，没有诚信	35.1%	21.4%	32.3%
人与人之间互不信任，社会安全度低	29.9%	46.9%	33.3%
可信任的人很少，遇到问题难以找到人倾诉和帮助	10.4%	8.6%	10.0%
总计	100.0%	100.0%	100.0%
列总计	5023	1261	6284

Chi-square tests：df = 3，卡方值为 150.337，sig = 0.000 < 0.050，所以受教育程度不同的居民在对“对当今中国社会，更担忧哪种问题”的选择上有显著差异。

E11a by A6

您的思想行为受什么人影响最大 ＊ 受教育程度 Crosstabulation

	大专以下	大专及大专以上	总计
政府官员	15.7%	9.0%	14.4%
企业家	1.7%	1.6%	1.7%
演艺明星、体育明星	0.4%	0.6%	0.5%
教师	12.0%	12.9%	12.2%

续表

	大专以下	大专及大专以上	总计
知识精英	2.1%	3.3%	2.4%
自由撰稿人	0.2%	0.3%	0.2%
农民	3.4%	0.4%	2.8%
工人	1.2%	0.1%	1.0%
先哲先贤	2.8%	7.5%	3.7%
父母	60.3%	64.5%	61.1%
总计	100.0%	100.0%	100.0%
列总计	5045	1261	6306

Chi-square tests：df = 9，卡方值为 146.300，sig = 0.000 < 0.050，所以受教育程度不同的居民在对“您的思想行为受什么人影响最大”的选择上有显著差异。

E11b by A6

您的思想行为受什么人影响第二大 ＊ 受教育程度 Crosstabulation

	大专以下	大专及大专以上	总计
政府官员	12.3%	8.1%	11.4%
企业家	5.6%	4.5%	5.4%
演艺明星、体育明星	1.4%	1.1%	1.4%
教师	37.2%	46.1%	39.0%
知识精英	4.9%	8.3%	5.6%
自由撰稿人	0.6%	1.2%	0.7%
农民	10.3%	2.2%	8.7%
工人	4.9%	1.2%	4.1%
先哲先贤	7.4%	10.6%	8.1%
父母	15.3%	16.6%	15.6%
总计	100.0%	100.0%	100.0%
列总计	4990	1257	6247

Chi-square tests：df = 9，卡方值为 185.671，sig = 0.000 < 0.050，所以受教育程度不同的居民在对“您的思想行为受什么人影响第二大”的选择上有显著差异。

E11c by A6

您的思想行为受什么人影响第三大 ＊ 受教育程度 Crosstabulation

	大专以下	大专及大专以上	总计
政府官员	16.1%	15.9%	16.0%

续表

	大专以下	大专及大专以上	总计
企业家	4.8%	5.7%	5.0%
演艺明星、体育明星	3.3%	5.0%	3.6%
教师	14.7%	16.3%	15.0%
知识精英	10.9%	18.7%	12.5%
自由撰稿人	2.2%	2.6%	2.3%
农民	13.7%	4.4%	11.8%
工人	10.4%	3.6%	9.1%
先哲先贤	12.9%	20.0%	14.3%
父母	11.1%	7.9%	10.5%
总计	100.0%	100.0%	100.0%
列总计	4947	1248	6195

Chi-square tests：df = 9，卡方值为 230.622，sig = 0.000 < 0.050，所以受教育程度不同的居民在对“您的思想行为受什么人影响第三大”的选择上有显著差异。

E12a by A6

对形成我国当前各种新型伦理关系和道德观念，哪些因素影响最大 * 受教育程度 Crosstabulation

	大专以下	大专及大专以上	总计
网络和媒体	36.7%	45.8%	38.6%
政府	37.2%	27.2%	35.1%
大学及其文化	5.0%	9.8%	6.0%
市场	8.4%	5.8%	7.9%
企业	1.9%	0.8%	1.7%
社会团体	6.0%	4.7%	5.7%
知识精英	2.6%	2.4%	2.5%
国外价值观与生活方式	1.7%	3.6%	2.1%
其他	0.4%		0.3%
总计	100.0%	100.0%	100.0%
列总计	4972	1259	6231

Chi-square tests：df = 8，卡方值为 128.426，sig = 0.000 < 0.050，所以受教育程度不同的居民在对“对形成我国当前各种新型伦理关系和道德观念，哪些因素影响最大”的认知上有显著差异。

E12b by A6

对形成我国当前各种新型伦理关系和道德观念，哪些因素影响第二大 * 受教育程度 Crosstabulation

	大专以下	大专及大专以上	总计
网络和媒体	17.3%	20.4%	17.9%
政府	29.7%	29.9%	29.7%
大学及其文化	8.9%	15.2%	10.1%
市场	17.9%	13.2%	16.9%
企业	7.3%	3.9%	6.6%
社会团体	10.4%	9.5%	10.2%
知识精英	5.1%	3.3%	4.8%
国外价值观与生活方式	3.2%	4.5%	3.5%
其他	0.1%	0.1%	0.2%
总计	100.0%	100.0%	100.0%
列总计	4932	1257	6189

Chi-square tests：df = 8，卡方值为 88.862，sig = 0.000 < 0.050，所以受教育程度不同的居民在对“对形成我国当前各种新型伦理关系和道德观念，哪些因素影响第二大”的认知上有显著差异。

E12c by A6

对形成我国当前各种新型伦理关系和道德观念，哪些因素影响第三大 * 受教育程度 Crosstabulation

	大专以下	大专及大专以上	总计
网络和媒体	10.6%	10.9%	10.6%
政府	12.1%	12.9%	12.2%
大学及其文化	16.5%	17.9%	16.8%
市场	19.1%	19.6%	19.2%
企业	7.5%	5.3%	7.0%
社会团体	19.4%	14.7%	18.4%
知识精英	8.9%	8.2%	8.7%
国外价值观与生活方式	5.1%	10.1%	6.1%
其他	1.0%	0.4%	0.8%
总计	100.0%	100.0%	100.0%
列总计	4909	1249	6158

Chi-square tests：df = 8，卡方值为 65.420，sig = 0.000 < 0.050，所以受教育程度不同的居民在对“对形成我国当前各种新型伦理关系和道德观念，哪些因素影响第三大”的认知上有显著差异。

E13 by A6

您认为哪种因素应当对当今不良道德风尚负主要责任 ＊ 受教育程度 Crosstabulation

	大专以下	大专及大专以上	总计
以权谋私，官员腐败	45.9%	40.5%	44.8%
企业不讲诚信和损害社会利益	10.7%	13.7%	11.3%
学校道德教育功能弱化	7.3%	8.4%	7.5%
家庭伦理功能弱化	4.1%	2.9%	3.9%
个人缺乏道德自觉	18.6%	20.9%	19.1%
分配不公，两极分化	13.4%	13.6%	13.4%
总计	100.0%	100.0%	100.0%
列总计	5046	1263	6309

Chi-square tests：df = 5，卡方值为 22.617，sig = 0.000 < 0.050，所以受教育程度不同的居民在对“认为哪种因素应当对当今不良道德风尚负主要责任“的认知上有显著差异。

E14a by A6

对下列关于网络的说法是否赞同？网络是个虚拟空间，不受现实生活中的道德规范约束 ＊ 受教育程度 Crosstabulation

	大专以下	大专及大专以上	总计
非常不赞同	28.4%	36.9%	30.1%
不太赞同	35.0%	38.0%	35.6%
比较赞同	25.9%	17.9%	24.3%
非常赞同	10.7%	7.2%	10.0%
总计	100.0%	100.0%	100.0%
列总计	4872	1251	6123

Chi-square tests：df = 3，卡方值为 64.948，sig = 0.000 < 0.050，所以受教育程度不同的居民在对“网络是个虚拟空间，不受现实生活中的道德规范约束”看法上有显著差异。

E14b by A6

对下列关于网络的说法是否赞同？人肉搜索侵犯个人隐私，应该杜绝 ＊ 受教育程度 Crosstabulation

	大专以下	大专及大专以上	总计
非常不赞同	5.6%	5.0%	5.5%

续表

	大专以下	大专及大专以上	总计
不太赞同	12.6%	17.5%	13.6%
比较赞同	40.4%	39.4%	40.1%
非常赞同	41.4%	38.1%	40.7%
总计	100.0%	100.0%	100.0%
列总计	4851	1251	6102

Chi-square tests：df = 3，卡方值为 21.685，sig = 0.000 < 0.050，所以受教育程度不同的居民在对“人肉搜索侵犯个人隐私，应该杜绝”的看法上有显著差异。

E14c by A6

对下列关于网络的说法是否赞同？明知网络谣言仍转发的，应该受到惩罚 * 受教育程度 Crosstabulation

	大专以下	大专及大专以上	总计
非常不赞同	4.1%	4.0%	4.1%
不太赞同	7.8%	6.2%	7.5%
比较赞同	35.5%	33.9%	35.2%
非常赞同	52.5%	56.0%	53.2%
总计	100.0%	100.0%	100.0%
列总计	4881	1252	6133

Chi-square tests：df = 3，卡方值为 6.956，sig = 0.073 > 0.050，所以受教育程度不同的居民在对“明知网络谣言仍转发的，应该受到惩罚”的看法上没有显著差异。

E15 by A6

您认为政府在制定政策和决策时充分考虑到伦理道德方面的要求了吗（如社会公平、利益均衡、关怀弱势群体，以及大多数人利益和感受）* 受教育程度 Crosstabulation

	大专以下	大专及大专以上	总计
有考虑	40.0%	30.4%	38.1%
有考虑，但不够	53.0%	67.1%	55.8%
比较赞同没有考虑	7.0%	2.5%	6.1%
总计	100.0%	100.0%	100.0%
列总计	5062	1260	6322

Chi-square tests：df = 2，卡方值为 92.446，sig = 0.000 < 0.050，所以受教育程度不同的居民在对“认为政府在制定政策和决策时充分考虑到伦理道德方面的要求了吗（如社会公平、利益均衡、关怀弱势群体，以及大多数人利益和感受）”这一问题的看法上有显著差异。

E16 by A6

您认为解决当前我国的公民道德和社会风尚问题，最关键的是 * 受教育程度 Crosstabulation

	大专以下	大专及大专以上	总计
加强法制	33.6%	28.7%	32.6%
弘扬优秀道德传统	22.1%	22.6%	22.2%
建设伦理道德的核心价值	6.7%	13.9%	8.1%
惩治官员腐败	13.1%	8.8%	12.3%
解决分配不公问题	9.2%	7.2%	8.8%
提高个人道德素质	15.3%	18.8%	16.0%
总计	100.0%	100.0%	100.0%
列总计	5051	1258	6309

Chi-square tests：df = 5，卡方值为 98.686，sig = 0.000 < 0.050，所以受教育程度不同的居民在对“认为解决当前我国的公民道德和社会风尚问题，最关键的问题”的选择上有显著差异。

E17 by A6

一些政府机关、企事业单位和大中小学，利用权力为本单位的职工子女在入学、招工中提供特殊政策，您认为这种行为道德吗 * 受教育程度 Crosstabulation

	大专以下	大专及大专以上	总计
为本单位人员谋福利，符合道德	6.6%	7.0%	6.7%
以权谋私，不道德	59.2%	49.4%	57.2%
是对社会公众的欺骗，严重不道德	20.9%	19.6%	20.7%
符合本单位员工利益，但严重侵蚀社会道德	8.9%	20.4%	11.2%
无所谓道德不道德	4.4%	3.6%	4.2%
总计	100.0%	100.0%	100.0%
列总计	5054	1257	6311

Chi-square tests：df = 4，卡方值为 136.420，sig = 0.000 < 0.050，所以受教育程度不同的居民在对“一些政府机关、企事业单位和大中小学，利用权力为本单位的职工子女在入学、招工中提供特殊政策，您认为这种行为道德吗”这一问题的看法上有显著差异。

E18a by A6

残疾人、留守儿童、孤寡老人等弱势群体需要来自全社会的关爱与帮助，您认为本地区做得怎么样：社区提供的服务 * 受教育程度 Crosstabulation

	大专以下	大专及大专以上	总计
很好	31.8%	31.2%	31.7%

续表

	大专以下	大专及大专以上	总计
比较好	54.6%	56.9%	55.0%
不太好	11.5%	11.0%	11.4%
很差	2.2%	0.9%	1.9%
总计	100.0%	100.0%	100.0%
列总计	5041	1255	6296

Chi-square tests：df = 3，卡方值为 10.399，sig = 0.015 < 0.050，所以受教育程度不同的居民在对“社区提供的服务”的评价上有显著差异。

E18b by A6

残疾人、留守儿童、孤寡老人等弱势群体需要来自全社会的关爱与帮助，您认为本地区做得怎么样：周围人的尊重和关爱 * 受教育程度 Crosstabulation

	大专以下	大专及大专以上	总计
很好	30.8%	25.6%	29.7%
比较好	58.9%	61.1%	59.3%
不太好	9.5%	12.6%	10.1%
很差	0.9%	0.7%	0.8%
总计	100.0%	100.0%	100.0%
列总计	5040	1254	6294

Chi-square tests：df = 3，卡方值为 19.729，sig = 0.000 < 0.050，所以受教育程度不同的居民在对“周围人的尊重和关爱”的评价上有显著差异。

E18c by A6

残疾人、留守儿童、孤寡老人等弱势群体需要来自全社会的关爱与帮助，您认为本地区做得怎么样：社会服务机构提供的专业化服务 * 受教育程度 Crosstabulation

	大专以下	大专及大专以上	总计
很好	24.0%	23.8%	24.0%
比较好	53.7%	54.1%	53.8%
不太好	19.1%	20.2%	19.3%
很差	3.1%	1.9%	2.9%
总计	100.0%	100.0%	100.0%
列总计	5019	1250	6269

Chi-square tests：df = 3，卡方值为 5.925，sig = 0.115 > 0.050，所以受教育程度不同的居民在对“社会服务机构提供的专业化服务”的评价上没有显著差异。

E18d by A6

残疾人、留守儿童、孤寡老人等弱势群体需要来自全社会的关爱与帮助，您认为本地区做得怎么样：政府实施的社会救助 ＊ 受教育程度 Crosstabulation

	大专以下	大专及大专以上	总计
很好	29.6%	26.0%	28.9%
比较好	52.2%	54.5%	52.7%
不太好	14.5%	17.0%	15.0%
很差	3.7%	2.4%	3.4%
总计	100.0%	100.0%	100.0%
列总计	5017	1245	6262

Chi-square tests：df = 3，卡方值为 14.535，sig = 0.002 < 0.050，所以受教育程度不同的居民在对“政府实施的社会救助”的评价上有显著差异。

E19a by A6

您认为目前社会公德中存在的最突出的问题是：坑蒙拐骗 ＊ 受教育程度 Crosstabulation

	大专以下	大专及大专以上	总计
未选	58.1%	67.5%	60.0%
已选	41.9%	32.5%	40.0%
总计	100.0%	100.0%	100.0%
列总计	5077	1263	6340

Chi-square tests：df = 1，卡方值为 36.707，sig = 0.000 < 0.050，所以受教育程度不同的居民在对“坑蒙拐骗是目前社会公德中存在的最突出的问题”的评价上有显著差异。

E19b by A6

您认为目前社会公德中存在的最突出的问题是：人际关系冷漠，见危不救 ＊ 受教育程度 Crosstabulation

	大专以下	大专及大专以上	总计
未选	65.2%	55.4%	63.1%
已选	34.8%	44.6%	36.8%
总计	100.0%	100.0%	100.0%
列总计	5076	1263	6339

Chi-square tests：df = 1，卡方值为 41.490，sig = 0.000 < 0.050，所以受教育程度不同的居民在对“人际关系冷漠，见危不救是目前社会公德中存在的最突出的问题”的评价上有显著差异。

E19c by A6

您认为目前社会公德中存在的最突出的问题是：不守承诺，社会信用度低 ＊ 受教育程度 Crosstabulation

	大专以下	大专及大专以上	总计
未选	64.0%	53.4%	61.9%
已选	36.0%	46.6%	38.1%
总计	100.0%	100.0%	100.0%
列总计	5075	1263	6338

Chi-square tests：df = 1，卡方值为 47.779，sig = 0.000 < 0.050，所以受教育程度不同的居民在对“不守承诺，社会信用度低是目前社会公德中存在的最突出的问题”的评价上有显著差异。

E19d by A6

您认为目前社会公德中存在的最突出的问题是：社会财富分配不公，贫富悬殊 ＊ 受教育程度 Crosstabulation

	大专以下	大专及大专以上	总计
未选	66.4%	61.4%	65.4%
已选	33.6%	38.6%	34.6%
总计	100.0%	100.0%	100.0%
列总计	5076	1263	6339

Chi-square tests：df = 1，卡方值为 11.302，sig = 0.001 < 0.050，所以受教育程度不同的居民在对“社会财富分配不公，贫富悬殊是目前社会公德中存在的最突出的问题”的评价上有显著差异。

E19e by A6

您认为目前社会公德中存在的最突出的问题是：公共场所缺乏道德 ＊ 受教育程度 Crosstabulation

	大专以下	大专及大专以上	总计
未选	77.1%	66.4%	75.0%
已选	22.9%	33.6%	25.0%
总计	100.0%	100.0%	100.0%
列总计	5076	1263	6339

Chi-square tests：df = 1，卡方值为 61.226，sig = 0.000 < 0.050，所以受教育程度不同的居民在对“公共场所缺乏道德是目前社会公德中存在的最突出的问题”的评价上有显著差异。

E19f by A6

您认为目前社会公德中存在的最突出的问题是：自私自利，损人利己 * 受教育程度 Crosstabulation

	大专以下	大专及大专以上	总计
未选	69.6%	75.2%	70.7%
已选	30.4%	24.8%	29.3%
总计	100.0%	100.0%	100.0%
列总计	5076	1263	6339

Chi-square tests：df = 1，卡方值为 15.300，sig = 0.000 < 0.050，所以受教育程度不同的居民在对“自私自利，损人利己是目前社会公德中存在的最突出的问题”的评价上有显著差异。

E19g by A6

您认为目前社会公德中存在的最突出的问题是：缺乏爱心 * 受教育程度 Crosstabulation

	大专以下	大专及大专以上	总计
未选	73.1%	78.1%	74.1%
已选	26.9%	21.9%	25.9%
总计	100.0%	100.0%	100.0%
列总计	5076	1263	6339

Chi-square tests：df = 1，卡方值为 13.184，sig = 0.000 < 0.050，所以受教育程度不同的居民在对“缺乏爱心是目前社会公德中存在的最突出的问题”的评价上有显著差异。

E19h by A6

您认为目前社会公德中存在的最突出的问题是：缺乏公正心和正义感 * 受教育程度 Crosstabulation

	大专以下	大专及大专以上	总计
未选	72.8%	71.3%	72.5%
已选	27.2%	28.7%	27.5%
总计	100.0%	100.0%	100.0%
列总计	5057	1259	6316

Chi-square tests：df = 1，卡方值为 1.143，sig = 0.285 > 0.050，所以受教育程度不同的居民在对“缺乏公正心和正义感是目前社会公德中存在的最突出的问题”的评价上没有显著差异。

E19i by A6

您认为目前社会公德中存在的最突出的问题是：缺乏羞耻感 ＊ 受教育程度 Crosstabulation

	大专以下	大专及大专以上	总计
未选	90. 1%	88. 2%	89. 7%
已选	9. 9%	11. 8%	10. 3%
总计	100. 0%	100. 0%	100. 0%
列总计	5057	1259	6316

Chi-square tests：df = 1，卡方值为 3. 735，sig = 0. 053 > 0. 050，所以受教育程度不同的居民在对“缺乏羞耻感是目前社会公德中存在的最突出的问题”的评价上没有显著差异。

E19j by A6

您认为目前社会公德中存在的最突出的问题是：私欲膨胀，物欲横流 ＊ 受教育程度 Crosstabulation

	大专以下	大专及大专以上	总计
未选	84. 5%	80. 5%	83. 7%
已选	15. 5%	19. 5%	16. 3%
总计	100. 0%	100. 0%	100. 0%
列总计	5057	1259	6316

Chi-square tests：df = 1，卡方值为 11. 324，sig = 0. 001 < 0. 050，所以受教育程度不同的居民在对“私欲膨胀，物欲横流是目前社会公德中存在的最突出的问题”的评价上有显著差异。

E19k by A6

您认为目前社会公德中存在的最突出的问题是：干部贪污受贿，以权谋利 ＊ 受教育程度 Crosstabulation

	大专以下	大专及大专以上	总计
未选	63. 3%	71. 5%	64. 9%
已选	36. 7%	28. 5%	35. 1%
总计	100. 0%	100. 0%	100. 0%
列总计	5057	1259	6316

Chi-square tests：df = 1，卡方值为 29. 809，sig = 0. 000 < 0. 050，所以受教育程度不同的居民在对“干部贪污受贿，以权谋利是目前社会公德中存在的最突出的问题”的评价上有显著差异。

E19l by A6

您认为目前社会公德中存在的最突出的问题是：生活奢侈，铺张浪费 * 受教育程度 Crosstabulation

	大专以下	大专及大专以上	总计
未选	84.3%	85.5%	84.6%
已选	15.7%	14.5%	15.4%
总计	100.0%	100.0%	100.0%
列总计	5057	1259	6316

Chi-square tests：df = 1，卡方值为1.123，sig = 0.289 > 0.050，所以受教育程度不同的居民在对“生活奢侈，铺张浪费是目前社会公德中存在的最突出的问题”的评价上没有显著差异。

E19m by A6

您认为目前社会公德中存在的最突出的问题是：奉行功利主义，相互算计 * 受教育程度 Crosstabulation

	大专以下	大专及大专以上	总计
未选	89.9%	90.5%	90.1%
已选	10.1%	9.5%	9.9%
总计	100.0%	100.0%	100.0%
列总计	5057	1259	6316

Chi-square tests：df = 1，卡方值为0.423，sig = 0.515 > 0.050，所以受教育程度不同的居民在对“奉行功利主义，相互算计是目前社会公德中存在的最突出的问题”的评价上没有显著差异。

E19n by A6

您认为目前社会公德中存在的最突出的问题是：媒体缺乏社会责任，炒作新闻 * 受教育程度 Crosstabulation

	大专以下	大专及大专以上	总计
未选	88.3%	78.7%	86.4%
已选	11.7%	21.3%	13.6%
总计	100.0%	100.0%	100.0%
列总计	5057	1259	6316

Chi-square tests：df = 1，卡方值为78.657，sig = 0.000 < 0.050，所以受教育程度不同的居民在对“媒体缺乏社会责任，炒作新闻是目前社会公德中存在的最突出的问题”的评价上有显著差异。

E19o by A6

您认为目前社会公德中存在的最突出的问题是：人与人、人与社会之间缺乏信任，社会安全度低 ＊ 受教育程度 Crosstabulation

	大专以下	大专及大专以上	总计
未选	71.7%	64.0%	70.2%
已选	28.3%	36.0%	29.8%
总计	100.0%	100.0%	100.0%
列总计	5056	1259	6315

Chi-square tests：df = 1，卡方值为 28.232，sig = 0.000 < 0.050，所以受教育程度不同的居民在对“人与人、人与社会之间缺乏信任，社会安全度低是目前社会公德中存在的最突出的问题”的评价上有显著差异。

E19p by A6

您认为目前社会公德中存在的最突出的问题是：娱乐界以丑闻、绯闻炒作，污染社会风气 ＊ 受教育程度 Crosstabulation

	大专以下	大专及大专以上	总计
未选	91.4%	84.7%	90.1%
已选	8.6%	15.3%	9.9%
总计	100.0%	100.0%	100.0%
列总计	5058	1259	6317

Chi-square tests：df = 1，卡方值为 50.988，sig = 0.000 < 0.050，所以受教育程度不同的居民在对“娱乐界以丑闻、绯闻炒作，污染社会风气是目前社会公德中存在的最突出的问题”的评价上有显著差异。

E19q by A6

您认为目前社会公德中存在的最突出的问题是：企业行为损害社会利益，如环境污染、产品质量低劣，以虚假广告误导公众 ＊ 受教育程度 Crosstabulation

	大专以下	大专及大专以上	总计
未选	83.0%	75.7%	81.5%
已选	17.0%	24.3%	18.5%
总计	100.0%	100.0%	100.0%
列总计	5057	1259	6316

Chi-square tests：df = 1，卡方值为 35.675，sig = 0.000 < 0.050，所以受教育程度不同的居民在对“企业行为损害社会利益，如环境污染、产品质量低劣，以虚假广告误导公众是目前社会公德中存在的最突出的问题”的评价上有显著差异。

E20 by A6

主流媒体的报道和朋友圈或国外媒体的消息不一致时，会相信哪一个 * 受教育程度 Crosstabulation

	大专以下	大专及大专以上	总计
主流媒体	54.4%	46.1%	52.7%
朋友圈/亲朋圈子	11.6%	8.4%	10.9%
国外报道	1.1%	3.1%	1.5%
都不相信	11.2%	9.3%	10.8%
自己比较判断应该相信哪个	21.1%	32.8%	23.4%
其他	0.8%	0.4%	0.7%
总计	100.0%	100.0%	100.0%
列总计	5043	1254	6297

Chi-square tests：df = 5，卡方值为 114.738，sig = 0.000 < 0.050，所以受教育程度不同的居民在对“主流媒体的报道和朋友圈或国外媒体的消息不一致时，会相信哪一个”的选择上有显著差异。

E21a by A6

下列哪些因素可能影响人际关系紧张：社会资源缺乏，引发恶性竞争 * 受教育程度 Crosstabulation

	大专以下	大专及大专以上	总计
未选	73.8%	63.1%	71.7%
已选	26.2%	36.9%	28.3%
总计	100.0%	100.0%	100.0%
列总计	5074	1262	6336

Chi-square tests：df = 1，卡方值为 57.571，sig = 0.000 < 0.050，所以受教育程度不同的居民在对“社会资源缺乏，引发恶性竞争可能是影响人际关系紧张的因素”的看法上有显著差异。

E21b by A6

下列哪些因素可能影响人际关系紧张：过度宣扬竞争意识 * 受教育程度 Crosstabulation

	大专以下	大专及大专以上	总计
未选	86.7%	81.5%	85.7%
已选	13.3%	18.5%	14.3%
总计	100.0%	100.0%	100.0%
列总计	5074	1261	6335

Chi-square tests：df = 1，卡方值为 22.211，sig = 0.000 < 0.050，所以受教育程度不同的居民在对“过度宣扬竞争意识可能是影响人际关系紧张的因素”的看法上有显著差异。

E21c by A6

下列哪些因素可能影响人际关系紧张：社会财富分配不公，贫富差距过大 * 受教育程度 Crosstabulation

	大专以下	大专及大专以上	总计
未选	54.7%	49.4%	53.7%
已选	45.3%	50.6%	46.3%
总计	100.0%	100.0%	100.0%
列总计	5075	1262	6337

Chi-square tests：df = 1，卡方值为 11.647，sig = 0.001 < 0.050，所以受教育程度不同的居民在对“社会财富分配不公，贫富差距过大可能是影响人际关系紧张的因素”的看法上有显著差异。

E21d by A6

下列哪些因素可能影响人际关系紧张：个人主义盛行 * 受教育程度 Crosstabulation

	大专以下	大专及大专以上	总计
未选	77.7%	74.2%	77.0%
已选	22.3%	25.8%	23.0%
总计	100.0%	100.0%	100.0%
列总计	5075	1261	6336

Chi-square tests：df = 1，卡方值为 6.941，sig = 0.008 < 0.050，所以受教育程度不同的居民在对“个人主义盛行可能是影响人际关系紧张的因素”的看法上有显著差异。

E21e by A6

下列哪些因素可能影响人际关系紧张：缺乏爱心 * 受教育程度 Crosstabulation

	大专以下	大专及大专以上	总计
未选	69.3%	74.9%	70.4%
已选	30.7%	25.1%	29.6%
总计	100.0%	100.0%	100.0%
列总计	5074	1263	6337

Chi-square tests：df = 1，卡方值为 15.258，sig = 0.000 < 0.050，所以受教育程度不同的居民在对“缺乏爱心可能是影响人际关系紧张的因素”的看法上有显著差异。

E21f by A6

下列哪些因素可能影响人际关系紧张：缺乏宽容 ＊ 受教育程度 Crosstabulation

	大专以下	大专及大专以上	总计
未选	72.5%	75.7%	73.2%
已选	27.5%	24.3%	26.8%
总计	100.0%	100.0%	100.0%
列总计	5075	1263	6338

Chi-square tests：df = 1，卡方值为 5.146，sig = 0.023 < 0.050，所以受教育程度不同的居民在对“缺乏宽容可能是影响人际关系紧张的因素”的看法上有显著差异。

E21g by A6

下列哪些因素可能影响人际关系紧张：缺乏相互理解和沟通的意识和能力 ＊ 受教育程度 Crosstabulation

	大专以下	大专及大专以上	总计
未选	77.0%	68.1%	75.3%
已选	23.0%	31.9%	24.7%
总计	100.0%	100.0%	100.0%
列总计	5075	1262	6337

Chi-square tests：df = 1，卡方值为 42.996，sig = 0.000 < 0.050，所以受教育程度不同的居民在对“缺乏相互理解和沟通的意识和能力可能是影响人际关系紧张的因素”的看法上有显著差异。

E21h by A6

下列哪些因素可能影响人际关系紧张：制度安排不公正，机会不平等 ＊ 受教育程度 Crosstabulation

	大专以下	大专及大专以上	总计
未选	73.8%	67.6%	72.6%
已选	26.2%	32.4%	27.4%
总计	100.0%	100.0%	100.0%
列总计	5075	1262	6337

Chi-square tests：df = 1，卡方值为 19.524，sig = 0.000 < 0.050，所以受教育程度不同的居民在对“制度安排不公正，机会不平等可能是影响人际关系紧张的因素”的看法上有显著差异。

E21i by A6

下列哪些因素可能影响人际关系紧张：以权谋私，官员腐败 ＊ 受教育程度 Crosstabulation

	大专以下	大专及大专以上	总计
未选	60.3%	67.8%	61.8%
已选	39.7%	32.2%	38.1%
总计	100.0%	100.0%	100.0%
列总计	5075	1263	6338

Chi-square tests：df = 1，卡方值为 23.718，sig = 0.000 < 0.050，所以受教育程度不同的居民在对“以权谋私，官员腐败可能是影响人际关系紧张的因素”的看法上有显著差异。

E21j by A6

下列哪些因素可能影响人际关系紧张：缺乏道德信用 ＊ 受教育程度 Crosstabulation

	大专以下	大专及大专以上	总计
未选	72.6%	72.4%	72.5%
已选	27.4%	27.6%	27.5%
总计	100.0%	100.0%	100.0%
列总计	5055	1259	6314

Chi-square tests：df = 1，卡方值为 0.008，sig = 0.930 > 0.050，所以受教育程度不同的居民在对“缺乏道德信用可能是影响人际关系紧张的因素”的看法上没有显著差异。

E21k by A6

下列哪些因素可能影响人际关系紧张：人与人、人与社会之间缺乏信任 ＊ 受教育程度 Crosstabulation

	大专以下	大专及大专以上	总计
未选	64.9%	56.8%	63.3%
已选	35.1%	43.2%	36.7%
总计	100.0%	100.0%	100.0%
列总计	5075	1263	6338

Chi-square tests：df = 1，卡方值为 28.408，sig = 0.000 < 0.050，所以受教育程度不同的居民在对“人与人、人与社会之间缺乏信任可能是影响人际关系紧张的因素”的看法上有显著差异。

E21l by A6

下列哪些因素可能影响人际关系紧张：传统伦理瓦解，社会缺乏统一的价值观 * 受教育程度 Crosstabulation

	大专以下	大专及大专以上	总计
未选	88.9%	83.1%	87.8%
已选	11.1%	16.9%	12.2%
总计	100.0%	100.0%	100.0%
列总计	5075	1263	6338

Chi-square tests：df = 1，卡方值为 31.597，sig = 0.000 < 0.050，所以受教育程度不同的居民在对“传统伦理瓦解，社会缺乏统一的价值观可能是影响人际关系紧张的因素”的看法上有显著差异。

E21m by A6

下列哪些因素可能影响人际关系紧张：一切诉诸利益或法律，人际关系缺乏伦理调节的机制和能力 * 受教育程度 Crosstabulation

	大专以下	大专及大专以上	总计
未选	93.4%	91.5%	93.0%
已选	6.6%	8.5%	7.0%
总计	100.0%	100.0%	100.0%
列总计	5073	1263	6336

Chi-square tests：df = 1，卡方值为 5.439，sig = 0.020 < 0.050，所以受教育程度不同的居民在对“一切诉诸利益或法律，人际关系缺乏伦理调节的机制和能力”的看法上有显著差异。

E22a by A6

本地政府的就业政策对促进社会公平有效果吗 * 受教育程度 Crosstabulation

	大专以下	大专及大专以上	总计
普遍受欢迎	36.6%	34.6%	36.2%
效果一般	42.3%	55.0%	44.9%
没有效果	7.8%	4.9%	7.1%
有负面影响	1.1%	0.3%	0.9%
不清楚	12.2%	5.1%	10.8%
总计	100.0%	100.0%	100.0%
列总计	5024	1253	6277

Chi-square tests：df = 4，卡方值为 101.201，sig = 0.000 < 0.050，所以受教育程度不同的居民在对“就业政策对促进社会公平的效果”的满意度上有显著差异。

E22b by A6

本地政府的教育政策对促进社会公平有效果吗 ＊ 受教育程度 Crosstabulation

	大专以下	大专及大专以上	总计
普遍受欢迎	48.3%	41.6%	47.0%
效果一般	37.6%	47.9%	39.6%
没有效果	4.8%	6.0%	5.1%
有负面影响	1.7%	2.2%	1.8%
不清楚	7.6%	2.4%	6.5%
总计	100.0%	100.0%	100.0%
列总计	5022	1253	6275

Chi-square tests：df = 4，卡方值为 81.627，sig = 0.000 < 0.050，所以受教育程度不同的居民在对“教育政策对促进社会公平的效果”的满意度上有显著差异。

E22c by A6

本地政府的医疗卫生政策对促进社会公平有效果吗 ＊ 受教育程度 Crosstabulation

	大专以下	大专及大专以上	总计
普遍受欢迎	47.7%	39.4%	46.0%
效果一般	38.8%	48.8%	40.8%
没有效果	6.9%	7.9%	7.1%
有负面影响	2.3%	1.7%	2.2%
不清楚	4.4%	2.2%	3.9%
总计	100.0%	100.0%	100.0%
列总计	5028	1252	6280

Chi-square tests：df = 4，卡方值为 54.587，sig = 0.000 < 0.050，所以受教育程度不同的居民在对“医疗卫生政策对促进社会公平的效果”的满意度上有显著差异。

E22d by A6

本地政府的低保政策对促进社会公平有效果吗 ＊ 受教育程度 Crosstabulation

	大专以下	大专及大专以上	总计
普遍受欢迎	48.0%	49.6%	48.3%
效果一般	33.0%	39.7%	34.3%
没有效果	7.0%	4.2%	6.5%

续表

	大专以下	大专及大专以上	总计
有负面影响	3.2%	1.1%	2.8%
不清楚	8.7%	5.4%	8.0%
总计	100.0%	100.0%	100.0%
列总计	5030	1253	6283

Chi-square tests：df = 4，卡方值为 56.032，sig = 0.000 < 0.050，所以受教育程度不同的居民在对“低保政策对促进社会公平的效果”的满意度上有显著差异。

E22e by A6

本地政府的房地产政策对促进社会公平有效果吗 ＊ 受教育程度 Crosstabulation

	大专以下	大专及大专以上	总计
普遍受欢迎	18.1%	19.9%	18.4%
效果一般	31.4%	42.2%	33.6%
没有效果	14.8%	18.9%	15.6%
有负面影响	7.5%	9.7%	7.9%
不清楚	28.3%	9.3%	24.5%
总计	100.0%	100.0%	100.0%
列总计	5007	1253	6260

Chi-square tests：df = 4，卡方值为 201.929，sig = 0.000 < 0.050，所以受教育程度不同的居民在对“房地产政策对促进社会公平的效果”的满意度上有显著差异。

E22f by A6

本地政府的拆迁安置政策对促进社会公平有效果吗 ＊ 受教育程度 Crosstabulation

	大专以下	大专及大专以上	总计
普遍受欢迎	22.5%	27.0%	23.4%
效果一般	31.9%	45.7%	34.6%
没有效果	10.2%	8.9%	9.9%
有负面影响	7.6%	6.6%	7.4%
不清楚	28.0%	11.9%	24.7%
总计	100.0%	100.0%	100.0%
列总计	5005	1254	6259

Chi-square tests：df = 4，卡方值为 171.666，sig = 0.000 < 0.050，所以受教育程度不同的居民在对“拆迁安置政策对促进社会公平的效果”的满意度上有显著差异。

E23 by A6

您听说过、参加过道德讲堂活动吗 * 受教育程度 Crosstabulation

	大专以下	大专及大专以上	总计
没有听说过	50.8%	22.2%	45.1%
听说过，但没有参加过	26.5%	33.0%	27.8%
参加过，觉得很有意义	19.3%	37.1%	22.9%
参加过，但没留下太多印象	3.3%	7.6%	4.2%
总计	100.0%	100.0%	100.0%
列总计	5053	1259	6312

Chi-square tests：df = 3，卡方值为 381.686，sig = 0.000 < 0.050，所以受教育程度不同的居民在对“听说过、参加过道德讲堂活动吗”的看法上有显著差异。

E24 by A6

有人说，一条好家规、一个好家风可以影响三代人。现在开展的弘扬好家风、好家训活动，您认为有意义吗 * 受教育程度 Crosstabulation

	大专以下	大专及大专以上	总计
没有必要	6.5%	3.2%	5.8%
可有可无	8.9%	8.3%	8.8%
很有意义	84.7%	88.6%	85.4%
总计	100.0%	100.0%	100.0%
列总计	5050	1258	6308

Chi-square tests：df = 2，卡方值为 21.014，sig = 0.000 < 0.050，所以受教育程度不同的居民在对“现在开展的弘扬好家风、好家训活动，您认为有意义吗”的评价上有显著差异。

E25 by A6

有的地方建了“好人馆”“好人广场”“好人公园”，您认为有必要为好人树碑立传吗 * 受教育程度 Crosstabulation

	大专以下	大专及大专以上	总计
可有可无	12.0%	12.0%	12.0%
没有必要	13.1%	11.1%	12.7%
很有必要，可以让更多的人知道他们、学习他们	74.9%	76.9%	75.3%
总计	100.0%	100.0%	100.0%
列总计	5050	1258	6308

Chi-square tests：df = 2，卡方值为 3.571，sig = 0.168 > 0.050，所以受教育程度不同的居民在对“有的地方建了‘好人馆’‘好人广场’‘好人公园’，您认为有必要为好人树碑立传吗”的看法上没有显著差异。

E26 by A6

您对所生活的地方道德建设满意吗 ＊ 受教育程度 Crosstabulation

	大专以下	大专及大专以上	总计
没有必要	33.7%	28.1%	32.6%
可有可无	56.4%	64.3%	58.0%
不满意	6.1%	5.4%	6.0%
说不清楚	3.8%	2.2%	3.5%
总计	100.0%	100.0%	100.0%
列总计	5053	1260	6313

Chi-square tests：df = 3，卡方值为 28.451，sig = 0.000 < 0.050，所以受教育程度不同的居民在对“所生活的地方道德建设”的满意度上有显著差异。

E28 by A6

您对生活地方的社会公德状况满意吗 ＊ 受教育程度 Crosstabulation

	大专以下	大专及大专以上	总计
非常满意	23.1%	18.4%	22.2%
比较满意	46.4%	43.8%	45.9%
基本满意	24.0%	31.6%	25.5%
不满意	6.5%	6.3%	6.4%
总计	100.0%	100.0%	100.0%
列总计	4983	1229	6212

Chi-square tests：df = 3，卡方值为 33.431，sig = 0.000 < 0.050，所以受教育程度不同的居民在对“生活的地方社会公德状况”的满意度上有显著差异。

江苏省伦理道德评价的户口差异

B1a by A8

对当前我国社会的道德状况的满意程度 * 户口 Crosstabulation

	农业户口	非农业户口	总计
非常满意	29.7%	25.3%	27.9%
比较满意	59.5%	58.7%	59.2%
比较不满意	8.6%	13.0%	10.4%
非常不满意	2.1%	3.0%	2.5%
总计	100.0%	100.0%	100.0%
列总计	3758	2549	6307

Chi-square tests：df = 3，卡方值为 43.096，sig = 0.000 < 0.050，所以不同户口性质的居民在对“对当前我国社会的道德状况的满意程度”的评价上具有显著差异。

B1b by A8

对当前我国社会人与人之间关系的满意程度 * 户口 Crosstabulation

	农业户口	非农业户口	总计
非常满意	26.7%	22.6%	25.1%
比较满意	62.4%	61.7%	62.1%
比较不满意	9.4%	14.0%	11.1%
非常不满意	1.5%	1.8%	1.6%
总计	100.0%	100.0%	100.0%
列总计	3762	2540	6302

Chi-square tests：df = 3，卡方值为 39.555，sig = 0.000 < 0.050，所以不同户口性质的居民在对“对当前我国社会人与人之间关系的满意程度”的评价上具有显著差异。

B1c by A8

对您自己的道德状况的满意程度 * 户口 Crosstabulation

	农业户口	非农业户口	总计
非常满意	45.4%	48.9%	46.8%
比较满意	52.3%	48.4%	50.7%
比较不满意	1.9%	2.3%	2.1%
非常不满意	0.4%	0.4%	0.4%
总计	100.0%	100.0%	100.0%
列总计	3754	2542	6296

Chi-square tests：df = 3，卡方值为 9.598，sig = 0.079 > 0.050，所以不同户口性质的居民在对“对您自己的道德状况的满意程度”的评价上没有显著差异。

B2 by A8

您认为目前我国社会中道德和幸福的现实关系是 ＊ 户口 Crosstabulation

	农业户口	非农业户口	总计
总体上道德和幸福能够一致，能惩恶扬善	78.0%	78.9%	78.3%
有道德讲伦理的人大都吃亏，不守道德的人更能讨便宜	14.6%	15.5%	15.0%
道德和幸福没有关系，能挣钱有发展无论怎样行动都行	7.4%	5.6%	6.7%
总计	100.0%	100.0%	100.0%
列总计	3695	2507	6202

Chi-square tests：df = 2，卡方值为 8.478，sig = 0.014 < 0.050，所以不同户口性质的居民在对“您认为目前我国社会中道德和幸福的现实关系”的评价上具有显著差异。

B3a by A8

您认为您目前的状况是：生活水平提高了，但幸福感和快乐感降低了 ＊ 户口 Crosstabulation

	农业户口	非农业户口	总计
未选	87.5%	84.2%	86.1%
已选	12.5%	15.8%	13.9%
总计	100.0%	100.0%	100.0%
列总计	3775	2566	6341

Chi-square tests：df = 1，卡方值为 14.106，sig = 0.000 < 0.050，所以不同户口性质的居民在对“生活水平提高了，但幸福感和快乐感降低了”的认同上具有显著差异。

B3b by A8

您认为您目前的状况是：生活既不富裕也不小康，但幸福并快乐着 ＊ 户口 Crosstabulation

	农业户口	非农业户口	总计
未选	68.7%	71.6%	69.9%
已选	31.3%	28.4%	30.1%
总计	100.0%	100.0%	100.0%
列总计	3773	2566	6339

Chi-square tests：df = 1，卡方值为 5.901，sig = 0.015 < 0.050，所以不同户口性质的居民在对“生活既不富裕也不小康，但幸福并快乐着”的认同上具有显著差异。

B3c by A8

您认为您目前的状况是：生活富裕，但不感到幸福和快乐 ＊ 户口 Crosstabulation

	农业户口	非农业户口	总计
未选	97. 0%	96. 7%	96. 9%
已选	3. 0%	3. 3%	3. 1%
总计	100. 0%	100. 0%	100. 0%
列总计	3773	2565	6338

Chi-square tests：df = 1，卡方值为 0. 397，sig = 0. 529 > 0. 050，所以不同户口性质的居民在对“生活富裕，但不感到幸福和快乐”的认同上没有显著差异。

B3d by A8

您认为您目前的状况是：生活小康，幸福且快乐 ＊ 户口 Crosstabulation

	农业户口	非农业户口	总计
未选	60. 7%	57. 9%	59. 5%
已选	39. 3%	42. 1%	40. 5%
总计	100. 0%	100. 0%	100. 0%
列总计	3773	2566	6339

Chi-square tests：df = 1，卡方值为 4. 819，sig = 0. 028 < 0. 050，所以不同户口性质的居民在对“生活小康，幸福且快乐”的认同上具有显著差异。

B3e by A8

您认为您目前的状况是：生活贫困，既不幸福也不快乐 ＊ 户口 Crosstabulation

	农业户口	非农业户口	总计
未选	3529	2471	6004
已选	244	94	339
总计	3773	2565	6343
列总计	3773	2565	6338

Chi-square tests：df = 1，卡方值为 23. 751，sig = 0. 000 < 0. 050，所以不同户口性质的居民在对“生活贫困，既不幸福也不快乐”的认同上具有显著差异。

B3f by A8

您认为您目前的状况是：生活富裕，幸福也快乐 ＊ 户口 Crosstabulation

	农业户口	非农业户口	总计
未选	91. 1%	89. 1%	90. 3%

续表

	农业户口	非农业户口	总计
已选	8.9%	10.9%	9.7%
总计	100.0%	100.0%	100.0%
列总计	3773	2566	6339

Chi-square tests：df = 1，卡方值为 6.749，sig = 0.009 < 0.050，所以不同户口性质的居民在对“生活富裕，幸福也快乐”的认同上具有显著差异。

B37 by A8

您认为您目前的状况是：幸福感和快乐感提高了 * 户口 Crosstabulation

	农业户口	非农业户口	总计
未选	73.0%	73.3%	73.2%
已选	27.0%	26.7%	26.8%
总计	100.0%	100.0%	100.0%
列总计	3773	2565	6338

Chi-square tests：df = 1，卡方值为 0.034，sig = 0.853 > 0.050，所以不同户口性质的居民在对“幸福感和快乐感提高了”的认同上没有显著差异。

B4 by A8

如果条件允许的话，您或者您的孩子愿意生活在国内，还是到国外定居 * 户口 Crosstabulation

	农业户口	非农业户口	总计
还是在国内生活好	78.9%	77.7%	78.4%
选择到国外定居	7.6%	8.5%	8.0%
走一步看一步	8.3%	8.2%	8.3%
无所谓	5.1%	5.6%	5.3%
总计	100.0%	100.0%	100.0%
列总计	3755	2551	6306

Chi-square tests：df = 3，卡方值为 2.581，sig = 0.461 > 0.050，所以不同户口性质的居民在对“如果条件允许的话，您或者您的孩子愿意生活在国内，还是到国外定居”的选择上没有显著差异。

B5 by A8

您认为中国梦和您个人、家庭追求美好生活有关系吗 * 户口 Crosstabulation

	农业户口	非农业户口	总计
关系很大	61.2%	73.3%	66.1%

续表

	农业户口	非农业户口	总计
关系不大	20.0%	18.0%	19.2%
根本没有关系	3.9%	2.0%	3.1%
不清楚什么是中国梦	14.8%	6.7%	11.5%
总计	100.0%	100.0%	100.0%
列总计	3768	2561	6329

Chi-square tests: df = 3，卡方值为 141.332，sig = 0.000 < 0.050，所以不同户口性质的居民在对“您认为中国梦和您个人、家庭追求美好生活有关系吗”的认知上具有显著差异。

B6 by A8

现在我们省正按照习近平总书记的要求，努力建设经济强、百姓富、环境美、社会文明程度高的新江苏。您对实现新江苏这样的目标有信心吗 * 户口 Crosstabulation

	农业户口	非农业户口	总计
很有信心	81.7%	83.3%	82.4%
没有信心	4.7%	3.9%	4.4%
说不清楚	13.6%	12.8%	13.2%
总计	100.0%	100.0%	100.0%
列总计	3763	2554	6317

Chi-square tests: df = 2，卡方值为 3.486，sig = 0.175 > 0.050，所以不同户口性质的居民在对“实现新江苏这样的目标”的信心度上没有显著差异。

B7 by A8

您认为我国目前人与人之间的关系主要受什么影响 * 户口 Crosstabulation

	农业户口	非农业户口	总计
完全受利益影响	10.7%	10.3%	10.5%
主要受利益影响	37.7%	39.1%	38.3%
主要受情感影响	24.8%	19.2%	22.6%
完全受情感影响	3.6%	2.6%	3.2%
受个人价值观影响	10.8%	15.1%	12.5%
受共同价值观影响	12.4%	13.7%	12.9%
总计	100.0%	100.0%	100.0%
列总计	3739	2551	6290

Chi-square tests: df = 15，卡方值为 52.269，sig = 0.000 < 0.050，所以不同户口性质的居民在对“您认为我国目前人与人之间的关系主要受什么影响”的选择上具有显著差异。

B8a by A8

请问您是否同意以下说法：当前大多数人奉行的是个人至上 ＊ 户口 Crosstabulation

	农业户口	非农业户口	总计
完全同意	16.8%	14.6%	15.9%
比较同意	39.5%	38.8%	39.2%
不太同意	33.0%	35.6%	34.1%
完全不同意	10.7%	11.0%	10.8%
总计	100.0%	100.0%	100.0%
列总计	3770	2557	6327

Chi-square tests：df = 3，卡方值为 8.098，sig = 0.044 < 0.050，所以不同户口性质的居民在对“当前大多数人奉行的是个人至上”的看法上具有显著差异。

B8b by A8

请问您是否同意以下说法：现在我国大多数人是见利忘义的 ＊ 户口 Crosstabulation

	农业户口	非农业户口	总计
完全同意	10.2%	8.4%	9.5%
比较同意	28.4%	24.5%	26.9%
不太同意	45.5%	50.4%	47.5%
完全不同意	15.9%	16.6%	16.2%
总计	100.0%	100.0%	100.0%
列总计	3761	2549	6310

Chi-square tests：df = 3，卡方值为 221.974，sig = 0.000 < 0.050，所以不同户口性质的居民在对“现在我国大多数人是见利忘义的”的看法上具有显著差异。

B8c by A8

请问您是否同意以下说法：当前大多数人都是以集体利益为重 ＊ 户口 Crosstabulation

	农业户口	非农业户口	总计
完全同意	16.9%	17.3%	17.1%
比较同意	45.2%	44.0%	44.7%
不太同意	31.7%	32.1%	31.9%

续表

	农业户口	非农业户口	总计
完全不同意	6.2%	6.6%	6.3%
总计	100.0%	100.0%	100.0%
列总计	3749	2548	6297

Chi-square tests：df = 3，卡方值为 0.973，sig = 0.808 > 0.050，所以不同户口性质的居民在对“当前大多数人都是以集体利益为重”的看法上没有显著差异。

B8d by A8

请问您是否同意以下说法：当前大多数人都是家庭利益至上 * 户口 Crosstabulation

	农业户口	非农业户口	总计
完全同意	33.7%	29.5%	32.0%
比较同意	48.7%	49.9%	49.2%
不太同意	14.7%	17.3%	15.8%
完全不同意	2.9%	3.3%	3.1%
总计	100.0%	100.0%	100.0%
列总计	3744	2546	6290

Chi-square tests：df = 3，卡方值为 15.861，sig = 0.001 < 0.050，所以不同户口性质的居民在对“当前大多数人都是家庭利益至上”的看法上具有显著差异。

B8e by A8

请问您是否同意以下说法：当前的社会是个金钱至上的社会 * 户口 Crosstabulation

	农业户口	非农业户口	总计
完全同意	27.1%	20.7%	24.5%
比较同意	36.5%	36.6%	36.5%
不太同意	29.3%	32.9%	30.7%
完全不同意	7.2%	9.8%	8.3%
总计	100.0%	100.0%	100.0%
列总计	3751	2544	6295

Chi-square tests：df = 3，卡方值为 43.953，sig = 0.000 < 0.050，所以不同户口性质的居民在对“当前的社会是个金钱至上的社会”的看法上具有显著差异。

B8f by A8

请问您是否同意以下说法：好人有好报，恶人终归会受到惩罚 ＊ 户口 Crosstabulation

	农业户口	非农业户口	总计
完全同意	56.3%	52.6%	54.8%
比较同意	31.2%	33.9%	32.3%
不太同意	9.6%	10.5%	10.0%
完全不同意	2.8%	3.1%	2.9%
总计	100.0%	100.0%	100.0%
列总计	3759	2538	6297

Chi-square tests：df = 3，卡方值为 8.760，sig = 0.033 < 0.050，所以不同户口性质的居民在对“好人有好报，恶人终归会受到惩罚”的看法上具有显著差异。

B8g by A8

请问您是否同意以下说法：我们的社会中道德能够很好地约束人们的行为 ＊ 户口 Crosstabulation

	农业户口	非农业户口	总计
完全同意	28.1%	28.4%	28.2%
比较同意	52.2%	48.1%	50.5%
不太同意	16.8%	20.3%	18.2%
完全不同意	2.9%	3.2%	3.0%
总计	100.0%	100.0%	100.0%
列总计	3750	2551	6301

Chi-square tests：df = 3，卡方值为 15.631，sig = 0.001 < 0.050，所以不同户口性质的居民在对“我们的社会中道德能够很好地约束人们的行为”的看法上具有显著差异。

B8h by A8

请问您是否同意以下说法：现有的规范和习俗能够很好地调节人与人的关系 ＊ 户口 Crosstabulation

	农业户口	非农业户口	总计
完全同意	25.4%	25.9%	25.6%
比较同意	56.0%	51.3%	54.1%
不太同意	16.1%	19.6%	17.5%
完全不同意	2.5%	3.3%	2.8%

续表

	农业户口	非农业户口	总计
总计	100.0%	100.0%	100.0%
列总计	3736	2544	6280

Chi-square tests：df = 3，卡方值为 20.256，sig = 0.000 < 0.050，所以不同户口性质的居民在对“现有的规范和习俗能够很好地调节人与人的关系”的看法上具有显著差异。

B8i by A8

请问您是否同意以下说法：为了经济利益可以少许破坏生态环境 ＊ 户口 Crosstabulation

	农业户口	非农业户口	总计
完全同意	8.7%	8.8%	8.7%
比较同意	18.4%	15.7%	17.3%
不太同意	31.9%	28.1%	30.4%
完全不同意	41.0%	47.4%	43.6%
总计	100.0%	100.0%	100.0%
列总计	3739	2552	6291

Chi-square tests：df = 3，卡方值为 27.598，sig = 0.000 < 0.050，所以不同户口性质的居民在对“为了经济利益可以少许破坏生态环境”的看法上具有显著差异。

B8j by A8

请问您是否同意以下说法：在社会生活中首要的是个人幸福，然后才可能去顾及他人 ＊ 户口 Crosstabulation

	农业户口	非农业户口	总计
完全同意	18.4%	16.7%	17.7%
比较同意	39.6%	37.0%	38.6%
不太同意	31.2%	33.7%	32.2%
完全不同意	10.8%	12.7%	11.6%
总计	100.0%	100.0%	100.0%
列总计	3761	2553	6314

Chi-square tests：df = 3，卡方值为 12.667，sig = 0.005 < 0.050，所以不同户口性质的居民在对“在社会生活中首要的是个人幸福，然后才可能去顾及他人”的看法上具有显著差异。

B8k by A8

请问您是否同意以下说法：一个人的时候可以做些随地丢垃圾、随地吐痰等小事，反正也没有别人知道 * 户口 Crosstabulation

	农业户口	非农业户口	总计
完全同意	3.9%	4.2%	4.0%
比较同意	9.6%	8.4%	9.1%
不太同意	27.6%	22.5%	25.6%
完全不同意	58.9%	64.9%	61.3%
总计	100.0%	100.0%	100.0%
列总计	3762	2550	6312

Chi-square tests：df=3，卡方值为27.869，sig=0.000<0.050，所以不同户口性质的居民在对“一个人的时候可以做些随地丢垃圾、随地吐痰等小事，反正也没有别人知道”的看法上具有显著差异。

B9 by A8

对中国社会，你最担忧的问题是 * 户口 Crosstabulation

	农业户口	非农业户口	总计
腐败不能根治	29.9%	28.8%	29.5%
生态环境恶化	19.8%	24.5%	21.7%
贫富不均、两极分化	20.0%	19.7%	19.9%
老无所养、未来没有把握	12.1%	10.3%	11.4%
生活水平下降	5.7%	3.8%	4.9%
道德滑坡、社会风气恶化	7.1%	9.7%	8.1%
人际关系紧张	1.9%	1.4%	1.7%
其他	3.5%	1.8%	2.9%
总计	100.0%	100.0%	100.0%
列总计	3755	2552	6307

Chi-square tests：df=3，卡方值为61.814，sig=0.000<0.050，所以不同户口性质的居民在“对中国社会，你最担忧的问题”的选择上具有显著差异。

B10 by A8

和前几年相比，您认为目前我国官员腐败现象 * 户口 Crosstabulation

	农业户口	非农业户口	总计
有较大改善	71.7%	76.7%	73.7%
没什么变化	24.2%	20.6%	22.8%

续表

	农业户口	非农业户口	总计
更加恶化	4.1%	2.7%	3.5%
总计	100.0%	100.0%	100.0%
列总计	3761	2558	6319

Chi-square tests：df = 2，卡方值为 22.547，sig = 0.000 < 0.050，所以不同户口性质的居民在对“和前几年相比，您认为目前我国官员腐败现象是否改善”的评价上具有显著差异。

B11a by A8

当前我国社会道德生活中最重要的元素 ＊ 户口 Crosstabulation

	农业户口	非农业户口	总计
意识形态中所提倡的社会主义道德	24.8%	29.4%	26.6%
中国传统道德	59.5%	57.2%	58.6%
受西方文化影响而形成的道德	4.1%	3.0%	3.7%
市场经济中形成的道德	11.5%	10.2%	10.9%
其他	0.2%	0.2%	0.2%
总计	100.0%	100.0%	100.0%
列总计	3688	2537	6225

Chi-square tests：df = 4，卡方值为 20.734，sig = 0.000 < 0.050，所以不同户口性质的居民在对“当前我国社会道德生活中最重要的元素”的认知上具有显著差异。

B11b by A8

当前我国社会道德生活中第二重要的元素 ＊ 户口 Crosstabulation

	农业户口	非农业户口	总计
意识形态中所提倡的社会主义道德	45.0%	43.6%	44.5%
中国传统道德	27.4%	29.9%	28.4%
受西方文化影响而形成的道德	7.9%	6.6%	7.4%
市场经济中形成的道德	19.5%	19.7%	19.5%
其他	0.2%	0.3%	0.2%
总计	100.0%	100.0%	100.0%
列总计	3645	2468	6113

Chi-square tests：df = 4，卡方值为 8.357，sig = 0.079 > 0.050，所以不同户口性质的居民在对“当前我国社会道德生活中第二重要的元素”的认知上没有显著差异。

B11c by A8

当前我国社会道德生活中第三重要的元素 * 户口 Crosstabulation

	农业户口	非农业户口	总计
意识形态中所提倡的社会主义道德	22.5%	20.0%	21.5%
中国传统道德	9.6%	9.5%	9.5%
受西方文化影响而形成的道德	19.8%	20.6%	20.1%
市场经济中形成的道德	47.6%	49.1%	48.2%
其他	0.7%	0.8%	0.7%
总计	100.0%	100.0%	100.0%
列总计	3623	2448	6071

Chi-square tests: df = 4，卡方值为 5.795，sig = 0.215 > 0.050，所以不同户口性质的居民在对“当前我国社会道德生活中第三重要的元素”的认知上没有显著差异。

B12 by A8

对伦理关系和道德生活，您最向往或怀念的是 * 户口 Crosstabulation

	农业户口	非农业户口	总计
传统社会的伦理和道德（如仁义礼智信）	42.8%	49.5%	45.5%
战争年代为理想而献身的革命精神（如革命烈士无私献身精神）	19.1%	16.2%	17.9%
新中国成立后到“文化大革命”前的大公无私的集体主义精神	12.7%	11.5%	12.2%
追求个人利益的市场经济下的道德	6.5%	4.7%	5.8%
自由、平等、博爱的西方道德	18.9%	18.2%	18.6%
总计	100.0%	100.0%	100.0%
列总计	3755	2560	6315

Chi-square tests: df = 4，卡方值为 32.745，sig = 0.000 < 0.050，所以不同户口性质的居民在对“您最向往或怀念的伦理关系和道德生活”的选择上具有显著差异。

B13a by A8

目前职业道德中最突出的问题是：将职业当作谋生的手段，缺乏责任感和奉献精神 * 户口 Crosstabulation

	农业户口	非农业户口	总计
未选	55.0%	42.6%	49.9%
已选	45.0%	57.4%	50.1%
总计	100.0%	100.0%	100.0%

续表

	农业户口	非农业户口	总计
列总计	3730	2551	6281

Chi-square tests：df = 1，卡方值为 92.997，sig = 0.000 < 0.050，所以不同户口性质的居民在对“将职业当作谋生的手段，缺乏责任感和奉献精神是目前职业道德中最突出的问题”的看法上具有显著差异。

B13b by A8

目前职业道德中最突出的问题是：企业老板剥削员工，利益关系不公正 * 户口 Crosstabulation

	农业户口	非农业户口	总计
未选	61.0%	66.2%	63.1%
已选	39.0%	33.8%	36.9%
总计	100.0%	100.0%	100.0%
列总计	3731	2553	6284

Chi-square tests：df = 1，卡方值为 17.836，sig = 0.000 < 0.050，所以不同户口性质的居民在对“企业老板剥削员工，利益关系不公正是目前职业道德中最突出的问题”的看法上具有显著差异。

B13c by A8

目前职业道德中最突出的问题是：老板和员工、上级和下级相互勾结，共同对社会不负责任 * 户口 Crosstabulation

	农业户口	非农业户口	总计
未选	77.3%	81.0%	78.8%
已选	22.7%	19.0%	21.2%
总计	100.0%	100.0%	100.0%
列总计	3731	2554	6285

Chi-square tests：df = 1，卡方值为 12.411，sig = 0.000 < 0.050，所以不同户口性质的居民在对“老板和员工、上级和下级相互勾结，共同对社会不负责任是目前职业道德中最突出的问题”的看法上具有显著差异。

B13d by A8

目前职业道德中最突出的问题是：领导和业主道德素质差 * 户口 Crosstabulation

	农业户口	非农业户口	总计
未选	81.9%	82.0%	81.9%

续表

	农业户口	非农业户口	总计
已选	18. 1%	18. 0%	18. 1%
总计	100. %	100. %	100. %
列总计	3731	2554	6285

Chi-square tests：df = 1，卡方值为 0. 022，sig = 0. 882 > 0. 050，所以不同户口性质的居民在对“领导和业主道德素质差是目前职业道德中最突出的问题”的看法上没有显著差异。

B13e by A8

目前职业道德中最突出的问题是：组织只是利益的博弈场所，缺乏伦理性与道德性 ＊ 户口 Crosstabulation

	农业户口	非农业户口	总计
未选	82. 6%	80. 9%	81. 9%
已选	17. 4%	19. 1%	18. 1%
总计	100. 0%	100. 0%	100. 0%
列总计	3732	2554	6286

Chi-square tests：df = 1，卡方值为 2. 978，sig = 0. 084 > 0. 050，所以不同户口性质的居民在对“组织只是利益的博弈场所，缺乏伦理性与道德性是目前职业道德中最突出的问题”的看法上没有显著差异。

B14 by A8

您认为目前我国社会成员之间的收入差距 ＊ 户口 Crosstabulation

	农业户口	非农业户口	总计
合理，可以接受	23. 3%	16. 4%	20. 5%
不合理，但可以接受	37. 7%	42. 9%	39. 8%
不合理，不能接受	25. 9%	29. 5%	27. 3%
说不清	13. 1%	11. 2%	12. 4%
总计	100. 0%	100. 0%	100. 0%
列总计	3746	2547	6293

Chi-square tests：df = 3，卡方值为 56. 476，sig = 0. 000 < 0. 050，所以不同户口性质的居民在对“您认为目前我国社会成员之间的收入差距”的评价上具有显著差异。

B15 by A8

和前几年相比，您认为目前我国社会的分配不公、两极分化现象 * 户口 Crosstabulation

	农业户口	非农业户口	总计
有较大改善	47.6%	43.8%	46.0%
没什么变化	40.3%	39.7%	40.0%
更加恶化	12.2%	16.5%	13.9%
总计	100.0%	100.0%	100.0%
列总计	3742	2544	6286

Chi-square tests：df = 2，卡方值为 25.777，sig = 0.000 < 0.050，所以不同户口性质的居民在对“和前几年相比，您认为目前我国社会的分配不公、两极分化现象有无改善”的看法上具有显著差异。

B16 by A8

跟三年前相比，您觉得自己的社会经济地位 * 户口 Crosstabulation

	农业户口	非农业户口	总计
上升了	40.5%	34.1%	37.9%
差不多	43.4%	47.3%	45.0%
下降了	9.2%	11.1%	10.0%
不好说/说不清	7.0%	7.4%	7.1%
总计	100.0%	100.0%	100.0%
列总计	3760	2557	6317

Chi-square tests：df = 3，卡方值为 28.609，sig = 0.000 < 0.050，所以不同户口性质的居民在对“跟三年前相比，您觉得自己的社会经济地位”的认知上具有显著差异。

B17 by A8

跟同龄人相比，您觉得自己的社会经济地位 * 户口 Crosstabulation

	农业户口	非农业户口	总计
较高	8.4%	10.0%	9.1%
差不多	61.1%	61.8%	61.4%
较低	20.4%	19.4%	20.0%
不好说/说不清	10.0%	8.8%	9.5%
总计	100.0%	100.0%	100.0%
列总计	3739	2536	6274

Chi-square tests：df = 3，卡方值为 7.155，sig = 0.067 > 0.050，所以不同户口性质的居民在对“跟同龄人相比，您觉得自己的社会经济地位较高与否”的评价上没有显著差异。

B18a by A8

您对现代家庭伦理中最忧虑的问题是：婚姻不稳定，两性关系过度开放 ＊ 户口 Crosstabulation

	农业户口	非农业户口	总计
未选	79.7%	78.2%	79.0%
已选	20.3%	21.8%	21.0%
总计	100.0%	100.0%	100.0%
列总计	3697	2537	6234

Chi-square tests：df = 1，卡方值为 1.827，sig = 0.177 > 0.050，所以不同户口性质的居民在对“婚姻不稳定，两性关系过度开放是现代家庭伦理中最忧虑的问题”的看法上没有显著差异。

B18b by A8

您对现代家庭伦理中最忧虑的问题是：子女尤其是独生子女缺乏责任感 ＊ 户口 Crosstabulation

	农业户口	非农业户口	总计
未选	63.0%	54.3%	59.4%
已选	37.0%	45.7%	40.6%
总计	100.0%	100.0%	100.0%
列总计	3695	2536	6231

Chi-square tests：df = 1，卡方值为 47.709，sig = 0.000 < 0.050，所以不同户口性质的居民在对“子女尤其是独生子女缺乏责任感是现代家庭伦理中最忧虑的问题”的看法上具有显著差异。

B18c by A8

您对现代家庭伦理中最忧虑的问题是：子女不孝敬父母 ＊ 户口 Crosstabulation

	农业户口	非农业户口	总计
未选	72.2%	77.4%	74.3%
已选	27.8%	22.6%	25.7%
总计	100.0%	100.0%	100.0%
列总计	3694	2536	6230

Chi-square tests：df = 1，卡方值为 21.362，sig = 0.000 < 0.050，所以不同户口性质的居民在对“子女不孝敬父母是现代家庭伦理中最忧虑的问题”的看法上具有显著差异。

B18d by A8

您对现代家庭伦理中最忧虑的问题是：代沟严重，价值观念对立 ＊ 户口 Crosstabulation

	农业户口	非农业户口	总计
未选	65.2%	61.2%	63.6%
已选	34.8%	38.8%	36.4%
总计	100.0%	100.0%	100.0%
列总计	3694	2536	6230

Chi-square tests：df = 1，卡方值为 9.985，sig = 0.002 < 0.050，所以不同户口性质的居民在对“代沟严重，价值观念对立是现代家庭伦理中最忧虑的问题”的看法上具有显著差异。

B18e by A8

您对现代家庭伦理中最忧虑的问题是：婆媳关系紧张 ＊ 户口 Crosstabulation

	农业户口	非农业户口	总计
未选	85.8%	87.6%	86.5%
已选	14.2%	12.4%	13.5%
总计	100.0%	100.0%	100.0%
列总计	3694	2537	6231

Chi-square tests：df = 1，卡方值为 4.473，sig = 0.034 < 0.050，所以不同户口性质的居民在对“婆媳关系紧张是现代家庭伦理中最忧虑的问题”的看法上具有显著差异。

B18f by A8

您对现代家庭伦理中最忧虑的问题是：父母不民主，不能容忍差异 ＊ 户口 Crosstabulation

	农业户口	非农业户口	总计
未选	95.0%	94.7%	94.9%
已选	5.0%	5.3%	5.1%
总计	100.0%	100.0%	100.0%
列总计	3694	2536	6230

Chi-square tests：df = 1，卡方值为 0.235，sig = 0.628 > 0.050，所以不同户口性质的居民在对“父母不民主，不能容忍差异是现代家庭伦理中最忧虑的问题”的看法上没有显著差异。

B19a by A8

您是否同意以下关于家庭和婚姻的一些说法：是否离婚主要考虑自己的感受和利益 ＊ 户口 Crosstabulation

	农业户口	非农业户口	总计
完全同意	9.4%	10.8%	10.0%
比较同意	22.9%	25.6%	24.0%
比较不同意	41.3%	40.3%	40.9%
完全不同意	26.4%	23.3%	25.1%
总计	100.0%	100.0%	100.0%
列总计	3734	2539	6273

Chi-square tests：df = 3，卡方值为 13.722，sig = 0.003 < 0.050，所以不同户口性质的居民在对“是否离婚主要考虑自己的感受和利益”的看法上具有显著差异。

B19b by A8

您是否同意以下关于家庭和婚姻的一些说法：是否离婚应该从家庭整体（包括子女）考虑 ＊ 户口 Crosstabulation

	农业户口	非农业户口	总计
完全同意	45.0%	44.6%	44.8%
比较同意	43.3%	44.5%	43.8%
比较不同意	9.0%	8.7%	8.9%
完全不同意	2.7%	2.2%	2.5%
总计	100.0%	100.0%	100.0%
列总计	3743	2543	6286

Chi-square tests：df = 3，卡方值为 2.375，sig = 0.498 > 0.050，所以不同户口性质的居民在对“是否离婚应该从家庭整体（包括子女）考虑”的看法上没有显著差异。

B19c by A8

您是否同意以下关于家庭和婚姻的一些说法：婚姻是社会的事，应当兼顾社会评价和社会后果 ＊ 户口 Crosstabulation

	农业户口	非农业户口	总计
完全同意	25.7%	24.7%	25.3%
比较同意	44.4%	42.7%	43.7%
比较不同意	22.7%	24.5%	23.5%
完全不同意	7.2%	8.0%	7.5%

续表

	农业户口	非农业户口	总计
总计	100.0%	100.0%	100.0%
列总计	3735	2544	6279

Chi-square tests：df = 3，卡方值为 4.922，sig = 0.178 > 0.050，所以不同户口性质的居民在对“婚姻是社会的事，应当兼顾社会评价和社会后果”的看法上没有显著差异。

B19d by A8

您是否同意以下关于家庭和婚姻的一些说法：婚姻意味着责任，不能轻率地选择离婚 ＊ 户口 Crosstabulation

	农业户口	非农业户口	总计
完全同意	60.8%	61.0%	60.9%
比较同意	31.7%	32.3%	32.0%
比较不同意	5.4%	4.7%	5.1%
完全不同意	2.0%	2.0%	2.0%
总计	100.0%	100.0%	100.0%
列总计	3749	2541	6290

Chi-square tests：df = 3，卡方值为 1.634，sig = 0.652 > 0.050，所以不同户口性质的居民在对“婚姻意味着责任，不能轻率地选择离婚”的看法上没有显著差异。

B19e by A8

您是否同意以下关于家庭和婚姻的一些说法：遇到困难需要别人帮助时，朋友比兄弟姊妹更靠得住 ＊ 户口 Crosstabulation

	农业户口	非农业户口	总计
完全同意	16.4%	16.6%	16.4%
比较同意	28.1%	30.0%	28.9%
比较不同意	42.0%	43.7%	42.7%
完全不同意	13.5%	9.7%	12.0%
总计	100.0%	100.0%	100.0%
列总计	3748	2543	6291

Chi-square tests：df = 3，卡方值为 21.505，sig = 0.000 < 0.050，所以不同户口性质的居民在对“遇到困难需要别人帮助时，朋友比兄弟姊妹更靠得住”的看法上具有显著差异。

B19f by A8

您是否同意以下关于家庭和婚姻的一些说法：无论父母对自己如何，都应当尽赡养义务 * 户口 Crosstabulation

	农业户口	非农业户口	总计
完全同意	72.9%	75.7%	74.0%
比较同意	22.0%	19.1%	20.8%
比较不同意	3.6%	3.9%	3.7%
完全不同意	1.5%	1.4%	1.5%
总计	100.0%	100.0%	100.0%
列总计	3758	2545	6303

Chi-square tests：df = 3，卡方值为 8.385，sig = 0.039 < 0.050，所以不同户口性质的居民在对“无论父母对自己如何，都应当尽赡养义务”的看法上具有显著差异。

B19g by A8

您是否同意以下关于家庭和婚姻的一些说法：为了家庭利益可以一定程度上损害国家利益 * 户口 Crosstabulation

	农业户口	非农业户口	总计
完全同意	3.7%	4.0%	3.8%
比较同意	9.7%	6.5%	8.4%
比较不同意	27.2%	26.7%	27.0%
完全不同意	59.3%	62.8%	60.7%
总计	100.0%	100.0%	100.0%
列总计	3751	2548	6299

Chi-square tests：df = 3，卡方值为 22.230，sig = 0.000 < 0.050，所以不同户口性质的居民在对“为了家庭利益可以一定程度上损害国家利益”的看法上具有显著差异。

B20 by A8

您所在的地方发生过虐童事件吗 * 户口 Crosstabulation

	农业户口	非农业户口	总计
经常会发生	0.7%	1.1%	0.9%
偶尔发生	11.0%	13.2%	11.9%
没听说过	88.2%	85.8%	87.2%
总计	100.0%	100.0%	100.0%
列总计	3749	2536	6285

Chi-square tests：df = 2，卡方值为 8.535，sig = 0.014 < 0.050，所以不同户口性质的居民在对“您所在的地方发生过虐童事件吗”的回答上具有显著差异。

B21a by A8

您是否听说过或见过祠堂 * 户口 Crosstabulation

	农业户口	非农业户口	总计
未选	70.0%	66.4%	68.5%
已选	30.0%	33.6%	31.5%
总计	100.0%	100.0%	100.0%
列总计	3771	2562	6333

Chi-square tests：df = 1，卡方值为 9.107，sig = 0.003 < 0.050，所以不同户口性质的居民在对“是否听说过或见过祠堂”的回答上具有显著差异。

B21b by A8

您是否听说过或见过族谱 * 户口 Crosstabulation

	农业户口	非农业户口	总计
未选	65.9%	62.8%	64.7%
已选	34.1%	37.2%	35.3%
总计	100.0%	100.0%	100.0%
列总计	3774	2562	6336

Chi-square tests：df = 1，卡方值为 6.510，sig = 0.011 < 0.050，所以不同户口性质的居民在对“是否听说过或见过族谱”的回答上具有显著差异。

B21c by A8

您是否听说过或见过祖先牌位 * 户口 Crosstabulation

	农业户口	非农业户口	总计
未选	72.9%	71.2%	72.2%
已选	27.1%	28.8%	27.8%
总计	100.0%	100.0%	100.0%
列总计	3774	2562	6336

Chi-square tests：df = 1，卡方值为 2.296，sig = 0.130 > 0.050，所以不同户口性质的居民在对“是否听说过或见过祖先牌位”的回答上没有显著差异。

B21d by A8

您是否听说过或见过姓氏辈分（×姓×字，或第×代）* 户口 Crosstabulation

	农业户口	非农业户口	总计
未选	58.3%	59.6%	58.8%

续表

	农业户口	非农业户口	总计
已选	41.7%	40.4%	41.2%
总计	100.0%	100.0%	100.0%
列总计	3774	2562	6336

Chi-square tests：df=1，卡方值为1.058，sig=0.304>0.050，所以不同户口性质的居民在对“是否听说过或见过姓氏辈分（×姓×字，或第×代）”的回答上没有显著差异。

B21e by A8

您是否听说过或见过姓氏族支（×姓××堂）＊户口 Crosstabulation

	农业户口	非农业户口	总计
未选	89.7%	87.9%	89.0%
已选	10.3%	12.1%	11.0%
总计	100.0%	100.0%	100.0%
列总计	3774	2562	6336

Chi-square tests：df=1，卡方值为5.309，sig=0.021<0.050，所以不同户口性质的居民在对“是否听说过或见过姓氏族支（×姓××堂）”的回答上具有显著差异。

B21f by A8

您是否听说过或见过到祖坟上磕头、烧纸、供菜或燃放鞭炮＊户口 Crosstabulation

	农业户口	非农业户口	总计
未选	18.0%	21.6%	19.5%
已选	82.0%	78.4%	80.5%
总计	100.0%	100.0%	100.0%
列总计	3775	2562	6337

Chi-square tests：df=1，卡方值为12.687，sig=0.000<0.050，所以不同户口性质的居民在对“是否听说过或见过到祖坟上磕头、烧纸、供菜或燃放鞭炮”的回答上具有显著差异。

B21g by A8

您是否听说过或见过到祖坟上鞠躬、献鲜花或供奉水果＊户口 Crosstabulation

	农业户口	非农业户口	总计
未选	35.3%	31.0%	33.6%
已选	64.7%	69.0%	66.4%
总计	100.0%	100.0%	100.0%

续表

	农业户口	非农业户口	总计
列总计	3775	2562	6337

Chi-square tests：df = 1，卡方值为 12.540，sig = 0.000 < 0.050，所以不同户口性质的居民在对“是否听说过或见过到祖坟上鞠躬、献鲜花或供奉水果”的回答上具有显著差异。

B21h by A8

您是否听说过或见过宗族大事记或家族活动记录 ＊ 户口 Crosstabulation

	农业户口	非农业户口	总计
未选	93.0%	90.4%	91.9%
已选	7.0%	9.6%	8.1%
总计	100.0%	100.0%	100.0%
列总计	3775	2562	6337

Chi-square tests：df = 1，卡方值为 14.430，sig = 0.000 < 0.050，所以不同户口性质的居民在对“是否听说过或见过宗族大事记或家族活动记录”的回答上具有显著差异。

B21i by A8

您是否听说过或见过古牌坊、古牌匾、人物纪念石碑等古迹古物 ＊ 户口 Crosstabulation

	农业户口	非农业户口	总计
未选	72.9%	71.2%	72.2%
已选	27.1%	28.8%	27.8%
总计	100.0%	100.0%	100.0%
列总计	3775	2562	6337

Chi-square tests：df = 1，卡方值为 62.674，sig = 0.000 < 0.050，所以不同户口性质的居民在对“是否听说过或见过古牌坊、古牌匾、人物纪念石碑等古迹古物”的回答上具有显著差异。

B21j by A8

您是否听说过或见过以下传统活动：其他 ＊ 户口 Crosstabulation

	农业户口	非农业户口	总计
未选	98.9%	98.0%	98.6%
已选	1.1%	2.0%	1.4%
总计	100.0%	100.0%	100.0%

续表

	农业户口	非农业户口	总计
列总计	3775	2562	6337

Chi-square tests：df = 1，卡方值为 9. 347，sig = 0. 002 < 0. 050，所以不同户口性质的居民在对“是否听说过或见过其他传统活动”的回答上具有显著差异。

B21k by A8

您是否听说过或见过以下传统活动：都没见过 * 户口 Crosstabulation

	农业户口	非农业户口	总计
未选	96. 1%	95. 2%	95. 7%
已选	3. 9%	4. 8%	4. 3%
总计	100. 0%	100. 0%	100. 0%
列总计	3775	2562	6337

Chi-square tests：df = 1，卡方值为 2. 709，sig = 0. 100 > 0. 050，所以不同户口性质的居民在对“没听说过或见过以下传统活动”的回答上没有显著差异。

B22a by A8

以下民间信仰情况，请问您是否见过或参与过：土地庙 * 户口 Crosstabulation

	农业户口	非农业户口	总计
未选	59. 3%	68. 5%	63. 1%
已选	40. 7%	31. 5%	36. 9%
总计	100. 0%	100. 0%	100. 0%
列总计	3769	2558	6327

Chi-square tests：df = 1，卡方值为 55. 408，sig = 0. 000 < 0. 050，所以不同户口性质的居民在对“是否见过或参与过土地庙”的回答上具有显著差异。

B22b by A8

以下民间信仰情况，请问您是否见过或参与过：关帝庙、娘娘庙或其他神庙 * 户口 Crosstabulation

	农业户口	非农业户口	总计
未选	81. 6%	75. 4%	79. 1%
已选	18. 4%	24. 6%	20. 9%
总计	100. 0%	100. 0%	100. 0%

续表

	农业户口	非农业户口	总计
列总计	3769	2558	6327

Chi-square tests：df = 1，卡方值为 34.722，sig = 0.000 < 0.050，所以不同户口性质的居民在对“是否见过或参与过关帝庙、娘娘庙或其他神庙”的回答上具有显著差异。

B22c by A8

以下民间信仰情况，请问您是否见过或参与过：没见过 ＊ 户口 Crosstabulation

	农业户口	非农业户口	总计
未选	49.4%	45.4%	47.8%
已选	50.6%	54.6%	52.2%
总计	100.0%	100.0%	100.0%
列总计	3768	2558	6326

Chi-square tests：df = 1，卡方值为 9.783，sig = 0.002 < 0.050，所以不同户口性质的居民在对“没见过或参与过民间信仰”的回答上具有显著差异。

B23a by A8

以下民间活动，您是否参加过或见过：个人敬供（烧香叩拜等）＊ 户口 Crosstabulation

	农业户口	非农业户口	总计
未选	52.1%	55.3%	53.4%
已选	47.9%	44.7%	46.6%
总计	100.0%	100.0%	100.0%
列总计	3768	2561	6329

Chi-square tests：df = 1，卡方值为 6.252，sig = 0.012 < 0.050，所以不同户口性质的居民在对“是否见过或参与过个人敬供（烧香叩拜等）”的回答上具有显著差异。

B23b by A8

以下民间活动，您是否参加过或见过：节日集体敬供（聚餐等）＊ 户口 Crosstabulation

	农业户口	非农业户口	总计
未选	80.4%	79.1%	79.9%
已选	19.6%	20.9%	20.1%

续表

	农业户口	非农业户口	总计
总计	100.0%	100.0%	100.0%
列总计	3768	2559	6327

Chi-square tests：df = 1，卡方值为 1.752，sig = 0.186 > 0.050，所以不同户口性质的居民在对“是否见过或参与过节日集体敬供（聚餐等）”的回答上没有显著差异。

B23c by A8

以下民间活动，您是否参加过或见过：其他活动（建庙委员会、教育、助贫、敬老、龙舟等）＊ 户口 Crosstabulation

	农业户口	非农业户口	总计
未选	82.7%	78.3%	80.9%
已选	17.3%	21.7%	19.1%
总计	100.0%	100.0%	100.0%
列总计	3766	2556	6322

Chi-square tests：df = 1，卡方值为 19.090，sig = 0.000 < 0.050，所以不同户口性质的居民在对“是否见过或参与过其他活动（建庙委员会、教育、助贫、敬老、龙舟等）”的回答上具有显著差异。

B23d by A8

以下民间活动，您是否参加过或见过：没参加过任何民间活动 ＊ 户口 Crosstabulation

	农业户口	非农业户口	总计
未选	63.0%	63.7%	63.3%
已选	37.0%	36.3%	36.7%
总计	100.0%	100.0%	100.0%
列总计	3765	2559	6324

Chi-square tests：df = 1，卡方值为 0.293，sig = 0.588 > 0.050，所以不同户口性质的居民在对“没参加过任何民间活动”的回答上没有显著差异。

B24 by A8

您觉得您目前的身体健康状况是 ＊ 户口 Crosstabulation

	农业户口	非农业户口	总计
很健康	31.1%	24.2%	28.3%
比较健康	51.5%	63.6%	56.4%

续表

	农业户口	非农业户口	总计
不太健康	15.3%	11.1%	13.6%
很不健康	2.0%	1.1%	1.6%
总计	100.0%	100.0%	100.0%
列总计	3754	2553	6307

Chi-square tests：df＝3，卡方值为 92.910，sig＝0.000＜0.050，所以不同户口性质的居民在对“目前的身体健康状况”的评价上具有显著差异。

B25 by A8

您觉得您的健康状况和一年前比较起来如何 ＊ 户口 Crosstabulation

	农业户口	非农业户口	总计
更好	16.0%	15.3%	15.7%
没有变化	63.6%	69.6%	66.0%
更差	20.5%	15.0%	18.3%
总计	100.0%	100.0%	100.0%
列总计	3765	2555	6320

Chi-square tests：df＝2，卡方值为 33.592，sig＝0.000＜0.050，所以不同户口性质的居民在对“和一年前比较起来，健康状况如何”的评价上具有显著差异。

B26 by A8

您的就医习惯是 ＊ 户口 Crosstabulation

	农业户口	非农业户口	总计
出现不适就去看病	56.4%	52.7%	54.9%
症状加重时去看病	18.5%	22.2%	20.0%
能不看病就不看	21.3%	21.6%	21.5%
从不看病	2.9%	2.3%	2.7%
其他	0.9%	1.1%	1.0%
总计	100.0%	100.0%	100.0%
列总计	3754	2556	6310

Chi-square tests：df＝4，卡方值为 16.462，sig＝0.002＜0.050，所以不同户口性质的居民在“就医习惯”上具有显著差异。

B27 by A8

总的来说，您觉得目前的生活幸福吗 ＊ 户口 Crosstabulation

	农业户口	非农业户口	总计
非常幸福	29.2%	24.8%	27.5%
比较幸福	63.9%	70.2%	66.4%
不太幸福	6.4%	4.5%	5.6%
非常不幸福	0.5%	0.4%	0.5%
总计	100.0%	100.0%	100.0%
列总计	3760	2561	6321

Chi-square tests：df = 3，卡方值为 29.267，sig = 0.000 < 0.050，所以不同户口性质的居民在对“目前的生活幸福度”的评价上具有显著差异。

B28 by A8

您觉得对于老年人来说最理想的，或者说，您未来最希望的养老方式是哪种 ＊ 户口 Crosstabulation

	农业户口	非农业户口	总计
敬老院、养老院、护理院等专业养老机构	8.7%	19.3%	13.0%
与子女一起，住在家里养老	62.3%	48.4%	56.7%
与子女分开，住在家里养老	17.8%	22.0%	19.5%
搬到其他地方独居养老	1.1%	1.3%	1.2%
回到老家养老	6.3%	3.6%	5.2%
旅游养老	2.2%	4.6%	3.2%
其他	1.5%	0.9%	1.3%
总计	100.0%	100.0%	100.0%
列总计	3752	2550	6302

Chi-square tests：df = 6，卡方值为 248.535，sig = 0.000 < 0.050，所以不同户口性质的居民在对“老年人来说最理想的，或者说，自己未来最希望的养老方式”的选择上具有显著差异。

B29a by A8

在过去的一周里，您为父母做过以下哪些事情：看望 ＊ 户口 Crosstabulation

	农业户口	非农业户口	总计
未选	60.6%	55.2%	58.4%
已选	39.4%	44.8%	41.6%
总计	100.0%	100.0%	100.0%

续表

	农业户口	非农业户口	总计
列总计	3775	2562	6337

Chi-square tests：df = 1，卡方值为 18.708，sig = 0.000 < 0.050，所以不同户口性质的居民在对“过去的一周里，是否看望过父母”的回答上具有显著差异。

B29b by A8

在过去的一周里，您为父母做过以下哪些事情：打电话 * 户口 Crosstabulation

	农业户口	非农业户口	总计
未选	62.4%	52.2%	58.3%
已选	37.6%	47.8%	41.7%
总计	100.0%	100.0%	100.0%
列总计	3775	2563	6338

Chi-square tests：df = 1，卡方值为 65.201，sig = 0.000 < 0.050，所以不同户口性质的居民在对“过去的一周里，是否给父母打电话”的回答上具有显著差异。

B29c by A8

在过去的一周里，您为父母做过以下哪些事情：买东西 * 户口 Crosstabulation

	农业户口	非农业户口	总计
未选	60.3%	54.9%	58.1%
已选	39.7%	45.1%	41.9%
总计	100.0%	100.0%	100.0%
列总计	3775	2563	6338

Chi-square tests：df = 1，卡方值为 18.333，sig = 0.000 < 0.050，所以不同户口性质的居民在对“过去的一周里，是否给父母买东西”的回答上具有显著差异。

B29d by A8

在过去的一周里，您为父母做过以下哪些事情：陪看病 * 户口 Crosstabulation

	农业户口	非农业户口	总计
未选	80.3%	74.5%	77.9%
已选	19.7%	25.5%	22.1%
总计	100.0%	100.0%	100.0%
列总计	3774	2563	6337

Chi-square tests：df = 1，卡方值为 29.896，sig = 0.000 < 0.050，所以不同户口性质的居民在对“过去的一周里，是否陪父母看病”的回答上具有显著差异。

B29e by A8

在过去的一周里，您为父母做过以下哪些事情：护理 ＊ 户口 Crosstabulation

	农业户口	非农业户口	总计
未选	85.7%	85.4%	85.5%
已选	14.3%	14.6%	14.5%
总计	100.0%	100.0%	100.0%
列总计	3774	2563	6337

Chi-square tests：df = 1，卡方值为 0.108，sig = 0.742 > 0.050，所以不同户口性质的居民在对“过去的一周里，是否给父母做过护理”的回答上没有显著差异。

B29f by A8

在过去的一周里，您为父母做过以下哪些事情：做家务 ＊ 户口 Crosstabulation

	农业户口	非农业户口	总计
未选	63.6%	61.5%	62.8%
已选	36.4%	38.5%	37.2%
总计	100.0%	100.0%	100.0%
列总计	3774	2563	6337

Chi-square tests：df = 1，卡方值为 3.069，sig = 0.080 > 0.050，所以不同户口性质的居民在对“过去的一周里，是否给父母做家务”的回答上没有显著差异。

B29g by A8

在过去的一周里，您为父母做过以下哪些事情：谈心聊天 ＊ 户口 Crosstabulation

	农业户口	非农业户口	总计
未选	62.4%	57.1%	60.3%
已选	37.6%	42.9%	39.7%
总计	100.0%	100.0%	100.0%
列总计	3775	2562	6337

Chi-square tests：df = 1，卡方值为 17.329，sig = 0.000 < 0.050，所以不同户口性质的居民在对“过去的一周里，是否和父母谈心聊天”的回答上具有显著差异。

B29h by A8

在过去的一周里，您为父母做过以下哪些事情：给钱 * 户口 Crosstabulation

	农业户口	非农业户口	总计
未选	80.8%	80.2%	80.5%
已选	19.2%	19.8%	19.5%
总计	100.0%	100.0%	100.0%
列总计	3775	2563	6338

Chi-square tests：df = 1，卡方值为 0.337，sig = 0.561 > 0.050，所以不同户口性质的居民在对“过去的一周里，是否给父母钱”的回答上没有显著差异。

B29i by A8

在过去的一周里，您为父母做过以下哪些事情：外出旅游 * 户口 Crosstabulation

	农业户口	非农业户口	总计
未选	95.1%	90.7%	93.3%
已选	4.9%	9.3%	6.7%
总计	100.0%	100.0%	100.0%
列总计	3775	2562	6337

Chi-square tests：df = 1，卡方值为 46.523，sig = 0.000 < 0.050，所以不同户口性质的居民在对“过去的一周里，是否陪父母外出旅游”的回答上具有显著差异。

B29j by A8

在过去的一周里，您为父母做过以下哪些事情：无 * 户口 Crosstabulation

	农业户口	非农业户口	总计
未选	98.0%	98.2%	98.1%
已选	2.0%	1.8%	1.9%
总计	100.0%	100.0%	100.0%
列总计	3775	2563	6328

Chi-square tests：df = 2，卡方值为 0.581，sig = 0.748 > 0.050，所以不同户口性质的居民在对“过去一周没有为父母做事情”的选择上没有显著差异。

B30a by A8

总体来说，您对自己生活的以下方面满意吗？身心健康状况 ＊ 户口 Crosstabulation

	农业户口	非农业户口	总计
非常不满意	4.9%	4.5%	4.8%
不太满意	13.8%	12.6%	13.3%
比较满意	54.6%	60.1%	56.8%
非常满意	26.7%	22.7%	25.1%
总计	100.0%	100.0%	100.0%
列总计	3763	2560	6323

Chi-square tests：df = 3，卡方值为 20.011，sig = 0.000 < 0.050，所以不同户口性质的居民在对“身心健康状况”的评价上具有显著差异。

B30b by A8

总体来说，您对自己生活的以下方面满意吗？整体收入水平 ＊ 户口 Crosstabulation

	农业户口	非农业户口	总计
非常不满意	5.5%	5.1%	5.4%
不太满意	28.7%	26.7%	27.9%
比较满意	54.7%	57.0%	55.6%
非常满意	11.1%	11.1%	11.1%
总计	100.0%	100.0%	100.0%
列总计	3765	2564	6329

Chi-square tests：df = 3，卡方值为 3.982，sig = 0.263 > 0.050，所以不同户口性质的居民在对“整体收入水平”的评价上没有显著差异。

B30c by A8

总体来说，您对自己生活的以下方面满意吗？家庭成员关系 ＊ 户口 Crosstabulation

	农业户口	非农业户口	总计
非常不满意	3.3%	3.7%	3.5%
不太满意	4.2%	4.3%	4.2%
比较满意	50.2%	53.6%	51.6%
非常满意	42.3%	38.5%	40.7%

续表

	农业户口	非农业户口	总计
总计	100.0%	100.0%	100.0%
列总计	3763	2559	6322

Chi-square tests: df = 3, 卡方值为 9.650, sig = 0.022 < 0.050, 所以不同户口性质的居民在对“家庭成员关系”的评价上具有显著差异。

B30d by A8

总体来说，您对自己生活的以下方面满意吗？社会保障水平 * 户口 Crosstabulation

	农业户口	非农业户口	总计
非常不满意	5.5%	5.4%	5.4%
不太满意	18.7%	19.5%	19.0%
比较满意	58.2%	59.1%	58.6%
非常满意	17.7%	16.0%	17.0%
总计	100.0%	100.0%	100.0%
列总计	3761	2559	6320

Chi-square tests: df = 3, 卡方值为 3.329, sig = 0.344 > 0.050, 所以不同户口性质的居民在对“社会保障水平”的满意度上没有显著差异。

C1a by A8

当今中国社会最基本的伦理冲突中第一位的是 * 户口 Crosstabulation

	农业户口	非农业户口	总计
人与自然的冲突	21.3%	27.0%	23.7%
人自我内在的冲突	7.9%	9.7%	8.6%
人与人之间的冲突	45.5%	39.4%	43.0%
个人与社会的冲突	15.1%	15.7%	15.3%
个人与政府的冲突	9.9%	7.9%	9.0%
其他	0.3%	0.3%	0.3%
总计	100.0%	100.0%	100.0%
列总计	3644	2511	6155

Chi-square tests: df = 5, 卡方值为 45.237, sig = 0.000 < 0.050, 所以不同户口性质的居民在对“当今中国社会最基本的伦理冲突第一位”的认知上具有显著差异。

C1b by A8

当今中国社会最基本的伦理冲突中第二位的是 ＊ 户口 Crosstabulation

	农业户口	非农业户口	总计
人与自然的冲突	16.7%	15.7%	16.2%
人自我内在的冲突	18.6%	19.6%	19.0%
人与人之间的冲突	24.0%	25.4%	24.6%
个人与社会的冲突	28.9%	28.3%	28.6%
个人与政府的冲突	11.7%	10.9%	11.4%
其他	0.2%		0.1%
总计	100.0%	100.0%	100.0%
列总计	3595	2469	6064

Chi-square tests：df = 5，卡方值为 6.006，sig = 0.306 > 0.050，所以不同户口性质的居民在对“当今中国社会最基本的伦理冲突第二位”的认知上没有显著差异。

C1c by A8

当今中国社会最基本的伦理冲突中第三位的是 ＊ 户口 Crosstabulation

	农业户口	非农业户口	总计
人与自然的冲突	21.5%	20.1%	21.0%
人自我内在的冲突	18.7%	19.9%	19.2%
人与人之间的冲突	17.1%	19.4%	18.0%
个人与社会的冲突	24.7%	25.3%	25.0%
个人与政府的冲突	17.2%	14.2%	16.0%
其他	0.8%	1.1%	0.9%
总计	100.0%	100.0%	100.0%
列总计	3579	2453	6032

Chi-square tests：df = 5，卡方值为 15.543，sig = 0.008 < 0.050，所以不同户口性质的居民在对“当今中国社会最基本的伦理冲突第三位”的认知上具有显著差异。

C2 by A8

您认为造成环境污染的最主要原因是 ＊ 户口 Crosstabulation

	农业户口	非农业户口	总计
企业唯利是图	33.6%	34.5%	34.0%
政府缺乏生态意识，政策失当	23.3%	27.3%	24.9%
当代人自私自利，不顾未来和子孙利益	17.1%	17.5%	17.3%

续表

	农业户口	非农业户口	总计
个人缺乏环保意识	26.0%	20.6%	23.8%
总计	100.0%	100.0%	100.0%
列总计	3735	2539	6274

Chi-square tests：df = 3，卡方值为 28.750，sig = 0.000 < 0.050，所以不同户口性质的居民在对“造成环境污染的最主要原因”的选择上具有显著差异。

C3a by A8

您是否同意以下说法：能够插队买到票，是一个人灵活的表现 * 户口 Crosstabulation

	农业户口	非农业户口	总计
完全同意	2.8%	2.7%	2.8%
比较同意	7.8%	6.7%	7.4%
比较不同意	36.7%	31.8%	34.8%
完全不同意	52.7%	58.7%	55.1%
总计	100.0%	100.0%	100.0%
列总计	3765	2554	6319

Chi-square tests：df = 3，卡方值为 23.003，sig = 0.000 < 0.050，所以不同户口性质的居民在对“能够插队买到票，是一个人灵活的表现”的看法上具有显著差异。

C3b by A8

您是否同意以下说法：如果有可能，谁都会逃税 * 户口 Crosstabulation

	农业户口	非农业户口	总计
完全同意	4.7%	4.8%	4.7%
比较同意	13.5%	15.2%	14.2%
比较不同意	36.7%	33.9%	35.5%
完全不同意	45.2%	46.1%	45.6%
总计	100.0%	100.0%	100.0%
列总计	3753	2550	6303

Chi-square tests：df = 3，卡方值为 6.853，sig = 0.077 > 0.050，所以不同户口性质的居民在对“如果有可能，谁都会逃税”的看法上具没有显著差异。

C3c by A8

您是否同意以下说法：合同都只是形式，只要有关系，什么都好商量 ＊ 户口 Crosstabulation

	农业户口	非农业户口	总计
完全同意	6.9%	5.5%	6.3%
比较同意	19.4%	18.0%	18.8%
比较不同意	41.2%	39.2%	40.4%
完全不同意	32.5%	37.3%	34.4%
总计	100.0%	100.0%	100.0%
列总计	3757	2546	6303

Chi-square tests：df = 3，卡方值为21.218，sig = 0.002 < 0.050，所以不同户口性质的居民在对“合同都只是形式，只要有关系，什么都好商量”的看法上具有显著差异。

C3d by A8

您是否同意以下说法：要想打赢官司，找关系比找律师更有价值 ＊ 户口 Crosstabulation

	农业户口	非农业户口	总计
完全同意	9.3%	6.7%	8.2%
比较同意	22.5%	23.3%	22.9%
比较不同意	40.1%	38.1%	39.3%
完全不同意	28.1%	31.8%	29.6%
总计	100.0%	100.0%	100.0%
列总计	3751	2543	6294

Chi-square tests：df = 3，卡方值为20.783，sig = 0.000 < 0.050，所以不同户口性质的居民在对“要想打赢官司，找关系比找律师更有价值”的看法上具有显著差异。

C3e by A8

您是否同意以下说法：三个土老乡顶得上一个公章 ＊ 户口 Crosstabulation

	农业户口	非农业户口	总计
完全同意	6.2%	5.7%	6.0%
比较同意	22.7%	20.4%	21.8%
比较不同意	40.7%	38.5%	39.8%
完全不同意	30.3%	35.5%	32.4%
总计	100.0%	100.0%	100.0%

续表

	农业户口	非农业户口	总计
列总计	3744	2540	6284

Chi-square tests：df = 3，卡方值为 18.966，sig = 0.000 < 0.050，所以不同户口性质的居民在对“三个土老乡顶得上一个公章”的看法上具有显著差异。

C3f by A8

您是否同意以下说法：法院是一个替老百姓讲理的地方 * 户口 Crosstabulation

	农业户口	非农业户口	总计
完全同意	38.6%	32.5%	36.1%
比较同意	39.5%	42.4%	40.7%
比较不同意	16.6%	18.8%	17.5%
完全不同意	5.3%	6.3%	5.7%
总计	100.0%	100.0%	100.0%
列总计	3743	2543	6286

Chi-square tests：df = 3，卡方值为 23.705，sig = 0.000 < 0.050，所以不同户口性质的居民在对“法院是一个替老百姓讲理的地方”的看法上具有显著差异。

C3g by A8

您是否同意以下说法：在这个社会，要想不吃亏，就一定要懂得利用潜规则 * 户口 Crosstabulation

	农业户口	非农业户口	总计
完全同意	10.6%	9.1%	10.0%
比较同意	29.0%	30.3%	29.5%
比较不同意	39.7%	38.6%	39.3%
完全不同意	20.7%	22.0%	21.2%
总计	100.0%	100.0%	100.0%
列总计	3745	2544	6289

Chi-square tests：df = 3，卡方值为 6.092，sig = 0.000 < 0.050，所以不同户口性质的居民在对“在这个社会，要想不吃亏，就一定要懂得利用潜规则”的看法上具有显著差异。

C3h by A8

您是否同意以下说法：要远离那些不守规则的人，因为当他因不守规则出事的时候，可能会连累到你 ＊ 户口 Crosstabulation

	农业户口	非农业户口	总计
完全同意	28.2%	30.6%	29.1%
比较同意	40.2%	40.5%	40.4%
比较不同意	24.3%	21.0%	22.9%
完全不同意	7.4%	7.9%	7.6%
总计	100.0%	100.0%	100.0%
列总计	3757	2550	6307

Chi-square tests：df = 3，卡方值为 10.866，sig = 0.012 < 0.050，所以不同户口性质的居民在对“要远离那些不守规则的人，因为当他因不守规则出事的时候，可能会连累到你”的看法上具有显著差异。

C3i by A8

您是否同意以下说法：在这个处处讲背景的年代，规则是对普通老百姓是最好的保护 ＊ 户口 Crosstabulation

	农业户口	非农业户口	总计
完全同意	36.5%	36.3%	36.4%
比较同意	43.4%	40.5%	42.1%
比较不同意	15.4%	16.7%	15.9%
完全不同意	4.8%	6.6%	5.5%
总计	100.0%	100.0%	100.0%
列总计	3761	2554	6315

Chi-square tests：df = 3，卡方值为 13.521，sig = 0.004 < 0.050，所以不同户口性质的居民在对“在这个处处讲背景的年代，规则是对普通老百姓是最好的保护”的看法上具有显著差异。

C4 by A8

哪一种关系对社会秩序最具有根本性意义 ＊ 户口 Crosstabulation

	农业户口	非农业户口	总计
家庭伦理或血缘关系	42.1%	37.6%	40.3%
个人与社会关系	26.9%	30.2%	28.2%
职业伦理关系	2.5%	2.9%	2.7%
个人与国家民族关系	22.1%	22.7%	22.3%
人与自然关系	3.2%	3.5%	3.4%

续表

	农业户口	非农业户口	总计
个人与他自身关系	3.2%	3.1%	3.1%
总计	100.0%	100.0%	100.0%
列总计	3713	2519	6232

Chi-square tests：df = 5，卡方值为 14.841，sig = 0.011 < 0.050，所以不同户口性质的居民在对“哪一种关系对社会秩序最具有根本性意义”的选择上具有显著差异。

C5a by A8

对于个人而言，您认为家庭、社会和国家哪个最重要 * 户口 Crosstabulation

	农业户口	非农业户口	总计
国家	66.0%	63.5%	65.0%
社会	3.2%	3.4%	3.3%
家庭	30.8%	33.1%	31.7%
总计	100.0%	100.0%	100.0%
列总计	3761	2559	6320

Chi-square tests：df = 2，卡方值为 4.228，sig = 0.121 > 0.050，所以不同户口性质的居民在“家庭、社会和国家哪个最重要”的选择上没有显著差异。

C5b by A8

对于个人而言，您认为家庭、社会和国家哪个第二重要 * 户口 Crosstabulation

	农业户口	非农业户口	总计
国家	20.8%	21.8%	21.2%
社会	52.6%	55.4%	53.7%
家庭	26.7%	22.8%	25.1%
总计	100.0%	100.0%	100.0%
列总计	3747	2539	6286

Chi-square tests：df = 2，卡方值为 12.229，sig = 0.002 < 0.050，所以不同户口性质的居民在对“家庭、社会和国家哪个第二重要”的选择上具有显著差异。

C5c by A8

对于个人而言，您认为家庭、社会和国家哪个第三重要 * 户口 Crosstabulation

	农业户口	非农业户口	总计
国家	12.9%	14.3%	13.5%

续表

	农业户口	非农业户口	总计
社会	44.4%	41.5%	43.2%
家庭	42.7%	44.2%	43.3%
总计	100.0%	100.0%	100.0%
列总计	3719	2520	6239

Chi-square tests：df=2，卡方值为6.088，sig=0.048<0.050，所以不同户口性质的居民在对“家庭、社会和国家哪个第三重要”的选择上具有显著差异。

C6a by A8

下列关系，你认为最重要的 ＊ 户口 Crosstabulation

	农业户口	非农业户口	总计
父母与子女	64.2%	59.9%	62.5%
夫妇	16.8%	20.1%	18.1%
兄弟姐妹	0.9%	0.5%	0.7%
同事或同学	0.5%	0.9%	0.7%
上级或下级	0.5%	0.4%	0.4%
师生	0.2%	0.1%	0.2%
与自然的关系	0.6%	1.1%	0.8%
个人与社会	1.5%	1.6%	1.6%
个人与国家	12.6%	12.6%	12.6%
个人与工作单位	0.8%	0.8%	0.8%
朋友	0.2%	0.2%	0.2%
个人与自身的关系（身心和谐）	1.1%	1.7%	1.4%
总计	100.0%	100.0%	100.0%
列总计	3760	2558	6318

Chi-square tests：df=11，卡方值为30.905，sig=0.001<0.050，所以不同户口性质的居民在对“最重要的关系”的选择上具有显著差异。

C6b by A8

下列关系，你认为第二重要的 ＊ 户口 Crosstabulation

	农业户口	非农业户口	总计
父母与子女	22.7%	25.7%	23.9%
夫妇	52.1%	48.8%	50.8%

续表

	农业户口	非农业户口	总计
兄弟姐妹	9.4%	7.2%	8.5%
同事或同学	1.1%	1.2%	1.2%
上级或下级	1.1%	1.5%	1.3%
师生	0.3%	0.4%	0.4%
与自然的关系	1.1%	1.5%	1.3%
个人与社会	6.2%	6.5%	6.3%
个人与国家	3.5%	3.7%	3.6%
个人与工作单位	0.8%	1.3%	1.0%
通过网络建立的关系	0.1%	0.1%	0.1%
朋友	0.9%	1.0%	1.0%
个人与自身的关系（身心和谐）	0.4%	1.2%	0.7%
总计	100.0%	100.0%	100.0%
列总计	3758	2547	6305

Chi-square tests：df = 12，卡方值为 36.812，sig = 0.000 < 0.050，所以不同户口性质的居民在对“第二重要的关系”的选择上具有显著差异。

C6c by A8

下列关系，你认为第三重要的 * 户口 Crosstabulation

	农业户口	非农业户口	总计
父母与子女	6.3%	6.1%	6.2%
夫妇	12.0%	10.4%	11.3%
兄弟姐妹	57.4%	54.2%	56.1%
同事或同学	3.4%	4.7%	3.9%
上级或下级	1.9%	2.3%	2.1%
师生	1.2%	0.9%	1.1%
与自然的关系	1.9%	2.9%	2.3%
个人与社会	4.2%	4.9%	4.5%
个人与国家	5.2%	5.4%	5.3%
个人与工作单位	1.5%	2.4%	1.9%
通过网络建立的关系	0.2%	0.1%	0.1%
朋友	3.8%	3.6%	3.7%
个人与自身的关系（身心和谐）	1.0%	2.0%	1.4%
总计	100.0%	100.0%	100.0%

续表

	农业户口	非农业户口	总计
列总计	3748	2537	6285

Chi-square tests：df = 12，卡方值为 38. 725，sig = 0. 000 < 0. 050，所以不同户口性质的居民在对“第三重要的关系”的选择上具有显著差异。

C6d by A8

下列关系，你认为第四重要的 ＊ 户口 Crosstabulation

	农业户口	非农业户口	总计
父母与子女	3. 4%	4. 0%	3. 6%
夫妇	4. 4%	4. 7%	4. 5%
兄弟姐妹	10. 0%	8. 9%	9. 6%
同事或同学	18. 4%	19. 9%	19. 0%
上级或下级	5. 8%	5. 7%	5. 8%
师生	4. 0%	3. 9%	4. 0%
与自然的关系	3. 7%	5. 2%	4. 3%
个人与社会	10. 6%	9. 3%	10. 0%
个人与国家	11. 0%	11. 2%	11. 0%
个人与工作单位	4. 3%	6. 8%	5. 3%
通过网络建立的关系	0. 2%	0. 4%	0. 3%
朋友	21. 7%	17. 5%	20. 0%
个人与自身的关系（身心和谐）	2. 6%	2. 5%	2. 6%
总计	100. 0%	100. 0%	100. 0%
列总计	3723	2526	6249

Chi-square tests：df = 12，卡方值为 48. 528，sig = 0. 000 < 0. 050，所以不同户口性质的居民在对“第四重要的关系”的选择上具有显著差异。

C6e by A8

下列关系，你认为第五重要的 ＊ 户口 Crosstabulation

	农业户口	非农业户口	总计
父母与子女	1. 2%	1. 5%	1. 3%
夫妇	3. 2%	3. 2%	3. 2%
兄弟姐妹	5. 6%	5. 7%	5. 6%
同事或同学	12. 8%	12. 4%	12. 6%

续表

	农业户口	非农业户口	总计
上级或下级	7.7%	9.0%	8.2%
师生	4.4%	3.4%	4.0%
与自然的关系	5.8%	5.8%	5.8%
个人与社会	15.3%	15.4%	15.3%
个人与国家	13.6%	11.1%	12.6%
个人与工作单位	5.4%	6.1%	5.7%
通过网络建立的关系	0.5%	0.6%	0.6%
朋友	18.5%	17.5%	18.1%
个人与自身的关系（身心和谐）	6.1%	8.3%	7.0%
总计	100.0%	100.0%	100.0%
列总计	3708	2518	6226

Chi-square tests：df = 12，卡方值为 28.633，sig = 0.004 < 0.050，所以不同户口性质的居民在对“第五重要的关系”的选择上具有显著差异。

C7a by A8

您对自己所在企业（或所熟悉的本地企业）履行劳动安全保障责任的满意情况如何 * 户口 Crosstabulation

	农业户口	非农业户口	总计
非常不满意	5.5%	5.4%	5.5%
不太满意	19.0%	16.7%	18.1%
比较满意	59.7%	60.1%	59.9%
非常满意	15.8%	17.8%	16.6%
总计	100.0%	100.0%	100.0%
列总计	3515	2499	6014

Chi-square tests：df = 3，卡方值为 7.490，sig = 0.058 > 0.050，所以不同户口性质的居民在对“自己所在企业（或所熟悉的本地企业）履行劳动安全保障责任”的满意度上没有显著差异。

C7b by A8

您对自己所在企业（或所熟悉的本地企业）履行薪酬正常发放责任的满意情况如何 * 户口 Crosstabulation

	农业户口	非农业户口	总计
非常不满意	4.0%	4.1%	4.0%

续表

	农业户口	非农业户口	总计
不太满意	14.5%	11.1%	13.1%
比较满意	60.3%	59.0%	59.8%
非常满意	21.2%	25.9%	23.1%
总计	100.0%	100.0%	100.0%
列总计	3496	2495	5991

Chi-square tests：df = 3，卡方值为 26.885，sig = 0.000 < 0.050，所以不同户口性质的居民在对“自己所在企业（或所熟悉的本地企业）履行薪酬正常发放责任”的满意度上具有显著差异。

C7c by A8

您对自己所在企业（或所熟悉的本地企业）履行职工文化生活责任的满意情况如何 ＊ 户口 Crosstabulation

	农业户口	非农业户口	总计
非常不满意	5.7%	5.8%	5.7%
不太满意	29.8%	26.8%	28.6%
比较满意	52.7%	53.3%	52.9%
非常满意	11.8%	14.1%	12.8%
总计	100.0%	100.0%	100.0%
列总计	3482	2492	5974

Chi-square tests：df = 3，卡方值为 11.096，sig = 0.011 < 0.050，所以不同户口性质的居民在对“自己所在企业（或所熟悉的本地企业）履行职工文化生活责任”的满意度上具有显著差异。

C7d by A8

您对自己所在企业（或所熟悉的本地企业）履行诚实守法经营责任的满意情况如何 ＊ 户口 Crosstabulation

	农业户口	非农业户口	总计
非常不满意	3.3%	4.0%	3.6%
不太满意	16.4%	14.0%	15.4%
比较满意	61.4%	60.6%	61.0%
非常满意	19.0%	21.4%	20.0%
总计	100.0%	100.0%	100.0%
列总计	3495	2490	5985

Chi-square tests：df = 3，卡方值为 12.056，sig = 0.007 < 0.050，所以不同户口性质的居民在对“自己所在企业（或所熟悉的本地企业）履行诚实守法经营责任”的满意度上具有显著差异。

C7e by A8

您对自己所在企业（或所熟悉的本地企业）履行环境保护措施责任的满意情况如何 * 户口 Crosstabulation

	农业户口	非农业户口	总计
非常不满意	6.5%	6.1%	6.4%
不太满意	25.2%	23.7%	24.6%
比较满意	53.6%	53.0%	53.3%
非常满意	14.7%	17.3%	15.8%
总计	100.0%	100.0%	100.0%
列总计	3498	2498	5996

Chi-square tests：df = 3，卡方值为 7.976，sig = 0.046 < 0.050，所以不同户口性质的居民在对“自己所在企业（或所熟悉的本地企业）履行环境保护措施责任”的满意度上具有显著差异。

C7f by A8

您对自己所在企业（或所熟悉的本地企业）履行慈善公益事业责任的满意情况如何 * 户口 Crosstabulation

	农业户口	非农业户口	总计
非常不满意	6.8%	5.8%	6.4%
不太满意	27.9%	25.5%	26.9%
比较满意	52.1%	52.5%	52.2%
非常满意	13.2%	16.2%	14.4%
总计	100.0%	100.0%	100.0%
列总计	3465	2485	5950

Chi-square tests：df = 3，卡方值为 14.051，sig = 0.003 < 0.050，所以不同户口性质的居民在对“自己所在企业（或所熟悉的本地企业）履行慈善公益事业责任”的满意度上具有显著差异。

C8a by A8

您觉得您身边下列现象常见吗：占卜算命 * 户口 Crosstabulation

	农业户口	非农业户口	总计
经常见到	17.3%	19.0%	18.0%
偶尔见到	45.7%	48.4%	46.8%
没见过	36.9%	32.6%	35.2%
总计	100.0%	100.0%	100.0%

续表

	农业户口	非农业户口	总计
列总计	3767	2552	6319

Chi-square tests：df = 2，卡方值为 12. 691，sig = 0. 002 < 0. 050，所以不同户口性质的居民在对“占卜算命是否是常见现象”的回答上具有显著差异。

C8b by A8

您觉得您身边下列现象常见吗：操办喜事比富斗阔 ＊ 户口 Crosstabulation

	农业户口	非农业户口	总计
经常见到	17. 3%	18. 5%	17. 8%
偶尔见到	39. 8%	44. 8%	41. 8%
没见过	42. 9%	36. 7%	40. 4%
总计	100. 0%	100. 0%	100. 0%
列总计	3765	2546	6311

Chi-square tests：df = 2，卡方值为 24. 644，sig = 0. 000 < 0. 050，所以不同户口性质的居民在对“操办喜事比富斗阔是否是常见现象”的回答上具有显著差异。

C8c by A8

您觉得您身边下列现象常见吗：在父母生前不尽孝，却对父母的丧事大操大办 ＊ 户口 Crosstabulation

	农业户口	非农业户口	总计
经常见到	13. 5%	15. 4%	14. 3%
偶尔见到	40. 0%	41. 3%	40. 5%
没见过	46. 5%	43. 2%	45. 2%
总计	100. 0%	100. 0%	100. 0%
列总计	3758	2553	6311

Chi-square tests：df = 2，卡方值为 8. 022，sig = 0. 062 > 0. 050，所以不同户口性质的居民在对“父母生前不尽孝，却对父母的丧事大操大办是否是常见现象”的回答上没有显著差异。

C8d by A8

您觉得您身边下列现象常见吗：赌博或变相赌博 ＊ 户口 Crosstabulation

	农业户口	非农业户口	总计
经常见到	20. 4%	22. 6%	21. 3%

续表

	农业户口	非农业户口	总计
偶尔见到	37.7%	39.7%	38.5%
没见过	41.9%	37.6%	40.2%
总计	100.0%	100.0%	100.0%
列总计	3760	2558	6318

Chi-square tests：df = 2，卡方值为 11.980，sig = 0.003 < 0.050，所以不同户口性质的居民在对“赌博或变相赌博是否是常见现象”的回答上具有显著差异。

C8e by A8

您觉得您身边下列现象常见吗：封建迷信活动 ＊ 户口 Crosstabulation

	农业户口	非农业户口	总计
经常见到	9.7%	11.2%	10.3%
偶尔见到	33.0%	38.1%	35.0%
没见过	57.3%	50.7%	54.7%
总计	100.0%	100.0%	100.0%
列总计	3763	2555	6318

Chi-square tests：df = 2，卡方值为 29.946，sig = 0.000 < 0.050，所以不同户口性质的居民在对“封建迷信活动是否是常见现象”的回答上具有显著差异。

C8f by A8

您觉得您身边下列现象常见吗：非法宗教活动 ＊ 户口 Crosstabulation

	农业户口	非农业户口	总计
经常见到	2.1%	3.6%	2.7%
偶尔见到	11.1%	14.1%	12.3%
没见过	86.8%	82.2%	85.0%
总计	100.0%	100.0%	100.0%
列总计	3764	2552	6316

Chi-square tests：df = 2，卡方值为 27.844，sig = 0.000 < 0.050，所以不同户口性质的居民在对“非法宗教活动是否是常见现象”的回答上具有显著差异。

C9 by A8

您在生活中经常买到假冒伪劣商品吗 ＊ 户口 Crosstabulation

	农业户口	非农业户口	总计
经常	9.9%	10.8%	10.2%

续表

	农业户口	非农业户口	总计
偶尔	56.7%	62.1%	58.9%
没有	28.9%	23.5%	26.7%
不清楚	4.5%	3.6%	4.1%
总计	100.0%	100.0%	100.0%
列总计	3773	2565	6338

Chi-square tests：df = 6，卡方值为 29.371，sig = 0.000 < 0.050，所以不同户口性质的居民在对“生活中买到假冒伪劣商品”的频率上具有显著差异。

C10 by A8

您在购物、就医、理财等方面经常遇到虚假广告吗 ＊ 户口 Crosstabulation

	农业户口	非农业户口	总计
经常	23.0%	27.4%	24.7%
偶尔	49.2%	51.4%	50.1%
没有	21.5%	16.7%	19.6%
不清楚	6.4%	4.4%	5.6%
总计	100.0%	100.0%	100.0%
列总计	3769	2562	6331

Chi-square tests：df = 3，卡方值为 28.233，sig = 0.000 < 0.050，所以不同户口性质的居民在对“购物、就医、理财等方面遇到虚假广告”的频率上具有显著差异。

C11 by A8

您生活的社区（或村）是否有社区公约、村规民约 ＊ 户口 Crosstabulation

	农业户口	非农业户口	总计
经常	61.2%	69.2%	64.4%
偶尔	15.4%	10.2%	13.3%
没有	23.3%	20.5%	22.1%
不清楚	0.1%		
总计	100.0%	100.0%	100.0%
列总计	3771	2565	6336

Chi-square tests：df = 4，卡方值为 54.371，sig = 0.000 < 0.050，所以不同户口性质的居民在对“您生活的社区（或村）是否有社区公约、村规民约”的回答上具有显著差异。

C12a by A8

您觉得您周围的人在日常生活中遵守步行、骑车不闯红灯的规则吗 * 户口 Crosstabulation

	农业户口	非农业户口	总计
不遵守	9.1%	10.4%	9.7%
基本遵守	56.3%	58.8%	57.3%
自觉遵守	34.5%	30.8%	33.0%
总计	100.0%	100.0%	100.0%
列总计	3747	2561	6308

Chi-square tests：df = 2，卡方值为 10.114，sig = 0.006 < 0.050，所以不同户口性质的居民在对“周围的人在日常生活中遵守步行、骑车不闯红灯的规则”的评价上具有显著差异。

C12b by A8

您觉得您周围的人在日常生活中遵守乘车、购物自觉排队规则吗 * 户口 Crosstabulation

	农业户口	非农业户口	总计
不遵守	5.1%	5.2%	5.2%
基本遵守	52.8%	56.1%	54.2%
自觉遵守	42.0%	38.7%	40.7%
总计	100.0%	100.0%	100.0%
列总计	3748	2557	6305

Chi-square tests：df = 2，卡方值为 7.135，sig = 0.028 < 0.050，所以不同户口性质的居民在对“周围的人在日常生活中遵守乘车、购物自觉排队规则”的评价上具有显著差异。

C12c by A8

您觉得您周围的人在日常生活中遵守文明游览规则吗 * 户口 Crosstabulation

	农业户口	非农业户口	总计
不遵守	4.5%	4.9%	4.6%
基本遵守	57.8%	58.3%	58.0%
自觉遵守	37.8%	36.7%	37.3%
总计	100.0%	100.0%	100.0%
列总计	3724	2551	6275

Chi-square tests：df = 2，卡方值为 1.287，sig = 0.525 > 0.050，所以不同户口性质的居民在对“周围的人在日常生活中遵守文明游览规则”的评价上没有显著差异。

D1a by A8

判断下列词语是否是社会主义核心价值观：文明 ＊ 户口 Crosstabulation

	农业户口	非农业户口	总计
未选	16.6%	13.4%	15.3%
已选	83.4%	86.6%	84.7%
总计	100.0%	100.0%	100.0%
列总计	3731	2558	6289

Chi-square tests：df = 1，卡方值为 12.548，sig = 0.000 < 0.050，所以不同户口性质的居民在对“文明是否是社会主义核心价值观”的认知上具有显著差异。

D1b by A8

判断下列词语是否是社会主义核心价值观：诚信 ＊ 户口 Crosstabulation

	农业户口	非农业户口	总计
未选	15.0%	9.2%	12.6%
已选	85.0%	90.8%	87.4%
总计	100.0%	100.0%	100.0%
列总计	3732	2558	6290

Chi-square tests：df = 1，卡方值为 45.780，sig = 0.000 < 0.050，所以不同户口性质的居民在对“诚信是否是社会主义核心价值观”的认知上具有显著差异。

D1c by A8

判断下列词语是否是社会主义核心价值观：勇敢 ＊ 户口 Crosstabulation

	农业户口	非农业户口	总计
未选	77.0%	84.8%	80.1%
已选	23.0%	15.2%	19.9%
总计	100.0%	100.0%	100.0%
列总计	3732	2558	6290

Chi-square tests：df = 1，卡方值为 57.591，sig = 0.000 < 0.050，所以不同户口性质的居民在对“勇敢是否是社会主义核心价值观”的认知上具有显著差异。

D1d by A8

判断下列词语是否是社会主义核心价值观：爱国 ＊ 户口 Crosstabulation

	农业户口	非农业户口	总计
未选	16.8%	14.1%	15.7%

续表

	农业户口	非农业户口	总计
已选	83.2%	85.9%	84.3%
总计	100.0%	100.0%	100.0%
列总计	3731	2558	6289

Chi-square tests：df = 1，卡方值为 8.398，sig = 0.004 < 0.050，所以不同户口性质的居民在对“爱国是否是社会主义核心价值观”的认知上具有显著差异。

D1e by A8

判断下列词语是否是社会主义核心价值观：创新 * 户口 Crosstabulation

	农业户口	非农业户口	总计
未选	70.9%	71.3%	71.1%
已选	29.1%	28.7%	28.9%
总计	100.0%	100.0%	100.0%
列总计	3732	2558	6290

Chi-square tests：df = 1，卡方值为 0.085，sig = 0.771 > 0.050，所以不同户口性质的居民在对“创新是否是社会主义核心价值观”的认知上没有显著差异。

D1f by A8

判断下列词语是否是社会主义核心价值观：友善 * 户口 Crosstabulation

	农业户口	非农业户口	总计
未选	50.6%	40.5%	46.5%
已选	49.4%	59.5%	53.5%
总计	100.0%	100.0%	100.0%
列总计	3731	2558	6289

Chi-square tests：df = 1，卡方值为 62.481，sig = 0.000 < 0.050，所以不同户口性质的居民在对“友善是否是社会主义核心价值观”的认知上具有显著差异。

D1g by A8

判断下列词语是否是社会主义核心价值观：勤劳 * 户口 Crosstabulation

	农业户口	非农业户口	总计
未选	69.2%	76.0%	71.9%
已选	30.8%	24.0%	28.1%
总计	100.0%	100.0%	100.0%

续表

	农业户口	非农业户口	总计
列总计	3731	2558	6289

Chi-square tests：df = 1，卡方值为 35. 651，sig = 0. 000 < 0. 050，所以不同户口性质的居民在对“勤劳是否是社会主义核心价值观”的认知上具有显著差异。

D2 by A8

您认为社会主义核心价值观和您的工作、生活有关系吗 * 户口 Crosstabulation

	农业户口	非农业户口	总计
对改变社会风气有好处，每个人都应该这样做人做事	72. 4%	81. 5%	76. 1%
与个人工作、生活没关系	7. 4%	6. 1%	6. 9%
说不清	20. 2%	12. 4%	17. 1%
总计	100. 0%	100. 0%	100. 0%
列总计	3748	2553	6301

Chi-square tests：df = 2，卡方值为 75. 345，sig = 0. 000 < 0. 050，所以不同户口性质的居民在对“您认为社会主义核心价值观和您的工作、生活有关系吗”的看法上具有显著差异。

D3 by A8

中华民族历来有孝敬、礼让、仁爱、节俭的传统，您认为现在还需要这些吗 * 户口 Crosstabulation

	农业户口	非农业户口	总计
这些传统什么时候都不能丢	95. 4%	96. 1%	95. 7%
可有可无	2. 9%	2. 7%	2. 8%
已经过时，没必要讲这些	1. 7%	1. 3%	1. 5%
总计	100. 0%	100. 0%	100. 0%
列总计	3771	2564	6335

Chi-square tests：df = 2，卡方值为 1. 985，sig = 0. 371 > 0. 050，所以不同户口性质的居民在对“中华民族历来有孝敬、礼让、仁爱、节俭的传统，您认为现在还需要这些吗”这一问题的看法上没有显著差异。

D4 by A8

您认为在青少年中开展革命传统教育是否有现实意义 * 户口 Crosstabulation

	农业户口	非农业户口	总计
很有必要，应该大力开展	88. 1%	89. 9%	88. 8%

续表

	农业户口	非农业户口	总计
已经过时了，没必要开展	1.9%	1.9%	1.9%
可有可无，意义不大	4.7%	4.8%	4.8%
说不清楚	5.3%	3.5%	4.6%
总计	100.0%	100.0%	100.0%
列总计	3770	2565	6335

Chi-square tests：df = 3，卡方值为 11.819，sig = 0.008 < 0.050，所以不同户口性质的居民在对“在青少年中开展革命传统教育是否有意义”的评价上具有显著差异。

D5 by A8

您认为当前中国社会个人道德素质的主要问题 * 户口 Crosstabulation

	农业户口	非农业户口	总计
道德上无知	15.7%	13.0%	14.6%
有道德知识，但不见诸行动	74.5%	79.5%	76.5%
既无知，也不行动	7.7%	6.2%	7.1%
其他	2.1%	1.3%	1.8%
总计	100.0%	100.0%	100.0%
列总计	3755	2550	6305

Chi-square tests：df = 3，卡方值为 22.947，sig = 0.000 < 0.050，所以不同户口性质的居民在对“当前中国社会个人道德素质的主要问题”的认知上具有显著差异。

D6 by A8

您认为对社会生活而言，个体德性（即个人的道德品质）和社会公正哪个更重要 * 户口 Crosstabulation

	农业户口	非农业户口	总计
个体德性最重要	17.8%	16.9%	17.4%
社会公正最重要	33.7%	30.7%	32.5%
二者应当统一，但二者矛盾时应先追求个体德性	19.6%	18.0%	19.0%
二者应当统一，但二者矛盾时应先追求社会公正	28.9%	34.4%	31.1%
总计	100.0%	100.0%	100.0%
列总计	3759	2555	6314

Chi-square tests：df = 3，卡方值为 21.614，sig = 0.000 < 0.050，所以不同户口性质的居民在对“您认为对社会生活而言，个体德性（即个人的道德品质）和社会公正哪个更重要”的选择上具有显著差异。

D7 by A8

您根据什么来判断某种行为是否符合伦理道德 * 户口 Crosstabulation

	农业户口	非农业户口	总计
传统	17.1%	17.0%	17.1%
风俗习惯	10.9%	7.5%	9.5%
大多数人认同的道德规范	21.6%	28.0%	24.1%
当事人的共同利益和意志	4.0%	3.2%	3.7%
自己的良心	33.9%	27.3%	31.2%
自己的利益	0.8%	0.5%	0.7%
意识形态要求	2.2%	2.6%	2.4%
己立立人，立达达人；己所不欲，勿施于人	9.5%	13.9%	11.3%
总计	100.0%	100.0%	100.0%
列总计	3766	2562	6328

Chi-square tests：df = 7，卡方值为 96.915，sig = 0.000 < 0.050，所以不同户口性质的居民在对“根据什么来判断某种行为是否符合伦理道德”的选择上具有显著差异。

D8 by A8

老王的朋友是老张的生意竞争对手，想知道老张平时都跟哪些人接触，花钱让老王监视报告。如果你是老王，你会怎么做 * 户口 Crosstabulation

	农业户口	非农业户口	总计
毫不犹豫答应，个人利益高于一切，只要不让朋友知道，无可厚非	2.9%	2.5%	2.7%
可能答应，谈不上道德不道德	4.7%	4.7%	4.7%
可能答应，虽然对朋友不道德，但是有利可图，对自身是道德的	4.6%	3.2%	4.0%
不会答应，因为这不道德，见利忘义的行为无论如何都不可取	87.8%	89.6%	88.5%
总计	100.0%	100.0%	100.0%
列总计	3765	2560	6325

Chi-square tests：df = 3，卡方值为 8.983，sig = 0.030 < 0.050，所以不同户口性质的居民在对“老王的朋友是老张的生意竞争对手，想知道老张平时都跟哪些人接触，花钱让老王监视报告。如果你是老王，你会怎么做”这一问题的看法上具有显著差异。

D9 by A8

遇到人生重大挫折时，你最经常的反应是 * 户口 Crosstabulation

	农业户口	非农业户口	总计
去寺庙，求菩萨保佑	2.4%	1.2%	1.9%
找朋友倾诉，求得疏解	17.3%	20.1%	18.4%
向家人倾诉，寻求安居	36.6%	35.0%	35.9%
坚持自己的追求	9.6%	11.8%	10.5%
自己独立承受和化解	32.9%	31.2%	32.1%
其他	1.3%	0.8%	1.1%
总计	100.0%	100.0%	100.0%
列总计	3764	2558	6322

Chi-square tests：df = 5，卡方值为 30.809，sig = 0.000 < 0.050，所以不同户口性质的居民在对“遇到人生重大挫折时，你最经常的反应”的选择上具有显著差异。

D10 by A8

当遇到人与人之间的利益冲突时，你首选的办法 * 户口 Crosstabulation

	农业户口	非农业户口	总计
诉诸法律，打官司	7.9%	10.0%	8.8%
主动与对方沟通，适可而止	52.6%	56.6%	54.3%
找第三方帮助沟通调解，尽量不伤和气	27.9%	24.1%	26.4%
能忍则忍	11.5%	9.2%	10.6%
总计	100.0%	100.0%	100.0%
列总计	3758	2560	6318

Chi-square tests：df = 3，卡方值为 28.187，sig = 0.000 < 0.050，所以不同户口性质的居民在对“当遇到人与人之间的利益冲突时，你首选的办法”的选择上具有显著差异。

D11 by A8

当有陌生人走进你的单位或社区，或在车厢中与陌生人在一起时，你通常的态度是 * 户口 Crosstabulation

	农业户口	非农业户口	总计
对他/她微笑	23.1%	29.4%	25.6%
主动打招呼	15.7%	14.1%	15.1%
没有任何反应	20.2%	19.6%	19.9%
保持警惕，防止上当	40.3%	36.1%	38.6%

续表

	农业户口	非农业户口	总计
其他	0.7%	0.7%	0.7%
总计	100.0%	100.0%	100.0%
列总计	3759	2560	6319

Chi-square tests：df = 4，卡方值为 333.094，sig = 0.000 < 0.050，所以不同户口性质的居民在对“当有陌生人走进你的单位或社区，或在车厢中与陌生人在一起时，你通常的态度”的选择上具有显著差异。

D12 by A8

假设您双手抱着东西走进电梯，您觉得电梯里的陌生人可能会怎样 * 户口 Crosstabulation

	农业户口	非农业户口	总计
主动问你去几楼并帮你按楼层	37.7%	42.3%	39.5%
当作没看见	17.7%	16.5%	17.3%
会在你的请求下给予帮助	44.6%	41.1%	43.1%
总计	100.0%	100.0%	100.0%
列总计	3745	2562	6307

Chi-square tests：df = 2，卡方值为 13.686，sig = 0.001 < 0.050，所以不同户口性质的居民在对“假设您双手抱着东西走进电梯，您觉得电梯里的陌生人可能会怎样”这一问题的回答上具有显著差异。

D13 by A8

假设你走在街上被陌生人不小心踩到了并发出“哎哟”一声，您认为对方会做何种反应 * 户口 Crosstabulation

	农业户口	非农业户口	总计
用言语或手势表达歉意	88.2%	90.7%	89.2%
不会做任何表示	9.9%	7.9%	9.1%
反而说你大惊小怪	1.9%	1.4%	1.7%
总计	100.0%	100.0%	100.0%
列总计	3768	2558	6326

Chi-square tests：df = 2，卡方值为 9.594，sig = 0.008 < 0.050，所以不同户口性质的居民在对“假设你走在街上被陌生人不小心踩到了并发出‘哎哟’一声，您认为对方会做何种反应”这一问题的回答上具有显著差异。

D14 by A8

与人相处时，你如何选择自己的行为 ＊ 户口 Crosstabulation

	农业户口	非农业户口	总计
按照自己的准则办事，不必顾忌太多	18.5%	19.5%	18.9%
以己度人，己立立人	24.1%	27.0%	25.3%
以自己利益最大化为最高目标	3.9%	2.4%	3.3%
以对双方有好处为标准	26.5%	20.6%	24.2%
权衡利弊，理性选择	26.3%	30.1%	27.8%
其他	0.6%	0.5%	0.6%
总计	100.0%	100.0%	100.0%
列总计	3750	2557	6307

Chi-square tests：df = 5，卡方值为 47.051，sig = 0.000 < 0.050，所以不同户口性质的居民在对“与人相处时，你如何选择自己的行为”的认知上具有显著差异。

D15 by A8

您认为目前我国社会对人际关系的伦理调节能力和个人行为的道德调节能力 ＊ 户口 Crosstabulation

	农业户口	非农业户口	总计
良好	40.1%	35.8%	38.3%
一般	53.4%	57.5%	55.1%
很差	3.7%	3.9%	3.8%
几乎没有，一切都听从法律和利益	2.8%	2.8%	2.8%
总计	100.0%	100.0%	100.0%
列总计	3767	2561	6328

Chi-square tests：df = 3，卡方值为 12.207，sig = 0.007 < 0.050，所以不同户口性质的居民在对“目前我国社会对人际关系的伦理调节能力和个人行为的道德调节能力”的评价上具有显著差异。

D16 by A8

现在社会上有些人不守道德反而讨了便宜，您会不会为了得到好处而仿效 ＊ 户口 Crosstabulation

	农业户口	非农业户口	总计
从来不这么做	62.3%	60.6%	61.6%
通常不这么做，关键时刻会这么做	10.5%	9.1%	10.0%
经常这么做	1.0%	0.9%	0.9%

续表

	农业户口	非农业户口	总计
相信善有善报，恶有恶报，终将会善恶报应	19.1%	22.9%	20.7%
说不清	6.9%	6.4%	6.7%
其他	0.1%	0.2%	0.2%
总计	100.0%	100.0%	100.0%
列总计	3771	2563	6334

Chi-square tests: df = 5，卡方值为 15.428，sig = 0.009 < 0.050，所以不同户口性质的居民在对“现在社会上有些人不守道德反而讨了便宜，您会不会为了得到好处而仿效”的认知上具有显著差异。

D17 by A8

您常常体验到自己身上有一种“伦理感”的存在，如感到自己不属于自己，而属于他人、属于某个集体、国家、民族，行为选择要服从于它，有一种要为它奉献的冲动吗 * 户口 Crosstabulation

	农业户口	非农业户口	总计
没有，我只感受到我自己个人实实在在的生活	33.5%	31.0%	32.5%
偶尔有，但主要是因为那种情况下我的利益与“它”一致	17.6%	16.9%	17.3%
偶尔有，是在受某种作品或生活情境的影响之后	19.0%	18.4%	18.8%
时常有，“它”是一种内在的信念	29.2%	33.3%	30.8%
其他	0.7%	0.3%	0.6%
总计	100.0%	100.0%	100.0%
列总计	3747	2549	6296

Chi-square tests: df = ，卡方值为 16.105，sig = 0.003 < 0.050，所以不同户口性质的居民在对“您常常体验到自己身上有一种‘伦理感’的存在，如感到自己不属于自己，而属于他人、属于某个集体、国家、民族，行为选择要服从于它，有一种要为它奉献的冲动吗”这一问题的回答上具有显著差异。

D18a by A8

对政府官员道德状况的满意度 * 户口 Crosstabulation

	农业户口	非农业户口	总计
非常不满意	7.2%	7.4%	7.2%
不太满意	15.5%	22.5%	18.3%
比较满意	40.4%	43.0%	41.4%
非常满意	36.9%	27.2%	33.0%
总计	100.0%	100.0%	100.0%

续表

	农业户口	非农业户口	总计
列总计	3762	2554	6316

Chi-square tests：df = 3，卡方值为 87.438，sig = 0.000 < 0.050，所以不同户口性质的居民在“对政府官员道德状况的满意度”上具有显著差异。

D18b by A8

对一般公务员道德状况的满意度 ＊ 户口 Crosstabulation

	农业户口	非农业户口	总计
非常不满意	3.5%	3.6%	3.5%
不太满意	16.6%	21.8%	18.7%
比较满意	41.4%	45.9%	43.2%
非常满意	38.5%	28.7%	34.5%
总计	100.0%	100.0%	100.0%
列总计	3743	2551	6294

Chi-square tests：df = 3，卡方值为 71.197，sig = 0.000 < 0.050，所以不同户口性质的居民在“对一般公务员道德状况的满意度”上具有显著差异。

D18c by A8

对企业家道德状况的满意度 ＊ 户口 Crosstabulation

	农业户口	非农业户口	总计
非常不满意	4.1%	4.4%	4.2%
不太满意	17.5%	22.2%	19.4%
比较满意	44.8%	49.5%	46.7%
非常满意	33.7%	23.9%	29.7%
总计	100.0%	100.0%	100.0%
列总计	3720	2536	6256

Chi-square tests：df = 3，卡方值为 72.857，sig = 0.000 < 0.050，所以不同户口性质的居民在“对企业家道德状况的满意度”上具有显著差异。

D18d by A8

对教师道德状况的满意度 ＊ 户口 Crosstabulation

	农业户口	非农业户口	总计
非常不满意	3.6%	3.9%	3.7%

续表

	农业户口	非农业户口	总计
不太满意	10.4%	15.5%	12.5%
比较满意	26.0%	33.1%	28.9%
非常满意	60.0%	47.6%	55.0%
总计	100.0%	100.0%	100.0%
列总计	3759	2553	6312

Chi-square tests：df = 3，卡方值为 100.053，sig = 0.000 < 0.050，所以不同户口性质的居民在“对教师道德状况的满意度”上具有显著差异。

D18e by A8

对青少年道德状况的满意度 ＊ 户口 Crosstabulation

	农业户口	非农业户口	总计
非常不满意	2.2%	2.3%	2.3%
不太满意	13.3%	18.9%	15.5%
比较满意	35.7%	43.1%	38.7%
非常满意	48.8%	35.7%	43.5%
总计	100.0%	100.0%	100.0%
列总计	3762	2555	6317

Chi-square tests：df = 3，卡方值为 112.878，sig = 0.000 < 0.050，所以不同户口性质的居民在“对青少年道德状况的满意度”上具有显著差异。

D18f by A8

对演艺娱乐圈道德状况的满意度 ＊ 户口 Crosstabulation

	农业户口	非农业户口	总计
非常不满意	7.6%	13.8%	10.1%
不太满意	21.2%	24.8%	22.7%
比较满意	44.0%	44.4%	44.2%
非常满意	27.2%	17.0%	23.1%
总计	100.0%	100.0%	100.0%
列总计	3713	2542	6255

Chi-square tests：df = 3，卡方值为 132.781，sig = 0.000 < 0.050，所以不同户口性质的居民在“对演艺娱乐圈道德状况的满意度”上具有显著差异。

D18g by A8

对自由职业者道德状况的满意度 ＊ 户口 Crosstabulation

	农业户口	非农业户口	总计
非常不满意	3.4%	3.3%	3.4%
不太满意	16.9%	22.1%	19.0%
比较满意	41.7%	47.1%	43.9%
非常满意	38.0%	27.4%	33.7%
总计	100.0%	100.0%	100.0%
列总计	3725	2542	6267

Chi-square tests：df = 3，卡方值为 83.482，sig = 0.000 < 0.050，所以不同户口性质的居民在“对自由职业者道德状况的满意度”上具有显著差异。

D18h by A8

对农民道德状况的满意度 ＊ 户口 Crosstabulation

	农业户口	非农业户口	总计
非常不满意	2.1%	2.1%	2.1%
不太满意	8.8%	13.1%	10.5%
比较满意	22.1%	32.3%	26.2%
非常满意	67.1%	52.5%	61.2%
总计	100.0%	100.0%	100.0%
列总计	3757	2546	6303

Chi-square tests：df = 3，卡方值为 140.508，sig = 0.000 < 0.050，所以不同户口性质的居民在“对农民道德状况的满意度”上具有显著差异。

D18i by A8

对商人道德状况的满意度 ＊ 户口 Crosstabulation

	农业户口	非农业户口	总计
非常不满意	5.2%	5.9%	5.5%
不太满意	18.0%	22.7%	19.9%
比较满意	43.6%	47.8%	45.3%
非常满意	33.2%	23.6%	29.3%
总计	100.0%	100.0%	100.0%
列总计	3753	2551	6304

Chi-square tests：df = 3，卡方值为 71.732，sig = 0.000 < 0.050，所以不同户口性质的居民在“对商人道德状况的满意度”上具有显著差异。

D18j by A8

对工人道德状况的满意度 * 户口 Crosstabulation

	农业户口	非农业户口	总计
非常不满意	1.9%	1.3%	1.7%
不太满意	9.5%	13.3%	11.0%
比较满意	27.6%	34.3%	30.3%
非常满意	61.0%	51.1%	57.0%
总计	100.0%	100.0%	100.0%
列总计	3752	2546	6298

Chi-square tests：df = 3，卡方值为 72.547，sig = 0.000 < 0.050，所以不同户口性质的居民在“对工人道德状况的满意度”上具有显著差异。

D18k by A8

对专家学者道德状况的满意度 * 户口 Crosstabulation

	农业户口	非农业户口	总计
非常不满意	2.9%	3.7%	3.2%
不太满意	10.6%	15.0%	12.4%
比较满意	29.8%	35.9%	32.3%
非常满意	56.6%	45.4%	52.1%
总计	100.0%	100.0%	100.0%
列总计	3741	2548	6289

Chi-square tests：df = 3，卡方值为 79.234，sig = 0.000 < 0.050，所以不同户口性质的居民在“对专家学者道德状况的满意度”上具有显著差异。

D18l by A8

对医生道德状况的满意度 * 户口 Crosstabulation

	农业户口	非农业户口	总计
非常不满意	4.1%	5.3%	4.7%
不太满意	11.5%	16.5%	13.5%
比较满意	31.0%	37.7%	33.7%
非常满意	53.3%	40.5%	48.1%
总计	100.0%	100.0%	100.0%
列总计	3753	2551	6304

Chi-square tests：df = 3，卡方值为 103.425，sig = 0.000 < 0.050，所以不同户口性质的居民在“对医生道德状况的满意度”上具有显著差异。

D18m by A8

对弱势群体道德状况的满意度 ＊ 户口 Crosstabulation

	农业户口	非农业户口	总计
非常不满意	2.5%	2.9%	2.7%
不太满意	11.0%	13.2%	11.9%
比较满意	36.6%	44.4%	39.7%
非常满意	49.8%	39.6%	45.8%
总计	100.0%	100.0%	100.0%
列总计	3255	2081	5336

Chi-square tests：df＝3，卡方值为53.682，sig＝0.000＜0.050，所以不同户口性质的居民在“对弱势群体道德状况的满意度”上具有显著差异。

D19 by A8

你认为大家在一起合作共事，最重要的条件是 ＊ 户口 Crosstabulation

	农业户口	非农业户口	总计
心情要愉快，否则就不在一起或另找单位	28.7%	27.6%	28.3%
自由宽松的氛围	7.5%	6.7%	7.2%
不违背做人的基本准则	32.0%	34.1%	32.9%
尽量约束自己，考虑别人感受	11.9%	12.4%	12.1%
以共同体的利益为最高准则	18.9%	18.8%	18.9%
其他	0.9%	0.4%	0.7%
总计	100.0%	100.0%	100.0%
列总计	3750	2548	6298

Chi-square tests：df＝5，卡方值为10.426，sig＝0.064＞0.050，所以不同户口性质的居民在对“你认为大家在一起合作共事，最重要的条件”的选择上没有显著差异。

D20 by A8

您常常体验到自己身上“道德感”的存在和满足吗？如社会行为不是出于本能欲望的冲动，而是考虑是否符合道德规则 ＊ 户口 Crosstabulation

	农业户口	非农业户口	总计
没有，只是凭自己的意志和利益办事	16.1%	11.7%	14.3%
在有监督的环境中有，其他环境中没有	10.3%	7.2%	9.0%

续表

	农业户口	非农业户口	总计
能考虑行为符合公认的道德准则，但是出于社会评价的考虑	34.1%	35.3%	34.6%
经常有，因为行为应当符合社会规则	39.1%	45.5%	41.7%
其他	0.4%	0.1%	0.3%
总计	100.0%	100.0%	100.0%
列总计	3746	2558	6304

Chi-square tests：df = 4，卡方值为 52.894，sig = 0.000 < 0.050，所以不同户口性质的居民在对“您常常体验到自己身上‘道德感’的存在和满足吗？如社会行为不是出于本能欲望的冲动，而是考虑是否符合道德规则”这一问题的回答上具有显著差异。

D21 by A8

您觉得大多数人都是可以相信的吗？如果1分代表“大多数人都可以相信”，5分代表“对其他人都应该小心防备”，你会选几分 * 户口 Crosstabulation

	农业户口	非农业户口	总计
1分	28.3%	30.2%	29.1%
2分	22.3%	22.7%	22.5%
3分	29.8%	30.7%	30.1%
4分	11.4%	10.0%	10.8%
5分	8.2%	6.4%	7.5%
总计	100.0%	100.0%	100.0%
列总计	3768	2566	6334

Chi-square tests：df = 4，卡方值为 12.232，sig = 0.016 < 0.050，所以不同户口性质的居民在对“您觉得大多数人都是可以相信的吗？如果1分代表‘大多数人都可以相信’，5分代表‘对其他人都应该小心防备’，你会选几分”这一问题的回答上具有显著差异。

D22 by A8

如果在路边看到一个老人摔倒，你的反应是 * 户口 Crosstabulation

	农业户口	非农业户口	总计
立即将其扶起	46.4%	42.0%	44.7%
等有证人时再扶	22.5%	23.0%	22.7%
先拍照，再扶起	10.6%	13.7%	11.9%
不扶，避免惹是生非	6.8%	5.6%	6.3%

续表

	农业户口	非农业户口	总计
报警	12.0%	14.6%	13.1%
其他	1.6%	1.0%	1.4%
总计	100.0%	100.0%	100.0%
列总计	3768	2557	6325

Chi-square tests：df = 5，卡方值为 34.966，sig = 0.000 < 0.050，所以不同户口性质的居民在对“如果在路边看到一个老人摔倒，你的反应”的选择上具有显著差异。

D23a by A8

你认为导致当前医患关系紧张的首要原因是 * 户口 Crosstabulation

	农业户口	非农业户口	总计
医生缺乏职业道德，对病人不负责任	32.8%	30.3%	31.8%
医疗制度不合理，看病难看病贵	41.4%	49.1%	44.5%
医生腐败，不送红包不认真看病	14.6%	10.0%	12.7%
“医闹”，病人蓄意闹事	9.8%	9.3%	9.6%
其他	1.3%	1.3%	1.3%
总计	100.0%	100.0%	100.0%
列总计	3676	2521	6197

Chi-square tests：df = 4，卡方值为 48.327，sig = 0.000 < 0.050，所以不同户口性质的居民在对“你认为导致当前医患关系紧张的首要原因”的选择上具有显著差异。

D23b by A8

你认为导致当前医患关系紧张的次要原因是 * 户口 Crosstabulation

	农业户口	非农业户口	总计
医生缺乏职业道德，对病人不负责任	32.9%	32.0%	32.5%
医疗制度不合理，看病难看病贵	28.5%	27.7%	28.2%
医生腐败，不送红包不认真看病	22.3%	18.9%	20.9%
“医闹”，病人蓄意闹事	15.1%	19.7%	17.0%
其他	1.2%	1.7%	1.4%
总计	100.0%	100.0%	100.0%
列总计	3528	2396	5924

Chi-square tests：df = 4，卡方值为 28.820，sig = 0.000 < 0.050，所以不同户口性质的居民在对“导致当前医患关系紧张的次要原因”的认知上具有显著差异。

D24a by A8

对您的家人的信任度 ＊ 户口 Crosstabulation

	农业户口	非农业户口	总计
完全信任	89.3%	86.9%	88.3%
比较信任	10.1%	12.6%	11.2%
不太信任	0.5%	0.4%	0.5%
根本不信任	0.1%		0.1%
总计	100.0%	100.0%	100.0%
列总计	3692	2523	6215

Chi-square tests：df = 3，卡方值为 10.807，sig = 0.013 < 0.050，所以不同户口性质的居民在“对家人的信任度”上具有显著差异。

D24b by A8

对您的邻居的信任度 ＊ 户口 Crosstabulation

	农业户口	非农业户口	总计
完全信任	33.6%	27.1%	31.0%
比较信任	59.7%	64.7%	61.7%
不太信任	6.0%	7.6%	6.7%
根本不信任	0.7%	0.5%	0.6%
总计	100.0%	100.0%	100.0%
列总计	3762	2561	6323

Chi-square tests：df = 3，卡方值为 33.930，sig = 0.000 < 0.050，所以不同户口性质的居民在“对邻居的信任度”上具有显著差异。

D24c by A8

对商人的信任度 ＊ 户口 Crosstabulation

	农业户口	非农业户口	总计
完全信任	7.8%	4.8%	6.6%
比较信任	34.8%	32.3%	33.8%
不太信任	50.4%	56.0%	52.7%
根本不信任	7.0%	6.9%	6.9%
总计	100.0%	100.0%	100.0%
列总计	3758	2553	6311

Chi-square tests：df = 3，卡方值为 32.655，sig = 0.000 < 0.050，所以不同户口性质的居民在“对商人的信任度”上具有显著差异。

D24d by A8

对单位领导/社区（村）干部的信任度 ＊ 户口 Crosstabulation

	农业户口	非农业户口	总计
完全信任	25.0%	24.6%	24.8%
比较信任	55.4%	57.1%	56.0%
不太信任	15.9%	15.8%	15.8%
根本不信任	3.8%	2.5%	3.3%
总计	100.0%	100.0%	100.0%
列总计	3760	2557	6317

Chi-square tests：df = 3，卡方值为 7.933，sig = 0.047 < 0.050，所以不同户口性质的居民在“对单位领导/社区（村）干部的信任度”上具有显著差异。

D24e by A8

对公务员的信任度 ＊ 户口 Crosstabulation

	农业户口	非农户口	总计
完全信任	17.4%	15.2%	16.5%
比较信任	58.3%	57.8%	58.1%
不太信任	21.6%	24.7%	22.9%
根本不信任	2.6%	2.3%	2.5%
总计	100.0%	100.0%	100.0%
列总计	3748	2554	6302

Chi-square tests：df = 3，卡方值为 12.002，sig = 0.007 < 0.050，所以不同户口性质的居民在“对公务员的信任度”上具有显著差异。

D24f by A8

对教师的信任度 ＊ 户口 Crosstabulation

	农业户口	非农业户口	总计
完全信任	34.1%	29.1%	32.1%
比较信任	54.7%	57.3%	55.8%
不太信任	9.9%	12.0%	10.7%
根本不信任	1.2%	1.6%	1.4%
总计	100.0%	100.0%	100.0%
列总计	3761	2554	6315

Chi-square tests：df = 3，卡方值为 22.081，sig = 0.000 < 0.050，所以不同户口性质的居民在“对教师的信任度”上具有显著差异。

D24g by A8

对警察的信任度 * 户口 Crosstabulation

	农业户口	非农业户口	总计
完全信任	41.8%	35.8%	39.4%
比较信任	48.6%	52.8%	50.3%
不太信任	8.0%	9.5%	8.6%
根本不信任	1.6%	1.9%	1.7%
总计	100.0%	100.0%	100.0%
列总计	3765	2559	6324

Chi-square tests：df = 3，卡方值为 23.615，sig = 0.000 < 0.050，所以不同户口性质的居民在“对警察的信任度”上具有显著差异。

D24h by A8

对医生的信任度 * 户口 Crosstabulation

	农业户口	非农业户口	总计
完全信任	30.2%	23.4%	27.5%
比较信任	52.7%	56.0%	54.1%
不太信任	14.8%	18.1%	16.2%
根本不信任	2.2%	2.4%	2.3%
总计	100.0%	100.0%	100.0%
列总计	3762	2556	6318

Chi-square tests：df = 3，卡方值为 39.839，sig = 0.000 < 0.050，所以不同户口性质的居民在“对医生的信任度”上具有显著差异。

D24i by A8

对法官的信任度 * 户口 Crosstabulation

	农业户口	非农业户口	总计
完全信任	30.2%	23.4%	27.5%
比较信任	52.7%	56.0%	54.1%
不太信任	14.8%	18.2%	16.1%
根本不信任	2.2%	2.4%	2.3%
总计	100.0%	100.0%	100.0%
列总计	3762	2556	6318

Chi-square tests：df = 3，卡方值为 29.605，sig = 0.000 < 0.050，所以不同户口性质的居民在“对法官的信任度”上具有显著差异。

D24j by A8

对陌生人的信任度 ＊ 户口 Crosstabulation

	农业户口	非农业户口	总计
完全信任	2. 2%	1. 7%	2. 0%
比较信任	10. 1%	10. 9%	10. 4%
不太信任	45. 0%	49. 7%	46. 9%
根本不信任	42. 7%	37. 7%	40. 7%
总计	100. 0%	100. 0%	100. 0%
列总计	3764	2561	6325

Chi-square tests：df = 3，卡方值为 18. 894，sig = 0. 000 < 0. 050，所以不同户口性质的居民在“对陌生人的信任度”上具有显著差异。

D24k by A8

对外国人的信任度 ＊ 户口 Crosstabulation

	农业户口	非农业户口	总计
完全信任	2. 1%	2. 1%	2. 1%
比较信任	12. 3%	16. 7%	14. 1%
不太信任	44. 2%	47. 4%	45. 5%
根本不信任	41. 4%	33. 8%	38. 3%
总计	100. 0%	100. 0%	100. 0%
列总计	3727	2541	6268

Chi-square tests：df = 3，卡方值为 46. 524，sig = 0. 000 < 0. 050，所以不同户口性质的居民在“对外国人的信任度”上具有显著差异。

D24l by A8

对同事或同学的信任度 ＊ 户口 Crosstabulation

	农业户口	非农业户口	总计
完全信任	17. 3%	16. 5%	17. 0%
比较信任	68. 7%	72. 6%	70. 3%
不太信任	11. 5%	9. 3%	10. 6%
根本不信任	2. 4%	1. 6%	2. 1%
总计	100. 0%	100. 0%	100. 0%
列总计	3740	2552	6292

Chi-square tests：df = 3，卡方值为 16. 102，sig = 0. 001 < 0. 050，所以不同户口性质的居民在“对同事或同学的信任度”上具有显著差异。

D24m by A8

对本地政府的信任度 ＊ 户口 Crosstabulation

	农业户口	非农业户口	总计
完全信任	32.3%	27.1%	30.2%
比较信任	52.3%	56.6%	54.1%
不太信任	12.3%	13.9%	12.9%
根本不信任	3.1%	2.4%	2.8%
总计	100.0%	100.0%	100.0%
列总计	3762	2558	6320

Chi-square tests：df = 3，卡方值为 24.418，sig = 0.000 < 0.050，所以不同户口性质的居民在“对本地政府的信任度”上具有显著差异。

D24n by A8

对中央政府的信任度 ＊ 户口 Crosstabulation

	农业户口	非农业户口	总计
完全信任	55.6%	49.8%	53.3%
比较信任	37.8%	41.1%	39.1%
不太信任	5.3%	7.3%	6.1%
根本不信任	1.3%	1.8%	1.5%
总计	100.0%	100.0%	100.0%
列总计	3766	2561	6327

Chi-square tests：df = 3，卡方值为 27.070，sig = 0.000 < 0.050，所以不同户口性质的居民在“对中央政府的信任度”上具有显著差异。

D25 by A8

你认为弱势群体产生的最主要原因是 ＊ 户口 Crosstabulation

	农业户口	非农业户口	总计
制度不合理，社会关怀不够	24.5%	29.3%	26.5%
收入分配不公	24.8%	25.3%	25.0%
机会不平等	10.3%	10.2%	10.2%
弱势群体自己不努力	16.6%	13.5%	15.3%
缺乏生存技能	22.4%	20.7%	21.6%
其他	1.4%	1.1%	1.3%

续表

	农业户口	非农业户口	总计
总计	100.0%	100.0%	100.0%
列总计	3753	2561	6314

Chi-square tests：df = 5，卡方值为 26.124，sig = 0.000 < 0.050，所以不同户口性质的居民在对“弱势群体产生的最主要原因”的认知上具有显著差异。

D26 by A8

您认为对当前我国伦理关系和道德风尚造成最大负面影响的因素是 ＊ 户口 Crosstabulation

	农业户口	非农业户口	总计
传统外来的崩坏	24.2%	22.8%	23.6%
外来文化的冲击	9.2%	9.8%	9.4%
市场经济导致的个人主义	22.5%	23.6%	23.0%
网络技术的发展	6.5%	6.8%	6.6%
分配不公，两极分化	18.1%	19.8%	18.8%
以权谋私，官员腐败	19.5%	17.2%	18.5%
总计	100.0%	100.0%	100.0%
列总计	3736	2551	6287

Chi-square tests：df = 5，卡方值为 9.283，sig = 0.098 > 0.050，所以不同户口性质的居民在对“当前我国伦理关系和道德风尚造成最大负面影响的因素”的认知上没有显著差异。

E1 by A8

您对我们正在走的中国特色社会主义道路怎么看 ＊ 户口 Crosstabulation

	农业户口	非农业户口	总计
充满信心，因为它可以给中国带来繁荣富强	68.9%	71.3%	69.8%
不太了解，但相信这条路能够让老百姓过上好日子	24.0%	20.1%	22.5%
表示怀疑，走这条路究竟怎么样，现在还说不清楚	4.9%	7.0%	5.7%
走什么样的路，跟我没关系	2.2%	1.6%	1.9%
总计	100.0%	100.0%	100.0%
列总计	3764	2562	6326

Chi-square tests：df = 3，卡方值为 25.193，sig = 0.000 < 0.050，所以不同户口性质的居民在对“我们正在走的中国特色社会主义道路”的看法上具有显著差异。

E2a by A8

结合自己的情况进行选择：我会经常关心比我不幸的人 ＊ 户口 Crosstabulation

	农业户口	非农业户口	总计
完全不符合	4.5%	3.8%	4.2%
不太符合	18.4%	17.9%	18.1%
比较符合	52.6%	51.3%	52.1%
完全符合	24.6%	27.1%	25.5%
总计	100.0%	100.0%	100.0%
列总计	3766	2558	6324

Chi-square tests：df = 3，卡方值为 6.215，sig = 0.102 > 0.050，所以不同户口性质的居民在对“我会经常关心比我不幸的人”的看法上没有显著差异。

E2b by A8

结合自己的情况进行选择：在做决定前，我会试着从每个人的立场去考虑问题 ＊ 户口 Crosstabulation

	农业户口	非农业户口	总计
完全不符合	2.8%	2.7%	2.8%
不太符合	14.6%	13.1%	14.0%
比较符合	59.0%	57.3%	58.3%
完全符合	23.6%	26.9%	24.9%
总计	100.0%	100.0%	100.0%
列总计	3766	2562	6328

Chi-square tests：df = 3，卡方值为 10.314，sig = 0.016 < 0.050，所以不同户口性质的居民在对“在做决定前，我会试着从每个人的立场去考虑问题”的看法上具有显著差异。

E2c by A8

结合自己的情况进行选择：当我看到有人被利用时，我有点想要保护他们 ＊ 户口 Crosstabulation

	农业户口	非农业户口	总计
完全不符合	3.4%	3.6%	3.4%
不太符合	17.5%	18.2%	17.8%
比较符合	56.5%	54.3%	55.6%
完全符合	22.7%	23.8%	23.1%
总计	100.0%	100.0%	100.0%

续表

	农业户口	非农业户口	总计
列总计	3759	2562	6321

Chi-square tests：df = 3，卡方值为 2. 810，sig = 0. 422 > 0. 050，所以不同户口性质的居民在对“当我看到有人被利用时，我有点想要保护他们”的看法上没有显著差异。

E2d by A8

结合自己的情况进行选择：我有时会试图站在他人的角度，以更好地理解他们 * 户口 Crosstabulation

	农业户口	非农业户口	总计
完全不符合	2. 6%	2. 8%	2. 7%
不太符合	12. 5%	11. 6%	12. 1%
比较符合	60. 5%	56. 4%	58. 9%
完全符合	24. 4%	29. 3%	26. 4%
总计	100. 0%	100. 0%	100. 0%
列总计	3758	2559	6317

Chi-square tests：df = 3，卡方值为 19. 575，sig = 0. 000 < 0. 050，所以不同户口性质的居民在对“我有时会试图站在他人的角度，以更好地理解他们”的看法上具有显著差异。

E2e by A8

结合自己的情况进行选择：处在紧张情绪的状况中，我会惊慌害怕 * 户口 Crosstabulation

	农业户口	非农业户口	总计
完全不符合	11. 6%	9. 6%	10. 8%
不太符合	30. 2%	30. 7%	30. 4%
比较符合	40. 1%	42. 7%	41. 2%
完全符合	18. 1%	17. 0%	17. 6%
总计	100. 0%	100. 0%	100. 0%
列总计	3747	2554	6301

Chi-square tests：df = 3，卡方值为 9. 000，sig = 0. 029 < 0. 050，所以不同户口性质的居民在对“处在紧张情绪的状况中，我会惊慌害怕”的看法上具有显著差异。

E2f by A8

结合自己的情况进行选择：我相信任何问题都有两面性，我会试图从两个方面加以考虑 ＊ 户口 Crosstabulation

	农业户口	非农业户口	总计
完全不符合	2.1%	2.8%	2.4%
不太符合	15.4%	10.7%	13.5%
比较符合	55.8%	54.2%	55.2%
完全符合	26.7%	32.3%	29.0%
总计	100.0%	100.0%	100.0%
列总计	3762	2559	6321

Chi-square tests：df = 3，卡方值为 45.153，sig = 0.000 < 0.050，所以不同户口性质的居民在对“我相信任何问题都有两面性，我会试图从两个方面加以考虑”的看法上具有显著差异。

E2g by A8

结合自己的情况进行选择：当我对某人很不耐烦或想批评他/她时，我通常会暂时站在他/她的位置上进行考虑 ＊ 户口 Crosstabulation

	农业户口	非农业户口	总计
完全不符合	4.6%	4.1%	4.4%
不太符合	24.4%	21.7%	23.3%
比较符合	53.6%	54.1%	53.8%
完全符合	17.4%	20.0%	18.4%
总计	100.0%	100.0%	100.0%
列总计	3763	2558	6321

Chi-square tests：df = 3，卡方值为 11.262，sig = 0.010 < 0.050，所以不同户口性质的居民在对“当我对某人很不耐烦或想批评他/她时，我通常会暂时站在他/她的位置上进行考虑”的看法上具有显著差异。

E2h by A8

结合自己的情况进行选择：当我在读一个有趣的故事或者看一部电影时，我会想象如果这些事情发生在自己身上，我会是怎样的感受 ＊ 户口 Crosstabulation

	农业户口	非农业户口	总计
完全不符合	9.5%	7.8%	8.8%
不太符合	27.4%	25.8%	26.8%
比较符合	45.9%	47.0%	46.4%
完全符合	17.2%	19.4%	18.0%

续表

	农业户口	非农业户口	总计
总计	100.0%	100.0%	100.0%
列总计	3749	2551	6300

Chi-square tests：df = 3，卡方值为 11.043，sig = 0.044 < 0.050，所以不同户口性质的居民在对“当我在读一个有趣的故事或者一部电影时，会想象如果这些事情发生在自己身上，我会是怎样的感受”的看法上具有显著差异。

E2i by A8

结合自己的情况进行选择：当我看到有人发生意外而急需帮助时，我紧张得几乎精神崩溃 ＊ 户口 Crosstabulation

	农业户口	非农业户口	总计
完全不符合	19.7%	20.1%	19.9%
不太符合	38.0%	43.3%	40.2%
比较符合	30.4%	26.8%	29.0%
完全符合	11.8%	9.8%	11.0%
总计	100.0%	100.0%	100.0%
列总计	3764	2559	6323

Chi-square tests：df = 3，卡方值为 22.793，sig = 0.000 < 0.050，所以不同户口性质的居民在对“当我看到有人发生意外而急需帮助时，我紧张得几乎精神崩溃”的看法上具有显著差异。

E3 by A8

每个人都希望我们的国家越来越好，我们的生活越来越好。党的十八大提出，到 2020 年全面建成小康社会，到本世纪中叶建成社会主义现代化国家，您认为这样的目标能实现吗 ＊ 户口 Crosstabulation

	农业户口	非农业户口	总计
相信一定能实现	58.2%	55.4%	57.1%
有困难，但只要努力还是能实现的	32.4%	37.8%	34.6%
不可能实现	3.0%	2.8%	2.9%
说不清楚，跟我没关系	6.5%	3.9%	5.5%
总计	100.0%	100.0%	100.0%
列总计	3771	2564	6335

Chi-square tests：df = 3，卡方值为 33.262，sig = 0.000 < 0.050，所以不同户口性质的居民在对“每个人都希望我们的国家越来越好，我们的生活越来越好。党的十八大提出，到 2020 年全面建成小康社会，到本世纪中叶建成社会主义现代化国家，您认为这样的目标能实现吗”这一问题的信心度上具有显著差异。

E4 by A8

您认为在现代中国社会实际奉行的道德价值是 ＊ 户口 Crosstabulation

	农业户口	非农业户口	总计
个人主义，人人为自己，上帝为大家	23.7%	19.2%	21.9%
义利合一，以理导欲	54.2%	57.3%	55.4%
见利忘义，物欲横流	10.0%	10.3%	10.1%
存义去利	12.1%	13.2%	12.5%
总计	100.0%	100.0%	100.0%
列总计	3694	2527	6221

Chi-square tests：df = 3，卡方值为 18.245，sig = 0.000 < 0.050，所以不同户口性质的居民在对“现代中国社会实际奉行的道德价值”的认知上具有显著差异。

E5a by A8

您认为当今中国社会最重要和最需要的德性是 ＊ 户口 Crosstabulation

	农业户口	非农业户口	总计
爱（仁爱、博爱、友爱）	38.6%	41.3%	39.7%
义（道义、义务）	4.5%	4.5%	4.5%
宽容	4.2%	3.6%	4.0%
责任	14.3%	15.9%	14.9%
正义或公正	12.0%	12.0%	12.0%
诚信	8.4%	9.4%	8.8%
忠恕	1.2%	0.8%	1.0%
理智	1.0%	0.8%	0.9%
节制	0.2%	0.1%	0.2%
谦让	1.7%	0.5%	1.2%
恭敬	0.5%	0.5%	0.5%
勇敢	0.5%	0.3%	0.4%
正直	2.4%	2.1%	2.3%
善良	4.3%	3.1%	3.8%
力行或知行合一	0.1%	0.2%	0.1%
教养	1.7%	1.2%	1.5%
孝悌	3.5%	2.7%	3.2%
气节	0.1%	0.2%	0.1%

续表

	农业户口	非农业户口	总计
中庸	0.1%	0.1%	0.1%
敬业	0.7%	0.6%	0.6%
总计	100.0%	100.0%	100.0%
列总计	3761	2562	6323

Chi-square tests：df = 19，卡方值为46.438，sig = 0.000 < 0.050，所以不同户口性质的居民在对“当今中国社会最重要和最需要的德性”的认知上具有显著差异。

E5b by A8

您认为当今中国社会第二重要和第二需要的德性是 * 户口 Crosstabulation

	农业户口	非农业户口	总计
爱（仁爱、博爱、友爱）	9.8%	10.6%	10.1%
义（道义、义务）	16.2%	19.0%	17.3%
宽容	7.1%	5.9%	6.6%
责任	15.1%	16.2%	15.5%
正义或公正	12.4%	11.5%	12.0%
诚信	13.1%	13.4%	13.2%
忠恕	1.3%	1.0%	1.2%
理智	2.6%	2.7%	2.6%
节制	0.3%	0.4%	0.3%
谦让	1.9%	2.3%	2.1%
恭敬	0.9%	0.4%	0.7%
勇敢	0.8%	0.8%	0.8%
正直	3.1%	3.3%	3.2%
善良	8.0%	5.5%	7.0%
力行或知行合一	0.3%	0.2%	0.3%
教养	2.3%	2.5%	2.4%
孝悌	3.0%	2.9%	2.9%
气节	0.1%	0.2%	0.2%
中庸	0.1%	0.1%	0.1%
敬业	1.5%	1.3%	1.4%
总计	100.0%	100.0%	100.0%
列总计	3755	2561	6316

Chi-square tests：df = 19，卡方值为36.976，sig = 0.008 < 0.050，所以不同户口性质的居民在对“当今中国社会第二重要和第二需要的德性”的认知上具有显著差异。

E5c by A8

您认为当今中国社会第三重要和第三需要的德性是 ＊ 户口 Crosstabulation

	农业户口	非农业户口	总计
爱（仁爱、博爱、友爱）	7.3%	8.0%	7.6%
义（道义、义务）	6.0%	5.1%	5.7%
宽容	15.0%	15.5%	15.2%
责任	10.5%	11.4%	10.8%
正义或公正	8.7%	10.4%	9.4%
诚信	19.5%	18.8%	19.2%
忠恕	1.2%	0.7%	1.0%
理智	2.2%	2.7%	2.4%
节制	1.0%	0.6%	0.9%
谦让	2.2%	1.5%	1.9%
恭敬	0.6%	0.5%	0.6%
勇敢	2.3%	1.3%	1.9%
正直	3.4%	3.2%	3.3%
善良	8.2%	7.9%	8.0%
力行或知行合一	1.0%	1.2%	1.1%
教养	3.3%	3.6%	3.4%
孝悌	3.8%	3.0%	3.4%
气节	0.7%	0.5%	0.6%
中庸	0.2%	0.1%	0.1%
敬业	2.9%	4.1%	3.4%
总计	100.0%	100.0%	100.0%
列总计	3751	2556	6307

Chi-square tests：df = 19，卡方值为 42.278，sig = 0.002 < 0.050，所以不同户口性质的居民在对“当今中国社会第三重要和第三需要的德性”的认知上具有显著差异。

E6a by A8

您所在单位有没有一种踏实和亲切的感觉 ＊ 户口 Crosstabulation

	农业户口	非农业户口	总计
有	54.2%	52.6%	53.5%
还可以	38.5%	42.7%	40.3%
没有	7.3%	4.7%	6.2%

续表

	农业户口	非农业户口	总计
总计	100.0%	100.0%	100.0%
列总计	3705	2529	6234

Chi-square tests：df = 2，卡方值为 24.003，sig = 0.000 < 0.050，所以不同户口性质的居民在对“所在单位有没有一种踏实和亲切的感觉”的评价上具有显著差异。

E6b by A8

您所在社区/村有没有一种踏实和亲切的感觉 ＊ 户口 Crosstabulation

	农业户口	非农业户口	总计
有	60.6%	55.5%	58.5%
还可以	35.5%	40.8%	37.6%
没有	3.9%	3.7%	3.8%
总计	100.0%	100.0%	100.0%
列总计	3767	2559	6326

Chi-square tests：df = 2，卡方值为 18.033，sig = 0.001 < 0.050，所以不同户口性质的居民在对“所在社区/村有没有一种踏实和亲切的感觉”的评价上具有显著差异。

E6c by A8

您所在城市有没有一种踏实和亲切的感觉 ＊ 户口 Crosstabulation

	农业户口	非农业户口	总计
有	50.8%	52.7%	51.5%
还可以	43.8%	43.8%	43.8%
没有	5.4%	3.5%	4.7%
总计	100.0%	100.0%	100.0%
列总计	3763	2555	6318

Chi-square tests：df = 2，卡方值为 13.218，sig = 0.001 < 0.050，所以不同户口性质的居民在对“所在城市有没有一种踏实和亲切的感觉”的评价上具有显著差异。

E7 by A8

您认为在自己的成长中得到道德训练的最重要场所或机构是 ＊ 户口 Crosstabulation

	农业户口	非农业户口	总计
家庭	43.3%	41.4%	42.5%
学校	22.8%	25.1%	23.7%

续表

	农业户口	非农业户口	总计
社会（包括职业生活）	25.6%	26.6%	26.0%
国家或政府	6.5%	4.8%	5.8%
媒体	0.9%	1.3%	1.1%
其他	0.8%	0.8%	0.8%
总计	100.0%	100.0%	100.0%
列总计	3762	2559	6321

Chi-square tests：df = 5，卡方值为 14.453，sig = 0.013 < 0.050，所以不同户口性质的居民在对“自己的成长中得到道德训练的最重要场所或机构”的选择上具有显著差异。

E8 by A8

您听说过一些道德模范或身边好人的故事吗？您愿意像他们那样做人做事吗 ＊ 户口 Crosstabulation

	农业户口	非农业户口	总计
知道一些，他们很了不起，我在努力向他们学习	66.4%	72.0%	68.6%
知道一些，我很敬佩他们，但自己学不来	21.4%	20.7%	21.1%
知道一些，我感到他们那样做有点不值得	2.5%	2.1%	2.4%
没听说过谁是道德模范和身边好人	9.7%	5.2%	7.9%
总计	100.0%	100.0%	100.0%
列总计	3769	2559	6328

Chi-square tests：df = 3，卡方值为 47.856，sig = 0.000 < 0.050，所以不同户口性质的居民在对“您听说过一些道德模范或身边好人的故事吗？您愿意像他们那样做人做事吗”的认知上具有显著差异。

E9a by A8

您对自己所生活的地方下列群体职业道德状况总体评价如何：公务员道德状况（如工作认真负责、依法办事、公正廉洁、讲究效率、文明服务等）＊ 户口 Crosstabulation

	农业户口	非农业户口	总计
非常满意	20.6%	16.6%	18.9%
比较满意	57.8%	58.6%	58.2%
不太满意	18.2%	20.8%	19.3%
不满意	3.4%	4.0%	3.6%
总计	100.0%	100.0%	100.0%

续表

	农业户口	非农业户口	总计
列总计	3762	2555	6317

Chi-square tests：df = 3，卡方值为 19. 814，sig = 0. 000 < 0. 050，所以不同户口性质的居民在对“公务员道德状况”的满意度上具有显著差异。

E9b by A8

您对自己所生活的地方下列群体职业道德状况总体评价如何：商人道德状况（如不卖假冒伪劣产品、不价格欺诈、不短斤少两、讲诚信服务等）* 户口 Crosstabulation

	农业户口	非农业户口	总计
非常满意	10. 7%	8. 3%	9. 7%
比较满意	44. 1%	40. 4%	42. 6%
不太满意	36. 9%	41. 4%	38. 7%
不满意	8. 3%	9. 8%	8. 9%
总计	100. 0%	100. 0%	100. 0%
列总计	3768	2560	6328

Chi-square tests：df = 3，卡方值为 26. 231，sig = 0. 000 < 0. 050，所以不同户口性质的居民在对“商人道德状况”的满意度上具有显著差异。

E9c by A8

您对自己所生活的地方下列群体职业道德状况总体评价如何：教师道德状况（如爱岗敬业、关爱学生、教书育人、为人师表、不搞有偿家教等）* 户口 Crosstabulation

	农业户口	非农业户口	总计
非常满意	30. 7%	24. 9%	28. 4%
比较满意	55. 4%	55. 6%	55. 5%
不太满意	11. 6%	15. 9%	13. 3%
不满意	2. 3%	3. 5%	2. 7%
总计	100. 0%	100. 0%	100. 0%
列总计	3770	2559	6329

Chi-square tests：df = 3，卡方值为 48. 067，sig = 0. 000 < 0. 050，所以不同户口性质的居民在对“教师道德状况”的满意度上具有显著差异。

E9d by A8

您对自己所生活的地方下列群体职业道德状况总体评价如何：医生道德状况（如爱岗敬业、钻研医术、救死扶伤、尊重病人、不收红包等）＊ 户口 Crosstabulation

	农业户口	非农业户口	总计
非常满意	24.1%	17.6%	21.5%
比较满意	54.4%	54.6%	54.5%
不太满意	17.2%	22.2%	19.2%
不满意	4.3%	5.6%	4.8%
总计	100.0%	100.0%	100.0%
列总计	3769	2561	6330

Chi-square tests：df = 3，卡方值为 54.198，sig = 0.000 < 0.050，所以不同户口性质的居民在对“医生道德状况”的满意度上具有显著差异。

E10 by A8

对当今中国社会，您更担忧哪种问题 ＊ 户口 Crosstabulation

	农业户口	非农业户口	总计
言而无信、不守信用	23.0%	26.3%	24.3%
坑蒙拐骗、没有诚信	35.5%	27.8%	32.3%
人与人之间互不信任，社会安全度低	30.9%	37.0%	33.4%
可信任的人很少，遇到问题难以找到人倾诉和帮助	10.7%	9.0%	10.0%
总计	100.0%	100.0%	100.0%
列总计	3732	2547	6279

Chi-square tests：df = 3，卡方值为 55.875，sig = 0.000 < 0.050，所以不同户口性质的居民在对“对当今中国社会，您更担忧哪种问题”的选择上具有显著差异。

E11a by A8

您的思想行为受什么人影响最大 ＊ 户口 Crosstabulation

	农业户口	非农业户口	总计
政府官员	15.2%	13.2%	14.4%
企业家	1.9%	1.4%	1.7%
演艺明星、体育明星	0.3%	0.7%	0.5%
教师	11.6%	13.1%	12.2%
知识精英	1.9%	3.0%	2.3%

续表

	农业户口	非农业户口	总计
自由撰稿人	0.1%	0.3%	0.2%
农民	4.0%	1.1%	2.8%
工人	0.7%	1.4%	1.0%
先哲先贤	2.8%	5.1%	3.7%
父母	61.4%	60.9%	61.1%
总计	100.0%	100.0%	100.0%
列总计	3747	2554	6301

Chi-square tests：df = 9，卡方值为 96.211，sig = 0.000 < 0.050，所以不同户口性质的居民在对“思想行为受什么人影响最大”的选择上具有显著差异。

E11b by A8

您的思想行为受什么人影响第二大 ＊ 户口 Crosstabulation

	农业户口	非农业户口	总计
政府官员	12.2%	10.1%	11.1%
企业家	5.7%	4.9%	5.4%
演艺明星、体育明星	1.3%	1.5%	1.4%
教师	38.0%	40.6%	39.0%
知识精英	4.4%	7.5%	5.6%
自由撰稿人	0.8%	0.6%	0.7%
农民	11.8%	4.1%	8.7%
工人	4.4%	3.8%	4.2%
先哲先贤	6.7%	10.1%	8.1%
父母	14.8%	16.5%	15.5%
总计	100.0%	100.0%	100.0%
列总计	3718	2523	6241

Chi-square tests：df = 9，卡方值为 165.799，sig = 0.000 < 0.050，所以不同户口性质的居民在对“思想行为受什么人影响第二大”的选择上具有显著差异。

E11c by A8

您的思想行为受什么人影响第三大 ＊ 户口 Crosstabulation

	农业户口	非农业户口	总计
政府官员	16.3%	15.6%	16.0%

续表

	农业户口	非农业户口	总计
企业家	5.0%	5.0%	5.0%
演艺明星、体育明星	3.5%	3.9%	3.6%
教师	14.1%	16.3%	15.0%
知识精英	10.2%	15.8%	12.4%
自由撰稿人	2.1%	2.4%	2.3%
农民	16.3%	5.3%	11.9%
工人	9.7%	8.1%	9.1%
先哲先贤	12.2%	17.4%	14.3%
父母	10.7%	10.3%	10.5%
总计	100.0%	100.0%	100.0%
列总计	3689	2501	6190

Chi-square tests：df = 9，卡方值为 229.538，sig = 0.000 < 0.050，所以不同户口性质的居民在对“思想行为受什么人影响第三大”的认知上具有显著差异。

E12a by A8

对形成我国当前各种新型伦理关系和道德观念，哪些因素影响最大 * 户口 Crosstabulation

	农业户口	非农业户口	总计
网络和媒体	35.4%	43.2%	38.6%
政府	37.8%	31.1%	35.1%
大学及其文化	5.7%	6.5%	6.0%
市场	8.3%	7.3%	7.9%
企业	2.0%	1.3%	1.7%
社会团体	6.3%	5.0%	5.7%
知识精英	2.4%	2.7%	2.5%
国外价值观与生活方式	1.8%	2.5%	2.1%
其他	0.3%	0.4%	0.3%
总计	100.0%	100.0%	100.0%
列总计	3689	2537	6226

Chi-square tests：df = 8，卡方值为 59.069，sig = 0.000 < 0.050，所以不同户口性质的居民在对“对形成我国当前各种新型伦理关系和道德观念，哪些因素影响最大”的认知上具有显著差异。

E12b by A8

对形成我国当前各种新型伦理关系和道德观念，哪些因素影响第二大 ＊ 户口 Crosstabulation

	农业户口	非农业户口	总计
网络和媒体	17.4%	18.7%	18.0%
政府	28.9%	30.8%	29.7%
大学及其文化	9.5%	11.1%	10.1%
市场	18.1%	15.3%	16.9%
企业	7.3%	5.5%	6.6%
社会团体	10.9%	9.1%	10.2%
知识精英	4.6%	5.1%	4.8%
国外价值观与生活方式	3.0%	4.2%	3.5%
其他	0.2%	0.2%	0.2%
总计	100.0%	100.0%	100.0%
列总计	3665	2519	6184

Chi-square tests：df = 8，卡方值为 33.723，sig = 0.000 < 0.050，所以不同户口性质的居民在对“对形成我国当前各种新型伦理关系和道德观念，哪些因素影响第二大”的认知上具有显著差异。

E12c by A8

对形成我国当前各种新型伦理关系和道德观念，哪些因素影响第三大 ＊ 户口 Crosstabulation

	农业户口	非农业户口	总计
网络和媒体	10.8%	10.3%	10.6%
政府	12.2%	12.3%	12.3%
大学及其文化	16.6%	17.0%	16.8%
市场	18.9%	19.6%	19.2%
企业	7.8%	5.9%	7.0%
社会团体	19.2%	17.4%	18.4%
知识精英	8.5%	9.1%	8.7%
国外价值观与生活方式	5.2%	7.4%	6.1%
其他	0.8%	1.0%	0.8%
总计	100.0%	100.0%	100.0%
列总计	3649	2504	6153

Chi-square tests：df = 8，卡方值为 24.477，sig = 0.002 < 0.050，所以不同户口性质的居民在对“对形成我国当前各种新型伦理关系和道德观念，哪些因素影响第三大”的认知上具有显著差异。

E13 by A8

您认为哪种因素应当对当今不良道德风尚负主要责任 ＊ 户口 Crosstabulation

	农业户口	非农业户口	总计
以权谋私、官员腐败	43.7%	46.4%	44.8%
企业不讲诚信和损害社会利益	11.3%	11.3%	11.3%
学校道德教育功能弱化	6.9%	8.6%	7.6%
家庭伦理功能弱化	4.4%	3.1%	3.9%
个人缺乏道德自觉	19.7%	18.1%	19.0%
分配不公，两极分化	14.0%	12.6%	13.4%
总计	100.0%	100.0%	100.0%
列总计	3750	2554	6304

Chi-square tests：df = 5，卡方值为 19.376，sig = 0.002 < 0.050，所以不同户口性质的居民在对“您认为哪种因素应当对当今不良道德风尚负主要责任”的选择上具有显著差异。

E14a by A8

对下列关于网络的说法是否赞同：网络是个虚拟空间，不受现实生活中的道德规范约束 ＊ 户口 Crosstabulation

	农业户口	非农业户口	总计
非常不赞同	28.2%	32.7%	30.1%
不太赞同	36.2%	34.8%	35.6%
比较赞同	25.4%	22.7%	24.3%
非常赞同	10.2%	9.9%	10.0%
总计	100.0%	100.0%	100.0%
列总计	3593	2525	6118

Chi-square tests：df = 3，卡方值为 15.116，sig = 0.002 < 0.050，所以不同户口性质的居民在对“网络是个虚拟空间，不受现实生活中的道德规范约束”的看法上具有显著差异。

E14b by A8

对下列关于网络的说法是否赞同：人肉搜索侵犯个人隐私，应该杜绝 ＊ 户口 Crosstabulation

	农业户口	非农业户口	总计
非常不赞同	5.4%	5.6%	5.5%
不太赞同	13.5%	13.6%	13.5%
比较赞同	40.9%	39.2%	40.2%
非常赞同	40.2%	41.6%	40.8%
总计	100.0%	100.0%	100.0%

续表

	农业户口	非农业户口	总计
列总计	3580	2518	6098

Chi-square tests：df = 3，卡方值为 1.863，sig = 0.601 > 0.050，所以不同户口性质的居民在对“人肉搜索侵犯个人隐私，应该杜绝”的看法上没有显著差异。

E14c by A8

对下列关于网络的说法是否赞同：明知网络谣言仍转发的，应该受到惩罚 * 户口 Crosstabulation

	农业户口	非农业户口	总计
非常不赞同	4.2%	4.0%	4.1%
不太赞同	8.1%	6.7%	7.5%
比较赞同	37.4%	32.1%	35.2%
非常赞同	50.4%	57.2%	53.2%
总计	100.0%	100.0%	100.0%
列总计	3600	2528	6128

Chi-square tests：df = 3，卡方值为 28.814，sig = 0.000 < 0.050，所以不同户口性质的居民在“明知网络谣言仍转发的，应该受到惩罚”的认知上具有显著差异。

E15 by A8

您认为政府在制定政策和决策时充分考虑到伦理道德方面的要求了吗（如社会公平、利益均衡、关怀弱势群体，以及大多数人利益和感受）* 户口 Crosstabulation

	农业户口	非农业户口	总计
有考虑	39.8%	35.6%	38.1%
有考虑，但不够	53.1%	59.9%	55.8%
比较赞同没有考虑	7.1%	4.5%	6.1%
总计	100.0%	100.0%	100.0%
列总计	3761	2556	6317

Chi-square tests：df = 2，卡方值为 37.068，sig = 0.000 < 0.050，所以不同户口性质的居民在对“政府在制定政策和决策时是否充分考虑到伦理道德方面的要求”的认知上具有显著差异。

E16 by A8

您认为解决当前我国的公民道德和社会风尚问题，最关键的是 * 户口 Crosstabulation

	农业户口	非农业户口	总计
加强法制	32.3%	32.9%	32.6%

续表

	农业户口	非农业户口	总计
弘扬优秀道德传统	21.6%	23.3%	22.3%
建设伦理道德的核心价值	7.4%	9.3%	8.2%
惩治官员腐败	13.4%	10.5%	12.3%
解决分配不公问题	9.0%	8.5%	8.8%
提高个人道德素质	16.3%	15.5%	16.0%
总计	100.0%	100.0%	100.0%
列总计	3752	2552	6304

Chi-square tests：df = 5，卡方值为 20.003，sig = 0.001 < 0.050，所以不同户口性质的居民在对“解决当前我国的公民道德和社会风尚问题，最关键的方法”的选择上具有显著差异。

E17 by A8

一些政府机关、企事业单位和大中小学，利用权力让本单位的职工子女在入学、招工中提供特殊政策，您认为这种行为道德吗 ＊ 户口 Crosstabulation

	农业户口	非农业户口	总计
为本单位人员谋福利，符合道德	6.8%	6.5%	6.7%
以权谋私，不道德	57.7%	56.6%	57.2%
是对社会公众的欺骗，严重不道德	21.6%	19.3%	20.7%
符合本单位员工利益，但严重侵蚀社会道德	9.4%	13.8%	11.2%
无所谓道德不道德	4.5%	3.8%	4.2%
总计	100.0%	100.0%	100.0%
列总计	3753	2553	6306

Chi-square tests：df = 4，卡方值为 33.103，sig = 0.000 < 0.050，所以不同户口性质的居民在对“一些政府机关、企事业单位和大中小学，利用权力让本单位的职工子女在入学、招工中提供特殊政策，您认为这种行为道德吗”这一问题的评价上具有显著差异。

E18a by A8

残疾人、留守儿童、孤寡老人等弱势群体需要来自全社会的关爱与帮助，您认为本地区做得怎么样：社区提供的服务 ＊ 户口 Crosstabulation

	农业户口	非农业户口	总计
很好	30.5%	33.5%	31.7%
比较好	55.1%	54.9%	55.0%
不太好	12.0%	10.3%	11.3%
很差	2.4%	1.3%	1.9%
总计	100.0%	100.0%	100.0%

续表

	农业户口	非农业户口	总计
列总计	3743	2547	6290

Chi-square tests：df = 3，卡方值为 17.977，sig = 0.000 < 0.050，所以不同户口性质的居民在对“社区提供的服务”的评价上具有显著差异。

E18b by A8

残疾人、留守儿童、孤寡老人等弱势群体需要来自全社会的关爱与帮助，您认为本地区做得怎么样：周围人的尊重和关爱 * 户口 Crosstabulation

	农业户口	非农业户口	总计
很好	30.6%	28.6%	29.8%
比较好	58.9%	60.1%	59.3%
不太好	9.6%	10.7%	10.1%
很差	1.0%	0.6%	0.8%
总计	100.0%	100.0%	100.0%
列总计	3743	2545	6288

Chi-square tests：df = 3，卡方值为 7.344，sig = 0.062 > 0.050，所以不同户口性质的居民在对“周围人的尊重和关爱”的评价上没有显著差异。

E18c by A8

残疾人、留守儿童、孤寡老人等弱势群体需要来自全社会的关爱与帮助，您认为本地区做得怎么样：社会服务机构提供的专业化服务 * 户口 Crosstabulation

	农业户口	非农业户口	总计
很好	23.0%	25.4%	24.0%
比较好	54.4%	52.9%	53.8%
不太好	19.5%	19.1%	19.3%
很差	3.1%	2.6%	2.9%
总计	100.0%	100.0%	100.0%
列总计	3725	2538	6263

Chi-square tests：df = 3，卡方值为 5.341，sig = 0.148 > 0.050，所以不同户口性质的居民在对“社会服务机构提供的专业化服务”的评价上没有显著差异。

E18d by A8

残疾人、留守儿童、孤寡老人等弱势群体需要来自全社会的关爱与帮助，您认为本地区做得怎么样：政府实施的社会救助 * 户口 Crosstabulation

	农业户口	非农业户口	总计
很好	29.2%	28.5%	28.9%

续表

	农业户口	非农业户口	总计
比较好	52.6%	52.6%	52.7%
不太好	14.3%	15.9%	15.0%
很差	3.8%	2.9%	3.4%
总计	100.0%	100.0%	100.0%
列总计	3731	2525	6256

Chi-square tests：df = 3，卡方值为 6.111，sig = 0.106 > 0.050，所以不同户口性质的居民在对“政府实施的社会救助”的评价上没有显著差异。

E19a by A8

您认为目前社会公德中存在的最突出的问题是：坑蒙拐骗 * 户口 Crosstabulation

	农业户口	非农业户口	总计
未选	57.3%	63.9%	60.0%
已选	42.7%	36.1%	40.0%
总计	100.0%	100.0%	100.0%
列总计	3770	2565	6335

Chi-square tests：df = 2，卡方值为 27.296，sig = 0.000 < 0.050，所以不同户口性质的居民在对“坑蒙拐骗是目前社会公德中存在的最突出的问题”的看法上具有显著差异。

E19b by A8

您认为目前社会公德中存在的最突出的问题是：人际关系冷漠，见危不救 * 户口 Crosstabulation

	农业户口	非农业户口	总计
未选	64.6%	61.1%	63.2%
已选	35.4%	38.9%	36.8%
总计	100.0%	100.0%	100.0%
列总计	3770	2564	6334

Chi-square tests：df = 1，卡方值为 8.216，sig = 0.004 < 0.050，所以不同户口性质的居民在对“人际关系冷漠，见危不救是目前社会公德中存在的最突出的问题”的看法上具有显著差异。

E19c by A8

您认为目前社会公德中存在的最突出的问题是：不守承诺，社会信用度低 * 户口 Crosstabulation

	农业户口	非农业户口	总计
未选	64.0%	58.7%	61.9%
已选	36.0%	41.3%	38.1%
总计	100.0%	100.0%	100.0%
列总计	3769	2564	6333

Chi-square tests：df = 1，卡方值为 18.260，sig = 0.000 < 0.050，所以不同户口性质的居民在对“不守承诺，社会信用度低是目前社会公德中存在的最突出的问题”的看法上具有显著差异。

E19d by A8

您认为目前社会公德中存在的最突出的问题是：社会财富分配不公，贫富悬殊 * 户口 Crosstabulation

	农业户口	非农业户口	总计
未选	67.5%	62.5%	65.5%
已选	32.5%	37.5%	34.5%
总计	100.0%	100.0%	100.0%
列总计	3770	2564	6334

Chi-square tests：df = 1，卡方值为 17.054，sig = 0.000 < 0.050，所以不同户口性质的居民在对“社会财富分配不公，贫富悬殊是目前社会公德中存在的最突出的问题”的看法上具有显著差异。

E19e by A8

您认为目前社会公德中存在的最突出的问题是：公共场所缺乏道德 * 户口 Crosstabulation

	农业户口	非农业户口	总计
未选	76.4%	72.7%	74.9%
已选	23.6%	27.3%	25.1%
总计	100.0%	100.0%	100.0%
列总计	3770	2564	6334

Chi-square tests：df = 1，卡方值为 11.173，sig = 0.001 < 0.050，所以不同户口性质的居民在对“公共场所缺乏道德是目前社会公德中存在的最突出的问题”的看法上具有显著差异。

E19f by A8

您认为目前社会公德中存在的最突出的问题是：自私自利，损人利己 * 户口 Crosstabulation

	农业户口	非农业户口	总计
未选	67.8%	75.0%	70.7%
已选	32.2%	25.0%	29.3%
总计	100.0%	100.0%	100.0%
列总计	3770	2564	6334

Chi-square tests：df = 1，卡方值为 37.949，sig = 0.000 < 0.050，所以不同户口性质的居民在对“自私自利，损人利己是目前社会公德中存在的最突出的问题”的看法上具有显著差异。

E19g by A8

您认为目前社会公德中存在的最突出的问题是：缺乏爱心 * 户口 Crosstabulation

	农业户口	非农业户口	总计
未选	73.2%	75.5%	74.1%
已选	26.8%	24.5%	25.9%
总计	100.0%	100.0%	100.0%
列总计	3770	2564	6334

Chi-square tests：df = 1，卡方值为 4.347，sig = 0.037 < 0.050，所以不同户口性质的居民在对“缺乏爱心是目前社会公德中存在的最突出的问题”的看法上具有显著差异。

E19h by A8

您认为目前社会公德中存在的最突出的问题是：缺乏公正心和正义感 * 户口 Crosstabulation

	农业户口	非农业户口	总计
未选	73.0%	72.0%	72.6%
已选	27.0%	28.0%	27.4%
总计	100.0%	100.0%	100.0%
列总计	3751	2560	6311

Chi-square tests：df = 1，卡方值为 0.727，sig = 0.394 > 0.050，所以不同户口性质的居民在对“缺乏公正心和正义感是目前社会公德中存在的最突出的问题”的看法上没有显著差异。

E19i by A8

您认为目前社会公德中存在的最突出的问题是：缺乏羞耻感 * 户口 Crosstabulation

	农业户口	非农业户口	总计
未选	90.2%	89.0%	89.7%
已选	9.8%	11.0%	10.3%
总计	100.0%	100.0%	100.0%
列总计	3751	2560	6311

Chi-square tests：df = 1，卡方值为 2.137，sig = 0.144 > 0.050，所以不同户口性质的居民在对“缺乏羞耻感是目前社会公德中存在的最突出的问题”的看法上没有显著差异。

E19j by A8

您认为目前社会公德中存在的最突出的问题是：私欲膨胀，物欲横流 * 户口 Crosstabulation

	农业户口	非农业户口	总计
未选	83.4%	84.1%	83.7%
已选	16.6%	15.9%	16.3%
总计	100.0%	100.0%	100.0%
列总计	3751	2560	6311

Chi-square tests：df = 1，卡方值为 0.671，sig = 0.413 > 0.050，所以不同户口性质的居民在对“私欲膨胀，物欲横流是目前社会公德中存在的最突出的问题”的看法上没有显著差异。

E19k by A8

您认为目前社会公德中存在的最突出的问题是：干部贪污受贿，以权谋利 * 户口 Crosstabulation

	农业户口	非农业户口	总计
未选	65.0%	64.8%	64.9%
已选	35.0%	35.2%	35.1%
总计	100.0%	100.0%	100.0%
列总计	3751	2560	6311

Chi-square tests：df = 1，卡方值为 0.032，sig = 0.859 > 0.050，所以不同户口性质的居民在对“干部贪污受贿，以权谋利是目前社会公德中存在的最突出的问题”的看法上没有显著差异。

E19l by A8

您认为目前社会公德中存在的最突出的问题是：生活奢侈，铺张浪费 * 户口 Crosstabulation

	农业户口	非农业户口	总计
未选	84.5%	84.6%	84.5%
已选	15.5%	15.4%	15.5%
总计	100.0%	100.0%	100.0%
列总计	3751	2560	6311

Chi-square tests：df = 1，卡方值为 0.011，sig = 0.915 > 0.050，所以不同户口性质的居民在对“生活奢侈，铺张浪费是目前社会公德中存在的最突出的问题”的看法上没有显著差异。

E19m by A8

您认为目前社会公德中存在的最突出的问题是：奉行功利主义，相互算计 * 户口 Crosstabulation

	农业户口	非农业户口	总计
未选	89.6%	90.7%	90.1%
已选	10.4%	9.3%	9.9%
总计	100.0%	100.0%	100.0%
列总计	3751	2560	6311

Chi-square tests：df = 1，卡方值为 2.056，sig = 0.152 > 0.050，所以不同户口性质的居民在对“奉行功利主义，相互算计是目前社会公德中存在的最突出的问题”的看法上没有显著差异。

E19n by A8

您认为目前社会公德中存在的最突出的问题是：媒体缺乏社会责任，炒作新闻 * 户口 Crosstabulation

	农业户口	非农业户口	总计
未选	88.8%	82.8%	86.4%
已选	11.2%	17.2%	13.6%
总计	100.0%	100.0%	100.0%
列总计	3751	2560	6311

Chi-square tests：df = 1，卡方值为 46.391，sig = 0.000 < 0.050，所以不同户口性质的居民在对“媒体缺乏社会责任，炒作新闻是目前社会公德中存在的最突出的问题”的看法上存在显著差异。

E19o by A8

您认为目前社会公德中存在的最突出的问题是：人与人、人与社会之间缺乏信任，社会安全度低 ＊ 户口 Crosstabulation

	农业户口	非农业户口	总计
未选	71.0%	68.8%	70.1%
已选	29.0%	31.2%	29.9%
总计	100.0%	100.0%	100.0%
列总计	3750	2560	6310

Chi-square tests：df = 1，卡方值为 3.299，sig = 0.069 > 0.050，所以不同户口性质的居民在对“人与人、人与社会之间缺乏信任，社会安全度低是目前社会公德中存在的最突出的问题”的看法上没有显著差异。

E19p by A8

您认为目前社会公德中存在的最突出的问题是：娱乐界以丑闻、绯闻炒作，污染社会风气 ＊ 户口 Crosstabulation

	农业户口	非农业户口	总计
未选	92.2%	86.8%	90.1%
已选	7.8%	13.1%	9.9%
总计	100.0%	100.0%	100.0%
列总计	3751	2561	6312

Chi-square tests：df = 1，卡方值为 49.552，sig = 0.000 < 0.050，所以不同户口性质的居民在对“娱乐界以丑闻、绯闻炒作，污染社会风气 是目前社会公德中存在的最突出的问题”的看法上具有显著差异。

E19q by A8

您认为目前社会公德中存在的最突出的问题是：企业行为损害社会利益，如环境污染、产品质量低劣，以虚假广告误导公众 ＊ 户口 Crosstabulation

	农业户口	非农业户口	总计
未选	83.6%	78.5%	81.5%
已选	16.4%	21.5%	18.5%
总计	100.0%	100.0%	100.0%
列总计	3751	2560	6311

Chi-square tests：df = 1，卡方值为 26.562，sig = 0.000 < 0.050，所以不同户口性质的居民在对“企业行为损害社会利益，如环境污染、产品质量低劣，以虚假广告误导公众是目前社会公德中存在的最突出的问题”的看法上具有显著差异。

E20 by A8

主流媒体的报道和朋友圈或国外媒体的消息不一致时，您会相信哪一个 ＊ 户口 Crosstabulation

	农业户口	非农业户口	总计
主流媒体	52.7%	52.7%	52.7%
朋友圈/亲朋圈子	11.8%	9.7%	10.9%
国外报道	1.1%	2.0%	1.5%
都不相信	11.3%	9.9%	10.8%
自己比较判断应该相信哪个	22.1%	25.3%	23.4%
其他	0.9%	0.5%	0.7%
总计	100.0%	100.0%	100.0%
列总计	3743	2549	6292

Chi-square tests：df = 5，卡方值为 25.653，sig = 0.000 < 0.050，所以不同户口性质的居民在对“主流媒体的报道和朋友圈或国外媒体的消息不一致时，您会相信哪一个”的选择上具有显著差异。

E21a by A8

下列哪些因素可能影响人际关系紧张：社会资源缺乏，引发恶性竞争 ＊ 户口 Crosstabulation

	农业户口	非农业户口	总计
未选	71.9%	71.2%	71.6%
已选	28.1%	28.8%	28.4%
总计	100.0%	100.0%	100.0%
列总计	3771	2560	6331

Chi-square tests：df = 1，卡方值为 0.403，sig = 0.525 > 0.050，所以不同户口性质的居民在对“社会资源缺乏，引发恶性竞争可能是影响人际关系紧张的因素”的看法上没有显著差异。

E21b by A8

下列哪些因素可能影响人际关系紧张：过度宣扬竞争意识 ＊ 户口 Crosstabulation

	农业户口	非农业户口	总计
未选	87.0%	83.8%	85.7%

续表

	农业户口	非农业户口	总计
已选	13.0%	16.2%	14.3%
总计	100.0%	100.0%	100.0%
列总计	3770	2560	6330

Chi-square tests：df = 1，卡方值为 12.850，sig = 0.000 < 0.050，所以不同户口性质的居民在对“过度宣扬竞争意识可能是影响人际关系紧张的因素”的看法上具有显著差异。

E21c by A8

下列哪些因素可能影响人际关系紧张：社会财富分配不公，贫富差距过大 * 户口 Crosstabulation

	农业户口	非农业户口	总计
未选	56.1%	50.1%	53.7%
已选	43.9%	49.9%	46.3%
总计	100.0%	100.0%	100.0%
列总计	3770	2562	6332

Chi-square tests：df = 1，卡方值为 22.252，sig = 0.000 < 0.050，所以不同户口性质的居民在对“社会财富分配不公，贫富差距过大可能是影响人际关系紧张的因素”的看法上具有显著差异。

E21d by A8

下列哪些因素可能影响人际关系紧张：个人主义盛行 * 户口 Crosstabulation

	农业户口	非农业户口	总计
未选	76.4%	77.9%	77.1%
已选	23.6%	22.1%	22.9%
总计	100.0%	100.0%	100.0%
列总计	3770	2561	6331

Chi-square tests：df = 1，卡方值为 1.922，sig = 0.166 > 0.050，所以不同户口性质的居民在对“个人主义盛行可能是影响人际关系紧张的因素”的看法上没有显著差异。

E21e by A8

下列哪些因素可能影响人际关系紧张：缺乏爱心 * 户口 Crosstabulation

	农业户口	非农业户口	总计
未选	70.4%	70.4%	70.4%

续表

	农业户口	非农业户口	总计
已选	29. 6%	29. 6%	29. 6%
总计	100. 0%	100. 0%	100. 0%
列总计	3771	2561	6332

Chi-square tests：df = 1，卡方值为 0. 001，sig = 0. 976 > 0. 050，所以不同户口性质的居民在对“缺乏爱心可能是影响人际关系紧张的因素”的看法上没有显著差异。

E21f by A8

下列哪些因素可能影响人际关系紧张：缺乏宽容 * 户口 Crosstabulation

	农业户口	非农业户口	总计
未选	72. 5%	74. 2%	73. 2%
已选	27. 5%	25. 8%	26. 8%
总计	100. 0%	100. 0%	100. 0%
列总计	3771	2562	6333

Chi-square tests：df = 1，卡方值为 2. 210，sig = 0. 137 > 0. 050，所以不同户口性质的居民在对“缺乏宽容可能是影响人际关系紧张的因素”的看法上没有显著差异。

E21g by A8

下列哪些因素可能影响人际关系紧张：缺乏相互理解和沟通的意识和能力 * 户口 Crosstabulation

	农业户口	非农业户口	总计
未选	76. 8%	73. 0%	75. 3%
已选	23. 2%	27. 0%	24. 7%
总计	100. 0%	100. 0%	100. 0%
列总计	3770	2562	6332

Chi-square tests：df = 1，卡方值为 12. 243，sig = 0. 000 < 0. 050，所以不同户口性质的居民在对“缺乏相互理解和沟通的意识和能力可能是影响人际关系紧张的因素”的看法上具有显著差异。

E21h by A8

下列哪些因素可能影响人际关系紧张：制度安排不公正，机会不平等 * 户口 Crosstabulation

	农业户口	非农业户口	总计
未选	73. 5%	71. 2%	72. 6%

续表

	农业户口	非农业户口	总计
已选	26.5%	28.8%	27.4%
总计	100.0%	100.0%	100.0%
列总计	3770	2562	6332

Chi-square tests：df = 2，卡方值为 3.983，sig = 0.046 < 0.050，所以不同户口性质的居民在对“制度安排不公正，机会不平等可能是影响人际关系紧张的因素”的看法上具有显著差异。

E21i by A8

下列哪些因素可能影响人际关系紧张：以权谋私，官员腐败 ＊ 户口 Crosstabulation

	农业户口	非农业户口	总计
未选	61.8%	61.7%	61.8%
已选	38.2%	38.3%	38.2%
总计	100.0%	100.0%	100.0%
列总计	3771	2562	6333

Chi-square tests：df = 1，卡方值为 0.004，sig = 0.950 > 0.050，所以不同户口性质的居民在对“以权谋私，官员腐败可能是影响人际关系紧张的因素”的看法上没有显著差异。

E21j by A8

下列哪些因素可能影响人际关系紧张：缺乏道德信用 ＊ 户口 Crosstabulation

	农业户口	非农业户口	总计
未选	72.0%	73.3%	72.5%
已选	28.0%	26.7%	27.5%
总计	100.0%	100.0%	100.0%
列总计	3751	2558	6309

Chi-square tests：df = 1，卡方值为 1.249，sig = 0.264 > 0.050，所以不同户口性质的居民在对“缺乏道德信用可能是影响人际关系紧张的因素”的看法上没有显著差异。

E21k by A8

下列哪些因素可能影响人际关系紧张：人与人、人与社会之间缺乏信任 ＊ 户口 Crosstabulation

	农业户口	非农业户口	总计
未选	65.2%	60.5%	63.3%

续表

	农业户口	非农业户口	总计
已选	34.8%	39.5%	36.7%
总计	100.0%	100.0%	100.0%
列总计	3771	2562	6333

Chi-square tests：df = 1，卡方值为 14.560，sig = 0.000 < 0.050，所以不同户口性质的居民在对“人与人、人与社会之间缺乏信任可能是影响人际关系紧张的因素”的看法上具有显著差异。

E21l by A8

下列哪些因素可能影响人际关系紧张：传统伦理瓦解，社会缺乏统一的价值观 * 户口 Crosstabulation

	农业户口	非农业户口	总计
未选	89.2%	85.6%	87.8%
已选	10.8%	14.4%	12.2%
总计	100.0%	100.0%	100.0%
列总计	3771	2562	6333

Chi-square tests：df = 1，卡方值为 18.403，sig = 0.000 < 0.050，所以不同户口性质的居民在对“传统伦理瓦解，社会缺乏统一的价值观可能是影响人际关系紧张的因素”的看法上具有显著差异。

E21m by A8

下列哪些因素可能影响人际关系紧张：一切诉诸利益或法律，人际关系缺乏伦理调节的机制和能力 * 户口 Crosstabulation

	农业户口	非农业户口	总计
未选	93.2%	92.8%	93.0%
已选	6.8%	7.2%	7.0%
总计	100.0%	100.0%	100.0%
列总计	3770	2561	6331

Chi-square tests：df = 1，卡方值为 0.339，sig = 0.561 > 0.050，所以不同户口性质的居民在对“一切诉诸利益或法律，人际关系缺乏伦理调节的机制和能力可能是影响人际关系紧张的因素”的看法上没有显著差异。

E22a by A8

本地政府的就业政策对促进社会公平有效果吗 * 户口 Crosstabulation

	农业户口	非农业户口	总计
普遍受欢迎	35.9%	36.6%	36.2%

续表

	农业户口	非农业户口	总计
效果一般	43.2%	47.2%	44.8%
没有效果	7.9%	6.3%	7.3%
有负面影响	0.9%	0.9%	0.9%
不清楚	12.0%	8.9%	10.8%
总计	100.0%	100.0%	100.0%
列总计	3732	2540	6272

Chi-square tests：df=4，卡方值为24.284，sig=0.000<0.050，所以不同户口性质的居民在对“就业政策对促进社会公平的效果”的满意度上具有显著差异。

E22b by A8

本地政府的教育政策对促进社会公平有效果吗 ＊ 户口 Crosstabulation

	农业户口	非农业户口	总计
普遍受欢迎	50.1%	42.3%	46.9%
效果一般	36.4%	44.4%	39.7%
没有效果	4.5%	5.9%	5.1%
有负面影响	1.5%	2.1%	1.8%
不清楚	7.4%	5.2%	6.5%
总计	100.0%	100.0%	100.0%
列总计	3729	2541	6270

Chi-square tests：df=4，卡方值为64.276，sig=0.000<0.050，所以不同户口性质的居民在对“教育政策对促进社会公平的效果”的满意度上具有显著差异。

E22c by A8

本地政府的医疗卫生政策对促进社会公平有效果吗 ＊ 户口 Crosstabulation

	农业户口	非农业户口	总计
普遍受欢迎	50.2%	39.8%	46.0%
效果一般	37.9%	45.1%	40.8%
没有效果	5.9%	8.8%	7.1%
有负面影响	2.1%	2.3%	2.2%
不清楚	3.9%	4.0%	3.9%
总计	100.0%	100.0%	100.0%
列总计	3732	2543	6275

Chi-square tests：df=4，卡方值为73.354，sig=0.000<0.050，所以不同户口性质的居民在对“医疗卫生政策对促进社会公平的效果”的满意度上具有显著差异。

E22d by A8

本地政府的低保政策对促进社会公平有效果吗 * 户口 Crosstabulation

	农业户口	非农业户口	总计
普遍受欢迎	49.6%	46.3%	48.3%
效果一般	32.2%	37.5%	34.4%
没有效果	6.9%	5.9%	6.5%
有负面影响	3.5%	1.8%	2.8%
不清楚	7.8%	8.4%	8.0%
总计	100.0%	100.0%	100.0%
列总计	3732	2546	6278

Chi-square tests：df = 4，卡方值为 33.442，sig = 0.000 < 0.050，所以不同户口性质的居民在对“低保政策对促进社会公平的效果”的满意度上具有显著差异。

E22e by A8

本地政府的房地产政策对促进社会公平有效果吗 * 户口 Crosstabulation

	农业户口	非农业户口	总计
普遍受欢迎	18.3%	18.6%	18.4%
效果一般	32.0%	36.0%	33.6%
没有效果	15.0%	16.6%	15.6%
有负面影响	5.9%	11.0%	8.0%
不清楚	28.9%	17.8%	24.4%
总计	100.0%	100.0%	100.0%
列总计	3718	2537	6255

Chi-square tests：df = 4，卡方值为 135.667，sig = 0.000 < 0.050，所以不同户口性质的居民在对“房地产政策对促进社会公平的效果”的满意度上具有显著差异。

E22f by A8

本地政府的拆迁安置政策对促进社会公平有效果吗 * 户口 Crosstabulation

	农业户口	非农业户口	总计
普遍受欢迎	22.5%	24.6%	23.3%
效果一般	31.9%	38.8%	34.7%
没有效果	9.9%	10.0%	10.0%
有负面影响	7.4%	7.3%	7.3%
不清楚	28.4%	19.3%	24.7%

续表

	农业户口	非农业户口	总计
总计	100.0%	100.0%	100.0%
列总计	3717	2537	6254

Chi-square tests：df = 4，卡方值为 74.241，sig = 0.000 < 0.050，所以不同户口性质的居民在对“拆迁安置政策对促进社会公平的效果”的满意度上具有显著差异。

E23 by A8

您听说过、参加过道德讲堂活动吗 ＊ 户口 Crosstabulation

	农业户口	非农业户口	总计
没有听说过	52.7%	34.0%	45.1%
听说过，但没有参加过	26.4%	29.9%	27.8%
参加过，觉得很有意义	17.2%	31.2%	22.9%
有负面影响参加过，但没留下太多印象	3.7%	4.9%	4.2%
总计	100.0%	100.0%	100.0%
列总计	3749	2558	6307

Chi-square tests：df = 3，卡方值为 260.107，sig = 0.000 < 0.050，所以不同户口性质的居民在对“您听说过、参加过道德讲堂活动吗”的回答上具有显著差异。

E24 by A8

有人说，一条好家规、一个好家风可以影响三代人。现在开展的弘扬好家风好家训活动，您认为有意义吗 ＊ 户口 Crosstabulation

	农业户口	非农业户口	总计
没有必要	6.4%	5.0%	5.8%
可有可无	9.7%	7.4%	8.8%
很有意义	83.9%	87.5%	85.4%
总计	100.0%	100.0%	100.0%
列总计	3749	2554	6303

Chi-square tests：df = 2，卡方值为 16.088，sig = 0.000 < 0.050，所以不同户口性质的居民在对“有人说，一条好家规、一个好家风可以影响三代人。现在开展的弘扬好家风好家训活动，您认为有意义吗”这一问题的回答上具有显著差异。

E25 by A8

现在有的地方建了“好人馆”“好人广场”“好人公园”，您认为有必要为好人树碑立传吗 ＊ 户口 Crosstabulation

	农业户口	非农业户口	总计
可有可无	12.1%	12.0%	12.0%
没有必要	12.3%	13.3%	12.7%
很有必要，可以让更多的人知道他们、学习他们	75.7%	74.7%	75.3%
总计	100.0%	100.0%	100.0%
列总计	3749	2554	6303

Chi-square tests：df = 2，卡方值为 1.497，sig = 0.473 > 0.050，所以不同户口性质的居民在对“现在有的地方建了‘好人馆’‘好人广场’‘好人公园’，您认为有必要为好人树碑立传吗”这一问题的回答上没有显著差异。

E26 by A8

您对所生活的地方道德建设满意吗 ＊ 户口 Crosstabulation

	农业户口	非农业户口	总计
没有必要	34.0%	30.5%	32.6%
可有可无	56.7%	59.9%	58.0%
不满意	5.7%	6.3%	5.9%
说不清楚	3.6%	3.3%	3.5%
总计	100.0%	100.0%	100.0%
列总计	3751	2557	6308

Chi-square tests：df = 3，卡方值为 9.457，sig = 0.024 < 0.050，所以不同户口性质的居民在“对所生活的地方道德建设”的满意度上具有显著差异。

E28 by A8

您对生活的地方社会公德状况满意吗 ＊ 户口 Crosstabulation

	农业户口	非农业户口	总计
非常满意	22.6%	21.6%	22.2%
比较满意	46.8%	44.5%	45.9%
基本满意	24.4%	27.1%	25.5%
不满意	6.1%	6.8%	6.4%
总计	100.0%	100.0%	100.0%
列总计	3701	2506	6207

Chi-square tests：df = 3，卡方值为 7.304，sig = 0.063 > 0.050，所以不同户口性质的居民在“对生活的地方社会公德状况”的满意度上没有显著差异。

后　记
数字写春秋

纤弱婉约而又婀娜多姿的数字从现身于茫茫宇宙的那一刻，便携带了太多的神奇密码。十个阿拉伯数字仅用了前七个，配上某些标识抑扬顿挫的符号，呆板的信息立马好似被赋予上帝所吹的那口灵气而成为变幻无穷的音乐。人们对数字如此信赖和崇拜，据说寻找外星人最重要的地球符号便是数字。不过，数字的灵性来自人赋予的意义，数字的无穷魅力在于其排列组合所表征的那个或隐或显的大千世界。呈现于眼前的这个偌大的数据库是由图或表组合的数字王国，它的特异之处在于，以伦理道德为主角，演绎着一个可道而又不可道的精神的王国，背后逶迤的是改革开放40年激荡在精神世界苍穹所写意的春秋诗篇。这是一个数字呈现的火红时代的精神春秋，当然也包括呈现它的学者及其团队拔节成长的生命春秋。数字写春秋，既是本书的主题，也是创造它的人们的宏愿，只是无论春江水暖，还是秋意阑珊，我们都期待一次灵魂的缠绵。

改革开放40年，留下的不只是被某些固守帝国心态的西方人视为“威胁”的经济奇迹，更留下了一个跌宕起伏的精神世界，只是这个世界难以触摸，不仅因为它因其静水流深，更因为这个世界是由无数星辰构成的浩瀚宇宙，没有博大的视界和具有穿透力的思想难以发现其一泻千里的银河和作为宇宙星标的北斗。“四十而不惑”，改革开放已经到达不惑之境，对它的认知和呈现能否“不惑”，如何“不惑”，这不仅是对我们的学术能力的考验，也是对我们学术抱负的考验。为了迈向“不惑”，十年前，在改革开放的“而立”之年，我们东南大学的伦理学团队便开启“而立”之行，通过大规模全国调查，描绘和演绎这个时代伦理道德发展的精神史。历史机遇让我们在漫游思辨王国的同时打开了数字世界的大门，我们决心以最具确定性的数字写意最不具确定性的精神。这是一个浩大、枯燥而又考量耐力的艰苦工程，不仅每一次调查都是一次伦理关系与道德生活的精神体检，而且只有通过多次调查所获得的大数据的链接，才能触摸精神世界脉动的旋律。马克思说，伦理道德是物质生活条件的反映；黑格尔说，伦理道德是绝对精神的客观形态，家庭、社会和国家都是它的外化。伦理道德到底是物质世界的追随者还是生活世界的创造者？我们决定通过数字倾听和体验这一来自两个世界的天籁之音。伴随改革开放，伦理道德到底是“滑坡”，是“爬坡”，还是“永远在路上”？数字向我们展示了被激扬的社会情绪的不息旋律，也展示了经过反思的理性乐章，更有潜藏于高亢情绪和深沉理性背后的那种“天不变道亦不变”的伦理型文化的本能和基因。它让我们坚定了一种追求和抱负，至少坚定了一种信念：以数字展现这个伟大时代到达不惑之境的伦理道德的精神世界及其成长历史，从而为民族精神发展提供集体记忆力；为学术研究提供客观依据；为党和政府治国理政提供科学信息。

历史是人类在生命成长中踏成的康庄大道。在这条大道上，有人欢马叫的缤纷，有对身后足迹的眷念，更有一往无前通向远方的行进。黑格尔将历史分为三种，记事的历史，反省的历史，精神的历史，其中只有精神的历史才具有哲学意义。黑格尔的历史观当然具有绝对精神的偏见，但三种历史的自觉确实具有启发意义。这皇皇数十卷的数据库对改革开放 40 年的伦理道德发展具有记事意义，借此可以对中国伦理道德发展进行历史反思，同时由它们所构成的信息链和数据流既呈现了改革开放 40 年，从中也可以透视整个中国伦理道德发展的精神哲学规律，因而具有深刻的精神史意义。在由“记事的历史”向“反省的历史”和“精神的历史”的不断提升中，我们期待着学术发现和学术慧见。这个数据库呈现的不仅是改革开放 40 年伦理道德发展的春秋史，它的建构过程，也是我们这个团队在改革开放中成长的春秋史。三轮全国调查、四轮江苏调查，从 2007 年到 2017 年，十年生命节律不仅呈现了改革开放从“三十而立”到“四十而不惑”的伦理道德的发展史，而且也呈现了东南大学伦理学团队和社会学团队，以及与之相关的其他学术团队，从对中国伦理道德国情包括对调查研究方法从无知到知，从知之不多到走向专业化的成长之路。在学术和学科成长的过程中，如果说 2007 年伦理学团队展开的全国和江苏调查是少年期，2013 年伦理学与社会学团队会合而进行的大调查是青春期，那么 2017 年的大调查便是成熟期，标志着我们的伦理道德国情研究跟随改革开放同步进入“不惑”之境，其间 2015 年道德发展高端智库和道德发展研究院的成立，是由青春期的躁动走向“不惑”期的成熟的标志。在这个过程中，不仅伦理学与社会学的整合、东南大学与中国人民大学、北京大学等专业调查组织的合作显现学科发展的改革与开放的气派，而且思辨研究和实证研究的深度切合，宣示追求“顶天立地”的“不惑”，并由此迈向“知天命”即履行自己的学术天命的学术征程。

也许有人认为，我们的持续大调查和建立数据库的努力，暗合了当今人文科学的社会科学化及其走向应用的国际趋势。坦率地说，每每听到这类评价，我总是保持高度的警惕和紧张。不错，大数据的建立和运用是当今包括人文科学在内的一切科学发展的重要趋势，国际顶尖的学术机构如哈佛大学的人文科学研究，借助社会科学方法的移植也确实取得了某些突破性进展。但人文科学的“社会科学化”确实必须警惕，两种学科之间的区分，不仅是数据的运用与否，更重要的是理想主义与现实主义两种不同取向，如果失去理想主义，失去意义世界建构的追求，人文科学最终将因“还俗”而失去自身。当今人文科学研究和人的精神世界“祛魅”的现代病，与人文科学被“化”或社会科学对人文科学的僭越存在深刻关联。西方世界运用数学和数据分析的方法进行的学术研究，在经济学等领域占主导地位，有很强的科学性与客观性，但其潜在的问题也已经被发现，经济学领域对人的经济行为的非经济分析已经预示一种新智慧的出现。与之相关的另一种“社会科学化”是所谓“应用研究”。与社会科学相比，人文科学相当程度上指向人的精神世界，其价值是“以无用求大用”。当然，人文科学也应当并且必须服务于国家重大需求，但直接而过度的应用导向同样会使人文科学难以完成自己的学术天命。在这个西方学术掌控话语权与评价权的时代，学术研究的方法和取向很容易以西方学术趋势为趋势，然而事实已经证明，西方学术已经面临难题，甚至正遭遇危机。

2010年我在伦敦国王学院做访问教授时，曾对大英图书馆和伦敦国王学院图书馆的伦理学藏书做过一次比较全面的检索，试图发现和描绘西方伦理学发展的趋势。结果令我惊讶不已，自20世纪70年代以来，西方伦理学确实发生走向应用的重大转向，其中20世纪90年代和21世纪初是一个重要拐点，所有藏书中经济伦理、商务伦理、法伦理、伦理心理学等应用类藏书大幅度增加，与之相反，理论研究与历史研究的著作逐年减少，并且越来越少。图书馆折射的不仅是藏书，更是知识生产的状况。这一特点确实是西方趋势，但现实的并不是合理的，它表明，西方学术研究发展已经形成一种断裂带甚至走到悬崖边，宏大高远的理论研究和理论建构，让位于就事论事的问题研究，长此以往，将对文化传承和学术发展以及人的精神世界及其完整性产生深远影响。面对这一“西方趋向”，我们的选择不是跟风，而是保持一份清醒和警惕，以一种学术创新和学术自信宣告：在西方学术的断裂处，我们来了！应该说，这是中国学术发展的一次真正走向世界和赢得话语权的机遇，其中的关键在于，我们是否有足够的卓识和担当。

为此，无论是建立数据库，还是在运用数据库进行研究的过程中，我们都有一份学术清醒，将“热点”和“前沿”分开，将思辨研究和实证研究紧密结合。我们的努力不只是通过数据链和信息流发现和揭示伦理道德发展的事实，更不只是追随“热点”，而是由此寻找和追踪伦理道德发展的前沿，进行前沿性的理论研究和现实研究。我们追求的境界是“顶天立地”，“顶天”即尖端性的理论研究，“立地”即扎实而科学的调查研究，然而理论研究与现实研究、“顶天”与“立地”并不是两个过程，因为前沿和尖端并不存在于理论演绎中，甚至并不只存在于对以往研究的文献综述中，而是存在于现实、存在于生活世界中。这就是数据的意义，也是我们调查研究和建立数据库的意义。通过调查研究和数据分析，作出新发现新解释，甚至发出具有诊断意义的预警，由此进行前沿性的理论研究和理论建构，这是我们进行调查研究和建立数据库的学术追求。这种独特追求的要义就是：在这个不断变化的世界和不断推进的学术发展中，自己谱写自己的学术春秋。

演绎改革开放40年伦理道德发展的精神史的春秋，见证学术团队和学术研究成长史的春秋，自己谱写自己的学术春秋，一言蔽之，这套千万言的数据库和分析报告的要义就是：数字写春秋！

樊　浩

2018年9月10日